中国高原地区马铃薯栽培

邢宝龙　方玉川　张万萍　王文桥　主编

中国农业出版社

策　　划　　曹广才（中国农业科学院作物科学研究所）

主　　编　　邢宝龙（山西省农业科学院高寒区作物研究所）

　　　　　　方玉川（榆林市农业科学研究院）

　　　　　　张万萍（贵州大学）

　　　　　　王文桥（河北省农林科学院植物保护研究所）

副 主 编　　（以姓名汉语拼音为序）

　　　　　　白小东（山西省农业科学院高寒区作物研究所）

　　　　　　降云峰（山西省农业科学院）

　　　　　　李增伟（榆林市农业科学研究院）

　　　　　　李占成（山西省农业科学院高寒区作物研究所）

　　　　　　马桂花（西宁市农业技术推广站）

　　　　　　纳添仓（青海省农林科学院）

　　　　　　田山君（贵州大学）

　　　　　　王　燕（河北北方学院）

　　　　　　王梦飞（山西省农业科学院高寒区作物研究所）

　　　　　　杨立城（西宁市农业技术推广站）

　　　　　　杨秀玲（西宁市农业技术推广站）

　　　　　　郑太波（延安市农业科学研究所）

其他作者　　（以姓名汉语拼音为序）

　　　　　　陈　云（山西省农业科学院高寒区作物研究所）

　　　　　　陈燕妮（山西省农业科学院高寒区作物研究所）

　　　　　　党菲菲（延安市农业科学研究所）

　　　　　　杜红梅（延安市农业科学研究所）

　　　　　　杜培兵（山西省农业科学院高寒区作物研究所）

　　　　　　范向斌（山西省农业科学院高寒区作物研究所）

　　　　　　冯　琰（河北北方学院）

　　　　　　郭　芳（山西省农业科学院高寒区作物研究所）

　　　　　　郭　妙（山西省大同市园林局）

　　　　　　李宏斌（山西省大同市农作物原种场）

　　　　　　李霄峰（山西省农业科学院高寒区作物研究所）

　　　　　　刘　飞（山西省农业科学院高寒区作物研究所）

　　　　　　刘冠男（山西省农业科学院高寒区作物研究所）

编委会

ZHONGGUO GAOYUAN DIQU MALINGSHU ZAIPEI

前言 ……………………………………………………………………… 邢宝龙

第一章

    第一节 ………………………………………… 方玉川　汪　奎　张　圆

    第二节 ………………………………………… 汪　奎　李增伟　张　圆

第二章

    第一节 …………………………………………………………… 郑太波

    第二节 …………………………………………………………… 田山君

第三章

    第一节 ……………………… 岳新丽　郭　芳　帅媛媛　陈　云

    第二节 ……… 李占成　王或超　郭　妙　王梦飞　降云峰

    第三节 ………………………………… 张艳艳　杨小琴　方玉川

第四章

    第一节 ……………… 王桂梅　刘　飞　邢宝龙　陈燕妮　刘冠男

                 李霄峰　马　涛　左　敏　李宏斌

    第二节 …………………………………………………………… 王文桥

第五章

    第一节 ………………………………… 纳添仓　杨立城　马桂花

    第二节 ……………………… 杨立城　纳添仓　杨秀玲　张迎春

    第三节 ………………………………… 纳添仓　杨立城　马桂花

第六章

    第一节 …………………………………………………………… 王　燕

    第二节 ………………………………………………… 王　燕　冯　琰

第七章

    第一节 ……………………… 郑太波　党菲菲　杜红梅　宋　云

    第二节 ……… 白小东　杜培兵　杨　春　齐海英　范向斌

                 王兴涛　毛向红

    第三节 ………………………………… 李增伟　张艳艳　杨小琴

第八章

    第一节 …………………………………………………………… 张万萍

    第二节 …………………………………………………………… 张万萍

作者分工

ZHONGGUO GAOYUAN DIQU MALINGSHU ZAIPEI

　　第三节 ……………………………………… 田山君　王邦勇　余顺朝

第九章

　　第一节 ……………………… 郑太波　党菲菲　杨　霞　王春霞　周军

　　第二节 ……………………… 杨立城　马桂花　徐红星　张迎春

全书统稿 ………………………………………………… 曹广才

作者分工

ZHONGGUO GAOYUAN DIQU MALINGSHU ZAIPEI

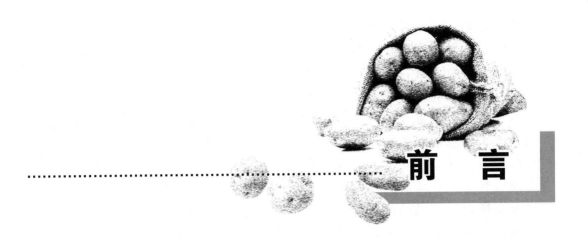

前　言

　　马铃薯是继小麦、水稻、玉米之后的世界第四大粮食作物。原产于南美洲的安第斯山脉，目前广泛种植于世界各地，以欧、亚两洲种植为主，中国、俄罗斯、乌克兰、印度四大生产国占世界种植面积的一半。近几十年来，世界马铃薯的面积一直保持在 2 000 万 hm² 上下。

　　17 世纪时，马铃薯已经成为欧洲的重要粮食作物并传播到中国。由于马铃薯非常适合在粮食产量极低的高寒地区生长，很快便在中国内蒙古自治区、河北省、山西省、陕西省、贵州省、云南省、青海省等高原地区普及，成为当时贫苦阶层的主要食品，对维持中国人口的迅速增加起到了重要作用。中国已成为全球马铃薯生产消费第一大国。据《中国农业年鉴》统计，2014 年中国马铃薯种植面积 8 340 万亩，鲜薯产量达 9 551.5 万 t。目前中国马铃薯生产面积和产量均占世界约 1/4。

　　马铃薯耐寒、耐旱、耐瘠薄，适应性广，适宜在中国高原地区种植。中国最大的四个高原分别为青藏高原、内蒙古高原、黄土高原、云贵高原。青藏高原主要位于西藏、青海、四川等地；内蒙古高原主要位于内蒙古、宁夏等地；黄土高原主要位于山西、陕西、甘肃、宁夏等地；云贵高原主要位于云南、贵州、四川等地。

　　四大高原农区是马铃薯主产区。据《中国农业年鉴》统计，2014 年贵州省马铃薯种植面积 1 056.5 万亩，鲜薯产量 1 133 万 t；甘肃省马铃薯种植面积为 1 023.9 万亩，鲜薯产量 1 189.5 万 t；山西省马铃薯种植面积 252.2 万亩，鲜薯产量 159.0 万 t；陕西省马铃薯种植面积为 445.8 万亩；内蒙古自治区马铃薯种植面积为 811.1 万亩。

　　2016 年 2 月 24 日农业部发布了《关于推进马铃薯产业开发的指导意见》，将马铃薯作为主粮进行产业化开发，提出 2020 年种植面积扩至 1 亿亩以上，使马铃薯成为新一轮种植结构调整特别是"镰刀弯"地区玉米结构调整理想的替代作物之一。它对于调整农业产业结构、实施西部大开发战略、提高农民经济收入、保障国家粮食安全等都将起到十分重要的作用。这就需要进一步加快马铃薯新品种、新技术的应用速度，把优良的传统技术与现代技术有机结合，实现优质高产高效生产，因此撰写此书成为作者们的共识。

本书由山西省农业科学院高寒区作物研究所、榆林市农业科学研究院、贵州大学、河北省农林科学院植物保护研究所、河北北方学院、西宁市农业技术推广站、青海省农林科学院、延安市农业科学研究所、山西省农业科学院等单位科研人员共同完成。全书共分九章。第一章对中国马铃薯生产布局和种植制度进行了概述；第二章是马铃薯生长发育和环境效应；第三章从马铃薯种质资源和品种演替，优良品种简介及脱毒种薯生产等方面对中国马铃薯种质资源进行了阐述；第四章对环境胁迫及其应对进行了论述；第五章到第八章运用理论和实践相结合的方式，分别对青藏高原、内蒙古高原、黄土高原、云贵高原的自然环境及马铃薯栽培技术措施进行了综合性阐述，涉及的栽培技术措施简单明了、可操作性强；第九章对马铃薯综合利用和深加工进行了介绍。参考文献编排以作者姓名汉语拼音为序，同一作者的则按年代先后排序，英文文献排在中文文献之后。未在正式刊物上发表的文章、学位论文等不作为参考文献引用。

在本书的编写过程中，承蒙中国农业科学院作物科学研究所曹广才研究员为此书策划以及统稿，付出了很多的时间和精力。书的出版也得力于中国农业出版社的大力配合，谨致谢忱。

此书的出版得到了国家马铃薯产业技术体系（CARS-10）、国家边远贫困地区边疆民族地区和革命老区人才支持计划科技人员专项、农业部农业行业专项"农作物病原菌抗药性监测及治理技术研究与示范"（201303023）、农业部农业行业专项"作物疫病监测防控技术研究与示范"（201303018）、山西省农业科学院科技自主创新能力提升工程（2016ZZCX-05）、山西省农业科技成果转化与示范推广项目（2016CGZH15）、陕西省马铃薯产业技术体系项目、陕西省科技统筹创新工程计划项目（2016KTCG01-07）、优质抗晚疫病马铃薯新品种的选育、杂粮优质多抗特异种质资源创新及高效育种技术研究（16227508D）等项目的资助。

本书可供农业管理部门、农业院校、科研单位以及马铃薯种植、加工、生产等领域的人员参考。

限于作者水平，不当或纰漏之处，敬请同行专家和读者指正。

邢宝龙

2016 年 7 月于山西大同

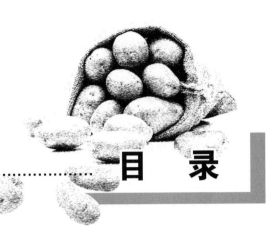

目　录

前言

第一章　中国马铃薯生产布局和种植制度 ………………………………………… 1

　第一节　马铃薯生产布局 ………………………………………………………… 1

　第二节　马铃薯种植制度 ………………………………………………………… 13

　　本章参考文献 ………………………………………………………………… 24

第二章　马铃薯生长发育和环境效应 …………………………………………… 26

　第一节　马铃薯生长发育 ………………………………………………………… 26

　第二节　马铃薯生长发育的环境效应 …………………………………………… 39

　　本章参考文献 ………………………………………………………………… 45

第三章　中国马铃薯种质资源 …………………………………………………… 48

　第一节　马铃薯种质资源和品种演替 …………………………………………… 48

　第二节　高原地区马铃薯优良品种简介 ………………………………………… 63

　第三节　脱毒种薯生产 …………………………………………………………… 74

　　本章参考文献 ………………………………………………………………… 90

第四章　环境胁迫及其应对 ……………………………………………………… 94

　第一节　非生物胁迫 ……………………………………………………………… 94

　第二节　生物胁迫 ………………………………………………………………… 114

　　本章参考文献 ………………………………………………………………… 162

第五章　青藏高原马铃薯栽培 …………………………………………………… 166

　第一节　自然环境概述 …………………………………………………………… 166

第二节 青藏高原马铃薯常规栽培 ·· 171

第三节 青藏高原马铃薯特殊栽培 ·· 197

本章参考文献 ··· 202

第六章 内蒙古高原马铃薯栽培 ·· 203

第一节 自然环境概述 ··· 203

第二节 内蒙古高原农区马铃薯栽培 ·· 206

本章参考文献 ··· 232

第七章 黄土高原马铃薯栽培 ··· 234

第一节 自然环境概述 ··· 234

第二节 黄土高原马铃薯常规栽培 ·· 247

第三节 黄土高原马铃薯特殊栽培 ·· 282

本章参考文献 ··· 292

第八章 云贵高原马铃薯栽培 ··· 298

第一节 自然环境概述 ··· 298

第二节 云贵高原马铃薯常规栽培 ·· 306

第三节 云贵高原马铃薯特殊栽培 ·· 332

本章参考文献 ··· 338

第九章 马铃薯综合利用和深加工 ·· 342

第一节 马铃薯综合利用 ·· 342

第二节 马铃薯深加工 ··· 352

本章参考文献 ··· 367

第一章

中国马铃薯生产布局和种植制度

第一节 马铃薯生产布局

马铃薯原产于南美洲的秘鲁、玻利维亚等国的安第斯山区和中美洲的墨西哥（海拔3 000 m），15世纪中叶由西班牙航海家带到欧洲，在之后200年内传遍全球。马铃薯大约1645年由外国传教士带到中国东南沿海地区，当时正值明末清初，中国人口迅速增加到1亿人，人口大量西迁，发展旱作农业成为必需，而马铃薯和玉米这两个外引作物为中华民族的繁衍奠定了坚实的基础。马铃薯因耐旱、耐贫瘠、粮菜兼用已成为高产高效的农作物及工业原料作物，经过最近50多年的迅速发展，全世界马铃薯种植面积已达到近3亿亩①，产量3亿多t，是全球第四大农作物。中国是世界上马铃薯播种面积最大的国家，并且播种面积和产量逐年增加，总面积8 000多万亩，总产9 500多万t，面积和产量均占全球马铃薯种植面积和产量的1/4左右。马铃薯为中国农业发展、农民增收和国家粮食安全做出了巨大贡献，马铃薯产业已成为发展农村经济的重要产业之一。

马铃薯在全国广泛分布。东北的黑龙江省、吉林省既是马铃薯商品薯的重要产地，又是种薯、工业加工原料产地；华北的内蒙古自治区、河北省和山西省已成为重要的菜用薯和现代快餐食品加工基地；西北的甘肃省、宁夏回族自治区和陕西省北部，已成为商品薯的重要产地，还是种薯和工业原料基地，马铃薯是其重要的脱贫致富作物；西南的云南省、贵州省、四川省和重庆市由于其立体气候，是重要的周年鲜薯供应基地，马铃薯产业是其脱贫致富的主要产业；长江流域以南的10多个省份发展冬作马铃薯前景广阔，已成为当地农民增收致富的重要产业。

一、中国马铃薯种植区划研究

中国地域广阔，由于地区间纬度、海拔、地理和气候条件的差异，造成了光照、温度、水分、土壤类型的不同，而且马铃薯种植具有很强的地域性，在全国不同区域形成了

---

① 亩为非法定计量单位，15亩＝1 hm²。——编者注

各具特点的栽培方式和栽作类型。滕宗璠等（1989）把中国马铃薯适宜种植地区分为北方一作区，中原二作区，南方二作区，西南一、二作垂直分布区。20世纪末21世纪初，南方广东省、广西壮族自治区、福建省等秋季晚稻收获利用冬闲田种植一季马铃薯的种植模式得到广泛推广，栽培季节与传统的南方二作区有所不同。因此，李志勤等（2009）把中国马铃薯生产的优势区域分为北方一作区、中原二作区、西南混作区和南方冬作区。

（一）北方一作区

本区域范围较大，包括东北地区的黑龙江、吉林两省和辽宁省除辽东半岛以外的大部分，华北地区的河北省北部、山西省北部、内蒙古自治区全部，西北地区的陕西省北部、宁夏回族自治区、甘肃省、青海省全部和新疆维吾尔自治区的天山以北地区。据陈伊里（2007）介绍，本区是中国重要的种薯生产基地，也是加工原料薯和鲜食薯生产基地，种植面积排名在前10位的有甘肃、内蒙古、陕西、黑龙江和宁夏等5省份，占全国马铃薯总播种面积的49%左右。

这一地区地处高寒区，纬度或海拔较高，气候冷凉，无霜期短，一般在110～170 d，年平均温度在-4～10 ℃，最冷月份平均温度-8～2.8 ℃，最热月份平均温度在24 ℃左右，≥5 ℃积温在2 000～3 500 ℃。年降水量500～1 000 mm，降水分布很不均匀。东北地区的西部、内蒙古自治区东南部以及中部的狭长地区、宁夏回族自治区中南部、黄土高原东南部为半干旱地带，降水量少而蒸发量大，干燥度（K）在1.5以上；东北中部以及黄土高原东南部则为半湿润地带，干燥度多在1.0～1.5；而黑龙江省的大、小兴安岭地区的干燥度只有0.5～1.0，可见本区的降水量极不均衡。本区日照较长。大部分地区土壤肥沃，马铃薯生育期日照充足，结薯期在7～8月，雨量充沛，昼夜温差大，有利于块茎膨大和光合产物的积累。

本地区春季蒸发量大，易发生春旱，尤其西北地区气候干燥，局部地区马铃薯生育期间降水量偏少，时呈旱象，马铃薯产量不够稳定。

本地区种植马铃薯一般是一年只栽培一季，通常春种秋收，生育季节主要在夏季，故又称夏作类型。每年的4～5月播种，9～10月收获。本区晚疫病、早疫病、黑胫病发病比较严重。适于本区的品种类型，应以中晚熟为主，休眠期长、耐贮性强、抗逆性强、丰产性好的品种。本区拥有"中国马铃薯之乡"称号的有甘肃省定西市安定区、黑龙江省讷河市、宁夏回族自治区西吉县、河北省围场县、内蒙古自治区武川县和陕西省定边县。

1. 东北一季作区 包括东北地区的黑龙江和吉林两省、内蒙古自治区东部、辽宁省北部和西部，与种薯、商品薯需求量较大的朝鲜、俄罗斯和蒙古等国接壤。本区地处高寒地区，日照充足，昼夜温差大，年平均温度在-4～10 ℃，≥5 ℃积温在2 000～3 500 ℃，土壤为黑土，适于马铃薯生长，为中国马铃薯种薯、淀粉加工用薯的优势区域之一。本区马铃薯种植为一年一季，一般春季4月或5月初播种，9月收获。影响马铃薯生产的主要因素是春旱、晚疫病、环腐病、黑胫病和病毒病。

2. 华北一季作区 包括内蒙古自治区中西部、河北省北部和山西省中北部，地处内蒙古高原，气候冷凉，年降水量在300 mm左右，无霜期在90～130 d，年均温度4～13 ℃，≥5 ℃积温在2 000～3 500 ℃，分布极不均匀。土壤以栗钙土为主。由于气候凉爽、日照充足、昼夜温差大，适合马铃薯生长，是中国马铃薯优势区域之一，单产提高潜力大。本区大部分马铃薯生产为一年一熟，一般5月上旬播种，9月中旬收获。影响马铃薯生产的主要因素是干旱、晚疫病和病毒病，以及投入少、生产组织化程度低。

3. 西北一季作区　包括甘肃省、宁夏回族自治区、陕西省西北部和青海省东部。本区地处高寒地区，气候冷凉，无霜期在110～180 d，年均温度4～8 ℃，≥5 ℃积温在2 000～3 500 ℃，年降水量200～610 mm，海拔500～3 600 m。土壤以黄绵土、黑垆土、栗钙土、风沙土为主。由于气候凉爽、日照充足、昼夜温差大，生产的马铃薯品质优良，单产提高潜力大。本区马铃薯生产为一年一熟，一般4月底至5月初播种，9～10月上旬收获。影响马铃薯生产的主要因素是干旱少雨、种植规模小和市场流通困难。

（二）中原二作区

中原二作区位于北方一作区以南，大巴山、苗岭以东，南岭、武夷山以北各省份，包括辽宁、河北、山西三省南部，湖南、湖北两省东部，江西省北部，以及河南省、山东省、江苏省、浙江省和安徽省。

该区受气候条件、栽培制度等影响，马铃薯栽培分散，其面积约占全国马铃薯总播种面积的7%。在该地区马铃薯多与棉、粮、菜、果等间作套种，大大提高了土地和光能利用率，增加了单位面积产量和效益。据庞万福等（2013）介绍，该区域是中国重要的马铃薯产区之一。近年来，为了提早上市，延长销售时间，普遍采用地膜覆盖栽培和两膜、三膜甚至四膜覆盖栽培，使得马铃薯上市时间由6月初提早到4～5月，经济效益也成倍提高，马铃薯亩产值突破万元大关，已成为中原二作区重要的经济作物。

本区无霜期较长，为180～300 d，年平均温度10～18 ℃，最热月份平均温度22～28 ℃，最冷月份平均温度为1～4 ℃，≥5 ℃积温为3 500～6 500 ℃，年降水量500～1 750 mm。因温度高、蒸发量大，在秦岭—淮河一线以北地区干燥度大于1，栽培马铃薯需要有灌溉条件。此线以南的地区干燥度小于1，栽培中不需要灌水。庞万福等（2013）研究表明，中原二作区灌溉方式落后，仍采用土渠灌溉，大水漫灌，水分浪费严重，一般马铃薯生长期间灌溉5～6次，用水量300～400 t/亩。

本区由于南北纬度相差15°左右，加之地势复杂，各地气候条件悬殊，春、秋季的播种期幅度相差较大。但共同特点是，夏季长、温度高，月平均气温超过24 ℃，有些地区降水多，连续下雨天数长达1～2个月，不适于马铃薯的生长。为躲开炎热高温或多雨季节，将马铃薯作为春、秋两季栽培。据陈焕丽（2012）介绍，该区春季以生产商品薯为主，秋季主要是种薯生产，但近年来秋季马铃薯商品薯生产面积也在逐年扩大。春季生产于2月下旬至3月上旬播种，设施栽培可适当提前，5月至6月上中旬收获；秋季生产则于8月播种，到11月收获。本区应选用早熟或极早熟、休眠期短的品种，春播前要进行催芽处理，提早播种。本区拥有"中国马铃薯之乡"称号的有山东省滕州市。

（三）西南混作区

西南混作区包括云南、贵州、四川、重庆、西藏等省份，以及湖南、湖北两省西部和陕西省南部。这些地区属云贵高原，湘西、鄂西、陕南为其延伸部分。大部分地区位于东经 98°～171°30′、北纬 22°30′～34°30′。地域辽阔，地形复杂，万山重叠，大部分地区侧坡陡峭，但顶部却比较平缓，并有山间盆地或平坝错落其间。全区有高原、盆地、山地、丘陵、平坝等各种地形。在各种地形中以山地为主，占土地总面积的 71.7%；其次为丘陵，占 13.5%；高原占 9.9%；平原面积最小，仅占 4.9%。山地、丘陵面积大，形成了本区旱地多、坡地多的耕作特点，土壤多呈偏酸性。据隋启君、白建明等（2013）介绍，该区马铃薯的面积占全国马铃薯总播种面积的 39% 左右，是仅次于北方一作区的中国第二大马铃薯生产区。在马铃薯种植面积排名前 10 名的省份中，西南地区就有 5 个（贵州、云南、四川、重庆、湖北）。

该区地形地貌复杂，气候的区域差异和垂直变化十分明显，有"一山分四季，十里不同天"的说法。西南山区不同海拔极其复杂的气候特点确定了作物的垂直分布，马铃薯栽培类型多样化。低山平坝和峡谷地区，无霜期达 260～300 d，以及 1 000～2 000 m 的低山地带都适宜于马铃薯二季栽培；1 000 m 以下的江边、河谷地带可进行冬作；半高山无霜期为 230 d 左右，马铃薯主要与玉米进行套种；高山区无霜期不足 210 d，有的甚至只有 170 d 左右，马铃薯以一年一熟。马铃薯是山区人民的主要粮食和蔬菜，马铃薯占这些地方粮食总产的 20%～40%，随着海拔的升高，比重也逐渐增大，在高海拔不适于种植玉米的地方，马铃薯成为当地农民的重要粮食作物。

本区属于亚热带季风气候，受东南风和西南风影响，一年当中，分为雨季（5 月中旬至 10 月）和干季（11 月至翌年 5 月初）。夏季炎热多雨，气候湿润，秋季比较凉爽，冬季温，降水偏少，受地形、地势影响，地区差异性较大。年均日照时数为 1 894 h，为短日照地区。尤其以四川盆地、云贵高原及湘鄂西部为甚，是全国云雾最多、日照最少的地方，全年日照时数仅 1 100～1 500 h，日照百分率大都在 30% 以下。在东南季风和西南季风控制之下，加上地形的影响，年降水量较多，一般达 500～1 000 mm，高山可达 1 800 mm。高原山地气温不高，除河谷、丘陵外，7 月平均温度只有 22 ℃ 左右，云贵高原只有 20～22 ℃，川滇横断山区在 16～18 ℃。

由于秦岭、巴山、岷山等的屏障，阻挡了冬季北方寒潮的袭击，因此本区冬季温和。又因海拔较高，故夏无炎热，气候凉爽。本区雨量充足，晚疫病、青枯病等病害发生严重，应选用抗晚疫病、青枯病的高产品种。本区拥有"中国马铃薯之乡"称号的有贵州省威宁县。

（四）南方冬作区

南方冬作区位于南岭、武夷山以南的各省份，包括江西省南部，湖南、湖北两省南部，广西壮族自治区大部，广东省大部，福建省大部，海南省和台湾省，大部分地区位于北回归线附近，即北纬 26° 以南。

本区的气候特点是夏长冬暖，属海洋性气候，雨量充沛，年降水量 1 000～3 000 mm，平均气温 18～24 ℃，≥5 ℃ 的积温 6 500～9 000 ℃，无霜期 300～365 d，年辐射能量 461～544 kJ/m³。冬季平均气温 12～16 ℃，恰逢旱季，通过人工灌溉，可显著提高马铃薯产量。

本区的粮食生产以水稻栽培为主，主要在水稻收获后，利用冬闲地栽培马铃薯，按其种植季节，有冬种、春种、秋种等三种形式，因而也称作三季作区。目前，该区马铃薯以冬种、早春种为主，产量水平普遍较高，季节和区位优势明显，市场相对稳定，因此冬作马铃薯生产效益较高。加之冬作区还有大量冬闲田可以开发利用。据汤浩等（2006）介绍，该区具有冬季气候温暖、昼夜温差大、无霜期长等得天独厚的自然条件，充分利用冬闲田，不与其他作物争地，收获时间正值中国北方和长江流域马铃薯生产空白季节，其产品销售南至我国台湾、香港、澳门地区，北至北京、天津、上海等大城市，种植马铃薯已成为当地农民一项重要的冬种收入来源。

本区马铃薯播种时间范围跨度较大，为10月上旬至翌年1月中旬，收获期为当年年底至翌年5月上旬。据袁照年（2003）介绍，该区最普遍的种植季节为11月播种，翌年2～3月收获，其种植面积为500多万亩。本区晚疫病和青枯病发生较严重，栽培的品种类型应选用中、早熟品种。本区是目前中国重要的商品薯出口基地，也是目前马铃薯发展最为迅速的地区，面积约占全国马铃薯总播种面积的5%。

二、地区性区划研究

马铃薯具有生育期短、适应性广、耐旱、耐瘠薄等特点，在中国高原地区一年四季均有种植。因为青藏高原、内蒙古高原、黄土高原、云贵高原四大高原地区地域辽阔，气候类型多样，各地在栽培中形成了各具地域特色的生产区域。下面以栽培面积较大的省份为例，对中国高原地区各马铃薯主产区生产区域划分做详细介绍。

（一）甘肃省马铃薯区划

马铃薯是甘肃省第二大粮食作物，为实现甘肃粮食自给、确保粮食安全做出了重大贡献。王鹤龄、王润元等（2012）基于甘肃省地面气象观测站1961—2008年气象观测资料和马铃薯生长条件，选择最佳小网格推算出500 m×500 m的高分辨率的网格序列；确立马铃薯种植适宜性气候区划指标，结合地理信息资料，运用GIS技术，开展马铃薯种植适宜性动态气候区划，把甘肃省马铃薯种植划分为最适宜种植区、适宜种植区、次适宜种植区、可种植区和不适宜区。

1. 最适宜种植区　包括洮岷山区、甘南高原的部分及祁连山、华家岭、六盘山、关山和秦岭等海拔2 000～2 600 m的山间盆地、高山河谷台地及浅山区地带。该地区热量适宜，在块茎膨大期无高温天气，气候温凉，适合营养物质积累，块茎膨大迅速；降水充足，光照充足，产量高、品质好，投入产出比高。

2. 适宜种植区　包括陇中大部分及河西走廊海拔1 700～2 000 m的广大地区。该区域热量丰富，块茎膨大期有高温天气，但持续时间短、影响小；降水能满足生长发育的要求，光照充足，病虫害轻，品质好、产量高，是马铃薯理想的生产基地。

3. 次适宜种植区　包括平凉、庆阳市和天水市大部分地区以及河西走廊海拔1 300～1 700 m的地区。本地区光照充足，旱作区降水能满足生长要求，但块茎膨大期易受高温影响而产量较低。

4. 可种植区　包括陇南大部分、天水部分、河西的安敦盆地海拔小于1 300 m的地区以及祁连山区和甘南高原海拔2 600～2 900 m的地区。高温直接影响块茎膨大，块茎较小；陇东南生长后期降水偏多，多阴天，光照偏少，影响马铃薯淀粉含量及产量。陇中的临潭、夏河、合作等地及河西的肃南、天祝海拔较高地区气温低、热量不足，生长期短，易受霜冻影响，干物质积累差，产量低。

5. 不适宜区 主要分布在海拔大于 2 900 m 的甘南高原的大部分和祁连山的中高山区，该区域海拔高、气温低、无霜期短，马铃薯无法正常生长。但是随着气候变暖，高海拔区逐渐由不适宜区变为可种植区。

（二）山西省马铃薯区划

山西省特殊的气候、地理和土壤条件，使得马铃薯成为当地主要的粮食作物和经济作物，是贫困山区农户快速脱贫致富的最有效途径之一。李荫藩等（2009）将山西省马铃薯生产区域划分为晋北一季作区、晋中一二季混作区和晋南二季作区。

1. 晋北一季作区 主要分布在塞外高寒地区和东西两山地区，重点包括吕梁、大同、朔州、忻州等地市，是山西的主产区，播种面积占全省的 80% 以上，产量占 75% 以上。种植大县主要有平鲁、临县、右玉、五寨、浑源、天镇，其中右玉县马铃薯种植面积和产量分别占本县粮食播种面积和产量的 50.1% 和 69.1%。这一区域海拔多在 1 200 m 以上，年平均气温 6 ℃ 左右，无霜期 100～140 d，气候冷凉，昼夜温差较大，以克新 1 号、晋薯 7 号等高产、高淀粉、加工型中晚熟品种为主，所产马铃薯表皮光洁、淀粉含量高，除当地食用和加工外，主要销往京津地区和南方省份。近年来，中早熟品种的种植呈良好势头，7 月马铃薯就能上市供应，补淡季之需，经济效益较好。由于海拔高、气温低、风速大、病毒传媒少，繁育马铃薯脱毒种薯退化慢，产量高，是中国的良好繁种区。

2. 晋中一二季混作区 主要指晋中和晋东南平川地区，这一产区气候比较温暖，无霜期 140～160 d，降水量相对较多，种植马铃薯一年一作有余、两作不足。生产上多采用与玉米、蔬菜等作物间作套种方式，以增加单位面积产量，主要作为蔬菜来发展。

3. 晋南二季作区 主要是运城、临汾等市。无霜期 180～220 d，是山西的棉麦主产区，以前种植马铃薯不多，近年由于市场的需求，早熟品种推广较快。生产上选择中薯 3 号、郑薯 5 号、费乌瑞它等品种，春播一茬，秋播一茬，充分利用春、秋两季的凉爽气候和昼夜温差较大的自然条件，所产马铃薯淡季供应本省和南方市场或出口，有较高的经济效益。

（三）陕西省马铃薯区划

马铃薯是陕西省仅次于小麦、玉米的第三大粮食作物，也是主要的蔬菜作物，在陕西尤其是陕北、陕南地区农业经济发展中具有举足轻重的地位。根据陕西省地理、气候特点，结合当地马铃薯生产实际，将陕西省马铃薯生产区域划分为陕北长城沿线风沙区和丘陵沟壑一季单作区、秦岭山脉东段双季间作区、陕南双季单作区。

1. 陕北长城沿线风沙区和丘陵沟壑一季单作区 主要包括陕西省北部榆林和延安两市，是陕西省马铃薯的主产区，播种面积占全省的 60% 以上，其中定边县马铃薯年种植面积达到 100 万亩以上，为陕西马铃薯第一种植大县。长城沿线风沙区平均海拔 1 000 m 以上，年平均气温 8 ℃ 左右，无霜期 110～150 d，降水量 300～400 mm，地势平坦，地下水资源较为丰富，适宜发展专用化和规模化马铃薯生产基地，也是陕西脱毒种薯繁育基地。栽培的主要品种有克新1号、夏波蒂、费乌瑞它等。陕北南部丘陵沟壑区，平均海拔800 m左右，年平均气温8.5～9.8 ℃，无霜期150～160 d，年降水量450～500 mm，适合发展淀粉加工薯和菜用薯，栽培的主要品种有克新1号、陇薯3号、冀张薯8号、青薯9号等。

2. 秦岭山脉东段双季间作区　主要包括关中地区和陕南的商洛市。该区年平均气温12～13.5 ℃，无霜期199～227 d，年降水量600～700 mm，雨热条件可以保证一年两熟。生产上多与玉米、蔬菜等作物间作套种，主要种植早熟菜用型马铃薯品种。

3. 陕南双季单作区　主要包括陕南的安康和汉中两市。雨量充沛，气候湿润，年均气温1～15 ℃，无霜期210～270 d，年降水量800～1 000 mm，属一年两熟耕作区。浅山区每年11～12月播种，通过保护地栽培，翌年4～6月上市，生产效益较高。高山区每年2～3月播种，6～8月上市，大都是单作，也有间作套种。

（四）河北省马铃薯区划

张希近（2000）按照生态农业可持续发展的观点，依据市场经济优化配置资源调整产业结构，综合农业区划，将河北省划分出8个不同生态区域，即坝上高原寒旱区（该区又划分坝头低温冷凉区、坝中温暖湿润区和坝北丘陵干旱区）、燕山山区丘陵区、冀西北间山盆地区、太行山山地丘陵区、燕山山麓平原区、太行山山麓平原区、低平原粮棉农区和滨海平原农牧渔产盐区。

1. 坝上高原寒旱区　该区位于河北省的最北部，是全省的马铃薯集中产区。由于土质肥沃、质地疏松，有机质含量高达3.0%～6.7%，雨季集中于马铃薯现蕾至盛花期，加之进入晚秋后昼夜温差大，所生产的马铃薯块茎不但大、中薯率高，而且表皮光滑，很受市场青睐。因品种各异对配套栽培技术的要求截然不同，株型、地下块茎的膨大发育时期以及成熟期差异较大，对生产中的管理条件要求较为严格，如晚熟品种绝对不能在冀中平原二季作区种植，早熟品种在一季作区的播种期和单位面积上的有效株数确定以及地力上的选择又是非常重要的，因此按照生态区域特色规模化、产业化布局和选用品种是提高马铃薯产量的关键措施之一。

2. 燕山山地丘陵区　该区位于河北省的东北部，主辖唐山、秦皇岛、承德坝下各县，年降水充沛，湿润温暖，年降水量为650～700 mm，且降水分布较均匀，土层深厚富含钾，近几年该区的马铃薯种植面积逐年扩大。播种期应在3月中旬，种植方式是地膜覆盖和"大垄集肥"栽培，收获期应在6月中旬，作为商品薯调剂补充市场菜用马铃薯淡季。

3. 冀西北间山盆地区　该区划分的依据系指张家口市的坝下川区和浅山丘陵区。全区包括宣化、蔚县、涿鹿、阳原、怀安县等，位于恒山、太行山、燕山交界处，海拔780～1 150 m，由于四周群山环抱，中间略有低洼山盆地区。该区土层较厚，沙质松软，有机质含量在1.9%～2.6%，部分浅山区高达5.8%。自然特点是光照充足，全区日照时数2 800～3 100 h，年平均气温4～10 ℃，年降水量450～520 mm，无霜期120～155 d，属一季作区。

4. 太行山山地丘陵区　该区位于河北省中西部，包括保定、石家庄、邢台和邯郸等8

个市县。海拔 750~1 800 m。自然特点是降水量较多，日照时数 2 800~3 000 h，年平均气温 8.5~13.0 ℃。本区历年以种植冬小麦、玉米和棉花为主，由于近几年这些作物多年连茬种植，投入不断加大，但单位面积效益不佳。随着种植结构调整，优化种植模式成为该区的一大特征。如马铃薯套种玉米、棉花和冬小麦，单作马铃薯覆膜种植面积逐年扩大。

5. 燕山山麓平原区 该区系指廊坊和衡水一带。特征是商品经济发展迅速，水土条件优越，不受干旱胁迫。土壤质地疏松，保水保肥能力较强，有机质含量在 2.0%~6.1%，年平均气温在 10~12 ℃，为两年三熟制。播种期应在 3 月上旬，收获期是 6 月上旬，尽量减少两种作物的共生期。

6. 太行山山麓平原区 该区位于太行山东麓两侧，主要指石家庄、保定、邢台、邯郸各市的城郊区，是河北省粮、棉生产集中区。人口稠密，人均占有土地 1.5 亩左右。年降水量 650~750 mm，4~5 月降水量充沛。气温在 20 ℃左右，非常适宜早熟马铃薯品种块茎膨大时对自然条件的要求。播种期在 2 月中旬，播种前进行催芽，力争提前播种，提前收获，躲过结薯期出现的高温。

7. 低平原粮棉农区 本区位于太行山山麓平原以东，主要包括沧州和衡水东部等 54 个县（市）。该区的特点是降水偏少，且分布不均匀。土壤有机质含量仅在 1.0%~2.5%，但热量充足，属一年两熟制耕作。

（五）云南省马铃薯区划

桑月秋等（2014）通过调研云南省马铃薯种植区域分布和周年生产情况，对数据进行统计分析，将云南省种植马铃薯的 128 个县，划分为滇东北、滇西北高海拔区大春一作区，滇中中海拔春秋二作区，滇南、滇东南、滇西南低海拔河谷冬作区。

1. 云南省马铃薯周年生产季节划分标准 大春作分布在中高海拔区域。一般 3~4 月播种，5 月雨季来临前出苗，7~10 月收获。大春作的特点是生产面积大、总产量高、单产水平中等、种植效益差。主要的问题就是晚疫病发生严重，防控措施薄弱；不具备灌溉条件，靠天收，干旱对其影响较大。

小春作马铃薯分布在滇中、滇西南中海拔区域。其面积仅次于大春作，一般 12 月末至翌年 1 月初播种，4~5 月收获，可以避过 1~2 月的霜冻危害。生长期恰逢旱季，不具备灌溉条件的地方无法种植，干旱和霜冻影响很大。

秋作马铃薯与小春作马铃薯分布在相近区域，一般每年在 7 月中下旬至 8 月初播种，11 月末至 12 月收获。往往在遭受自然灾害的年份，如雨季来得太迟，玉米、烟草种不下去，就采用扩大秋播马铃薯的补救措施。秋作栽培的生长期较短，产量一般低于大春作和小春作马铃薯。

冬作马铃薯栽培区域是滇南、滇西南、滇东南河谷或坝区，一般为水稻收获后在 11 月播种，翌年 3 月初收获。生产区域为很少有霜冻的热带坝区和低海拔干热河谷区。该季马铃薯生长期光照充足，降水稀少，依赖灌溉，一般品质好、产量高、价格高、效益好。

2. 云南省马铃薯周年生产分布 云南省属于热带、亚热带立体气候，一年四季都有马铃薯生产和收获。根据调研，大春作马铃薯为主要生产季节，占全省马铃薯种植面积的

66.1%，总产量的 66.3%；小春作马铃薯次之，占全省马铃薯种植面积的 18.5%，总产量的 19.6%；冬作马铃薯排名第三，种植面积占全省马铃薯种植面积的 8.6%，总产量的 8.8%；秋作马铃薯种植面积多年变化不大，占全省马铃薯种植面积的 6.8%，总产量的 5.3%。近年来，云南省冬季马铃薯种植面积呈现逐年增加的态势；秋作和大春作马铃薯基本稳定；小春作马铃薯受干旱和市场波动影响变化很大，呈波动状态。

（六）贵州省马铃薯区划

吴永贵、杨昌达等（2008）通过分析贵州马铃薯的生态和生产特点，提出贵州马铃薯种植区划，将贵州马铃薯划分为春播一熟区，春、秋播二熟区，冬播区，不适宜区等 4 个一级区，还分出 8 个二级区。

1. 春播一熟区　春播一熟区气候凉爽，适宜马铃薯生长期长，昼夜温差大，有利于马铃薯块茎膨大，病虫害较轻，是马铃薯的最适宜区。该区包括 2 个二级区。

（1）西北高原中山区　主要是指黔西北威宁、赫章等县及条件相似的乡镇。标准是海拔高（1 600～2 200 m），年均温低（8～12 ℃），7 月平均气温低（16～20 ℃），≥10 ℃活动积温 2 000～3 000 ℃，霜期长（120 d 以上），年日照时数多（≥1 200 h）。一年一熟，主要是马铃薯（或玉米），采用品种是晚熟、淀粉、加工型品种（或鲜食型）。一般 3～4 月播种，8～10 月收获，生产水平高，单产可达 2 500 kg/亩，是种薯、加工型专用薯主要生产基地。

（2）黔西、黔中高原中山丘陵区　主要指黔西北盘县、纳雍、毕节、大方等县。标准是年均温低（12～14 ℃），7 月平均气温低（20～21 ℃），≥10 ℃活动积温 3 000～4 000 ℃，霜期长（110 d 左右），年日照时数较多（≥1 000 h）。一年一熟或一年两熟，主要是马铃薯或马铃薯套作玉米间大豆二熟。采用品种是中晚熟、晚熟，粮饲兼用型或淀粉加工型品种。一般 3 月前后播种，7～8 月收获，生产水平较高，单产可达 2 000 kg/亩。

2. 春、秋播两熟区　两熟区生态类型复杂，气候变化大，病虫害重，春季多初春旱、春雨，注意抗旱防渍。特别要注意马铃薯晚疫病、早疫病、轮枝黄萎病、黑痣病、青枯病和马铃薯块茎蛾、地老虎等病虫害的防治。该区包括 3 个二级区。

（1）西南高原中山丘陵区　主要包括黔西、兴义、安龙、镇宁、长顺、紫云等县（市）标准是海拔较高（800～1 200 m），年均温较高（13～15 ℃），7 月平均气温较高（22～23 ℃），≥10 ℃活动积温 4 000～5 000 ℃，霜期较长（80 d 左右），年日照时数较少（<1 000 h）。一年两熟，稻田：薯—稻，旱地：春薯—秋薯。采用品种是中、早熟，鲜食、菜用型品种，旱地春薯可搭配中晚熟品种。一般春薯 2 月播种，5 月前后收获；秋薯 8 月中下旬播种，11 月收获。单产可达 1 500～2 000 kg/亩，是中、早熟品种适宜区。

（2）黔北、黔东北中山峡谷区　主要指黔北、黔东北的道真、务川、正安、遵义、湄潭、德江、印江、铜仁、石阡等县（市）。标准是海拔较高（1 000～1 500 m），年均温较高（14～16 ℃），7 月平均气温较高（22～24 ℃），冬季温度低（3～5 ℃），≥10 ℃活动积温 3 000～4 000 ℃，霜期较长（70 d 左右），年日照时数较少（<1 000 h）。一年两熟，稻田：薯—稻，旱地：春薯—秋薯。品种以中、早熟，鲜食、菜用型品种为主。春薯 2 月前后播种，5 月收获；秋薯 8 月下旬播种，11 月收获。单产可达 1 500 kg/亩左右，是早、

中熟品种适宜区。

（3）黔中、黔东南高原丘陵区　主要指黔中、黔东南的贵阳、惠水、福泉、剑河、台江、雷山、凯里、天柱等县（市）。标准是海拔较高（800～1 200 m），年均温较高（16～18 ℃），7月平均气温较高（24～26 ℃），≥10 ℃活动积温5 000～6 000 ℃，霜期较短（60 d左右），年日照时数较少（<1 000 h）。一年两熟，稻田：薯—稻，旱地：春薯—秋薯。采用品种主要有早、中熟搭配中晚熟，鲜食、菜用兼用型品种。春薯2月播种，5月前后收获；秋薯8月中旬播种，11月前后收获，平均单产1 500 kg/亩以上。

3. 冬播区　包括黔南、黔西南低山丘陵区（主要指罗甸、册亨、望谟、荔波等县），黔东南低山丘陵区（主要指榕江、从江、黎平等县市）和黔北低热河谷区（主要指赤水、仁怀等县市）等3个亚区。其标准是海拔低（160～900 m），年均温高（17～18 ℃），7月平均气温高（26～29 ℃），≥10 ℃活动积温5 000～6 000 ℃，霜期除黔东南低山丘陵区较长（60 d左右）外，其余两区无霜期，年日照时数较少（<1 000 h）。一年三熟，稻田：薯—稻—秋菜，旱地：冬薯—春菜—甘薯。采用品种主要是早熟鲜食、菜用、休闲食品型品种。通常12月下旬播种，收获期翌年3月下旬，播种至收获70～80 d，单产可达1 500 kg/亩以上。

4. 不适宜区　主要指海拔高度在2 200 m以上山区，温度低，年均温<8 ℃，7月平均温度<15 ℃，霜期在130 d以上地区，不适宜种植马铃薯。

三、中国四大高原地区马铃薯生产形势

马铃薯是一种分布广、相对集中，具备多功能用途的农作物。中国是世界马铃薯生产的大国，2014年播种面积8 340万亩，总产量9.6×10⁷ t，是小麦、水稻、玉米之后的第四大粮食作物。马铃薯适应性广，耐瘠薄、抗旱、喜冷凉，可以种植在偏僻、瘠薄和寒冷的高山贫困地区。

青藏高原、内蒙古高原、黄土高原、云贵高原四大高原地区交通、经济条件均与东南沿海地区有较大差距。《中国农村扶贫开发纲要》（2011—2020年）将中国贫困地区分为14个连片的贫困区、680县，其中四大高原地区青海、西藏、内蒙古、河北、山西、陕西、甘肃、宁夏、云南、贵州等省份就有423个贫困县，占到国家级贫困县总数的62.2%。在这些国家级贫困县中，大部分都有马铃薯种植，马铃薯是当地农民主要食物来源和经济收入来源。据2014年《中国农业年鉴》，2014年全国马铃薯种植面积最大的10个省份中，四大高原地区的省份就有6个，依次为甘肃省、贵州省、云南省、内蒙古自治区、陕西省和宁夏回族自治区。

（一）高原地区马铃薯生产基本情况

1. 高原地区马铃薯生产规模　2014年，青海、西藏、内蒙古、河北、山西、陕西、甘肃、宁夏、云南、贵州等10省份马铃薯播种面积5 082.3万亩，占全国马铃薯总播种面积的60.8%；总产量5 197.0万 t，占全国马铃薯总产量的54.4%；平均单产1 022.6 kg/亩，较全国平均水平低11.7%（表1-1）。在四大高原地区，播种面积和总产量最大的省份是甘肃省，分别约占到全国马铃薯总播种面积 12.2% 和总产量的 12.5%；单产最高的是西藏自治区（1 666.7 kg/亩），较全国平均单产水平高 45.9%，最低的是山西省（630.6 kg/亩），较全国平均单产水平低 44.8%。

表 1-1　四大高原地区 2014 年马铃薯播种面积、产量和单产

（方玉川整理，2016）

省份	播种面积（万亩）	总产量（万 t）	单产（kg/亩）
河北	240.0	272.0	1 133.3
山西	252.2	159.0	630.6
内蒙古	811.1	803.5	990.7
贵州	1 056.5	1 133.0	1 072.5
云南	846.1	861.0	1 017.7
西藏	1.5	2.5	1 666.7
陕西	445.8	386.0	865.9
甘肃	1 024.0	1 189.5	1 161.7
青海	139.4	180.0	1 291.7
宁夏	266.1	210.5	791.1
合计	5 082.3	5 197.0	1 022.6

注：表中数据摘自农业部编《中国农业统计资料》（2014）；马铃薯产量为鲜薯产量。

2. 高原地区马铃薯育种情况　青藏高原地区马铃薯育种工作主要由青海省农林科学院开展，先后选育出"高原"系列、"青薯"系列新品种 20 多个，青薯 168 和青薯 2 号品种选育分别获得国家科技进步三等奖和二等奖，目前仍是青海、宁夏等西北地区的主栽品种；高产抗病品种青薯 9 号在中国高原地区广泛栽培，推广面积达到 500 多万亩。内蒙古高原地区主要育种单位有河北省高寒作物研究所、内蒙古农业大学和内蒙古农牧科学院，其中河北省高寒作物研究所育成的"坝薯"系列和"冀张薯"系列品种是华北地区的主栽品种，冀张薯 8 号和冀张薯 12 产量高、抗性好，具有良好的推广前景。黄土高原地区育种单位有山西省农业科学院高寒区作物研究所、榆林市农业科学研究院、甘肃省农业科学院马铃薯研究所、甘肃农业大学、宁夏回族自治区固原市农业科学研究所、天水市农业科学研究所、定西市农业科学研究院等。其中陇薯 3 号、陇薯 7 号、同薯 23、晋薯 16、天薯 11、宁薯 14 等新品种成为当地的主栽或重要搭配品种。云贵高原地区主要育种单位有云南省农业科学院、云南省丽江市农业科学研究所、云南省宣威市马铃薯中心、贵州省农业科学院和贵州省毕节市农业科学研究所等，主要育成并推广的品种有云薯 101、云薯505、云薯 506、丽薯 6 号、丽薯 7 号、黔芋 5 号、黔芋 6 号、黔芋 7 号、威芋 3 号等。

3. 高原地区马铃薯脱毒种薯生产情况　脱毒种薯的推广和应用是马铃薯高产栽培的重要基础。据杨海鹰等（2010）介绍，中国大部分地区由于自然条件的原因均不适宜就地留种，如南方冬作区和中原二作区，气温偏高，降水多，传毒媒介多，病害也较严重，马铃薯品种退化速度快，留种难度大，若以当地生产的种薯做种，生产出的商品薯产量低、质量差。因而每年需从北方适宜留种区调入脱毒种薯 250 万 t 以上。中国四大高原地区大部分地区平均海拔在 1 000 m 以上，马铃薯生长季日较差大，是脱毒种薯的适宜生产区。目前，中国生产上采用的脱毒种薯主要生产于青海省海东地区，内蒙古自治区乌兰察布市、锡林郭勒盟，河北省张家口市，陕西省榆林市，山西省大同市，甘肃省定西市，宁夏回族自治区固原市，贵州省毕节市云南省丽江市等高原地区。

4. 丰产栽培技术研发情况　青藏高原、内蒙古高原和黄土高原地区是中国干旱、半干旱区，水资源不足是制约当地马铃薯生产的瓶颈。为此，这些地区马铃薯生产中以旱作节水栽培技术研究为主，总结形成地膜覆盖结合优质种薯、种薯处理、平衡施肥、病虫害综合防治、膜下滴灌等旱作高产栽培技术，推广面积逐年扩大。云贵高原地区雨热资源较为丰富，通过间、套种，推广中稻—稻草覆盖秋马铃薯/免耕油菜、春马铃薯/玉米、马铃薯/玉米/甘薯等新型高效种植模式和免耕栽培等节本增效技术，使得区域内马铃薯面积和产量逐年增加。

5. 马铃薯加工情况　高原地区是中国加工业最发达的地区，加工产品主要有马铃薯淀粉、全粉、变性淀粉、薯条、薯片、粉条粉皮、膨化食品等品种系列。据李文刚等（2014）的介绍，内蒙古省区马铃薯加工能力占全国的 1/3 左右，其中马铃薯淀粉加工能力占全国的 1/2 左右；现有年销售收入 500 万元以上的马铃薯加工企业 73 家，其中国家级马铃薯加工龙头企业 2 个，自治区级马铃薯加工龙头企业 5 个，设计加工能力达到 400万 t 左右。据李建武等（2014）的介绍，甘肃省有一定规模的马铃薯加工企业 100 多家，其中加工鲜薯能力万吨以上的加工企业 65 家，鲜薯年加工能力 400 多万 t；一批现代加工企业相继建立，涌现出爱味客、腾胜、薯峰、清吉、达利、金大地、海盛、圣大方舟等马铃薯加工龙头企业。

（二）高原地区马铃薯生产存在的问题

1. 品种结构单一　长期以来，中国马铃薯育种以高产、抗病为主要目标，育成品种类型单一，严重缺乏各类专用品种，优良种质资源缺乏。因此，中国只有少数马铃薯品种能用于加工全粉，而在生产上大多数马铃薯品种难以很好地满足马铃薯主食化加工需求。

2. 栽培管理技术较为滞后　目前，中国高原地区马铃薯高产高效栽培技术推广应用相对滞后，与生产技术需求相差较远。已推广的技术实际到位率低，如内蒙古高原和黄土高原地区主推的马铃薯滴灌栽培技术，由于田间管理特别是水肥管理有误区，技术管理和实际要求之间有差距，不能充分发挥技术高产高效优势。同时，传统的马铃薯催芽、切块、拌种等技术也大都达不到技术要求，影响田间长势，造成了产量和品质下降。

3. 病虫害发生范围广、危害重　近年来，各种土传病害对马铃薯生产的影响尤为突出，黑痣病、枯萎病、干腐病、疮痂病、粉痂病等病害发生逐年严重，个别地区严重发生，出现较大面积死苗、早衰，产量下降严重，同时收获产品商品性状差，给销售、贮藏带来较大压力，产值和效益降低。另外，马铃薯晚疫病和早疫病在区域内也发生较重，造成主产区马铃薯不同程度的减产。

4. 机械化生产水平低　高原地区马铃薯主产区大都是人多地少、机械化操作难度较大的山区、丘陵，目前播种、收获等环节多采用人工，生产机械化发展相对滞后，严重制约着中国高原地区马铃薯产业的发展和种植农户的增收。据张华等（2015）的介绍，中国马铃薯耕整地、播种和收获的机械化水平分别是 48％、19.6％和 17.7％，而在马铃薯主产区云南省和甘肃省其马铃薯总体机械化水平仅有 1％左右。

(三) 高原地区马铃薯发展趋势

2016 年 2 月，国家农业部发布《关于推进马铃薯产业开发的指导意见》，将马铃薯作为主粮产品进行产业化开发，提出"到 2020 年，马铃薯种植面积扩大到 1 亿亩以上，平均亩产提高到 1 300 kg，总产达到 1.3 亿 t 左右"的发展目标，这为高原地区马铃薯产业提供了良好的发展机遇。

国家政策将会促进马铃薯种植增加，但由于受近年来马铃薯鲜薯价格起伏不定的影响，农民、企业和社会资金将会较为谨慎地规划生产，不会出现盲目过热地扩大种植面积的现象。结合国家农业供给侧结构性改革，调整优化种植结构（主要是压缩"镰刀弯"地区玉米种植面积）的需要，预计到 2020 年，中国高原地区马铃薯种植面积将突破 6 000万亩，总产鲜薯 7 000 万 t 以上。

受马铃薯主食产品开发战略影响，适宜全粉加工的克新 1 号、夏波蒂、陇薯 7 号、LK99 等低还原糖品种面积将进一步扩大，彩色马铃薯等特种用途马铃薯新品种种植面积也将逐步增加。

优质种薯、加工专用薯、食用鲜薯生产基地以及加工产品和原料薯出口基地建设力度进一步扩大。随着脱毒种薯质量改善，病虫害防治技术提高，农民对马铃薯生产投入增加，一批新品种的推广应用，单产水平将有所提高，预测在没有重大自然灾害和病虫害严重危害的情况下，到 2020 年，马铃薯鲜薯亩产量将达到 1 300 kg 左右。

在近几年中，国内外的播种机械、灌溉机械、中耕机械和收获机械已慢慢地进入到马铃薯生产中。随着加工业的发展，对原料薯生产的要求将越来越严格，对生产规模的要求也越来越大，因此机械化生产所占的比例将逐步增加。

随着马铃薯产业扶持政策的进一步加强，龙头企业带动作用将得到充分发挥，马铃薯脱毒种薯繁育和加工业逐步发展壮大，将涌现出更多的国家级和省级农业产业化重点龙头企业，种薯生产和加工转化能力明显提升，区域品牌培育逐步成熟。

良种繁育推广体系和种薯质量控制体系进一步完善，脱毒种薯示范推广力度加大，脱毒种薯应用面积达到 60％，加工转化率达到 30％，贮藏损失率控制在 10％以下。

马铃薯土传病害、早疫病、晚疫病等病害还将偏重发生，要提前做好预测预报、技术宣传培训和技术防治指导工作。

第二节　马铃薯种植制度

种植制度是指一个地区或生产单位的作物组成、配置、熟制与种植方式的综合。包括确定种什么作物，各种多少，种在哪里，即作物布局问题；作物在耕地上一年种一茬还是种几茬，哪一个生长季节或哪一年不种，即复种或休闲问题；种植作物时，采用什么样的种植方式，即采取单作、间作、混作、套作、直播或移栽；不同生长季节或不同年份作物的种植顺序如何安排，即轮作或连作问题。总的来说，种植制度主要指标是熟制，其次是作物类型。

一、熟制

四大高原纵跨中国西部，北到内蒙古，南至云南，气候、地形、土壤等自然条件十分复杂，形成了多样的作物熟制。近十几年，中国农业生产水平大幅提高，以前一熟制的地区，部分自然条件较好的地方也形成了二熟制。适宜种植马铃薯的地区可以划分为一熟制、二熟制和多熟制。

（一）一熟制地区

一熟制地区主要包括内蒙古高原、青藏高原和黄土高原大部分地区及云贵高原高寒地区。马铃薯的播期为春播或夏播。在云南、贵州海拔 1 200 m 以上地区，主要是春播，一般在 3～4 月播种，8～9 月收获。在青海、甘肃、宁夏等省份，主要是春播，一般在 4 月下旬播种，最迟要在 5 月中旬播种完毕，9 月收获。在内蒙古、河北、山西、陕西等省份，以夏播为主，一般在 5 月中旬到下旬播种，陕北可以推迟到 6 月上中旬，9 月中下旬到 10 月上旬收获。

在青藏高原地区的青海省互助土族自治县，种植马铃薯主要为中晚熟品种，如青薯 2 号、青薯 9 号、夏波蒂等。据马占礼（2008）介绍，当春季气温稳定在 6～7 ℃时，应及时播种。根据互助土族自治县气温特点，川水地区在 4 月下旬，半浅半脑山地区为 5 月上旬开始播种，5 月中旬全部播完。采用机械播种或人工播种。选用脱毒种薯，播种时种薯按大小进行分级，大薯（50 g 以上）要切薯播种，切种时用酒精或高锰酸钾溶液对切刀进行消毒。一般每亩密度 6 000 株左右，行株距 55 cm×22 cm，播种深度 8～10 cm。按照有机肥和化肥配合，氮、磷、钾配合施用的原则，重施底肥、早施追肥。及时中耕除草，加强病虫害防治，确保马铃薯高产。一般 9 月收获，适时收获和收获质量直接影响产量的高低和贮藏好坏，是确保丰产增收的重要因素。生理收获期（植株干枯 90％以上）选择晴天收获；禁止在雨天收获，以免影响商品质量和贮藏质量。

在黄土高原的陕西北部榆林、延安两市，播种时间范围较广，从 4 月上旬至 6 月上旬均能播种。由于当地以旱地为主，春旱严重，夏季气温较高，为了保证结薯期气候凉爽，主要是夏播，集中在 5 月下旬到 6 月上旬播种，9 月下旬到 10 月上中旬收获。以种植中晚熟品种为主，如克新 1 号、冀张薯 8 号、青薯 9 号等。亩施有机肥 2 000 kg，尿素 25 kg，磷酸二铵 10 kg，硫酸钾 10 kg，作为基肥一次性施入。旱梯田按条形开沟，坡地上沿等高线开沟，行株距 57 cm×45 cm 左右，亩留苗 2 500～2 800 株。川水地区起垄栽培，每垄种植一行，行株距（80～90）cm×25 cm，亩留苗 3 000～3 500 株。也有部分春播，通过地膜覆盖，4 月上旬至中旬播种，8 月收获，这时马铃薯价格好，可以取得较高的经济效益。品种选择费乌瑞它、早大白等早熟品种；地块选择在河滩地、洞地等灌溉条件好的平坦耕地。因覆膜追肥困难，采用"一炮轰"的施肥方式，每亩施农家肥 2 000～3 000 kg，尿素 30 kg，磷酸二铵 25 kg，硫酸钾 10 kg，作为基肥一次性施入。利用机械起垄覆膜，垄面宽 1 m 左右，垄距 1.5 m 左右，亩留苗 3 500～4 000 株。当 2/3 的叶片变黄，植株开始枯萎时应及时收获。收获后及时清除废膜，以防土壤污染。

云南、贵州海拔 1 200 m 以上地区，马铃薯一般 3～4 月播种，8～9 月收获。本地区种植马铃薯一般选择晚熟品种，如合作 88、会-2 号、威芋 3 号、陇薯 3 号、台湾红皮等。地块应进行秋深翻或早春翻，深度 25 cm 以上，播种前打碎坷垃，捡净根茬，做到精细整地，每亩施农家肥 1 000 kg，磷酸二铵 15～20 kg，尿素 10 kg，硫酸钾 10 kg，作为基肥一次性施入。现蕾期培土时每亩追施尿素或硝酸铵 10 kg。单作每亩 5 000～6 000 株，套作每亩 3 500～4 000 株，适当合理密植，可增加产量。播种深度 8～10 cm。肥料作为种肥施用时，开沟深 12～14 cm，先顺沟撒入化肥、农药，再施入农家肥，盖一层薄土后点播种薯，然后起垄，播种深度 8～10 cm。

（二）二熟制地区

二熟制地区包括黄土高原地区的山西省中、南部和陕西省陕北南部、关中的渭北地区以及云贵高原海拔 1 000 m 左右的区域。

在黄土高原地区的二作区，一般在 2 月中旬至 4 月中旬播种，5～8 月收获。据王钊（2012）介绍陕西关中西部地区，马铃薯春播一般在 2 月中下旬覆膜种植，5 月收获。选择的品种要求品质好、生育期短、耐低温，且抗病、丰产、商品率高，如早大白、费乌瑞它、中薯 5 号等早熟品种。选地要求地势高，土壤肥沃，土质疏松，耕层深厚，最好是微酸性土壤。地块应有灌溉条件，3 年内未种过茄科作物，耕翻深度 20 cm 以上，整地要在土壤封冻之前完成。早熟马铃薯生长期短，肥料必须充足，有机肥与化肥混合，氮、磷、钾肥混合（比例 2∶1∶4）施用为宜。中等肥力土壤一般亩施优质农家肥 3 000～5 000 kg，尿素 15～30 kg，磷酸二铵 20～35 kg，硫酸钾 30～50 kg。地膜覆盖条件下早熟马铃薯追肥难度较大，肥料应在旋地前作为基肥一次施入土壤。切种单块重 30～45 g，切刀用酒精或高锰酸钾溶液消毒，用甲基硫菌灵或农用链霉素拌种。播种时间以 2 月中旬为宜，要做到宁早勿晚，经多年实践，播种期每推迟 5 d，减产 10%～20%。播种时，先平地开沟，垄距 80 cm，顺沟撒施草木灰和防地下害虫农药；一般双行种植，按"品"字形点播，行株距 20 cm×25 cm，每亩种植 6 700 株以上。关中地区地膜早熟马铃薯最佳上市期为 5 月，此时马铃薯市场处于空档期，当薯块单重 100 g 以上时即可抢高价提早采收上市，收获最晚应在夏收前。

云南、贵州海拔 1 000 m 左右地区，马铃薯春播一般在 2 月播种，5～6 月收获，秋播在 8 月播种，11 月收获。在春、秋两熟区的贵州和云南，春马铃薯选择中熟品种，如大西洋、克新 1 号等和部分早熟品种如费乌瑞它等；秋马铃薯采用费乌瑞它、中薯 3 号、中薯 5 号等早熟品种；旱地春马铃薯可搭配中晚熟品种。每亩产量可达 1 500～2 000 kg。每亩施农家肥 1 000 kg，磷酸二铵 20 kg，尿素 10 kg，硫酸钾 10 kg，把所有化肥混合后作为基肥施用。现蕾期培土时每亩追施尿素 10 kg。密度每亩为 5 000～6 000 株，生长期间注意防治马铃薯晚疫病等病虫害，及时中耕除草，适时收获。

（三）多熟制地区

该区域主要在云贵高原的低热河谷地带，海拔 800 m 以下。马铃薯是冬播，一般在

12月至翌年1月播种，3~4月收获。据孙伟（2010）介绍，冬种马铃薯品种选择早熟马铃薯，如费乌瑞它等，宜在1月上中旬播种，为夺取高产应尽量抢晴早播。基肥每亩可施有机肥1 500 kg，硫酸钾型复合肥30 kg。采取双行种植方式，每亩密度为4 000~4 500株。首先在畦的中央开一条深10 cm左右的小沟，在沟内集中施基肥，然后按行距25~30 cm在小沟的两边各开一条深4~5 cm的播种沟，并在播种沟内均匀施入杀虫剂，以防治地下害虫。最后按株距25 cm呈"品"字形播种。播种时，种薯的芽眼正对播种沟内侧；播种后盖土平整畦面，并在畦面上加盖一层稻草，稻草与畦面平行，头尾重叠，重叠处用泥轻压以防风吹。收获时间一般在4月，马铃薯在叶片变黄、基部叶片脱落时选择晴朗天气进行收获。

二、种植方式

马铃薯种植方式多样，有单作、轮作、间作、套作；有设施栽培、露地栽培；有膜侧种植、全膜种植、半膜垄种等多种种植方式。

（一）连作

连作指的是一年内或连年在同一块田地上连续种植同一种作物的种植方式。马铃薯为茄科作物，不适宜连作，但在马铃薯一作区，马铃薯连作现象比较普遍，尤其是在一些无霜期短的地区，马铃薯连作特别严重。由于在这些区域只能种植马铃薯、荞麦、燕麦、油菜等生育期较短的作物，其中马铃薯单位面积的产值又最高，使得不少农民连年种植马铃薯。另一个主要原因是农民并没有意识到长期连作会导致商品薯品质、产量下降。马铃薯连作主要存在以下问题。

1. 土壤微生物群不合理 秦越等（2015）研究表明，马铃薯连作使根际土壤中芽孢杆菌属等有益菌属的细菌减少，罗尔斯通菌属等致病菌属的细菌增加。连作导致马铃薯根际土壤细菌多样性水平降低，真菌多样性水平升高，根际土壤微生物多样性存在着明显差异，破坏了根际土壤微生物群落的平衡，使其根际土壤微生态环境恶化。

2. 土壤中酶活性降低 土壤酶活性为土壤生物学研究的重要内容，连作现象显著制约着土壤中酶活性。白艳茹等（2010）研究表明，马铃薯栽培中，土壤蔗糖酶和脲酶活性随着连作年限增加呈下降趋势，而土壤中性磷酸酶和过氧化氢酶活性在不同茬次间无显著差异。

3. 病虫害积累 同一种作物寄生的病虫害有相对的专一性。连作为病虫害提供了有利条件，实际中也观察到许多因连作导致病虫害暴发的实例，如马铃薯连作，导致土传病害发生严重，在陕西榆林市定边县，马铃薯连作导致疮痂病发生逐年加重；在内蒙古及河北坝上地区，随着马铃薯的轮作周期的缩短，粉痂病的发生越来越严重。

4. 作物营养不平衡、特别是某些营养匮乏 作物正常生长发育离不开营养物质。按照李比希矿物质营养理论，任何植物要完成生命过程，必须吸收16种矿物质元素，虽然需要量差异很大，但每一种营养元素同等重要。刘存寿（2009）研究表明，营养缺乏，特别是有机营养缺乏是马铃薯连作障碍形成的根本原因。

（二）轮作

轮作指在同一田块上有顺序地在季节间和年度间轮换种植不同作物或复种组合的种植方式。马铃薯轮作方式很多，在不同地区根据当地作物有不同的轮作方式。如在北方一作区，轮作方式是年度间轮作，一般是马铃薯与玉米、大豆、谷子、糜子、荞麦等作物之间年度轮换种植。在二作区或三作区主要是马铃薯与玉米、水稻、豆类及各类蔬菜等经济作物之间季节或年度之间轮作。

马铃薯与水稻、麦类、玉米、大豆等禾谷类和豆类作物轮作比较好，主要有以下优点。

1. 改善土壤生物群落　可以改善土壤微生物群落，增加细菌和真菌数量，提高微生物活性，减少病害的发生。

2. 保持、恢复及提高土壤肥力　马铃薯消耗土壤中的钾元素较多，禾谷类作物需要消耗土壤中大量氮素；豆类作物能固定空气中游离的氮素；十字花科作物则能分泌有机酸。将这些作物与马铃薯轮作可以保持、恢复和提高土壤肥力。

3. 均衡利用土壤养分和水分　不同作物对土壤中的营养元素和水分吸收能力不同，如水稻、小麦等谷类作物吸收氮、磷多，吸收钙少；豆类作物吸收磷、钙较多。这样不同的作物轮作能均衡利用各种养分，充分发挥土壤的增产潜力。根深作物与根浅作物轮作可利用不同层次土壤的养分和水分。

4. 减少病、虫、草害　轮作可以改变病菌寄生主体，抑制病菌生长从而减轻危害。实行轮作，特别是水旱轮作可以改变杂草生态环境，起到抑制或消灭杂草滋生的作用。

5. 合理利用农业资源　根据作物生理及生态特性，在轮作中合理搭配前后作物，茬口衔接紧密，既有利于充分利用土地和光、热、水等自然资源，又有利于合理均衡地使用农具、肥料、农药、水资源及资金等社会资源，还能错开农忙季节。

（三）单作

单作指在同一块田地上只种植一种作物的种植方式，也称为纯种、清种、净种。这种方式作物单一，群体结构单一，全田作物对环境条件要求一致，生育比较一致，便于田间统一管理与机械化作业。

在不同的马铃薯种植区域，存在不同的马铃薯单作方式，下面主要介绍几种常见的单作方式：

1. 单垄单行栽培　单垄单行栽培是一种常见的栽培方式，该方式适合机械操作，适宜相对平坦的地形。但在不同的区域，种植时垄的宽度、播种深度、播种密度是不相同的。在土地集中度高的地区，例如在陕西省榆林市北部，机械化应用程度高，实现了从种到收全程机械化，采用国际先进的电动圆形喷灌机、播种机、收获机、打药机、中耕机、杀秧机等机械，实现标准化、集约化栽培。这种生产方式，一个喷灌圈面积可达 $300\sim500$ 亩。种植品种一般为夏波蒂、费乌瑞它等高产值的马铃薯品种，也可以用来繁殖种薯。耕地要深翻，深度 $35\sim40$ cm，深翻前，每亩施硫酸钾型马铃薯专用复合肥 100 kg 左右。人工切种时切刀用 75% 酒精消毒，单块重 $35\sim40$ g，且均匀一致，去除病、烂薯；

可选用甲基硫菌灵、波尔·锰锌、农用链霉素等药剂配以滑石粉包衣拌种。4 月底至 5 月初地温适宜即可播种，播种深度 10～12 cm，一般采用四行播种机，行距 90 cm，结合垄控制在 85～95 cm；株距因品种和土壤状况而定；不同品种，密度有所不同，一般中晚熟品种每亩 3 000～3 500 株，早熟品种每亩 4 000 株以上。即将出苗时中耕培土，中耕成垄后，使须根群和结薯层处在梯形垄的中下部，这样有利于根系充分吸收土壤养分和水分，加速块茎的膨大生长，提高抗旱能力，且块茎不易出土变绿。叶面追肥结合灌溉施肥，喷灌机以 100%速度喷水行走，肥料充分溶解通过根外追肥的方式均匀施入，实现了水肥一体化。收获前 10 d 必须停水，确保收获时薯皮老化。这种栽培方式一般亩产量可达 3 000 kg以上。

2. 宽垄双行栽培 该栽培方式，在各种生态区也都是一种常见的耕作方式，适合小型机械操作，适宜土地相对平坦的旱地、坝地等。不同的是各个地方采用的垄的宽度是不一样的。在陕西省定边县，一般在 5 月下旬播种，采用两行播种机种植，垄宽 120 cm，每垄 2 行。不同品种，密度有所不同，一般每亩控制在 2 500～3 500 株。播种深度适当要深，一般 12～15 cm 为宜，覆土不超过 15 cm；中耕成垄。品种选用中晚熟品种克新 1 号、陇薯 3 号、冀张薯 8 号等，采用脱毒种薯。提倡小整薯播种，确需切种时切块一定要大，以提高幼苗的抗旱能力。重施基肥，以有机肥和氮、磷肥为主；巧施追肥，以氮、钾肥和微量元素肥为主。及时中耕除草，加强病虫害防治。适时收获，收获前 1 周采用机械杀秧，通过预贮、晾晒，进行贮藏或销售。据周从福（2013）介绍在贵州省海拔 400 m 以下地区，11 月中下旬播种；可采用地膜栽培，播种期提早 10 d 左右。品种选择早熟菜用型品种，如费乌瑞它、中薯 5 号等。选用健康的脱毒种薯，并严格挑选，淘汰病、烂薯。播种前 20 d 催芽，播种后有利于培育壮苗。25 g 以下的种薯采取整薯播种，对于大种薯采取切块播种，切块以 30～45 g 为宜，切刀要消毒。用甲基硫菌灵可湿性粉剂、农用链霉素可湿性粉剂和滑石粉混合与种薯切块拌匀进行种薯处理。按 1 m 宽起垄，做深沟高垄，垄面 60 cm，垄高 35 cm，沟宽 40 cm，然后在垄面上开出行距 50 cm 的 2 条种植沟。每亩沟施腐熟有机肥 1 000～1 500 kg，氮、磷、钾总含量≥45%的复合肥 75 kg。行株距 5 cm×20 cm，播种深度 8～10 cm。加强田间管理，适时收获、贮藏、销售。

3. 平作 该方式适合小型机械操作或一些不适宜机械操作的地区，完全人力生产。采用深耕法，适当深种不仅能增加植株结薯层次，多结薯、结大薯，而且能促进植株根系向深层发育，多吸水肥，增强抗旱能力。采用犁开沟或挖穴点播，集中施肥，即把腐熟的有机肥压在种薯上，再用犁覆土，种完一行再空翻一犁，第三犁再点播。这样的种植方式可克服过去因行距小、株距大而不利于通风透光的弊端，也可等行种植，并将少量的农家肥集中窝施。播种密度的大小应根据当地气候、土壤肥力状况和品种特性来确定。例如在青海省高水肥的地块每亩密度 4 500～6 000 株，陕西省旱地每亩密度 2 200～3 000 株。苗高 30 cm 时进行深中耕、高培土，这样既能防止薯块露出地表被晒绿，还可防止积水过多造成块茎腐烂，促进根系发育，提高土壤微生物对有机质的分解，增加结薯量。

（四）间作、套作

间作是集约利用空间的种植方式。指在同一田地上于同一生长期内，分行或分带相间种植两种或两种以上作物的种植方式。间作与单作不同，间作是不同作物在田间构成人工复合群体，个体之间既有种内关系，又有种间关系。间作时，不论间作的作物有多少种，皆不增加复种面积。间作的作物播种期、收获期相同或不相同，但作物共处期长，其中至少有一种作物的共处期超过其全生育期的一半。

套作主要是一种集约利用时间的种植方式。指在前季作物生长后期的株行间播种或移栽后季作物的种植方式，也可称为套种。对比单作，它不仅能阶段性地充分地利用空间，更重要的是能延长后季作物对生长季节的利用，提高复种指数，提高年总产量。

间作与套作都有作物共处期，不同的是前者作物的共处期长，后者作物的共处期短，每种作物的共处期都不超过其生育期的一半。套作应选配适当的作物组合，调节好作物田间配置，掌握好套种时间，解决不同作物在套作共生期间互相争夺阳光、水分、养分等矛盾，促使后季作物幼苗生长良好。

马铃薯与其他作物间作、套作时，如果栽培技术措施不当，必然会发生作物之间彼此争光和争水肥的矛盾，而这些矛盾之中，光是主要因素，只有通过栽培技术来使作物适应。所以间作、套作的各项技术措施，首先应该围绕解决间套作物之间的争光矛盾进行考虑和设计。马铃薯间套作进行中的各项技术措施，必须根据当地气候条件、土壤条件、间套作物的生态条件，理好间套作物群体中光、水、肥及土壤因素之间的关系，进行作物的合理搭配，以提高综合效益。

1. 间作套种原则

（1）间套作物合理搭配的原则　马铃薯与其他作物间作套种首先要考虑全年作物的选定和前后茬、季节的安排，还要参考当地的气象资料，如年降水量的分布及年温度变化情况。根据马铃薯结薯期喜低温的特性，选择与之相结合的最佳作物并安排最合理的栽培季节，以使这一搭配组合既最大限度地利用当地无霜期的光能又使两作物的共生期较短。例如，在陕西关中二季作区，春马铃薯的适宜生长期为3～5月，与其间套的作物最好是6～7月能生长的喜温作物。马铃薯与玉米的间套种是典型的模式，即2月中下旬覆膜种春马铃薯，4月末间套春玉米。5月底至6月初收获春马铃薯，在玉米收获前可以套种萝卜、白菜，8月中下旬收获春玉米。这样既延长了土地利用时间又实行了马铃薯与玉米的轮作。春马铃薯生长旺季时，春玉米正值苗期，不与马铃薯争光、争肥。待春马铃薯收获时，春玉米正开始拔节进入旺盛生长阶段。此时收获春马铃薯正好给春玉米进行了行间松土。

（2）间套作物的空间布局要合理　间套作物的空间布局要使作物间争光的矛盾减到最小，使单位面积上的光能利用率达到最大限度。另外，在空间配置上还要考虑马铃薯的培土，协调好两作物需水方面的要求，通过高矮搭配，使通风流畅，还要合理利用养分，便于收获。间套作物配置时，还要注意保证使间套作物的密度相当于纯作时的密度。另外，应使间套的作物尽可能在无霜期内占满地面空间，形成一个能够充分利用光、热、水、肥、气的具有强大光合生产率的复合群体。

（3）充分发挥马铃薯早熟的优势　马铃薯在与其他作物间套种时，要充分发挥其早熟高产的生物学优势，此举关系到间套种的效益高低。在栽培措施上要采用以下措施：

① 选用早熟、高产、株高较矮的品种。

② 种薯处理。提前暖种晒种、催壮芽，促进生育进程。

③ 促早熟栽培。在催壮芽基础上，提早播种，促进早出苗，早发棵。

④ 中耕培土，适期合理灌溉。

2. 间作套种模式 马铃薯与粮、棉、油、菜、果、药等作物均可进行间作套种，其间套模式种类繁多，各地群众也不断创新出新的模式。下面介绍几种较常用的模式。

（1）薯粮间套模式 中国粮食种植面积很大，在无霜期 150 d 以上地区发展薯粮间套有很大的潜力。间套的粮食作物以玉米为主。这里主要介绍马铃薯与玉米间套种。一般采用双垄马铃薯与双垄玉米宽幅套种，幅宽一般采用 140 cm。马铃薯按行株距 60 cm×20 cm 播种 2 行；玉米按行株距 40 cm×30 cm 播种 2 行；玉米与马铃薯行距为 20 cm。马铃薯选用早熟品种，提前做好种薯催壮芽处理，终霜前 1 个月及早播种，争取早出苗、早收获。马铃薯苗期时播种玉米或者移栽三叶期的玉米苗。这种间套方式的优点是，马铃薯利用了春玉米播种前的冷凉季节，春玉米利用了不适于马铃薯生长的高温季节，延长了作物对光能利用的时间。

（2）薯棉间套模式 马铃薯与棉花的间套模式一般采用双垄马铃薯与双行棉花间套。总幅宽为 170 cm，内种 2 行棉花和 2 垄马铃薯。马铃薯的行株距为 65 cm×20 cm，棉花行株距为 55 cm×20 cm，棉花与马铃薯的行距为 25 cm。这种模式有利于田间管理。在棉花苗期不需要浇水时，可在马铃薯垄间浇水，在棉花田行间进行中耕。这样可以解决在共同生长时期内，马铃薯结薯需水多，而棉花在苗期需勤中耕提高地温少浇水的矛盾。在品种选择上，马铃薯应选择早熟品种，播种前进行催芽处理，催壮芽，适时早播，尽量缩短与棉花的共同生长时间。

（3）薯菜间套模式 这种间套种模式主要分布在蔬菜产区，间套方式多种多样，主要有以下几种类型。

① 薯瓜间套种。瓜类如南瓜、西瓜、冬瓜等是喜温而生长期长且爬蔓的植物，利用瓜行间的宽畦早春套种马铃薯是非常经济合算的。方式是每种 4 垄马铃薯留 1 个 40 cm 宽的瓜畦，马铃薯收获完以后的空间让瓜爬蔓。

② 马铃薯与直立型菜类间套种。葱、蒜、姜等作物都是直立型蔬菜作物，与马铃薯间套种都可提高光能利用率和土地生产率。同时利用马铃薯行间在播种马铃薯的同时或稍后几天，播种速生蔬菜，如小白菜、萝卜、生菜（叶用莴苣）、菠菜。这种模式可更充分的利用光能和土地资源。

这一间套模式马铃薯一般采用 90 cm 的幅宽，种 1 行马铃薯，垄宽 60 cm，株距 20 cm。将马铃薯垄间整成平畦，播种 3 行小白菜（普通白菜）或菠菜，行距 15 cm。马铃薯催壮芽提早播种，培垄后覆盖地膜。菠菜可与马铃薯同时播种，小白菜或水萝卜则于 3 月中下旬播种。小白菜等速生菜一般播种后 40～50 d 可收获，收获后及时给马铃薯培土。然后施肥并整平菜畦，定植 1 行茄苗，株距为 40 cm。这种种植模式可以达到一年三收。

马铃薯与菜花或甘蓝间套种时，幅宽为 160 cm，种马铃薯一行，株行距为 60 cm×20 cm。马铃薯垄间整平做畦种 3 行甘蓝或菜花，株行距为 45 cm×45 cm。甘蓝或菜花都应提前育苗，与春马铃薯间套时，育苗时间应在 1 月上中旬。与秋马铃薯间套时，甘蓝和菜花的育苗时间为 25 d 左右，可在 7 月中旬育苗。春马铃薯于 2 月中旬前后催芽，3 月上旬或中旬播种，播种时施足基肥并浇好底水，播种后一次培够土（种薯以上覆土 10～

12 cm)；播种完马铃薯后于 3 月中旬定植甘蓝，浇足定植水，定植后覆盖地膜。缓苗前一般不再浇水，管理上主要是提高地温，促幼苗早发根，最好进行一次中耕松土，以提高地温。秋马铃薯一般于 8 月上旬播种，播前催壮芽。播完马铃薯后即定植甘蓝或菜花。

③ 薯粮菜间套。按 160 cm 为一个种植带，春种 2 行马铃薯、1 行春玉米。马铃薯收获后及时整地，播种夏白菜。白菜和春玉米收获后，立即施肥整地，定植秋甘蓝或秋菜花，同时按上述介绍与秋马铃薯间套种。采用这种模式，要求马铃薯催壮芽于 3 月上旬播种并覆盖地膜，行株距为 65 cm×20 cm。玉米于 4 月底至 5 月初播种，株距 20 cm，马铃薯收获后，及时整平地，播种 4 行夏白菜，行株距为 40 cm×35 cm，利用春玉米植株给夏白菜遮阳，有利于夏白菜生长。夏白菜和春玉米于 8 月上旬收获后，施足基肥、整好地，进行秋马铃薯和秋甘蓝或秋菜花的间作套种。整地施肥、种薯催芽和间套作方式如前所述。这种间套模式可以达到一年五种五收，更能得到高产高效。

3. 马铃薯间作套种技术的效益　马铃薯由于其生育期短，喜冷凉，因此与其他作物共生期短，可以合理地利用土地资源、气候资源和人力资源，大幅度提高单位面积的产量，获得较好的经济效益、社会效益和生态效益，所以受到生产者的欢迎。尤其中国存在人口与土地两大问题的压力，利用马铃薯与其他作物进行间作套种这一种植模式，必将作为一种新的栽培制度纳入到中国的耕作制度之中。

马铃薯与粮、油、菜、果等作物间作套种，其他作物基本不减产，还可多收一季马铃薯，其效益是多方面的。马铃薯与其他作物间作套种的优点为：

① 提高光能利用率。单位面积上作物群体茎叶截获的太阳辐射用于光合生产，光合生产率的高低决定产量的高低。间作套种的作物茎叶群体分布合理，可以有效地提高太阳能的利用率。特别是间作套种使边际效应增大，有利于通风透光，因而可以提高单位面积的产量。

② 马铃薯的根系分布较浅，与根系分布较深的粮棉作物间作套种，可分别利用不同土层的养分，充分发挥地力。

③ 马铃薯与其他作物间作套种可以减缓土壤冲刷，保持水土和减轻病虫害的危害。由于间作套种错开了农时，可以减轻劳力和肥料的压力。

④ 马铃薯间作套种可以提高土地利用率，使一年一作变为一年二作，一年二作变一年三作甚至四作，从而有效地提高单位面积的产量，增加了经济效益。

三、作物搭配

(一) 不宜与马铃薯搭配的作物

马铃薯与其他作物搭配要遵守以下原则：

(1) 不宜与有同源病害的作物轮作　马铃薯属茄科作物，不能与辣椒、茄子、烟草、番茄等其他茄科作物轮作，也不能与白菜、甘蓝等部分十字花科作物轮作，因为它们与马铃薯有同源病害；也不能选择开黄色花朵的作物，防止病毒病的传播、蔓延，造成减产。

(2) 不宜与块根、块茎类作物轮作　马铃薯不宜与甘薯、胡萝卜、甜菜、山药等块根、块茎类作物轮作，因为它们同属需钾量较大的作物，容易导致钾营养元素严重缺乏，影响马铃薯块茎的膨大。

在间作套种中，提到马铃薯与辣椒、茄子等不宜搭配的作物搭配，这都是生产当中存在的，为提高当时的经济效益而应用的，但应尽量避免。

（二）适合与马铃薯搭配的作物

马铃薯与水稻、麦类、玉米、大豆等禾谷类和豆类作物搭配较好，既利于减少病害的发生，也利于减少杂草生长。在四大高原地区作物生产中，马铃薯与玉米搭配间套作或轮作是最常见的，前面已经多有介绍，下面就四大高原地区常见的马铃薯与其他作物间套作或复种栽培模式举例说明。

1. 青藏高原地区马铃薯与蚕豆套种栽培 马铃薯和蚕豆均为青海省的优势作物。尚朝花等（2007）介绍，当地大力推广马铃薯、蚕豆套种高产栽培技术，取得了良好的增产效益。一般套种田混合亩产量为 350～500 kg（马铃薯折主粮 5∶1），比单作马铃薯增产20%左右，比单作蚕豆增产30%以上。其技术要点是：前茬选择小麦茬，立冬前灌足冬水。结合秋翻亩施优质农家肥 3 000～4 000 kg，播种前马铃薯带亩施尿素 10 kg，磷酸二铵 10～15 kg，硫酸钾 10 kg；蚕豆带亩施尿素 5 kg，磷酸二铵 10～15 kg，硫酸钾 10 kg。马铃薯选择青引 5 号、高原 4 号和下寨 65 等丰产、抗病、优质、结薯集中的品种；蚕豆选择青海 3 号、青海 9 号、马牙等丰产、株型紧凑、中秆、抗倒的品种。马铃薯带幅宽180 cm，起 2 垄，垄距 90 cm；蚕豆带幅宽 150 cm，种植 6 行。行向以东西方向为宜。马铃薯、蚕豆套种的田间结构，极大地改善了蚕豆带的光照和通风条件，种植密度可比单种的适当提高。蚕豆行距 25 cm，株距 15～18 cm，密度 14 000～17 000 株/亩；马铃薯每垄种 2 行，垄面宽 60 cm，垄高 20 cm，行距 25 cm，株距 22～25 cm，密度 5 000 株/亩。蚕豆适期早播，于 3 月中旬至下旬播种；马铃薯提前起垄覆盖地膜，于 4 月中旬至 5 月上旬播种，用打穴器在垄膜上呈三角形打孔，点种后在种穴上盖 2～3 cm 厚的土。加强田间管理，做好中耕除草、追肥灌水、防治病虫害等工作。蚕豆 8 月下旬收获，马铃薯 10 月上旬收获，两作物共生期 90～100 d。

2. 内蒙古高原地区马铃薯与向日葵套种栽培 内蒙古自治区地处中国北方地区，无霜期较短，适宜种植马铃薯、向日葵等生育期较短的作物。据冯君伟等（2013）介绍，马铃薯与向日葵间套作，使得内蒙古两大农业优势产业资源互补，对提高土地利用率和农民增收有着积极的作用。其技术要点是：选择轮作 4 年以上、土层深厚、土壤疏松肥沃且有灌溉条件的地块，结合秋耕施农家肥 2 500 kg/亩，播前深翻整地，亩施硫酸钾型复合肥25 kg，磷酸二铵 20 kg，尿素 10 kg，作为基肥一次性施入。马铃薯选择脱毒早熟品种费乌瑞它，提前催芽，正确切块，切刀用 75% 酒精或 0.1% 高锰酸钾溶液消毒，切好的种薯用多菌灵加滑石粉进行处理。向日葵选择生育期短、食用型品种 CL135。选用规格700 mm 地膜，每膜种植 2 行马铃薯，大小行种植，大行距 80 cm，小行距 40 cm，株距40 cm，种植密度 2 800 株/亩，覆膜前用乙草胺喷施地表，以防止杂草顶膜。4 月上中旬10 cm 地温稳定在 7～8 ℃时打孔播种。向日葵 5 月下旬到 6 月上旬播种，在大行直播，行株距 50 cm×40 cm，种植密度 2 300 株/亩。做好中耕除草、追肥灌水、防治病虫害等田间管理，适时收获。

3. 黄土高原地区马铃薯与豌豆套种栽培　豌豆间套种马铃薯是宁夏南部山区雨养农业区实现抗旱减灾、稳产高产、发展"两高一优"农业的重要途径，是当地以马铃薯为纽带的立体复合种植的主要模式。据海月英（2013）介绍，豌豆间套种马铃薯依据两种作物的生产主次，可分别采用以下四类种植规格：

（1）以豆为主兼顾马铃薯　宜采用 96（7）∶48（1）型，即 144 cm 栽培带幅内，96 cm 栽培带种植 7 行豌豆，48 cm 栽培带种植 1 行马铃薯，豌豆行距 16 cm，马铃薯栽培带距豌豆栽培带 24 cm，豌豆占地 66.7％。每亩间套种田内，豌豆播量 7.5～8 kg，保苗 37 500～40 000 株；马铃薯株距 30 cm，保苗 1 550 株。

（2）豆薯兼顾型　宜采用 96（7）∶88（2）型，即在 184 cm 栽培带幅内，96 cm 栽培带种植 7 行豌豆，88 cm 栽培带种植 2 行马铃薯，豌豆行距 16 cm，马铃薯行距 40 cm，豌豆占地 52.2％。每亩间套种田内，豌豆播量 6.0～6.3 kg，保苗 30 000～31 500 株；马铃薯株距 33 cm，保苗 2 200 株。

（3）以薯为主兼顾豌豆　宜采用 96（7）∶128（3）型，即在 224 cm 栽培带幅内，96 cm 栽培带种植 7 行豌豆，行距 16 cm，在 128 cm 栽培带种 3 行马铃薯，行距 40 cm，马铃薯占地 57.1％，每亩间套种田内，豌豆播量 5.0～5.2 kg，保苗 25 000～26 000 株；马铃薯株距 25 cm，保苗 2 550 株。

（4）窄带豌豆　采用 2∶2 的植行比例，即每种植 2 行豌豆，交替种植 2 行马铃薯，豌豆和马铃薯行距同为 30 cm，豌豆与马铃薯间距 10 cm。每亩间套种田内，豌豆播量 5～6 kg，保苗 26 000～30 000 株；马铃薯株距 35 cm，保苗 4 100 株。

4. 黄土高原地区幼龄果园与马铃薯间作栽培　苹果是陕西省渭北地区的农业支柱产业，但新栽植的果园 1～3 年内没有经济收益，利用幼龄果树树冠较小的特点，与马铃薯间作，可达到充分利用土、肥、水、光、热等资源，果树不减产，且多收一茬马铃薯。一般亩产马铃薯 1 500 kg，亩收入 1 200 元。其技术要点是：前茬选择禾谷类或豆类作物，结合秋耕亩施农家肥 3 000～4 000 kg，深耕整地。在保证果树 1.5 m 营养带的前提下，采用宽窄行规格划行，宽行 60 cm，窄行 30～40 cm。覆膜时在宽行起高 10～15 cm，膜面 50 cm 宽垄。选择早熟、高产、抗逆性强、适宜间作套种的品种，规格切种和种薯处理，当地气温稳定在 5～7 ℃为适宜播种期，川区一般于 3 月上旬播种，塬区于 3 月中下旬播种，利用打孔器呈"品"字形打孔播种，株距 30～35 cm，亩留苗 3 000～3 500 株。加强田间管理，防治病虫害。适期收获，及时清除废膜及马铃薯茎叶，以防污染土壤及病虫危害幼树。

5. 云贵高原地区马铃薯与甘蔗套种栽培　据廖邦宏等（2010）介绍，甘蔗选择植株直立、前期生长慢、后期生长较快的早熟、高产、高糖品种，有新台糖系列（新台糖 16、20、26）、云蔗系列（云蔗 89/151、89/7、54/550、99 - 91、02 - 2332 等）、粤糖系列（粤糖 93/15979/09、00/236、55 等）、闽糖 69421、云引 58 等。马铃薯选择早熟、高产、综合抗病性较强的新品种，主要有费乌瑞它、合作 88、东农 303、中薯 3 号、中薯 5 号等。坚持以基肥为主、农家肥为主的施肥原则，甘蔗采用宽窄行种植方式，宽行距 140 cm，窄行距 70 cm。窄行内开双行种蔗沟，每行沟底宽 25～30 cm，沟深 30 cm，实行机械开沟、人工清沟。蔗沟开好后，做好种蔗准备，采用双行双垄接顶方式种植，每亩用种量为

800 kg。在甘蔗沟大行距行间种植马铃薯，采用小型拖拉机开沟，高垄双行种植每亩播种3 000株，一次性覆土起高垄，为提早马铃薯的播种节令，一般先种马铃薯后种甘蔗，相隔时间为10～20 d。当马铃薯植株大部分茎叶枯黄，植株全部倒伏，块茎成熟时，即可收获，可提前5～7 d割蔓杀秧。马铃薯收获后，甘蔗应加强肥水管理，重施攻茎肥，及时培土和防治病、虫、草害。根据蔗糖企业的砍运安排，及时做好田间测产、砍运收获。对留用宿根的甘蔗，要快锄低砍，注意保护蔗苑，为下年宿根蔗高产创造良好的基础。

本章参考文献

白艳茹，马建华，樊明寿，2010. 马铃薯连作对土壤酶活性的影响 [J]. 作物杂志，29（3）：34-36.

曹莉，秦舒浩，张俊莲，等，2013. 轮作豆科牧草对连作马铃薯田土壤微生物菌群及酶活性的影响 [J]. 草业学报，22（3）：139-145.

曹先维，张新明，陈洪，等，2014. 南方冬作区马铃薯产业发展现状和技术特点及需求分析 [M]//屈冬玉，陈伊里. 马铃薯产业与小康社会建设论文集. 哈尔滨：哈尔滨工程大学出版社，170-178.

陈焕丽，吴焕章，郭赵娟，2012. 中原二作区秋播马铃薯栽培技术 [J]. 现代农业科技（24）：100.

陈伊里，石瑛，秦昕，2007. 北方一作区马铃薯大垄栽培模式的应用现状及推广前景 [J]. 中国马铃薯，21（5）：296-299.

冯杰，梁文华，李龙珠，等，2014. 水稻—马铃薯—白菜一年三熟栽培模式及关键技术 [J]. 蔬菜（12）：39-40.

冯君伟，郝云凤，刘晓东，等，2013. 巴彦淖尔市早熟马铃薯套种向日葵栽培技术 [M]//陈伊里，屈冬玉. 马铃薯产业与农村区域发展论文集. 哈尔滨：哈尔滨地图出版社，407-408.

冯世鑫，马小军，闫志刚，等，2013. 黄花蒿与马铃薯等秋种作物轮作的效应分析 [J]. 西南农业学报，26（1）：79-83.

苟芳，张立祯，董宛麟，等，2012. 向日葵和马铃薯间作的生育期模拟模型 [J]. 应用生态学报，23（10）：2773-2778.

海月英，2013. 豌豆间套种马铃薯栽培技术 [J]. 内蒙古农业科技（6）：107-108.

李建武，文国宏，2014. 2013年甘肃省马铃薯产业发展状况 [M]//屈冬玉，陈伊里. 马铃薯产业与小康社会建设论文集 [M]. 哈尔滨：哈尔滨工程大学出版社，144-148.

李勤志，冯中朝，2009. 我国马铃薯生产的区域优势分析及对策建议 [J]. 安徽农业科学，37（9）：4301-4302，4341.

李文刚，郭景山，曹春梅，等，2014. 2013年内蒙古马铃薯产业现状、存在问题及建议 [M]//屈冬玉，陈伊里. 马铃薯产业与小康社会建设论文集 [M]. 哈尔滨：哈尔滨工程大学出版社，84-89.

李荫藩，梁秀芝，王春珍，等，2009. 山西省马铃薯产业现状及发展对策 [M]//陈伊里，屈冬玉. 马铃薯产业与粮食安全论文集 [M]. 哈尔滨：哈尔滨工程大学出版社，77-81.

廖邦宏，杨忠进，2010. 甘蔗套种马铃薯高产栽培技术初探 [J]. 云南农业（11）：37-38.

刘存寿，何建栋，柴忠良，等，2009. 马铃薯连作障碍机理与防治措施研究 [M]//陈伊里，屈冬玉. 马铃薯产业与粮食安全论文集 [M]. 哈尔滨：哈尔滨工业大学出版社，338-341.

马占礼，2008. 马铃薯加工专用型品种夏波蒂高产栽培技术 [J]. 现代农业科技（16）：68-69.

孟梁，2013. 根系分泌物及其在有机污染土壤修复中的作用 [J]. 上海农业学报，29（2）：90-94.

苗百岭，侯琼，梁存柱，2015. 基于GIS的阴山旱作区马铃薯种植农业气候区划 [J]. 应用生态学报，26（1）：278-282.

庞万福，卞春松，段绍光，等，2013. 我国中原二作区马铃薯灌溉现状及对策 [M]//陈伊里，屈冬玉.

马铃薯产业与农村区域发展论文集 [M]. 哈尔滨：哈尔滨地图出版社，301-304.

秦越，马琨，刘萍，2015. 马铃薯连作栽培对土壤微生物多样性的影响 [J]. 中国生态农业学报，23（2）：225-232.

桑月秋，杨琼芬，刘彦和，等，2014. 云南省马铃薯种植区域分布和周年生产 [J]. 西南农业学报，27（3）：1003-1008.

尚朝花，马钟辉，保善平，2007. 高寒冷凉地区蚕豆马铃薯套种高产栽培技术 [J]. 农业科技通讯（12）：128.

隋启君，白建明，李燕山，等，2013. 适合西南地区马铃薯周年生产的新品种选育策略 [M]//陈伊里，屈冬玉. 马铃薯产业与农村区域发展论文集 [M]. 哈尔滨：哈尔滨地图出版社，243-247.

孙伟，邓宽平，李标，等，2010. 马铃薯费乌瑞它冬种高产栽培技术 [J]. 农技服务，27（12）：1553，1570.

唐红艳，牛宝亮，张福，2010. 基于 GIS 技术的马铃薯种植区划 [J]. 干旱地区农业研究，28（4）：158-162.

滕宗璠，张畅，王永智，1989. 我国马铃薯适宜种植地区的分析 [J]. 中国农业科学，22（2）：35-44.

王钊，豆利娟，刘明慧，等，2012. 关中西部早熟马铃薯高效栽培技术 [J]. 粮食作物（6）：137-138.

王鹤龄，王润元，张强，等，2012. 甘肃马铃薯种植布局对区域气候变化的响应 [J]. 生态学杂志，31（5）：1111-1116.

吴永贵，杨昌达，熊继文，等，2008. 贵州马铃薯种植区划 [J]. 贵州农业科学，36（3）：18-25.

杨昌达，陈德寿，杨力，等，2008. 关于贵州马铃薯种植区划和品种布局的几个问题 [J]. 耕作与栽培（3）：48-50.

杨海鹰，云庭，2010. 浅谈我国马铃薯种薯市场发育现状与发展思路 [J]. 中国马铃薯，24（5）：314-315.

袁照年，2003. 中国冬种区马铃薯生产现状及发展对策 [M]. 哈尔滨：哈尔滨工程大学出版社，358-361.

张华，夏阳，刘鹏，2015. 我国马铃薯机械化收获现状及发展建议 [J]. 农业机械（15）：95-96.

周从福，段德芳，胡玉霞，等，2013. 贵州低海拔地区早熟马铃薯丰产栽培技术 [J]. 农技服务，30（6）：570-571.

第二章

马铃薯生长发育和环境效应

第一节 马铃薯生长发育

一、马铃薯生育期与生育阶段

（一）生育期与生育时期

大田农作物一般是一年生草本植物。马铃薯也是一年生草本植物，其生育期应该是指从种子到种子的完整生活周期，其长短用天数表示。但在生产中，是用无性器官块茎播种（整薯或切块），所以，栽培上的生育期用生育时期表示。马铃薯的生育期是根据作物在田间生长的时间划分的，计算时间是从幼苗出土到植株自然枯死（块茎成熟）的天数，单位为天（d）。按生育期长短可分为极早熟（生育期少于 60 d）、早熟（60～75 d）、中早熟（76～90 d）、中熟（91～105 d）、中晚熟（106～120 d）、晚熟（121～135 d）、极晚熟（135 d 以上）。生育期的长短主要由它本身的遗传性状决定，但在不同的环境条件下还有一些变化，或是延长或是缩短。

1. 马铃薯植株的形态特征　马铃薯是茄科茄属一年生草本作物。通常用块茎繁殖，但也可用种子繁殖，许多马铃薯品种能天然结果，育种家利用杂交方法得到的种子和天然结实的种子进行马铃薯新品种选育，生产中用块茎繁殖。植株分地上和地下两部分。地上部分包括茎、叶、花、果实和种子；地下部分包括根、匍匐茎和块茎。形态特征是鉴定品种、判断植株生长好坏和采取合理技术措施的重要标志和依据。

（1）根　马铃薯根系是在块茎萌发后当芽长 3～4 cm 时，从芽的基部发生出来，构成主要吸收根系，称为初生根或芽眼根。以后随着芽的伸长，在芽的叶节上于发生匍匐茎的同时，发生 3～5 条根，长 20 cm 左右，围绕着匍匐茎，称为匍匐根。初生根先水平生长约 30 cm，然后垂直向下深达 60～70 cm；匍匐根主要是水平生长。根起源于茎内，由靠近维管系统外围的初生韧皮部薄壁细胞的分裂活动发生，若芽组织老化则更深入到较内部的维管形成层附近才发生。由于马铃薯根的这种内生性，所以它的发芽期特别长，即使环境适宜的情况下也要 15 d 左右。马铃薯用块茎繁殖和种子繁殖时，根部形态不相同，用块茎繁殖的根为须根，没有直根；用种子繁殖时植株的根为直根和侧根。

① 须根。须根从种薯上幼芽基部发出，而后又形成许多侧根。根系发育情况因品种与栽培条件不同而异。大部分品种的根系分布在土壤表层下 40 cm，一般不超过 70 cm，在沙质土壤中根深可达 1 m 以上。早熟品种的根系一般不如晚熟品种发达，而且早熟品种根系分布较浅，晚熟品种分布广而深。所以种植马铃薯时要根据品种的熟性和根系的分布情况来确定株行距，才能获得高产。

② 直根。根随植株的生长而增多。主根呈圆锥形伸入土中，若生长条件好，实生苗的根系很发达，可伸入土壤 2 m 以上。有的地方实生苗当年单株产量可达 1 kg 以上，这与实生苗形成的强大根系是分不开的。

（2）茎　马铃薯的茎分地上茎和地下茎两部分。地上茎绿色或附有紫色素，主茎以花芽封顶而结束，代之而起的为花下两个侧枝，形成双杈分枝。以下各叶腋中都能发生侧芽，形成枝条。早熟品种分枝力弱，一般从主茎中部发生，1～4 枝；晚熟品种分枝多而长，一般从主茎基部开始发生。株势强弱反映种薯质量、栽培条件、技术合理程度等。地下茎包括有主茎的地下部分、匍匐茎和块茎。

① 地上茎。种植的马铃薯块茎发芽生长后，在地面上着生枝叶的茎为地上茎。茎上有棱 3～4 条，棱角突出呈翼状。茎上节部膨大，节间分明。节处着生复叶，复叶基部有小型托叶。多数品种节处坚实，节间中空。茎色有绿、紫、褐等颜色，因品种而异。茎有直立、半直立和匍匐型 3 种。栽培种的茎，大多为直立或半直立型。茎高多数品种在 40～100 cm，少数中晚熟品种在 100 cm 以上。茎上分枝的部位与品种有关，早熟品种在中上部分枝，中晚熟品种大都在下部或靠近茎的基部分枝。另外，茎的粗细、有无茸毛等均可作为区分品种的标志。

② 地下茎。块茎发芽后埋在土壤内的茎为地下茎。主茎地下部分可明显见到 8 个节，少数品种 6 个节；地下茎的节间较短，节上着生退化鳞片叶，在叶腋的部位生出匍匐茎（枝）。匍匐茎顶端膨大形成块茎。

③ 匍匐茎。匍匐茎又称匍匐枝，实际上是茎在土壤中的分枝。早熟品种在幼苗出土后 7～10 d 即开始生出匍匐茎；晚熟品种在花蕾形成前期开始生出匍匐茎。2 周后匍匐茎的顶端膨大，逐渐形成块茎，初期还能在匍匐茎上看到鳞片状的幼叶。如果播种的薯块覆土太浅或遇到土壤温度过高等不良环境条件，匍匐茎会长出地面变成普通的分枝，这就会影响结薯而减产。匍匐茎的长短和多少因品种而异。早熟品种较短，3～10 cm；晚熟品种较长，有的达 10 cm 以上。匍匐茎较短的结薯集中，便于收获。通常一个匍匐茎上只结 1 个块茎，每株以 5～8 个匍匐茎形成块茎适宜。

④ 块茎。栽培马铃薯的主要目的就是为了获得高产的块茎。块茎是生长在土壤中的缩短了的茎，由匍匐茎的顶端膨大而成。它的作用在于贮存养分，繁殖后代。块茎有顶、尾之分，与匍匐茎相连的一端称为薯尾，又称为脐部，另一头称为薯顶。块茎膨大初期，其表面有鳞片状的退化叶，鳞片叶凋萎留下的叶痕称为芽眉，芽眉上部凹陷处即为芽眼。每个芽眼里有 1 主芽，2 个以上的副芽，出芽时主芽先萌发，副芽受抑制呈休眠状态。当主芽受损伤被破坏时，副芽才会萌发。芽眼在块茎上呈螺旋状排列，一般为 2 个叶序环。顶部芽眼较基部密集，发芽早而壮，具有顶芽优势。块茎表面还分布着许多皮孔，是其与外界环境进行气体交换的孔道。土壤过湿、板结，皮孔外面就会发生由许多薄壁细胞堆砌

而成的白色小突起，这不仅影响块茎的质量，而且容易遭受土壤病菌的侵染。块茎的结构从外到里由周皮和薯肉两部分组成。周皮由10层左右矩形木栓化细胞组成，隔水、隔气、隔热，保护着薯肉。薯肉依次由皮层、维管束环和髓部的薄壁细胞组成，内含大量淀粉和蛋白质颗粒。块茎的形状、皮色、肉色等多种多样，都是区别品种的特征。生产上对块茎的要求除高产外，还希望形状好、芽眼浅、表皮光滑、色泽悦目等。特别是块茎形状最好是卵圆形，顶部不凹，脐部不陷，芽眼少而平，既有利于加工去皮，又便于食用清洗。这样的品种才适合市场销售和商品出口。

（3）叶　马铃薯最先出土的叶为单叶，心形或倒心形，全缘。以后发生的叶为奇数羽状复叶。复叶的顶部小叶一般较侧小叶稍大，形态也略有不同，可根据顶小叶的特征来鉴别品种。侧小叶一般有3～7对，侧小叶之间有大小不等的次生裂片。顶小叶和侧小叶都有小叶柄，着生于中肋上。复叶的叶柄很发达，叶柄基部有1对托叶。健康的叶，小叶平展、色泽光润；患病毒病的叶，小叶皱缩、叶面不平、复叶变小；被蚜虫、螨类侵害的叶子小叶边缘向内卷曲，叶背光亮失常。

（4）花　花序着生在枝顶，伞形或聚伞形花序。每个花序一般有2～5个分枝，每个分枝上有4～8朵花，每朵花由花萼、花冠、雄蕊和雌蕊四部分组成，其顶端的形状因品种而异。花冠基部联合呈漏斗状，由花冠基部起向外伸出与花冠其他部分不一致的色轮，形状如五角星，称为星型色轮，其色泽因品种而异。马铃薯的花色有白、粉红、紫、蓝紫色等多种鲜艳色彩，少数品种的花具有清香味。每朵花开放的时间约5 d。一个花序持续时间为15～40 d。一般上午8时开花，下午5时闭花。早熟品种第一序花盛开，中早熟品种第二序花开放，恰与地下块茎开始膨大吻合，是结薯期的重要形态指标。

（5）果实和种子　马铃薯属于自花授粉植物，在没有昆虫传粉的情况下，开花授粉率为0.5%左右。能天然结果的品种基本上全是自交结实。果实为浆果，呈球形或椭圆形，果皮淡绿色，有的表皮带白尖。一般每果含种子1 000～2 000粒。种子很小，肾形，千粒重0.5～0.6 g，为扁平卵圆形，呈浆黄色或暗灰色，表面粗糙，胚弯曲于胚乳中。种子寿命长，可保存10年以上。但新鲜种子发芽率极低，隔年种子发芽率一般可达70%～80%，条件好可达100%。种子不带病毒，但后代遗传性不稳定，性状分离较大。马铃薯大多数品种花而不实，仅少数品种结实。

2. 马铃薯生长发育特性

（1）**块茎的休眠**　新收获的马铃薯块茎，即使给予适宜的条件也不能发芽，必须经过相当长的时间才能发芽，这种现象称为休眠。这段停止发芽的时间称为休眠期。休眠是马铃薯的一种生理现象，是对不良环境条件的一种适应性。块茎休眠始于匍匐茎尖端停止极性生长和块茎开始膨大的时刻。休眠期的长短，与品种的特性和贮藏的条件有密切的关系。有的品种休眠期长达3～4个月，有的品种休眠期则很短，这是由品种的遗传特性决定的。休眠期的长短还与贮藏温度的高低有关，适宜的贮藏温度（2～4 ℃），多数品种可保持长期不发芽。在马铃薯栽培中，休眠期长的品种适合一季作地区种植和加工利用；休眠期短的品种适合二季作栽培。

（2）**茎腋芽发育的两极性**　马铃薯主茎中部以下的腋芽，不仅能发育成分枝和叶，还能发育成匍匐茎，这种特性就称为马铃薯腋芽发育的两极性。腋芽发育的方向主要取决于环境条件，生长在土层以上的腋芽，处于光照充足的大气环境中，大多发育成枝和叶；生长在土层以下的腋芽，处于黑暗环境中，大多发育成为匍匐茎。地下茎节上匍匐茎多少，直接影响着植株的结薯数和产量。在生产上，适当深播浅盖，分期多培土，增加地下茎节腋芽数和匍匐茎数，可以提高单株结薯数和产量。

（3）块茎形成与植株生长相关性　一般情况下，马铃薯块茎形成过程与地上部植株现蕾开花过程相吻合，这种特性就称为马铃薯块茎形成与植株生长的相关性。块茎形成与植株生长相关性表现在：现蕾前，地下部分根系、匍匐茎生长与地上部分茎叶同时生长，齐头并进；现蕾开花后，地上茎叶基本停止生长，地下块茎进入膨大期和成熟期。

3. 马铃薯地上部分的生育时期　马铃薯地上部分一般可分为块茎播种期、出苗期、团棵期、现蕾期、始花期、开花期、浆果成熟期和结籽期8个时期。

（1）播种期　进行马铃薯种质资源形态特征和生物学特性鉴定时的播种日期。以"年、月、日"表示。

（2）出苗期　小区出苗株数达75%的日期。以"年、月、日"表示。

（3）团棵期　从出苗到早熟品种的第六叶或中晚熟品种的第八叶展平，即完成了第一个叶序的生长时间，称为团棵期。以"年、月、日"表示。

（4）现蕾期　花蕾超出顶叶的植株占小区总株数的75%的日期。以"年、月、日"表示。

（5）始花期　第一花序有1~2朵花开放的植株占小区总株数10%的日期。以"年、月、日"表示。

（6）开花期　第一花序有1~2朵花开放的植株占小区总株数75%的日期。以"年、月、日"表示。

（7）浆果成熟期　自浆果开始着色开始，到生理成熟的日期。一般持续20~30 d。

（8）结籽期　从第一花序着果到结果结束的时期，称为结果期。

4. 马铃薯地下部分的生育时期　马铃薯地下部分一般可分为块茎形成期、块茎膨大期和块茎成熟期3个时期。

（1）块茎形成期　从匍匐茎停止极向生长，顶端开始膨大，到茎叶干物重和块茎干物重平衡期（即开花初期）止，为块茎形成期。本期的生长中心是块茎的形成，每个单株上所有的块茎基本上都是在这一时期形成的，因此是决定块茎数目多少的关键时期，一般需20~30 d。

（2）块茎膨大期　从地上部与地下部干物重平衡开始，到茎叶开始出现衰老止，为块茎膨大期。此期叶面积已达最大值，茎叶生长逐渐缓慢并停止。地上部制造的养分不断向块茎输送，块茎的体积和重量不断增长，是决定块茎体积大小的关键时期。

（3）块茎成熟期　从茎叶开始出现衰老开始，到茎叶枯萎、脱落，块茎体积不再增加止，为块茎成熟期。此期生长中心是块茎膨大和增重，其块茎增长速度为块茎形成期的5~9倍，是决定块茎产量和大中薯率的关键时期。

5. 马铃薯地上和地下部分生育时期的对应关系　见图2-1。

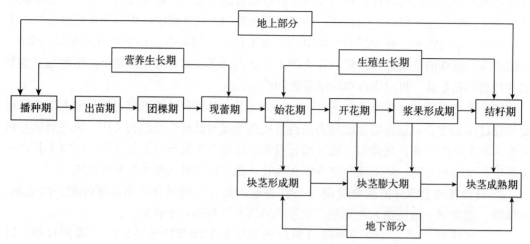

图 2-1 马铃薯地上部分与地下部分生育时期及对应关系

(郑太波，2016)

（二）马铃薯生育阶段

马铃薯的生长发育过程可分为发芽、幼苗、块茎形成、块茎膨大、淀粉积累和块茎成熟五个生长阶段。不同生育阶段生长发育中心、生育特点以及对环境条件的要求各不相同。

1. 发芽阶段 栽培中马铃薯的生长从块茎上的芽萌发开始，块茎只有解除了休眠才有芽和苗的明显生长。从芽萌生至出苗的这段时期，进行主茎第一段的生长。块茎休眠时芽部生长锥呈扁平状态，它由 5 层薄壁细胞组成。它们在块茎处在深度休眠时，也继续进行十分缓慢的分裂活动。随着休眠解除，细胞分裂和体积增大速度随之加快起来。于是，发生芽的伸长生长和叶原基的增多，生长锥变成半圆球状，最后形成一个明显的幼芽。这是第一段生长的初始阶段。与第一段生长同时，还有着主茎第二段、第三段茎、叶的分化和生长。当幼芽出土时主茎上的叶原基已分化完成，顶芽变成花芽，呈圆球状。

第一段生长的中心是芽的伸长、发根和形成匍匐茎，营养和水分主要靠种薯，按茎叶和根的顺序供给。生长的速度和好坏，受制于种薯和发芽所需的环境条件，生长所占时间因品种休眠特性、栽培季节和技术措施而不同，因此，解决好第一阶段的生长是马铃薯高产、稳产的基础。本阶段影响生长发育的主要因素是温度。马铃薯块茎发芽的最适宜温度是 18 ℃。块茎播种后，在土温不低于 4 ℃时，即可萌动但不伸长；在 5～7 ℃时，幼芽生长缓慢不易出土；在 10 ℃以上时，幼芽生长迅速而苗壮；超过 36 ℃时，常造成烂种。所以，生产上应注意适期播种。

2. 幼苗阶段 从马铃薯幼芽露出地面到顶端孕育花蕾、侧生枝叶开始发生的阶段。出苗到早熟品种（费乌瑞它）第六叶或中晚熟品种（克新 1 号）第七至八叶展平的时候，即完成一个叶序的生长，称为团棵，是主茎的第二段生长，为马铃薯的幼苗期。进入幼苗期后，仍以茎叶和根的生长为中心，但生长量不大，如茎叶干重只占一生总干重 3％～4％。展叶速度很快，平均每 2 d 增加一片新叶，同时，根系向纵深扩展。

在第二段生长时期，第三段的茎叶已分化完成，顶端孕育花蕾，侧生枝叶开始发生。匍匐茎在出苗后1周左右发生，开始现蕾时，匍匐茎数不再增加。最适温度是18~21℃，高于30℃或低于7℃茎叶就停止生长，在−1℃就会受冻，在−4℃则冻死。这一时期对肥水的需要量虽然仅占全生育期的15%左右，但对肥水却十分敏感，氮肥不足严重影响茎叶生长，缺磷和干旱直接影响根系发育和匍匐茎的形成。

3. 块茎形成阶段　当马铃薯主茎生长至7~13片叶时，主茎生长点开始孕育花蕾，侧枝开始发生，匍匐茎顶端停止极性生长、开始膨大，即标志幼苗期的结束和块茎形成期开始。这一时期是马铃薯由单纯的营养生长转入营养生长和生殖生长同时并进的阶段，即由地上部茎叶生长为中心转入地上部茎叶生长与地下块茎形成同时并进的阶段。该阶段是马铃薯对营养物质的需求量骤然增多的阶段，也是决定马铃薯块茎多少的关键时期，这一时期的生长中心是块茎的形成。从孕蕾到初花需20~30 d。

马铃薯块茎形成是由不同的内外环境因素所控制的。

（1）环境因素

① 温度。低温下，结薯较早，尤其在夜温低的情况下可以获得较高的块茎产量，夜温高则不能结薯。

② 光照。长日照、弱光结薯迟。

（2）内源激素

① 赤霉素。赤霉素含量高会阻止干物质的形成和分配，因而限制了结薯。

② 细胞分裂素。细胞分裂素的含量高则可能是结薯刺激物的一个必要成分。

该期保证充足的水肥供应，及时中耕培土，防止氮素过多，通过播期及其他栽培技术调节温度和日照，是夺取丰产的关键。

4. 块茎膨大阶段　当地上部主茎出现9~17片叶，花枝抽出并开始开花时，即标志块茎形成期的结束和块茎膨大期开始。此时马铃薯块茎的体积和重量迅速增长，在适宜条件下每窝每天可增20~50 g，为块茎形成期5~9倍。这一时期的生长中心是块茎体积和重量的增长，是决定块茎大小的关键时期，对经济产量形成具有决定作用。膨大期的长短受气候条件、病害和品种的熟期等因素影响。此期地上部生长也很迅速，茎叶生长迅速达到高峰。据测定，马铃薯的最适叶面积分别为3.5~4.5。在茎叶高峰出现前，块茎与茎叶鲜重的增长呈正相关。

5. 淀粉积累阶段　开花结果后，茎叶衰老至茎叶枯萎阶段，茎叶生长缓慢直至停止，植株下部叶片开始枯萎，进入块茎淀粉积累期，此期块茎体积不再增大，茎叶中贮藏的养分继续向块茎转移，淀粉不断积累，蛋白质、微量元素相应增加，糖分逐渐减少。块茎重量迅速增加，周皮加厚，当茎叶完全枯萎，薯皮容易剥离，块茎充分成熟，逐渐转入休眠。此期特点是以淀粉积累为中心，淀粉积累一直继续到叶片全部枯死前。栽培上既要防茎叶早衰，也要防水分、氮肥过多，贪青晚熟，降低产量与品质。

6. 块茎成熟阶段　在生产实践中，马铃薯没有绝对的成熟期。收获时期取决于生产目的和轮作中的要求，一般当植株地上部茎叶黄枯，块茎内淀粉积累充分，块茎尾部与连着的匍匐茎容易脱落不需用力拉即与连着的匍匐茎分开，块茎表皮韧性较大、皮层较厚、色泽正常时，即为成熟收获期。

二、马铃薯块茎的形成和发育

马铃薯是一种收获块茎的粮食作物。其块茎除可食用外，亦可用于繁殖。马铃薯种质资源除少量野生种可用实生种子繁殖长期保存外，绝大部分栽培种都是以块茎的方式无性繁殖。可以说，马铃薯的种植起始于块茎（种薯），又收获于块茎（食用薯）。块茎既关系到播种繁殖，又关系到收获，因此对马铃薯块茎的研究非常重要。块茎的形成是从匍匐茎的发生开始的，块茎的形成和匍匐茎的形成是马铃薯产量形成的前提条件和基础。

（一）块茎形成时植株的形态变化

李灿辉等（1997）对马铃薯块茎形成机理研究指出，马铃薯植株上块茎开始发生和形成时，植株的生长发生了急剧的变化。通常主要表现为：匍匐茎顶端出现钩状弯曲，弯曲部位膨大，继而发育成块茎；植株上的叶片变大、变薄；叶柄与茎秆的夹角增大；茎秆生长受抑制；节间缩短；侧芽发育成枝条的趋势被抑制；花芽及花的败育率增加；根的生长及根系发育受抑制；块茎成熟和植株衰老加快等。据冷冰等（2010）对马铃薯块茎形成的研究进展介绍，匍匐茎形成后，通常是匍匐茎的前端开始发育形成块茎。Viola 等将其分成 3 个区域：顶端区域（apical region）即茎尖（tip）、弯钩区域（hook）和近顶端区域（sub-apical region）。其中具有弯钩区域和近顶端的膨大是块茎发生的典型形态特征。普遍认为，匍匐茎顶端变厚膨大形成块茎后，匍匐茎就停止伸长生长。但是，也有研究使用不同的马铃薯品种，观察到匍匐茎顶端伸长生长形成新的节间，才能使块茎继续生长。因而，不同品种决定块茎发育的细微差别。Cenzano 等用茉莉酸（JA）处理培养匍匐茎发现，在块茎形成过程中，顶端区域变窄，叶原基消失，近顶端分生组织膨大开始形成块茎。Xu 等使马铃薯单节切段在不含赤霉素（GA）的 8％ 蔗糖的培养基中黑暗培养，可以从腋芽发育形成块茎；暗培养第四天，长出 1 cm 大约有 8 个节间的腋芽。随后腋芽停止伸长生长，其茎尖开始横向生长使块茎膨大，整个膨大过程发生在第一至三节间，第三节间以上既不伸长也不膨大。Xu 等认为，块茎的体内发生过程与体外发生过程类似，在匍匐茎顶部至少先发育出 8 个茎节块茎才开始膨大。其涉及的匍匐茎的伸长和节间数目变化很大，与体外发生体系不同的是，其在匍匐茎直到顶端最后一个间节也发生膨大。

就块茎形成过程本身而言，从形态学的角度观察，一般将其分成匍匐茎形成和匍匐茎亚顶端区域膨大成块茎两个阶段。但应该指出的是，匍匐茎形成和块茎发生及形成之间并无必然的因果联系。一般情况下，块茎即发生于匍匐茎顶端的弯曲部位。匍匐茎顶端转变成块茎的过程包含了细胞膨大、细胞分裂加快，但纵向分裂停止；淀粉、贮藏蛋白沉积等最终导致块茎的形成。

（二）匍匐茎与块茎建成规律

匍匐茎可以在主茎任何节位上形成，但其进一步发育是由多种内外部因素协调作用的结果。虽然块茎由匍匐茎茎尖发育而成，由于遗传因素、自然环境条件和栽培技术的影响，不是所有的匍匐茎都能形成块茎，其形成也同样受多种条件所调控。在一般情况下，匍匐茎的成薯率为 50%~70%，匍匐茎越多，形成的块茎也多。同时，匍匐茎和块茎的形成也与植株其他器官的生长发育密切相关。匍匐茎的形成与地上茎叶的生长存在着对光合产物的竞争，所以匍匐茎数量及干重与种薯上萌发的枝条数呈负相关，匍匐茎的生长随萌发的枝条数的增加而减弱；匍匐茎数量不仅与叶片数密切相关，而且与叶面积和叶干重密切相关。刘克礼等（2003）从匍匐茎和块茎数量与地上部其他器官的关系出发，从器官生长发育的角度探讨了匍匐茎和块茎建成规律。

1. 匍匐茎建成规律 匍匐茎的形成是块茎形成的前提条件和基础，但其建成又与光合系统的大小和干物质分配密切相关，匍匐茎数量不仅与叶片数密切相关，而且与叶面积和叶干重密切相关。从相关系数的大小可以看出，叶片干物质积累量越大，匍匐茎数量越多；光合系统质量越高，匍匐茎数量越多。同时，匍匐茎数量还与群体密度、施肥水平有关。高密群体由于有群体效应，出苗较快，形成的匍匐茎数量较低密群体多，尤其是在出苗的早期。高磷处理与未施磷处理相比，形成的匍匐茎数量要多，由于增施磷肥也有利于早发苗，因而匍匐茎能快速建成。高钾处理对匍匐茎的早期形成略有抑制。优化处理下，匍匐茎的形成稳定增长，可见，适宜的氮、磷、钾配比有利于匍匐茎的适时建成，形成较多的有效匍匐茎（能形成块茎的匍匐茎）。增加矿质养分，能促进匍匐茎的生长（Svensson，1962；Lovell & Booth，1969；Tri-pathi，B. K，1973）。

2. 马铃薯块茎建成规律

（1）块茎建成 匍匐茎的结薯率（形成块茎的匍匐茎占匍匐茎总数的百分比）呈"S"形曲线变化。出苗 10 d 后，已有匍匐茎开始膨大形成块茎，以后随匍匐茎的陆续发生，块茎相继建成，至出苗后 20~50 d，结薯率基本上是直线增长；出苗 60 d 以后，匍匐茎的结薯率平均达到 75% 以上，即接近块茎形成终止期。由此说明：尽管在马铃薯生育期间，先后都有匍匐茎形成，但在出苗 60 d 后，由于光周期、温度等因素的影响，即使有匍匐茎形成，这些匍匐茎亦不会膨大形成块茎。

（2）结薯率与干物质分配关系 刘克礼等（2003）分析发现，茎叶干物重（%）与结薯率（%）之间都达到极显著负相关，而块茎干重（%）与结薯率（%）之间为极显著的正相关，而且它通过茎叶干重对结薯率的间接影响为极显著的正相关。由此说明：尽管干物质分配到地上部较多时不利于块茎的建成，但它们的建成是块茎形成的物质基础。在生产上如何通过合理的栽培技术措施，既要使地上部有一定的生长量，又不使其徒长，使地上茎叶生长与地下块茎建成相互协调，则是马铃薯高产的关键。

（3）块茎体积和干重的增长动态 马铃薯块茎体积和干重的增长呈三次曲线变化：即块茎形成初期，体积增长较缓慢；进入增长中期后，体积和干重进入直线增长期；到淀粉积累期，体积增长又减缓。从块茎体积增长速率上来看，出苗至苗后 55 d，块茎体积的增长速率缓慢，出苗后 55~70 d，块茎体积增长速率加快，峰值出现在出苗后 70 d 左右，接近成熟期，增长速率又有所下降。

3. 创造适合匍匐茎和块茎形成的环境 马铃薯植株光合面积的形成是匍匐茎形成的物质基础，幼苗期较大的叶面积有利于匍匐茎的形成，马铃薯出苗后即有匍匐茎发生，此时植株正处于由异养到自养的过渡时期。在生产上，应采取合理的栽培措施，如施用速效磷肥作为基肥，促进种薯中的养分迅速转化并供给幼芽和幼根的生长，促进发芽出苗，有利于叶片的早发与迅速伸展，因而有利于匍匐茎的形成，这对于实现马铃薯的高产优化栽培具有重要的意义。

依据前人报道，马铃薯块茎膨大，各器官间对光合产物等营养物质的竞争在幼苗期就开始发生。幼苗期虽然是以茎叶和根系生长发育为中心的时期，但同时也伴随着匍匐茎的形成和伸长，因此匍匐茎的形成与地上茎叶的生长间在幼苗期就已存在着对光合产物的竞争。所以，在生产上，应采取合理的栽培措施，降低匍匐茎形成与地上茎伸长、充实的竞争，可为获得较高的块茎产量打下基础。

马铃薯的结薯率在整个生育期内呈"S"形曲线变化。在整个马铃薯生育期间，地下茎节上都有匍匐茎发生，但出苗 60 d 以后形成的匍匐茎很少膨大形成块茎，因此对产量贡献较大的是较早形成的匍匐茎和块茎，所以凡是有利于匍匐茎和块茎早发的生产措施，均有助于提高产量。

从块茎建成与干物质分配的关系可以看出，大量的干物质分配到块茎，有利于提高单株结薯数和实现高产，但同时也可以看到，干物质在块茎中的分配率对结薯率的影响主要是通过植株地上部营养器官的建成而起作用的，地上部器官的建成是块茎形成的物质基础，因此，在生产上应采取有效措施，促进早发苗、发壮苗。

（三）块茎形成过程中的生理生化变化

伴随着马铃薯块茎的发生和形成，甚至在块茎发生之前，植株内就发生了一系列与块茎形成相关的生理生化变化。主要表现为：叶片的光合速率大幅度提高，整个植株的干物质含量迅速增加，叶片中同化产物外运的速度加快；匍匐茎顶端蔗糖含量增加，淀粉逐渐沉积；块茎特异蛋白等贮藏蛋白相继出现，且含量渐增；一些内源激素的含量也出现了明显的变化等现象。

1. 蔗糖和淀粉的变化

（1）蔗糖、淀粉合成速度及含量变化　在块茎发生期间，植株叶片中蔗糖和淀粉的合成能力迅速增加，叶内蔗糖和淀粉含量也相应增高，并出现极其明显的昼夜节律变化。与此同时，蔗糖外运并累积于匍匐茎顶端，淀粉在此部位亦开始合成并逐渐沉积；因而，此时的匍匐茎顶端蔗糖和淀粉含量增加。块茎出现时，两者的含量急剧上升。块茎形成之后，块茎中淀粉沉积逐渐加快，而蔗糖浓度则在一定时间内保持较稳定水平，然后才缓慢下降；但正常条件下，正在发育的块茎中蔗糖含量仍高于植株的其他器官中的含量。

（2）蔗糖、淀粉合成酶类发生变化　李灿辉等（1997）研究发现，在块茎发生过程中，UDPG 焦磷酸酶、蔗糖磷酸合成酶（SPS）、蔗糖合成酶（SS）和 ADPG 焦磷酸化酶 B 的含量和活性均逐渐上升；块茎出现时，上述四者的含量和活性皆达最高水平；此后，逐渐缓慢下降。ADPG 焦磷酸化酶 S、颗粒淀粉合成酶（GBSS）和分枝酶（BE），在块茎发生期间，含量和活性亦逐渐增加；至块茎出现时，也达最大值。此后，GBSS 等的含量和活性依然保持相对恒定；而 BE 则缓慢上升。冷冰等（2010）认为，在块茎发育的后期，主要是淀粉的积累和蛋白质的合成。ADP-葡萄糖焦磷酸化酶（AGP）是淀粉形成的关键酶。Morell 等发现，转反义 AGP 基因马铃薯植株中 AGP 酶活性显著降低，淀粉合成受阻，其块茎的淀粉含量只有正常植株块茎的 2%。

2. 块茎形成中一些内源激素的变化 马铃薯植株中一些内源激素在块茎形成过程中也发生了明显的变化。李灿辉等（1997）研究发现，赤霉素（GA_3）的含量在块茎形成过程中显著下降；细胞分裂素在块茎出现之前含量明显上升，然而，在块茎发生及形成期间即开始下降至较低水平；生长素的含量变化类似于细胞分裂素；脱落酸的含量在块茎形成期间略有增加；而乙烯活性却无明显变化。据冷冰等（2010）研究发现，在块茎发育早期，与植物开花相关的 FT 基因参与马铃薯在短日照条件下诱导结薯的反应，叶片感受光周期并产生信号，向地下的葡匐茎传导而诱导结薯。脂氧合酶（LOXs）也参与控制马铃薯块茎发生，在新形成的块茎顶端和亚顶端区 lox1 家族转录积累，特别是在环髓区的维管组织，这个区域外是在块茎增大时细胞生长最活跃的区域。在体外培养体系中，MADS-box 基因 POTM1-1，是一个块茎发生的早期基因。在马铃薯块茎发生过程中，它可能作为一个转录因子调节块茎发生的某个或几个关键基因的表达来决定腋芽发育方向，当该基因诱导表达时腋芽则发育形成块茎，当抑制该基因表达时腋芽则发育成具葡匐茎的芽。POTM1-1 在腋芽、地下葡匐茎和新形成的块茎中高表达，但是在成熟的块茎中表达量相对较低。进一步的研究发现，POTM1 的 RNA 在马铃薯营养分生组织，特别是在分生组织的原套、原体层和原形成层中积累，这显示 POTM1 通过调控营养分生组织中细胞生长来控制腋芽的发育。另外，近来发现，植株叶片中茉莉酮酸（jasmonic acid，JA）和块茎酸（tuberonic acid，TA）的含量或活性在短日照条件下明显上升，可能与块茎形成有关。在公认的五大类激素中，GA_3 对块茎形成的影响诸多报道结果较一致。JA 和 TA的作用则仍需深入探讨。

3. 贮藏蛋白的变化 块茎的形成还与一些块茎主要贮藏蛋白，如马铃薯糖蛋白（patatin）和蛋白酶抑制剂 II（Pin II）等的出现直接相关联。这些蛋白质通常具有块茎特异性，正常情况下，其仅在块茎发生及形成过程中出现，并随着块茎的生长和发育而逐渐累积。patatin 和 Pin II 的含量占块茎总可溶性蛋白含量的 60% 以上，正常植株的茎叶中无法检测到它们的存在。但在块茎发生过程中，patatin 特异性地在葡匐茎顶端出现并逐渐累积，块茎发生后，Pin II 亦开始出现和累积。patatin 的出现被认为是块茎发生和形成的生化标志。然而，有关 patatin 和 Pin II 在块茎形成过程中特异性出现的原因及其生理功能仍在研究之中。

4. 其他影响因子 块茎形成主要由遗传基因控制，因为，并非所有的马铃薯品种都能形成块茎，有些品种即使在最佳结薯条件下也不能产生块茎。对普通栽培品种而言，一般认为，短日照（尤其是暗期延长）、较低的温度（尤其是较低土温和夜温）、高光强、蓝光、低水平氮素（包括低水平的 NO_3^-/NH_4^+ 值）、种薯及植株生理年龄衰老等条件有利于块茎形成；反之，则影响、延缓或抑制块茎的形成。很显然，这些影响因子对块茎形成的作用肯定还与品种的遗传背景有关。如有些品种即使在持续光照条件下也能正常结薯。在深入研究这些外部影响因子对块茎形成的内在作用机制过程中，目前已肯定光周期（如光敏素）和光合产物是块茎形成的主要调控因子。而光强、光质、温度和氮素等的作用机制，许多学者通过内源激素（尤其是 GA_3）的可能作用机制来解释。因为 GA_3 与块茎形成的关系为多数学者认同。

综上所述，学者对马铃薯块茎形成过程中的外观形态变化了解很清楚，但对马铃薯块茎形成机理仍处于探讨和研究之中,对细胞水平和基因调控的认识还存在许多疑问:匍匐茎顶端细胞分裂和增大的时序如何确定;块茎初始时,以何种组织细胞的分裂为主,以何种方式使块茎继续膨大;基因间如何互作调控马铃薯块茎发育等。因此,对马铃薯块茎发育的整个过程做更细致的跟踪研究,有望对这些问题做出圆满的回答。

三、马铃薯生长与环境条件的关系

(一)温度

马铃薯因原产南美洲安第斯山高山区,生长发育需要较冷凉的气候条件,年平均气温5~10 ℃,最高平均气温 24 ℃左右。中国的西南山区、西北和北方一些地区,接近马铃薯原产地的气候条件。不过马铃薯栽种经过多年的人工选择,已有早、中、晚熟期不同的品种类型,在多种气候条件下可以种植。但毕竟马铃薯植株和块茎在生物学上对温度的反应有其自然特性。

1. 植株对温度的反应 播种的马铃薯块茎在地面下 10 cm 深的土温达 7~8 ℃时,幼芽即可生长,10~20 ℃时幼芽苗壮成长并很快出土。播种早的马铃薯出苗后常遇到晚霜,一般气温降至-0.8 ℃时幼苗即受冷害。气温降到-2 ℃时幼苗受冻害,部分茎叶枯死、变黑,但在气温回升后还能从节部发出新的茎叶,继续生长。植株生长最适宜的温度为21 ℃左右,于 42 ℃高温下,茎叶停止生长,气温在-1.5 ℃,茎部受冻害,-3 ℃时茎叶全部枯死。开花最适温度为 15~17 ℃,低于 5 ℃或高于 38 ℃则不开花。开花期遇到-0.5 ℃低温则花朵受害,-1 ℃使花朵致死。当然,因品种的抗寒性不同,对温度的反应也有差异。但在了解马铃薯植株生长与温度的关系后,对加强田间的管理,保证马铃薯获得高产,具有重要意义。

2. 块茎对温度的反应 马铃薯块茎生长发育的最适温度为 17~19 ℃,温度低于 2 ℃和高于 29 ℃时,块茎停止生长。在生产实践中常遇到两种块茎生长反常现象。第一种现象是播种块茎上的幼芽变成了块茎,也称"闷生薯"或"梦生薯"。这种现象是由于播种前块茎贮藏条件不好,窖温偏高。窖温在 4 ℃以上,块茎休眠期过后即开始发芽。有的窖温在 10 ℃以上,块茎上的芽长得很长,把块茎生芽去掉后播种,块茎内养分向幼芽转移时遇到低温,幼芽没有生长条件,所以又把养分贮藏起来形成了新的小块茎。如果播种时块茎不发芽或只是开始萌芽而不生长,待温度升高后才正常生长,这样就不会产生块茎。第二种现象是在块茎遇到长时间高温时即停止生长,待浇水或降雨后土壤温度下降,块茎又开始生长,即二次生长。

(二)水分

马铃薯生长过程中必须供给足够的水分才能获得高产。马铃薯的需水量与环境条件的关系密切而复杂,特别是与马铃薯叶片的光合作用和蒸腾作用,植株所处的气候条件、土壤类型、土壤中有机质含量、施用的肥料种类与数量以及田间管理、种植的品种等,都有很大关系。研究结果表明,马铃薯植株每制造 1 kg 干物质约消耗水 708 L。在壤土上种植马铃薯时,生产 1 kg 干物质最低需水 666 L,最高 1 068 L,而在沙质土壤种植马铃薯的需水量为 1 046～1 228 L。一般每亩生产 2 000 kg 块茎，按地上部和地下部重量 1∶1 和干物重 20% 计算，每亩需水量为 280 t 左右。马铃薯生长过程中需水量最多的时期是孕蕾至花期。盛花期茎叶的生长量达到了最高峰，这段时间水分不足，会影响植株发育及产量。从开花到茎叶停止生长，这一段时间内块茎增长量最大，植株对水分需要量也很大，如果水分不足会妨碍养分向块茎中输送。

另外，马铃薯生长所需要的矿质元素都必须溶解于水后，才能全部吸收。如果土壤中缺水，营养物质再多，植物也无法利用。同样，植株光合作用和呼吸作用一刻也离不开水，如水分不足，不仅影响养分的制造和运转，而且会造成茎叶萎蔫，块茎减产。所以，长期保持土壤有足够的水分是马铃薯高产的重要条件。通常土壤水分保持在 60%～80% 比较合适。土壤水分超过 80% 对植株生长也会产生不良的影响，尤其是后期土壤水分过多或积水超过 24 h，块茎易腐烂。积水超过 30 h 块茎大量腐烂，超过 42 h 后将全部烂掉。因此，在低洼地种植马铃薯要注意排水和实行高垄栽培。

（三）土壤

马铃薯对土壤适应的范围较广，最适合马铃薯生长的土壤是轻质壤土。因为块茎在土壤中生长，有足够的空气呼吸作用才能顺利进行。轻质壤土较肥沃又不黏重，透气性良好，不但对块茎和根系生长有利，而且还有增加淀粉含量的作用。用这类土壤种植马铃薯，一般发芽快，出苗整齐，生长的块茎表皮光滑，薯形正常，而且便于收获。

黏重的土壤种植马铃薯，最好做高垄栽培。这类土壤通气性差，平栽或小垄栽培常因排水不畅造成后期烂薯。土壤黏重易板结，常使块茎生长变形或块茎形不规则。但这类土壤只要排水通畅，其土壤保水、保肥力强，种植马铃薯往往产量很高。对这类土壤的管理，掌握中耕、除草和培土的墒情非常重要，一旦土壤板结变硬，田间管理很不方便，尤其培土困难，如块茎外露会影响品质。这类土壤生产的马铃薯块茎淀粉含量一般偏低。

沙性大的土壤种植马铃薯应特别注意增施肥料。因这类土壤保水、保肥力最差。种植时应适当深播，因一旦雨水稍大把沙土冲走，很易露出匍匐茎和块茎，不利于马铃薯生长，反而增加管理上的困难。沙土中生长的马铃薯，块茎特别整洁，表皮光滑，薯形正常，淀粉含量高，易于收获。

马铃薯是较喜酸性土壤的作物，土壤氢离子浓度 100～15 850 nmol/L（pH 7.0～4.8）马铃薯生长都比较正常。氢离子浓度为 897～2 305 nmol/L（pH 6.1～5.6）时有增加块茎淀粉含量的趋势，但氢离子浓度在 15 850 nmol/L 以上（pH 4.8 以下）土壤接近强酸时则植株叶色变淡呈现早衰、减产；氢离子浓度在 100 nmol/L 以下（pH 7.0）以上时则绝大部分不耐碱的品种产量大幅度下降；土壤氢离子浓度为 15.58 nmol/L 以下（pH 7.8 以上）不适于种植马铃薯，在这类土壤上种植马铃薯不仅产量低，而且不耐碱的品种在播种后块茎的芽不能生长甚至死亡。

另外石灰质含量高的土壤种植马铃薯容易发生疮痂病。因这类土壤中放线菌特别活跃，常使马铃薯块茎表皮受严重损害。所以遇到这种情况，应选用抗病品种和施用酸性肥料。

（四）肥料

肥料是作物的粮食，"有收无收在于水，收多收少在于肥"。肥料不足或生长期间出现"饥饿"状态，就不可能高产。马铃薯是高产作物，需要肥料较多。肥料充足时植株可达到最高生长量，相应块茎产量也最高。氮（N）、磷（P）、钾（K）三要素中马铃薯需要钾肥最多，其次是氮肥，需要磷肥较少。

1. 氮肥　氮肥对马铃薯植株茎的伸长和叶面积增大有重要作用。适当施用氮肥能促进马铃薯枝叶繁茂、叶色浓绿，有利于光合作用和养分的积累，对提高块茎产量和蛋白质含量会有很大作用。氮肥虽是马铃薯健康生长和取得高产的重要肥料，但是施用过量就会引起植株徒长以致结薯延迟，影响产量。况且枝叶徒长还易受病害侵袭，会造成更大的产量损失。相反，如氮肥不足，则马铃薯植株生长不良，茎秆矮，叶片小叶色淡绿或灰绿，分枝少，花期早，植株下部叶片早枯等，最后因植株生长势弱，产量很低。早期发现植株缺氮及时追肥，可以变低产为高产。实践证明氮肥施用过多比氮肥不足更难控制。因此，苗期发现氮肥不足，可追施氮肥加以补充，而发现氮肥过多除控制灌水外，其他方法很难收效。而控制灌水常常造成茎叶凋萎，影响正常生长。因此，施用氮肥注意适量，没有把握时，宁可苗期追施不可基肥过量。

2. 磷肥　磷肥虽然在马铃薯生长过程中需要较少，但却是植株健康发育不可缺少的重要肥料。特别是磷肥能促进马铃薯根发育，所以是非常重要的肥料。磷肥充足幼苗发育健壮，还有促进早熟、增进块茎品质和提高耐贮性的作用。磷肥不足时马铃薯植株生长发育缓慢，茎秆矮小，叶面积小，光合作用差，生长势弱。缺磷时块茎外表没有特殊症状，切开后薯肉常出现褐色锈斑。随着缺磷程度的增重，锈斑相应地扩大，蒸煮时薯肉锈斑处脆而不软，严重影响品质。

3. 钾肥　钾元素是马铃薯苗期生长发育的重要元素。钾肥充足植株生长健壮，茎秆坚实，叶片增厚，组织致密，抗病力强。钾元素还对促进光合作用和淀粉形成有重要作用，钾肥往往使成熟期有所延长，块茎大，产量高。缺钾时马铃薯植株节间缩短，发育延迟，叶片变小，在后期叶片出现古铜色病斑，叶片向下弯曲，植株下部叶片早枯，根系不发达，匍匐茎缩短，块茎小，产量低，品质差，蒸煮时薯肉易呈灰黑色。

此外，马铃薯还需要钙（Ca）、镁（Mg）、硫（S）、锌（Zn）、钼（Mo）、铁（Fe）、锰（Mn）等中、微量元素，缺少这些元素时，也可引起病症，降低产量。但绝大部分土壤中这些元素并不缺乏，所以一般不需施。

（五）光照

马铃薯是喜光作物，在生长期间日照时间长，光照强，有利于光合作用。栽培的马铃薯品种基本上都是长日照类型的。光照充足时枝叶繁茂，生长健壮，容易开花结果，块茎大，产量高，特别在高原与高纬度地区，光照强、温差大适合马铃薯的生长和养分积累，一般都能获得高产量。相反，在树阴下或与玉米等作物间套作时，如间隔距离小，共生时间长，玉米遮光，而植株较矮的马铃薯光照不足，养分积累少，茎叶嫩弱，不开花，块茎小，产量低。即使马铃薯单作的条件下，如用植株高大的品种密度大、株行距小时，也常出现互相拥挤，下部枝叶交错，通风、透光差，影响光合作用和产量。

第二节 马铃薯生长发育的环境效应

马铃薯与其他大田作物一样，在生长发育的不同时期，对环境有不同的要求。这些条件能否得到满足，决定了马铃薯的植株生长是否协调，也在很大程度上决定了生产上能否获得高产优质。影响马铃薯生长发育的因素很多，仅以外在环境因素而论，有光照、温度、水分、土壤等自然因素，也有密度、肥料、管理等人为因素。以下仅从温度、光照等方面简要介绍马铃薯生长发育的环境效应。

一、温度效应

（一）块茎发芽和出苗的适宜温度

作物的生长和发育要求一定的温度。在实际生产中，温度的昼夜变化和季节性变化不但影响作物的干物质积累和品质形成，还影响作物正常的生长和发育。马铃薯原产地为南美洲安第斯山脉高山区，当地年均气温为 $5\sim10$ ℃，最高平均气温在 21 ℃左右。马铃薯是忌霜冻、忌高温、喜冷凉气候的作物，对温度的需求较严格，不适宜过高的气温和地温。

马铃薯在发芽期，芽苗生长所需要的水分、营养都由种薯供给。这时的关键是温度。当 10 cm 土层的温度稳定在 $5\sim7$ ℃时，种薯的幼芽就可以缓慢地萌发和伸长；当温度上升到 $10\sim12$ ℃时，幼芽生长迅速、健壮；当土层温度上升至 $13\sim18$ ℃，为幼芽生长最理想的温度范围。温度过高，马铃薯不能萌发幼芽，并且种薯将腐烂；温度低于 4 ℃，也无法发芽。出苗期和团棵期，是茎叶生长和光合作用积累同化物的阶段，此时适宜的温度范围在 $16\sim20$ ℃。如果气温过高，光照不足，叶片将长得大且薄，茎间伸长变细，地上部倒伏，最终影响产量。结薯期的温度对块茎形成和干物质积累影响很大，所以马铃薯在这个时期对温度要求比较严格。以 $16\sim18$ ℃的土温、$18\sim21$ ℃的气温对块茎的形成和增长最为有利。当气温超过 21 ℃，马铃薯生长将被抑制，生长速度明显下降。土温超过 25 ℃，块茎将基本停止生长。同时，结薯期昼夜温差越大，马铃薯生长越好，只有在夜温较低的情况下，叶片制造的有机物才能由茎秆中的输导组织筛管运输到块茎中。如果夜间温度与白天温度差异不大，或夜温不低于日温，同化物向下运输的速率就会降低甚至停止运输，块茎体积与重量就不能快速增加。

在大田生产中常遇到两类块茎生长反常现象。第一类是播种后块茎上的幼芽变成子块茎，即所谓"闷生薯"。如果播种时土壤温度很低，块茎无法萌发出新幼芽或只是萌芽而不生长，待土温升高后才开始生长进程，这样就不会产生子块茎。第二类现象是块茎遭遇长时期持续的高温环境，将停止生长。待自然降雨或人工浇水降低土温后，块茎又开始二次生长。在这样的情况下，块茎生长畸形，有些形状似哑铃，有些似珠链。还有的品种在土壤温度高时，块茎发芽长出地面变成枝条，这就会严重影响产量或降低块茎品质。在生产中若遇此类品种，要及时采取措施降低土温。

马铃薯在生长发育过程中对外界温度的要求，决定了不同地区种植马铃薯的季节。如黑龙江省、内蒙古自治区、青海省、甘肃省、宁夏回族自治区、河北省北部、山西省北部、陕西省北部和辽宁省西部等，7月均温在 21 ℃或 21 ℃以下，马铃薯的种植季节就安排在春季和夏初，一年种植一季；在中原地区，7月均温在 25 ℃以上，为避开高温季节，就进行早春和秋季两季种植；在夏季和秋季高温时间特别长的江南等地，只有在冬季和早春才能种植。

（二）温度对生长发育和产量的影响

马铃薯是典型的喜冷凉植物。研究表明，马铃薯块茎形成和干物质积累在较低的温度时会达到最优效果。观察试管薯的生育过程发现，前期苗在 25 ℃条件下培养，到生长后期温度降低至 18 ℃时逐渐诱导块茎的形成，能较为明显地提高单株结薯个数以及薯块的重量。试验还发现，温度对块茎形成的影响远远大于外源诱导物质；变化的昼夜温度能更有效地促进块茎的形成，且能降低连续光照对马铃薯植株造成的损害。

通常情况下马铃薯结薯的最适宜的温度为 18～23 ℃。研究者探讨了它们的相关性，结果显示在温度范围为 15～20 ℃时最适宜试管苗长出块茎，低于 15 ℃或高于 25 ℃时块茎的质量均大幅度降低。气温过低不利于产量形成。田间试验和试管内试验均表明低温处理后马铃薯形成块茎的数量较多，但薯块非常小，且薯块的畸形率增加，导致这种现象的原因可能是温度过于低的环境条件不利于植株生长代谢及淀粉合成。气温过高也会降低产量。研究者认为高温抑制马铃薯块茎生长的原因主要是较高的温度诱导了较强的呼吸作用，导致了 3-磷酸甘油酸含量急剧下降，进而抑制与块茎建成关系密切的腺苷二磷酸葡萄糖焦磷酸化酶的生物活性，最终导致块茎内淀粉合成受阻。

马铃薯的地上部和地下部均不耐霜冻，气温降到 0 ℃以下时就会受到冻害。若气温下降到−4 ℃，植株和块茎都会受冻死亡。遭受了冻害的块茎，芽眼死亡，不能做种，解冻后水分大量渗出，块茎变软萎蔫，失去食用和加工价值。因此可对马铃薯进行低温驯化，即通过在 0 ℃以上的低温环境锻炼一段时间以提升抗冻能力。但低温驯化效应也因品种而异，目前已有研究表明某些品种并不具备冷驯化能力，种植这类马铃薯时要特别注意防霜防冻。

二、光照效应

马铃薯是喜光作物，其植株的生长、形态结构的形成和产量的高低，与光照及日照时间的长短有密切关系。

早期研究发现，光周期是诱导马铃薯块茎形成的一个关键环境因子。光周期是指昼夜周期中光期和暗期长短的交替变化，它是调控植物形态建成的重要环境因子，也在马铃薯块茎形成中发挥重要作用。通常而言，光周期有长日照和短日照之分。长日照指 14～16 h 光照和 8～10 h 黑暗；短日照指 8～10 h 光照和 14～16 h 黑暗。马铃薯原产于南美洲安第斯山脉中部西麓、濒临太平洋的秘鲁和玻利维亚区域。在其原产地，短日照和低温等环境条件诱导马铃薯块茎形成，确保植株度过寒冷的冬天。因此，大多数当地野生种和栽培种的块茎形成受光周期与温度的严格调控，短日照条件下马铃薯才能形成块茎。虽然目前世界上广泛种植的马铃薯普通栽培种是经长日照条件驯化选择演变而来，但它仍然在短日照条件下更易形成块茎。

生育期不同，马铃薯所需光照和日照时间长短也不同。在光照方面，马铃薯在幼苗期、团棵期和结薯期，都需要较强的光照。只要有足够的强光照，并在其他条件得到满足的情况下，马铃薯就会茎秆粗壮，枝叶茂密，易于开花结果，并且薯块大、产量高。特别是在高原和高纬度地区，光照强，温差大，适合马铃薯的生长和养分积累，一般都能获得较高的产量。反之，在弱光条件下，则得到相反的效果。

在日照时间长短方面，栽培的马铃薯品种，基本都是长日照类型的，但马铃薯在各生育期对日照的要求亦有不同。在团棵期需要长日照，要求白天的光照度大，但光照时间相对较短，并需要较大的昼夜温差和较长的夜间持续时间，便于结薯和养分积累。另外，光照对马铃薯幼芽有抑制作用，可明显抑制茎上芽的生长。据研究，窖内贮藏的块茎在不见光的条件下，通过休眠期后长出的芽又白又长；如把萌芽的块茎放在散射光下照射，即使温度达到 18 ℃，幼芽也长得很慢。在光照充足的情况下幼芽生长变慢，又短又壮，颜色发紫。这样的幼芽俗称"短壮芽"，播种后就能长出健壮的植株，有利于增产。中国南方架藏种薯和北方播种前催芽，都是利用这一特点来抑制幼芽过度生长的。在散射光下对种薯催大芽，是一项重要的增产措施。

（一）短日效应

多数研究和生产实践证明，短日照条件有利于马铃薯块茎的形成和发育。研究者采取控制光照及使用不同光源等方式对马铃薯试管苗的块茎建成进行研究，结果表明每天光照 16 h 的处理，其结薯数明显低于每天光照 8 h 的处理，且较之白炽灯，使用荧光灯作为光源更能促进块茎形成。类似的研究也表明，红光对块茎形成有较强的抑制作用，但蓝光却不具有这样的能力。对马铃薯试管苗进行光照处理发现，光照处理与匍匐茎产生、块茎膨大不成正比关系，而一定条件下黑暗处理能推动匍匐茎的发生，之后的短日照处理更有利于块茎的增生和膨大。

有的研究还从分子机制上予以探讨。已有研究发现（Yanovsky M J et al，2000；Jackson S et al，1996；Jackson S D et al，1998；Strasser B et al，2010；Suetsugu N et al，2013；Inui H et al，2010），马铃薯块茎形成与拟南芥等植物的开花过程有较多相似之处。大量参与植物开花的重要基因，如光敏色素基因、*CONSTANS*、*FLOWERING LOCUS T*、*LOV* 蓝光受体蛋白家族及 *CDF* 转录因子等在马铃薯块茎形成过程中都起到重要的调控作用。此外，马铃薯中发现的同源异型框基因 *POTH1* 及其相互作用基因 *StBEL5* 也在光调控马铃薯块茎形成过程中扮演重要角色。

对马铃薯中光调控基因的表达谱研究发现（Rutitzky M et al，2009），相比长日照，中央振荡器基因 *StGI* 在短日照条件下表达丰度更低。在长日照条件下，PHYB 还可以与 StCO 蛋白一起抑制 *StSP6A* 的表达，最终影响马铃薯块茎形成。与拟南芥开花调控类似，马铃薯中存在一系列基因可以在植株韧皮部细胞中进行长距离运输，影响块茎的形成。这些基因包括 *miR172*、*POTH1* 和 *StBEL5* 等（Lin T et al，2013；Mahajan A et al，

2012；Martin A et al，2009；Chatterjee M et al，2007）。其中，*miR172* 是一个小分子RNA，其表达水平受光周期影响，短日照条件下，*miR172* 表达量更高。在马铃薯中过量表达 *miR172*，短日照条件下可以促进植株相比对照提前形成块茎，在长日照条件下也能够诱导植株形成块茎而对照却不能形成块茎。*StBEL5* 的表达受到光调控，无论在叶片中还是匍匐茎中，短日照都可以提高 *StBEL5* 的表达量。不仅如此，该基因的表达还受光质影响，红光和蓝光都可以诱导 *StBEL5* 的启动子表达，但远红光不能对它产生影响。在马铃薯中过表达 *StBEL5* 后发现，与 *POTH1* 过表达植株相似，植株可以在长日照条件下增加块茎的形成率。过表达包括非编码序列在内的 *StBEL5* 转录本，可以使 *StBEL5* 转录本在匍匐茎顶端积累，克服长日照对块茎形成的抑制作用。

（二）长日效应

马铃薯地上部分和地下部分是一个整体，地上部分的苗壮生长保证了块茎的生长和养分积累。多数研究认为，长日照条件利于马铃薯地上部分的生长。短日照比之长日照使茎的伸长停止较早，块茎发育较早，植株提早衰亡。但日照长短不影响匍匐茎的发生。茎在14～16 h 日照下，比在 10～12 h 长度大 20％以上。花芽在短日照下分发较早，但花芽在开花前败育，继续形成花器只能在长日照条件下。由于花芽在短日照下形成较早，所以短日照下生长的植株最终株高要比长日照下约矮一半，但叶/茎的值较大。

（三）光温综合效应

马铃薯生长发育的影响因素主要包括日照时间、光照度和温度等，这三个因素具有互作效应。适度降低光照度和温度可明显促进马铃薯块茎形成和发育，利于获得高产。高温通常会促进茎枝的伸长生长，而叶片和块茎的生长则不适宜在高温条件下，尤其是在弱光环境下，影响更加明显；但短日照处理可以消除高温带来的负面影响，短日照能够使植株生长变得矮壮，叶片长得更肥大，并促进块茎提早形成。因此，高温、短日条件下的马铃薯薯块的产量通常要高于高温、长日条件。高温弱光照和高温长日照条件下，马铃薯的茎叶会徒长，几乎不能形成有效的块茎，过度伸长的匍匐茎最终演变成地上分枝。马铃薯开花的条件则必须满足每天至少 12 h 以上的长日照、18～22 ℃的温度以及相对空气湿度保持在 75％～90％。

马铃薯的生长发育受激素的影响极大。连勇（2002）在试管马铃薯的各个生育期间，分析研究了不同种类的内源激素，结果表明光照条件下，茎、叶和根中的 5 种内源激素的含量均有增加，但增加的程度不同；黑暗条件下培养 3 d 后，当匍匐茎形成时，GA_3（赤霉素）、KT（激动素）、6 - BA（6 - 苄基嘌呤）及 IAA（吲哚乙酸）在茎、叶中的含量有所下降；培养 7 d 后，当匍匐茎的顶端膨大时，茎、叶内的 GA_3、KT 和 6 - BA 显著增高，而根中的 GA_3 和 6 - BA 含量则下降显著，IAA 和 ABA（脱落酸）含量在茎、叶和根中无明显变化；培养 14 d 后，当块茎基本形成时，IAA 和 6 - BA 含量呈缓慢上升趋势，根中的 GA_3 含量开始下降，茎、叶中的 GA_3 含量则相对比较稳定。

很多研究者认为马铃薯能结薯的最关键因素之一是块茎形成过程中 GAs 的减少。试验表明（XU X，1998）在光照条件下，培养试管苗中的内源 GA_1 含量一直保持在较高水平，而在黑暗条件下，GA_1 的含量在匍匐茎形成期间增加，在结薯期减少。另据报道，在试管薯的发育形成期间，GAs 和短日照共同协同调控块茎的形成，GA_{20} 能明显增强短日效应，利于块茎形成。

研究马铃薯蕾、花、果的脱落与内源激素和光照的相关性时发现（门福义，2000），蕾、花、果中高浓度的 ABA 含量是诱发脱落的最主要原因，此外，不利的因素（如缺乏养分、水分胁迫等）也会增加马铃薯植株中 ABA 的浓度，加速脱花落果。但长日照和较大的光照度则会抑制 ABA 的大量生成，能有效降低蕾、花、果的脱落数量。因此生产中马铃薯开花需强光、长日。

三、水分效应

（一）马铃薯水分代谢

马铃薯是需水较多的农作物，这从植株的外观就能见到。它的茎叶含水量较大，植株中水分占比 90% 以上，块茎含水量也能达到 80% 左右。水溶解土壤中的矿质营养，便于马铃薯根系吸收利用；水也是植株进行光合作用、制造同化产物的主要原料之一，而且合成的同化物也必须以水为载体，才能运输到块茎中贮藏。研究表明每生产 1 kg 马铃薯鲜块茎，需要吸收 140 kg 左右的水。所以，在马铃薯的全生育期内，必须提供足够的水分才能获得高产。

当叶水势为 -3.5×10^5 Pa 时，马铃薯叶片的气孔即开始关闭，通过减弱蒸腾作用来减少水分消耗。这较之谷类作物在 -1×10^6 Pa 和棉花在 -13×10^5 Pa 才开始关闭气孔来说，马铃薯抗水分胁迫的能力显然要弱得多。土壤水分因土壤、植株的蒸发和蒸腾作用而逐渐消耗，当水分由田间最大持水量损失到作物生长开始受限制的水量时，这一水量称临界亏缺。临界亏缺值以降水量单位毫米（mm）表示，它相当于土壤恢复到田间最大持水量所需补充的水量。马铃薯的水分临界亏缺值估计为 25 mm，这相当于 17 t/亩的水量。土壤水分消耗超过这一临界值时，马铃薯叶片的气孔便缩小或关闭，蒸腾速率随之下降，生理代谢不能正常进行，生长受阻，从而导致减产。

当马铃薯田完全为植株冠层覆盖时，每天蒸发蒸腾水分 2～10 mm，即每亩每天蒸发 1 330～6 666 L 水。耗水量的大小受多因素影响，土壤有效水供给量短缺时，蒸腾失水量则减少；植株冠层密者要比稀者耗水少；空气湿度小时，土壤水分蒸发、叶片蒸腾速率均远大于湿度大时；蒸腾量还因风速的加强而增大；叶片温度高，蒸腾水量也多。

（二）天然降水对马铃薯块茎产量的影响

马铃薯不同生长期对水分的要求不同，发芽期间芽条仅凭块茎内储备的水分便可正常生长。待芽条长出根系从土壤中吸收水分后才能正常出苗。所以，此时期要求土壤保持湿润状态，土壤含水量至少应在田间最大持水量的 40%～50% 范围内，保持"潮黄墒"，可正常出苗。如果水分不足则不利于出苗。

幼苗期土壤水分保持在田间最大持水量的 50%～60%，土壤达到"合墒"，有利于根系向土壤深层发展，以及茎叶的苗壮生长。如果此时期水分过多，将妨碍根系发育，降低后期抗旱能力。

为促进茎叶迅速生长，团棵期的需水规律是由多到少。前期应保持田间最大持水量的70%～80%。如果相对含水量<40%，地上部分的发育受到阻碍，影响出苗，植株将会生长缓慢，发棵不旺，棵矮，小叶，花蕾易脱落。团棵后期土壤水分应逐步降到60%左右，以适当控制茎叶生长，利于适时进入结薯期。团棵时期的需水量，约占全生育期需水的1/3左右。

结薯期块茎膨大需要充足而均匀的水分供应。若水分供应不足或不均匀、温度时高时低，将会引起块茎畸形生长，若水分供应持续不足甚至会引起严重减产。结薯的前期、中期是马铃薯对水分最敏感的时期，也是需水量最多的时期。据测定，此阶段需水量占全生育期需水总量的一半以上。此生育期应及时供给水分，含水量保持田间最大持水量的80%～85%，墒情达至"黑墒"为最佳。如果此期间缺水干旱，块茎将停止生长，即使后期降雨或供给水分，块茎也容易出现二次生长，形成串薯等畸形薯块，影响产品质量。但水分也不能供给过多。如果水分过多，茎叶易出现疯长现象，消耗大量营养，茎叶细嫩易倒伏，为病害的侵染提供了有利条件。结薯后期水分供给逐渐降至50%～60%，以利于向收获期过渡。结薯后期切忌水分过多，因土壤过于潮湿，块茎的气孔开裂外翻，就会造成薯皮粗糙，这就是俗称的"起泡"。这种薯皮易被病菌侵入，对贮藏不利。若是再严重一些，土壤水分过多过湿，使块茎在土中缺少氧气，不能呼吸，就会把块茎憋死在地里，俗称"窒息"。这将造成田间烂薯，严重影响产量。研究表明，在结薯后期，土壤水分过多或积水超过24 h，就会造成块茎腐烂；积水超过30 h，块茎将大量腐烂；超过42 h，块茎将全部烂掉。

收获期土壤相对含水量降至50%左右，有利于马铃薯块茎表皮老化和收获贮藏。

中国马铃薯种植区，绝大多数土地是靠降水来决定土壤墒情的。因此，要满足马铃薯对水分的需求，就必须依据当地常年降水的多少和降水的季节等情况，采取一些有效的农艺措施。如种植马铃薯尽量选择旱能浇、涝能排的地块。不要在涝洼地上种植；在雨水较多的地方，采取高垄种植的方法，并在播种时留好排水沟；在干旱地区，要逐步增加浇灌设施，修井开渠和购置灌溉机械等，以保证在马铃薯缺水时进行及时浇灌。

空气湿度的大小，对马铃薯生长也有很重要的影响。空气湿度小时，会影响植株体内水分的平衡，减弱光合作用，使马铃薯的生长受到阻碍；空气湿度过大，又会造成茎叶疯长，特别是叶子晚间结露，很容易引起晚疫病的产生和流行，最终导致严重减产。

四、外源激素对生长发育的影响

在马铃薯块茎形成过程中，激素调节是一个很重要的环节。研究表明 IAA 和 NAA 可以增大块茎体积，这可能是因为生长素可以促进细胞纵向分裂的缘故。GA 对块茎形成有负效果，但能显著促进茎叶生长。CTK（细胞激动素）通过解除生长素对腋芽的抑制，刺激细胞分裂和扩展，来促进马铃薯侧芽向匍匐茎发育，进而间接促进匍匐茎顶部块茎的发生发育。而脱落酸是最重要的生长抑制剂，它抑制核酸和蛋白质的生物合成。研究者还对其他激素进行了研究，如施用丁酰肼可同时延缓马铃薯地上部和匍匐茎的生长，且能调整营养物质的运输方向，使更多的同化物转移至块茎，从而增加块茎数目，加快块茎膨大速度，进而提高产量。还有报道称，PP333（多效唑）可以抑制马铃薯试管苗的生长，使植株矮化，节间缩短，叶片增厚，叶面积增大，叶绿素含量增加。

黄腐酸是植酸类相对分子质量较小的高分子有机化合物，含有多种活性官能团，易被植物吸收，具有较强的生物活性。目前已在数十种作物上应用，并表现出明显的抗逆增产效果，取得了较好的经济效益。黄腐酸在农业生产上的作用主要表现在两个方面：

① 降低作物叶片蒸腾速率，使植株和土壤保持较多的水分，同时促进根系发育，增强根系活力，使作物吸收较多水分和养料，达到提高作物抗旱能力的目的。

② 提高多种合成酶活性和叶绿素含量，使光合作用加强，从而提高作物品质与产量。

因此，回振龙（2013）也把黄腐酸应用到马铃薯栽培中，研究了黄腐酸浇灌处理后连作马铃薯植株生长发育、抗性生理以及产量和块茎营养的变化，结果表明，黄腐酸处理较之对照，马铃薯块茎的淀粉含量、维生素 C 含量和可溶性蛋白含量均明显增大，显著减小了连作引起的叶片叶绿素、脯氨酸和可溶性糖含量下降的幅度，提高了超氧化物歧化酶和过氧化氢酶的活性，并降低了丙二醛含量和活性氧水平。黄腐酸处理减轻了连作所造成的生理障碍，从而提高了马铃薯幼苗对连作障碍的整体抗性，促进了连作马铃薯的生长发育，改善了马铃薯块茎营养，最终显著提高了产量。

水杨酸是植物体内普遍存在的内源信号分子之一，它既是一种小分子酚类物质，也是植物组织中一种天然的活性物质。水杨酸是苯丙氨酸代谢途径的产物，属于肉桂酸的衍生物。它一直被广泛地用于植物抗病的研究中，还能诱导植物产生许多生理性状，如刺激马铃薯块茎的形成、刺激植物开花、调节气孔功能等，并可提高植物的抗逆性。回振龙（2014）把水杨酸应用到马铃薯栽培中，探讨了喷施外源水杨酸后马铃薯植株的生长发育、抗性生理及块茎品质变化。试验结果表明，在施用水杨酸处理后，马铃薯幼苗的相对含水量增高，叶绿素含量、净光合速率、根系活力和细胞膜稳定指数增大，生长得到促进，植株叶片内渗透调节物质含量、抗氧化剂含量、抗氧化酶活性提高，块茎硬度、产量以及块茎淀粉、维生素 C 含量、可溶性蛋白含量增高，叶片丙二醛含量、活性氧水平显著降低。喷施水杨酸能明显缓解连作对马铃薯的伤害，连作马铃薯经水杨酸处理后，较之无激素处理的对照，叶片净光合速率增大 287％，块茎产量增加了 64.4％。

本章参考文献

陈国保，夏小曼，李永平，2010. 两种类型的低温对冬季免耕马铃薯的影响［J］. 气象研究与应用，31（增刊 2）：225 - 227.

池再香，杜正静，杨再禹，等，2012. 贵州西部马铃薯生育期气候因子变化规律及其影响分析［J］. 中国农业气象，33（3）：417 - 423.

高媛，秦永林，樊明，等，2012. 马铃薯块茎形成的氮素营养调控［J］. 作物杂志（6）：14 - 18.

回振龙，李朝周，史文煊，等，2013. 黄腐酸改善连作马铃薯生长发育及抗性生理的研究［J］. 草业学报，22（4）：130 - 136.

回振龙，王蒂，李宗国，等，2014. 外源水杨酸对连作马铃薯生长发育及抗性生理的影响［J］. 干旱地区农业研究，32（4）：1 - 8.

冷冰，袁继平，胡成来，等，2010. 马铃薯块茎形成的研究进展［J］. 广东农业科学（6）：27 - 29.

李灿辉，龙维彪，1997. 马铃薯块茎形成机理研究 [J]. 中国马铃薯（3）：182-185.

连勇，邹颖，东惠茹，等，2002. 马铃薯试管薯形成过程中几种内源激素变化 [J]. 园艺学报，29（6）：537-541.

梁平，胡家敏，王洪斌，等，2011. 制约黔东南马铃薯产量形成的气候因子分析 [J]. 安徽农业科学，39（16）：9913-9915，9995.

刘钟，薛英利，杨圆满，等，2015. 人工遮阴条件下3个马铃薯品种耐阴性研究 [J]. 云南农业大学学报，30（4）：566-574.

刘钟，薛英利，杨圆满，等，2015. 人工遮阴条件下3个马铃薯品种耐阴性研究 [J]. 云南农业大学学报，30（4）：566-574.

刘克礼，高聚林，张宝林，2003. 马铃薯匍匐茎与块茎建成规律的研究 [J]. 中国马铃薯，17（3）：151-156.

刘克礼，高聚林，张保林，等，2003. 马铃薯器官生长发育与产量形成的研究 [J]. 中国马铃薯，17（3）：141-145.

刘梦芸，蒙美莲，门福义，等，1994. 光周期对马铃薯块茎形成的影响及对激素的调节 [J]. 马铃薯杂志，8（4）：193-197.

刘喜才，张丽娟，2006. 马铃薯种质资源描述规范和数据标准 [M]. 北京：中国农业出版社，25-26.

罗玉，李灿辉，2011. 不同糖处理及光周期对马铃薯块茎形成的影响 [J]. 红河学院学报，10（6）：94-99.

马伟清，董道峰，陈广侠，等，2010. 光照长度、强度及温度对试管薯诱导的影响 [J]. 中国马铃薯，24（5）：257-262.

门福义，王俊平，宋伯符，等，2000. 马铃薯蕾花果脱落与内源激素和光照的关系 [J]. 中国马铃薯，14（4）：198-201.

全锋，张爱霞，曹先维，2002. 植物激素在马铃薯块茎形成发育过程中的作用 [J]. 中国马铃薯（1）：29-32.

山东农业大学，1984. 蔬菜栽培学各论（北方本）[M]. 北京：中国农业出版社，257-265.

王翠松，张红梅，李云峰，2003. 马铃薯块茎发育过程中的影响因子 [J]. 中国马铃薯，17（1）：29-33.

王晓宇，郭华春，2009. 不同培育温度对马铃薯生长及产量的影响 [J]. 中国马铃薯，23（6）：344-346.

王延波，1994. 光周期对3个马铃薯种形态机能特征的影响 [J]. 国外农学：杂粮作物（1）：34-37.

肖特，马艳红，于肖夏，等，2011. 温光处理对不同马铃薯品种块茎形成发育影响的研究 [J]. 内蒙古农业大学学报，32（4）：110-115.

肖关丽，郭华春，2010. 马铃薯温光反应及其与内源激素关系的研究 [J]. 中国农业科学，43（7）：1500-1507.

谢婷婷，柳俊，2013. 光周期诱导马铃薯块茎形成的分子机理研究进展 [J]. 中国农业科学，46（22）：4657-4664.

许真，徐蝉，郭得平，2008. 光周期调节马铃薯块茎形成的分子机制 [J]. 细胞生物学杂志，30（6）：731-736.

杨超英，王芳，王舰，2014. 低温驯化对马铃薯半致死温度的影响 [J]. 江苏农业科学（4）：80-81.

张小静，李雄，陈富，等，2010. 影响马铃薯块茎品质性状的环境因子分析 [J]. 中国马铃薯，24（6）：366-369.

Arreguin-Lozano B, Bonner J, 1949. Experiments on sucrose formation by potato tubers as influenced by temperature [J]. Plant Physiol, 24（4）：720-738.

Cenzano A, Vigliocco A, Kraus T, et al, 2003. Exogenously applied jasmonic acid induces changes in apical meristem morphologyof potato stolons [J]. Annals of Botany, 91：915-919.

Chatterjee M, Banerjee A K, Hannapel D J, 2007. A *BELL1*-like gene of potato is light activated and wound inducible [J]. Plant Physiology, 145：1435-1443.

Cutter E G, 1978. The potato crop: the scientific basis for improvement [M]. New York: Harris PM: 70 - 152.

Hadi M R, Taheri R, Balali G R, 2014. Effects of Iron and Zinc Fertilizers on the Accumulation of Fe And Zn Ions in Potato Tubers [J]. Journal of Plant Nutrition, 38 (2): 202 - 211.

Inui H, Ogura Y, Kiyosue T, 2010. Overexpression of *Arabidopsis thaliana* LOV KELCH REPEAT PROTEIN 2 promotes tuberization in potato (*Solanum tuberosum* cv. May Queen) [J]. FEBS Letters, 584: 2393 - 2396.

Jackson S D, James P, Prat S, et al, 1998. Phytochrome B affects the levels of a graft-transmissible signal involved in tuberization [J]. Plant Physiology, 117: 29 - 32.

Jackson S, Heyer A, Dietze J, et al, 1996, Phytochrome B mediates the photoperiodic control of tuber formation in potato [J]. The Plant Journal, 9: 159 - 166.

John Innes Institute, Colney Lane, Nruh N, 1984. Factors affecting the formation of in vitro tubers of potato (*Solanum tuberosum* L.) [J]. Annals of Botany (53): 565 - 578.

Leshem B, Clowes F A L, 1972. Rates of mitosis in shoot apices of potatoes at the beginning and of dormancy [J]. Annals of Botany, 36: 687 - 691.

Lin T, Sharma P, Gonzalez D H, et al, 2013. The impact of the long-distance transport of a *BEL1*-like messenger RNA on development [J]. Plant Physiology, 161: 760 - 772.

Mahajan A, Bhogale S, Kang I H, et al, 2012. The mRNA of a Knotted1-like transcription factor of potato is phloem mobile [J]. Plant Molecular Biology, 79: 595 - 608.

Martin A, Adam H, Diaz-Mendoza M, et al, 2009. Graft-transmissible induction of potato tuberization by the microRNA miR172 [J]. Development, 136: 2873 - 2881.

O E smith, Lawrence Rappaport, 1969. Gibberellins, inhibitors, and tuber formation in the potato, *Solanum tuberosum* [J]. American Potato Journal, 46: 185 - 191.

Peterson R L, Barker W G, 1979. Early tuber development from explanted stolon nodes of *Solanum tuberosum* var. *Kennebec* [J]. International Journal of Plant Sciences, 140: 398 - 406.

Rutitzky M, Ghiglione H O, Cura J A, et al, 2009. Comparative genomic analysis of light-regulated transcripts in the Solanaceae [J]. BMC Genomics, 10: 60.

Sonnewald S, Sonnewald U, 2014. Regulation of potato tuber sprouting [J]. Planta, 239 (1): 27 - 38.

Strasser B, Sanchez-Lamas M, Yanovsky M J, et al, 2010. Cerdan P D. Arabidopsis thalianalife without phytochromes [J]. Proceedings of the National Academy of Science of the USA, 107: 4776 - 4781.

Suetsugu N, Wada M. 2013. Evolution of three LOV blue light receptor families in green plants and photosynthetic stramenopiles: Phototropin, ZTL/FKF1/LKP2 and aureochrome [J]. Plant Cell Physiology, 54: 8 - 23.

TasahilAlbishi, Jenny A John, Abdulrahman S. Al-Khalifa, et al, 2013. Phenolic content and antioxidant activities of selected potato varieties and their processing by-products [J]. journal of functional foods (5): 590 - 600.

Viola R, Roberts A G, Haupt S, et al, 2001. Tuberization in potato involves a switch form apoplastic to symplastic phloem unloading [J]. The Plant Cell, 13: 385 - 398.

W L Morris, L Ducreux, D W Griffths, et al, 2004. Carotenogenesis during tuber development and storage in potato [J]. Journal of Experimental Botany, 55 (399): 975 - 982.

X XU, A A Lammeren, E Vermeer, 1998. The role of gibberellin, abscisic acid, and sucrose in the regulation of potato tuber formation in vitro [J]. Plant physiology, 117 (2): 575.

Yanovsky M J, Izaguirre M, Wagmaister J A, et al. 2 000. Phytochrome A resets the circadian clock and delays tuber formation under long days in potato [J]. The Plant Journal, 23: 223 - 232.

第三章

中国马铃薯种质资源

第一节 马铃薯种质资源和品种演替

一、种质资源

马铃薯为茄科（Solanaceae）茄属（*Solanum*）马铃薯组（Tuberarium）基上节亚组（Hyperbasarthrum）植物；通称洋芋，古称阳芋，各地方称谓有土豆、荷豆薯、山药蛋、山药豆、地蛋等。据科学考证，马铃薯有两个起源中心：栽培种主要分布在南美洲哥伦比亚、秘鲁、玻利维亚的安第斯山脉及乌拉圭等地，其起源中心以秘鲁和玻利维亚交界处的的的喀喀湖盆地为中心地区，被认为是其他栽培种祖先的 *Solannum stenotomum* 的二倍体栽培种在该起源中心分布密度最大，野生种只有二倍体；另一个起源中心是中美洲及墨西哥，分布着具有系列倍性的野生多倍体种。研究证明这两个起源中心是相互隔离和独立的（孙慧生，2003）。

马铃薯约在16世纪70年代由欧洲传入中国，一条线路是从海路引进京津、华北地区；另一条路线是从东南亚引种至台湾，尔后传入闽粤沿海各省（佟屏亚，1991），在中国已有400多年的栽培历史。因其分布区域广泛，且能适应多种生态环境，生长周期短，单产水平高，块茎蕴含丰富营养，是继水稻、玉米、小麦后世界第四大粮食作物。马铃薯不仅宜粮、宜菜，又可以用作工业原料等多种用途，已成为重要的经济作物。

（一）马铃薯种质资源概况

马铃薯种质资源极其丰富，野生种资源的利用潜力很大。现在已经发现普通马铃薯共有235个亲缘种，其中7个栽培种，228个野生种，能结薯的种有176个，为此世界各国马铃薯育种专家都努力组织征集和利用各类外来种质资源。据统计，在所有发现的野生种中，南美洲占81%，北美洲和中美洲占19%。野生种主要包括以下几种类型：

① 落果薯（*S. demissum*，$2n=72$）。原产于墨西哥。

② 葡枝薯（*S. stoloniferum*，$2n=48$）。原产于墨西哥。

③ 无茎薯（*S. acaule*，$2n=48$）。产于南美洲。

④ 恰柯薯（*S. chacoense*，2n＝24）。龙葵素生物碱含量高，能分离出抗虫、高淀粉和高蛋白含量的类型，利用该野生薯已经育成抗 PVX 和抗 PLRV 的品种。

⑤ 芽叶薯（*S. vernei*，2n＝24）。

⑥ 小拱薯（*S. microdontum*，2n＝24）。

⑦ 球栗薯（*S. bulbolbocastanum*，2n＝24）。原产于墨西哥。

⑧ 腺毛薯（*S. berthaultii*，2n＝24）。原产南美洲。

⑨ *S. pinnatisectmum*。原产于墨西哥中部。

这些野生种和原始栽培种在南美洲和中美洲等原产地经过漫长的自然选择过程，含有抗各种病虫害、耐不良环境及许多有利用价值的经济特性。如较强的抗性包括对早疫病、青枯病、Y 病毒、卷叶病毒、普通疮痂病、黑胫病、癌肿病、块茎蛾、马铃薯甲虫、根结线虫、囊线虫和抗霜冻等，并具有早熟、耐热、干物质含量高、富含类胡萝卜素等特性。19 世纪 50 年代之后马铃薯杂交育种工作开始被广泛应用，与此同时，野生种的价值也开始被育种专家所认识。到目前为止，在德国、英国、美国和 CIP（国际马铃薯中心）已先后建成了多个马铃薯种质资源库，如 Vavilov（俄罗斯）、Dutch-German（德国）、CPC（英国）、Sturgeon Bay（美国）和 CIP 等。

据张丽莉、宿飞飞等（2007）介绍中国马铃薯种质资源来源主要包括地方品种收集、国外品种引进和种质资源的创新。

1. 地方品种的搜集　在 1936—1945 年，管家骥、杨鸿祖共搜集了 800 多份地方材料。1956 年组织全国范围内的地方品种征集，共获得马铃薯地方品种 567 份，其中很多具有优良特征。筛选出 36 个优良品种，如抗晚疫病的滑石板、抗 28 星瓢虫的延边红。1983 年编写出版了《全国马铃薯品种资源编目》，收录了全国保存的种质资源 832 份，为杂交育种提供了丰富的遗传资源。

2. 国外品种的引进　马铃薯在产量、品质性状、抗病虫性及对各种逆境的耐性等方面，存在广泛的遗传多样性。为此世界各国马铃薯育种家都努力组织征集和利用各类外来种质资源。

1934 年开始从国外引进了大批的品种、近缘种和野生种。据佟屏亚（1990）介绍1934—1936 年，管家骥从英国和美国引进优良品种和品系，经过评比鉴定，从中选出卡它丁（Katabdin）、七百万（Chippewa）、纹白（Warba）和黄金（Golden）4 个优良品种，分别在江苏南京、陕西武功和河北定县等地示范推广，亩产均在 500 kg 以上，比当地品种增产 2 倍多；1939 年在美国攻读马铃薯遗传育种学的杨鸿祖归国，他从明尼苏达大学马铃薯育种专家克仑茨（F. A. Krantz）那里引进马铃薯自交种子 66 系和 18 个杂交组合，在四川成都农事改进所开展杂交育种工作，岂知那年恰遇晚疫病大发生，重庆、成都以及川东地区农家马铃薯受害率达 90% 以上，杨鸿祖带回的马铃薯材料几乎损失殆尽。1940 年，杨鸿祖又从苏联马铃薯育种家布卡索夫处引进 16 个马铃薯野生种，开始进行用栽培种与野生种的杂交育种试验。20 世纪 40 年代中期，中央农业试验所从美国农业部引入了 62 份杂交组合实生种子；1947 年杨鸿祖从美国引进了 35 个杂交组合；50 年代中后期，原四川农科所和原东北农科所等单位从苏联及东欧一些国家引进品种、近缘种和野生种 250 多份；20 世纪 80 年代末至 90 年代初从国际马铃薯中心引进群体改良无性系 1 000

余份，引进杂交组合实生种子 140 份。1995 年后，随着国际交流增加、马铃薯加工业的发展，从荷兰、美国、加拿大、俄罗斯、白俄罗斯等国和马铃薯中心引进了食品、淀粉加工和抗病等各类专用型品种资源，近年来中国从国际马铃薯中心共引进抗病、抗干旱和加工等种质资源 3 900 多份。据估计，目前中国共保存了 1 500～2 000 份种质资源。

国外品种最基本的种质来源是 20 世纪 40～50 年代引自美国、德国、波兰和苏联等国，少数来自加拿大、CIP（国际马铃薯中心）。美国引入的品种资源有卡它丁、小叶子、火玛、红纹白、西北果、七百万等品种及杂交实生种子。德国品种有德友 1～8 号及白头翁、燕子等品种。波兰品种有波友 1 号（Epoka）、波友 2 号（Evesta）等品种。

3. 种质资源的收集与利用　1934 年由中央农业研究所从英国引入品种和品系，并从中筛选出卡它丁、七百万、红纹白和黄金 4 个品种应用于生产，卡它丁作为亲本材料也被广泛应用。1947 年杨洪祖利用从美国引进的 35 个杂交组合，选育出巫峡、小叶子等中国第一批马铃薯品种，其中多子白（292-20）、小叶子作为亲本育成了部分品种。20 世纪50 年代黑龙江省克山试验站从民主德国、波兰引入推广了 8 个品种，其中米拉（Mira）、疫不加（Epoka）、阿奎拉（Aguila）和白头翁（Anemone）等品种在生产上发挥了较大作用，米拉至今仍是云、贵、川及鄂西山区的主栽品种。

20 世纪 70 年代通过轮回选择方法对引进的经初步改良的安第斯亚种进行群体改良，选育出了 N1S2-156-1、NS79-12-1 等高淀粉、高蛋白、低还原糖的新型栽培种亲本，拓宽了中国马铃薯育种的遗传基础，并选育出东农 304、中薯 4 号等 11 个新品种和东农 H1、呼 H3 等实生种子杂交组合。

中国农业科学院蔬菜花卉研究所和南方马铃薯研究中心通过对 *S. phureja*、*S. demissum* 和 *S. acaule* 等野生种和近缘栽培种的种间杂种鉴定，筛选出高淀粉（18%～22%）的材料 67 份，河北坝上农业科学研究所利用 *S. stoloniferum* 与栽培品种杂交和回交，选出了淀粉含量高达 22% 的坝薯 87-10-19，黑龙江省农业科学院马铃薯研究所研究利用 *S. stoloniferum*、*S. acaule* 等与普通栽培种杂交和回交，筛选出 40 份抗 PVX、PVY 的材料。

1983 年《全国马铃薯品种资源编目》中列入的 93 份育成品种，83 个是由国外种质直接作为亲本育成的，国外种质贡献率为 89.2%。国外马铃薯种质资源在中国马铃薯育种中起到了决定性作用。国外马铃薯种质资源之所以在中国育种中利用成功，与它们具有野生种血缘有着密切的关系（金光辉，1999）。其中 292-20（多子白）作为亲本育成的品种有 23 个，占总数的 24.7%；用卡它丁作为亲本育成品种 16 个，占总数的 17%，用疫不加作为亲本育成品种 14 个，占总数 15%；用米拉或紫山药作为亲本育成的品种皆为 8 个，占总数的 8.6%；另外，用小叶子作为亲本育成 7 个品种，用白头翁作为亲本育成 6 个，其他配合力好的亲本还有燕子、阿奎拉、阿普它、疫畏它、沙斯基亚等（金光辉，1999）。据刘喜才等（2007）介绍到 2007 年，据不完全统计，利用上述种质资源，国内育种单位已选育推广了包括东农 303、克新系列、中薯系列、春薯系列、坝薯系列、高原号、内薯、晋薯、鄂薯、宁薯、郑薯系列等优良品种 200 多个，同时创造了几百份具有不同特性的优良品系。

(二) 马铃薯种质资源保存方法

中国种质资源保存有种子保存、块茎保存、试管苗保存、超低温保存、微型薯保存等方法。

1. 种子保存 低温库是最简便、经济而且安全的保存种子资源的方式。采集的种子经过良好的干燥处理，将种子含水量降低至7%～8%，密封于铝箔袋、铝瓶或玻璃瓶中，在−20℃的低温黑暗环境中（IBPGR推荐）可以保存50年以上，保存期间每间隔一定时间进行生命力监测。对于大部分马铃薯野生种，20株以上植株生产的实生种子基本可以代表该物种的全部基因信息。无性繁殖的特异基因型资源材料不能生产出基因型一致的种子，所以不能使用该方式保存。

2. 块茎保存 块茎保存主要通过控制温度、光照等环境条件来延长保存时间，但一般不超过1年，仍然需要通过种植并收获新块茎来实现保存的目标。2～4℃、70%相对湿度是目前普遍采用的保存条件，每份材料保存的块茎数在15～30块。块茎在保存和繁殖过程中需要大量的人力、物力、财力和空间，容易受到病毒、细菌和真菌等病原菌侵染以及冰雹、低温、干旱、洪涝、虫害等和人为因素的影响，最终可能造成资源退化、混杂或遗失。

3. 试管苗保存（离体保存） 试管苗保存又称为离体保存，于1975年被首次提出，是目前马铃薯资源保存中应用最普遍的方式。分为一般保存和缓慢生长法保存。一般保存是指马铃薯试管苗利用培养基，保存温度为20～24℃，光照为每天16 h，每4～8周继代培养一次。缓慢生长法保存是通过调节培养环境条件以及培养基物质组成，使试管苗缓慢生长或停止生长，以达到长期保存的目的，而在需要利用时可迅速恢复正常生长。种质资源的离体保存打破了植物生长季节限制，具有节省贮存空间、维持费用相对较低、便于运输和种质交流等优点。对于利用营养器官繁殖的材料，可防止多代繁殖造成种性退化及病毒感染，保证了种质的优良性和遗传稳定性。但试管苗保存过程中仍需要大量的人工操作进行继代，且在逆境保存环境下容易出现植株的玻璃化、白化等异常生长现象，影响到资源的利用和交流。所以，用试管苗保存种质资源的同时，也要利用田间圃进行种植保存，以便于更好地鉴定、保存和利用这些资源。

4. 超低温保存 植物种质超低温保存是指在低于−80℃的低温条件下对植物器官、组织或细胞进行保存，能够有效保持材料的遗传稳定性，同时又不会丧失其形态发生的潜能。从理论上讲，这是一种不需要继代的长期保存植物种质的可行性方法。自1973年首次成功地在液氮中保存了胡萝卜悬浮细胞以来，植物种质超低温保存已取得突破性进展，迄今很多不同植物材料如休眠芽、茎尖、根尖、胚轴、花粉、愈伤组织等的超低温保存都已见报道。在马铃薯方面，超低温保存的主要材料为花粉和茎尖。甘肃农业大学园艺系王玉苹（2003）等对影响马铃薯花粉超低温保存效果的因素进行了研究，认为冷冻前干燥处理18 h的花粉，采用逐步降温预冻处理和逐步解冻效果最好。在马铃薯的茎尖超低温保存方面，宋继玲等通过调节冷冻保存时间、预培养培养基中蔗糖浓度、预培养时间和PVS2处理时间等因素，建立了最高成活率达42%的超低温马铃薯资源保存体系。刘迎春（2009）确立的马铃薯节间玻璃化法超低温保存技术体系，将超低温马铃薯资源保存的最高成活率提高到 80％以上。湖南农业大学细胞工程室对马铃薯的茎尖玻璃化法超低温保存技术进行了研究。超低温保存技术依然处在研究和完善阶段，高存活率的超低温保存条件和方法、保存材料后代的遗传稳定性的保持以及超低温保存过程中低温伤害机理等还需要深入研究。

5. 微型薯保存 马铃薯微型薯的诱导成功为资源保存开辟了一条新的途径。据国际马铃薯中心报道，与试管苗相比，微型薯一般条件下可保存 2 年，低温条件下能延长至 4～5 年。如"八五"初期，克山马铃薯研究所利用含有 Bap 和 8％蔗糖的 MS 培养基在光照条件下生产出部分资源的微型薯，并在 6 ℃下保存近 1 年半。

（三）中国主要马铃薯种质资源库

据国际马铃薯中心 2006 年统计，全球主要的马铃薯资源库近 30 家，保存有 6.5 万份材料，保存的种类包括实生种子、块茎和试管苗。最大的 11 个资源库保存了全世界 86％的资源。秘鲁、俄罗斯、德国、荷兰、美国和印度保存的野生种均超过 100 个种。

1958 年，依托黑龙江省农业科学院马铃薯研究所建立了中国马铃薯资源库，负责全国马铃薯资源的搜集、保存、整理和利用研究工作。到目前为止，全国引进和创造了大量资源材料，主要分布在国家资源库以及其他开展马铃薯育种和研究的科研院所，其中国家种质克山马铃薯试管苗库已收集保存了包括 14 个种的国内外马铃薯优良种质资源近 1 800 份，所有资源均采用试管苗库与田间圃双轨保存。中国农业科学院蔬菜花卉研究所在常年的马铃薯育种和研究实践以及国际交流活动中，保存了国内外引进及创制的 1 500 余份含有晚疫病水平抗性和垂直抗性、抗病毒病、抗低温糖化、耐寒、耐热、高淀粉含量、高花青苷含量以及其他优异农艺性状的离体资源材料，包括 260 余个中国育成并审定的品种，300 余份国外优良品种，600 余份改良的品系以及 35 个野生种的 300 多份资源。华中农业大学保存了马铃薯晚疫病抗性轮回改良群体 150 份，马铃薯青枯病抗体细胞融合材料 200 份，马铃薯青枯病二倍体分离群体品种 2 种、100 份，马铃薯水平抗体材料 B 群体 800 份（卞春松，2011）。

（四）中国马铃薯的主要育种方法

关于马铃薯的育种方法，陈珏、秦玉芝等（2010）等归纳为引种、杂交育种、自然变异选择育种、辐射育种、天然籽实生苗育种和生物技术育种等。

1. 引种鉴定 中国早期推广的马铃薯品种大多是通过引种鉴定的方式选育出来的，从国外引进的马铃薯品种经试验鉴定后，保留下适合试验区生长和栽培的品种，进而将这些品种大面积推广，如 20 世纪 50 年代广泛种植的米拉、阿奎拉、白头翁和爱波卡都是从东欧等国家引入的品种中筛选出来的（孙慧生，2003）。这种育种方式使国外很多优良品种直接引入国内，在马铃薯育种初期发挥了重要的作用，也为今后马铃薯育种提供了优良品种。通过引种鉴定是一个多快好省的途径，但这种选育方式也存在弊端，如引进品种无法适应国内栽培区的气候及环境，因此引进的品种需经多代筛选和鉴定才能在当地进行大面积推广。

2. 实生种育种 马铃薯的栽培品种都是异质结合的，通过自花结实的种子长出的实生苗个体之间会产生性状分离，这为优良单株的选择提供了条件。将生长的实生苗进行比较鉴定，将优良性状的单株通过无性繁殖技术固定下来，通过栽培示范进行比较后将其推广。利用实生种可以选育出高产优质的新品种，也是防止马铃薯种薯退化的一个有效措施。1968 年，国内开展了实生种生产马铃薯（卢弘斌，1981），到 20 世纪 80 年代成绩显著，并选育出了一些适应当地气候和栽培条件的品种，如藏薯 1 号是从波兰 2 号实生种中通过比较鉴定选育出来的，马铃薯 66013 是从男爵品种天然实生种中选育出来的（金光辉，2000），国际马铃薯中心于 1978 年开始利用实生种进行马铃薯的选育研究，但目前马铃薯实生种选育研究进展缓慢，仍停留在四倍体水平上，有待育种工作者改良。

3. 芽变育种 芽变是体细胞遗传物质自然发生变异，是无性繁殖作物产生新遗传基因的源泉。马铃薯的芽眼有时会发生基因突变，产生优于原品种性状和品质的品种，将该品种通过无性繁殖扩大推广后成为新品种。马铃薯坝丰收品种是从沙杂 1 号中利用芽变方式选育出来的，国外利用芽变育种方法培育出的品种包括红纹白、男爵和麻皮布尔斑克等（王怀利，2014）。芽变可以突变出自然界中没有的新品种，但由于马铃薯的芽变率很低，芽变育种技术在国内尚未广泛利用，但随着植物组织培养技术的完善，可采取在茎尖剥离时用药剂或辐射等诱变物质处理使芽变率升高，从而将不同方法结合起来培育新品种。

4. 杂交育种 杂交育种是根据品种选育目标选择双亲品种，通过人工杂交将亲本的有益性状组合到杂种中，并对杂种后代进行筛选和鉴定的一种育种方法。根据杂交所选双亲亲缘关系的远近，可分为品种间杂交（即近缘杂交）和种属间杂交（即远缘杂交）。马铃薯亲本的选配是杂交育种成败的关键，选择的双亲在性状上能够互补，且具有较少的不利性状和较多的有利性状，或者选用双亲基因型差异大、亲缘关系远、配合力强的亲本来进行杂交。通过群体改良措施可使优良基因频率不断提高，从而达到改善群体内目标性状平均水平的目的，即将多个优良个体间进行混合授粉或互交后，根据选育目标对后代进行单株筛选，对获得的单株继续进行混合授粉或互交，以此进行轮回选择，如从国际马铃薯中心和加拿大引入的安第斯实生种通过 4～6 代轮回选择后，获得了一批配合力较强的材料，以其做亲本获得的杂交组合后代实生薯产量增加，如育成的晋薯 8 号，产量超过当地品种的 1～2 倍，且具有高淀粉和抗晚疫病的特点，表现出了明显的杂种优势（樊民夫，1996）。

自 20 世纪 40 年代中国开始马铃薯选育工作后所培育出的 300 余个品种中，大多数是通过杂交育种选育而成的（屈冬玉，2005），如克新 1 号，但整体而言，杂交育种的进程仍然比较缓慢，生产上应用的马铃薯栽培品种是高度杂合的四倍体，在减数分裂形成配子时，所形成的配子类型较多，后代基因型复杂，四倍体中隐性基因不容易被发现，导致一些有害基因被隐藏在四倍体中，而且部分花粉不育、杂交结实困难等（李颖，2013），这些问题都需要育种工作者在新品种的培育中进行改良，如目前育种工作者正在对花粉不育方面开展研究。

5. 诱变育种 诱变育种是人为利用各种物理、化学因子诱导植物产生新的基因型，将这些基因型根据育种目标进行筛选而获得新的品种。由于这些因子穿透力较强，易被染色体组吸收，所以对碱基和染色体结构产生破坏，从而使基因或染色体发生突变。诱变育种所获得的后代性状较稳定，通过诱变育种可以培育出自然界中没有或常规育种难以获得的品种。根据所用诱导剂的不同，可以将诱变育种分为物理诱变和化学诱变。物理诱变一般采用重离子、射线（如 X 射线、紫外线）以及太空诱变的方式产生，其中紫外线诱变育种具有方便、经济、诱导成功率高的特点，已被作为重要的诱变源应用到育种工作中。1979 年，Behnke 用 X 射线处理马铃薯愈伤组织，成功地获得了抗疫霉病的突变体。化学诱变一般采用烷化剂、碱基类似物及亚硝酸等化学物质与核苷酸中的磷酸、嘌呤、嘧啶等发生反应，从而使碱基发生变异，利用化学诱变剂诱导产生的点突变比例较高，而染色体畸变比例较低，其中烷化剂甲基磺酸乙酯（EMS）是毒性小且较常用的一种诱变剂，Kale 等（2006）用不同浓度的 EMS 处理微型薯，其后代所结薯块重量增加。虽然诱变育种可以培育出常规育种难以获得的品种，但是诱变育种仍然存在着不足之处，比如诱变的随机性较大、诱变的方向难以控制以及重复性差等弊端。近年来发展起来的定点突变技术弥补了这些缺点，定点突变是在分子水平上在体外特异性地插入、缺失或取代已知 DNA 序列中的特定碱基而造成的突变，如 Goulet（2008）等利用定点突变将编码植物半胱氨酸蛋白酶基因的特定氨基酸位点进行突变后，成功地产生了对食草昆虫消化具有抑制效力的突变体，因此，定点突变是今后诱变育种发展的方向。

6. 分子标记辅助育种 传统育种中对马铃薯性状的选育多为表型选择，这种选择受环境条件、基因间互作以及基因型与环境互作等多种因素的影响，因此，传统育种往往周期长，具有不可预见性。随着分子生物学的迅速发展，遗传标记技术也应运而生，其在马铃薯育种研究中也发挥了重要作用。分子标记是能反映生物个体或种群间遗传物质差异性的一种生物遗传标记，常用的分子标记技术有简单重复序列（SSR）、单核苷酸多态性（SNP）、随机扩增多态性（RAPD）、扩增片段长度多态性（AFLP）和限制性片段长度多态性（RFLP）。由于分子标记与基因间存在连锁关系，可以把这些基因进行标记和定位，如郜刚等（2000）以 2 个马铃薯二倍体分离世代为作图群体，对其人工接种青枯病后，筛选到与抗病感病性状相关的基因及其连锁的标记，这些标记均可用于今后马铃薯育种研究中，节省了育种周期。随着植物与环境互作的分子机理逐渐被揭示，许多与基因连锁的分子标记已被找到，利用这些标记跟踪目标基因在杂种后代的存在情况，消除了田间鉴定时人为和环境因素的干扰，这样必将缩短育种年限，加快育种进程，为马铃薯遗传育种的辅助选择奠定基础，因此今后育种中有必要继续开发新的分子标记，提高育种效率。

7. 细胞工程技术育种 四倍体马铃薯栽培种的基因库比较狭窄，据统计国内培育出的品种中有很多品种是以同一个品种为亲本获得的，如有 14 个品种是用疫不加作为亲本获得的，有 8 个品种是用米拉作为亲本获得的，有 8 个是用紫山药作为亲本获得的，有 6 个是用白头翁作为亲本获得的（屈冬玉，1988）。此外，四倍体马铃薯缺乏抗病和抗逆的基因，具有丰富基因型的马铃薯野生种和近缘栽培种中约 74% 为二倍体，二倍体中含有很多宝贵基因，如抗早疫病、抗卷叶病毒、早熟、耐热、抗霜冻、高表达类胡萝卜素基因等，且二倍体可以通过不断自交除去有害基因，从而获得有益自交系。但普通栽培种与二倍体杂交后会受到倍性障碍难以得到杂交种，从而限制了野生种质资源中优良基因的利用，因而马铃薯的常规育种很难跨越这个生物学障碍。

近年来发展起来的细胞工程技术和常规育种相结合为马铃薯育种提供了新的技术和手段，细胞工程育种是利用幼胚培养、花药培养、孤雌生殖、原生质体培养及细胞融合等技术进行育种的一种方法。利用具有优良性状的马铃薯野生或近缘栽培种的花药或孤雌生殖品系即可获得其双单倍体，曾有研究报道了双单倍体马铃薯植株，并有望获得自交纯合材料；将获得的优良双单倍体与二倍体杂交，对杂种后代进行筛选后将其染色体恢复到四倍体。此外，利用体细胞融合技术，还可将优良双单倍体的原生质体与二倍体体细胞融合，并对融合细胞分化得来的分化苗在温室成活后移植到田间。戴朝曦等（1998）利用双单倍体的原生质体与二倍体细胞融合后，从中筛选出了具有双亲特点、生活力较强的体细胞杂种株系。马铃薯种间杂交常会由于胚乳间不亲和导致幼胚死亡，通过胚挽救技术可获得成活的幼胚，从而获得种间杂交后代，王蒂等（1991）利用胚挽救技术获得了种间杂交植株。细胞工程技术的发展为马铃薯育种带来了前景，从根本上解决了杂交不育的问题，因此在育种工作中应加强细胞工程技术的应用，为新品种的开发提供新途径。

8. 转基因技术育种　用常规育种方法培育的优良品种仍会受到病虫和病害等的危害，而且育种过程较复杂且往往需时较长。随着生物技术的发展、植物细胞培养及再生技术的逐渐成熟，利用基因工程技术将外源基因导入植物体来改良品种特性的方法更便捷地解决了常规育种无法解决的问题，从而增加了生物产量，提高作物抗逆和抗病虫害环境的能力。转基因的方法有很多种，如基因枪法、农杆菌介导法、PEG 介导法、激光转化法、花粉管介导转化法等，目前，较常用且转化较稳定的是农杆菌介导法（高宏伟，2002）。马铃薯是最早获得转基因的作物之一，也是投入大田试验品种最多的转基因作物之一，但投放市场的转基因品系并不多（周思军，2 000）。近年来，已经获得了抗真菌病、抗病毒以及品质改良的转基因马铃薯植株。Ali 等（2 000）将编码阳离子肽基因转入马铃薯中，所获得的转基因植株对晚疫菌、细菌性软腐病菌的抗性均增强。Bell 等（2001）将雪花莲凝集素编码基因导入马铃薯中，所获得的转基因植株对鳞翅目夜蛾科的昆虫具有抗性。

转基因马铃薯在抗虫、抗逆等方面较其他育种方式具有很强的优越性，同时减少了农药的使用量，保护了生态环境，为马铃薯育种开辟了新的道路。Marchetti 等（2000）将大豆中分离的蛋白酶抑制剂基因导入马铃薯中过表达后明显减少了幼虫的侵害。Goddijn 等（1997）成功地将大肠杆菌海藻糖合成酶基因 *ots AB* 导入马铃薯中，提高了转基因植株的抗寒性。尽管马铃薯转基因工程育种取得了丰硕成果，但仍然受到很多因素的限制，如转基因效率低以及转基因安全性问题等，在今后的研究中应加强转基因后代遗传稳定性及转基因安全性的研究。

二、中国四大高原地区马铃薯种质资源

由于马铃薯非中国原产作物，中国的马铃薯资源均为国外引进和适应性选择保留品种，因此遗传来源狭窄是制约中国马铃薯育种发展的主要因素。近年来，由于国际交流的日益频繁，马铃薯资源引进成为中国马铃薯育种的重要内容，而安全、有效的保存马铃薯种质资源成为其利用的基础。现以贵州省、青海省、陕西省、山西省、河北省冀西北高原（内蒙古高原的一部分）为例，分别介绍各自保存的马铃薯种质资源。

(一) 贵州省种质资源

贵州省马铃薯育种工作从 20 世纪 70 年代开始，但由于资金投入少，参加育种工作的单位和科技人员极少，直到进入 21 世纪后，才逐渐形成了一定规模的育种队伍。目前，已有贵州省马铃薯研究所、毕节地区农业科学研究所、威宁县农业科学研究所等单位在进行马铃薯新品种的选育工作。

2000 年以后贵州省引进及育成的品种有威芋 3 号、毕引薯 23、威芋 4 号、会-2、威芋 5 号、黔芋 1 号、坝薯 10、大西洋、费乌瑞它、抗青 9-1、中薯 3 号、黔芋 1 号、合作 88、黔芋 3 号、毕薯 2 号、黔芋 5 号、毕薯 3 号、毕薯 4 号、黔芋 6 号、毕引 1 号、黔芋 7 号、毕引 2 号、华恩 1 号、洋人洋、毕威薯 1 号、滇黔 2 号、滇黔 23、冀张薯 8 号、威薯 002、滇黔薯 6 号、米拉。

(二) 青海省种质资源

青海省在 18 世纪末就有省外农家品种引进种植，资源引进工作是从 20 世纪 50～60 年代开始的，因此青海省马铃薯育种研究工作也经历了从国外引种鉴定到杂交育种的过程。据王芳（2011）介绍，在过去 60 多年的时间共育成高原系列、青薯系列及其他品种共 26 个（表 3-1）。

表 3-1　青海省育成马铃薯系列品种

（王芳，2011）

系　列	品种名称
高原系列（8 个）	高原 1 号、高原 2 号、高原 3 号、高原 4 号、高原 5 号、高原 6 号、高原 7 号、高原 8 号
青薯系列（10 个）	青薯 2 号、青薯 3 号、青薯 4 号、青薯 5 号、青薯 6 号、青薯 7 号、青薯 8 号、青薯 9 号、青薯 10、青薯 168
其他品种（8 个）	青 772、青 891、下寨 65、互薯 202、脱毒 175、乐薯 1 号、互薯 3 号、民薯 2 号

青海省农林科学院通过与国内单位的交流引进米拉、卡它丁、多子白、德友 3 号、德友 4 号、玛古拉、底西瑞等 8 个国外品种，这些品种为青海省马铃薯自主育种提供了优良的亲本材料，其中利用米拉、多子白、玛古拉等直接或间接育成的品种最多，分别占到 60%、50%、30%（王芳，2011）。利用这些有限的资源，在青海省乃至全国马铃薯生产中发挥着巨大的作用。

自 2001 年起，青海省分别从国际马铃薯中心（CIP）、以色列及国家克山马铃薯资源中心、中国农业科学院、云南、河北、甘肃等地，先后引进试管苗资源、实生种子、块茎资源 300 余份，包括抗晚疫病、抗病毒病、加工型资源、彩色马铃薯资源、野生二倍体及双单倍诱导材料等。

在加大了马铃薯种质资源的收集力度的同时，对资源的评价也做了大量的工作，部分资源已经在常规育种工作中得到应用。其中对资源的适应性、抗早疫病、晚疫病、病毒病、抗寒性、抗寒性、熟性、产量、品质等性状进行了评价和鉴定，并通过全生育期观察和生理生化等多项指标相结合进行了抗寒性鉴定，建立了抗旱、耐寒等性状的鉴定、评价方法和体系。通过利用分子标记技术，对 187 份青海省主栽品种、引进品种及资源进行了 AFLP 遗传多样性分析，为马铃薯杂交育种亲本的选配提供了可靠的理论依据（王芳，2011）。

1996 年，青海省通过欧盟援助项目，引进了马铃薯试管苗保存技术。目前青海省引进的马铃薯种质资源全部用缓慢生长法保存和常规保存两种方式保存。青海省业建立了马铃薯茎尖超低温离体保存技术体系，已保存了 50 份马铃薯种质资源。

（三）陕西省种质资源

据魏延安（2005）介绍陕西省是在新中国成立初期进行了马铃薯品种征集，共获 210 份原始材料。后由于老品种退化，开始从外地引种。1956 年，延安地区农业科学研究所先后从内蒙古引进野黄、292－20、六十天等品种；1958 年榆林地区农科所从河北、黑龙江、青海、内蒙古等地引进 200 多个品种材料进行试验和观察；关中引进德国白；陕南引入巫峡、牛头、苏联红、德友、波友 1 号等品种，西乡县还从四川万县引进万农 4 号、万农 6 号。1958 年以后，安康、汉中、商洛地区农科所引进国内外马铃薯原始材料 300 多份，进行研究和利用。20 世纪 60 年代，晚疫病流行，原有引进品种普遍不抗病，主产区开展抗晚疫病引种。

陕西省选育和引进的品种主要有安农 1 号、安农 2 号、安农 3 号、安农 4 号、安农 5 号、文胜 4 号、商芋 1 号、克新 1 号、津引 8 号、晋薯 7 号、东北白、大西洋、夏波蒂、克新 6 号、早大白、费乌瑞它、克新 1 号、克新 3 号、安薯 56、安薯 58、沙杂 15、紫花白、津引 8 号、安薯 8、沙杂 15、忻革 6 号、高原 4 号、坝薯 10、秦芋 30、秦芋 32、冀张薯 8 号、青薯 9 号等。

（四）山西省种质资源

山西省从新中国成立之初开始马铃薯引种；20 世纪 50 年代中期，开始用实生种子选种，选出了大同 1 号、大同 2 号、同薯 3 号；50 年代后期首次开展了马铃薯杂交育种，通过杂交育种选育出晋薯号系列、同薯号系列等品种，对山西省马铃薯的生产具有重要的作用。尤其进入 21 世纪后，育种方法和育种手段都有了很大的完善，育成的品种在抗病、优质及适合加工等不同方面都有了进一步的提高。有专用加工品种、鲜食菜用品种及炸条、炸片品种等，产值和产量都得到很大的提高。

山西省近年来分别从国际马铃薯中心、中国农业科学院蔬菜花卉研究所、河北等引进多份种质资源近 100 份，其中包括抗晚疫病资源、彩色马铃薯资源、高淀粉资源等。

新中国成立以来，山西省育成的品种有山农 3 号、早熟白、紫山药、黑山药、蓝眼、静石 2 号、晋薯系列（包括晋薯 1 号至晋薯 29）、系薯 1 号、晋早 1 号、大同里外黄、同薯 20、同薯 22、同薯 23、同薯 28 等。

近年来山西省引进种植的品种有费乌瑞它、希森 3 号、希森 4 号、青薯 9 号、冀张薯 8 号、新大坪、中薯 3 号、中薯 5 号、郑薯 5 号、紫花白、大西洋、夏波蒂、克新 1 号、红玫瑰、紫玫瑰、黑玫瑰、高淀粉品种 157、CZ819、炸片专用品种 CZ359、中薯 18、丽薯 6 号、丽薯 7 号、庄薯 3 号等。

（五）河北省种质资源

河北省从 20 世纪 60 年代开始马铃薯育种，育成了冀张薯系列冀张薯 1 号～冀张薯 15、坝薯系列，80 年代初由国际马铃薯中心引入 137 份种质资源。

据张希进（2000）介绍河北省当时种植的主要品种为 5 个类型：创汇型品种有金冠、冀张薯 5 号、台湾红皮；炸薯条（片）加工型品种有夏波蒂、大西洋、冀张薯 4 号；淀粉型品种有虎头、冀张薯 2 号、89 - 1 - 73；商品型品种有冀张薯 3 号、克新 1 号、冀张薯 1 号；适宜冀中平原二季作栽培型品种有克新 4 号、郑薯 5 号、坝薯 9 号、中薯 2 号、中薯 3 号、费乌瑞它等。

河北省张家口农业科学院马铃薯研究所、雪川农业发展股份有限公司、张家口弘基农业科技开发有限责任公司等单位有马铃薯种质资源 300 余份。

三、中国四大高原地区马铃薯品种演替

中国的马铃薯育种研究经历了从国外引种鉴定，到品种间和种间杂交，生物技术辅助育种的过程，在过去的 60 多年中育成了将近 190 个品种（金黎平，2003），进行了 4～5 次的品种更新，减轻了晚疫病、病毒病和细菌病的危害，使马铃薯单产不断提高，品质更加优良。现以贵州省、青海省、陕西省、山西省、河北省冀西北高原（内蒙古高原的一部分）为例，分别介绍从新中国成立到目前，马铃薯品种的更新换代情况。

（一）贵州省马铃薯品种演替

贵州地处低纬度的高海拔山区，具有适于马铃薯生长发育的自然条件。贵州马铃薯的种植面积大，常年播种面积在 46.7 万 hm² 以上，而且分布广，在海拔 300～2 400 m 均有较大面积种植。省内各地由于海拔高度和生态条件的差异较大，导致地形地貌的复杂性和气候类型的多样性。根据马铃薯生长发育对具体生态气候条件的要求，结合不同品种类型的特性，各地耕作栽培制度等的不同，大体上可将全省马铃薯的种植划分为春薯一熟区、春—秋薯两熟区和低海拔地区冬作区。从贵州全省的整体条件看，其最大的特点是一年四季均可自然种植马铃薯，实现鲜薯周年上市，降低贮藏和运输成本，极有利于马铃薯产业化经营的发展。黔西北高原的毕节市，由于海拔高、气候冷凉，马铃薯种植面积大，产量高、品质优良，是中国南方重要的马铃薯种薯和商品薯基地。

据张荣达、熊贤贵（2012）介绍贵州省毕节市的马铃薯育种工作始于 20 世纪 70 年代中后期，其主要的成绩是：引种成功米拉、676 - 4、双丰收、新芋 3 号、新芋 4 号等品种，解决了当时毕节市马铃薯品种单一的矛盾，其中米拉在毕节市的推广面积每年为 6.67 万 hm²，到目前为止还是贵州省马铃薯区域试验的对照品种。

20 世纪 80～90 年代通过进行有性杂交等，选育成功毕薯 1 号、威芋 1 号、威芋 3 号、8009、743 - 93、克选 7 号、克选 10、毕抗 01 号和毕抗 02 号等，其中值得提出的是，威芋 3 号、743 - 93、毕抗 01 号、毕抗 02 号，不仅具有良好的丰产性，而且对马铃薯癌肿病具有高抗性。

进入 21 世纪后，以毕节市农业科学研究所和威宁县农业科学研究所为主的马铃薯育种创新团队，选育成功了毕引 1 号、毕引 2 号、毕威薯 1 号、毕薯 2 号、毕薯 3 号、毕薯 4 号、威芋 4 号、威芋 5 号等。这些品种丰产性好、品质优良、抗逆性和抗病性均较强，对促进毕节市马铃薯产业的健康发展必将起到重要作用。

(二) 青海省马铃薯品种演替

青海省地处西北高原，气候冷凉，昼夜温差大，雨热同季，降雨集中在作物生长季节，日照时数长，温度适中，有着适于马铃薯生长的得天独厚的气候资源。由于气候冷凉，使马铃薯病毒感染轻、退化速度慢，被全国公认为天然良种保存和良种繁殖基地。据王芳、王舰 (2003) 介绍青海省马铃薯品种更替分下面几个阶段：

1. 自主引进阶段　青海省早在 18 世纪末就有马铃薯种植。20 世纪初期，青海马铃薯种植面积不大，据 1936 年《青海农业调查》记载，全省种植面积 0.59 万 hm^2，总产 11.375 万 t。

种植的品种主要为农家品种，如尕白、紫早、互助红，这些品种在青海省栽培的历史较长。20 世纪 30～40 年代，农民从甘肃省自行引进的农家品种有深眼窝和白洋棒，这些品种的食味品质好，适应性广，一般产量 1.5 万 kg/hm^2 左右，但普遍存在抗病性差、产量低等缺点。由于留种主要是由农民自行交流或自留种，良种的推广速度缓慢，种植的面积不大。新中国成立以前，青海省种植的马铃薯主要用于鲜食，以满足全省人民的生活。

2. 选优和自育品种起步阶段　新中国成立后，马铃薯生产经历了由上升至下降再回升的过程。

通过对青海省地方品种的调查和征集，20 世纪 50 年代至 60 年代初，种植的品种主要选用了抗晚疫病和抗退化的互助红、牛头、白洋棒、深眼窝等品种。1958 年种植面积 6.512 万 hm^2，总产量达到 8.71 亿 kg，分别比 1949 年增长了 153% 和 119.7%。

60 年代后期，马铃薯晚疫病、环腐病流行蔓延，由于种植的马铃薯品种抗病性差，故马铃薯生产受到前所未有的打击，种植面积与单产急剧下降，到 1969 年总产降至 3.451 亿 kg，仅为 1958 年的 29.6%。虽然采取防治措施，情况有所好转，但未能根本解决。

从 1959 年开始，青海省农业科技人员进行马铃薯杂交育种，针对马铃薯普遍存在抗病性差、产量低等缺点，到 1968 年以后，青海省农林科学院先后育成高原 1 号、高原 2 号、高原 3 号、高原 4 号、高原 7 号、高原 8 号马铃薯品种，1971—1984 年，青海省互助土族自治县农业科学研究所又育成下寨 65 品种。其中高原 1 号、2 号丰产性较好，一般产量 2.625 万 kg/hm^2 左右，小面积产量达 3.375 万 kg/hm^2。高原 3 号一般产量 2.25 万 kg/hm^2 左右，耐病毒病而稳产，较耐干旱，品质好，据 1972 年不完全统计，该品种的播种面积占全省马铃薯总播种面积的 8%～9%。高原 4 号品种丰产性好，一般产量达 3.0 万 kg/hm^2，高产达 5.1 万 kg/hm^2。高原 5 号熟性早，适时早播，适合城镇郊区菜农种植，早播、早收、早上市。高原 6 号、7 号、8 号丰产性好，投入生产后，使单产水平由 3.00 万～3.75 万 kg/hm^2 增至 4.5 万 kg/hm^2，逐渐实现了高产、抗病、适应性广、品质好等育种目标。20 世纪 70 年代中期后，通过高原 3 号、高原 4 号、高原 7 号、高原 8 号的积极推广，控制了病害的流行，产量迅速恢复。

3. 新品种选育和推广阶段 1978—1988 年，随着抗病性强和产量高的马铃薯新品种的不断选育和推广，全省马铃薯种植面积和产量逐年恢复，单产比 1969 年提高了 1 倍多。1987 年良种面积达 2.77 万 hm²，占马铃薯总种植面积的 80.01％，其中种植面积在 0.33 万 hm² 以上的有下寨 65、高原 4 号，推广面积在 0.13 万～0.33 万 hm² 的有高原 3 号、391、深眼窝、高原 7 号等。

这一阶段由于资源匮乏，育种工作处于爬坡阶段，先后育出和引育成功的马铃薯新品种有青薯 168、脱毒 175、青薯 2 号、互薯 202，其中青薯 168、脱毒 175 属于菜用型马铃薯；青薯 2 号淀粉含量高，达 22％以上，适合于加工。这些品种随着种植业结构的调整和商品经济的发展其种植面积逐年扩大。同时产业化发展也逐步多元化，鲜食比例有所下降。

4. 产量品质共同追求阶段 从 1984 年开始，青海省农林科学院的研究人员开始马铃薯茎尖脱毒技术研究，经过长期摸索，在和欧盟的援建项目上，初步建立了符合青海实际的脱毒马铃薯种薯生产体系和质量检测体系，建立了从脱毒苗获取到温室生产微型薯，再到大田繁殖的脱毒马铃薯种薯生产体系。1990 年以来，脱毒马铃薯种植面积逐年扩大，到 2010 年高代脱毒种薯的种植面积已达到 133 万 hm²，占全省马铃薯种植面积的 60％以上，产量 3.75 万 kg/hm²，脱毒马铃薯品种增加到 10 余个。2011 年青海省马铃薯种植面积 9.47 万 hm²，总产量达到 19.2 亿 kg，平均产量 2.028 万 kg/hm²。主要种植品种为：青薯 9 号、青薯 168、青薯 2 号、下寨 65、青引 5 号、乐薯 1 号、民薯 2 号等品种，全省马铃薯脱毒种薯覆盖率达到 84％。

这一阶段注重了资源引进和利用，亲本多元化，育种目标从产量到产量品质共同追求，主要以高淀粉、高产、抗旱为主，育成品种有青薯系列 8 个，互薯 303、乐薯 1 号、民薯 2 号。种植品种也从单一的食用型马铃薯品种发展到专用型马铃薯品种。

（三）陕西省马铃薯品种演替

陕西省位于中国内陆腹地黄河中下游，北山和秦岭把陕西省分为陕南、关中、陕北三大自然区域。

据蒲正斌（2006）介绍陕南包括汉中、安康、商洛三市，但马铃薯面积以安康市最大，占全市粮食总产中的比重达到 25％。该市虽适合马铃薯生长，但马铃薯生长季节阴雨天气较多，晚疫病发生频繁，严重阻碍马铃薯生产发展。

1965 年安康农业科学研究所以选育高抗晚疫病、高产、优质、稳产的马铃薯品种为目标，从事马铃薯引种、育种工作。1966—1968 年安康农业科学研究所相继选育出安农 1 号、2 号、3 号、4 号、5 号，抗晚疫病、高产、食味好，在安康、商洛地区迅速推广，带动了两个地区马铃薯面积的增加和单产的提高，其中安农 5 号在商洛地区推广面积一度占到 80％。1967—1972 年，安康农业科学研究所又利用引进的长薯 4 号选育出 175 号系，又名文胜 4 号，比安农号抗病性更好，产量更高，迅速普及推广，至今仍为安康主栽品种之一。20 世纪 70 年代后期，商洛农科所育成商芋 1 号，产量优势突出，80 年代初在商洛地区大面积推广。

进入 20 世纪 80 年代后，全省进一步加大优良品种引进选育和推广力度。陕北扩大推广了克新 1 号，引进推广了津引 8 号、晋薯 7 号、紫花白、东北白等品种，特别是近年来开始发展专用马铃薯，用于油炸食品加工的大西洋、夏波蒂等品种已进入生产示范。关中马铃薯以早熟蔬菜利用为主，主要引进推广了克新 6 号、早大白、费乌瑞它等早熟品种。陕南克新 1 号、克新 3 号等品种种植面积继续扩大，安康农业科学研究所又相继选育出安薯 56、安薯 58 等新品种，相继进入扩大推广阶段，沙杂 15、沙杂 175 经脱毒繁育后，在生产上利用仍较广泛。目前，全省栽培面积较大的品种有克新 1 号、安薯 56、津引 8 号、安薯 58、沙杂 15、沙杂 175 等。2000 年选育国审安薯 58（秦芋 30），使该市马铃薯种植面积和产量由 1970 年的 2.57 万 hm^2、3 330 kg/hm^2 发展到 2 000 年的 5.4 万 hm^2、9 630 kg/hm^2，面积增加 1.1 倍，单产增加 1.9 倍。

近年来面积减少，单产增加，有 3.75 万～4.50 万 kg/hm^2 的丰产片，6 万 kg/hm^2 左右的高产田，解决了粮食安全问题，为退耕还林提高单产打下了良好基础。由于汉中、商洛、关中及邻省（市）的湖北、重庆、四川出售种薯和商品薯农民人均收入 300 元左右，并带动了周边地区马铃薯产业发展。陕南低海拔的丘陵平川区冬季无严寒，温暖湿润，近年来采用地膜、双膜栽培、冬季播种，4 月中下旬收获，向新疆、甘肃、西安等大中城市销售春季鲜薯，不但价格高还供不应求。

陕北马铃薯主要集中在榆林市的米脂、佳县、绥德、清涧、吴堡及延安市的子长、延长、洛川及宝塔等县（区），年栽培面积约 20 余万 hm^2，约占当地粮食播种面积的 20%。该区除子长县外，马铃薯产量不高不稳，高产年与低产年有成倍差距，平均产量仅为 9 500 kg/hm^2。

1962 年榆林地区农业科学研究所在从河北省张家口地区农业科学研究所引进的 15 个材料中，对金苹果与多紫白杂交后代无性繁殖系 58 - 1 - 19 进行 3 年试验示范，发现耐旱、耐涝、抗晚疫病、产量高，定名为沙杂 15，1966 年开始推广，到 1976 年普及为陕北两个地区的主栽品种。沙杂 15 的推广在陕北马铃薯生产上具有重要影响，一举扭转了马铃薯产量低而不稳的局面。1974—1975 年，仅榆林马铃薯面积就从 4.7 万 hm^2（70 多万亩）猛增至 13.3 万 hm^2（200 多万亩），单产提高近 80%。

20 世纪 80 年代前后主栽品种是沙杂 15，以后引进的东北白、克新 1 号、忻革 6 号为主栽品种，但投入生产的还有晋薯 7 号、高原 4 号、坝薯 10、津引 8 号等 10 多个品种。1995 年榆林市农业科学研究所从内蒙古农业科学院引进的紫花白，比主栽品种东北白增产 18.6%，2001 年大面积推广，加之大垄沟增产栽培技术推广，产量有较大幅度提高。

近年来陕西省马铃薯主栽品种为克新 1 号、费乌瑞它、早大白、夏波蒂、秦芋 30、秦芋 32、冀张薯 8 号、青薯 9 号等。

（四）山西省马铃薯品种演替

山西省地处黄土高原东部，全省的气候特点是冬季寒冷干燥，夏季炎热多雨，各地温差悬殊，地面风向紊乱，风速偏小，日照充足，光、热资源丰富。马铃薯是山西省继玉米、小麦之后的第三大农作物，栽培历史悠久，在全省粮食生产和高寒冷凉山区农民脱贫致富中占有重要地位。生产区主要分布在晋北、晋西北黄土丘陵地区、太行山区，以大同、朔州、忻州、吕梁较为集中。

据杜珍、孙振（2000）介绍山西省马铃薯品种演替主要经过 5 个阶段替换：

1. 引种到杂交育种 新中国成立之初，引种、评比鉴定推广了五台白、紫山药、多子白、男爵等品种。20 世纪 50 年代中期，用实生种子选出了大同 1 号、大同 2 号、同薯 3 号，其中同薯 3 号不仅满足了本省种植，还推广到辽宁、河北、陕西、内蒙古、上海等地。50 年代后期首次开展了马铃薯杂交育种，填补了山西省马铃薯有性杂交创造变异的空白，它标志着山西省马铃薯新品种选育工作进入了一个新的阶段。

到 60 年代后期，抗病性强的同薯 5 号、圆叶青、广灵里外黄、虎头等代替了抗病性差、产量低的五台白、紫山药、果子红等。

2. 马铃薯育种低速增长期 进入 20 世纪 70 年代，许多新品种陆续育成，选育出抗病毒性退化，优质、高产的晋薯 1~10 号及系薯 1 号、小白梨、静石 2 号等品种，其中晋薯 2 号、晋薯 5 号、晋薯 7 号是国家认定全国重点推广成果。晋薯 2 号获省科技成果二等奖，晋薯 1 号、晋薯 7 号、系薯 1 号均获省科技进步三等奖，晋薯 5 号获科技成果四等奖，晋薯 8 号以高淀粉取得突破性进展。从 1971 年开始，以 292 - 20 等为材料进行实生种子利用研究，选育出的晋 H1、晋 H2、晋 H3 单交种，对中国西南山区马铃薯生产发挥了作用。

20 世纪 80 年代虎头、鲁薯 1 号、同薯 8 号，内薯 3 号、克新 1~4 号、燕子、郑薯 2 号、丰收白、米拉、中心 24、坝薯 9 号、坝薯 10、青薯 168、CIP389084 - 4，当时作为山西省的主栽品种，这些引进品种为山西省的杂交育种提供了遗传资源。1980—1992 年第一轮华北区试，晋薯 5 号比对照虎头增产 46.5%，居首位。1983—1985 年第二轮华北区试，晋薯 6 号比对照脱毒虎头增产 16.3%，位居首位。1986—1988 年第三轮区试晋薯 7 号比脱毒虎头增产 21.0%，参试各点均位居第一位。第五轮 167 - 8 产量仍居第一位；比对照虎头增产 20.6%。

目前全省马铃薯良种推广面积达到 90% 以上，近年来，晋薯 2 号、晋薯 7 号不仅享誉国内，而且走出国门，种薯调往日本、朝鲜等地。

3. 优质抗病新品种选育 1999—2008 年在遗传育种研究方面，共育成了晋薯 11~18 等 8 个省审品种和同薯 20、同薯 22、同薯 23 等 3 个国审新品种，其中在生产上面积较大的有 5 个。国审同薯 20、同薯 23，省审晋薯 11 等品种先后获省科技进步二等奖。育成的新品种，在薯块性状、食用品质、加工品质以及早熟性等方面比以往的品种有了显著的改善。

4. 马铃薯专用品种的选育推广 马铃薯专用品种的应用推广，对山西省马铃薯生产水平的提高也起到了积极作用。近年来育成、引进、示范、推广的国内外优良专用品种，主要有早熟鲜食出口型：费乌瑞它、中薯 3 号、中薯 5 号；油炸食品和全粉加工型：夏波蒂、大西洋；淀粉加工型：同薯 20、晋薯 7 号、晋薯 8 号、静石 2 号；中晚熟鲜食型：同薯 22、紫花白、晋薯 16；晚熟高产型：同薯 23、晋薯 11、晋薯 13、晋薯 14、晋薯 15、晋薯 17、晋薯 18；蒸煮食型：晋薯 12、系薯 1 号。彻底改变了品种单一的历史状况，繁荣了市场，形成了多元化品种结构，取代了 20 世纪 80 年代以来生产应用多年的一些产量潜力小、品质差、商品率低、市场前景不好的品种，如晋薯 1 号、晋薯 3 号、晋薯 4 号、晋薯 5 号、晋薯 6 号、雁平 1 号等品种，完成了山西省自新中国成立以来第四次马铃薯品种更替。

5. 高品质新品种的选育应用 2009 年以来山西省育成的品种主要有晋薯 19～29、大同里外黄、晋早 1 号、同薯 28 等 14 个省审品种，新品种的育成为马铃薯不同用途提供了优良的资源。近几年生产上主要种植的品种为：

一作区。在晋北、晋西北黄土丘陵地区，属于干旱、半干旱一季作地区，是山西省马铃薯主产区，以大同、朔州、忻州、吕梁种植较为集中，马铃薯品种以种植克新 1 号、紫花白、晋薯 7、晋薯 15、晋薯 16、同薯 20、同薯 22、同薯 23、同薯 28、冀张薯 8 号等高产、抗旱、抗逆的中晚熟品种为主，播种面积占全省的 80% 以上。马铃薯是当地农民赖以生存的粮菜兼用作物和重要的经济来源。

二作区。运城、临汾、晋中中南部盆地和城郊区，以种植早熟品种中薯 3 号、中薯 5 号、郑薯 5 号、费乌瑞它、晋早 1 号等品种为主，属二季作早熟区，所产马铃薯淡季供应市场，有较高的经济效益。

（五）河北省马铃薯品种演替

河北省地处东经 113°11′～119°45′，北纬 36°05′～42°37′，位于华北平原，全省地势西北高、东南低，由西北向东南倾斜。河北省地处中国东部沿海，属温带大陆性季风气候，四季分明，光照充足。全年平均气温介于 −0.5～14.2 ℃。坝上及北部山区是河北省稳定的多日照区，年均降水量 300～800 mm，多集中在 7～8 月，无霜期 120～240 d。地貌复杂多样，有高原、平原、山地、丘陵、盆地等类型，坝上高原平均海拔 1 200～1 500 m，气候冷凉，适宜马铃薯的生长。根据河北省的地域及气候特征以及马铃薯的种植特点，主要选择种植在北部的坝上张家口、承德等地。

20 世纪 60 年代初至 70 年代中期，以虎头、跃进、丰收白、坝薯 8 号、坝薯 9 号、坝薯 10 为代表的新品种投入生产，对推动社会进步，提高人民生活质量做出了贡献。但这些品种的共同点是血缘关系较近，芽眉大而芽眼深，薯形不规则，结薯不集中。

20 世纪 80 年代，河北省高寒作物研究所参加了国家种质资源筛选创新攻关项目，不但丰富了马铃薯种质资源，而且极大地推动了育种向不同专用型育种的转变。

20 世纪 90 年代后期，河北省高寒作物研究所与国际马铃薯中心、中国农业科学院蔬菜花卉研究所合作，相继开展了抗 PLRV 育种以及利用孤雌生殖诱导马铃薯双单倍体技术的倍性操作育种，选出了一批优异后代材料。

近几年河北省种植的马铃薯品种主要有夏波蒂、荷兰 15、中薯 3 号、冀张薯 8 号、克新 1 号、冀张薯 5 号、冀张薯 12、冀张薯 14、坝薯 10 等。

第二节　高原地区马铃薯优良品种简介

一、克新 1 号（克星 1 号）

品种来源：黑龙江省农业科学院马铃薯研究所于 1958 年以 374‐128 为母本、Epoka

为父本，经有性杂交系统选育而成，原系谱号克 5922－55。1967 年通过黑龙江省农作物品种审定委员会审定，定名为"克新 1 号"。1984 年经全国农作物品种审定委员会审定为国家级品种并在全国推广。1987 年获国家发明二等奖。

特征特性：克新 1 号属中熟品种，生育日数 90 d 左右（由出苗到茎叶枯黄）；株型直立，株高 70 cm 左右；茎粗壮、绿色；复叶肥大、绿色；花淡紫色，有外重瓣，花药黄绿色，雌、雄蕊均不育，不能天然结实和作为杂交亲本；块茎椭圆形，大而整齐，白皮白肉，表皮光滑，芽眼中等深，耐贮性中等，结薯集中；高抗环腐病，抗 PVY 和 PLRV；较抗晚疫病，耐束顶病；较耐涝，食味一般；淀粉含量 13%，每 100 g 鲜薯维生素 C 含量为 14.4 mg，还原糖 0.25%。

产量情况：丰产性好，亩产 2 000 kg 左右。

栽培要点：黑龙江南部地区以 4 月中下旬、北部地区以 5 月上中旬播种为宜。由于植株繁茂，每亩以栽植 3 500 株为宜。也适于夏播留种。适应性广，是我国主栽品种之一。

适宜范围：适于黑龙江、吉林、辽宁、河北、内蒙古、山西、陕西、甘肃等省份。南方有些省也有栽培。

二、晋薯 16

品种来源：山西省农业科学院高寒区作物研究所 1999 年用 NL94014 作为母本，9333－11 作为父本，杂交选育而成，原编号为 00－5－97。2006 年通过山西省品种审定委员会审定，定名为"晋薯 16"。

特征特性：晋薯 16 属中晚熟种，从出苗至成熟 110 d 左右；生长势强，植株直立，株高 106 cm 左右；茎粗 1.58 cm，分枝数 3～6 个；叶片深绿色，叶形细长，复叶较多；花冠白色，天然结实少，浆果绿色，有种子；薯形长圆，薯皮光滑，黄皮白肉，芽眼深浅中等，结薯集中，单株结薯 4～5 个；蒸食、菜食品质兼优。经农业部蔬菜品质监督检验测试中心品质分析，干物质 22.3%，淀粉含量 16.57%，还原糖 0.45%，每 100 g 鲜薯维生素 C 含量为 12.6 mg，粗蛋白 2.35%，符合加工品质要求；植株抗晚疫病、环腐病和黑胫病，根系发达，抗旱耐瘠；薯块大而整齐，耐贮藏，大中薯率 95%，商品性好，商品薯率高。

产量情况：2006 年参加山西省生产试验，5 个试验点全部增产，平均亩产 1 640.7 kg，比对照晋薯 14 增产 10.9%。

栽培要点：北方春播区播种时间一般在 4 月下旬至 5 月上旬为宜。播种前施足底肥，最好集中穴施，每亩种植密度为 3 000～3 500 穴。有灌水条件的地方在现蕾开花期浇水施氮肥 15～20 kg，可增加产量 10%～20%，中期应加强田间管理，及时中耕除草、高培土。

适宜范围：适于在山西、内蒙古、河北省北部、东北大部分等一季作区种植。旱薄、丘陵及平川等地区都可种植。

三、青薯 9 号

品种来源：青薯 9 号是青海省农林科学院生物研究所通过国际项目合作，从国际马铃薯中心（CIP）引进杂交组合（387521.3×APHRODITE）实生种子，经系统选育而成。原单株编号 C92.140-05（代号：CPC2001-05）。2006 年 12 月通过青海省农作物品种审定委员会审定，定名为"青薯 9 号"（品种合格证号为青种合字第 0219 号，审定号：青审薯 2006001）。

特征特性：青薯 9 号属中晚熟品种，生育期从出苗到成熟 120 d 左右；株高 97.00 cm ±10.40 cm；茎紫色，横断面三棱形，分枝多；叶较大，深绿色，茸毛较多，叶缘平展；聚伞花序，花冠浅红色，天然结实性弱；块茎长椭圆形，表皮红色，有网纹，薯肉黄色，沿微管束有红纹，芽眼较浅，结薯集中，较整齐，商品率高；休眠期较长，耐贮藏。两年水地、旱地区试中，平均单株结薯数 8.60 个±2.80 个，单株产量 945.00 g±0.61 g，单薯平均重 117.39 g±4.53 g。生长整齐，中、后期长势强。抗马铃薯 PVX、PVY 和 PLRV 病毒，高抗晚疫病。经青海省农作物品质测试中心测试，鲜薯淀粉含量 19.76%，干物质 25.72%，还原糖 0.253%，每 100 g 鲜薯维生素 C 含量为 23.03 mg。

产量情况：2004—2006 年青海省水地、旱地区试中，两年平均亩产 3 290.6 kg，较对照下寨 65 平均增产 27.9%。2005—2006 年水地品种区试中，两年平均亩产 3 708.7 kg，比对照青薯 2 号平均增产 10.3%，增产显著。平均商品率为 82.2%。大面积推广种植平均亩产可达 2 500~3 000 kg。

栽培要点：选择中等以上地力，通气良好的土壤种植。秋季结合深翻施有机肥 30~45 t/hm²，纯氮 0.093~0.155 t/hm²，五氧化二磷 0.124~0.179 t/hm²，氧化钾 0.187 t/hm²。4 月中旬至 5 月上旬播种，采用起垄等行距种植或等行距平种，播深 8~12 cm，播量 1.950~2.250 t/hm²，行距 70~80 cm、株距 25~30 cm，密度为 4.80 万~5.55 万株/hm²。苗齐后，结合除草松土进行第一次中耕培土，厚度 3~4 cm；现蕾初期进行第二次培土，厚度 8 cm 以上，并追施纯氮 0.010~0.017 t/hm²。现蕾后至开花前，结合施肥进行第一次浇水，生育期浇水 2~3 次。开花期喷施磷酸二氢钾 1~2 次。在生育期内发现中心病株及时拔除，并进行药剂防治。

适宜范围：该品种适宜在川水、浅山和半浅半脑地区推广种植，尤其在西部干旱、半干旱地区种植比较效益明显，抗旱性和耐寒性表现优良。

四、冀张薯 8 号

品种来源：冀张薯 8 号是张家口市农业科学院 1990 年从国际马铃薯中心（CIP）引进杂交组合（720087×X4.4）实生种子，经系统选育而成，原系谱编号：92-10-2。该品种于 2006 年 7 月通过国家农作物品种审定委员会审定，定名为"冀张薯 8 号"。2006 年 10 月申请了农业植物新品种保护，申请号：20060555.0。

特征特性：冀张薯 8 号属中晚熟品种，生育期 112 d；株高 108 cm，分枝中等；茎叶浓绿色，叶片卵圆形；花冠白色，花期长而繁茂，具有浓香味；天然结实性弱；抗卷叶病毒和花叶病毒病，耐晚疫病；薯皮淡黄色，薯肉白色，块茎扁圆形，芽眉稍大，芽眼平浅，易去皮，结薯较集中，块茎膨大期为 45~50 d，单株结薯 5 个，大中薯率为 78% 以上。

产量情况：2004—2005 年参加全国晚熟组马铃薯区域试验，连续两年均比对照增产。其中 2004 年平均亩产 3 526.6 kg，比统一对照增产 40.95%；2005 年平均亩产 2 043.6 kg，比统一对照增产 37.1%。大面积种植一般亩产 1 500 kg，最高亩产可达 2 000 kg。

栽培要点：种薯提前出窖，暗光催芽 12 d，晒种 7～8 d。北方一作区最适播种期为 4 月 30 日至 5 月 10 日。亩株数 3 300～3 500 株。要施足基肥，现蕾期结合浇水亩追尿素 15～20 kg。适宜收获期是 9 月 20～25 日，适当推迟收获可增加大中薯率。

适宜范围：适宜北方一季作区种植。

五、大西洋

品种来源：美国育种家用 B5141 - 6（Lenape）作为母本，旺西（Wauseon）作为父本杂交选育而成，1978 年由国家农业部和中国农业科学院引入我国后，由广西农科院经济作物研究所筛选育成。

特征特性：属中早熟品种，生育期从出苗到植株成熟 90 d 左右；株型直立，茎秆粗壮，分枝数中等，生长势较强；株高 50 cm 左右，茎基部紫褐色；叶亮绿色，复叶大，叶缘平展；花冠淡紫色，雄蕊黄色，花粉育性差，可天然结实；块茎卵圆形或圆形，顶部平，芽眼浅，表皮有轻微网纹，淡黄皮白肉，薯块大小中等而整齐，结薯集中；块茎休眠期中等，耐贮藏；蒸食品质好；干物质 23%，淀粉含量 15.0%～17.9%，还原糖含量 0.03%～0.15%，是目前主要的炸片品种。该品种对马铃薯普通花叶病毒（PVX）免疫，较抗卷叶病毒病和网状坏死病毒，不抗晚疫病，感束顶病、环腐病，在干旱季节薯肉会产生褐色斑点。

产量情况：2002 年在南宁和那坡县进行冬种筛选试验（15 个品种），产量为 1 485.6 kg/亩，比本地对照品种思薯 1 号增产 134%。2003 年 3～6 月在那坡、上林进行春夏繁种试验，亩产种薯分别为 2 250 kg 和 2 376 kg。2003 年 10 月至 2004 年 2 月初，用那坡自繁种薯在北流、上林、岑溪、浦北、武鸣、博白、横县、平果等地进行秋种试验，平均产量为 1 074.4 kg/亩，比本地对照品种思薯 1 号增产 60.4%。2003 年 11 月至 2004 年 2 月，南宁冬种平均产量 1 274.8 kg/亩。

栽培要点：选择前作无茄科及胡萝卜等作物，排灌良好、质地疏松、肥力中上的壤土种植。每亩用种薯 125～150 kg。一般要求整薯播种，较大的种薯可按芽眼切块播种，纵切成 25～50 g 的薯块，每块带 1～2 个芽眼。冬种宜在 11 月中旬至 12 月上旬播种，4 000～4 500 株/亩；春播宜在 4 月下旬至 5 月上旬播种，5 000～6 000 株/亩。基肥以农家肥为主，每亩 1 500～3 000 kg，种肥每亩施复合肥 25～50 kg，撒施于种植沟内。播种后 25～30 d，结合施肥培土，每亩追施尿素 4～5 kg；现蕾期结合中耕除草培土，每亩施硫酸钾 15 kg、尿素 10 kg；块茎膨大期用 0.3% 的尿素与 0.3% 的磷酸二氢钾混合或 0.3% 的硝酸钾进行叶面喷施。土壤要保持湿润。注意防治病毒病、晚疫病、蚜虫、马铃薯瓢虫、地老虎等病虫的危害。

适宜范围：适应范围广，在全国各地均有种植。

六、费乌瑞它（鲁引 1 号、大引 1 号、津引 1 号、荷兰 17、荷兰 15）

品种来源：农业部种子局从荷兰引进的马铃薯品种，该品种是以 ZPC50－35 为母本，ZPC55－37 为父本，杂交选育而成。

特征特性：费乌瑞它属中早熟品种，生育期 80 d 左右；株高 45 cm 左右，植株繁茂，生长势强；茎紫色，横断面三棱形，茎翼绿色，微波状；复叶大，圆形，色绿，茸毛少，小叶平展，大小中等，顶小叶椭圆形，尖端锐，基部中间型，侧小叶 3 对，排列较紧密，次生小叶 2 对，互生，椭圆形；聚伞花序，花蕾卵圆形，深紫色，萼片披针形，紫色，花柄节紫色，花冠深紫色，五星轮纹黄绿色，花瓣尖白色；有天然果，果形圆形，果色浅绿色，无种子；薯块长椭圆，表皮光滑，薯皮色浅黄，薯肉黄色，致密度紧，无空心，单株结薯数 5 个左右，单株产量 500 g 左右，单薯平均重 150 g 左右，芽眼浅，芽眼数 6 个左右，芽眉半月形，脐部浅，结薯集中，薯块整齐；耐贮藏；休眠期 80 d 左右；较抗旱、耐寒，抗坏腐病，较抗晚疫病、黑胫病；块茎淀粉含量 16.58%，每 100 g 鲜薯维生素 C 含量为 25.18 mg，粗蛋白含量 2.12%，干物质含量 20.41%，还原糖含量 0.246%。

产量情况：一般水肥条件下产量 1 500～1 900 kg/亩；高水肥条件下产 1 900～2 200 kg/亩。

栽培要点：选择中上等肥力、耕层深厚、通气性好的地块。播前用药剂进行土壤处理，秋深翻，深度 18～20 cm。亩施农家肥 3 000～4 000 cm，纯氮 5 kg，五氧化二磷 10 kg，氧化钾 10 kg，基肥用量占总用量的 90%。现蕾至开花前亩追施纯氮 4.6 kg。整薯播种时选用 30～50 g 的小种薯播种，密度 5 000～5 500 株/亩。苗齐后除草松土，松土层达 5 cm以上。开花前及时灌水、施肥、培土。第一次浇水在现蕾后至开花前进行，并及时培土，在开花前后喷施磷酸二氢钾 2～3 次。在生育期随时拔除中心病株，适时防治病虫害。田间植株 90%以上茎叶枯黄时收获，防止机械损伤，收获的薯块在通风透光阴凉处放置 1～2 d 入窖，入窖前对窖进行清除和消毒，窖内薯块堆高不超过 1 m，窖温稳定在 1～4 ℃。

适宜范围：该品种适应性较广，黑龙江、辽宁、内蒙古、河北、山西、山东、陕西、甘肃、青海、宁夏、云南、贵州、四川、广西等地均有种植，是适宜于出口的品种。在山西适宜大同、忻州、朔州、吕梁、太原、临汾、长治等地做早熟栽培。

七、夏波蒂

品种来源：原名 shepody。1980 年加拿大育种家育成，1987 年从美国引进中国试种。

特征特性：本品种属中熟种，生育期 100 d 左右；茎绿粗壮，多分枝，株型开张，株高 60～80 cm；叶片卵圆形，交替覆盖且密集较大，浅绿色；花浅紫色（有的株系为白花），花瓣尖端伴有白色，开花较早，多花且顶花生长，花期较长；结薯较早且集中，薯块倾斜向上生长，块茎长椭圆形，一般长 10 cm 以上，大的超过 20 cm，白皮白肉，表皮光滑，芽眼极浅；大薯率（超过 280 g 的百分数）高；块茎干物质含量 19%～23%，还原糖 0.2%，商品率 80%～85%，是目前国内外马铃薯市场上加工薯条的最理想品种之一。

产量情况：产量水平随生产条件的差异变幅较大，亩产 1 500～3 000 kg。

栽培要点：选择土层深厚、肥力中等以上、排水通气良好、可灌溉的沙壤土或轻沙壤土地块种植，不能选择低洼二阴、涝湿和盐碱地种植，更不能选择重茬地。密度 3 500 株/亩以上，大垄深播，要及时中耕高培土。注意控制病、虫、草害，特别应严格注意防治晚疫病。

适宜范围：适宜中国北部、西北部高海拔冷凉干旱一作区种植。

八、陇薯 3 号

品种来源：甘肃省农业科学院粮食作物研究所以具有近缘栽培种 *S. andigena* 血缘的创新中间材料 35 - 131 为母本，以育成品系 73 - 21 - 1 为父本，组配杂交，并经系统定向选择育成。1995 年通过甘肃省农作物品种审定委员会审定，定名为"陇薯 3 号"。

特征特性：陇薯 3 号中晚熟品种，生育期 110 d 的；株型半直立，株高 60～70 cm；茎绿色、粗壮；叶深绿色，复叶大；花冠白色；天然不易结实；块茎扁圆或椭圆形，皮稍粗，块大而整齐，黄皮黄肉，芽眼较浅并呈淡紫红色，薯顶芽眼下凹；结薯集中，单株结薯 5～7 块；块茎休眠期较长，耐贮藏；食用品质优良，口感好，适合加工淀粉和食用。

产量情况：多点生产示范平均产量为 2 700 kg/亩，高产的达 3 700 kg/亩。

栽培要点：一般每亩种植 4 000～4 500 株，旱薄地种植 3 000 株左右为宜。

适宜范围：适宜甘肃省高寒阴湿、二阴及半干旱地区以及宁夏、陕西、青海、新疆、河北、内蒙古、黑龙江等省份推广种植。常年种植面积 100 余万亩。

九、脱毒 175

品种来源：由青海大学农林科学院生物技术研究所用疫不加（Epoka）自交后代选育而成。2010 年福建省农业科学院作物研究所引进，2014 年 6 月通过福建省农作物品种审定委员会审定，定名为"脱毒 175"（审定号：闽审薯 2014003）。

特征特性：脱毒 175 属中日熟品种，生育期 90 d；株高 41.2 cm；叶片深绿色，茎绿色；薯型为扁圆型，薯皮淡黄色，光滑，薯肉乳白色，芽眼深浅中等；单株块茎数 6.1 个，单株薯重 0.545 kg，商品薯率 87.5%，二次生长 0.65%，裂薯率 0.45%，无空心；块茎干物质含量 18.96%，食用品质较好；中抗晚疫病。区试点田间病害调查，两年平均：晚疫病发病率 16.34%、病情指数 6.66，早疫病发病率 28.25%、病情指数 13.08，重花叶病发病率 4.64%、病情指数 1.16，卷叶病毒病发病率 2.47%、病情指数 0.73。

产量情况：2010—2012 年度参加福建省马铃薯区试，两年平均鲜薯亩产 2 258.29 kg，比对照紫花 851 增产 23.29%。

栽培要点：在东南地区冬播，一般选择在 11 月中旬至 12 月上旬播种，亩种植密度 5 000 株左右。施足基肥，重施提苗肥，一般亩施硫酸钾复合肥 70 kg 作为基肥，出苗后亩施硫酸钾复合肥 25 kg 左右，现薯期再每亩施碳酸氢铵、过磷酸钙各 25 kg。中后期要注意防治蚜虫、青枯病和晚疫病。

适宜范围：适宜在我国西北、东南及西南大部分地区种植。

十、毕薯4号

品种来源：毕节地区农业科学研究所于1999年用母本昭绿88和父本白引3号通过有性杂交选育而成，系谱代号为B9910-9。2010年经贵州省农作物品种审定委员会审定通过，定名为"毕薯4号"。

特征特性：毕薯4号属中晚熟种，生育期90～100 d；生长势强，株丛直立，株高90 cm左右；主茎数4～5个，分枝2～3个，茎叶绿色，茸毛中等；叶表面较光，复叶大小中等，叶平展，侧小叶3～4对；花序总梗绿色，花冠白色，大小中等，无重瓣花，雄蕊橙黄色，柱头为二分裂，花柱较长，花量少，花粉量中等，天然结实率弱；块茎椭圆形，芽眼浅，芽眼数量中等，表皮光滑，黄皮乳白色肉；结薯集中，薯块整齐，单株结薯数5～7个，单株产量750 g左右，平均单薯重100 g左右，大中薯率90%以上，商品薯率高；休眠期中，耐贮藏；抗病性强；蒸食适口性好；淀粉含量为18.43%，还原糖含量为0.17%，粗脂肪含量为0.41%，蛋白质含量2.13%，每100 g鲜薯维生素C含量为16.11 mg。

产量情况：2002—2003年宁夏两年区域试验平均产量1 567.2 kg/亩，比对照宁薯8号增产14.51%；2003年宁夏生产试验平均产量2 336.4 kg/亩，较对照宁薯8号增产7.78%。

栽培要点：在中低海拔地区2月中下旬，高海拔地区3月中下旬播种为宜。适当早播，可预防晚疫病发生。该品种株丛直立，分枝节位较高，既可单作，也可与玉米、大豆等套作。单作亩留苗密度4 000～4 500株为宜。施肥以施足基肥为主，一般亩施农家肥1 500～2 000 kg，普钙50～60 kg，硫酸钾15～20 kg，尿素15～20 kg，或马铃薯专用复合肥50～60 kg。出苗后1周左右进行第一次中耕培土，现蕾期进行第二次中耕培土，目的在于降低结薯层的土壤温度，改善通气条件，有利于薯块增长膨大。由于毕薯4号生育中后期易发生晚疫病，如果作为种薯生产，可适当早收。

适宜范围：在云贵高原海拔770～2 240 m地区均可种植。

十一、晋薯24

育成单位和人员：山西省农业科学院高寒区作物研究所；杜珍、齐海英、白小东、杜培兵、杨春。

品种来源：用004-5作为母本，G13作为父本杂交选育而成的中晚熟品种。

特征特性：生育期115 d左右；株型直立，生长势强；株高90 cm；茎色紫带绿色；叶色深绿；花冠大，蓝色、有外重瓣；天然结实中等；薯形椭圆形，黄皮白肉，薯皮光滑，芽眼较浅，结薯较集中，单株结薯数3～6个，商品薯率85%；干物质含量24.4%，淀粉含量18.0%，每100 g鲜薯维生素C含量为22.4 mg，还原糖含量0.60%，粗蛋白含量2.18%；抗花叶与卷叶病毒病、抗晚疫病，未发现环腐病、黑胫病。

产量情况：2012—2013年参加山西省马铃薯中晚熟种区域试验，块茎两年平均产量为30 655.5 kg/hm²，比对照晋薯16号平均增产20.02%。2013年参加山西省马铃薯中晚熟种生产试验，块茎平均产量 27 322.5 kg/hm²，比对照晋薯 16 增产 15.9%。

适宜范围：适宜在山西一季作区种植。

十二、大同里外黄

育成单位和人员：山西省农业科学院高寒区作物研究所；杜珍、齐海英、白小东、杜培兵、杨春。

品种来源：用 9908 - 5 作为母本，9333 - 10 作为父本杂交选育而成。

特征特性：为中晚熟，生育期 110 d 左右；株型直立，生长势强；株高 82 cm；茎绿色；叶绿色；花冠白色；薯形扁圆形，薯皮光滑，黄皮黄肉，芽眼深浅中等，结薯集中，单株结薯数 4.4 个，商品薯率 80% 以上；块茎干物质含量 26.0%，淀粉含量 19.1%，每 100 g 鲜薯维生素 C 含量为 16.9 mg，还原糖含量 0.67%，粗蛋白含量 2.26%；植株田间抗花叶与卷叶病毒病，高抗晚疫病，抗旱性强。

产量情况：2011—2012 年参加山西省马铃薯中晚熟组区域试验，两年平均产量 28 891.5 kg/hm²，比对照晋薯 16（下同）增产 18.1%；2012 年参加山西省中晚熟区生产试验，7 个试点全部增产，平均产量 26 005.5 kg/hm²，比对照增产 19.9%。

适宜范围：适宜在山西一季作区种植。

十三、云薯 105

育成单位和人员：云南省农业科学院经济作物研究所。

品种来源：用威芋 3 号和品系 3221 作为亲本选育的中晚熟鲜食品种。

特征特性：从出苗到收获 94 d；株型直立，生长势强；株高 67.7 cm，单株主茎数 6.6 个，茎绿色；叶绿色；花冠浅紫色，开花性繁茂；天然结实弱；匍匐茎中等，薯块椭圆形，淡黄皮白肉，芽眼浅、紫红色；单株结薯 9.3 个，单薯重 57.6 g，商品薯率 71.2%；淀粉含量 15.8%，干物质含量 23.3%，还原糖含量 0.32%，粗蛋白含量 2.04%，每 100 g 鲜薯维生素 C 含量为 18.4 mg；经接种鉴定，中抗轻花叶病毒病、重花叶病毒病，高抗晚疫病，田间鉴定对晚疫病抗性高于对照品种米拉和鄂马铃薯 5 号。

产量情况：2012—2013 年参加国家马铃薯中晚熟西南组品种区域试验，块茎产量分别为 28 845 kg/hm² 和 28 005 kg/hm²，分别比米拉（CK1）增产 46.51% 和 1.0%，比鄂马铃薯 5 号（CK2）增产 32.79% 和减产 7.7%。两年平均产量为 28 425 kg/hm²，比米拉增产 19.9%，比鄂马铃薯 5 号增产 9.2%。2014 年生产试验，块茎平均为 31 230 kg/hm²，比米拉增产 53.5%，比鄂马铃薯 5 号增产 26.6%。

适宜范围：适宜湖北西部，贵州西北部，四川西南部，重庆东北部，云南中部、东北部种植。

十四、冀张薯 14

育成单位和人员：张家口市农业科学院；马恢、尹江。

品种来源：以冀张薯 3 号为母本，金冠为父本配制杂交组合成的中晚熟鲜薯食用型品种。

特征特性：生育期 97 d；植株直立，株高 60 cm；单株主茎数 2.0 个，茎中绿色；叶绿色；花冠白色；薯形椭圆形，淡黄皮淡黄肉，薯皮光滑，芽眼浅，单株结薯块数 4.0 个，商品薯率 69%；薯块淀粉含量 13.22%，干物质含量 18.68%，粗蛋白含量 2.12%，还原糖含量 0.34%，每 100 g 鲜薯维生素 C 含量为 17.8 mg；抗马铃薯 PVX、PVY、PVS 和 PLRV 病毒病，抗晚疫病。

产量情况：2010—2011 年两年参加河北省马铃薯品种区域试验。两年平均各点较对照夏波蒂均表现增产，平均产量 24 795 kg/hm²，比对照克新 1 号平均增产 10.43%。2012 年参加河北省马铃薯品种生产试验，较对照夏波蒂均表现增产，平均产量 24 510 kg/hm²，比对照克新 1 号平均增产 16.76%。

适宜范围：适宜在河北省张家口和承德等华北一季作区种植。

十五、秦芋 30

育成单位和人员：陕西省安康市农业科学研究所；蒲中荣。

品种来源：利用 Epoka（波友 1 号）作为母本，4081 无性系（米拉×卡塔丁杂交后代）作为父本，杂交实生苗株系筛选育成的中熟品种。

特征特性：生育期 95 d 左右；株型较扩散，生长势强，株高 36.1～78.0 cm；主茎数 1～3 个，分枝数 5～8 个，茎绿色，茎横断面三棱形；叶绿色，复叶椭圆形，排列较紧密，互生或对生，有 4～5 对侧小叶，顶小叶较大，次生小叶 4～5 对，互生或对生，托叶镰形；花冠白色，花序排列较疏松，开花繁茂；天然结实少；块茎大中薯为长扁形，小薯为近圆形，表面光滑浅黄色，薯肉淡黄色，芽眼浅，芽眼少（5 个以下）；结薯较集中，商品薯 76.5%～89.5%，田间烂薯率低（1.8% 左右）；耐贮藏，休眠期 150 d 左右；淀粉含量 15.4%（西南区试点测试平均数），还原糖含量收获后 7 d 分析为 0.19%（收获后 85 d 分析为 0.208%），每 100 g 鲜薯维生素 C 含量为 15.67 mg，鲜薯食用品质好，适合油炸食品加工、淀粉加工和食用；高抗晚疫病，较抗卷叶病，轻感花叶病。

产量情况：1999—2000 年经国家级西南区马铃薯品种区试，6 省份 18 个点试验，平均产量 2.6 万 kg/hm²，比对照米拉品种增产 35.1%，2001 年全国马铃薯品种区试生产试验 6 个点平均产量 2.7 万 kg/hm²，比对照品种米拉增产 29.7%，2000 年安康市生产试验（与玉米套种）7 个点平均产量 2.3 万 kg/hm²，比对照安薯 56 号品种增产 34.7%。

适宜范围：适宜在中国西南各省区海拔 2 200 m 以下地区推广种植。

十六、青薯 10

育成单位和人员：青海省农业科学院作物研究所。

品种来源：以中德 5 号品种为母本，陇薯 3 号为父本进行有性杂交选育的晚熟品种。

特征特性：从出苗到收获 148 d；株形直立高大，生长势强；茎绿色、茎横断面三棱型，直状，主茎数 3.00 个±1.00 个，分枝数 3.37 个±1.00 个，着生部位较低；叶深绿色，中等大小，边缘平展，复叶椭圆形排列，中等紧密，互生或对生，有 4 对侧小叶，顶小叶钝形，次生小叶 4 对，互生或对生，第二对较大，托叶呈镰形；聚伞花序，有 6～8 朵花，排列较松散，花蕾尖形，浅绿色，总花梗长 12.30 cm±1.65 cm，花柄节绿色，萼片浅绿色，尖锐形，花冠紫色，直径 3.40 cm±0.20 cm，花瓣尖，浅紫色，雌蕊花柱长，柱头圆形，二分裂，深绿色，雄蕊 5 枚，聚合成圆柱状，黄色；薯块椭圆形，表皮光滑，白皮白色，致密度紧，芽眼浅，芽眼数 5～7 个，芽眉半月形，脐部浅，结薯集中；休眠期 35 d±4 d，耐贮藏。单块重 0.13 kg±0.04 kg，干物质含量为 25.02%，淀粉含量为 17.81%，蒸食品味好，每 100 g 鲜薯维生素 C 含量为 19.94 mg，粗蛋白 2.06%，还原糖 0.170%；耐旱、耐寒性强，耐盐碱性强，薯块耐贮藏，较抗晚疫病、环腐病、黑胫病，抗花叶病毒。

产量情况：两年区域试验平均产量 29 640 kg/hm²，比对照大西洋增 108.1%，比青薯 6 号增产 8.5%，平均产量 30 000 kg/hm² 以上。两年生产试验平均产量 39 268.5 kg/hm²，对照品种青薯 6 号增产显著，增产率为 10.1%。

适宜范围：适宜青海省水地及中、低、高位山旱地种植。

十七、宣薯 2 号

育成单位和人员：云南省宣威市农业技术推广中心。

特征特性：中熟品种，生育期 80～90 d；植株生长繁茂，株型直立，株高 60～80 cm；茎浅绿；叶绿色；花冠白色；无天然结实；结薯集中，薯块卵圆形，表皮光滑，芽眼浅，皮肉浅黄。淀粉含量 16% 左右，食味中等；抗晚疫病和早疫病。

产量情况：2006 年品比试验，小区产量 28 872 kg/hm²，比对照米拉增产 3 129 kg/hm²，增产率 11.5%，比威芋 3 号增产 1 201.5 kg/hm²，增产率 4.4%。2007 年在威宁县雪山镇迎光村进行示范种植，面积为 1.13 hm²，经验收，宣薯 2 号产量 31 576.5 kg/hm²，2007—2008 年平均产量 30 975 kg/hm²。

适宜范围：在贵州海拔 800～2 530 m 的地区均可种植，但鉴于宣薯 2 号属中熟品种，建议在海拔 1 500～1 800 m 的地区种植。

十八、秦芋 32

育成单位和人员：陕西省安康市农业科学研究所；蒲正兵。

特征特性：属中熟鲜食兼加工型品种，生育期 85 d 左右；株型直立，植株整齐，株丛繁茂，株高 55.5～63.5 cm；单株主茎数 3 株，茎绿色，茎基部带褐色；叶绿色，复叶较大；花冠白色；天然结实极少；结薯集中，薯块圆扁，芽眼较浅，表皮光滑、淡黄色，薯肉黄色；单株平均结薯数 6 个，平均单薯重 72.3 g，商品薯率 78.4%；块茎干物质含量 18.5%，淀粉含量 11.8%，每 100 g 鲜薯维生素 C 含量为 14.2 mg，还原糖含量 0.29%，粗蛋白含量 2.10%；常温条件下块茎休眠期 140～160 d，耐涝、耐旱、耐贮藏。

植株中抗马铃薯 X 病毒病、马铃薯 Y 病毒病，抗马铃薯晚疫病，田间抗青枯病，无卷叶病毒、环腐病、黑胫病表现。

产量情况：2008—2009 年参加国家马铃薯中晚熟西南组品种区域试验，块茎产量分别为 25 860 kg/hm² 和 22 110 kg/hm²，分别比对照品种米拉增产 9.0% 和 5.8%，两年平均产量 23 985 kg/hm²，比对照增产 5.8%。2010 年参加国家马铃薯中晚熟西南组品种生产试验，所有试点在马铃薯生长期间全都出现了干旱、霜冻、连阴雨等异常天气情况，块茎平均产量 21 645 kg/hm²，比对照品种米拉平均产量 19 230 kg/hm²，增产 12.5%。

适宜范围：适宜在陕西南部、湖北西南部及重庆、四川等西南海拔 350~2 000 m 地区种植。

十九、陇薯 13

育成单位和人员：甘肃省农业科学院马铃薯研究所；文国宏。

品种来源：以 K299 - 4 为母本，L0202 - 2 为父本配制杂交组合，经系统定向选育的中晚熟品种。

特征特性：生育期（出苗至成熟）120 d 左右，幼苗长势中等，成株繁茂；株型半直立，株高 67 cm 左右；茎翼呈波状，茎横断面三棱形，茎绿色，局部浅褐色；叶片绿色，叶片表面有光泽，叶缘平展，小叶着生较疏，顶小叶较宽，呈正椭圆形，基部为心形，茎托叶为中间型；花冠紫色，为近五边形，花冠较大，无重瓣花，花柄节褐色，柱头三分裂，较长，呈绿色，花药黄色，呈锥形；无天然结实；结薯集中，薯形圆，薯皮网纹，薯肉淡黄色，食味中；结薯集中，单株结薯 3~6 块，大中薯率 93%；含干物质 21.74%，淀粉 16.27%，粗蛋白 2.26%，每 100 g 鲜薯维生素 C 为 19.76 mg，还原糖 0.37%；薯块休眠期长，耐运输，耐贮藏，适合菜用鲜食；中抗晚疫病，对花叶病毒病具有较好的田间抗性。

产量情况：2011—2012 年参加甘肃省马铃薯 2 年区域试验，折合产量 9 150~37 590 kg/hm²，平均 20 565 kg/hm²，较统一对照陇薯 6 号（CK1）平均减产 5.50%，比各点当地对照（CK2）平均增产 20.3%。2013 年参加全省马铃薯新品种生产试验，平均产量 23 640 kg/hm²，较统一对照品种陇薯 6 号平均减产 3.7%，比当地对照品种平均增产 26.60%。2013 年参加陕西榆林市农业科学研究院马铃薯品种筛选试验，折合产量 52 815 kg/hm²，比对照品种冀张薯 8 号增产 9.15%。

适宜范围：适宜在甘肃省半干旱地区及高寒阴湿、二阴地区推广种植。

二十、庄薯 3 号

育成单位和人员：甘肃省庄浪县农业技术推广中心；吴永斌。

品种来源：用 87 - 46 - 1（142 - 18×陇薯 1 号）作为母本，青 85 - 5 - 1 作为父本配制杂交组合而成。

特征特性：属晚熟品种，全生育期 160 d 左右；株高 80~100 cm，株型直立，分枝多；茎绿色，基部绿色；叶深绿色，花冠紫色；天然结实少；结薯浅而集中，块茎圆形、大而整齐，黄皮黄肉，表皮光滑，芽眼少而浅，淡紫色；干物质含量 26.38%，粗蛋白含量 2.15%，还原糖含量 0.28%，粗淀粉含量 20.50%，每 100 g 鲜薯维生素 C 含量为 16.22 mg。旱地梯田地膜覆盖栽培单穴主茎数 3.2 个左右，结薯 6 个左右，商品薯率 80%以上；薯块休眠期长，耐运输，耐贮藏；高抗晚疫病，中抗花叶病毒病，对 PVX、PVY 具有较好的田间抗性。

产量情况：1998—2000 年，庄薯 3 号参加甘肃省马铃薯新品种（系）区域试验，平均 3.0 万 kg/hm²，较统一对照渭薯 1 号平均产量 1.7 万 kg/hm²，增产 74.00%，较各地参考对照平均产量 1.7 万 kg/hm² 增产 75.60%。2009—2010 年，庄薯 3 号参加国家中晚熟西北组马铃薯区域试验，2 年平均产量 2.7 万 kg/hm²，较对照陇薯 3 号增产 41.90%，商品薯率 79.90%。

适宜范围：适宜在青海东南部、宁夏南部和甘肃中部一季作区作为晚熟鲜食和高淀粉加工品种种植。

第三节　脱毒种薯生产

一、病毒脱除技术

马铃薯脱毒技术包括物理学方法、化学药剂处理、茎尖分生组织培养、花药培养法、生物学方法、原生质体培养法以及实生种子选育等。目前主要应用并取得良好效果的马铃薯脱毒技术有以下几种。

（一）茎尖分生组织培养

通过茎尖分生组织培养来脱除病毒是最早发明的脱毒方法，该方法得到了研究者的普遍认可，一直沿用至今。马铃薯茎尖分生组织培养属植物组织培养中的体细胞培养，茎尖脱毒是多种植物剔除病毒病的方法，其主要技术步骤如下：首先将带毒薯在室内催芽、消毒处理；然后在超净工作台无菌条件下，切取 0.1～0.3 mm、带 1～2 个叶原基的茎尖分生组织（图 3-1），移植于装有 MS 培养基的试管中培养，大约 4 个月后，茎尖分生组织直接长成试管苗，或者通过愈伤组织分化而形成再生植株。早在 1943 年 White 发现，一株被病毒侵染的植株并非所有细胞都带病毒，越靠近茎尖和芽尖的分生组织病毒浓度越小，并且有可能是不带病毒的。经过研究者多方面分析，导致这一现象的原因可能是：

① 分生组织旺盛的新陈代谢活动。病毒的复制须利用寄主的代谢过程，因而无法与分生

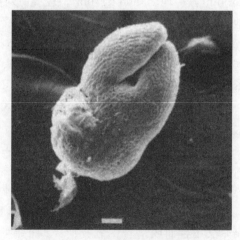

图 3-1　马铃薯茎尖分生组织
(Brian W. W. Grout, 1999)

组织的代谢活动竞争。

②　分生组织中缺乏真正的维管组织。大多数病毒在植株内通过韧皮部进行迁移，或通过胞间连丝在细胞之间传输。因为从细胞到细胞的移动速度较慢，在快速分裂的组织中病毒的浓度高峰被推迟。

③　分生组织中高浓度的生长素可能影响病毒的复制。1957 年 Morel 以马铃薯为材料进行茎尖组织培养得到了无病毒植株，自此，茎尖组织培养的方法在很多国家开展开来，并得到了普遍的肯定。Mellor F. C. 和 Stace-Smith（1977）研究了茎尖大小对脱除马铃薯PVX 病毒的影响，发现了一个明显的规律，茎尖长度越小病毒含量越少，脱毒效果越好，但不易成活。G. Faccioli（1988）通过进一步研究，选用带有马铃薯卷叶病毒的 3 个马铃薯品种进行茎尖组织培养脱毒，详细对比茎尖大小与成活率和脱毒率之间的关系，得出相同结论。

茎尖培养除可去除病毒外，还可除去其他病原体，如细菌、真菌、类菌质体。

（二）热处理钝化脱毒

热处理脱毒法又称温热疗法，已应用多年，被世界多个国家应用。该项技术设备条件比较简单，脱毒操作简便易行。

热处理方法是根据高温可以使病毒蛋白失活的原理，利用寄主植物与病毒耐高温程度不同，对马铃薯块茎或苗进行不同温度不同周期的高温处理。Dawson 和 Coworker 发现，当植株在 40 ℃高温处理时，病毒和寄主 RNA 合成都是较为缓慢的，但是当把被感染的组织由 40 ℃转移到 25 ℃时，寄主 RNA 的合成便立即恢复。不过病毒 RNA 的合成却推迟了 4～8 h，例如烟草花叶病毒的 RNA 需要 16～20 h 才能恢复。根据此原理，可以设计不同时间段及温度脱除马铃薯病毒。1950 年 Kassanis 第一次用 37.5 ℃高温脱除了马铃薯卷叶病毒。在一定的温度范围内进行热处理，寄主组织很少受伤害甚至不受伤害，而植物组织中很多病毒可被部分地或完全钝化。马铃薯块茎经热处理后再切去茎尖培养，可除去PVS、PVX。

热处理方法的主要影响因素是温度和时间。在热处理过程中，通常温度越高、时间越长，脱毒效果就越好，但是同时植物的生存率却呈下降趋势。所以温度选择应当考虑脱毒效果和植物耐性两个方面。热处理法的缺点是脱毒时间长，脱毒不完全，热处理只对球状病毒和线状病毒有效，而且球状病毒也不能完全除去，而对杆状病毒不起作用。

（三）热处理结合茎尖培养脱毒

茎尖培养脱毒法脱毒率高，脱毒速度快，能在较短的时间内得到合格种苗，但此种方法的缺点是植物的存活率低。为了克服这一局限，许多研究者把高温处理与茎尖组织培养相结合，这种方法也成为较常见的马铃薯脱毒方法。S. Pennazio（1978）和 Manuela vec-chiati（1978）首先将带有马铃薯 X 病毒的植株进行 30 ℃不同周期的热处理，处理后再进行茎尖分生组织培养，获得无毒植株并发现无毒植株数量与处理周期长度正相关，处理时间越长获得的无毒植株越多。H. Lozoya-Saldana（1985）和 A. Madrigal-Vargas（1985）将促进分生组织细胞分裂的激动素（kinetin）以不同浓度加入培养基中，同时对试管苗进行 28 ℃和 35 ℃的高温处理。结果发现，温度越高马铃薯脱毒率越高，但脱毒苗成活率越低。而激动素含量的改变只对马铃薯生长的快慢产生明显影响，对脱毒率几乎没有产生任何影响。为平衡高温对马铃薯脱毒率和成活率的影响，H. Lopez-Delgado（2004）等将微量的水杨酸加入到茎尖培养基中，培养 4 周后再进行热处理，结果发现，水杨酸的加入使马铃薯的耐热性得到了显著提高，其成活率提高了 23%。选择一个合适的热处理温度是马铃薯脱毒的重要因素。目前认为高低温度交替使用可产生较好的效果，如采用 40 ℃（4 h）和 20 ℃（20 h）交替进行可脱除马铃薯卷叶病毒。但是对于脱除其他病毒所适用的温度还没有一个具体的可操作温度，有待进一步研究。热处理与茎尖培养相结合的方法能有效提高脱毒效果，其机理是，热处理可使植物生长本身所具有的顶端免疫区得以扩大，有利于切取较大的茎尖（1 mm 左右），从而提高提高茎尖培养的成活率和脱毒率。

（四）化学药剂脱毒

化学药剂法是一种新的脱毒方法，其作用原理是，化学药剂在三磷酸状态下会阻止病毒 RNA 帽子的形成。在早期破坏 RNA 聚合酶的形成；在后期破坏病毒外壳蛋白的形成。

常用的脱病毒化学药剂有三氮唑核苷（病毒唑）、5 -二氢尿嘧啶（DHT）和双乙酰-二氢-5 -氮尿嘧啶（DA-DHT）。

病毒唑最初是作为抗人体和动物体内病毒的药物被研究和开发出来的，可以阻止病毒核酸的合成，除了对人和动物体内 20 多种病毒有良好的治疗作用外，还对马铃薯 X 病毒、马铃薯 Y 病毒、烟草坏死病毒（TNV）等植物病毒均有不同的预防和治疗作用，因此有人尝试把它以一定浓度加入到培养基中，与茎尖分生组织培养相结合从而提高脱毒率。Lerch（1979）和 Sidwell（1972）分别通过实验证实了仅仅单一的把病毒唑加入培养基中只能临时性的抑制 PVS 在马铃薯中的复制，并不能彻底的脱除病毒。Klein（1983）和 Livingston（1983）验证了可以通过加入病毒唑与茎尖组织培养相结合脱除马铃薯 X 病毒和 Y 病毒。Cassel（1982）和 Long（1982）又相继报道了同种方法成功脱除马铃薯 X 病毒、Y 病毒、S 病毒和 M 病毒。Heide Bittner（1989）等在把病毒唑、DHT、GD、E30、Ly 以一定的浓度相互混合加入到培养基中对它们的脱毒效果进行对比试验，发现把病毒唑和 DHT 同时放入培养基中可以提高马铃薯的脱毒率，并且在不同梯度下对病毒唑的含量进行对比，发现当病毒唑的浓度为 0.003% 时脱毒率最高。

还有一些化学药剂可以脱除马铃薯病毒，如 0.1% 苯扎溴铵、0.05% 高锰酸钾、3% 过氧化氢、5% 尿素。

二、马铃薯病毒检测

经过脱毒处理的植株必须经过病毒检测才能确定是否合格。可靠的病毒检测方法与采用有效的脱毒方法同等重要。鉴定马铃薯病毒过去大多采用肉眼观察病毒间生物学特性的差异而进行的，如所致症状类型、传播方式、寄主范围等；近年来，随着生物科学的迅猛发展，免疫学方法、分子生物学方法等的应用，促进了病毒检测技术的改进与发展，现在又发展出了病毒核酸、蛋白分子生物学、生物化学等方面的方法。现在主要采用的病毒检测方法有如下四种：

（一）指示植物鉴定法

指示植物鉴定法是美国病毒学家 Holmes 在 1929 年发现的。指示植物是用来鉴别病毒或其株系的具有待定反应的一类植株。凡是被特定的病毒侵染后能比原始寄主更易产生快而稳定、并具有特征特性症状的植物都可以作为指示植物。指示植物鉴定法是以对某种病毒十分敏感的植物为指示物，根据病毒侵染指示植物后表现出来的局部或系统症状，对病毒的存在与否及种类做出鉴别。不同的病毒往往都有一套鉴别寄主或特定的指示植物，鉴别寄主是指接种某种病毒后能够在叶片等组织上产生典型症状的寄主。根据试验寄主上表现出来的局部或系统症状，可以初步确定病毒的种类和归属。而这种指示植物检测法又分为木本指示植物检测法和草本指示植物检测法两种。具体操作方法：先将病叶研磨，取汁液接种到寄主植物上，接种方法有摩擦接种法、针刺接种法、金刚砂喷雾法等；对于木本植物，则将原始宿主嫁接到指示植物上。马铃薯可用草本指示植物法。对于不同宿主所用的指示植物也不同，例如甘薯指示植物是巴西牵牛，马铃薯指示植物是烟草，番茄指示植物是番杏。目前，侵染马铃薯的病毒有 36 种之多，只有少数病毒对马铃薯危害严重。这些对马铃薯的产量和品质造成严重影响的病毒类型在指示植物上接种后，反应有很大差别（表 3-2）。指示植物鉴定法简单易行，优点是反应灵敏，成本低，无须抗血清及贵重的设备和生化试剂，只需要很少的毒源材料，但工作量比较大，需要较大的温室培养供试材料，且比较耗时，不适合对大批量的脱毒苗进行检测。有时因气候或者栽培的原因，个别症状反应难以重复，难以区分病毒种类。

表 3-2 马铃薯几种主要病毒及类病毒在特定鉴别寄主上的症状

（李学湛等，2009）

病毒名称	接种方式	在特定鉴别寄主上的症状
PVX	汁液摩擦	千日红：接种 5～7 d 叶片出现紫红环枯斑 白花刺果曼陀罗：接种 10 d 后系统花叶 指尖椒：接种 10～20 d 后接种叶片出现褐坏死斑点，以后系统花叶 毛曼陀罗：接种 10 d 后，接种叶片出现局部病斑及心叶花叶
PVY	汁液摩擦（或桃蚜）	普通烟：接种初期明脉，后期有沿脉绿带症 洋酸浆：接种 10 d 后，接种叶片出现黄褐色枯斑，以后系统落叶症（16～18 d） 枸杞：接种 10 d 后接种叶片出现褐色环状枯斑，初侵染呈绿环斑
PVS	汁液摩擦	千日红：接种 14～25 d 后，接种叶片出现橘红色小斑点，略微凸出的小斑点 昆诺阿藜：接种 10 d 后接种叶片出现局部黄色小斑点 德伯尼烟：初期明脉，以后系统绿块斑花叶
PVM	汁液摩擦	千日红：接种 15～20 d，接种叶片沿叶脉周围出现紫红色斑点 毛曼陀罗：接种 10 d 后，接种叶片出现失绿小圆斑至褐色枯斑，以后系统发病 豇豆：在子叶上接种 14～21 d 后叶片上出现红色局部病斑 德伯尼烟：接种 10 d 后接种叶片上出现红色局部病斑

（续）

病毒名称	接种方式	在特定鉴别寄主上的症状
PVA	汁液摩擦	直房丛生番茄：接种 10 d 后接种叶片出现褐坏死斑，以后由下至上部叶片系统坏死 枸杞：接种 5～10 d 接种叶片出现不清晰局部病斑 马铃薯 A6：接种 3～5 d 接种叶片出现星状斑点 香料烟：接种初期微明脉
PAMV （G 株系）	汁液摩擦	千日红：接种后无症 指尖椒：接种 10 d 后接种叶片出现灰白色坏死斑，以后系统褐色坏死斑，心叶坏死严重 心叶烟：接种 15 d 后系统明显白斑花叶症 洋酸浆：接种 15 d 后出现系统黄白组织坏死或褐色坏死斑
PLRV	桃蚜	白花刺果曼陀罗：蚜虫接种后叶片明显失绿，呈脉间失绿症，叶片卷曲 洋酸浆：接种 20 d 后，植株叶片卷曲，因病毒株系不同，其植株高度有明显差别
AMV	汁液摩擦	千日红：接种 7～10 d 叶片出现紫红环枯斑，以后系统黄斑花叶症 洋酸浆：接种 15 d 后系统黄斑花叶症 心叶烟：接种 7～10 d，系统黄色斑驳，黄色组织变薄，呈轻皱状
TRV	汁液摩擦	千日红：接种 4～5 d 接种叶片出现红晕圈病斑，7 d 后呈红环枯斑，无系统症 白花刺果曼陀罗：接种后发病初期，后期呈褐色圆枯斑 心叶烟：接种 3～5 d 接种叶片出现褐圆枯斑 毛曼陀罗：接种 5～6 d 接种叶片出现褐环枯斑，以后茎上出现褐色坏死，甚至全株枯死
TMV	汁液摩擦	千日红：接种叶片发病初期失绿晕斑，后期呈红环枯斑无系统症状 心叶烟：接种叶片褐环小枯斑，无系统症 普通烟：接种叶片发病后干枯，后全株系统浓绿与淡绿相间皱缩花叶症
CMV	汁液摩擦	鲁特格尔斯番茄：接种 30 d 后全株呈丝状叶片 毛曼陀罗：接种 30 d 后系统叶片畸形，并呈浓绿疱斑花叶症
PSTVd	汁液摩擦	鲁特格尔斯番茄：成株在接种 20 d 后，病株上部叶片变窄小而扭曲。番茄幼株接种后易矮化（27～30 ℃和强光 16 h 以上条件下） 莨菪：接种 7～15 d 接种叶片出现褐坏死斑点（400 lx 弱光下）

（二）酶联免疫吸附测定法检测（ELISA）

酶联免疫吸附测定（enzyme linked immuno sorbent assay，ELISA）是一种免疫酶技术，它是 20 世纪 70 年代在荧光抗体和组织化学基础上发展起来的一种新的免疫测定方法，是在不影响酶活性和免疫球蛋白分子共价结合成酶标记抗体。酶标记抗体可直接或通过免疫桥与包被在固相支持物上待测定的抗原或抗体特异性的结合，再通过酶对底物作用产生有颜色或电子密度高的可溶性产物，借以显示出抗体的性质和数量。常用的支持物是聚苯乙烯塑料管或血凝滴定板。该方法利用了酶的放大作用，提高了免疫检测的灵敏度。

优点是灵敏度高、特异性强，对人体基本无害，但价格昂贵，检测灵敏度在病毒量较少时会相对降低。

1977 年 Casper 首次用 ELISA 方法鉴定了 PLRV 病毒，后应用逐渐广泛。双抗夹心法（DAS-ELISA）在 ELISA 方法中应用最多，其又包括快速 DAS-ELISA 和常规 DAS-ELISA。后者操作程序依次为包被滴定板、样品制备和加样、加入酶标抗体、进行反应、读数。相对于常规 DAS－ELISA，快速 DAS-ELISA 在振摇状态下，缩短了抗体、抗原、酶标的孵育时间，操作更为简便，时间和材料更为节省，重复性好，结果可靠。仲乃琴（1998）曾用常规 DAS-ELISA 方法对 PVX、PVY 和 PLRV 进行了检测。刘卫平（1997）采用快速 DAS-ELISA 法对 PVX、PVY 进行了检测。白艳菊等（2000）改良了快速 DAS-ELISA 方法，在同一块板上几种酶同时对应标记几种抗体，同时检测了 PVX、PVY、PVS、PVM 和 PLRV 等 5 种病毒，检测速度大大提高。

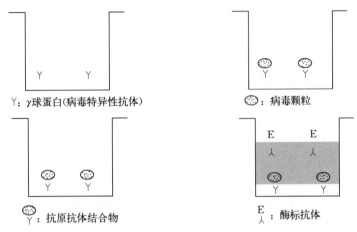

图 3-2 双抗体夹心法（DAS-ELISA）原理

（张艳艳，2016）

（三）往返双向聚丙烯酰胺凝胶电泳法（R-PAGE）检测类病毒（PSTVd）

目前，对马铃薯纺锤块茎类病毒（PSTVd）还没有防治的方法，唯一的途径就是淘汰染病植株。因此，有效的控制这种类病毒就需要一种快速、准确、灵敏、低价，便于操作和判断，并且对人无危害的检测方法。类病毒不具有外壳蛋白，不能用免疫学方法来检测它们，用指示植物检测需要占用大面积温床，费力费时，而且灵敏度也不高。

20 世纪 80 年代初期，Morris（1977）建立了检测类病毒的聚丙烯酰胺凝胶电泳法，但灵敏度较低。之后，Schumacher（1978）和 Singh 利用类病毒核酸高温变性迁移率变慢这一特点，建立了反向聚丙烯酰胺凝胶电泳法，提高了鉴定类病毒的准确性。崔荣昌（1992）等用反向电泳法成功地检测了 PSTVd，与常规电泳法相比，反向电泳法进行两次电泳，第一向电泳由负极到正极，室温，非变性条件下电泳；第二向电泳是正极到负极，高温，变性条件下电泳。反向电泳法灵敏度和准确性都高于常规法。李学湛（2001）等对聚丙烯酰胺凝胶电泳技术进行了改进，不采取割胶的方式，只利用加热，同样取得了较好的效果。

（四）聚合酶链式反应诊断技术（RT-PCR）

反转录-聚合酶链式反应（reverse polymerase chain Reaction，RT－PCR）的基本原理：以需要检测的病毒 RNA 为模板，反转录合成 cDNA，使病毒核酸得以扩增，以便于检测。具体步骤操作如下：提取病毒 RNA→设计合成引物→反转录合成 cDNA→PCR 扩增→用琼脂糖凝胶电泳对扩增产物进行检测。该方法不需要制备抗体，病毒量较 ELISA 方法也大大减少，仅需 ELISA 方法用量的 1/1 000，灵敏度极高，国内外学者已用 RT-PCR 技术检测了马铃薯卷叶病毒、番茄斑萎病毒等主要病毒。

PCR 与酶学、免疫学等相结合，产生了诸如免疫捕捉 PCR 技术、简并引物 PCR 技术、生物素引物模板 PCR 技术、多重 PCR 技术、PCR-ELISA 定量分析技术等一系列改良的检测技术。可同时检测多种马铃薯病毒，且对纯化的 RNA 检测灵敏度大大提高，甚至可达到飞克（fg）水平。

三、脱毒苗繁殖技术

（一）关于马铃薯脱毒种薯的基本概念

马铃薯脱毒种薯生产体系包括两个阶段：即在设施条件下生产组培苗、原原种和在田间自然条件下生产原种、一级种薯和二级种薯。种薯（苗）的质量检验将针对上述两个阶段不同环节产出的产品进行（图 3-3）。

1. 脱毒苗 应用茎尖组织培养技术获得的、经检测确认不带马铃薯卷叶病毒（PLRV）、马铃薯 Y 病毒（PVY）、马铃薯 X 病毒（PVX）、马铃薯 S 病毒（PVS）、马铃薯 M 病毒（PVM）、马铃薯 A 病毒（PVA）等病毒和马铃薯纺锤块茎类病毒（PSTVd）的再生试管苗。

2. 脱毒种薯 指从繁殖脱毒苗开始，经逐代繁殖增加种薯数量的种薯生产体系生产出来的符合质量标准的各级种薯。脱毒种薯分为基础种薯和合格种薯两类。基础种薯是指用于生产合格种薯的原原种和原种；合格种薯是指用于生产商品薯的种薯。

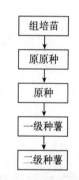

图 3-3 种薯生产体系流程图
（张艳艳，2016）

3. 试管薯 指在组织培养容器内诱导生产的微型小薯。一般重量不到 1 g，但由于其生产过程没有与外界环境接触，生产出的微型小薯质量很好，可直接用于脱毒原种生产或用于微型薯生产。

4. 原原种 利用组培苗在防虫网室和温室条件下生产出来的、不带马铃薯病毒、类病毒及其他马铃薯病虫害的、具有所选品种（品系）典型特征特性的种薯。一般情况下所生产的种薯较小，重量在 10 g 以下，所以通常称之为微型薯，或称之为脱毒微型薯。

5. 原种 分为一级原种和二级原种。一级原种是用原原种作为种薯，在良好的隔离防病虫条件下生产的符合一级种质量标准的种薯。二级原种是用一级原种作为种薯，在良好隔离条件下生产出的符合质量标准的种薯。

6. 合格种薯　包括一级种薯和二级种薯。一级种薯是指用原种作为种薯，在良好的隔离防病虫条件下生产的符合一级种质量标准的种薯。二级种薯是指用一级种作为种薯，在良好的隔离防病虫条件下生产的符合二级种质量标准的种薯。

（二）马铃薯脱毒试管苗生产的一般流程

马铃薯的脱毒试管苗生产，大致可以分为三个阶段：茎尖剥离、分生组织培养、组培苗切段扩繁。具体的技术流程如下：

1. 材料选择　母体材料应当根据欲脱毒材料的品种典型性进行选择，这关系到脱毒以后的脱毒苗是否保持原品种的特征特性；同时应选感病轻、带毒量少的健康植株作为脱毒的外植体材料，这样更容易获得脱毒株。若条件允许，选材应该进行大田选株，在植株生长期间在土壤肥力中等的地块，于现蕾至开花期，选择生长势强、无病症表现、具备原品种典型性状的植株，做好标记；生育后期提前收获所标记植株的块茎。待获得块茎发芽后，取其芽通过表面消毒的方法转入到试管里，得到第一批茎尖组培苗。每个茎尖放入一个试管，成苗后，不断扩繁，每个茎尖为一个株系，单独扩繁。利用 ELISA 或指示植物鉴定等病毒检测方法，按株系进行病毒检测，并利用 PAGENASH 等方法进行复检，筛选出无 PLRV、PVY、PVX、PVS、PVM、PVA 和 PSTVd 的株系。如果得到的组培苗带有病毒，则需要进行高温处理，将病毒脱除。最后经过病毒和类病害检测确认不带病毒的组培苗，就是所需要的脱毒组培苗。利用组织培养技术，很快可以得到进行原原种生产所需要的苗数。若供试材料只有若干薯块，应当至少进行类病毒的检测，在排除了类病毒侵染的前提下对薯块进行催芽剥离。

2. 设计适宜的培养基

（1）培养基配制　基本培养基有许多种，其中 MS 培养基适合于多数双子叶植物，B_5 培养基和 N_6 培养基适合于多数单子叶植物，White 培养基适合于根的培养。设计特定植物的培养基首先应当选择适宜的基本培养基，再根据实际情况对其中某些成分做小范围调整。MS 培养基的适用范围较广，一般的植物的培养均能获得成功。针对不同植物种类、外植体类型和培养目标，需要确定生长调节剂的浓度和配比。确定方法是用不同种类的激素进行浓度和比例的配合实验。在比较好组合基础上进行微调整，从而设计出新的配方，经此反复摸索，选出一种最适宜培养基或较适宜培养基。

（2）器皿及培养基消毒　装培养基的器皿置于高压蒸汽灭菌锅 121 ℃高压灭菌 20 min。做好的培养基分装到瓶子或者试管里面，拧紧盖子或塞好塞子，整齐码放在灭菌锅内，1.1 kg/cm²、121 ℃高压灭菌 20 min，冷却后在无菌贮存室放置 3～5 d，无污染的培养基即可放到超净工作台上备用。放之前须用 75％酒精擦拭瓶子的外表面。

3. 环境消毒及外植体材料准备

（1）环境消毒　组培室用甲醛溶液熏蒸后，用紫外线灯照射 40 min。工作人员用硫黄皂洗手，75％酒精擦拭消毒，操作用具置烘箱 180 ℃消毒。

（2）催芽处理　块茎可通过自然方法萌芽或人工催芽（用 1％硫脲＋5 mg/L 赤霉素溶液均匀喷湿，结合适宜的温度打破休眠）。若条件时间充足，建议自然萌芽以获取健壮、容易操作的芽。赤霉素催芽易获得细弱的芽，操作过程中难度大且容易折掉。

（3）病毒钝化　将马铃薯薯块在温度 37 ℃，光照度 2 000 lx，12 h/d 条件下处理 28 d 后制取脱毒材料，用紫外线照射脱毒材料 10 min，或在培养基中加入病毒唑，使病毒失活钝化。

（4）茎尖消毒　待芽萌发至 2～3 cm 时，选取粗壮的芽，用解剖刀切下，剥去外叶，自来水下冲洗 40～60 min，之后用 75% 酒精均匀喷湿静置 10 min 后用无菌水冲洗一遍，再用体积比 6% 的次氯酸钠溶液浸泡 10 min，无菌水冲洗 3～4 次，再用无菌滤纸吸干水分备用。

4. 剥离茎尖和接种　茎尖剥离的整个过程都需要无菌操作，在超净工作台上进行。将消毒过的马铃薯芽放在 40 倍体视显微镜下，一手持镊子将其固定，另一手用解剖针将叶片一层一层剥掉，露出小丘样的顶端分生组织，之后用解剖针将顶端分生组织切下来，为了提高成活率，可带 1～2 个叶原基，接种到培养基上。用酒精灯烤干容器口和盖子并拧紧盖子，在瓶身上标明品种名称、接种序号、接种时间等信息。

剥茎尖时必须防止因超净台的气流和解剖镜上碘钨灯散发的热而使茎尖失水干枯，因而操作过程要快速，以减少茎尖在空气中暴露的时间。超净工作台上采用冷源灯（荧光灯）或玻璃纤维灯更好。在垫有无菌湿滤纸的培养皿内操作也可减少茎尖变干。

解剖针使用前后必须蘸 75% 酒精，并在酒精灯外焰上灼烧，或者直接插入灭菌器内消毒 10 min，冷却后即可使用。

（三）茎尖培养

将接种外植体后的培养瓶置于 20～25 ℃、光照度 2 000～2 500 lx，每天光照 16 h，相对湿度 70% 的条件下培养。待茎尖长成明显的小茎、叶原基形成明显的小叶片时，转移到 MS 培养基中培养。大约 90 d 后能长成完整植株。经笔者试验，不同的品种茎尖生长速度和成苗速度极为不同，如克新 1 号、费乌瑞它和陕北红等品种茎尖接种后 20 d 就可见小叶片展出，而夏波蒂和大多数彩色薯的茎尖成活率则偏低，即便成活了的茎尖长势也比较弱，相应的成苗率也就很低。

除了品种差别的因素外，在茎尖培养过程中往往出现茎尖生长缓慢，茎尖黄化、水渍化甚至死亡等现象，其产生原因主要与剥离茎尖的大小，切割位置，接种的角度和培养基中生长调节剂的配比，温度、光照等有关。需要具体摸索以避免死亡（表 3-3）。

表 3-3　茎尖培养过程中存在的主要问题、原因及措施

（黄晓梅，2011）

类型	原　因	措　施
茎尖死亡	剥离茎尖时间过长，茎尖已干枯死亡，茎尖太小，培养基、培养条件不合适等	操作速度加快，剥取稍大的茎尖，降低培养基离子浓度，增加氨基酸、维生素的种类和用量，改变植物生长调节剂的浓度及种类，减少光强度和光照时间，降低培养温度等
弱苗	培养基、培养条件不合适等	调整培养基，特别是降低细胞分裂素的浓度或更换细胞分裂素的种类，调整生长素的种类或增大其浓度，适当增加光照度和光照时间，降低培养温度等

（续）

类型	原　因	措　施
试管苗生长缓慢	培养基、培养条件不合适等	调整培养基，特别是降低细胞分裂素的浓度或更换细胞分裂素的种类，调整生长素的种类或增大其浓度，适当增加光照度和光照时间，降低培养温度等
试管苗不生根	培养基离子浓度过高，细胞分裂素浓度高而生长素浓度低等	降低培养基离子浓度，提高生长素和细胞分裂素的比例，提高光照度，延长光照时间，增大琼脂用量等

（四）脱毒苗生根与扩繁

待茎尖长至 1～2 cm 高的无根苗时应及时转入生根培养基，生长 10～30 d 生根。转接不及时容易造成无根苗营养供给不足而死亡。生根后的脱毒苗扩繁至足够的数量就可进行病毒和类病毒的检测，合格的苗就可移栽入网室内观察品种表现型与原供体品种是否一致。如若一致就可作为脱毒核心苗投入生产使用。

四、脱毒原原种生产技术

脱毒原原种是指利用组培苗在防虫网室和温室条件下生产出来的、不带马铃薯病毒、类病毒及其他马铃薯病虫害的、具有所选品种（品系）典型特征特性的种薯。一般情况下所生产的种薯较小，重量在 10 g 以下，所以通常称之为微型薯，或称之为脱毒微型薯。

（一）炼苗

脱毒组培苗在室内转接后 2～3 周（苗高 5～10 cm），可以从室内培养架取出放置在防虫温室或温室里，打开或半打开瓶（或管）口放置 2～3 d 炼苗，炼苗温度 20～25 ℃，相对湿度 80%，之后从培养瓶（或试管）中取出移栽于育苗盘内或其他基质里，密度 3 cm×5 cm，在温室内 20 ℃左右条件下培育壮苗。

（二）隔离网室的建立

1. 环境条件　选择四周无高大建筑物，水源、电源、交通便利，通风透光的地方建网室。周围 2 km 内不能有马铃薯、其他茄科、十字花科作物和桃树。

2. 建设要求　隔离网室用热镀锌钢管做支撑，高 3.0～3.5 m，宽 6～10 m。网室内地表及网室四周 2 m 内，应建成水泥地面，网室周围 10 m 范围内不能有其他可能成为马铃薯病虫害侵染源或可能成为蚜虫寄主的植物。严防网室内地表积水和网室外水流入。用于隔离的网纱孔径要达到 60～80 目。

（三）移栽前准备

1. 基质　温室下覆聚乙烯薄膜，均匀喷洒高锰酸钾溶液。生产原原种以蛭石作为主要基质，铺基质前，先用硫酸钾（20 kg/亩）、二铵（30 kg/亩）与基质充分混匀，移栽前 1 d，使基质充分吸水浸透。每茬薯收后基质必须严格蒸煮消毒，一般反复使用 3～4 年。

2. 消毒　工作人员进出棚必须更换鞋和工作服，并用硫黄皂净手。扦插工具每次使用前均应蒸煮消毒，不能蒸煮的用硫黄皂认真清洗后用 75％酒精浸泡消毒。

3. 掏苗　将经炼苗的脱毒试管苗用镊子轻轻取出，洗净根部残留的培养基，根部蘸取生根粉溶液，供移栽用。

（四）移栽

按株行距 6 cm×7 cm 栽入基质 2.0～2.5 cm 深，栽后小水细喷，保持基质湿润。若当天气温较低，可在苗床加盖薄膜，以保温保水，提高成活率，7 d 后揭去薄膜。初移栽的苗子拱棚外罩一层遮阳网，以防强光照使弱苗干枯失水，待苗缓过来可直立时撤去遮阳网。

（五）管理

1. 拱棚盖膜　脱毒苗移栽好后，轻细均匀喷水，使基质充分饱和吸水。初期小拱棚内相对湿度保持在 95％～100％，蛭石基质持水量达到饱和；移栽苗生长前期创造 19～22 ℃的茎叶生长适温；生育后期调低温度至 15～18 ℃，并设法扩大昼夜温差。

2. 施肥　从小苗生根成活（插后 7～10 d）及时撤拱棚和遮阳网，根据苗情喷施 0.2％～0.3％N∶P∶K 为 2∶1∶3 的营养液 4～6 次（出拱棚后喷第一次肥浓度应减半，每 7～10 d 喷一次）。

3. 浇水　勤浇、细浇、少浇，保持基质湿润，持水量 50％～60％，收前 7～10 d 停止浇水。

4. 病虫害防治　定植 30 d 后防治晚疫病、蚜虫等，每隔 7 d 喷施代森锰锌、农用链霉素和高效氯氰菊酯等药剂。

当苗子生长 2 个月后，微型薯可长到 2～5 g，这时就可以进行收获了。为保证收获的微型薯不易受到机械损失和便于长期存放，收获前逐渐减少水分和养分的供应，使植株逐渐枯黄至死亡后再收获。

五、原原种采收、分级、包装、贮藏

（一）原原种收获

早熟种在插后 60～65 d，中早熟种 65～70 d，晚熟种 75～80 d 即可收获。收获时避免机械损伤和品种混杂。收后摊晾 4～7 d，剔除烂薯、病薯、伤薯及杂物。

（二）分级标准

1. 基本要求　原原种质量应符合国家标准《马铃薯种薯》GB 18133 的相关规定，马铃薯原原种应符合下列基本条件：

——同一品种；

——无主要病毒病（PVX、PVY、PVS、PVM、PVA、PLRV）；

——无纺锤块茎类病毒病（PSTVd）；

——无环腐病（*Clavibacter michiganensis* sub. *sepedonicus*）；

——无青枯病（*Ralstonia solanacearum*）；

——无软腐病（*Erwinia carotovora* sub. *atroseptica*，*Erwinia carotovora* sub. *carotovora*，*Erwinia chrysanthemi*）；

——无晚疫病（*Phytophthora infestans*）；

——无干腐病（*Fusarium* spp.）；

——无湿腐病（*Pythium ultimum*）；

——无品种混杂；

——无冻伤；

——无异常外来水分。

按种薯个体重量大小依次分为 1 g 以下、2～4 g、5～9 g、10 g 以上四个规格分级包装，拴挂标签，注明品种名称，薯粒规格，数量。

2. 分级　在符合基本要求的前提下，原原种分为特等、一等和二等，各相应等级符合下列规定：

（1）特等　无疮痂病（*Streptomyces scabies*）和外部缺陷。

（2）一等　疮痂病≤1.0%，外部缺陷≤0.5%，圆形、近圆形原原种横向直径超过 30 mm 或小于 12.5 mm 的，以及长圆形原原种横向直径超过 25 mm 或小于 10 mm 的≤1.0%。

（3）二等　1.0%＜疮痂病≤2.0%，0.5%＜外部缺陷≤1.0%，圆形、近圆形原原种横向直径超过 30 mm 或小于 12.5 mm 的，以及长圆形原原种横向直径超过 25 mm 或小于 10 mm 的≤2.0%。

（4）不合格　达不到基本要求中任一项，或疮痂病≥2.0%，或外部缺陷≥1.0%，或圆形、近圆形原原种横向直径超过 30 mm 或小于 12.5 mm 的，以及长圆形原原种横向直径超过 25 mm 或小于 10 mm 的≥3.0%。

（三）包装

原原种包装之前应该过筛分级，按照原原种的不同级别分类进行包装。原原种规格分为一级、二级、三级、四级、五级、六级、七级。

1. 圆形、近圆形原原种的规格要求　见表 3 - 4。

表 3 - 4　圆形、近圆形原原种的规格要求

（高艳玲等，2012）

级别	大小（mm）						
	一级	二级	三级	四级	五级	六级	七级
横向直径	≥30	≥25 且<30	≥20 且<25	≥17.5 且<20	≥15 且<17.5	≥12.5 且<15	<12.5

2. 长形原原种的规格要求　见表 3 - 5。

表 3-5 长形原原种的规格要求

(高艳玲等，2012)

级别	大小（mm）						
	一级	二级	三级	四级	五级	六级	七级
横向直径	≥25	≥20且<25	≥17.5且<20	≥15且<17.5	≥12.5且<15	≥10且<12.5	<10

包装采用尼龙网袋包装，每袋2 000粒左右，按等级和收获期分品种装袋，做好标记，双标签，袋内袋外各一。

（四）贮藏

1. 贮存方式 新收获的微型薯水分含量较高，需要在木框或塑料框内放置数天，减少部分水分，使表皮老化或使小的伤口自然愈合，此过程中应避免阳光直晒。收获后在通风干燥的种子库预贮15～20 d入窖。入窖后按品种、规格摆放。

2. 贮存条件 低温贮存5～8 ℃，相对湿度80%～90%。

3. 贮存（包装）量 晾干后的微型薯要按大小进行分级，例如小于1 g的，1～3 g，3～5 g和5 g以上的，每种大小的微型薯分别装入尼龙纱袋中，每袋注明数量、大小规格、生产地点、收获时间等。装袋不超过网袋体积的2/3，平堆厚度为30 cm左右。

六、原原种种薯质量控制

（一）试管苗生产质量控制

1. 生产条件检验 生产试管苗的硬件设施应当具备单独及相互隔离的配药室、灭菌室、接种室及培养室。配药室要通风干燥，灭菌室要保持地面洁净，不可堆放污染物品。培养室和接种室定期用消毒剂熏蒸、紫外灯照射；污染的组培材料不能随便就地清洗；定期清洗或更换超净台滤器，并进行带菌试验；地面、墙面、工作台要及时灭菌；保持培养室清洁，控制人员频繁出入培养室。

2. 培养期间检验 接种后的瓶苗若用作基础苗，须100%检测病害。种苗是生产原原种之前的最后一关，扩繁的数量很大，无法进行全部检测，所以为防止试管苗在接种过程中退化，感染病害，须定期抽取合适比例的样品进行检测，使其反映所生产种苗的基本质量状态。在检测参数选择上，由于核心苗和基础苗对病害已经进行了严格的检测，种苗繁育环节，可仅进行3种对马铃薯影响特别大的病毒，即PVX、PVY、PLRV。同时，为防止种苗在扩繁过程中品种特性的丢失和减弱，在生产过程中发现任一生物学特性为非病害、水肥和气候等原因表现得异常，需进行品种纯度和真实性的分子生物学检测。

（二）脱毒原原种（微型薯）生产过程中的质量控制

1. 生产条件检验 用于原原种生产的网室和温室必须棚架结实。网纱、玻璃或塑料覆盖物必须完整无缺，入口必须设立缓冲门。网室和温室内的基质必须是不带病虫害的新基质，或经过严格消毒处理的旧基质。网室和温室周围一定范围内（例如 10 m 以内）不能有其他可能成为马铃薯病虫害侵染源或可能成为蚜虫寄主的植物。生产过程中，无关人员一律不得入内。

2. 生产期间网室、温室内扦插苗检验　原原种生产期间将进行 2～3 次检验。检测时每个网室或温室取 2 个点，每点目测 100 株植株。检测时不得用手直接接触植株。在目测难以准确判断时，可采样进行室内检验。

3. 收获后检验　原原种收获后，按品种、大小分别包装在网纱袋中，保存在不受病虫害再次侵染的贮藏库中。每袋必须装有生产者收获时的标签，注明品种名、收获时间和粒数。合格的微型薯应当不破损，不带各种真、细菌病，不带影响产量的主要病毒和类病毒。最好能取一定数量的微型薯，进行催芽处理，待芽长到 2 cm 左右时，进行病毒和类病毒的检测，确保生产的脱毒原原种不带病毒和类病毒。

七、原种繁殖技术

（一）原种生产田的选择

原种田周围应具备良好的防虫、防病隔离条件。在无隔离设施的情况下，原种生产田应距离其他级别的马铃薯、茄科及十字花科作物和桃园 5 000 m 以上。当原种田隔离条件较差时，应将种薯田设在其他寄主作物的上风头，最大限度地减少有翅蚜虫在种薯田降落的机会。

在同一块原种生产田内不得种植其他级别的马铃薯种薯，邻近的田块也不能种植茄科（如辣椒、茄子和番茄等）及开黄花的农作物（如油菜和向日葵等）。

原种田应选择肥力较好、土壤松软、给排水良好的地块，最好 3 年以上没有种植过茄科农作物。

（二）脱毒原种生产的种薯

脱毒原原种（微型薯）是生产脱毒原种的种薯来源。脱毒原原种可以是自己生产的，也可以是从其他生产单位购买的。但无论原原种的来源如何，都应当注意以下几个方面的问题。

1. 纯度　用于原种生产的原原种（微型薯），其纯度应当为 100%，即不应当有任何混杂。由于微型薯块茎较小，一些品种间的微型薯差别很难判断。如果从其他生产单位购买原原种，一定要有质量保证的合同书。

2. 大小　一般说来，只要微型薯的大小在 1 g 左右就能用于原种生产。即使这样，播种前也应当将微型薯的大小进行分级。因为大小差别较大的微型薯播种，由于大微型薯的生长势较强，很可能会造成小微型薯出苗不好或长势较差。此外，大小分级后，还便于播种。因为一般微型薯较大时，播种的株行距可以适当地增加一些，而微型薯较小时，株行距可以适当地减少一些。

3. 休眠期　对同一个品种而言，其微型薯的休眠期要远远地超过正常大小的块茎。

因此，在播种微型薯前，一定在留足其打破休眠的时间。一般微型薯自然打破休眠的时间应当在 3 个月左右。如果收获到播种的时间不能使其自然度过休眠期，则应当采取一些措施打破休眠。常用的方法有变温法和激素处理方法。

（三）播种

原种生产过程中，使用专用机械、工具（农具）进行施药、中耕、锄草、收获等一系列田间作业时，应采取严格的消毒措施。如果一个生产单位（种薯生产户）同时种植了不同级别的种薯和商品薯，田间作业要按高级向低级种薯田、商品薯田的顺序进行操作，操作人员严格消毒，避免病害的人为传播。生产过程中，一般不允许无关人员进入田块中，如果必须进入田间，如领导检查、检验人员抽检等，应当采取相应的防范措施，例如将汽车轮胎进行消毒，人员经过消毒池后再进入，或穿干净的鞋套和防护服等。

（四）管理

适时灌水，保持田间土壤持水量 65%～75%；苗期到现蕾期中耕培土 2 次，促进块茎形成、膨大，避免畸形、空心薯的产生。

视苗情适当追肥，少量多次，防止植株徒长。在生育期间，进行 2～3 次拔除劣株、杂株和可疑株（包括地下部分）。

原种田一般从出苗后 3～4 周即开始喷杀菌剂，每周 1 次，直至收获。同时，应根据实际情况，施用杀虫剂以防治蚜虫和其他地上部分害虫的危害。因为害虫除了影响马铃薯植株的生长外，还会传播病毒，降低种薯质量，后者的危害更大。

（五）减缓脱毒马铃薯的退化

1. 马铃薯病毒侵染的主要途径　接触传毒、昆虫介体传播、种薯传毒和土壤传毒几种类型。

（1）接触传毒　健康植株与感病植株在田间因风吹接触摩擦；人和动物在田间走动接触病株后又与健康植株接触；切刀切种时，切了病薯后又切健康薯等均可使健康薯感病。

（2）昆虫介体传播　蚜虫、叶蝉、螨虫、粉虱、甲虫、蝗虫等均可传毒，最普遍的是蚜虫，蚜虫在病株上取食后再取食健株时，即可将病毒传到健株上。

（3）种薯传毒　病毒一旦侵入马铃薯植株，就能使块茎带毒，由于马铃薯是用块茎无性繁殖的方式进行生产的，病毒便随作为种薯的块茎代代相传。

采用脱毒种薯虽然在生产上能较大幅度增产，但留种和栽培措施不当，很快又会发生马铃薯病毒性退化。防止马铃薯病毒性退化虽说主要措施是采用脱毒种薯，但仅仅采用这一项措施还是不够的。因此，对马铃薯病毒性退化的防止，需要采取综合措施，才能获得良好的增产效果。

2. 防止昆虫媒介（主要是蚜虫）传毒　需采取下列综合防治措施。

（1）喷药防蚜　在开放条件下，除了需要选择高纬度、高海拔、风大蚜虫少的地区繁殖外，从蚜虫迁飞初始期开始，各级种薯繁殖田需每隔 7～10 d 喷药一次直至收获前 10 d

或半个月，以防治蚜虫危害传毒。

（2）隔离种植　种薯田与一般生产田要隔离至少200 m种植，绝对不能种薯田与生产田不分。

（3）拔除病株　在现蕾期前开始，每隔半个月分3次拔除留种田中的病株。

（4）早种早收　种薯田最好采取早种、早收，使脱毒种薯在蚜虫迁飞高峰期前收获或割秧，避免大量蚜虫传毒危害。

3. 小整薯播种等措施防止病毒通过接触途径传毒　为了防止种薯传毒，除选用优质脱毒种薯外。要采取田间单株选种的途径，通过早收留种选留健康植株的块茎做种，可有效地防止病毒感染。为了防止土壤传播病毒，播种前要选择2年无茄科作物的地块种植，最好不要重茬种植。

由于侵染马铃薯的病毒种类和侵染途径繁多，脱毒种薯生产过程中虽然采取了保护措施，但仍然会发生病毒、真菌和细菌再侵染而染病，使产量和品质下降，为了使马铃薯保持高产、稳产，脱毒种薯在一般情况下，使用2～3代后需要换种。生产上最好使用1～2级脱毒种薯，优质脱毒种薯要从专门生产脱毒种薯的高新生物技术公司调购名牌种薯，因为这些单位技术力量强，生产的脱毒种薯质量可靠、利用年限长、增产效果好，生产中出现问题时可随时提供技术指导和服务。

八、田间检验

（一）原原种的田间检验

原原种的田间检验在温室或者网棚中，移栽苗生长30～40 d后，同一生产环境条件下，全部植株目测检查一次，目测不能确诊的非正常植株和器官组织应马上采集样本进行实验室检验。

（二）原种和原种一代种的田间检验

按国家种薯质量控制标准，原种生产期间需要进行3次田间检验，第一次在植株现蕾期，第二次在盛花期，第三次在收获前2周。检验人员进入田间检验时，必须穿戴一次性的保护服，不得用手直接接触田间植株。检测主要是目测为主，按田块大小每批次随机抽取5～10个取样点，每点取100株植株进行调查。当田块≤1.5亩时，随机抽样检验2点；1.5～15亩随机抽样检验5点；15～75亩随机抽样检验10点；≥75亩先随机抽样检验10点，超出75亩的面积，再划出另一检验区，按本标准规定不同面积的检验点（表3-6）。

表3-6　原种及一级种批抽检点数

（高艳玲等，2012）

检测面积（亩）	检测点数（个）	检查总数（株）
≤15	5	500
>15，≤600	6～10（每增加150亩增加1个检测点）	600～1 000
>600	10（每增加600亩增加2个检测点）	>1 000

本章参考文献

敖毅，黄吉美，钟文翠，等，2009. 云贵高原马铃薯脱毒种薯标准化生产 [J]. 中国园艺文摘（6）：167-169.

白艳菊，李学湛，等，2000. 应用 DAS-ELISA 法同时检测多种马铃薯病毒 [J]. 中国马铃薯，14（3）：143-145.

陈珏，秦玉芝，熊兴耀，2010. 马铃薯种质资源的研究与利用 [J]. 农产品加工（学刊）（8）：70-73.

陈亚兰，张健，王会蓉，等，2013. 我国马铃薯育种方法及应用前景 [J]. 农业科技通讯（7）：6-9.

崔荣昌，李芝芳，李晓龙，等，1992. 马铃薯纺锤块茎类病毒的检测和防治 [J]. 植物保护学报（3）：263-268.

戴朝曦，冉毅东，王清，等，1998. 细胞工程技术在马铃薯育种中应用的研究 [J]. 遗传（20）：39-42.

杜珍，孙振，2000. 建国五十年山西马铃薯科技成就回顾 [J]. 马铃薯杂志，14（1）：32-33.

段绍光，金黎平，谢开云，等，2003. 分子标记及其在马铃薯遗传育种中的应用 [J]. 种子（5）：100-103.

樊民夫，薄天岳，1996. 马铃薯新型栽培种在育种中的应用研究 [J]. 马铃薯杂志，10（2）：86-89.

高宏伟，陈长法，董道峰，2002. 转基因马铃薯 PCR 检测方法 [J]. 山东农业大学学报：自然科学版，33（4）：428-433.

郜刚，屈冬玉，连勇，等，2000. 马铃薯青枯病抗性的分子标记 [J]. 园艺学报，27（1）：37-41.

古川仁朗，谢晓亮，1994. 病毒的检测 [J]. 河北农林科技，4（12）：50-51.

谷茂、马慧英、薛世明，1999. 中国马铃薯栽培史考略 [J]. 西北农业大学学报，27（1）：77-81.

谷茂、信乃诠，1999. 中国栽培马铃薯最早引种时间之辨析 [J]. 中国农史，18（3）：80-85.

郭景山，李文刚，曹春梅，等，2011. 内蒙古中西部地区脱毒马铃薯夏播和春播留种效应对比试验 [J]. 中国马铃薯，25（3）：180-181.

韩黎明，2009. 脱毒马铃薯种薯生产基本原理与关键技术 [J]. 金华职业技术学院学报，9（6）：71-74.

何新民，谭冠宁，唐洲萍，等，2011. 2009 年冬种马铃薯品种比较试验. 南方农业学报 [J]. 42（2）：142-144.

胡建军，何卫，王克秀，等，2008. 马铃薯脱毒种薯快繁技术及其数量经济关系研究 [J]. 西南农业学报，21（3）：737-740.

虎彦芳，2009. 滇东高原马铃薯脱毒种薯标准化生产技术 [J]. 现代农业科技（15）：105-106.

黄晓梅，2011. 植物组织培养 [M]. 北京：化学工业出版社.

蒋先林，杨鲁生，丁云双，等，2013. 低纬高原马铃薯脱毒种薯标准化生产技术 [J]. 安徽农业科学，41（35）：13506-13509.

金光辉，1999. 中国马铃薯主要育成品种的种质资源分析 [J]. 中国品种资源（4）：12-13.

金光辉，2000. 我国马铃薯育种方法的研究应用现状及其展望 [J]. 中国马铃薯，14（3）：184-186.

金黎平，屈东玉，谢开云，等，2003. 我国马铃薯种质资料和育种技术研究进展 [J]. 种子，131（5）：98-99.

金兆娟，2015. 马铃薯脱毒种薯培养及其在生产中的应用 [J]. 农业开发与装备（9）：121.

李丽，黄先群，雷尊国，等，2012. 贵州马铃薯栽培品种遗传多样性的 SRAP 分析 [J]. 贵州农业科学，40（9）：1-3.

李霞，王天明，2007. 马铃薯脱毒种薯繁殖生产技术要点 [J]. 种子科技（3）：46-47.

李颖，李广存，李灿辉，等，2013. 二倍体杂种优势及马铃薯育种的展望 [J]. 中国马铃薯，27（2）：96-99.

李晓宁，颉瑞霞，王效瑜，2014. 浅谈宁南山区马铃薯脱毒种薯繁育技术 [J]. 科技视界（5）：15.

李学湛，吕典秋，何云霞，等，2001. 聚丙烯酰胺凝胶电泳方法检测马铃薯类病毒技术的改进 [J]. 中国马铃薯（4）：213-214.

林细华，2014. 马铃薯新品种"脱毒175"特征特性及高产栽培技术 [J]. 福建农业科技（9）：48-49.

刘华，冯高，2000. 化学因素对马铃薯病毒钝化的研究 [J]. 中国马铃薯，14（4）：202-204.

刘卫平，1997. 快速 ELISA 法鉴定马铃薯病毒 [J]. 马铃薯杂志，11（1）：11-13.

刘喜才，张丽娟，孙邦升，等，2007. 马铃薯种质资源研究现状与发展对策 [J]. 中国马铃薯，21（1）：
　39-41.

龙国，张绍荣，曹曦，等，2010. 马铃薯新品种毕薯4号的选育 [J]. 贵州农业科学，38（9）：11-13.

卢弘斌，1981. 注意提高马铃薯实生种子的质量 [J]. 农业科学实验（1）：28-30.

卢雪宏，薛玉峰，2015. 脱毒马铃薯种薯高产优质扩繁技术研究 [J]. 农业与技术（8）：131.

陆国军，崔鸿鹄，2012. 北方寒地马铃薯病害及防治 [J]. 养殖技术顾问（3）：251.

聂峰杰，张丽，巩檑，等，2015. 三种方法对马铃薯脱毒种薯病毒检测比较研究 [J]. 中国种业（4）：39-39.

蒲正斌，2006. 陕西省马铃薯育种发展概况及存在的问题 [J]. 中国马铃薯，20（6）：378-379.

屈冬钰，程天庆，1988. 2n 配子在马铃薯育种中的应用 [J]. 马铃薯杂志，2（2）：102-105.

屈冬钰，谢开云，金黎平，等，2005. 中国马铃薯产业发展与食物安全 [J]. 中国农业科学，38（2）：
　358-362.

宋吉轩，李飞，邓宽平，等，2007. 贵州马铃薯育种现状及建议 [J]. 贵州农业科学，35（3）：148-150.

苏年贵，张建玲，2011. 晋西南山区马铃薯品种比较试验 [J]. 中国马铃薯，25（2）：69-72.

孙慧生，2003. 马铃薯育种学 [M]. 北京：中国农业出版社.

滕长才，张永成，张凤军，2009. 青海省马铃薯主要栽培品种的 SSR 遗传多样性 [J]. 分子植物育种，7
　（3）：555-561.

田波，裘维蕃，1985. 类病毒. 植物病毒学 [M]. 北京：科学出版社，320-337.

田祚茂，赵迎春，等，2001. 国外马铃薯种质资源的引进、筛选与利用 [J]. 中国马铃薯（4）：248-249.

佟屏亚，赵国磐，1991. 马铃薯史略 [M]. 北京：中国农业科技出版社.

王蒂，冉毅东，戴朝曦，1991. 用胚挽救方法获得马铃薯种间杂交植株 [J]. 马铃薯杂志，5（2）：79-82.

王芳，王舰，2003. 青海省马铃薯品种演替 [J]. 作物杂志（3）：49-50.

王怀利，2014. "芽变育种"在马铃薯选育上的应用 [J]. 种子，33（10）：102-103.

王舰，蒋福祯，周云，等，2009. 优质抗旱马铃薯新品种青薯9号选育及栽培要点 [J]. 农业科技通讯
　（2）：89-90.

王玉春，王娟，陈云，等，2008. 马铃薯新品种晋薯16号选育 [J]. 中国马铃薯（3）：191.

王玉苹，张峰，王蒂，2003. 马铃薯划分的超低温保存研究 [J]. 园艺学报，30（6）：683-686.

吴凌娟，张雅奎，董传民，等，2003. 用指示植物分离鉴定马铃薯轻花叶病毒（PVX）的技术 [J]. 中
　国马铃薯，17（2）：82-83.

徐积思，朱明珍，1982. 抗生素 [M]. 北京：科学出版社，50.

叶景秀，张凤军，张永成，2013. 青海省20个主要马铃薯审定品种的 SSR 标记遗传分析 [J]. 种子，32
　（6）：1-4.

张丽莉，宿飞飞，陈伊里，等，2007. 我国马铃薯种质资源研究现状与育种方法 [J]. 中国马铃薯，21
　（4）：223-225.

张蓉，1997. 关于马铃薯种薯的病毒检测技术 [J]. 宁夏农林科技（3）：36-37.

张希近，2000. 河北省马铃薯产业种植区划 [J]. 中国马铃薯，14（1）：48-50.

张希近，马恢，尹江，2008. 鲜食菜用马铃薯新品种"冀张薯8号"的选育 [J]. 杂粮作物，28（5）：
　296-297.

张希近，尹江，马恢，等，2009. 专用炸薯片马铃薯新品种"大西洋"的选育与配套栽培技术 [J]. 作物
　栽培（2）：22-25.

张永成，田丰，2012. 马铃薯高产优质生理特性研究 ［M］. 北京：中国农业科学技术出版社 .

赵嫦卿，魏小明，李景崇，等，2008. 马铃薯新品种费乌瑞它的特征特性及栽培技术 ［J］. 作物杂志（2）：020.

赵恩学，何昀昆，黄萍，等，2008. 贵州马铃薯脱毒种薯生产的关键技术 ［J］. 种子，27 (1)：105-108.

中国科学院遗传研究所组织培养室三室五组，1976. 离体培养马铃薯茎顶端（或腋芽）生长点的初步研究 ［J］. 遗传学报，3 (1)：51-55.

仲乃琴，1998. ELISA 技术检测马铃薯病毒的研究 ［J］. 甘肃农业大学学报 (2)：178-181.

周思军，李希臣，刘昭军，等，2000. 通过农杆菌介导将菜豆几丁质酶基因导入马铃薯 ［J］. 中国马铃薯，14 (2)：70-72.

周云，2008. 青海高原马铃薯种质资源的大田移栽保存技术 ［J］. 中国种业 (6)：56.

朱述钧，王春梅，等，2006. 抗植物病毒天然化合物研究进展 ［J］. 江苏农业学报，22 (1)：86-90.

Ali G S，Reddy A S，2000. Inhibition of fungal and bacterial plant pathogens by synthetic peptides：in vitro growth inhibition，interaction between peptides and inhibition of disease progression ［J］. Molecular Plant-Microbe interactions，13 (8)：847-859.

Behnke M，1979. Selection of potato callus for resistance to culture filtrates of Phytophthora Infestans and regeneration of plants ［J］. Theoretical and Applied Genetics，55 (2)：69-71.

Bell H A，Fitches E C，Marris G C，et al，2001. Transgentic GNA expressing potato plants augment the beneficial bicontrol of Lacanobia oleracea by the parasitoid Eulophus pennicornis ［J］. Transgenic Research，10 (1)：35-42.

CASPER P，1977. Detection of potato leafroll virus in potato and in Physalis floridana by enzyme-linked immunosorbent assay (ELISA) ［J］. Phytopathol Z (96)：97-107.

Cassels A C，R D Long，1982. The elimination of potato virus X，S，Y and M inmeristem and explant cultures of potato in the presence of virazole ［J］. Potato Res (25)：165-173.

G Faccioli，C Rubies-Autonell，R Resca，1988. Potato leafroll virus distribution in potato meristem tips and production of virus-free plant ［J］. Potato Research，31 (3)：511-520.

Goddijn O J M，Verwoerd T C，Voogd E，et al，1997. Inhibition of trehalase activity enhances trehalose accumulation in transgenic plants ［J］. Plant Physiology，113 (1)：181-190.

Goulet M C，Dallaire C，Vaillancourt L P，et al，2008. Tailoring the specificity of a plant cystatin toward herbivorous insect digestive cysteine proteases by single mutations at positively selected amino acid sites ［J］. Plant physiology，146 (3)：1010-1019.

H Lopez-Delgado M E Mora-Herrera，2004. Salicylic acid enhances heat tolerance and potato virus X (PVX) elimination during thermotherapy of potato microplants ［J］. Amer J of Potato Research (81 (3))：171-176.

H Lozoya Saldana，A Madrigal Vargas，1985. Kinetin，thermotherapy，and tissue culture to eliminate potato virus (PVX) in potato ［J］. American Potato Journal (62)：339-345.

H Lozoya-Saldana，F Abello J，G R Garcia，1996. Electrotherapy and shoot tip culture eliminate potato virus X in potatoes ［J］. American Potato Journal (73)：149-154.

Heide Bittner，G Schenk，G Schuster，1989. Elimination be chemotherapy of potato virus S from potato plants grown in vitro ［J］. Potato Research (32)：175-179.

J M henson，R French，1993. The polymerase chain reaction and plant disease diagnosis ［J］. Phytopathology，31 (31)：81-109.

J Hanson，1985. Procedure for handling seed in genebanks ［M］. Manuel Pourles Banques De Genes.

Joung Y H，Jeon J H，Choi K H，et al，1997. Detection of potato virus S using ELISA and RT‐PCR technique [J]. Korean J Plant Pathology，3 (5)：317－322.

Kale V P，Kothekar V S，2006. Mutagenic effects of ethylmethane sulphonate and sodium azide in potato (*Solanum tuberosum* L.) [J]. The Indian Journal of Genetics and Plant Breeding，66 (1)：57－58.

Kassanis B，1957. The use of tissue culture to produce virus free clones from infected potato varieties [J]. Appl. Biology，459 (3)：422－427.

Klein R E，C H Livingston，1983. Eradication of potato viruses X and S from potato shoot tip cultures with ribavirin [J]. Phytopathology (73)：1049－1050.

Luis F Salazar，2000. 马铃薯病毒及其防治 [M]. 北京：中国农业科学技术出版社.183－184.

Marchetti S，Delledonne M，Fogher C，et al，2000. Soybean Kunitz，C-II and PI-IV inhibitor genes confer different levels of insect resistance to tobacco and potato transgenic plants [J]. Theoretical and Applied Genetics，101 (4)：519－526.

Mellor F C，Stace-Smith，1977. In applied and fundamental aspects of plant cell，tissue and organ culture [C]. J Reinert，Y P S Bajai. Spring-Verlag Beidelberg，New York：616－635.

MORRIS T J，SMITH E M，1977. Potato spindle tuber disease：Procedures for the rapid detection of viroid RNA and certifeication of disease-free potato tuber [J]. Phytopathology (67)：145－150.

NEIL B，KATHY W，SARAH P，et al，2002. The detection of tuber necrotic isolates of virus，and the accurate discrimination of PVYO，PVYC and PVYN strain using RT-PCR [J]. Journal of virological methods (102)：103－112.

S Pnnazio，Manuela vecchiati，1978. Potato virus X eradication from potato meristem tips held at 30 ℃ [J]. Potato Research (21)：19－22.

Singh M，Singh R P，1996. Factors affecting detection of PVY in dormant tubers by reverse transcription polymerase chain reaction and nucleic acid spot hybridization [J]. Journal of Virological Methods，60 (1)：47－57.

第四章

环境胁迫及其应对

第一节　非生物胁迫

一、水分胁迫

（一）发生地区和时期

干旱是一个世界性的问题，据统计，世界性的干旱导致的减产可超过其他因素所造成减产的总和。中国是世界严重干旱国家之一，干旱半干旱地区占国家土地面积的 47%，占总耕地面积的 51%，被世界水资源与环境发展联合会列为 13 个贫水国之一。在黄土高原和内蒙古高原地区，大面积马铃薯种植沿用传统的平作培土和条播技术，由于春季土面蒸发强烈，大量土壤水分散失影响了马铃薯出苗。山西省和内蒙古自治区马铃薯播种一般在 4 月下旬至 5 月上旬，此外，马铃薯苗期至开花期正逢该地区伏旱阶段，无效降水不能有效入渗土壤，导致土壤水分含量处于较低水平，使马铃薯前期发育受阻。青海省夏季温凉，非常适宜马铃薯的生长，其种植区域广泛，尤其在干旱半干旱山区，已成为农民的主要经济来源，青海省马铃薯播种一般为 4 月下旬至 5 月上旬为宜，马铃薯在播种到开花期间降水对产量影响最大。云南省地处边疆地区，阶段性干旱时常发生，云南省马铃薯春播在 2~3 月，6 月前高温少雨，严重影响处于结薯期的马铃薯生长；冬播主要在 12 月播种，该段时期也是云南冬旱季节，干旱也制约了马铃薯的前期生长。

（二）水分胁迫对马铃薯生长发育和产量的影响

1. 不同程度干旱对马铃薯幼苗生长的影响　水分亏缺是植物在田间生长条件下广泛存在的一种生长逆境因子，会对植物生长状况、形态结构与生理生化产生显著影响。为了在干旱胁迫条件下保证生存或保持生物量，植物会相应的做出一系列响应，如气孔调控、渗透调节和抗氧化防御等，以减轻干旱胁迫对植物正常生长所造成的伤害。然而长时间高强度的干旱胁迫可限制植物生长，引起形态结构及生物量分配格局发生变化，甚至会导致植物死亡。

马铃薯是典型的温带气候作物，对水分亏缺非常敏感。而中国北方地区春季少雨，春旱严重，长期缺水将影响马铃薯幼苗正常的生长发育。焦志丽等（2011）研究表明，土壤相对含水量在 80％ 的时候最适宜马铃薯幼苗株高、茎粗等生长参数的增长。短时间内轻度干旱胁迫不会对各项生长参数产生显著性影响，而中度和重度干旱胁迫在短时间内即会对马铃薯的生长产生显著性影响；随着胁迫时间的延长，低于 80％ 的土壤相对含水量开始对马铃薯的生长产生明显的抑制作用，株高、茎粗、单株叶面积和地上部鲜重明显减小，可能原因是水分短缺时，细胞生长和分化受到抑制，顶端分生组织或侧生分生组织发育缓慢。并且在 20％ 土壤相对含水量下幼苗叶片开始出现萎蔫的现象，说明马铃薯幼苗不耐长时间高强度的干旱。

2. 不同程度干旱对马铃薯生理特性的影响　焦志丽等（2011）研究表明，随着干旱胁迫的加深和时间的延长，可溶性糖呈上升的趋势，说明可溶性糖是马铃薯适应干旱环境的重要调节物质。MDA（丙二醛）是膜脂过氧化的产物，其含量的变化与细胞膜脂过氧化程度的高低呈正相关。膜相对透性反映膜的稳定性。在土壤干旱胁迫下，马铃薯幼苗叶片内 MDA 含量随干旱强度增加呈递增的变化趋势，尤其是随胁迫时间的延伸中度和重度胁迫处理的 MDA 含量和质膜急剧增加，说明细胞膜已受到严重的损伤。SOD（超氧化物歧化酶）、POD（过氧化物酶）是植物体内的主要保护酶，轻度干旱胁迫下 SOD、POD 活性始终高于对照，而随着胁迫程度的加剧和时间的延长，中度、重度胁迫下这两种酶的活性有不同程度降低的趋势。说明在轻度和短期内中度、重度干旱胁迫下，马铃薯幼苗可以通过提高细胞抗氧化酶活性，有效清除活性氧对膜脂损伤，维持膜的稳定性，但随胁迫强度的加大和胁迫时间的延长，抗氧化酶活性明显降低，膜脂过氧化增强，透性增大，植株受到严重伤害。

3. 不同生育时期干旱对马铃薯产量和品质的影响　由于马铃薯是典型的温带气候作物，对水分亏缺非常敏感。因此季节性干旱是造成马铃薯减产和品质下降的重要因素。抗艳红、赵海超等（2010）研究表明，马铃薯在发棵期干旱胁迫处理单株薯块数、匍匐茎数、成薯率最低，由此表明，发棵期是决定马铃薯匍匐茎数、薯块数和成薯率的关键时期。苗期干旱胁迫处理成薯率最高，是因为苗期匍匐茎还没有伸长，干旱胁迫减少匍匐茎的数量，后期水分充足提高了成薯率。马铃薯块茎膨大期干旱胁迫处理匍匐茎和单株薯块数最高，大薯数量比例最高、小薯比例最低，表明马铃薯块茎膨大期之前匍匐茎分化完成，块茎开始膨大，薯块膨大期需水量较高，但在干旱胁迫下马铃薯茎叶及根系中的水分及营养物质降解供应块茎生长，因此表现出块茎膨大期较强的抗旱性。开花期干旱胁迫处理各项指标均高于发棵期而低于薯块膨大期，表明开花期抗旱能力有所提高，但对水分需求较多。由此可见，马铃薯对水分的需求呈抛物线形变化，苗期马铃薯对水分需求不高，发棵期是需水最高的时期，该时期是营养生长的关键时期，应增强肥水管理。开花期匍匐茎开始膨大，由于茎叶及根系生长旺盛抗旱能力增强，但对水分需求较多，块茎膨大期营养从地上部逐渐向地下部转移，对水分需求相应减少，应适当控水。因为马铃薯是对水分敏感的作物，需要土壤通气性高，过多的土壤含水量不利于其高产，因此适时地控水有利于马铃薯的增产及品质改善。

4. 水分胁迫下马铃薯抗旱相关表型性状　姚春馨等（2013）研究表明，马铃薯作物对干旱具有较强的敏感性和避旱特性，当干旱时，块茎会利用自身贮藏的水分在土壤中存活而推迟出苗，或出苗后遇到干旱根系加深提前开花或推迟生长，到雨季可以开始恢复性迅速生长，这些对干旱反应特征可以认为是避开干旱影响的有效机制。国内外在马铃薯抗旱表型性状的报道主要集中在植株的根系，包括提根所需的重力，根的鲜、干重量，植株的茎秆高度，叶片的鲜、干重量，植株的覆盖度，块茎的产量（包括水分胁迫下与正常供水种植的产量比值，得到的抗旱系数，两种条件下获得的块茎数量差异），这些表型性状被认为与抗旱性相关。

产量、根系拉力与植株各表型性状的相关性分析：在干旱环境下，产量是最重要的抗旱性指标。分析单株产量与植株各表型性状的相关性，单株产量与根鲜、干重，茎干重，单株块茎数，单块茎重量，小区产量呈极显著或显著直线正相关。

根系拉力是公认的最重要的评价马铃薯品种抗旱水平的指标之一。在正常供水和干旱两种处理条件下，对不同马铃薯品种植株各项表型性状与根系拉力和产量进行了相关性分析，结果表明不论在何种水分条件下，根系拉力与根、茎、叶的鲜、干重呈极显著直线正相关。在干旱条件下，产量和根系拉力与株高呈极显著或显著正相关。马铃薯根系拉力与株高呈极显著直线正相关，与覆盖度也呈极显著直线正相关。在正常情况下，产量与单块茎重量间呈极显著正相关。杨先泉等（2011）认为马铃薯块茎形成初期干旱胁迫对单株薯数无显著影响，持续干旱胁迫主要通过降低平均单薯重来影响单株生产能力，产量与根系拉力之间则无显著的相关性。

试验表明，干旱胁迫下不同品种的马铃薯从出苗、植株生长发育，到植株地上部和地下部分生物量的积累都受到一定程度的抑制。

5. 水分胁迫对马铃薯光合特性和产量的影响　关于作物的产量和品质受环境条件的影响，王婷等（2010）研究表明，水分胁迫处理会严重影响马铃薯的光合生理特性及产量，但不同品种对环境条件适应性不同，对水分胁迫反应也不同。植物生长特征的变化是干旱过程中植物在外部形态上对水分胁迫的响应。水分胁迫降低了马铃薯品种的净光合速率、蒸腾速率、气孔导度、叶绿素含量、叶面积和产量，均表现为：对照＞中度处理＞严重处理，其中光合速率、叶面积及产量变化较明显，限制了马铃薯的生长。

（1）水分胁迫对马铃薯光合特性的影响　随水分胁迫程度加剧，光合作用的限制表现有一个从气孔限制到非气孔限制的转变过程。中度、严重水分胁迫处理土壤水分较少，气孔导度降低，蒸腾速率处于较低水平，以阻碍进一步失水，这是植物对水分不足的一种适应性水分生理调节现象。以云南省主栽培马铃薯品种会-2和合作88为材料进行试验，研究了水分胁迫对马铃薯光合生理特性和产量的影响。结果表明，2个马铃薯品种的气孔导度均明显低于对照，其净光合速率和蒸腾速率也相应降低。而2个马铃薯品种的细胞间二氧化碳浓度表现为先减后升，中度水分胁迫处理由于气孔关闭或部分关闭，进入叶肉细胞的二氧化碳减少，使净光合速率下降；严重水分胁迫处理，净光合速率的下降主要是由于水分胁迫加强引起光合结构的破坏或光合过程受阻所至，从而使植株对二氧化碳的同化能力明显减弱，表现为叶肉细胞间二氧化碳浓度的大幅度上升。会-2品种细胞间隙二氧化碳浓度的降低及升高幅度均没有合作88品种的大，说明水分胁迫对合作88光合结构的破坏程度比会-2大，光合过程受阻更严重。

（2）水分胁迫对马铃薯产量的影响　从水分胁迫对2个马铃薯品种的产量性状的影响

看，水分胁迫条件下 2 个马铃薯品种的产量均比对照低，但品种不同处理结果存在差异。随水分胁迫程度加深，2 个品种的块茎产量下降，根冠比 T/R 值增大。会-2 品种块茎产量在不同水分胁迫处理条件下均比合作 88 高，是因为会-2 品种光合生理特性各指标均比合作 88 的好，有较大的单株叶面积，会-2 品种各处理条件下的产量比合作 88 品种高，但水分胁迫处理使得光合成产物转运过程中物质运输受阻，不同品种在光合产物转运方面存在差异。随水分胁迫加深，会-2 品种根冠比 T/R 值上升程度较合作 88 品种大，块茎产量下降程度也较合作 88 品种的大。会-2 品种在有较好光合特性、较大叶面积的前提下，生成较多的光合产物，可会-2 品种物质运输受阻较合作 88 严重，使得会-2 品种块茎产量下降程度较合作 88 品种大，这仍需进行进一步研究。

6. 干旱胁迫对马铃薯叶片超微结构和生理指标的影响　马铃薯为无性繁殖作物，干旱是限制其生长发育和作物产量的最主要因素之一。因此，人们对干旱胁迫下植物的生理响应、抗旱形态结构以及分子调控进行了深入的研究，发现干旱胁迫不仅能使抗氧化酶系统紊乱、光合作用降低、代谢途径破坏，也会改变组织器官的超微结构，而且超微结构的损伤程度与植物的耐旱性相关。

处于干旱条件下，细胞内质膜受到损伤时活性氧的产生和清除代谢平衡遭到破坏，超氧阴离子过多积累造成细胞膜脂过氧化和膜蛋白聚合，从而损伤植物的超微结构，最终对植物体造成伤害。植物可以通过提高保护酶的活性来防御和清除自由基，进而保护细胞免受伤害。MDA 是膜脂过氧化的最终产物，其含量的高低在一定程度上反映了马铃薯对水分胁迫的敏感程度。张丽莉等（2015）认为，水分胁迫后 MDA 含量有所增加，膜系统受到损伤；干旱胁迫后，SOD、POD 活性有增加趋势，但随着干旱胁迫时间的延长，叶片细胞保护酶活性不同程度地下降。

干旱胁迫后，不同基因型品种细胞超微结构的损伤程度存在显著差异。叶片细胞中叶绿体和线粒体是对干旱胁迫比较敏感的两个细胞器，并且它们的受损程度与抗旱性强弱相对应，即抗旱性强的品种细胞器受伤害较轻，抗旱性弱的品种细胞器受伤害较重。叶绿体外形、基粒和基质类囊体膜结构、基粒的排列和线粒体膜及嵴的完整性，可以考虑作为耐旱性强弱的形态结构指标。干旱胁迫对细胞结构造成不同程度的损伤，细胞皱缩，质壁分离，各细胞器的膜不同程度破损。对叶绿体损伤最重，线粒体次之，细胞核相对较小。在脱毒试管苗叶肉细胞中，叶绿体含量丰富、体积大，胁迫后片层结构、排列方式变化差异较明显，且与品种的抗旱性强弱相对应，虽然线粒体变化也比较明显，但其体积小，不便于观察。

7. 干旱胁迫下马铃薯叶片脯氨酸和丙二醛含量变化及与耐旱性的相关性　丁玉梅等（2013）研究了干旱胁迫条件下马铃薯叶片游离脯氨酸（pro）含量和丙二醛（MDA）含量变化，并分析了 pro 和 MDA 含量变化与耐旱性的相关性。

（1）*不同干旱胁迫对马铃薯叶片游离脯氨酸的影响及与耐旱性的关系*　渗透调节是植物适应水分胁迫的重要机制，pro 是水溶性最大的氨基酸，在植物的渗透调节中起重要作用，而且即使在含水量很低的细胞内，脯氨酸溶液仍能提供足够的自由水，以维持正常的生命活动。正常情况下，植物体内脯氨酸含量并不高，但遭受水分、盐分等胁迫时体内的脯氨酸含量往往增加，它在一定程度上反映植物受环境水分和盐度胁迫的情况，以及植物对水分和盐分胁迫的忍耐及抵抗能力。在马铃薯抗旱研究中，叶片游离脯氨酸相对值可作为抗旱能力强弱的指标，马铃薯品种 pro 含量相对值越高，则提拉抗性系数越高，耐旱性越强。

（2）干旱胁迫对马铃薯叶片丙二醛（MDA）的影响及与耐旱性的关系　丙二醛（MDA）是细胞膜脂过氧化作用的产物之一，它的产生还能加剧膜的损伤。因此，丙二醛产生数量的多少能够代表膜脂过氧化的程度，也可间接反映植物组织的抗氧化能力的强弱，在植物衰老生理和抗性生理研究中，丙二醛含量是一个常用指标。马铃薯品种 MDA 含量相对值越高，则品种提拉抗性系数越高，耐旱性则越强。

8. 水分胁迫对马铃薯叶片脱落酸和水分利用效率的影响

（1）水分胁迫对马铃薯叶片脱落酸的影响　植物在干旱脱水等条件下一种主要生理变化是内源 ABA，这是由于胁迫信号会激发 ABA 合成酶的作用，从而使 ABA 在细胞内的含量快速发生改变。田伟丽等（2015）研究认为马铃薯发棵期土壤相对含水量在 25%～85%范围内，随着土壤水分胁迫强度的增加，马铃薯叶片 ABA 含量呈逐渐增加趋势，重度土壤水分胁迫情况下叶片 ABA 含量增加 33%。

（2）水分胁迫对马铃薯水分利用效率的影响　水分利用效率是作物受干旱或水分胁迫反应生理生态机制研究的关键，也是提高作物产量和水分利用效率的基础。当马铃薯在发棵期中度水分胁迫时，气孔导度呈下降趋势，同时随着土壤水分胁迫增加，叶水势和叶片相对含水量越来越小。在日变化曲线中，和对照相比，土壤相对含水量为 45%时水分利用效率最大，峰值出现在 12 时和 16 时，比无胁迫时平均高 25%。

（三）应对措施

由于特殊的地理和气候环境，决定了干旱灾害不可避免，尤其是北方地区"十年九旱"在短期内难以改变。因此在北方干旱半干旱地区，要积极探索和掌握干旱发生规律，让农作物将有限的水分得到合理利用，为生长关键期节约一定的水分，具有十分重要的意义。

1. 选用抗旱品种　掌握马铃薯的抗旱机理，开展抗旱育种，因地制宜选用抗旱性强、丰产稳产性好、增产潜力大、熟期适宜的优良马铃薯品种。

2. 马铃薯各生育期需水规律　马铃薯各生育阶段的需水量不同，苗期占全生育期总需水量的 10%～15%，块茎形成期 20%～30%，块茎增长期 50%以上，淀粉积累期 10%左右。从马铃薯需水规律及气候来看，需要关注的是幼苗期、块茎形成期和块茎增长期。

3. 节水补充灌溉　根据土壤田间持水量决定灌溉，土壤持水量低于各时期适宜最大持水量 5%时，就应立即进行灌水。每次灌水量达到适宜持水量指标或地表干土层湿透与下部湿土层相接即可。灌水要匀、用水要省、进度要快。目前，灌溉效果较好的节水灌溉方法是喷灌和滴灌。喷灌灌水均匀，少占耕地，节省人力，但受风影响大，设备投资高。滴灌节水效果最好，主要使根系层湿润，可减少马铃薯冠层的湿度，降低马铃薯晚疫病发生的机会，节省人力。

灌水时，除根据需水规律和生育特点外，对土壤类型、降水量和雨量分配时期等应进行综合考虑，正确确定灌水时间和灌水量。

二、温度胁迫

植物的生长发育需要一定的温度条件，当环境温度超出了它们的适应范围，就对植物形成胁迫。温度胁迫持续一段时间，就可能对植物造成不同程度的损害。马铃薯生长发育需要较冷凉的气候条件，这是由于马铃薯原产于南美洲安第斯山高山区，平均气温 5～10 ℃。块茎播种后，地下 10 cm 土层的温度达 7～8 ℃时幼芽即可生长，10～12 ℃时幼芽可苗壮成长并很快出土。播种早的马铃薯出苗后常遇晚霜，气温降至 -0.8 ℃时，幼苗受冷害，气温 -1.5 ℃时，茎部受冻害，降至 -2 ℃时幼苗受冻害，部分茎叶枯死，-3 ℃时，茎叶全部冻死。植株生长的最适宜温度为 20～22 ℃，温度达到 32～34 ℃时，茎叶生长缓慢，超过 40 ℃完全停止生长。开花的最适宜的温度为 15～17 ℃，低于 5 ℃或高于 38 ℃则不开花。块茎生长发育的最适宜温度为 17～19 ℃，温度低于 2 ℃或高于 29 ℃时停止生长。

在各地马铃薯种植的适宜播期中，关键生育时期一般可避开高温季节。温度胁迫多以低温胁迫的形式表现出来。低温胁迫是农作物栽培过程中经常遇到的灾害，常常引起作物大面积减产，严重制约了作物的丰产增收。近几年国内马铃薯的种植面积迅速扩大，一些马铃薯种植区，如华北内蒙古、南方冬作马铃薯在生长过程中往往会受到偶发性的短时（1～2 d）低温伤害。由于遭遇早春冻害，对当地马铃薯产业损害严重。

（一）温度胁迫的影响

1. 短期高温胁迫对不同生育时期马铃薯光合作用的影响　植物光合作用是地球上最重要的化学反应，也是绿色植物对各种内外因子最敏感的生理过程之一。植物光合生理对某一环境的适应性，很大程度上反映了植物在该地区的生存能力和竞争能力。高温对植物生长乃至生存（包括作物产量）均有负面影响，而众多被高温抑制的细胞机能中，光合作用被公认为是对高温胁迫特别敏感的生理过程。

马铃薯作为主要粮食作物之一，其在高温下的生长情况也受到了国内外学者的广泛关注。王连喜等（2011）选取在宁夏广泛种植的粉用马铃薯陇薯 3 号为试材，分析短期高温条件下不同生育期其气孔导度（Gs）、蒸腾速率（Tr）、叶室内 CO_2 浓度差、净光合速率（Pn）以及叶片光合水分利用率（WUE）的变化。研究结果表明：短期高温环境对马铃薯的各项生理因子均有一定程度的影响，由于各种生理过程的相互作用，具体表现为各光合参数的变化。从分析结果来看，短期高温环境下马铃薯各项生理因子的变化明显高于常温，可见，高温对马铃薯苗期的生理因子有一定的影响。出苗期高温胁迫下的马铃薯净光合速率和叶室内外 CO_2 浓度差均出现滞后性，数值上也略低于常温下，而气孔导度和蒸腾速率的变化趋势与常温下相一致，但数值均高于常温下；其中对净光合速率影响最大的因子是叶室内外 CO_2 浓度差。分枝期高温胁迫下净光合速率、叶室内外 CO_2 浓度差、气孔导度和蒸腾速率虽然变化趋势与常温下相近，但是均在中午出现一次突变，达到峰值，而水分利用率变化与常温下基本一致；其中对净光合速率影响最大的因子也是叶室内外 CO_2 浓度差，其次是蒸腾速率。大量研究证实，高温胁迫导致了净光合速率的下降。而关于高温对光合作用的抑制机理，许大权等（1998）的研究认为，主要是降低了气孔导度，使叶绿体的 CO_2 的供应受阻，净光合速率的降低是由气孔限制的。但 Berry 等（1980）认为高温下光合作用的抑制是由非气孔因素引起的，是叶肉细胞气体扩散阻抗的增加、CO_2 溶解度下降等对 CO_2 的亲和力降低或光合机构关键成分的热稳定性降低等原因所致。

马铃薯出苗期短期高温处理后，净光合速率略有下降，而气孔导度升高了，表明非气孔因素是光合作用被抑制的原因。而分枝期短期高温处理后，净光合速率升高的同时，气孔导度也升高了，因此认为净光合速率的上升是由气孔因素引起的。总体而言，高温胁迫对马铃薯不同生育期均产生影响，其中分枝期影响大于出苗期。马铃薯属喜凉植物，高温环境对马铃薯分枝期的影响较明显，从目前的诸多研究中可以看出，高温对马铃薯的生长存在一定的限制作用，特别是在马铃薯结薯期，高温容易导致马铃薯薯块小，从而影响产量。

2. 低温胁迫对马铃薯幼苗有关生化指标的影响　辛翠花等（2012）对低温胁迫对马铃薯幼苗相关生理生化特性的影响进行了研究。选用马铃薯主栽品种大西洋为材料，采用盆栽试验，挑选 3 周后生长健康的马铃薯幼苗进行低温（4 ℃）胁迫处理，并于处理后 0、6、12、24、36、48 h 分别取样并进行相关生理指标（叶绿素含量、MAD 含量、SOD 和 POD 活性）的测定，探讨低温胁迫下马铃薯叶片叶绿素、丙二醛（MDA）含量、超氧化物歧化酶（SOD）和过氧化物歧化酶（POD）活性在同一短期低温胁迫中的动态变化。结果表明：低温逆境对植物的伤害涉及一系列生理生化变化，而由于低温导致的活性氧积累及其所引起的氧化胁迫被认为是植物受低温伤害的重要原因。MDA 含量、叶绿素含量、SOD 和 POD 活性变化体现了植物对低温胁迫的响应情况。叶绿素是植物叶绿体内参与光合作用的重要色素，其功能是捕获光能并驱动电子转移到反应中心，故其对植物的生长及农作物产量的形成具有极其重要的作用。叶绿素的生物合成需要通过一系列的酶促反应，温度过高和过低都会抑制酶反应，甚至会破坏原有的叶绿素，一般植物叶绿素合成的最适温度是 30 ℃。植物在生长过程中如果遇到低温，叶绿素的生物合成将受到影响，进而影响其光合效率，使得植物生长迟缓，有的甚至会导致植株死亡。

马铃薯在低温胁迫下，叶绿素含量 0～6 h 呈下降趋势，6～12 h 呈上升趋势，12～48 h 再下降，表明经历 0～6 h 的低温胁迫，马铃薯自身防御体系建立，生理代谢过程逐步调整，但随着时间继续延长，低温伤害超越了自身保护能力，在 12～48 h 又出现了叶绿素下降。低温影响叶绿素含量可能是由于叶绿素的生物合成过程绝大部分都有酶的参与，低温影响酶的活性，从而影响叶绿素的合成，也会造成叶绿素降解加剧。这与王平荣等（2009）的研究结果相符。植物在逆境胁迫和衰老过程中会产生过剩的自由基，其毒害之一是引发或加剧膜脂过氧化作用，造成细胞膜系统的损伤。膜脂过氧化的中间产物自由基和最终产物 MDA 都会严重损伤生物膜。MDA 含量的变化可以反映植物细胞发生膜脂过氧化的剧烈程度和植物对逆境条件反应的强弱。

随低温胁迫时间的延长，MDA 含量 0～6 h 呈上升趋势，6～24 h 呈下降趋势，24～48 h 再上升，表明低温胁迫初期马铃薯体内产生大量的自由基短时间无法清除，导致膜质过氧化程度加剧，MDA 含量增多，经历 0～6 h 的低温胁迫后，马铃薯叶片被损伤的膜系统结构得到了恢复，但随着时间继续延长，低温伤害超越了其自身保护能力，在 $24 \sim 48\,h$ 又出现了 MDA 上升。低温逆境条件不仅会提高细胞活性氧水平，同时也可诱发植物的防御体系的建立，从而避免或减轻活性氧对植物的伤害。抗氧化酶系是植物的主要防御酶系统，而 SOD 和 POD 等被认为是清除活性氧过程中最主要的抗氧化酶。SOD 的主要功能是清除 O_2 并产生 H_2O_2。POD 可以清除植物体内的 H_2O_2。随低温胁迫 SOD 活性呈现出先降后升再降的变化规律，可能是在低温胁迫前期 $0 \sim 6\,h$，马铃薯还没有来得及对低温响应，产生的大量的活性氧自由基需要机体内本身的 SOD 来消除，但随着马铃薯对胁迫的响应，其体内建立了防御体系产生了大量的 SOD，但随处理时间的不断延续，植物耐受低温能力接近极限，故 SOD 又开始减少。POD 活性的先升后降也充分说明了马铃薯在低温胁迫初期，由于自身防御体系的建立，POD 升高，但随着低温胁迫时间的继续延续，低温伤害超越了其自身防御保护能力，POD 活性开始下降。可见，马铃薯主栽品种大西洋在大田栽培过程中遇低温（4 ℃）胁迫的时间不能超过 $24\,h$，否则将对其产量和质量造成损失。

3. 低温胁迫对马铃薯叶片光合作用的影响　光合作用是植物叶片利用 CO_2 和 H_2O 合成有机物的过程，是生物量积累的过程。光合作用在马铃薯的生长发育过程中起着重要的作用，叶片的光合特性反映了光合能力的强弱，而光合能力的强弱决定了马铃薯产量的高低。通过提高光合作用强度，可以促进生物量的累积，叶片的光合参数能直接或者间接的反映叶片以及马铃薯植株的生长发育状况，从而了解马铃薯生长发育过程中光合作用的变化规律，因此研究马铃薯叶片的光合特性对提高马铃薯产量具有重要意义。

秦玉芝等（2013 年）以费乌瑞它、中薯 3 号、湘马铃薯 1 号、中寨黄皮（地方种）、金山薯（地方种）、中薯 5 号、克新 1 号、克新 3 号、克新 4 号共 9 个马铃薯品种为供试材料，分析低温（5 ℃、10 ℃，以 20 ℃ 为对照）对马铃薯光合作用的影响。试验结果表明：马铃薯净光合速率随环境温度的降低而下降，所有供试材料表现出相同的变化趋势，但不同材料之间的下降幅度存在差异，与 20 ℃ 相比，金山薯、中寨黄皮、中薯 3 号和中薯 5 号 10 ℃ 时最大净光合速率的下降幅度分别为 51.0%、33.4%、44.5% 和 42.6%，费乌瑞它和湘马铃薯 1 号的下降幅度均 $14\% \sim 17\%$，以上供试材料与对照的差异均达显著水平（$P < 0.05$），克新系列（1、3、4 号）的降幅在 4.5% 以内，与对照的差异无统计学意义（$P > 0.05$）；10 ℃ 下所有供试马铃薯材料的表观量子速率、光饱和点、光补偿点、气孔导度和蒸腾速率均显著低于对照（$P < 0.05$），费乌瑞它、中薯 3 号和湘薯 1 号在 5 ℃ 时的最大净光合速率分别为 9.85、7.54、5.13 $\mu mol/(m^2 \cdot s)$，以上 3 种材料的气孔导度为对照的 $25\% \sim 30\%$，其他供试马铃薯材料的光合作用则基本停止；随着环境温度由 20 ℃ 降到 5 ℃，马铃薯叶片胞间 CO_2 浓度先下降后升高。综合考虑，认为 5 ℃ 下马铃薯光合作用的特点可以作为对其进行耐寒性评价的依据。

光合作用指标中的光补偿点、光饱和点、最大净光合速率和表观量子速率是反映光能利用能力和效率的重要指标。马铃薯在同等光合有效辐射下的净光合速率随环境温度的下降而降低，不同生态型马铃薯材料对 10 ℃ 低温具有明显不同的适应性，耐寒性弱的马铃薯品种在 5 ℃ 低温条件下的净光合速率接近于 0。马铃薯叶片气孔导度和蒸腾速率也出现低温抑制。随温度的降低，气孔对 CO_2 的扩散阻力增大，蒸腾速率降低，胞间 CO_2 浓度受到影响，进而对光合作用产生影响。10 ℃环境下胞间 CO_2 浓度下降，当温度降到 5 ℃时升高。由于马铃薯性喜冷凉，10 ℃条件下光合作用速率虽然减小，但仍能进行光合作用，表现出胞间 CO_2 浓度下降。当温度继续下降到 5 ℃时，马铃薯光合能力迅速降低，甚至受到限制，表现出胞间 CO_2 浓度升高。胞间 CO_2 浓度变化的剧烈程度与马铃薯对低温的适应性强弱存在相关性，对低温（5 ℃）具有较强耐受性的费乌瑞它、中薯 3 号和湘薯 1 号，在相同条件下的胞间 CO_2 浓度与对照（20 ℃）的差异无统计学意义。低温促使马铃薯光合作用的光补偿点、光饱和点、最大净光合速率和表观量子速率下降，这是因为光合过程中的暗反应由一系列的酶促反应组成，受温度的影响较大。5 ℃环境下马铃薯的光合作用受到很大影响，但不同材料受抑制程度的差异较大，这一特点可用于对马铃薯的耐寒性评价。

马铃薯光合作用对环境温度的适应性不仅与基因型有关，而且与驯化地生态环境有关。虽然源自高寒地区的克新系列（1、3、4 号）在 10 ℃环境有着较好的光合适应性，平均最大净光合速率为 20 ℃时的 93%，但光补偿点仍然维持在较高的水平，对弱光的利用能力差。由于北方马铃薯生长在春夏季节，不经历寒冷气候，因此，5 ℃低温下基本检测不到克新 1、3、4 号的净光合速率，表现出较弱的耐寒性。湖南地方马铃薯材料金山薯和中寨黄皮虽然在 20 ℃环境下表现出较强的光能利用率，但是其对温度变化的适应性较差，10 ℃环境的最大净光合速率比常温下低 50%以上，气孔导度和蒸腾速率下降迅速，不适宜冬种。费乌瑞它、中薯 3 号、湘薯 1 号在 10 ℃环境下的净光合速率下降幅度小，光补偿点［21～25 $\mu mol/(m^2 \cdot s)$］低，对弱光利用率高，在 5 ℃低温下仍具有一定的光合作用能力，较耐寒，表明这些材料对低温环境已经具备了较强的适应性。

4. 温度胁迫对马铃薯叶片抗坏血酸代谢系统的影响　高温和低温逆境会导致植物体内活性氧代谢失调，进而使活性氧自由基积累，形成氧化胁迫，引发或加剧细胞膜脂过氧化、蛋白质变性以及核苷酸损伤等，严重时导致细胞死亡。植物通过调节自身的一系列抗氧化系统对温度胁迫做出适应性响应，以清除活性氧自由基，保护细胞免受伤害。抗坏血酸（AsA）代谢系统在清除活性氧过程中发挥着极其重要的作用，植物对高温和低温的耐受能力与其 AsA 含量及相关酶活性有关。L-半乳糖-1，4-内酯脱氢酶（GalLDH）为AsA 主要合成途径 L-半乳糖途径的最后一步反应的关键酶。在植物叶绿体和胞质中，AsA 主要通过抗坏血酸-谷胱甘肽（AsA-GSH）循环清除 H_2O_2，其中 AsA 在抗坏血酸过氧化物酶（APX）作用下氧化生成不稳定的单脱氢抗坏血酸（MDHA），MDHA 经非酶歧化反应形成脱氢抗坏血酸（DHA），两者分别通过单脱氢抗坏血酸还原酶（MDHAR）和脱氢抗坏血酸还原酶（DHAR）、谷胱甘肽还原酶（GR）的作用被还原再生。因此，GalLDH、APX、MDHAR、DHAR 和 GR 不仅参与 AsA 代谢，还被证明是植物清除活性氧的重要酶。

温度逆境对植物的伤害涉及一系列生理生化变化，而由高、低温导致的活性氧积累及其所引起的氧化胁迫被认为是植物受冷热伤害的重要原因。秦爱国等（2009）采用盆栽试验，研究了高温（40 ℃）和低温（5 ℃）胁迫下，马铃薯叶片抗坏血酸（AsA）含量、L-半乳糖-1，4-内酯脱氢酶（GalLDH）和脱氢抗坏血酸还原酶（DHAR）基因表达与相应酶活性，以及抗坏血酸过氧化物酶（APX）、单脱氢抗坏血酸还原酶

（MDHAR）、谷胱甘肽还原酶（GR）活性及 H_2O_2 和丙二醛（MDA）含量的变化规律，探讨温度胁迫对 AsA 代谢系统的影响。结果表明：AsA 含量、AsA/DHA 及其合成与代谢相关酶的活性变化体现了植物对环境胁迫的响应。40 ℃下，AsA 含量快速增加，在 6 h 达到最高值，最高值比对照增加 43.7％，而后急速减少；5 ℃下，在 9 h 达到最高值，最高值比对照增加 27.7％，而后也开始减少。GalLDH、DHAR、APX、MDHAR 和 GR 活性在 40 ℃和 5 ℃下均呈先升后降的变化趋势；GalLDH 和 DHAR 基因表达与其酶活性的变化趋势一致。温度胁迫下，H_2O_2 和 MDA 含量均显著增加。说明在温度胁迫初期，马铃薯叶片以 AsA 为核心的抗氧化系统对抵御高温和低温胁迫发挥了重要作用，但是随着胁迫时间的延长，AsA 代谢系统的抗氧化功能逐渐降低。

　　MDA 是植物体内活性氧自由基引发膜脂过氧化作用的产物，MDA 的积累能间接地反映植物体内受氧化胁迫伤害的状况；而 H_2O_2 被认为是一种导致植物氧化胁迫的活性氧分子和植物细胞应答环境变化所产生的重要的信号分子。在温度胁迫初期，马铃薯叶片 MDA 和 H_2O_2 含量迅速积累，说明温度胁迫已对植株造成氧化胁迫。随胁迫时间的延长，AsA 代谢相关酶活性提高，在胁迫处理 9 h 后，AsA 合成关键酶 GalLDH 和再生关键酶 DHAR 的基因表达水平及其酶活性达到最高值，MDHAR 和 GR 活性也达到峰值，致使 AsA 逐渐增加，有更多的 AsA 参与 H_2O_2 的清除，且 AsA/DHA 快速降低。说明在胁迫初期，以 AsA 为核心的抗氧化酶系参与了植物抵御高、低温逆境的自我保护反应，并通过调节 AsA 含量，使植株抵御温度逆境引起的氧化伤害。叶片 MDA 在 12 h 停止增加，H_2O_2 含量在 6～12 h 的下降以及 AsA/DHA 在 6～9 h 的回升也体现了这一点。在 12 h 前，40 ℃和 5 ℃处理 MDA 含量虽然都增加，但两者没有显著差异，说明在胁迫初期，不论在 40 ℃还是 5 ℃处理下，以 AsA 为核心的抗氧化系统都能抑制活性氧的积累，从而保护植株不受伤害。此时 40 ℃处理下 AsA 含量及除 DHAR 外的代谢酶活性均显著高于 5 ℃处理，说明马铃薯对 40 ℃高温较 5 ℃低温更敏感。随着胁迫时间的延长，马铃薯叶片 GalLDH 和 DHAR 基因表达水平和其酶活性以及 MDHAR 和 GR 活性在处理 9 h 后开始下降，表明 AsA 的合成和再生系统逐渐失活，而此时高活性的 APX 使 AsA 大量消耗，AsA 的氧化产物 DHA 因 AsA 再生系统失活极易被降解，因此 AsA＋DHA、DHA 和 AsA/DHA 也保持在较低的水平，表明 AsA 已大量流失，而 AsA 是 APX 维持活性清除 H_2O_2 所必需的物质，因此 AsA 的缺乏使得 APX 的活性在 12 h 后也急速下降，从而导致 H_2O_2 积累，诱发膜脂过氧化水平加剧，MDA 含量继续增加，最终导致植物受到损伤。

　　在处理后期，温度胁迫对 AsA 含量及其代谢相关酶活性的抑制程度随处理时间的延长逐渐显著。24 h 时 40 ℃处理下 AsA 含量、DHAR 基因表达水平和其酶活性以及 GalLDH、APX、MDHAR 和 GR 活性均不同程度低于对照，H_2O_2 和 MDA 含量显著增加；而 5 ℃处理下上述酶活性稍高于对照，且 H_2O_2 和 MDA 含量也缓慢增加。表明在胁迫后期，40 ℃处理对马铃薯叶片 AsA 含量及其代谢相关酶活性的抑制程度大于 5 ℃处理，以 AsA 为核心的抗氧化系统逐渐失活，植株所受伤害随着处理时间的延长而加剧。表明在温度胁迫初期，马铃薯叶片以 AsA 为核心的抗氧化系统对抵御高温和低温胁迫发挥了重要作用，但随着胁迫时间的延长，其抗氧化功能又逐渐降低。此外，马铃薯 DHAR 基因表达量和酶活性在高温和低温胁迫下的变化幅度均最大，说明其对温度胁迫更为敏感。

（二）应对措施

1. 选用抗（耐）性强的品种 低温胁迫是限制马铃薯生产区域和产量的主要原因，但由于缺乏有效的选择标准和育种途径，使得马铃薯耐冻性改良的进展很缓慢。品种的选择对一个地区的马铃薯产业发展至关重要，在南方马铃薯冬作区，需要选择耐寒性较强的品种。目前，有许多研究人员针对不同产区选育适应该产区的马铃薯品种。李文章等（2013）在个旧市进行冬季马铃薯品种筛选试验，结果表明，云薯 301 和紫云 1 号适宜当地种植。李丽淑等（2012）在广西进行冬种马铃薯品种比较试验，并筛选出中薯 7 号、中薯 8 号、中薯 13 和宣薯 2 号等 4 个品种在广西地区推广。张兰芬等（2012）在红河石屏县进行冬季马铃薯品种比较试验研究，发现丽薯 6 号的适应性最强，适宜在石屏示范推广。

除筛选出抗寒性品种外，冷驯化也能提高马铃薯的抗寒性。冷驯化是指在一定的低温条件下对植株进行锻炼，使其耐寒性得到提高的过程。在冷驯化期间，马铃薯叶片脯氨酸和可溶性蛋白含量的增加与冷驯化能力的增强密切相关，蛋白质的新陈代谢对于马铃薯耐冻性的提高具有重要作用。在低温胁迫下，植物能通过体内过氧化物酶同工酶的变化来调节膜透性和组织膜损伤。冷驯化能力强的马铃薯品种在低温胁迫下其过氧化物酶同工酶的活性升高。耐寒性较强的马铃薯品种其潜在的抗寒能力通过冷驯化激发后显著提高。

关于高温胁迫的应对措施，目前生产上主要是根据各地不同的气候条件，按照不同品种生育期长短，在适期播种的时候，使得马铃薯在生长进入花期时避开高温天气，进而达到提高结实率和产量的效果。

2. 采用有效的栽培措施 马铃薯地膜覆盖种植可增加复种指数，提高地温，改善耕作层土壤环境，提高土地利用率。地膜覆盖能充分利用光热资源，贮藏光热于土壤中。覆膜能使地表温度提高 $0.4 \sim 7.3\ ℃$，地下 10 cm 地温深处提高 $0.9 \sim 5.0\ ℃$，地膜覆盖栽培马铃薯，能满足种薯萌发和根系生长对温度的要求，可以加快马铃薯的生育进程，提早出苗，增加株高和茎粗，延长生育期，提高茎叶鲜物质量和叶面积系数，单株结薯增多且增加商品薯率，对于高海拔阴湿区种植马铃薯，提高地温，改善热量条件，促进正常成熟和提高产量具有显著的效果。

黄团等（2012）研究利用黑地膜具有的聚热、保温、保湿作用，对不同栽培方式下冬马铃薯生长发育进行研究，结果表明：覆膜处理对土壤耕层温度影响较大，起垄覆膜处理对马铃薯生长前期具有较好的增温效果，可起到提前出苗和促进生长的作用。贵州省春季气温低，春旱较重，晚霜降临较晚，如播种过早，马铃薯容易受冻害，对马铃薯出苗和苗期生长十分不利；但播种过晚，马铃薯收获期延迟，影响冬闲田的早稻播种；同时，导致鲜薯上市晚，产值低。在本试验中，采用的黑膜覆盖栽培模式，可以有效累积地温，防寒保湿。叶面积大小显著影响着自身的生长发育、光能利用、干物质积累及产量等，合理的植株高度可以使叶片更伸展，提高有效叶面积。对冬马铃薯植株现蕾期株高增高、叶面积增大影响显著；同时，对冬马铃薯产量及大薯产量增产极显著。这说明覆黑膜栽培在西南地区冬闲田冬马铃薯生产中可以进行较大面积的试验推广。

田丰等（2011）通过对青海农业区的气候特点、土壤特点的分析，阐述了马铃薯地膜栽培中适宜的覆膜技术。研究指出：由于土壤地膜覆盖后，提高了土壤温度，加快了养分速效化，提高了土壤养分供应状况和肥料利用率，团粒化土粒的保肥保水能力减弱。因此，地膜覆盖栽培除要求适合于当地的覆盖方式外，还要求有其他相应配套的栽培管理措施。如应多施有机肥、或绿肥倒茬、或秸秆粉碎还田，并在盖膜前一次性施入。农田地膜覆盖后阻挡了水分的蒸发，植株生长快，随着种植年限的增加，病菌虫卵繁殖快、作物抗病虫能力下降，可通过选用抗病虫品种、轮作倒茬、隔年深翻、除草等农业措施抑制病菌虫卵繁殖，增强作物抗病虫能力，加强病、虫、鼠害的预测预报，最后再用化学方法防治。覆膜作物根系浅、易倒伏，可通过增加垄高度、喷矮壮素、选用矮秆品种来解决。覆膜改善了光照条件，可以适当密植。起垄覆膜前，垄面要平整细碎、覆膜要严实。要及时捡拾残膜，减少对土壤的破坏，总之，马铃薯地膜栽培要求比露地栽培更细致。

三、盐碱胁迫

（一）马铃薯对盐碱胁迫的生理反应

马铃薯属于对盐碱表现敏感的作物，盐碱胁迫会严重影响马铃薯的代谢活动，如生长发育受抑制、光合速率降低、蛋白质合成受阻、能量代谢缓慢等，进而影响了马铃薯的生产。在中国境内，盐碱地主要分布在干旱、半干旱和半湿润地区。马铃薯种植区域大多分布在此范围内，因此，研究盐碱对马铃薯生长发育的影响更具现实意义。

1. 盐碱胁迫对马铃薯生理和叶片超微结构的影响 祁雪等（2014）以耐盐碱性不同的马铃薯品种东农 308 和费乌瑞它脱毒试管苗为试验材料，在 MS 培养基中添加 60 mmol/L NaCl 和 15 mmol/L NaHCO_3 对 2 个品种进行盐碱胁迫处理，研究盐碱胁迫对马铃薯试管苗生理指标及叶部细胞超微结构的影响。结果表明，经盐碱胁迫处理后，两品种的丙二醛（MDA）含量、超氧化物歧化酶（SOD）活性、过氧化物酶（POD）活性都升高，东农 308 上升的幅度大于费乌瑞它，这是马铃薯试管苗适应盐碱胁迫的一种应激性保护反应，而过氧化氢酶（CAT）这一指标是下降的，可以推测此盐碱浓度已经严重抑制了 CAT 的活性，也说明了抗氧化酶的活性只能在一定的胁迫条件下体现植物抵抗逆境的能力，一旦严重破坏了活性氧产生与消除的平衡系统，酶活性就会受到抑制。叶绿素含量、过氧化氢酶活性下降，东农 308 下降的幅度小于费乌瑞它，叶绿体变形，数量减少，基粒肿胀，排列不规则；线粒体个数增加，外膜变模糊，发育较差，但是东农 308 受影响的程度小于费乌瑞它。

盐碱逆境是影响植物生长发育的主要因素之一。盐碱胁迫下植株对盐分的吸收增加，并不断在植物体内积累，使 Na^+/K^+ 值升高，打破了两者的平衡，植物膜结构和功能会因此受到伤害，同时也会使光合产物的运输受到阻碍。植物耐盐碱性生理生化指标是了解植物耐盐碱机理和对盐碱耐受能力的基础，是综合性状的集中表现，不同植物有着不同的耐盐方式，其植物组织或植物细胞的生理活动和代谢物质也各不相同。在盐碱胁迫下，植物的叶绿素酶的活性增强，植物细胞色素系统遭到破坏，导致叶绿素含量降低；此外，由于质膜受到活性氧的攻击，使 MDA 的含量增加，引起膜质过氧化的水平提高，造成膜系统的损害；生物和非生物胁迫都可使植物体内的活性氧水平上升，SOD、CAT 和 POD 3 种酶是细胞抵御活性氧伤害的关键性保护酶。它们在清除 O^{2-}、H_2O_2 和过氧化物，阻止或减少羟基自由基形成，从而保护膜系统免受损伤方面起着重要作用。

在逆境胁迫下，植物细胞内各种细胞器都会发生不同程度的变化，叶绿体是对盐碱胁迫最为敏感的细胞器，它的完整性和规则性决定了光合生产能力的大小，也是逆境胁迫下植物细胞超微结构研究的主要内容之一，它很容易受到损害。在未受胁迫条件下，叶绿体内类囊体排列整齐，基粒片层与基质片层大体上与叶绿体长轴平行，排列规则，清晰易分辨，叶绿体膜保持完整。盐胁迫后发现叶绿体超微结构变化十分明显，如类囊体排列紊乱、外形肿胀变形，基粒排列方向改变，基粒和基质片层的界限不易分辨，嗜锇颗粒增大、增多，内外膜解体，叶绿体形状变为圆形，被膜破损或消失，甚至解体。而线粒体是植物体内动力的主要来源，是消耗氧的细胞器，氧浓度较低，活性氧产生的较少，对于逆境胁迫表现的不敏感，所以受损伤程度与叶绿体相比较弱一些，被认为是对盐碱胁迫表现不敏感的细胞器。

张俊莲等（2002）研究发现，盐胁迫导致植物光合速率降低的原因有气孔和非气孔因素。长时间高浓度盐胁迫处理，马铃薯叶片中的叶绿素含量极显著地低于对照。此时，尽管气孔导度极显著地下降，但细胞间隙间 CO_2 浓度与对照间并无差异，说明叶绿素含量的降低，影响了色素蛋白复合体的功能，削弱叶绿体对光能的吸收，从而直接影响了叶绿体对光能的吸收即叶肉细胞光合活性下降。所以，长时间高浓度盐胁迫下马铃薯光合能力下降是非气孔因素所致。盐生植物叶绿体超微结构显示，基粒排列不规则，类囊体膨大，但这种叶绿体仍能维持正常的光合作用，叶绿素含量达到正常值。

2. 盐对马铃薯淀粉及马铃薯淀粉-黄原胶复配体系特性的影响　马铃薯淀粉是食品工业中使用较多的淀粉基食品添加剂之一，但由于马铃薯淀粉自身的缺点，如耐热性差、耐剪切性差和储存稳定性差等问题尚不能满足各种工业生产上的特殊需求，而要经过特殊处理去改善原有性能，使其能更广泛地应用在产品的生产中。经研究发现，马铃薯淀粉-黄原胶复配体系可以在食品加工过程中提供合适的质构，控制含水率以及水分的流动，提高产品的整体质量和贮藏稳定性以及降低成本，便于加工。在产品加工和贮存等过程中有很多其他食品添加剂的加入，比如盐。在盐离子作用下，淀粉以及复配体系的性质可能会有很大的改变而影响最终产品的性质，并且这种影响与所加入的盐种类和浓度有着密切联系。

蔡旭冉等（2012）研究不同种类以及不同浓度的盐对马铃薯淀粉以及马铃薯淀粉-黄原胶复配体系糊化性质以及流变学性质的影响。结果表明：盐的加入均增加了马铃薯淀粉的成糊温度和回值，降低了峰值黏度、终值黏度和崩解值，且马铃薯淀粉糊的黏度值随着盐浓度的增加先降低后升高，成糊温度随着盐浓度的增加呈现先显著升高后略微下降的趋势。对于马铃薯淀粉-黄原胶复配体系，盐的加入升高了复配体系的成糊温度、峰值黏度和崩解值，并且复配体系的黏度值随着盐浓度的增加而增加。盐引起马铃薯淀粉糊的假塑性增强，并随着盐浓度的增加假塑性先增强后略有减弱，相反盐引起马铃薯淀粉-黄原胶复配体系的假塑性减弱，并与盐浓度之间没有明显的规律性。

盐对马铃薯淀粉糊化性质的影响主要有两点：一是马铃薯淀粉的磷酸根基团受到盐在

水中解离出的离子的影响；二是盐在水溶液中解离的离子对水分子氢键网络的加强与干扰影响了淀粉的吸水，淀粉在溶化过程中水化吸热阻止了晶体结构破坏，因而盐的加入阻止了淀粉糊化，淀粉的成糊温度随着盐浓度的增加而升高。导致马铃薯淀粉峰值黏度显著下降的原因是盐是一种强电解质，在水中可解离为阴、阳离子，阴、阳离子的存在会对淀粉体系中淀粉分子与水分子之间的相互作用产生一定的影响，淀粉与水以及淀粉分子自身之间的氢键遭到破坏，淀粉难以糊化，峰值黏度显著下降。其次，当加入的盐浓度在 $0.10\sim0.50$ mol/L 时，马铃薯淀粉的峰值黏度、崩解值和终值黏度随着盐浓度的增加而逐渐上升，且成糊温度随着盐浓度的增加而基本保持不变甚至略有下降。这是较高浓度的盐所引起的渗透压作用，并且盐与淀粉之间相互作用降低了淀粉分子链段的流动性，以及马铃薯淀粉分子吸附盐中的离子引起颗粒在一定程度上被伸展，颗粒体积增大造成的。其中 $NaCl$ 与 KCl 对淀粉糊化性质的影响差别不大，$CaCl_2$ 的影响比一价阳离子钠和钾更为显著，原因是二价阳离子钙具有交联作用，并且与淀粉和水分之间的相互作用更加强烈。钙离子的水合能力更为显著，在淀粉体系中，钙离子与淀粉颗粒对水争夺也更为强烈，导致淀粉颗粒膨胀也更为困难，因而糊化温度也比钠离子和钾离子有较大的提高。

相比于不加黄原胶的马铃薯淀粉，马铃薯淀粉-黄原胶复配体系的初始峰值黏度和崩解值显著降低、初始成糊温度增加，这是由于马铃薯淀粉分子间由氢键结合，受热时氢键强度减弱，颗粒吸水膨胀黏度上升。而与黄原胶复配后，带负电荷的马铃薯淀粉和带负电荷的黄原胶侧链之间的强烈离子排斥作用远远高于氢键，增强了马铃薯淀粉颗粒结构的强度，抑制马铃薯淀粉颗粒膨胀与破裂，因而马铃薯淀粉-黄原胶复配体系增加了马铃薯淀粉的成糊温度并提高了马铃薯淀粉的热糊稳定性。由于马铃薯淀粉和黄原胶所带负电荷之间的相互排斥作用，使得黄原胶大分子不能穿透马铃薯淀粉颗粒，而只能附着在马铃薯淀粉颗粒的表面，维持了淀粉颗粒的形状，抑制了直链淀粉的渗出，从而使淀粉难以糊化，因此黄原胶的加入使马铃薯淀粉黏度降低。

同样，马铃薯淀粉-黄原胶的糊化性质也受到盐溶液种类和浓度的明显作用。但与马铃薯原淀粉和盐作用不同的是：盐的加入均显著增加了马铃薯淀粉-黄原胶的峰值黏度、崩解值和成糊温度，并且随着盐浓度的增加而增加。原因是在氢键和离子之间的相互作用下，盐的加入可降低黄原胶三糖侧链上羧基阴离子间的静电排斥作用，使黄原胶的结构从原本无规则的线圈转变成有规则的螺旋形棒状结构，从而稳定了黄原胶的规则构象，分子间更易积聚。一价阳离子钠和钾以及二价阳离子钙的加入也降低了带相同负电荷的马铃薯淀粉与黄原胶之间静电排斥力，促进黄原胶大分子更易与马铃薯淀粉颗粒中渗出的可溶性直链淀粉相互作用，增加了体系流动相浓度，因而在盐的存在下，马铃薯淀粉-黄原胶复配体系的黏度增加，且二价阳离子钙的作用更为显著。

3. 混合盐胁迫下马铃薯渗透调节物质含量的变化 渗透调节是植物适应盐胁迫的基本特征之一。盐胁迫下，细胞内积累一些物质，如脯氨酸、甜菜碱、可溶性糖、可溶性蛋白质等，以调节细胞内的渗透势，维持水分平衡，还可以保护细胞内许多重要代谢活动所需的酶类活性。可溶性糖是植物光合作用的主要产物之一，是植物生长发育的能量和物质基础。在盐逆境中可溶性糖既是渗透调节剂，也是合成其他有机溶质的碳架和能量来源，还可在细胞内无机离子浓度高时起保护酶类的作用。有资料表明可溶性糖的多少也与植物的抗逆性密切相关。

孙晓光等（2009）以紫花白品种为试验材料，NaCl 和 Na_2SO_4 分别按 2∶1，1∶1 和 1∶2摩尔比例混合，每一种比例下设 7 个盐浓度梯度，即 0、0.15％、0.30％、0.45％、0.60％、0.75％及 0.90％。在离体条件下研究了 NaCl 和 Na_2SO_4 两种混合盐胁迫下马铃薯脱毒苗叶片中几种渗透性物质含量的变化。研究结果表明：随混合盐浓度的增加，马铃薯三种盐组合下试管苗可溶性糖含量和可溶性蛋白含量均逐渐降低。这与前人对玉米幼苗和马铃薯进行盐处理后发现，可溶性蛋白质含量随着盐浓度的升高呈下降趋势是一致的。表明盐胁迫可能降低了蛋白质的合成速率，或者是加速了贮藏蛋白质的水解。脯氨酸通常被认为是在逆境下细胞质中积累的一种调节渗透压的相容性溶质，主要参与细胞水平上的渗透调节作用。在盐分胁迫下，脯氨酸在植物体内是一种重要的渗透调节剂，其在植物细胞中大量积累以后，能够降低细胞的水势，避免细胞脱水，而且可以在高渗溶液中获得水分，以维持正常的新陈代谢。混合盐胁迫下，随盐浓度的增加植株叶片中脯氨酸含量增加，说明混合盐胁迫下马铃薯可通过增加脯氨酸含量来维持渗透平衡。

盐生植物中脯氨酸含量高于非盐生植物，逆境胁迫下植株脯氨酸含量会迅速升高。脯氨酸是植物体内有效的渗透调节剂，且非植物逆境下的渗透调节是以这类有机小分子物质为主的。张俊莲等（2002）在试验中发现，马铃薯短时间盐胁迫，脯氨酸含量迅速积累，随盐胁迫时间延长，脯氨酸含量下降并趋于稳定。

4. 二倍体马铃薯对 $NaHCO_3$ 胁迫的反应　植物耐盐性生理生化指标是研究植物耐盐机理和耐盐能力的基础。植物耐盐性是一种综合性状的表现，由于其耐盐方式和耐盐机制的不同，不同植物组织或细胞的生理代谢和生化变化也不同。目前，关于马铃薯耐盐性生理的研究多集中在四倍体栽培种上，而有关二倍体马铃薯耐盐性生理指标方面的研究还较少。

张景云（2010）采用 MS 培养方法，分别用不同浓度 NaCl 和 $NaHCO_3$（0、10、20 和 30 mmol/L）对筛选出耐 NaCl（中性盐）较强的材料 267-1、472-1、89-2-1 二倍体马铃薯试管苗进行胁迫，研究了 3 个耐盐（NaCl）无性系试管苗受 $NaHCO_3$ 胁迫时的生长状况。结果表明：在试验设置的浓度梯度范围内，测量的试管苗芽长、根长、芽鲜样质量、根鲜样质量、芽干样质量、根干样质量这 6 项生长参数在 NaCl 胁迫时均呈现先升高后降低的趋势。在低浓度（小于 20 mmol/L）胁迫时 NaCl 促进了耐盐试管苗的生长，证明幼苗的生长需要一定量的 Na^+ 和 Cl^-，这与韩志平等（2008）的研究结果相一致。当采用 $NaHCO_3$ 胁迫时，所研究的 3 个二倍体无性系的各项生长指标，随浓度的增加都呈现出下降的趋势，说明在碱性盐胁迫作用下，一些低浓度的营养元素供应不足，影响了植物的生长，比如：Na^+ 的存在，抑制了植物对 K^+、NO_3^- 和 Ca^{2+} 的吸收，从而使植物生长受到抑制，这与刘国花（2006）的结论相一致。同浓度盐碱胁迫下，这 6 项生长参数在碱胁迫下的作用大于盐胁迫，这与张丽平等（2008）的研究结果相一致。这可能是由于植物组织在 NaCl 胁迫下生长缓慢的原因主要是与渗透胁迫和离子毒害有关系，而碱性盐可导致 pH 升高，使植物不仅受到盐胁迫，而且还受到高 pH 的影响，所以植物受害会更严重。

（二）应对措施

1. 选用适宜耐盐品种 土壤盐渍化是作物生长中经常遇到的自然逆境之一，也是严重限制农业生产发展的重要因素。通过挖掘作物种质本身的耐盐能力，筛选和培育出适合于盐碱地种植、农艺性状好的耐盐作物新资源和新品种是开发和利用盐碱地的有效途径。马铃薯属于对盐中度敏感的作物，尤其生育早期更敏感。选育耐盐马铃薯新品种是解决土壤盐渍化问题最为经济有效的方法。然而，四倍体栽培种遗传基础狭窄，限制了耐盐新品种选育的步伐。马铃薯野生种和原始栽培种存在着丰富的遗传变异，为开发选育耐盐新品种提供了物质基础。

2. 抗盐碱栽培措施 盐碱地的主要特点是含有较多的水溶性盐或碱性物质。改良盐碱地的原则是要在排盐、隔盐、防盐的同时，积极培肥土壤，主要措施有：

（1）排水 对地势低洼的盐碱地块，通过挖排水沟，排出地面水可以带走部分土壤盐分。

（2）灌水洗盐 根据"盐随水来，盐随水去"的规律，把水灌到地里，在地面形成一定深度的水层，使土壤中的盐分充分溶解，通过下渗把表土层中的可溶性盐碱排到深土层中或淋洗出去，再从排水沟把溶解的盐分排走，从而降低土壤的含盐量。

（3）增施有机肥，合理施用化肥 盐碱地一般有地温低、土瘦、结构差的特点。有机肥经微生物分解、转化形成腐殖质，能提高土壤的缓冲能力，并可以和碳酸钠作用形成腐质酸钠，降低土壤碱性。腐质酸钠还能刺激作物生长，增强抗盐能力。腐殖质可以促进团粒结构形成，从而使孔隙度增加，透水性增强，有利于盐分淋洗，抑制返盐。有机质在分解过程中产生大量有机酸，一方面可以中和土壤碱性，另一方面可以加速养分分解，促进迟效养分转化，提高磷的有效性。因此，增施有机肥是改良盐碱地，提高土壤肥力的重要措施，种植绿肥效果更好。

此外，化肥对改良盐碱的作用也受到人们重视。化肥给土壤中增加氮、磷、钾，促进作物生长，提高了作物的耐盐力。施用化肥可以改变土壤盐分组成，抑制盐类对植物的不良影响。无机肥可增加作物产量，扩大有机肥源，以无机促有机。当然盐碱地施用化肥时要避开碱性肥料，如氨水、碳酸氢铵、石灰氮、钙镁磷肥等，而应以中性和酸性肥料为好。硫酸钾复合肥是微酸性肥料，适合盐碱地上施用，且有改良盐碱地的良好作用。

（4）平整土地，深耕深松，适时耙地 平整土地可使水分均匀下渗，提高降水淋盐和灌溉洗盐的效果，防止土壤斑状盐渍化。盐分在土壤中的分布情况为地表层多、下层少，经过耕翻，可以把表层土壤中盐分翻扣到耕层下边，把下层含盐较少的土壤翻到表面。翻耕能增强保墒抗旱能力，改良土壤的养分状况。但深耕应该注意不要把暗碱翻到地表。盐碱地翻耕的时间最好是春季和秋季。春、秋是返盐较重的季节，秋季翻耕尤其有利于杀死病虫卵，清除杂草，深埋根茬，加强有机质分解和迟效养分的释放，所以值得提倡。耙地可疏松表土，截断土壤毛细管水向地表输送盐分，起到防止返盐的作用。耙地要适时，要浅春耕，抢伏耕，早秋耕，耕干不耕湿。

（5）客土压碱 客土就是换土。客土能改善盐碱地的物理性质，有抑盐、淋盐、压碱和增强土壤肥力的作用，可使土壤含盐量降低到不致危害作物生长的程度。

（6）合理种植 在盐碱地上种植作物，要根据作物对盐碱、旱、涝的适应能力，因地种植，合理布局，充分发挥农业增产潜力。向日葵、甜菜、谷糜类等为耐盐碱性较强的作物。

（7）秸秆还田 在盐碱地上覆盖作物秸秆后，可明显减少土壤水分蒸发，抑制盐分表聚，它阻止水分与大气间直接交流，对土表水分上行起到阻隔作用，同时还增加光的反射率和热量传递，降低土表温度，从而降低蒸发耗水。秸秆覆盖是将农艺和水利相结合的综合措施，既起节水作用，又起培肥改土的作用，是在原有还田基础上增添了新内容。不仅对土壤水盐环境产生影响，而且是对土壤生态环境的综合作用。

四、弱光胁迫

1. 弱光胁迫对马铃薯苗期生长和光合特性的影响 马铃薯苗期的光照不足，严重影响光合作用，导致块茎干物质含量和品质下降。光照不足既能引起植物的个体大小变化，也能引起形态重建，并对叶绿素蛋白质复合物产生影响。光环境通过影响光合作用、叶片气孔密度、叶绿体结构和数目甚至激素水平对植物产生作用。秦玉芝等（2014）探讨了持续弱光对不同基因型马铃薯幼苗植物学性状、叶片气孔特征、叶绿体结构和光合作用的影响机制，结果表明：

（1）**弱光胁迫对马铃薯生长发育有明显影响** 生长发育前期持续弱光胁迫对马铃薯生长的影响随基因型不同存在差异。普通栽培品种的叶在持续弱光胁迫下变小、变薄且颜色变淡，分枝和节间数没有显著变化，但节间长度极显著增加，说明 $50 \mu mol/(m^2 \cdot s)$ 弱光虽然影响到费乌瑞它植株的生长，但对其枝叶分化影响不明显，后期恢复光强增加的节间数与对照相当，但生长速度低于对照。原始栽培种 Yan 对 $50 \mu mol/(m^2 \cdot s)$ 弱光极其敏感，持续弱光胁迫下叶片分化困难，生长受阻，茎节数显著减少，并没有像费乌瑞它那样表现出经典的徒长表型，后期恢复光强并不能恢复 Yan 的分枝能力与生长速度。

（2）**弱光胁迫改变马铃薯的光合作用特性** 光合作用参数是反映植物在不同环境条件下光能利用能力和效率的重要指标。两种基因型马铃薯的表观量子效率（AQE）、最大净光合速率（Pnmax）、光合作用暗呼吸速率（Rday）均由于持续弱光胁迫出现下调，光合作用效率显著下降。CO_2 补偿点和 CO_2 响应暗呼吸速率显著增加，CO_2 饱和点不同程度下降，CO_2 转化率明显降低。马铃薯光合机构对环境光强变化同时表现出了一定的适应性：虽然弱光胁迫使得费乌瑞它对强光的利用能力减弱，但通过下调光合作用补偿点，增强了对弱光的利用能力；逐渐形成一些阴生叶片的特征，并在叶绿素含量降低时，改变其叶绿素 a/b 值，增加叶绿素 b 的相对含量，以增加捕光色素复合体中天线色素的比例，有利于叶片更有效地捕获有限的光能。虽然 Yan 正常光照条件下表现出很强的同化能力，但对弱光胁迫极其敏感。苗期持续弱光胁迫使得植株对强光和弱光的利用能力同时下降，对光强的利用范围变窄。净光速率下降 60%（费乌瑞它为 42.1%），暗呼吸速率仍然保持在对照的 77.4%（费乌瑞它为 42.4%），光合作用下降的同时，有机物用于呼吸消耗的比例却相对较大，这可能是苗期持续弱光使得 Yan 的茎叶生长明显受阻的原因之一。持续弱光使 Yan 茎叶分化困难的原因还有待进一步研究。

（3）弱光胁迫对马铃薯叶片气孔和叶绿体超微结构有明显影响　持续弱光使马铃薯叶片气孔密度下降，这与前人在黄瓜和辣椒上的研究结果基本相同。对弱光具有较好适应性的费乌瑞它的处理与对照之间差异并不显著，但原始栽培种 Yan 与对照间的差异达到了极显著。弱光胁迫使两种马铃薯叶片的气孔器变小，长宽比上升。遮光影响叶片气孔的分化，并且不同基因型气孔分化对光强的敏感度差异显著。与前人在辣椒和黄瓜上的研究类似，持续弱光使马铃薯栅栏组织细胞紧缩，排列紧凑，这是植物对弱光适应的一种典型反应。弱光胁迫下费乌瑞它和 Yan 叶片的栅栏组织和海绵组织细胞内叶绿体数目均减少，但与对照差异不显著。费乌瑞它的栅栏组织和海绵组织细胞内叶绿体基粒数和基粒片层数都比对照显著增加。Yan 的栅栏组织和海绵组织细胞内叶绿体基粒数比对照显著增加，但基粒片层数却减少（$P < 0.05$）。环境光照度可能通过改变叶绿体基粒的数量和组成对植物的摄光能力产生影响，进而影响光合作用。不同基因型间所表现出的差异反映了它们对弱光的适应能力的差异。弱光下生长 30 d 的马铃薯叶片淀粉粒明显减少，体积变小。这与弱光处理时间的长短有关。随着弱光处理时间的延长，植物光合作用降低，同化产物减少，淀粉粒积累较小，由于对弱光逐步适应，光合产物的运输渐渐协调，淀粉粒减少。

苗期持续弱光胁迫影响马铃薯枝叶的分化能力，不同基因型在枝叶形态发生方面对光的敏感性不同。敏感基因型植株生长明显受阻，后期增强光照无法恢复正常生长。长期弱光胁迫使马铃薯叶片光合速率下降，同时对强光的利用能力减弱。适应性强的基因型通过增强对弱光的利用能力和对光能的捕捉能力，降低光合作用暗呼吸速率减少有机物分解以适应胁迫环境；弱光敏感基因型则对强光和弱光的利用能力双双下降，暗呼吸速率仍然维持较高水平，致使有机物合成和积累困难。长期弱光胁迫影响马铃薯叶片气孔密度，叶肉细胞排列方式，叶绿体数量和叶绿素成分比例，以及叶绿体基粒的形成。适应性较强的基因型通过增加叶绿体粒数、基粒片层数和叶绿素 b 的含量来提高弱光胁迫下对有效光源的捕捉能力。敏感性基因型的基粒片层数不增反降，气孔密度极显著变小，有效光源捕捉能力和 CO_2 亲和力显著下降。

2. 马铃薯品种的耐阴性　植物耐阴性是指植物在弱光照（低光量子密度）条件下的生活能力。叶绿素含量及叶绿素 a/b 值是衡量植物耐阴性的重要指标之一，一般阳生植物叶片的叶绿素 a/b 值大于 3，而阴生植物的叶绿素 a/b 值小于 2.3。弱光胁迫可显著提高植株叶片叶绿素 a、叶绿素 b 含量，但叶绿素 b 增加幅度大于叶绿素 a，表现为叶绿素 a/b 值减小，说明植株通过增加叶绿素 b 的相对含量来提高捕获弱光的能力和蓝紫光的利用效率，从而适应遮阴环境。相对电导率、丙二醛（MDA）和脯氨酸含量增加，超氧化物歧化酶（SOD）、过氧化物酶（POD）和过氧化氢酶（CAT）活性增强。在正常情况下，植物细胞内活性氧的产生和清除处于动态平衡，但在逆境下，抗氧化系统清除活性氧能力降低，平衡被打破，导致活性氧物质（ROS）的产生。MDA 是细胞膜脂过氧化作用后产生的最终产物，其含量可以反映细胞膜脂过氧化程度和植物对逆境条件反应的强弱。SOD、POD 和 CAT 则对这些自由基和过氧化物起着清除作用，其中 SOD 和 CAT 共同作用能把 O^{2-} 和 H_2O_2 转化成 H_2O 和 O_2，POD 和 CAT 可以使体内某些氧化酶的毒性产物 H_2O_2 分解，清除植物体内产生的活性氧。

中国冬作马铃薯多分布在冬季低温寡照地区，随着冬季马铃薯产业的发展，选择耐弱光马铃薯品种显得尤为重要。而目前的弱光胁迫研究主要集中在番茄、茄子、辣椒、甜瓜、矮樱桃等反季节蔬菜或设施农业作物，且主要研究内容为农艺性状、叶片光合特性、生理特性和保护酶等，对产量和品质的研究不多，特别是弱光胁迫对马铃薯营养品质的影响尚未见报道。为此用遮阳网进行遮阴处理，探讨遮阴对马铃薯植株生长、块茎产量和块茎品质的影响，以期为间套作和冬作马铃薯品种选择提供依据。

李彩斌等（2015）以正常光照为对照，用2针遮阳网对10个马铃薯品种（丽薯6号、宣薯、合作88、陇薯3号、冀张薯8号、Woff、中薯20、费乌瑞它、会-2、青薯9号）进行遮阴处理，研究不同遮阴度对青薯9号植株生长、产量及品质的影响。结果表明，长期遮阴使马铃薯植株茎粗减小，株高明显增加，主茎数、节数无明显差异，节间长增加，叶面积增大，但叶片变薄。说明植株为了适应弱光环境，捕获更多的光能而引起形态重塑。本研究表明，遮光严重影响块茎产量，当遮光率为70%时商品薯率、单株重、产量均显著下降，较对照减产87.08%，遮光率高于80%甚至造成绝产，马铃薯不同品种遮光处理都较对照显著减产，减产在62.14%～90.74%，但不同品种间的耐阴性存在明显差异，以中薯20最耐阴，其次是Woff、青薯9号、费乌瑞它，以合作88最不耐阴。中薯20耐阴的结果与近年在云南、广东、福建、广西等冬作区表现良好正好吻合。其耐阴机理还有待进一步研究。

刘钟等（2015）研究以会-2、会薯9号、P02-77-10马铃薯为材料，在不同生育时期采用人工模拟遮阴法，研究上述3个马铃薯品种叶片抗逆生理生化指标的变化。结果表明，马铃薯块茎形成期至成熟期，叶绿素a与b比值都大于3，说明马铃薯为阳生植物。在此生育时期遮阴，3个马铃薯品种叶片叶绿素a、叶绿素b质量分数均显著增加，但叶绿素a/b值减小。此外，在块茎膨大期遮阴，马铃薯品种叶片相对电导率，MDA含量，SOD、POD和CAT活性都有不同程度的升高；在苗期至块茎膨大期遮阴处理马铃薯，其叶MDA和Pro（脯氨酸）质量分数、CAT活性等有不同程度的下降；MDA和脯氨酸质量分数降幅在苗期遮阴时最大，CAT的活性在块茎形成期遮阴时降幅最大。但是，3种马铃薯品种遮阴之后叶片Pro质量分数下降，这可能是马铃薯植株对遮阴抵抗不足造成的。

植物的耐阴性是一个复杂的生理过程，是受多种因素影响和控制的复合遗传性状，任何一个单项指标都不能全面准确的对其进行评价。因此，应对多个指标进行综合评价，进而弥补仅仅依靠单个指标进行评价的不确定性和片面性，结合遮阴对植物生长发育的影响，采用主成分分析法、隶属函数法能比较客观地综合评价植物耐阴性应用于抗性品种的选择更具有科学性和可靠性。

3. 贵州高原全年气候变化对马铃薯生长和产量的影响 池再香等（2012）利用贵州西部14县（市）1978—2009年连续32年的马铃薯生育期（3～9月）的定位观测和加密观测资料、1960—2009年3～9月地面平行观测气象资料，采用气候变化倾向率、Morlet小波分析、Cubic函数以及积分回归等方法，对贵州西部马铃薯生育期主要气候因子变化规律及其对马铃薯生长的影响进行分析。结果表明，贵州西部马铃薯生育期气温呈极显著升高趋势，以21世纪初增暖最明显。马铃薯块茎膨大期气温日较差年际变化呈显著下降趋势，但 20 世纪 90 年代以来，气温日较差增大，表明气候有明显变暖的特点。而降水量和日照时数均呈显著减少趋势。马铃薯生育期的降水量存在 3 年和 9 年的周期变化，且马铃薯产量在周期振荡最强时段内极不稳定；日照时数存在 3 年、8 年和 48 年的准周期变化，马铃薯产量亦在其周期振荡最强时段内同样不稳定。

马铃薯各生育期对光、温、水等气候因子变化都很敏感，尤其表现在马铃薯开花期降水量和日照时数的变化以及膨大期昼夜温差和日照时数的变化对其生长发育的影响。由于气候变暖，马铃薯生育期相对缩短，可使马铃薯适宜种植区延伸至海拔 2 400 m 以上的山地，也就是说在未来气候变暖背景下，将导致贵州西北部的高寒山区（海拔 2 901 m 的韭菜坪）可以种植马铃薯。

影响马铃薯生育期的主导气候因子是气温，气候变暖，气温增高，导致马铃薯生育期缩短，马铃薯播种到收获需要 155～175 d，生育期 >10 ℃ 积温达 2 100～3 800 ℃，降水量 730～1 300 mm，日照时数 820～1 100 h。由于贵州西部气候因子变化呈变暖趋势，马铃薯播种期可提早到 2 月至 4 月上旬，相应地收获期提早到 8 月至 9 月上旬，全生育期 160～185 d。根据马铃薯生长发育对气候环境的要求，贵州西部光、温、水气候条件仍能满足马铃薯生长发育的需求，除马铃薯开花末期外，其余时段热量充足，总体上，除块茎膨大期（7～8 月）外，气温变化对马铃薯产量形成为负效应。气温每升高 1 ℃，产量降低 310～450 kg/hm^2。块茎膨大期产量形成对气温变化十分敏感，且气温变化对马铃薯产量形成为正效应，该段气温日较差每升高 1 ℃，马铃薯产量可增加 2 100～2 400 kg/hm^2，敏感期 40～50 d。除开花期降水量对马铃薯产量形成为负效应外，其余时段降水量对马铃薯产量形成均为正效应。马铃薯产量形成对降水量变化十分敏感，开花期正值贵州西部降水集中期，该时段旬降水量每增加 1 mm，马铃薯产量可减少 1 400～2 100 kg/hm^2，敏感期 35～45 d。在马铃薯块茎膨大期，降水量对马铃薯产量形成为正效应，降水量的影响进入第二个敏感时段，旬降水量每增加 1 mm，马铃薯产量可增加 1 200～1 800 kg/hm^2，敏感期 30～35 d。结合 1978—2009 年贵州西部地区马铃薯年平均单产资料可知，降水量 3 年和 9 年周期振荡最强时段内产量变幅大，如 1984 年比 1983 年增产 2.71 t/hm^2，而 1985 年比 1984 年减产 4.13 t/hm^2；1995 年比 1994 年增产 3.11 t/hm^2，而 1996 年比 1995 年减产 4.80 t/hm^2。

除苗期日照时数对马铃薯产量形成为负效应外，其余时段日照时数对马铃薯产量形成均为正效应。在马铃薯开花前期，产量形成对日照时数变化十分敏感，旬日照时数每增加 1 h，马铃薯产量可增加 600～1 000 kg/hm^2，敏感期 15～25 d。之后影响减弱，在马铃薯块茎膨大期，旬日照时数每增加 1 h，马铃薯产量可增加 1 100～1 600 kg/hm^2，敏感期 30～40 d。结合 1978—2009 年贵州西部地区马铃薯年平均单产资料可知，日时数 3、8 和 48 年周期振荡最强时段内马铃薯产量变幅较大，如 1983 年比 1982 年减产 1.13 t/hm^2，而 1984 年比 1983 年增产 2.17 t/hm^2。总体来看，日照时数变化对马铃薯产量的影响没有降水影响明显。

总之，在温度和降水等气候条件适宜的前提下，光照可促使光合作用加快，对植物发育为正效应。但贵州西部 3～4 月一般常受热低压影响，降水少，日照时数多，因水分不足影响马铃薯产量形成，故出现苗期日照时数对马铃薯产量形成为负效应的现象。

第二节 生物胁迫

一、马铃薯病害及防治

发生在中国四大高原地区的马铃薯病害包括病原性病害和生理性病害两大类，前者又分为病毒性病害、细菌性病害、卵菌性病害和真菌性病害等四大类。

（一）常见病原性病害及其防治

马铃薯主要病原性病害有晚疫病、早疫病、黑痣病、干腐病、枯萎病、黄萎病、粉痂病、炭疽病、黑胫病、环腐病、软腐病、疮痂病、青枯病、病毒病等。地上部分有晚疫病、早疫病、黑痣病、黑胫病、枯（黄）萎病、病毒病等。地下部分有粉痂病、疮痂病、环腐病、黑胫病、软腐病等。贮藏期病害有环腐病、黑胫病、软腐病、干腐病、晚疫病、早疫病等。

1. 马铃薯晚疫病

（1）病原　致病疫霉（*Phytophthora infestans*）。

（2）为害症状　主要侵害叶、茎和薯块，引起茎叶死亡、块茎腐烂和植株提前枯死。最早发生在下部叶片，先在叶尖或叶缘生水渍状绿褐色斑点，病斑周围具浅绿色晕圈。茎部或叶柄染病，显褐色。湿度大时，病斑迅速扩大，呈褐色，产生一圈白霉，叶背最为明显。干燥时，病斑变褐干枯，质脆易裂，不见白霉，扩展慢。

窖藏的薯块感染晚疫病菌时，薯块表面出现一片片略凹的暗色或紫色病斑，深入薯块1 cm以内，一般不易见到白色霉层，但窖内湿度大时，病部长出白霉及病原菌孢囊梗和孢子囊，造成烂窖。

（3）传播途径　为一种气传性毁灭性病害，流行性很强，还可由种薯传播。病菌主要以菌丝体在病薯中越冬，也可以卵孢子越冬。在双季作薯区，前一季遗留土中的病残组织和发病的自生苗也可成为当年下一季的初侵染源。孢子囊借助气流传播。病薯播种后，多数病芽失去发芽力或出土前腐烂，另一些病芽尚能出土形成病苗。病菌以幼苗茎基部沿皮层向上发展，形成通向地上部的茎上条斑，病苗和病菌长期共存，温、湿度适宜时，病部产生孢子囊，这种病苗成为田间的中心病株。病菌能借助土壤水分的扩散作用而被动的在土壤内移动，还可以在病薯与健薯上繁殖。

低温高湿条件时，孢子囊吸水后间接萌发，内含物分裂形成6～12个双鞭毛的游动孢子，在水中游动片刻后，便收缩鞭毛，长出被膜，成球形休止孢，随即长出芽管。当温度高于15 ℃时，孢子囊可直接萌发成芽管。中心病株上的孢子囊借助气流传播，萌发后从气孔或表皮直接侵入周围植株，经过大约3 d的潜伏期，多次重复感染引起大面积发病。病株上的孢子囊也可随雨水或灌溉水进入土中，从伤口、芽眼及皮孔等处侵入块茎，形成新病薯，尤以地面下5 cm以内为多。

（4）发病条件　气候条件对病害的发生和流行有极为密切的关系，以温度、湿度影响最大。在多雨、冷凉、适于晚疫病流行的地区和年份，损失可达20%～40%。病后10～

14 d病害蔓延全田或引起大流行，造成马铃薯大幅减产或绝收。在马铃薯花期封垄后，遇到连阴雨天或雾天、日平均气温在16～22℃、空气相对湿度大于75％时，晚疫病很易大发生，造成马铃薯大幅减产或绝收。不同品种对晚疫病的抗性有很大差异：分垂直抗性（寡基因遗传的小种专化性抗病性，小种易变异，使品种抗性丧失）和水平抗性（非小种专化性的，多基因遗传部分抗病性或田间抗病性，不易丧失）。地势低洼、排水不良的地块发病重，平地较垄地重。密度大或株型大可使小气候湿度增加，也利于发病。施肥与发病有关，偏施N肥引起植株徒长，土壤瘠薄、缺N或黏土使植株生长衰弱，有利于病害发生。增施钾肥可减轻危害。

（5）防治措施　因地制宜选用不同抗病品种。

农业防治。轮作换茬，与十字花科蔬菜实行3年以上轮作，严格挑选无病种薯作为种薯，建立无病留种地，选土质疏松、排水良好田块适期早播，增强抗病力，避免偏施N肥和雨后田间积水。

在马铃薯生长期加强预测预报和病害监测。可根据田间实地调查结果和晚疫病预警系统（www.china-blight.net）的预测来判断菌源出现及首次用药防治日期。晚疫病菌侵染的关键性天气条件为：降雨和持续高湿度同时出现一段时间。田间晚疫病菌大量产孢和侵染的关键性天气条件为：24 h内至少有6 h降雨且温度不低于10℃，并且至少连续6 h空气相对湿度保持在90％以上。当上述两个要素同时满足时，就需要进行喷药。一个区域只有同时具备晚疫病菌菌源和适宜病菌侵染的天气条件，才能形成侵染，需进行施药预防。应在"侵染危险日"之前进行保护性施药。

化学防治。化学防治是防治晚疫病的主要手段。由于马铃薯晚疫病菌对甲霜灵（或精甲霜灵、噁霜灵）普遍产生抗性，导致58％甲霜灵·锰锌可湿性粉剂、68％精甲霜灵·锰锌水分散粒剂、64％噁霜灵·锰锌可湿性粉剂防治效果明显下降，生产中应停用这些药剂。250 g/L双炔酰菌胺悬浮剂、250 g/L吡唑醚菌酯乳油、250 g/L嘧菌酯悬浮剂、20％氟吗啉可湿性粉剂、60％氟吗啉·锰锌可湿性粉剂、50％烯酰吗啉可湿性粉剂、69％烯酰吗啉·锰锌可湿性粉剂、687.5 g/L氟吡菌胺·霜霉威悬浮剂、60％吡唑醚菌酯·代森联水分散粒剂、72％霜脲·锰锌可湿性粉剂、500 g/L氟啶胺悬浮剂、100 g/L氰霜唑悬浮剂、40％烯酰吗啉·氟啶胺悬浮剂、18.7％烯酰吗啉·吡唑醚菌酯悬浮剂、60％氰霜唑·霜脲氰水分散粒剂、40％氰霜唑·嘧菌酯悬浮剂、35％烯酰吗啉·氰霜唑悬浮剂、30％吡唑醚菌酯·氟啶胺微胶囊悬浮剂等内吸杀菌剂及其混剂叶面喷施对晚疫病具有良好的防效，可替代甲霜灵·锰锌、精甲霜灵·锰锌、噁霜灵·锰锌使用。晚疫病为气传多循环病害，在一个生长季可发生多次再侵染，需要多次施药来控制。采取保护性施药与采用治疗性施药。在病菌侵入马铃薯叶片之前3～10 d内选择代森锰锌、铜制剂、氰霜唑、氟啶胺、双炔酰菌胺、75％苯甲酰胺·代森锰锌水分散粒剂、10％氟噻唑吡乙酮可分散油悬浮剂进行保护性施药，即喷施这些药剂到马铃薯叶片上，在不经历降雨的情况下，其保护作用达到100％的持效期为3～10 d。在病菌侵染叶片之后，采用20％氟吗啉可湿性粉剂、68.75％氟吡菌胺·霜霉威悬浮剂、47％烯酰·唑嘧菌悬浮剂、60％唑醚·代森联水分散粒剂、72％霜脲·锰锌可湿性粉剂、40％烯酰吗啉·氟啶胺悬浮剂等药剂进行治疗性施药。当病菌孢子囊着落在叶片上6 h以内喷施这5种药剂能取得100％的防治效果，若在病菌侵染叶片 12 h 喷药，防效将稍降低，在病菌侵染叶片 24 h 之后施药，防效将明显降低。规模化种植基地喷一遍药所需的时间最短也要一整天，通常需要 2～3 h，无法在病菌接触叶片后 6～12 h 这个能够保证良好防效的治疗性施药窗口期内完成一次喷药，应尽量采用保护性施药策略，即在病菌侵入之前喷药。

发病前，每亩保证喷施药液量 45～60 kg，可喷施 60％琥珀酸铜·三乙膦酸铝可湿性粉剂 500 倍液、750 g/L 百菌清悬浮剂 500 倍液、66.8％丙森锌·缬霉威可湿性粉剂 600 倍液、68.75％噁唑菌酮·代森锰锌水分散粒剂 1 500 倍液、100 g/L 氰霜唑悬浮剂 1 250 倍液、250 g/L 双炔酰菌胺悬浮剂 1 500 倍液、440 g/L 双炔酰菌胺·百菌清悬浮剂 400 倍液。亦可每亩用 80％代森锰锌可湿性粉剂 120 g、250 g/L 嘧菌酯悬浮剂 40 mL、或 70％丙森锌可湿性粉剂 100.0～133.3 g、或 20％噻菌铜悬浮剂 83～167 mL、或 77％氢氧化铜可湿性粉剂 150～200 g、或 500 g/L 氟啶胺悬浮剂 26.7～33.3 mL、或 75％苯甲酰胺·代森锰锌水分散粒剂 100～200 g、或 10％氟噻唑吡乙酮可分散油悬浮剂 15～20 mL，兑水 30～45 kg 喷施，隔 7～10 d 一次，连续防治 2～3 次。

一旦发现中心病株，立即拔除深埋销毁，在中心病株周围用药喷雾，间隔 7～10 d，连喷 3～4 次。若雨水频繁，可适当缩短喷药间隔期，扩大喷施范围，补喷 1～2 次。每亩确保喷施 45～60 kg 的药液量，选用 72％霜脲·锰锌可湿性粉剂 600 倍液、722 g/L 霜霉威水剂 800 倍液、50％烯酰吗啉可湿性粉剂 1 500 倍液、687.5 g/L 氟吡菌胺·霜霉威悬浮剂 600 倍液、18.7％烯酰·吡唑酯水分散粒剂 600 倍液、60％吡唑醚菌酯·代森联水分散粒剂 750 倍液等内吸剂或其混剂进行茎叶喷雾。或每亩用 40％烯酰吗啉·氟啶胺悬浮剂 40～60 mL、18.7％烯酰吗啉·吡唑醚菌酯悬浮剂 75～125 mL、60％氰霜唑·霜脲氰水分散粒剂 20～40 g、40％氰霜唑·嘧菌酯悬浮剂 20～30 mL、35％烯酰吗啉·氰霜唑悬浮剂 30～50 mL、30％吡唑醚菌酯·氟啶胺微胶囊悬浮剂 30～50 mL，兑水 30～45 kg，混匀，进行茎叶喷雾。

发病初，可交替喷洒不同内吸性杀菌剂及其混剂。72％霜脲·锰锌可湿性粉剂 600 倍液、722 g/L 霜霉威水剂 800 倍液、50％烯酰吗啉可湿性粉剂 1 250 倍液、69％烯酰吗啉·锰锌可湿性粉剂 600 倍液、250 g/L 氟吗啉·唑菌酯悬浮剂 300 倍液、52.5％噁唑菌酮·霜脲氰水分散粒剂 2 000 倍液、687.5 g/L 氟吡菌胺·霜霉威悬浮剂 600 倍液，每亩施药液量 45～60 kg。或每亩用 60％吡唑醚菌酯·代森联水分散粒剂 40～60 g、250 g/L 吡唑醚菌酯乳油 20～40 mL、18.7％烯酰吗啉·吡唑醚菌酯水分散粒剂 75～125 g、40％烯酰吗啉·氟啶胺悬浮剂 40～60 mL、18.7％烯酰吗啉·吡唑醚菌酯悬浮剂 75～125 mL、60％氰霜唑·霜脲氰水分散粒剂 20～40 g、40％氰霜唑·嘧菌酯悬浮剂 20～30 mL、35％烯酰吗啉·氰霜唑悬浮剂 30～50 mL、30％吡唑醚菌酯·氟啶胺微胶囊悬浮剂 30～50 mL，兑水 45～60 kg 混匀，进行茎叶喷雾，间隔期 7～10 d。

2. 马铃薯早疫病　一种气传性真菌病害，流行性很强，分布广泛，在中国和世界各马铃薯产区普遍发生。一般多在马铃薯生长中后期发病，后期尤为严重，引起叶片提前干枯，降低马铃薯产量，严重地块可减产 20％～30％。

（1）病原　茄链格孢霉（*Alternaria solani*）。

（2）为害症状　主要为害叶片，严重时亦为害块茎。初在叶面出现水渍状小点，发展成圆形或近圆形具有同心轮纹的黑褐色坏死斑，大小 3～4 mm，与健康组织界限明显，病斑外围多具 1 个褪绿窄晕环。湿度大时，病斑上产生黑色霉层，即病菌的分生孢子梗和分生孢子。发病严重时，多个病斑相互连接形成不规则形大斑，导致病叶坏死干枯脱落。块茎染病，多产生暗褐色圆形至近圆形凹陷斑，边缘明显，皮下组织呈浅褐色海绵状干腐；到贮藏期，病斑增大，严重时导致块茎干腐、皱缩。

（3）传播途径　以分生孢子或菌丝在病残体或带病薯块上越冬，成为初侵染源。翌年条件适宜时，病菌经气孔、伤口或穿透表皮侵入植物组织，形成初侵染后，在病部组织产生分生孢子，借助于风雨等传播，多次再侵染，使病害扩展蔓延。

（4）发病条件　病菌喜高温、高湿条件，其分生孢子萌发适温 26～30 ℃，当叶面结露或有水滴时，温度适宜，分生孢子萌发和侵入均很快，发病潜育期只有 2～3 d。马铃薯生长期连续阴雨或湿度连续高于 70%，此病发生严重且易流行。土壤贫瘠、N 肥不足、长势衰弱、后期植株脱肥早衰的田块发病较重。

（5）防治措施　因地制宜，选用早熟、抗病、耐病良种，适时提早收获。重病地块实行 2～3 年与非茄科蔬菜轮作。高垄大畦栽培，避免水积留在低洼处。加强肥水管理，施足底肥，增施有机肥，平衡施肥，提高植株抗病力。收获后及时清除病残组织，深翻晒土，减少越冬菌源。

药剂防治预防为主。发病前，喷施 80% 代森锰锌可湿性粉剂 500 倍液、750 g/L 百菌清悬浮剂 600 倍液、50% 异菌脲可湿性粉剂 1 000 倍液、77% 氢氧化铜可湿性粉剂 1 500 倍液，每亩喷施药液量 45～60 kg。亦可每亩用 250 g/L 嘧菌酯悬浮剂 40 mL、50% 克菌丹可湿性粉剂 125.0～187.5 g、70% 丙森锌可湿性粉剂 150～215 g、500 g/L 氟啶胺悬浮剂 26.7～33.3 mL、30% 吡唑醚菌酯·氟啶胺微胶囊悬浮剂 30～50 mL，兑水 30～45 kg，混匀喷雾，7～10 d 一次，视病情防治 2～3 次。发病初或病害快速增长期，可选用 325 g/L 嘧菌酯·苯醚甲环唑悬浮剂 1 500 倍液、250 g/L 吡唑醚菌酯乳油 1 500 倍液、10% 苯醚甲环唑水分散粒剂 600 倍液、75% 肟菌酯·戊唑醇水分散粒剂 3 000 倍液、20% 烯肟菌胺·戊唑醇悬浮剂 600～1 000 倍液、250 g/L 嘧菌酯悬浮剂 750 倍液，均匀喷雾整张叶片，每亩喷施药液量 45～60 kg。亦可每亩采用 37.5% 氟吡菌酰胺·戊唑醇悬浮剂 26.7～32.0 mL、12% 苯醚甲环唑·氟唑菌酰胺悬浮剂 56～70 mL、29% 戊唑醇·嘧菌酯悬浮剂 30～40 mL、42.4% 吡唑醚菌酯·氟唑菌酰胺悬浮剂 12～24 mL、12% 苯醚甲环唑·氟唑菌酰胺悬浮剂 56～70 mL、42.8% 氟吡菌酰胺·肟菌酯悬浮剂 6～12 mL、60% 吡唑醚菌酯·代森联水分散粒剂 40～60 g、250 g/L 吡唑醚菌酯乳油 20～40 mL，兑水 45～60 kg，混匀喷雾，间隔期 7～10 d。

3. 马铃薯黑痣病　黑痣病又称立枯丝核菌病、茎基腐病、丝核菌溃疡病、黑色粗皮病。许多马铃薯种植区倒茬困难，黑痣病呈普遍发生和加重危害的趋势，严重影响了马铃薯的产量和品质，制约着马铃薯产业的发展。2008 年内蒙古马铃薯产区，一般田块黑痣病发病株率在 5%～10%，重症田块可达到 70%～80%，黑痣病已成为内蒙古西部马铃薯生产发展的一大瓶颈。2008—2009 年，河北省崇礼、张北、沽源、围场、丰宁等地一般地块黑痣病病株率达到 5%～10%，对马铃薯产量损失约为 15%。2008 年河北省围场县克勒沟镇病株率达到 60%～70%，崇礼县狮子沟原种场病株率达到 20%～30%，严重影响了马铃薯的产量和品质，阻碍了薯业发展。

（1）病原　由立枯丝核菌（*Rhizoctonia solani*）AG3 和 AG4 融合群引起。

（2）为害症状　主要为害幼芽、茎基部、匍匐茎及块茎。幼芽被侵染后，幼芽顶部出现褐色病斑，使生长点坏死，阻滞了幼苗生长发育，其叶片则逐渐枯黄卷曲，有的出土前腐烂形成芽腐，造成田间不出苗、晚出苗，幼苗长势弱，薯苗植株矮小，顶部丛生。在苗期主要侵染地下茎，出土后初染病植株下部叶子发黄，茎基形成指印形状或环剥的褐色凹陷斑，大小 1～6 cm。在近地表的地上茎的表面病斑上或茎基部常覆有紫色或灰白色菌丝体，茎表面呈粉状。有时茎基部及在成熟的块茎生出大小不等（1～5 mm）、形状各异、坚硬的、土壤颗粒状的、黑褐色小菌核，也就是真菌休眠体，不容易冲洗掉，而菌核下边的组织完好。也有的块茎因受侵染而造成破裂、锈斑和末端坏死，薯块龟裂、变绿、畸形等。轻病株症状不明显，重病株可形成立枯或顶部萎蔫或叶片反卷。匍匐茎感病，为淡红褐色病斑，匍匐茎顶端不再膨大，不能形成薯块，感病轻者可长成薯块，但非常小，也可引起匍匐茎乱长，影响结薯或结薯畸形。受侵染的植株，根量减少，形成稀少的根条。

（3）传播途径　以菌核在块茎上或土壤里越冬，或菌丝体在土壤里的植株残体上越冬，菌核萌发侵入马铃薯幼芽、幼苗、根、匍匐茎、块茎。靠带病种薯和带菌土壤传播，带病种薯是第二年初侵染来源，也是远距离传播的最主要途径。

（4）发病条件　连作的土地，丝核菌的存活数量会加大，重茬地往往发病较重，种植从黑痣病较重地块留下的种薯往往会引起较重的黑痣病。高湿度和低地温有利于发病。较低的土壤温度和较高的土壤湿度，利于丝核菌的侵染。结薯后土壤湿度太大，特别是排水不良，新薯块上的菌核（黑痣）形成会加重。该病发生与春寒及潮湿条件有关，播种早或播后土温较低，发病重。

（5）防治措施　采用地膜覆盖、高垄种植、脱毒种薯消毒、轮作种植地块黑痣病发生较轻。

选用无病种薯，培育无病壮苗，建立无病留种地。选择易排涝、高垄地块种植。适时晚播和浅播，地膜覆盖，以提高地温，促进早出苗，缩短幼苗在土壤中的时间，减少病菌的侵染。在高海拔和冷凉地区，应特别注意适期播种，避免早播。10 cm 土温达到 7～8 ℃时大面积种植为宜。

加强田间病情监测。发现病株及时拔除，带离种植地深埋，病穴内撒入生石灰等消毒。轮作倒茬。

与玉米、大白菜、胡萝卜、圆白菜和禾本科作物倒茬，实行 3 年以上轮作制。

未成熟收获。可在马铃薯自然成熟前 2～4 周人工拔除茎叶后收获，除草剂除茎叶。

以药剂进行沟施及拌种、浸芽块、喷施、喷淋。芽块以 70％甲基硫菌灵可湿性粉剂（每 100 kg 种薯为 100 g）、25 g/L 咯菌腈悬浮剂（每 100 kg 种薯为 200 mL）、35 g/L 精甲霜灵·咯菌腈悬浮剂（每 100 kg 种薯为 350 g）、110 g/L 精甲霜灵·咯菌腈·嘧菌酯悬浮种衣剂（每 100 kg 种薯为 100 g）拌种，进行包衣处理，或用 50％多菌灵可湿性粉剂 400倍液浸渍芽块 30 min、洗净晾干后播种，兼治苗期黑痣病、干腐病和炭疽病。每 100 kg种薯芽块以 2.5％咯菌腈悬浮种衣剂＋250 g/L 嘧菌酯悬浮剂＋72％硫酸链霉素可溶性粉剂 200 mL＋40 mL＋12 g 拌种，或以 325 g/L 苯醚甲环唑•嘧菌酯悬浮剂＋72％硫酸链霉素可溶性粉剂 26.7 mL＋12 g 拌种，或以 70％甲基硫菌灵可湿性粉剂＋250 g/L 嘧菌酯悬浮剂＋72％硫酸链霉素可溶性粉剂 100 g＋40 mL＋12 g 拌种，防治黑痣病、晚疫病和细菌性病害。亦可用 250 g/L 嘧菌酯悬浮剂或 24％噻呋酰胺悬浮剂兑水喷雾垄沟或用 2.5％咯菌腈悬浮剂或 35 g/L 精甲霜灵•咯菌腈悬浮种衣剂包衣种薯芽块防治马铃薯黑痣病。

芽块播种到垄沟后，每亩用 250 g/L 嘧菌酯悬浮剂 60～100 mL、或 240 g/L 噻呋酰胺悬浮剂 100～133.3 mL、10％苯醚甲环唑水分散粒剂 100 g、20％氟酰胺可湿性粉剂 125 g、325 g/L 苯醚甲环唑•嘧菌酯悬浮剂 50 g、50％多菌灵可湿性粉剂 60 g、200 g/L 甲基立枯磷乳油 60～100 mL、70％甲基硫菌灵可湿性粉剂 60 g、42.4％吡唑醚菌酯•氟唑菌酰胺悬浮剂 35.4～47.2 mL，兑水 30～45 kg 混匀，喷到土壤和芽块上，覆土。

茎叶盛期茎基部喷洒或浇灌。待芽块出苗后黑痣病零星发生时，采用 10％苯醚甲环唑水分散粒剂 1 500 倍液、325 g/L 苯醚甲环唑•嘧菌酯悬浮剂 1 500 倍液、70％甲基硫菌灵可湿性粉剂 600 倍液、50％多菌灵可湿性粉剂 800 倍液喷施或浇灌至茎基部。喷药液量 60 kg/亩，灌药时，0.25 L 药液/株。

木霉属（如哈茨木霉 *Trichoderma harzianum*）和黏帚霉属是立枯丝核菌的重要颉颃菌，制成的生防菌剂处理土壤也可减轻黑痣病为害。用荧光假单胞杆菌（*Pseudomonas auoreens*，悬浮剂）等根际细菌处理薯块可防治块茎上黑痣病菌核的形成并增产。将种薯芽块以 20％氟酰胺可湿性粉剂或 20％甲基立枯磷乳油（每 100 kg 种薯为 1 000～1 500 mL）消毒后再种植到哈茨木霉处理的土壤中，或将两者混合后处理种薯芽块，可抑制块茎上菌核的形成并增产，对黑痣病有较好的控制作用。

4. 马铃薯疮痂病 疮痂病是马铃薯重要病害之一，在黑龙江、山东、甘肃、内蒙古、河北、山西、陕西、贵州、四川、湖南、湖北、云南等种植地区均有分布发生，华北部分地区在大规模生产脱毒微型薯过程中，发病率达 30％～60％。在干旱、土壤偏碱性、连作重茬严重的地区发病率较高。据称在品种夏波蒂上发生较重，对马铃薯的商品性有很大影响，被誉为"癌症"，很难被彻底治愈，目前有逐年发展之趋势。被害薯块质量和产量降低，不耐贮藏，且病薯外观不雅，商品性大为下降，给生产造成极大的损失。

（1）病原 主要为放线菌的疮痂链霉菌（*Streptomyces scabies*）。

（2）为害症状 病菌主要侵染块茎，从皮孔和伤口侵入、染病。仅为害块茎，先在表皮上产生浅褐色小点，逐渐扩大成褐色至棕褐色近圆形至不定形大斑块，后期病部细胞组织木栓化使病部表皮粗糙，开裂后病斑边缘隆起，中央凹陷或凸起，呈粗糙的锈色疮痂状硬斑块。疮痂内含有成熟的黄褐色病菌孢子球，一旦表皮破裂、剥落，便露出粉状孢子团。病斑仅限于表皮，不深入薯块内部，有别于粉痂病。结薯时开始感染，膨大期最盛。病斑以凸起型为主，还有凹陷型、平状病斑。内蒙古、河北、陕西等省份的病斑主要以凸起型为主，山东、四川、山西、甘肃省的为凹陷型病斑，平状病斑在云南、黑龙江、山东的个别地区相对较多。

（3）传播途径 病菌在土壤中腐生或在病薯上越冬，土壤自身带菌和种薯带菌传入土壤，带菌肥料和病薯是主要初侵染源。马铃薯收获后，病菌通过病残体及土壤存活。

（4）发病条件　适合发病的温度为 25～30 ℃，在 28 ℃左右的中性或微碱性沙壤土环境中，易发生疮痂病。pH 为 6～7 时是病菌存活繁殖最好环境，在 pH5.2 以下却很少发病。施用草木灰等碱性肥料及连年种植条件下土壤碱性增大，有利于病菌繁殖。在高温、干旱、土壤干燥、通气性好、中性（pH 5.5～7.0）或碱性条件下，发病较重。在土壤偏碱性、连作重茬严重的地区发病率较高。马铃薯白色薄皮品种易感病，褐色厚皮品种较抗病。中微量元素失衡，主要是 Ca 肥、B 肥用量不足，导致马铃薯生长不良，免疫力低下。块茎膨大期，病菌会因为有充足水源而快速繁殖或转移，低洼地块积水较多，往往发病较重。下水头往往成为危害蔓延的重点。雨量多、夏季较凉爽的年份，或者高温干燥天气，非酸性的沙壤土发病重，地下害虫严重的地块发病也重。

（5）防治措施　选用抗病品种如鲁引 1 号。与禾本科、豆科、百合科、葫芦科作物实行 4 年轮作。选微酸性土壤，既能排水防涝、又能抗旱保湿的岗坡地或保水好的菜地种植为佳。

剔除带有疮痂的病薯，建立无病留种田，防止种薯带菌入田，不要从病田区调种。选用抗病品种，目前缺少专抗疮痂病的品种。

秋季深翻晾 35～40 cm，春季种植前 10 d 旋耕耙平，耕前喷洒广谱杀菌剂，也可播种时沟施药剂。

在使用甲基硫菌灵、农用链霉素、滑石粉拌种的基础上加入氟啶胺或嘧菌酯混拌种薯，或用 40%福尔马林 120 倍液浸种 4 min 后再切成块，以免发生药害。种薯可用 0.1%对苯二酚浸种 30 min，或用 0.2%甲醛溶液浸种 10～15 min，或用 0.2%福尔马林溶液浸种 15 min。在微型薯生产上，可用棉隆颗粒剂处理育苗土，用量为每平方米 30 g。在大田生产中，可用五氯硝基苯进行土壤消毒。

在微酸性土壤种植，并增施硫酸钾型肥料。碱性强的土地，在打土壤封闭除草剂时可加入多元生物调酸剂调酸。

禁止施用带菌厩肥。除了大量元素外，要配用中量元素肥料和有机肥、生物菌肥，叶面喷施要增加 Ca、Mg、B 等中量元素及微量元素，确保养分齐全合理。可用营养齐全的有机无机生物复混专用肥。一般 N、P、K 含量在 30%～40%，有机质含量 10%～20%，氨基酸 10%，腐殖酸 8%～15%，专用有效生物菌（枯草芽孢杆菌）＞0.2 亿个/g。进行土壤杀菌消毒后，从拌种到复合肥都运用生物菌。

做好地下害虫防治。

抓住防治关键时期与时机，用农用链霉素、咯菌腈、嘧菌酯可减轻疮痂病危害。疮痂病在土豆幼薯形成时候就开始侵染，并随着土豆长大而发展，需从开始结薯就进行滴灌或浇灌用药。一般在现蕾期、盛花期及膨大期结合病虫害防治，"药肥一体化"，加入 B、Ca、Mg 微肥，再加入专治疮痂病药剂，预防晚疫病、黑胫病等其他病害。

土壤干燥、通气性好的地块易发病。要加强田间管理，在块茎形成期及膨大期注意合理浇水，保持土壤湿润，注意排出田间积水。

5. 马铃薯粉痂病　粉痂病是马铃薯的重要病害之一，可减产 5%～10%，严重时减产 20% 以上。

（1）病原　马铃薯粉痂菌（*Spongospora subterranea*），属鞭毛菌。

（2）为害症状　主要为害块茎和根部。块茎表皮上先产生褐色小点，外围有半透明晕环，以后小斑渐隆起成大小不等的疱状斑，表面破裂，散出大量暗褐色粉状物。病斑破裂后表皮反卷，病斑中央下陷，外围常具有木栓化斑环。于根的一侧长出豆粒大小单生或聚生的瘤状物。粉痂病疱状斑破裂散出的褐色粉状物为病菌的休眠孢子囊球，萌发时产生游动孢子，静止后成为休止孢，从根毛或皮孔侵入寄主内致病，成为初侵染源。

（3）发病条件　病菌以休眠孢子囊球在种薯内或随病残物遗落土壤中越冬，病薯和病土成为翌年本病的初侵染源，病害的远距离传播靠种薯的调运；田间近距离的传播则靠病土、病肥、灌溉水等。休眠孢子囊在土中可存活 4～5 年，当条件适宜时，萌发产生游动孢子，从根毛、皮孔或伤口侵入寄主。病组织崩解后，休眠孢子囊球又落入土中越冬或越夏。土壤相对湿度 90% 左右，土温 18～20 ℃，土壤 pH4.7～5.4，适于病菌的发育，因而发病也重。一般雨量多、夏季较凉爽的年份易发病。发病轻重主要取决于初侵染病原菌的数量，田间再侵染即使发生也不重要。

（4）防治措施　严格执行检疫制度，对病区种薯严加封锁，禁止外调。必要时可用 2% 盐酸溶液或 40% 福尔马林 200 倍液浸种 5 min，或用 40% 福尔马林 200 倍液将种薯浸湿，再用塑料布盖严闷 2 h，晾干播种。选留无病种薯，把好收获、贮藏、播种关，剔除病薯。病区实行 5 年以上轮作。增施基肥或 P、K 肥，多施石灰或草木灰，改变土壤 pH。加强田间管理，提倡采用高畦栽培，避免大水漫灌，防止病原传播蔓延。播种时以 500 g/L 氟啶胺悬浮剂拌种（每 100 kg 种薯用 200 mL），在植株生长至 10～15 cm、地下长出匍匐茎时及块茎膨大期，可分别冲施 500 g/L 氟啶胺悬浮剂药液（300 mL/亩）。

6. 马铃薯病毒病

（1）病原　马铃薯上的主要病害，主要由马铃薯 X 病毒（PVX）、马铃薯 Y 病毒（PVY）、马铃薯 S 病毒（PVS）和马铃薯卷叶病毒（PLRV）中的 1 种或多种复合侵染引起的系统性病害，造成品种退化，影响马铃薯生产。

（2）为害症状　在田间常表现花叶、坏死和卷叶 3 种类型的为害症状。

① 花叶型。即叶片颜色不均，叶脉呈现浓淡相间花叶或斑驳，有时伴有叶脉透明，严重时，叶片皱缩畸形，叶缘卷曲，植株矮化，甚至叶片和块茎出现坏死斑。

② 卷叶型。即叶片沿主脉由边缘向上、向内翻卷成管状或勺状，继而叶片革质化、变硬、变脆，易折断，有时叶片呈紫色，叶脉尤为明显，严重时叶片卷曲呈筒状，植株生长停止或早死，新生薯块少而小，其横剖面上可见黑色网状坏死病变。

③ 坏死型。即在叶、叶脉、叶柄和枝条、茎蔓上出现褐色坏死斑点，后期转变成坏死条斑，严重时全叶枯死或萎蔫脱落。

（3）传播途径　病毒主要在薯块内越冬，为播种后发生病毒病的主要初始毒源。在田间 PVY、PVS、PLRV 都可通过蚜虫及汁液摩擦传毒。

（4）发病条件　高温干旱，田间管理粗放，蚜虫数量大，病害发生严重。25 ℃以上高温降低寄主对病毒的抵抗力，有利于传毒媒介蚜虫的繁殖、迁飞和传病，使病害迅速扩展蔓延，加重其受害程度。品种抗性和栽培措施在很大程度上影响发病程度。

（5）防治措施

① 采用脱毒技术和脱毒苗。为控制种薯退化的主要手段。喷施或拌种高效低毒杀虫

剂，扑杀蚜虫等传毒昆虫，采用防虫网杜绝昆虫传毒，对于病毒病的传播也很有效。建立无毒种薯繁育基地，采用茎尖组织培养脱毒种薯，以确保无毒种薯种植。选用东农304、克新1号、克新4号等抗耐病优良品种。

② 农业防治。精细整地，采用高垄或高埂栽培，施足有机基肥，增施P、K肥，生长期及时中耕除草和培土，适时浇水，忌大水漫灌，及早拔除病株。

③ 药剂防治。出苗前后及时防治蚜虫等传毒媒介昆虫，药剂可选用吡虫啉、噻虫嗪、噻虫胺、啶虫脒等，10%吡虫啉可湿性粉剂1 000倍液；在发病初期，喷洒叶面肥＋2%宁南霉素水剂200～250倍液，或1.5%植病灵乳油800倍液或叶面肥＋病毒A等抗病毒药剂，抑制病害的发展蔓延。

7. 马铃薯黑胫病

（1）病原　胡萝卜软腐欧氏杆菌马铃薯黑胫病亚种（*Erwinia carotovora* sub sp. *atroseptica*）。

（2）为害症状　在各马铃薯产区均有不同程度发生，发病率一般为2%～5%，严重的可达40%～50%。在田间造成缺苗断垄及块茎腐烂，还可在温度高的薯窖内引起严重烂薯。随着温度的升高，逐步进田间发病期。在平原地区高温季节，该病容易发生。

在马铃薯各个生长期均可发生，主要为害植株茎基部和块茎。感病幼苗生长缓慢，植株矮小细弱，节间短缩，叶片黄化、上卷，茎基以下部位组织发黑腐烂，甚至萎蔫枯死，不能结薯，且根系不发达，易从土中拔出。纵剖茎部可见维管束变褐色。成株期症状出现迅速，晴天更为明显，叶片凋萎下垂，发病早的可全植株凋萎，但不卷叶。茎基变为褐色，变黑的茎迅速软化腐烂，茎秆极易从土中拔出，拔出后可见顶端带有母薯的腐烂物。发病茎秆常自动开裂。后期植株矮化变黄，叶片向上反转，茎基棕色或棕黑色，茎秆破裂后，出现大量黏液。重病株的病薯在收获时呈腐烂状，湿度大时，薯块变黑褐色，腐烂发臭。局部发病的薯块，纵剖块茎，可看到病薯的病部和健部分界明显，病组织柔软常形成黑色孔洞。病轻的只在脐部呈很小的黑斑，有时看到薯块切面维管束呈黑色小点状或断线状。种薯染马铃薯黑胫病腐烂成黏团状，不发芽，或刚发芽即烂在土中，不能出苗。

（3）传播途径　病菌在块茎或田间未完全腐烂的病薯上越冬。带菌种薯和田间未完全腐烂的病薯是病害的初侵染源，以前者为主要初侵染源。

（4）发病条件　温、湿度是病害流行的主要因素。气温较高时发病重，窖藏期间，窖内通风不良，高温高湿，有利于细菌繁殖和危害，往往造成大量烂薯。黏重而排水不良的土壤对发病有利。播种前，种薯切块堆放在一起，不利于切面伤口迅速形成木栓层，使发病率增高。

病菌可直接经幼芽进入茎部，引起植株发病。发病后细菌大量释放到土壤里，可在根系和某些杂草的周围生殖和繁殖，并对健康植株的幼根、新生的块茎和其他部分进行再侵染。

在切薯块和手工操作时，很容易传播细菌。

温暖潮湿病害蔓延迅速，冷湿地块薯块伤口木栓化速度慢易发病，田间积水烂薯严重。在潮湿的土壤和温度比较低（不低于18～19℃）时，对病原菌的传播侵染有利。

在较高的温度时，病原菌存活时间较短。在冷凉潮湿的土壤中，在种薯出苗后，紧接高温，有利于黑胫病的发生；较高的土壤温度促进种薯腐烂和幼芽在出土前死亡。

主要是通过块茎的皮孔、生长裂缝和机械伤口侵入；地下害虫如金针虫、蛴螬造成的伤口以及镰刀菌侵染，有利于此病的发生和加重。中耕、收获、运输过程中使用的农机具以及雨水、灌溉等，都起传病的作用。贮藏窖内通风不好或湿度大、温度高，有利于发病。

（5）防治措施　因地制宜地利用和筛选优良较抗病品种。克新 1 号、郑薯 2 号品种抗侵入较强；郑薯 3 号和高原 7 号等抗扩展较强；而品种疫不加对侵入和扩展均有较好抗性。

采用无病种薯，建立无病留种田，生产健康种薯。

采用小整薯播种或从无病区调入种薯，可大大减轻危害。

选用健薯，淘汰病薯。播种前提前出窖，堆放在室内晾种或催芽晒种，促使病薯症状的发展和暴露，便于病薯的淘汰。如采用"土沟薄膜法"催芽晒种，淘汰病薯效果较好。

整薯催芽种植。

切刀消毒。准备两把刀，一盆药水，在淘汰外表有病状的薯块基础上，先削去薯块尾部进行观察，有病的淘汰，无病的随即切种，每切一薯块换一把刀。消毒药水可用浓度为 5％的石炭酸溶液或 0.1％的高锰酸钾溶液或 5％的食盐开水或 75％酒精。

药剂浸泡种薯。以络氨铜水溶液防治较好。

加强栽培管理。选择地势高、高燥、排水良好的地块种植，播种、耕地、除草和收获期都要避免损伤种薯，以及拔除病株，减少病害扩大传播。清除病株残体，避免昆虫传菌。

注意农具和容器的清洁。可用次氯酸钠和漂白粉或福尔马林消毒处理。

种薯入窖前要严格挑选，先在温度为 10～13 ℃的通风条件放置 10 d 左右，入窖后要加强管理，贮藏期间也要加强通风换气，窖温控制在 1～－4 ℃，防止窖温过高、湿度过大。

8. 马铃薯干腐病　马铃薯干腐病是主要的贮藏期病害，在田间也可发生。近年来干腐病发生呈上升趋势，其常年发病率达到 10％～30％，分布广泛，造成严重经济损失。

（1）病原　由镰刀菌 *Fusarium* spp. 引起。

（2）为害症状　发病初期仅局部出现褐色凹陷病斑，扩大后病部出现很多皱褶，呈同心轮纹状，其上有时长出灰白色的绒状颗粒，即病菌子实体。最后薯肉变为灰褐色或深褐色、僵缩、干腐、变轻、变硬。剖开病薯可见空心，空腔内长满菌丝，薯内则变为深褐色或灰褐色，终致整个块茎僵缩或干腐，不堪食用。收获期间造成的伤口会成为日后病原菌的侵染入口，伤口多、贮藏或贮运时通风条件差，易发病。块茎大约贮藏 1 个月后，陆续发病。

（3）传播途径　镰孢菌一般以菌丝体及孢子分布在在病残组织或土壤中，主要借助收获或在运输过程中造成的伤口侵入块茎。以分生孢子作为初侵染源与再侵染源。通常生长在沙土和泥炭土的马铃薯易发该病，早熟品种比晚熟品种易发病。病原菌通常在土壤和块茎中存活。

（4）发病条件　田间可染病，贮藏期或贮运销售过程中通过接触传染陆续显现症状。

在窖储期间，借助于其他病害诸如粉痂病、晚疫病造成的斑点或线虫、其他害虫等造成的伤口或从芽眼侵入块茎。病菌在 5～30 ℃条件下均能生长。贮藏条件差，通风不良利于发病。病菌侵染的最佳温度在 10～20 ℃，根部受害的最适发展条件是温度 15～20 ℃，而且要有较高的相对湿度，在≤2 ℃条件下不发病。另一个影响病害发展至关重要的条件是块茎伤口愈合时间的长短，温度在 18～22 ℃，并且相对湿度较高、通风状况良好的条件下，伤口愈合时间需要 3～4 d；温度低于 15 ℃或高于 24 ℃时，或者相对湿度较低的条件下，伤口的愈合速度慢，就会导致病菌侵入。块茎储存的时间越长，受感染的机会越大，切割块茎造成大量伤口而导致感染病菌的机会大大增加。

（5）防治措施　挑选健康的种薯，保证后代少得病。整薯种植，避免因切割薯块造成伤口而引起感染。切块要及时撒上滑石粉拌匀吸干。不偏施 N 肥，增施 P、K 肥，培育壮苗。适量灌水。生长后期和收获前抓好水分管理，尤其是在雨后需及时清沟排水降湿，保护地种植要避免或减少叶片结露水。收获时尽量避免或减少人为对种薯造成伤口，减少侵染。最好在表皮韧性较大、皮层较厚而且较为干燥时适时收获。选晴天收获，收获后摊晒数天。收获后适当干燥待愈伤后入窖贮存。贮运时轻拿轻运，尽量减少伤口，并剔除可疑块茎后才装运或入窖，入窖时清除病、伤薯块。收获后用 500 g/L 噻菌灵悬浮剂 400～600 倍液浸种薯或用 50%多菌灵可湿性粉剂 500 倍液喷洒消毒种薯，充分晾干后再入窖，严防碰伤。在收获 1 周内，要将储存条件控制在 15 ℃以上及较高的相对湿度条件下（90%以上），保持良好的通风条件，以促使伤口尽快愈合。以后窖内保持通风干燥，窖温控制在 1～4 ℃，减少发病，发现病、烂薯及时汰除。薯块小堆贮藏。

中国还没有注册干腐病防治的专用杀菌剂。戊唑醇、噻菌灵和咯菌腈处理费乌瑞它、大西洋和克新 1 号原种薯块，可防治贮藏期干腐病。但戊唑醇对出苗率有明显的延迟作用，延缓出苗 6 d，但最后能达到最大出苗数。开花期和果实膨大期，在发病前或发病初期可喷药防治。国内正在试验克菌丹对贮藏期干腐病的防治效果。

播种前，每 100 kg 种薯用 25 g/L 咯菌腈悬浮种衣剂 100～200 mL，进行包衣处理。种薯切块后尽快播种。适当晚播，地温升高利于伤口愈合。用杀菌剂处理芽块，减少侵染源。用未污染的器具运送、播种种薯。

9. 马铃薯炭疽病

（1）病原　球炭疽菌（*Colletotrichum coccodes*），属半知菌亚门真菌。在寄主上形成球形至不规则形黑色菌核。分生孢子盘黑褐色聚生在菌核上，刚毛黑褐色、硬，顶端较尖，有隔膜 1～3 个，聚生在分生孢子盘中央，大小（42～154）mm×（4～6）μm。分生孢子梗圆筒形，有时稍弯或有分枝，偶生隔膜，无色或浅褐色，大小（16～27）mm×（3～5）μm。分生孢子圆柱形，单胞，无色，内含物颗粒状，大小（7～22）mm×（3.5～5）μm。在培养基上生长适温 25～32 ℃，最高 34 ℃，最低 6～7 ℃。

（2）为害症状　马铃薯染病后，叶色变淡，顶端叶片稍反卷，植株长势差，容易早衰，发病严重时全株萎蔫变褐枯死。地下根部染病从地面至薯块的皮层组织腐朽，易剥落，侧根局部变褐，须根坏死，病株易拔出。染病茎部着生许多灰色小粒点，茎基部空腔内长很多黑色粒状菌核。在雨水较少的干旱年份或春旱较重的地区发生较重，早熟品种重于中晚熟品种，管理较粗放、肥水条件较差的地块重于管理精细、肥水条件较好的地块。

马铃薯炭疽菌在马铃薯的整个生育期均能侵染马铃薯，但一般在植株生长中后期，长势较差或遇到不良环境条件下，表现典型症状。

（3）传播途径 主要在种子里或病残体上越冬，借雨水飞溅传播，经伤口或直接侵入。高温、高湿发病重。

（4）发病条件 主要以菌丝体在种子里或病残体上越冬，翌春产生分生孢子，借雨水飞溅传播蔓延。孢子萌发产生芽管，经伤口或直接侵入。生长后期，病斑上产生的粉红色黏稠物中含大量分生孢子，通过雨水溅射传到健薯上，进行再侵染。高温、高湿发病重。

（5）防治措施 及时清除病残体。避免高温高湿条件出现。播种前每 100 kg 种薯用 2.5%咯菌腈悬浮种衣剂 100～200 mL 进行包衣处理，兼治苗期黑痣病、干腐病和炭疽病等多种病害。在生长期，发病初期开始叶面喷洒 10%苯醚甲环唑水分散粒剂 1 000 倍液，间隔期 7～10 d，亦可喷施 25%嘧菌脂悬浮剂 1 500 倍液、60%吡唑醚菌酯·代森联可分散粒剂 1 500 倍液、70%甲基硫菌灵可湿性为粉剂 800 倍液、50%多菌灵可湿性粉剂 800 倍液、80%炭疽福美可湿性粉剂 800 倍液、50%多菌灵·硫黄悬浮剂 500 倍液等。

10. 马铃薯环腐病

（1）病原 环腐棒杆菌（*Clavibacter michiganensis* subsp. *sepedonicus* Davis et al.），属细菌。

（2）为害症状 马铃薯环腐病是一种世界性的由细菌引起的维管束病害，在中国各马铃薯产区均有发生，病株率可高达 20%，重病地减产达 60%以上，影响产量，还造成贮藏时的烂窖，影响块茎质量，常造成死苗、死株。由于环境条件和品种抗病性的不同，植株症状也有很大差别，它可引起地上部茎叶萎蔫和枯斑，地下部块茎维管束发生环状腐烂。田间植株发病一般在开花期以后，分为枯斑和萎蔫两种类型。

① 枯斑型。枯斑型多在植株基部复叶的顶叶先发病，第一小叶出现枯斑后，第二、三小叶亦渐出现病状，向上蔓延，叶尖和叶缘及叶脉呈绿色，叶肉为黄绿或灰绿色，具明显斑驳，且叶尖干枯或向内纵卷，病情严重时向上扩展，致全株枯死，病茎部维管束变褐色。

② 萎蔫型。从现蕾时发生，初期自顶端复叶开始萎蔫，叶片自下而上萎蔫枯死，叶缘向内纵卷，呈失水状萎蔫，茎基部维管束变淡黄或黄褐色，初期叶片不变色，中午萎蔫，早晚可以恢复，以后病情加重而不能恢复，叶片开始内卷退色萎蔫下垂，最后病株倒伏枯死。当横切植株茎基部时，可见维管束呈浅黄色或黄褐色，有乳状物溢出。块茎轻度感病外部无明显症状，随着病势发展，皮色变暗，芽眼发黑枯死，也有表面龟裂，感病块茎维管束软化，呈淡黄色，切开后可见维管束变为乳黄色至黑褐色，皮层内出现环形或弧形坏死部分。轻者用手挤压，流出乳黄色细菌黏液，重病薯块病部变黑褐色，生环状空洞，用手挤压薯皮与薯心易分离，常伴有腐生菌侵入。发病严重的块茎挤压时，维管束部分与薯肉分离，组织崩溃呈颗粒状，并有乳黄色菌浓溢出。经贮藏，块茎芽眼变黑干枯或外表爆裂，播种后不出芽或出芽后枯死或形成病株。

（3）传播途径 环腐病菌在种薯中越冬，环腐病主要是种薯带菌传播，带菌种薯是初侵染来源，在切薯块时，病菌通过切刀带菌传染，这是主要的传播途径。病菌也可以在盛放种薯的容器上长期成活，成为薯块感染的一个来源。据试验切一刀病薯可传染 24～28

个健薯。经伤口侵入，不能从气孔、皮孔、水孔侵入，受到损伤的健薯只有在维管束部分接触到病菌才能感染。昆虫、水流在病害传播作用不大。病薯播种后，病菌在块茎组织内繁殖到一定的数量后，部分芽眼腐烂不能发芽。出土的病芽中，病菌沿维管束上下扩展，引起地上部植株发病。马铃薯生长后期，病菌可沿茎部维管束经由匍匐茎侵入新生的块茎，感病块茎做种薯时又成为下一季或下一年的侵染来源。

（4）发病条件　青枯病和黑胫病也是细菌性病害，与本病有相似之处。青枯病多发生在南方，病叶无黄色斑驳，不上卷，迅速萎蔫死亡，病部维管束变褐明显，病薯的皮层和髓部不分离。黑胫病虽然在北方也有发生，但病薯无明显的维管束环状变褐，也无空环状空洞。此外，两种菌都是革兰氏阴性菌。环腐病菌在土壤中存活时间很短，但在土壤中残留的病薯或病残体内可存活很长时间，甚至可以越冬。但是第二年或下一季在扩大其再侵染方面的作用不大。收获期是此病的重要传播时期，病薯和健薯可以接触传染。在收获、运输和入窖过程中有很多传染机会。影响环腐病流行的主要环境因素是温度，病害发展最适土壤温度为 19～23 ℃，超过 31 ℃病害发展温度对病害也有影响，在温度 20 ℃受到抑制，低于 16 ℃症状出现推迟。一般来说，温暖干燥的天气有利于病害发展。贮藏期下贮藏比低温 1～3 ℃贮藏发病率高得多。播种早发病重，收获早则病薯率低。病害的轻重还取决于生育期的长短，夏播和二季作一般病轻。病薯播下后，一部分芽眼腐烂不发芽，一部分是出土的病芽，病菌沿维管束上升至茎中部或沿茎进入新结薯块而致病。适合环腐棒杆菌生长温度为 20～23 ℃，最高 31～33 ℃，最低 1～2 ℃。致死温度为干燥情况下50 ℃。

（5）防治措施　防治策略应采取以加强检疫、杜绝菌源为中心的综合防治措施，并与选用抗病品种、田间拔除病株与选用低毒农药防治相结合。在苗期和成株期挖除病株，集中处理。

建立无病留种田，尽可能采用整薯播种，避免切刀传染，采用小型种薯整块播种，连续 3 年可大大减轻环腐病的发生。有条件的最好与选育新品种结合起来，利用杂交实生苗，繁育无病种薯。

种植抗病品种经鉴定表现抗病的品系有东农 303、郑薯 4 号、宁紫 7 号、庐山白皮、乌盟 601、克新 1 号、丰定 22、铁筒 1 号、阿奎拉、长薯 4 号、高原 3 号、同薯 8 号等。

种薯入窖前要严格挑选，先在温度为 10～13 ℃的通风条件放置 10 d 左右，入窖后要加强管理，贮藏期间也要加强通风换气，窖温控制在 1～4 ℃，防止窖温过高、湿度过大。

在播种前选好无病薯，放在 15～20 ℃环境条件下 15～20 d，再切块播种，这样如果带菌的种薯就会表现症状，便于选取无病种薯，淘汰病薯。

把种薯先放在室内堆放 5～6 d 进行晾种，不断剔除烂薯，使田间环腐病大为减少。此外用 50 mg/kg 硫酸铜浸泡种薯 10 min 或以络氨铜水溶液浸泡种薯较好。

切刀消毒。准备两把刀，一盆药水，切薯播种时，在淘汰外表有病状的薯块基础上，先削去薯块尾部进行观察，有病的淘汰，无病的随即切种，每切一薯块换一把刀。消毒药水可用浓度为 5% 的石炭酸溶液或 0.1% 的高锰酸钾溶液或 5% 的食盐开水或 75% 酒精。

种薯消毒。用农药拌种薯，拌药后再播种，用 90% 敌磺钠可湿性粉剂＋72% 农用链霉素可溶性粉剂，用量分别为薯重量的 0.1%～0.2% 和 0.12%，再加点草木灰进行切块后的种薯拌种，拌种后即可播种。每 100 kg 种薯用 5 g 硫酸铜浸泡薯种 10 min。

加强栽培管理。施用磷酸钙作为种肥，在开花后期，加强田间检查，结合中耕培土，及时拔除病株，携出田外集中处理。选择地势高、高燥、排水良好的地块种植，播种、耕地、除草和收获期都要避免损伤种薯以及拔除病株，减少病害扩大传播。清除病株残体，避免昆虫传菌。及时防治地下害虫，减少病菌从伤口侵入机会，在种植前施药杀地下害虫，沟施或穴施均可。注意农具和容器的清洁，可用次氯酸钠和漂白粉或福尔马林消毒处理。

田间发病初可喷洒 72％农用链霉素可溶性粉剂 4 000 倍液，或 77％氢氧化铜可湿性粉剂 500 倍液，或 3％中生菌素可湿性粉剂 800~1 000 倍液喷雾。

11. 马铃薯枯萎病　为马铃薯上的一种土传性真菌病害，分布广泛，全国各种植区普遍发生。在重茬地发病重，对马铃薯生产造成威胁。马铃薯枯萎病菌复杂，遗传变异性大，抗逆性强，增加了该病害的防治难度。

（1）病原　尖孢镰刀菌（*Fusarium oxysporum*），子座灰褐色；大型分生孢子在子座或黏分生孢子团里生成，镰刀形，弯曲，基部有足细胞，多 3 个隔膜，大小（19~45）μm×（2.5~5）μm，5 个隔膜的大小为（30~60）μm×（3.5~5）μm。小型分生孢子 1~2 个细胞，卵形或肾形，大小（5~26）μm×（2~4.5）μm，多散生在菌丝间，一般不与大型分生孢子混生。厚垣孢子球形，平滑或具褶，大多单细胞，顶生或间生，大小 5~15 μm。

（2）为害症状　初地上部出现萎蔫，剖开病茎，薯块维管束变褐，湿度大时，病部常产生白色至粉红色菌丝。最初在幼嫩叶片的叶脉之间出现褪绿斑点，然后褪绿区坏死。病株叶片呈青铜色，萎蔫、干枯并挂在茎上不脱落。

（3）传播途径　土传。病菌以菌丝体或厚垣孢子随病残体在土壤中或在带菌的病薯上越冬，成为下一年的初侵染源。翌年病部产生的分生孢子借助雨水或灌溉水传播，从伤口侵入。

（4）发病条件　田间湿度大、土温高于 28 ℃或重茬地、低洼地易发病。

（5）防治措施　与禾本科作物或绿肥等进行 4 年轮作。选择健薯留种，施用腐熟有机肥，加强水肥管理，可减轻发病。播种前，种薯切块以 2.5％咯菌腈悬浮剂包衣（每 100 kg 种薯用 100~200 mL）。发病初期，浇灌 50％多菌灵可湿性粉剂 300 倍液。

12. 马铃薯黄萎病

（1）病原　一种为大丽轮枝孢（*Verticillium dahliae*），另一种为黄萎轮枝孢（*Verticillium albo-atrum*）。

（2）为害症状　枯萎性病害，病株早期死亡，又称为"早死病"，因病减产 40％~60％不等。病株根部和茎部维管束被破坏，叶片的侧脉之间变黄，逐渐转褐，有时叶片稍往上卷，自顶端或边缘起枯死。轻病植株生长缓慢，下部叶片变褐干枯，或者仅 1~2 个分枝表现黄萎症状，严重的整个植株萎蔫枯死，剖茎可见维管束变褐色，近年在黄土高原地区黄萎病有加重趋势。

初发病时，田间病株零星分散，常被误认为晚疫病的中心病株，需仔细鉴别。病株的块茎维管束有时也变褐色。由于引起块茎维管束变褐的原因有多种，在贮藏期间仅仅发现块茎维管束变褐，不能简单地断定为黄萎病。

（3）传播途径　黄萎病菌属于典型土传维管束萎蔫病害，主要在土壤和病残体中存活越冬，能在土壤中和病株残秆上形成抗逆性很强的微菌核，可侵染下一季寄主，种薯也能带菌，病原菌主要存在于薯脐、芽眼及表皮中。病菌以微菌核在土壤中、病残秸秆及薯块上越冬，翌年种植带菌的马铃薯即引起发病。病菌在体内蔓延，在维管束内繁殖，并扩展到枝叶，该病在当年不再进行重复侵染。

（4）发病条件　它们的寄主范围很广泛，除马铃薯外，还能引起棉花、茄子、向日葵、豆类、豆科牧草、草莓以及其他多种作物的黄萎病。国内发生的仅为大丽轮枝孢，还没有发现黄萎轮枝孢。黄萎轮枝孢菌在国外分布较广，是中国的植物检疫对象。

病菌发育适温 19～24 ℃，最高 30 ℃，最低 5 ℃，菌丝、菌核 60 ℃经 10 min 致死。一般气温低，种薯块伤口愈合慢，利于病菌由伤口侵入。从播种到开花，日均温低于 15 ℃持续时间长，发病早且重；此间气候温暖，雨水调和，病害明显减轻。地势低洼、施用未腐熟的有机肥、灌水不当及连作地发病重。

（5）防治措施　采取加强植物检疫、种植抗病品种和加强栽培管理为主的综合防治措施。保护无病区，控制新病区，压缩重病区，消灭零星病区，严格检疫制度，严防病种子传入无病区。重病田应停种马铃薯，与禾谷类作物进行 3 年以上轮作。选择健薯留种，施用腐熟有机肥，加强水肥管理，可减轻发病。播种前种薯用 0.2％的 50％多菌灵可湿性粉剂或 70％甲基硫菌灵可湿性粉剂 800 倍液浸种 1 h。病田收获的块茎不得做种用。零星发病田要尽早拔除病株，病穴用 2％甲醛液或 20％石灰水消毒。轻病田收获后及时清除田间病株残体，减少菌源。发病重的地区或出块，每亩用 50％多菌灵可湿性粉剂 2 g 或枯草芽孢杆菌 2 kg 进行土壤消毒。发病初期喷 50％多菌灵可湿性粉剂 600～700 倍液，此外可浇灌 50％琥胶肥酸铜可湿性粉剂 350 倍液，每株灌兑好的药液 0.5 kg。隔 10 d 一次，灌 1～2 次。木霉或枯草芽孢杆菌等生防菌剂或菌肥灌根有一定疗效。病区须将抗黄萎病列为育种目标，选育抗病品种。利用自然发病的重病地建立病圃，对现有品种和引进品种进行抗病性鉴定，选定抗病或轻病品种。施用酵素菌沤制的堆肥或充分腐熟有机肥。

（二）防治马铃薯病害主要药剂

1. 氢氧化铜（copper hydroxide）　马铃薯晚疫病、早疫病于发病前或初期，每亩用 77％氢氧化铜可湿性粉剂 150～200 g、或 53.8％氢氧化铜水分散粒剂 70～85 g、或 46％氢氧化铜水分散粒剂 25～30 g，兑水 45～60 kg 喷雾，每隔 7 d 施药一次，连续施药 3～4 次。安全间隔期为 3 d，避免与其他农药混用。

2. 噻菌铜（thiediazole copper）　马铃薯晚疫病。在发病前或发病初，用 20％噻菌铜悬浮剂 300～500 倍液喷施，间隔期 7～10 d，每亩施药液量 45～6 kg。

注意事项：掌握在发病初期使用。使用时，先用少量水将悬浮剂搅拌成浓液，然后加水稀释。

3. 代森锰锌（mancozeb）　马铃薯（番茄）晚疫病、早疫病在发病前或发病初，每亩用 70％代森锰锌可湿性粉剂或 80％代森锰锌可湿性粉剂 120 g，兑水 45～60 kg 喷施，连喷 3～5 次。

4. 克菌丹（captan）　马铃薯早疫病、马铃薯晚疫病于发病前或发病初期开始，每亩用 50％克菌丹可湿性粉剂 125～187.5 g，兑水 45～60 kg 喷雾，间隔期 6～8 d，连喷 2～3 次。或用 50％克菌丹可湿性粉剂 500～800 倍液喷雾，每隔 6～8 d 喷一次，连喷 2～3 次。

5. 五氯硝基苯（quintozene，PCNB）　马铃薯疮痂病用 40％五氯硝基苯粉剂 1 kg，加 30～50 kg 干细土拌均匀，将药土施入播种沟、穴或根际，并覆土，每亩用药土 10～15 kg。或每 100 kg 种薯用 40％五氯硝基苯粉剂 400 g 拌种。

6. 氟啶胺（fluazinam）　及其复配制剂马铃薯晚疫病、马铃薯早疫病在发病前和发病初期，每亩采用 500 g/L 氟啶胺悬浮剂 26.7～33.3 g、40％氟啶胺·烯酰吗啉悬浮剂 33～40 mL、40％氟啶胺·异菌脲悬浮剂 40～50 mL，兑水 45～60 kg，均匀喷洒药剂于植物表面，间隔期 7～10 d。

7. 咯菌腈（fludioxonil）**及其复配制剂**　马铃薯黑痣病、疮痂病播种前，每 100 kg 种薯用 2.5％咯菌腈悬浮种衣剂 100～200 mL、10％咯菌腈悬浮种衣剂 50 mL、35 g/L 咯菌腈·精甲霜灵悬浮种衣剂 100 mL 拌种。

8. 甲基硫菌灵（thiophanate-methyl）**及其复配制剂**　马铃薯黑痣病播种前，每 100 kg 种薯用 70％甲基硫菌灵可湿性粉剂 400 g，加水 1～2 kg 拌种，晾干，播种。

马铃薯早疫病在发病初期，用 70％甲基硫菌灵可湿性粉剂 750～1 500 倍液，每隔 7～10 d 喷一次，连续喷 2～3 次。或每亩用 75％甲基硫菌灵·代森锰锌可湿性粉剂 80～120 g，兑水 45～60 kg 喷雾。

马铃薯枯萎病用 56％噁霉灵·甲基硫菌灵可湿性粉剂 600～800 倍稀释液灌根。

9. 苯酰菌胺（zoxamide）**及其复配制剂**　用于茎叶处理，使用剂量为每亩 100～250 g 有效成分。实际应用时常和代森锰锌以及其他杀菌剂混配使用，不仅扩大杀菌谱，而且可提高药效。

马铃薯晚疫病在发病前，每亩用 100～150 g 75％苯酰菌胺·代森锰锌水分散粒剂，兑水 45～60 kg 喷雾，间隔期 7～10 d。

10. 异菌脲（iprodione）**及其复配制剂**　马铃薯早疫病可在发病初期，每亩用 50％异菌脲可湿性粉剂或 500 g/L 异菌脲悬浮剂 100～200 g、或 75％多菌灵·代森锰锌·异菌脲可湿性粉剂 100～140 g、或 50％福美双·异菌脲可湿性粉剂 93.7～125 g、或 52.5％多菌灵·异菌脲可湿性粉剂 100～150 g，兑水 45～60 kg，混匀喷雾，间隔期 7～10 d。或喷施 35％多菌灵·代森锰锌可湿性粉剂 280～350 倍液、或 20％多菌灵·异菌脲悬浮剂 400～500 倍液，间隔期 7～10 d。

马铃薯黑痣病可于播种前，每 100 kg 种薯用 50％异菌脲可湿性粉剂或 500 g/L 异菌脲悬浮剂 100～200 g 兑水 1 kg 喷施，边撒 2 kg 滑石粉边混匀，晾干，再播种。

11. 甲基立枯磷（tolclofos-methyl）**及其复配制剂**　马铃薯黑痣病可于播种前，用 200 g/L 甲基立枯磷乳油 250 倍稀释液浸种 30 min，晾干，播种。或用 200 g/L 福美双·甲基立枯磷悬浮种衣剂 1∶（40～60）（药种比）、或 130 g/L 多菌灵·福美双·甲基立枯磷悬浮种衣剂拌种 [1∶（20～30）药种比]。

12. 精甲霜灵·代森锰锌　马铃薯晚疫病发病前或发病初，用 68％精甲霜灵·锰锌水分散粒剂 600～800 倍药液喷雾，每隔 7～10 d 喷一次，连续喷 2～3 次，兼治早疫病。安全间隔期 14 d。

13. 双炔酰菌胺（mandipropamid）**及其复配制剂** 马铃薯晚疫病在发病前或发病初期，采用 250 g/L 双炔酰菌胺悬浮剂 1 000～2 000 倍药液喷雾。间隔期 7～10 d，喷施 3 次。

14. 烯酰吗啉（dimethomorph）**及其复配制剂** 马铃薯晚疫病在发病初期，每亩用 10％烯酰吗啉可湿性粉剂或 50％烯酰吗啉水分散粒剂 40～60 g，或 69％烯酰吗啉·锰锌可湿性粉剂 133～167 g，兑水 30～45 kg 喷雾，兼治早疫病，每隔 7～10 d 喷一次，连续喷 2～3 次。

15. 氟吗啉（flumorph）**及其复配制剂** 马铃薯晚疫病发病初期，每亩用 20％氟吗啉可湿性粉剂 100～150 g＋80％代森锰锌可湿性粉剂 200 g、20％氟吗啉可湿性粉剂 100～150 g＋500 g/L 氟啶胺悬浮剂 80 mL、60％氟吗啉·锰锌可湿性粉剂 80～120 g、50％氟吗啉·锰锌可湿性粉剂 66.7～100 g、25％氟吗啉·唑菌酯悬浮剂 150～210 mL，兑水 30～45 kg，每隔 7～10 d 喷一次，连续喷 3～4 次。发病中后期，可加大药量，稀释 500 倍喷雾。

16. 霜脲氰（cymoxanil）**及其复配制剂** 马铃薯晚疫病发生初期开始喷药，用 72％霜脲·锰锌可湿性粉剂 600～800 倍稀释液（每亩 50.0～66.7 kg），或每亩用 18％百菌清·霜脲氰悬浮剂 150～187.4 g，兑水 30 kg 喷雾。间隔期 7～10 d，共喷 2～3 次。

17. 啶酰菌胺（烟酰胺，boscalid）**及其复配制剂** 马铃薯早疫病采用 50％啶酰菌胺水分散粒剂 1 500 倍液喷雾，每隔 7 d 用一次，连续使用 2 次。

注意事项：连续使用不超过 2 次，以免使用病菌产生抗性；不能与碱性农药混用。收获前 7 d 禁用。

18. 噻呋酰胺（thifluzamide）**及其复配制剂** 马铃薯黑痣病可在播种前，在开沟放置了种薯的垄沟里，每亩用 24％噻呋酰胺悬浮剂 70～120 mL 或 30％噻呋酰胺·嘧菌酯悬浮剂 112.5～150 mL 兑水 45～60 kg 喷沟。

19. 氟唑菌苯胺（penflufen）**及其复配制剂** 防治马铃薯黑痣病可于播种前，每 100 kg 种薯用 22％氟唑菌苯胺悬浮剂 8～12 mL 拌种。

20. 氟唑菌酰胺（fluxapyroxad）**及其复配制剂** 马铃薯黑痣病防治可沟施，开沟后，每区均匀播种，将配制好的 42.4％吡唑醚菌酯·氟唑菌酰胺悬浮剂药液（每亩 30～40 mL，1 500～2 000 倍液）喷淋在块茎和周围的土壤上，使土壤和芽块都沾上药液，然后覆土。

马铃薯早疫病每亩用 42.4％吡唑醚菌酯·氟唑菌酰胺悬浮剂 12～24 mL 或 12％苯醚甲环唑·氟唑菌酰胺悬浮剂 56～70 mL，兑水 45～60 kg 喷雾。

21. 氟吡菌酰胺（fluopyram） 马铃薯早疫病每亩采用 37.5％氟吡菌酰胺·戊唑醇悬浮剂 27～33 mL，兑水 45～60 kg 喷雾。

22. 戊唑醇（tebuconazole）**及其复配制剂** 马铃薯黑痣病以 110 g/L 福美双·戊唑醇悬浮种衣剂拌种（药种比 1∶50）。或每 100 kg 种薯用 60 g/L 戊唑醇悬浮种衣剂 50～66.7 g 拌种。

马铃薯早疫病可在发病前或发病初，以 250 g/L 戊唑醇乳油 1 250～2 500 倍液、430 g/L 戊唑醇悬浮剂 5 000～7 000 倍液、125 g/L 戊唑醇微乳剂 2 000～3 000 倍液喷雾，每亩喷药液量 45～60 kg。或每亩用 20％烯肟菌胺·戊唑醇悬浮剂 50～100 mL、75％戊唑醇·肟菌酯水分散粒剂 10～15 g，兑水 45～60 L 喷雾，间隔期 7～10 d，连续喷施 2～3 次。

23. 苯醚甲环唑（difenoconazole）**及其复配制剂**　马铃薯早疫病发病初，每亩用 10％苯醚甲环唑水分散粒剂 100 g 或 300 g/L 苯醚甲环唑·丙环唑乳油 15～20 mL，兑水 45～60 kg 喷雾，间隔期 7～10 d。

马铃薯黑痣病防治可在播种前，每 100 kg 种薯用 30 g/L 苯醚甲环唑悬浮种衣剂 200～300 g 拌种。

24. 嘧菌酯（azoxystrobin）**及其复配制剂**　马铃薯黑痣病防治可在播种前开沟，在沟里放上种薯，每亩用 250 g/L 嘧菌酯悬浮剂 40 mL，兑水 15 kg 混匀后，喷施至种薯切块及周围土层，覆土。

马铃薯晚疫病、马铃薯早疫病发病初期，每亩用 250 g/L 嘧菌酯悬浮剂 40 mL，兑水 22.5～30 kg（稀释 1 500 倍）喷雾，药效持续 10～15 d。但应注意，在很多使用 250 g/L 嘧菌酯悬浮剂及其他含嘧菌酯的杀菌剂多年的地方，防治的病原菌对嘧菌酯普遍产生抗性，而且对其他甲氧基丙烯酸酯类杀菌剂有交互抗性，应暂停使用甲氧基丙烯酸酯类杀菌剂。

25. 吡唑醚菌酯（pyraclostrobin）**及其复配制剂**　马铃薯晚疫病、黄瓜霜霉病、番茄晚疫病、甘蓝霜霉病、白菜霜霉病等发病初，每亩用 60％吡唑醚菌酯·代森联水分散粒剂 40～60 克、或 250 g/L 吡唑醚菌酯乳油 20～40 mL，或 18.7％烯酰吗啉·吡唑醚菌酯水分散粒剂 75～125 g，兑水 45～60 kg 喷雾，间隔期 7～10 d。

马铃薯黑痣病可于播种前，每亩用 42.4％吡唑醚菌酯·氟唑菌酰胺悬浮剂 35.4～47.2 mL，兑水 30～45 kg 沟施喷雾种薯。

马铃薯早疫病 可于发病初，每亩用 42.4％吡唑醚菌酯·氟唑菌酰胺悬浮剂 11.8～23.6 mL、60％吡唑醚菌酯·代森联水分散粒剂 40～60 g、250 g/L 吡唑醚菌酯乳油 20～40 mL，兑水 30～45 kg 喷雾，间隔期 7～10 d。

26. 噁唑菌酮（famoxadone）**及其复配制剂**　马铃薯晚疫病可于发病前或发病初，用 52.5％噁唑菌酮·霜脲氰水分散粒剂 2 000～3 000 倍液喷雾，间隔期 7～10 d。

马铃薯早疫病可于发病前或发病初，用 68.75％噁唑菌酮·代森锰锌水分散粒剂 1 200～1 500 倍液喷施 2 次，间隔期 7～10 d。

注意事项：不要连续使用，每个生长季节用药次数一般不要超过 4 次；应与其他杀菌剂交替使用，以防止病菌产生抗药性；不能与波尔多液混用。

27. 农用链霉素（streptomycin）**及其复配制剂**　马铃薯疮痂病、软腐病可于发病初期，每亩用 72％农用链霉素可溶性粉剂 13.9～27.8 g，兑水 30～45 kg 混匀喷雾，每隔 7～10 d 喷一次，连喷 3 d 4 次。

马铃薯、番茄、甜（辣）椒青枯病可用 72％农用链霉素可溶性粉剂 0.01％～0.015％ 药液，于发病初期灌根，每株灌药液 0.25 kg，每隔 6～8 d 灌一次，连灌 2 次。

28. 春雷霉素（kasugamycin）**及其复配制剂**　马铃薯枯萎病可在发病前或初期，每亩用 47％春雷霉素·王铜可湿性粉剂 93.8～124.5 g，兑水 45～60 kg 灌根。

马铃薯软腐病、马铃薯疮痂病可在发病初期，用 50％春雷·王铜可湿性粉剂 600～

800 倍液喷雾叶面，每 5～7 d 喷一次，连续喷 3～4 次。

马铃薯青枯病可在发病前或发病初，用 47％春雷·王铜可湿性粉剂 700 倍液，或 53.8％氢氧化铜可湿性粉剂 500 倍液灌根，每株灌兑好的药液 0.3～0.5 L，隔 10 d 一次，连续灌 2～3 次。

29. 氟噻唑吡乙酮　马铃薯晚疫病　发病前保护性用药。每亩 10％氟噻唑吡乙酮可分散油悬浮剂 15～20 mL，每隔 10 d 左右施用一次，共计 2 次。

（三）常见生理性病害及其防治

1. 缺氮　缺 N 时开花前显症，植株矮小，生长弱，叶片均匀淡绿色，严重时叶片上卷呈杯状，到生长后期，基部小叶的叶缘完全失绿而皱缩，有时呈火烧状，叶片脱落，产量低。前茬施用有机肥或 N 肥少，土壤中含 N 量低、施用稻草太多、降雨多、N 素淋溶多时易造成缺氮。生产上发现缺 N 时马上埋施发酵好的人粪，也可将尿素或碳酸氢铵等混入 10～15 倍腐熟好的有机肥中，施入马铃薯两侧，再覆土浇水。也可在出苗后施入硫酸铵 10 kg/亩或人粪尿 1 000～1 500 kg/亩。

2. 缺钾　生长缓慢，节间短，叶面粗糙、皱缩，叶片边缘和叶间萎缩，叶尖及叶缘开始呈暗绿色，随后变为黄棕色，并逐渐向全叶扩展，叶脉间具青铜色斑点，且向下卷曲，小叶排列紧密，与叶柄夹角小，也为青铜色，干枯脱落，切开块茎时内部常有灰蓝色晕圈。一般到块茎形成期才呈现出，严重降低产量。土壤中含 K 量低或沙性土易缺 K；马铃薯生育中期块茎膨大需 K 肥多，如供应不足易发生缺 K。要防止缺 K，每亩基肥混入草木灰 200 kg，或在结薯时，每亩兑水浇灌硫酸钾 10 kg，或在收获前 40～50 d 时，喷施 1％硫酸钾或 0.2％～0.3％磷酸二氢钾或 1％草木灰浸出液，间隔期 10～15 d，施 2～3 次。

3. 缺锰　Mn 多在植株生活活跃部分，特别是叶肉内，对光合作用及糖类代谢都有促进作用。缺 Mn 使叶绿素形成受阻，影响蛋白质合成，叶脉间出现褪绿黄化症状，严重时叶脉间几乎全为白色，并沿叶脉出现许多棕色小斑，最后小斑坏死脱落，叶片残缺不全。土壤黏重、通气不良、碱性土易缺 Mn。缺 Mn 时，叶面喷洒 1％硫酸锰水溶液 1～2 次。

4. 缺铁　缺 Fe 首先表现为幼叶失绿黄白化，新叶常白化，初期叶脉间褪色而叶脉仍绿，叶脉颜色深于叶肉，严重时叶片变黄，甚至变白。土壤中 P 肥多，偏碱影响 Fe 的吸收和运转，致新叶显症。缺 Fe 时可喷洒 0.5％～1.0％硫酸亚铁溶液 1～2 次。

5. 缺磷　早期缺 P 影响根系发育和幼苗生长；孕蕾至开花期缺 P，叶部皱缩，色呈深绿，严重时基部叶变淡紫色，植株僵立，叶柄、小叶及叶缘朝上，不向水平展开，小叶面积缩小，色暗绿。缺 P 过多时，生长大受影响，薯块内部易发生铁锈色痕迹。苗期遇低温影响 P 的吸收，此外土壤偏酸或紧实易发生缺 P 症。播种前或苗期要注意施足 P 肥。此外，也可叶面喷洒 0.2％～0.3％磷酸二氢钾或 0.5％～1.0％过磷酸钙水溶液。

6. 缺钙　缺 Ca 根部易坏死，块茎小，有畸形成串小薯，块茎表面及内部维管束常坏死。主要原因是施用 N 肥、K 肥过量会阻碍对 Ca 的吸收和利用；土壤干燥、土壤溶液浓度高，也会阻碍对 Ca 的吸收；空气湿度小，蒸发快，补水不及时及缺 Ca 的酸性土壤上都会发生缺 Ca。缺 Ca 时，要据土壤诊断，施用适量石灰，应急时叶面喷洒 0.3％～

0.5%氯化钙水溶液，每3～4 d喷一次，共2～3次。

7. 缺硼 缺B时，根端、茎端停止生长，严重时生长点坏死，侧芽、侧根萌发生长，枝叶丛生。叶片粗糙、皱缩、蜷曲、增厚变脆、褪绿萎蔫，叶柄及枝条增粗变短，开裂，木栓化或出现水渍状斑点或环节状突起。土壤酸化，B素淋失或石灰施用过量均易引起缺硼。缺B时，叶面喷洒0.1%～0.2%硼砂水溶液，隔5～7 d喷一次，共2～3次。

8. 缺镁 马铃薯对缺Mg较为敏感，缺Mg时，老叶叶尖、叶缘及叶脉间褪绿，并向中心扩展，后期下部叶片变脆、增厚，老叶开始生黄色斑点，后变成乳白色至黄色或橙红至紫色，且在叶中间或叶缘上生黄化斑，脱落。严重时植株矮小，失绿叶片变棕色而坏死，脱落，块根生长受抑制。一般系土壤中含Mg量低，有时土壤中不缺Mg，但由于施K过多或在酸性及含Ca较多的碱性土壤中影响了马铃薯对Mg的吸收，有时植株对Mg需要量大，当根系不能满足其需要时也会造成缺Mg。生产上气温偏低，尤其是土温低时，不仅影响了马铃薯植株对磷酸的正常吸收，而且还会波及根对Mg的吸收，引致缺Mg症发生。此外，有机肥不足或偏施N肥，尤其是单纯施用化肥的棚室，易诱发此病。缺Mg时，首先注意施足充分腐熟的有机肥，改良土壤理化性质，使土壤保持中性，必要时亦可施用石灰进行调节避免土壤偏酸或偏碱。采用配方施肥技术，做到N、P、K和微量元素配比合理，当Mg不足时，施用含Mg的完全肥料，应急时，可在叶面喷洒1%～2%硫酸镁水溶液，隔2 d喷一次，每周喷3～4次。

9. 生理性早衰 生理性早衰主要由于长期干旱，植株受到干旱胁迫，生长发育受阻，到生长中后期表现明显的症状。该病主要在冬旱和春旱较严重地区的早熟品种上发生较普遍，在干旱年份发生，主要表现为植株长势差，叶发黄，下部叶片焦枯，早衰，产量低。该病与干旱密切相关，马铃薯出苗后持续1个月以上干旱少雨，较易发生。

10. 生理性叶斑病 生理性叶斑病是由于降雨、刮风，使叶片间互相摩擦、叶片与地面摩擦或叶片被大风吹翻转后雨滴击打，从而使叶肉组织受到损伤，形成水渍状小斑点，1 d后斑点开始变褐，2～3 d形成褐色病斑，从而表现出生理性叶斑病的典型症状。发生时期主要为幼苗期和旺长期。在所有马铃薯品种中均有发生，但是生长幼嫩、叶片宽大的品种发生较为严重。主要是发生在迎风面的坡地，在背风的地块发生较轻，在同一植株上也是迎风面发生较重，背风面发生较轻。在风向较乱的情况下，病害的发生较为普遍和均匀。

诊断方法：发生前3～5 d有中到大雨，且伴随大风；在田间分布不均匀，主要集中在迎风坡地或地块的迎风面，有时风向较乱在平地发生也较重，对于植株来说主要集中在植株中下部叶片上，上部叶片较少，病斑在叶片上的分布一般较为均匀，不同品种和生育时期病斑分布略有不同；病斑早期呈水渍状，2～3 d变褐色，圆形、近圆形或不规则，大小为1～5 mm，有时多个病斑愈合，病斑边缘病健组织分界明显，无晕圈或变色，病斑为褐色坏死，表面无霉层、菌脓或菌胶。

11. 块茎变绿 马铃薯块茎表皮局部或全部变绿，表皮变绿处的块茎内部也呈绿色或黄绿色。这种变绿的块茎因含有有毒物质——龙葵素而不能食用。

病因：由于太阳光、散射光或人工光线的长时间照射，导致块茎的表皮、薯肉产生了叶绿素和有毒物质龙葵素。

防治技术：马铃薯生长期间尤其是块茎形成期间应注意及时培土，杜绝块茎暴露在土壤外面；块茎在运输和贮藏过程要尽量避免太阳光直射以及太阳散射光、灯光长时间照射，块茎贮藏时要尽量放在黑暗处。

12. 块茎畸形（二次生长） 畸形块茎多是由于块茎发生二次膨大而形成的。二次生长的块茎有多种情形，常见块茎不规则伸长；链状结薯；皮层发生龟裂；块茎顶芽长出匍匐茎，顶端形成子薯；芽根部肥大凸出，形成肿瘤状小薯；哑铃形块茎，即在靠近块茎顶部形成"细脖"；块茎顶芽萌发匍匐茎，甚至穿出地面形成新的植株。

产生二次生长的主要原因是马铃薯块茎生长过程中出现高温干旱或高温干旱与低温湿润反复交替，或出现冻害后天气又恢复正常等。在块茎形成膨大期间，由于长时间高温干旱，块茎表皮局部或全部加厚（木栓化），块茎停止生长，即使后来降雨或灌溉，有了适宜生长的环境条件，块茎也不能继续正常生长，以致形成了各种畸形块茎；如果高温干旱和低温湿润反复交替，二次生长现象会更加严重。

防治技术：保持适宜的块茎膨大条件，基肥要以有机肥料为主，以增强耕地的保肥保水性能；播种时，密度要适当，株行距尽量均匀一致；生长期间要适时适当中耕培土；关键是耕地干旱时，要及时浇水，土壤保持湿润不见水为度。适当深耕，注意中耕和防冻害，保持土壤良好的透气性。

13. 淀粉溢出与块茎裂口 收获时常常可看见有的块茎表面出现"白点"或"疙瘩"或薯皮溃疡现象；有的块茎表现有一条或数条纵向裂痕，表面被愈合的周皮组织覆盖，这就是块茎裂口，裂口的宽窄长短不一，严重影响商品率。

块茎在迅速生长阶段，受旱未能及时灌水和及时追肥，或长期处于高温高湿和高温干旱条件下，块茎的淀粉向表皮溢出，出现"白点"或"疙瘩"或薯皮溃疡；有的由于内部压力超过表皮的承受能力而产生了裂缝，随着块茎的膨大，裂缝逐渐加宽。有时裂缝逐渐"长平"，收获时只见到"痕迹"。其原因主要是土壤忽干忽湿，块茎在干旱时形成周皮，膨大速度慢，潮湿时植株吸水多，块茎膨大快而使周皮破裂。此外，膨大期土壤肥水偏大；植株严重感染病毒病也易引起薯块外皮产生裂痕。

防治技术：增施有机肥，保证土壤始终肥力均匀；适时浇水，在块茎膨大期保证土壤有适度的含水量，避免土壤干旱；还要保持土壤良好的透气性。一般可采取高畦栽培，深挖边沟，水沟深度需在 50 cm 以上，而且做到沟沟相通，遇雨能迅速排走田间积水，要防除田间杂草丛生，雨季来临前经常进行清沟防渍水。及时防治蚜虫和病毒病。

14. 种薯毛芽 种薯在萌芽时，块茎上各芽眼萌发的幼芽都非常细弱，长势不旺盛，这种现象又称为种薯纤细芽。

病因：一是块茎的生活力低下；二是块茎感染了卷叶病毒。

防治技术：选用生活力强的块茎做种；选用无病的块茎做种；选用抗病性强的马铃薯品种。

15. 块茎空心 一般发生于马铃薯大块茎的髓部，空心洞周围形成了木栓质组织，呈星形放射状，有的 2~3 个空心洞连接在一起，但从块茎外部看不出任何症状。洞壁呈白色或棕褐色。在出现空心之前，其组织呈水渍状或透明状。块茎生长膨大期间，栽培地过于肥沃，加上湿度过大或株间距过大，使块茎大量吸收水分急剧增长，淀粉再度转化为还原糖，导致块茎虽然体积大，但干物质少，因而形成空心，这是块茎空心的主要原因。另外，栽培地缺 K 也会导致块茎空心。

防治技术：在块茎膨大期保持适宜的土壤湿度，并要合理密植，使株行距均匀一致，增施 K 肥，注意培土，促进植株正常生长；不过量施肥；不过量灌水，提前清理好沟渠，以便在强降雨时，使栽培地做到雨停水干；选用抗块茎空心的马铃薯品种。大西洋马铃薯需肥量大，因此要施足基肥，基肥占 50%～60%，以有机肥和 P、K 肥为主，有机肥每亩需要 1 500～2 000 kg，在整畦时施入，化肥选择 N、P、K 含量都为 15% 的含 S 复合肥，每亩 50 kg，播种前在畦中间开沟或穴施施入，注意肥料不要与种薯直接接触，以免灼伤种薯。追肥要早要巧，一般分 2 次进行，第一次在齐苗时进行追肥，可用稀薄的人粪尿浇施，以保证马铃薯幼苗生长所需的 N 肥，为中后期的生长打好基础，结合中耕培土，用腐熟人粪尿 500～700 kg 加水浇施；第二次在现蕾期，此时马铃薯块茎开始膨大，需肥量增多，是需肥最多的时期，以 K 肥为主，配合适量 N、P 肥，以满足结薯需要。施肥上应注意适 N 增 K，防止光长秧不结薯。如施 N 过多表现徒长，用 0.02% 硫酸镁溶液喷施，可抑制徒长，一般可亩施复合肥 5～15 kg。在封垄后可不再追肥。一般要求中耕 2～3 次，齐苗时结合间苗进行第一次深中耕，以提高地温，促进发苗；团棵期进行第二次中耕和浅培土，以利多结薯；封垄前进行第三次中耕培土，累积培土厚度为 10～20 cm，畦高 35～40 cm，培土能加厚结薯层次，有效提高产量，同时避免薯块外露变青色，降低品质。

16. 褐色心腐病　块茎表面无症状，但切开薯块后，在薯肉上可见分布有形状不规则、大小不等的褐色斑点，褐色部分的细胞已经死亡成为木栓化组织，淀粉粒也基本消失，不易煮烂、炒熟，失去食用价值。块茎生长膨大的高峰期，遇到土壤严重干旱或土壤水分供应不足，容易导致褐色心腐病的发生。

防治技术：增施有机肥料，提高土壤保水能力；块茎生长膨大期间均要满足水分供应，防止土壤干旱；选用抗褐色心腐病的品种。

17. 黑色心腐病（黑心病）　一般发生在块茎贮藏、运输期间，薯肉中心部分呈黑色、褐色或蓝色，变色部分轮廓清晰、形状不规则；变色部分一般分散在薯肉中间，有的出现空洞，变色部分不失水，但变硬部分放在大棚和温室里可逐步变软。缺氧严重时整个块茎都可能变黑。发病严重的块茎，其黑心部分会延伸到芽眼部，外皮局部变成褐色并凹陷。高温、透气不良及块茎内部缺氧是贮藏、运输发生块茎黑色心腐病的主要原因。贮藏、运输的块茎在透气不良或缺氧情况下，40～42 ℃时 1～2 d、36～39 ℃时 3 d、31～35 ℃时 4～5 d、27～30 ℃时 6～12 d 就会发生黑色心腐病。在低温条件下，长期通气不良或缺氧，也会发生黑色心腐病。

防治技术：在贮藏和运输马铃薯块茎过程中块茎不可堆积过高，薯堆不可过大，以避免高温和通气不良，尤其要避免长期通气不良或者缺氧。注意贮藏期间保持薯堆良好的通气性，并保持适宜的贮藏温度。室温必须保持在 1～3 ℃，相对湿度要保持在 85% 以下，并保持空气流通。贮存期间，不同品种分别贮存，不要与种子、化肥等混施，也不要放到烟、气较大的地方。

18. 块茎内部变色（水薯）　将块茎切开后，可见薯肉稍呈透明状，随后薯肉略变成淡褐色或淡紫色。这种马铃薯块茎又称"水薯"。内部变色块茎（水薯）产生的主要原因是 N 肥用量过多，造成茎叶徒长、倒伏，影响光合作用，使同化产物的积累减少；N 肥用量过多，还促进了细胞的分裂，使块茎膨大速度加快，影响了淀粉积累，于是形成了含水量高而淀粉含量低的内部变色块茎（水薯）。

防治技术：适量施用 N 肥，注意 N、P、K 肥的合理配合施用；选用抗块茎内部变色的马铃薯品种。

19. 块茎内部黑斑 块茎表面一般没有症状，但剥去表皮后可见到内部有黑斑，其形状有圆形、椭圆形、不规则形；切开薯块后，可见黑斑沿维管束扩展或穿过维管束扩展至块茎内部。主要病因是运输过程中马铃薯块茎遭到碰撞而损伤了皮下组织，24 h 后损伤部位就变成黑褐色；变黑褐色的程度与温度密切相关，当环境温度在 1～10 ℃时，受碰撞损伤部位的细胞极易氧化而产生黑色素，使组织局部变黑。

防治技术：马铃薯块茎充分成熟后再收获，收获时地温最好在 10 ℃以上；运输过程中要避免各种碰撞和冲击，减少块茎损伤。

二、马铃薯虫害及防治

（一）地下害虫

地下害虫是指生活在土壤中或为害作物地下部分的害虫，生产上也将一些入土化蛹或越冬的幼虫、成虫当作地下害虫一起防治。常见的地下害虫有小地老虎、蛴螬、金针虫、蝼蛄、根蛆、白蚁等。

1. 金针虫

（1）名称和分类地位 金针虫，属于昆虫纲有翅亚纲鞘翅目叩甲科。金针虫是叩头虫的幼虫，危害植物根部、茎基、取食有机质。中国的主要种类有沟金针虫（*Pleonomus canaliculatus*）、细胸金针虫（*Agriotes fus icollis*）、褐纹金针虫（*Melanotus caudex*）、宽背金针虫（*Selatosomus latus*）、兴安金针虫（*Harminius dahuricus*）、暗褐金针虫（*Selatosomus* sp.）等。

（2）形态特征 叩头虫一般颜色较暗，体形细长或扁平，具有梳状或锯齿状触角。胸部下侧有一个爪，受压时可伸入胸腔。当叩头虫仰卧，若突然敲击爪，叩头虫即会弹起，向后跳跃。幼虫圆筒形，体表坚硬，蜡黄色或褐色，末端有两对跗肢，体长 13～20 mm。根据种类不同，幼虫期 1～3 年，蛹在土中的土室内，蛹期大约 3 周。成虫体长 8～9 mm 或 14～18 mm，依种类而异。体黑或黑褐色，头部生有 1 对触角，胸部着生 3 对细长的足，前胸腹板具 1 个突起，可纳入中胸腹板的沟穴中。头部能上下活动似叩头状，故俗称"叩头虫"。幼虫体细长，25～30 mm，金黄或茶褐色，并有光泽，故名"金针虫"。身体生有同色细毛，3 对胸足大小相同。

（3）生活史 金针虫为全变态昆虫，一生要经历卵、幼虫（金针虫）、蛹、成虫（叩甲）四个不同虫态。幼虫（金针虫）通常在土壤中为害，食性极杂，禾谷类、薯类、芋类、豆类、甜菜、棉花、蔬菜、中药材和林木幼苗等均可被其为害，取食植物的根、块茎和刚播下的种子；也有少数种类钻入树皮或作物的茎秆为害。金针虫的生活史很长，因不同种类而不同，常需 3～5 年才能完成一代，各代以幼虫或成虫在地下越冬，越冬深度在 20～85 cm 间。在华北地区，越冬成虫于 3 月上旬开始活动，4 月上旬为活动盛期。成虫白天躲在麦田或田边杂草中和土块下，夜晚活动，雌性成虫不能飞翔，行动迟缓，有假死性，没有趋光性，雄虫飞翔较强，卵产于土中 3～7 cm 深处，卵孵化后，幼虫直接为害作物，在地下主要为幼苗根茎部。其中以沟金针虫分布范围最广。沟金针虫在 8～9 月化蛹，蛹期 20 d 左右，9 月羽化为成虫，即在土中越冬，翌年 3～4 月出土活动。金针虫的活动，与土壤温度、湿度、寄主植物的生育时期等有密切关系。其上升表土为害的时间，与马铃薯的播种至幼苗期相吻合。金针虫在土中活动迅速，潮湿、微酸性的土壤有利其发生，对炒香味、甜味有趋性。

（4）分布区域 沟金针虫主要分布区域北起辽宁，南至长江沿岸，西到陕西、青海，旱作区的粉沙壤土和粉沙黏壤土地带发生较重；细胸金针虫从东北北部，到淮河流域，北至内蒙古以及西北等地均有发生，但以水浇地、潮湿低洼地和黏土地带发生较重；褐纹金针虫主要分布于华北；宽背金针虫分布黑龙江、内蒙古、宁夏、新疆；兴安金针虫主要分布于黑龙江；暗褐金针虫分布于四川西部地区。

（5）传播途径 未腐熟的农家肥和杂草是地下害虫产卵、隐蔽和繁殖的场所，因此，金针虫可以随着农家肥及杂草、农田土壤和蛀食的块茎的转运而传播，也可随着雄虫的飞翔而传播。

（6）为害症状 春、秋两季危害最重。卵孵化后幼虫直接危害作物。以幼虫长期生活于土壤中，主要为害禾谷类、薯类、豆类、甜菜、棉花及各种蔬菜和林木幼苗等。可咬断刚出土的作物幼苗、主根和须根，断口不整齐；也可钻入肥大的根、块茎、茎基部为害，使幼苗枯死，被害处不完全咬断，断口不整齐。幼虫能咬食刚播下的种子，食害胚乳使其不能发芽。4～5 月土温 7 ℃ 时，幼虫开始活动，9 ℃ 开始为害，15～16 ℃ 为害最盛，17～28 ℃ 以上时到 15 cm 左右土层越夏；9～10 月土温下降到 18 ℃ 左右时，又上到 10 cm 耕作层内为害。到秋末冬初，以各种虫态在 30 cm 左右深的土层越冬。

（7）防治措施

① 与水稻轮作；或者在金针虫活动盛期常灌水，可抑制危害。

② 沟施毒土。定植前，用 48% 毒死蜱乳油 200 mL/亩，拌细土 10 kg 撒在种植沟内，也可将农药与农家肥拌匀施入。用 48% 毒死蜱乳油每亩 200～250 g，50% 辛硫磷乳油每亩 200～250 g，加水 10 倍，喷于 25～30 kg 细土上拌匀成毒土，顺垄条施，随即浅锄；用 5% 甲基毒死蜱颗粒剂每亩 2～3 kg 拌细土 25～30 kg 成毒土，或用 5% 甲基毒死蜱颗粒剂、5% 辛硫磷颗粒剂每亩 2.5～3.0 kg 处理土壤。

③ 药剂拌种。用 60% 吡虫啉悬浮种衣剂拌种，比例为药剂、水与种子为 1：200：10 000。

④ 穴施毒土。生长期发生沟金针虫，可在苗间挖小穴，将颗粒剂或毒土点入穴中立即覆盖，土壤干时也可用 48% 毒死蜱乳油 2 000 倍液，开沟或挖穴点浇。

⑤ 农业防治。精细整地，适时播种，合理轮作，消灭杂草，适时早浇，及时中耕除草，种植前要深耕多耙，收获后或冬季封冻前深翻 35 cm；夏季翻耕暴晒。粪肥要进行腐熟处理，可堆肥沤制，高温处理，杀死粪肥中的金针虫，减轻作物受害程度。

2. 蝼蛄

（1）**名称和分类地位** 蝼蛄，俗名土狗子、拉拉蛄等。属于直翅目蟋蟀总科蝼蛄科（Gryllotalpidae）地下昆虫。体小型至大型，其中以华北蝼蛄（*Gryllotalpa unispina*）体型最大（体长>4 cm）。此类昆虫前足为特殊的开掘足，雌性缺产卵器，雄性外生殖结构简单，雌雄可通过翅脉识别（雄性覆翅具发声结构）。中国仅有蝼蛄亚科（Gryllotalpinae）蝼蛄属（*Gryllotalpa*）种类的分布，包含11种。

（2）**形态特征** 东方蝼蛄成虫体长30～35 mm，灰褐色，腹部色较浅，全身密布细毛。头圆锥形，触角丝状。前胸背板卵圆形，中间具一明显的暗红色长心形凹陷斑。前翅灰褐色，较短，仅达腹部中部。后翅扇形，较长，超过腹部末端。腹末具1对尾须。前足为开掘足，后足胫节背面内侧有4个距，别于华北蝼蛄。卵初产时长2.8 mm，孵化前4 mm，椭圆形，初产乳白色，后变黄褐色，孵化前暗紫色。若虫共8～9龄，末龄若虫体长25 mm，体形与成虫相近。

华北蝼蛄体型比东方蝼蛄大，体长36～55 mm，黄褐色，前胸背板心形凹陷不明显，后足胫节背面内侧仅1个距或消失。卵椭圆形，孵化前呈深灰色。若虫共13龄，形态与成虫相似，翅尚未发育完全，仅有翅芽，5～6龄后体色与成虫相似。

（3）**生活史** 华北蝼蛄3年发生1代，多与东方蝼蛄混杂发生。华北地区成虫6月上中旬开始产卵，当年秋季以8～9龄若虫越冬；第二年4月上中旬越冬若虫开始活动，当年可蜕皮3～4次，以12～13龄若虫越冬；第三年春季越冬高龄若虫开始活动，8～9月蜕最后一次皮后以成虫越冬；第四年春季越冬成虫开始活动，于6月上中旬产卵，至此完成一个世代。成虫具一定趋光性，白天多潜伏于土壤深处，晚上到地面危害，喜食幼嫩部位，危害盛期多在播种期和幼苗期。

东方蝼蛄南方1年1代，北方2年1代，以成虫或若虫在冻土层以下越冬。第二年春上升到地面危害，4～5月是春季危害盛期，在保护地内2～3月即可活动危害。9～10月危害秋菜。初孵若虫群集，逐渐分散，有趋光性、趋化性、趋粪性、喜湿性。

蝼蛄为不完全变态，完成一世代需要3年左右。以成虫或较大的若虫在土穴内越冬，第二年4～5月开始活动，并为害玉米和其他作物的幼苗。若虫逐渐长大变为成虫，继续危害玉米。越冬成虫从6月中旬开始产卵。7月初孵化，初孵化、幼虫有聚集性，3龄分散危害，到秋季达8～9龄，深入土中越冬。第二年春越冬若虫恢复活动继续危害，到秋季达12～13龄后入土越冬。第三年春又活动危害。夏季若虫发育为成虫，以成虫越冬。

（4）**分布区域** 蝼蛄在中国绝大部分地区都有分布。华北蝼蛄主要分布在中国北方各地；东方蝼蛄在中国各地均有分布，南方危害较重；台湾蝼蛄发生于台湾、广东、广西；普通蝼蛄仅分布在新疆。菜田发生的蝼蛄主要有华北蝼蛄和东方蝼蛄。

（5）**传播途径** 未腐熟的农家肥和杂草是地下害虫产卵、隐蔽和繁殖的场所，因此，蝼蛄可以随着农家肥及杂草、农田土壤和蛀食的块茎的转运而传播，也可随着成虫的飞翔而传播。

（6）**为害症状** 蝼蛄为多食性害虫，喜食各种蔬菜，对蔬菜苗床和移栽后的菜苗危害尤为严重。蝼蛄成虫和若虫在土中咬食刚播下的种子和幼芽，或将幼苗根、茎部咬断，使幼苗枯死，受害的根部呈乱麻状。蝼蛄在地下活动，将表土穿成许多隧道，使幼苗根部透风和土壤分离，造成幼苗因失水干枯致死，缺苗断垄，严重的甚至毁种，使蔬菜大幅度减产。

（7）防治措施

① 农业防治。深翻土壤、精耕细作，造成不利蝼蛄生存的环境，减轻危害；夏收后，及时翻地，破坏蝼蛄的产卵场所；施用腐熟的有机肥料，不施用未腐熟的肥料；在蝼蛄危害期，追施碳酸氢铵等化肥，散出的氨气对蝼蛄有一定驱避作用；秋收后，进行大水灌地，使向深层迁移的蝼蛄被迫向上迁移，在结冻前深翻，把翻上地表的害虫冻死；实行合理轮作，改良盐碱地，有条件的地区实行水旱轮作，可消灭大量蝼蛄，减轻危害。

② 灯光诱杀。蝼蛄发生危害期，在田边或村庄利用黑光灯、白炽灯诱杀成虫，以减少田间虫口密度。

③ 人工捕杀。结合田间操作，对新拱起的蝼蛄隧道，采用人工挖洞捕杀虫、卵。

④ 药剂防治。

a. 种子处理。播种前，用50%辛硫磷乳油，按种子重量的0.1%～0.2%拌种，堆闷12～24 h后播种。

b. 毒饵诱杀。常用的是敌百虫毒饵，先将麦麸、豆饼、秕谷、棉籽饼或玉米碎粒等炒香，按饵料重量0.5%～1%的比例加入90%晶体敌百虫制成毒饵；先将90%晶体敌百虫用少量温水溶解，倒入饵料中拌匀，再根据饵料干湿程度加适量水，拌至用手一攥稍出水即成。每亩施毒饵1.5～2.5 kg，于傍晚时撒在已出苗的菜地或苗床的表土上，或随播种、移栽定植时撒于播种沟或定植穴内。制成的毒饵限当日撒施。

c. 土壤处理、灌溉药液。当菜田蝼蛄发生危害严重时，每亩用3%辛硫磷颗粒剂1.5～2.0 kg，对细土15～30 kg混匀撒于地表，在耕耙或栽植前沟施毒土。若苗床受害严重时，用80%敌敌畏乳油30倍液灌洞灭虫。

3. 蛴螬

（1）名称和分类地位　蛴螬是金龟甲的幼虫，别名白土蚕、核桃虫，成虫通称为金龟甲或金龟子。危害多种植物和蔬菜。属鞘翅目金龟总科。主要有大黑金龟子（*Holotrichia diomphalia* Bates）、铜绿金龟子（*Anomala corpulenta* Motschulsky）。

（2）形态特征　体肥大，体形弯曲呈C形，多为白色，少数为黄白色。头部褐色，上颚显著，腹部肿胀。体壁较柔软、多皱，体表疏生细毛。头大而圆，多为黄褐色，生有左右对称的刚毛，刚毛数量的多少常为分种的特征。如华北大黑鳃金龟的幼虫为3对，黄褐丽金龟幼虫为5对。蛴螬具胸足3对，一般后足较长。腹部10节，第十节称为臀节，臀节上生有刺毛，其数目的多少和排列方式也是分种的重要特征。

（3）生活史　蛴螬1～2年一代，幼虫和成虫在土中越冬，成虫即金龟子，白天藏在土中，晚上8～9时进行取食等活动。蛴螬有假死和负趋光性，并对未腐熟的粪肥有趋性。幼虫蛴螬始终在地下活动，与土壤温、湿度关系密切。当10 cm土温达5 ℃时开始上升土表，13～18 ℃时活动最盛，23 ℃以上则往深土中移动，至秋季土温下降到其活动适宜范围时，再移向土壤上层。

（4）分布区域　本种分布很广，从黑龙江起至长江以南地区以及内蒙古、西藏、陕西等地均有分布。主要分布江苏、安徽、四川、河北、山东、河南和东北等地。

（5）发生规律　成虫交配后 10～15 d 产卵，产在松软湿润的土壤内，以水浇地最多，每头雌虫可产卵 100 粒左右。蛴螬年生代数因种、因地而异。这是一类生活史较长的昆虫，一般 1 年一代或 2～3 年一代，长者 5～6 年一代。如大黑鳃金龟 2 年一代，暗黑鳃金龟、铜绿丽金龟 1 年一代，小云斑鳃金龟在青海 4 年一代，大栗鳃金龟在四川甘孜地区则需 5～6 年一代。蛴螬共 3 龄。1 至 2 龄期较短，第三龄期最长。

（6）传播途径　未腐熟的农家肥和杂草是地下害虫产卵、隐蔽和繁殖的场所，因此，未腐熟的农家肥及杂草可将幼虫和卵带入农田。蛴螬可随着农家肥及杂草、农田土壤和蛀食的块茎的转运而传播，也可随着成虫金龟子的飞翔而传播。

（7）为害症状　蛴螬对果园苗圃、幼苗及其他作物的危害主要是春、秋两季最重。蛴螬咬食幼苗嫩茎，薯芋类块根被钻成孔眼，当植株枯黄而死时，它又转移到别的植株继续危害。此外，因蛴螬造成的伤口还可诱发病害。其中植食性蛴螬食性广泛，危害多种农作物、经济作物和花卉苗木，喜食刚播种的种子、根、块茎以及幼苗，是世界性的地下害虫，危害很大。

（8）防治措施

① 农业防治。实行水、旱轮作；在玉米生长期间适时灌水；不施未腐熟的有机肥料；精耕细作，及时镇压土壤，清除田间杂草；大面积春、秋耕，并跟犁拾虫等。发生严重的地区，秋冬翻地可把越冬幼虫翻到地表使其风干、冻死或被天敌捕食，机械杀伤，防效明显；同时，应防止使用未腐熟有机肥料，以防止招引成虫来产卵。合理安排茬口，前茬为大豆、花生、薯类、玉米或与之套作的菜田，蛴螬发生较重，适当调整茬口可明显减轻危害。合理施肥，施用的农家肥应充分腐熟，以免将幼虫和卵带入菜田，并能促进作物健壮生长，增强耐害力，同时蛴螬喜食腐熟的农家肥，可减轻其对蔬菜的危害。施用碳酸氢铵、腐殖酸铵、氨水、氨化磷酸钙等化肥，所散发的氨气对蛴螬等地下害虫具有驱避作用。

② 药剂处理土壤。用 50%辛硫磷乳油每亩 200～250 g，加水 10 倍喷于 25～30 kg 细土上拌匀制成毒土，顺垄条施，随即浅锄，或将该毒土撒于种沟或地面，随即耕翻或混入厩肥中施用。

③ 药剂拌种。用 50%辛硫磷或 50%对硫磷药剂与水和种子按 1:30:（400～500）的比例拌种；用 25%辛硫磷胶囊剂或 25%对硫磷胶囊剂等有机磷药剂，还可兼治其他地下害虫。用 50%辛硫磷乳油拌种，辛硫磷、水、种子的比例为 1:50:600，将药液均匀喷洒于放在塑料薄膜上的种子上，边喷边拌，拌后闷种 3～4 h，其间翻动 1～2 次，种子干后即可播种，持效期为 20 余 d。或每亩用 80%敌百虫可溶性粉剂 100～150 g，对少量水稀释后拌细土 15～20 kg，制成毒土，均匀撒在播种沟（穴）内，覆一层细土后播种。在蛴螬发生较重的地块，用 80%敌百虫可溶性粉剂和 25%西维因可湿性粉剂各 800 倍液灌根，每株灌 150～250 g，可杀死根际附近的幼虫。

④ 毒饵诱杀。每亩地用 25%对硫磷或辛硫磷胶囊剂 150～200 g 拌谷子等饵料 5 kg，或 50%对硫磷、50%辛硫磷乳油 50～100 g 拌饵料 3～4 kg，撒于种沟中，亦可收到良好防治效果。

⑤ 物理方法。有条件地区，可设置黑光灯诱杀成虫，减少蛴螬的发生数量。施农家

肥前应筛出其中的蛴螬；定植后发现菜苗被害可挖出土中的幼虫；利用成虫的假死性，在其停落的作物上捕捉或振落捕杀。

⑥ 生物防治。利用茶色食虫虻、金龟子黑土蜂、白僵菌等。

4. 小地老虎

（1）名称和分类地位　小地老虎（*Agrotis ypsilon* Rottemberg）又名土蚕、切根虫。经历卵、幼虫、蛹、成虫。年发生代数随各地气候不同而异，愈往南年发生代数愈多，以雨量充沛、气候湿润的长江中下游和东南沿海及北方的低洼内涝或灌区发生比较严重；在长江以南以蛹及幼虫越冬，适宜生存温度为 15～25 ℃。天敌有知更鸟、鸦雀、蟾蜍、鼬鼠、步行虫、寄生蝇、寄生蜂及细菌、真菌等。对幼苗危害很大，轻则造成缺苗断垄，重则毁种重播。属于昆虫纲有翅亚纲鳞翅目夜蛾科。

（2）形态特征

① 卵馒头形，直径约 0.5 mm、高约 0.3 mm，具纵横隆线。初产乳白色，渐变黄色，孵化前卵一顶端具黑点。

② 蛹。体长 18～24 mm、宽 6.0～7.5 mm，赤褐有光。口器与翅芽末端相齐，均伸达第 4 腹节后缘。腹部第 4～7 节背面前缘中央深褐色，且有粗大的刻点，两侧的细小刻点延伸至气门附近；第 5～7 节腹面前缘也有细小刻点；腹末端具短臀棘 1 对。

③ 幼虫。圆筒形，老熟幼虫体长 37～50 mm、宽 5～6 mm。头部褐色，具黑褐色不规则网纹；体灰褐至暗褐色，体表粗糙，布大小不一而彼此分离的颗粒，背线、亚背线及气门线均黑褐色；前胸背板暗褐色，黄褐色臀板上具 2 条明显的深褐色纵带；腹部 1～8 节背面各节上均有 4 个毛片，后两个比前两个大 1 倍以上；胸足与腹足黄褐色。

④ 成虫。体长 17～23 mm、翅展 40～54 mm，头、胸部背面暗褐色，足褐色，前足胫、跗节外缘灰褐色，中后足各节末端有灰褐色环纹。前翅褐色，前缘区黑褐色，外缘以内多暗褐色；基线浅褐色，黑色波浪形内横线双线，黑色环纹内有一圆灰斑，肾状纹黑色、具黑边，其外中部有一楔形黑纹伸至外横线，中横线暗褐色、波浪形，双线波浪形、外横线褐色，不规则锯齿形亚外缘线灰色，其内缘在中脉间有 3 个尖齿，亚外缘线与外横线间在各脉上有小黑点，外缘线黑色，外横线与亚外缘线间淡褐色，亚外缘线以外黑褐色。后翅灰白色，纵脉及缘线褐色，腹部背面灰色。成虫对黑光灯及糖醋酒等趋性较强。

（3）生活史　小地老虎一年发生 3～4 代，老熟幼虫或蛹在土内越冬。早春 3 月上旬成虫开始出现，一般在 3 月中下旬和 4 月上中旬会出现两个发蛾盛期。

成虫的活动性和温度有关，成虫白天不活动，傍晚至前半夜活动最盛，在春季夜间气温达 8 ℃以上时即有成虫出现，但 10 ℃以上时数量较多、活动愈强；喜欢吃酸、甜、酒味的发酵物、泡桐叶和各种花蜜，并有趋光性，对普通灯光趋性不强，对黑光灯极为敏感，有强烈的趋化性。具有远距离南北迁飞习性，春季由低纬度向高纬度，由低海拔向高海拔迁飞，秋季则沿着相反方向飞回南方；微风有助于其扩散，风力在 4 级以上时很少活动。

成虫多在下午 3 时至晚上 10 时羽化，白天潜伏于杂物及缝隙等处，黄昏后开始飞翔、觅食，3～4 d 交配、产卵。卵散产于低矮叶密的杂草和幼苗上，少数产于枯叶、土缝中，近地面处落卵最多，每雌产卵 800～1 000 粒，多的达 2 000 粒；卵期 5 d 左右，幼虫 6 龄、个别 7～8 龄，幼虫期在各地相差很大，但第一代为 30～40 d。幼虫老熟后在深约 5 cm 土室中化蛹，蛹期 9～19 d。

从 10 月到第二年 4 月都见发生和危害。西北地区 2～3 代，长城以北一般年 2～3 代，长城以南黄河以北年 3 代，黄河以南至长江沿岸年 4 代，长江以南年 4～5 代，南亚热带地区年 6～7 代。无论年发生代数多少，在生产上造成严重危害的均为第一代幼虫。南方越冬代成虫 2 月出现，全国大部分地区羽化盛期在 3 月下旬至 4 月上中旬，宁夏、内蒙古为 4 月下旬。

成虫的产卵量和卵期在各地有所不同，卵期随分布地区及世代不同的主要原因是温度高低不同所致。高温对小地老虎的发育与繁殖不利，因而夏季发生数量较少，适宜生存温度为 15～25 ℃；冬季温度过低，小地老虎幼虫的死亡率增高。存活季节多出现在春节以及秋季，也可称为"秋老虎"。

凡地势低湿，雨量充沛的地方，发生较多；头年秋雨多、土壤湿度大、杂草丛生有利于成虫产卵和幼虫取食活动，是第二年大发生的预兆；但降水过多，湿度过大，不利于幼虫发育，初龄幼虫淹水后很易死亡；成虫产卵盛期土壤含水量在 15%～20% 的地区危害较重。沙壤土易透水、排水迅速，适于小地老虎繁殖，而重黏土和沙土则发生较轻；土质与小地老虎的发生也有关系，但实质是土壤湿度不同所致。

（4）分布区域　小地老虎属广布性种类，以雨量丰富、气候湿润的长江流域和东南沿海发生量大，东北地区多发生在东部和南部湿润地区。

（5）传播途径　未腐熟的农家肥和杂草是地下害虫产卵、隐蔽和繁殖的场所，因此，小地老虎可以随着农家肥及杂草、农田土壤和蛀食的块茎的转运而传播，也可随着成虫的飞翔而传播。成虫迁飞，土传卵和蛹是小地老虎传播的主要途径。

（6）为害症状　能危害百余种植物，幼虫将蔬菜幼苗近地面的茎部咬断，使整株死亡，造成缺苗断垄，严重的甚至毁种。

幼虫共分 6 龄，其不同阶段危害习性表现为：1～2 龄幼虫昼夜均可群集于幼苗顶心嫩叶处，昼夜取食，这时食量很小，危害也不十分显著；3 龄后分散，幼虫行动敏捷，有假死习性，对光线极为敏感，受到惊扰即蜷缩成团，白天潜伏于表土的干湿层之间，夜晚出土从地面将幼苗植株咬断拖入土穴，或咬食未出土的种子，幼苗主茎硬化后改食嫩叶和叶片及生长点，食物不足或寻找越冬场所时，有迁移现象。5、6 龄幼虫食量大增，每条幼虫一夜能咬断菜苗 4～5 株，多的达 10 株以上。幼虫 3 龄后对药剂的抵抗力显著增加。因此，药剂防治一定要掌握在 3 龄以前。3 月底到 4 月中旬是第一代幼虫危害的严重时期。

（7）防治措施　应根据各地危害时期，因地制宜，采取以农业防治和药剂防治相结合的综合防治措施。

① 预测预报。对成虫的测报可采用黑光灯或蜜糖液诱蛾器，在华北地区春季自 4 月 15 日至 5 月 20 日设置，如平均每天每台诱蛾 5 头以上，表示进入发蛾盛期，蛾量最多的一天即为高峰期，过后 20～25 d 即为 2～3 龄幼虫盛期，为防治适期；诱蛾器如连续 2 d 在 30 头以上，预兆将有大发生的可能。对幼虫的测报采用田间调查的方法，如定苗前每平方米有幼虫 0.5～1.0 头，或定苗后每平方米有幼虫 0.1～0.3 头（或百株蔬菜幼苗上有

虫1～2头）即应防治。防治指标各地不完全相同，下列指标可供参考。棉花、甘薯每平方米有虫（卵）0.5头（粒）；玉米、高粱有虫（卵）1头（粒）或百株有虫2～3头；大豆穴害率达10%。

② 农业防治。早春清除菜田及周围杂草，防止小地老虎成虫产卵是关键一环；如已被产卵，并发现1～2龄幼虫，则应先喷药后除草，以免个别幼虫入土隐蔽。清除的杂草，要远离菜田，沤粪处理。秋季深翻地深耙地，破坏它们的越冬环境，冻死准备越冬的大量幼虫、蛹和成虫，减少越冬数量，减轻下年危害。

③ 物理防治。

a. 诱杀成虫。结合黏虫用糖、醋、酒诱杀液或甘薯、胡萝卜等发酵液诱杀成虫。

b. 诱捕幼虫。用泡桐叶或莴苣叶诱捕幼虫，于每日清晨到田间捕捉；对高龄幼虫也可在清晨到田间检查，如果发现有断苗，拨开附近的土块，进行捕杀。

④ 化学防治。幼虫3龄前用药喷雾、喷粉或撒毒土进行防治；3龄后，田间出现断苗，可用毒饵或毒草诱杀。喷雾时，每公顷可选用50%辛硫磷乳油750 mL，或2.5%溴氰菊酯乳油或40%氯氰菊酯乳油300～450 mL、90%晶体敌百虫750 g，兑水750L喷雾。选用2.5%溴氰菊酯乳油90～100 mL，或50%辛硫磷乳油500 mL加水适量，喷拌细土50 kg配成毒土，每公顷300～375 kg顺垄撒施于幼苗根标附近。虫龄较大时采用毒饵诱杀，选用90%晶体敌百虫0.5 kg或50%辛硫磷乳油500 mL，加水2.5～5.0 L，喷在50 kg碾碎炒香的棉籽饼、豆饼或麦麸上，于傍晚在受害作物田间每隔一定距离撒一小堆，或在作物根际附近围施，每公顷用75 kg。毒草可用90%晶体敌百虫0.5 kg，拌砸碎的鲜草75～100 kg，每公顷用225～300 kg。

5. 防治马铃薯地下害虫的一般措施

（1）预测预报　预测预报成虫或幼虫密度。

（2）清洁田园　清除田间、田埂、地头、地边和水沟边等处的杂草和杂物，并带出地外处理，以减少幼虫和虫卵数量。

（3）施用有机肥　施用充分腐熟的有机肥，合理施肥，达到苗齐苗壮，增加抗虫性，严禁使用未腐熟的畜禽粪如生鸡粪、生猪粪、生鸭粪等有机肥料，以防止招引成虫产卵。

（4）物理防治　利用成虫的趋光性用黑光灯诱杀。

（5）化学防治　播种前用80%敌百虫可湿性粉剂500 g加水溶化后和炒熟的棉籽饼或菜籽饼或麦麸20 kg拌匀作为毒饵，于傍晚撒在幼苗根的附近地面诱杀，或用辛硫磷颗粒剂，随播种施入土壤。每亩用毒死蜱300 mL兑水50 kg　或用40%的辛硫磷1 500～2 000倍液，在苗期灌根。

发生期用90%敌百虫800～1 000倍液，或75%辛硫磷乳油700倍液浇灌。可施用0.38%苦参碱乳油500倍液，或50%辛硫磷乳油1 000倍液，用少量水溶化后和炒熟的棉籽饼或菜籽饼70～100 kg拌匀，于傍晚撒在幼苗根的附近地面上诱杀。

用50%辛硫磷或48%毒死蜱拌种，药剂：水：种薯比例为1：（30～40）：（400～500）；也可选用50%辛硫磷乳油每亩200～250 g，加水10倍喷于25～30 kg细土上拌匀制成毒土，顺垄条施或将该毒土撒于马铃薯种沟或在中耕时把上述农药撒于苗根部，毒杀害虫。

（二）地上害虫

1. 马铃薯二十八星瓢虫　2007—2009 年在河北省崇礼县、丰宁县、围场县等地普遍发生，由于疏于喷药防治，严重地块每株达到 10～25 头，受害叶面积占整个叶面的 30%～60%，甚至占 90% 以上，可造成严重减产。

（1）名称和分类地位　马铃薯二十八星鞘翅目瓢虫科瓢虫属昆虫。分布黑龙江、内蒙古、福建、云南、陕西、甘肃、四川、云南、西藏等地。主要危害马铃薯、茄子、青椒、豆类、瓜类、玉米、白菜等。

（2）形态特征　成虫体长 7～8 mm，半球形，赤褐色，密被黄褐色细毛。前胸背板前缘凹陷而前缘角突出，中央有一较大的剑状斑纹，两侧各有 2 个黑色小斑（有时合成一个）。两鞘翅上各有 14 个黑斑，鞘翅基部 3 个黑斑后方的 4 个黑斑不在一条直线上，两鞘翅合缝处有 1～2 对黑斑相连。卵长 1.4 mm，纵立，鲜黄色，有纵纹。幼虫体长约 9 mm，淡黄褐色，长椭圆状，背面隆起，各节具黑色枝刺。蛹长约 6 mm，椭圆形，淡黄色，背面有稀疏细毛及黑色斑纹。尾端包着末龄幼虫的蜕皮。

（3）生活史　中国东部地区，甘肃、四川以东，长江流域以北均有发生。在华北一年 2 代，武汉 4 代，以成虫群集越冬。一般于 5 月开始活动，为害马铃薯或苗床中的茄子、番茄、青椒苗。6 月上中旬为产卵盛期，6 月下旬至 7 月上旬为第一代幼虫为害期，7 月中下旬为化蛹盛期，7 月底至 8 月初为第一代成虫羽化盛期，8 月中旬为第二代幼虫为害盛期，8 月下旬开始化蛹，羽化的成虫自 9 月中旬开始寻求越冬场所，10 月上旬开始越冬。成虫以上午 10 时至下午 16 时最为活跃，午前多在叶背取食，下午 16 时后转向叶面取食。成虫、幼虫都有残食同种卵的习性。成虫假死性强，并可分泌黄色黏液。越冬成虫多产卵于马铃薯苗基部叶背，20～30 粒靠近在一起。越冬代每雌可产卵 400 粒左右，第一代每雌产卵 240 粒左右。卵期第一代约 6 d，第二代约 5 d。幼虫夜间孵化，共 4 龄，2 龄后分散危害。幼虫发育历期第一代约 23 d，第二代约 15 d。幼虫老熟后多在植株基部茎上或叶背化蛹，蛹期第一代约 5 d，第二代约 7 d。

（4）为害症状　成虫、幼虫均能啃食马铃薯叶肉，残留表皮，形成半透明状；严重时，全田焦枯，植株干枯而死。

（5）防治措施　人工捕捉成虫，利用成虫假死习性，用薄膜承接并叩打植株使之坠落，收集灭之。人工摘除卵块，此虫产卵集中成群，颜色鲜艳，极易发现，易于摘除。

田间卵孵化率达 15%～20% 时，要抓住幼虫分散前的有利时机，用药剂防治，可选用 80% 敌敌畏乳油、90% 晶体敌百虫、50% 马拉硫磷乳油 1 000 倍液、50% 辛硫磷乳油 1 500～2 000 倍液、2.5% 溴氰菊酯乳油或 20% 氰戊菊酯或 40% 菊·马乳油 3 000 倍液、21% 增效氰·马乳油 3 000 倍液喷雾、或用 10% 溴·马乳油 1 500 倍液、10% 氯氰菊酯乳油 1 000 倍液、2.5% 三氟氯氰菊酯乳油 3 000 倍液等，或将 25 g/L 高效氯氟氰菊酯水乳剂（20 mL/亩）、100 g/L 高效氯氰菊酯乳油（27 mL/亩）喷施 2～3 次，注意叶背和叶面均匀喷药，以便把孵化的幼虫全部杀死。

2. 马铃薯蚜虫　蚜虫是危害马铃薯的主要虫害之一，繁殖力强，主要为害叶片及嫩芽，同时又是传播病毒病主要媒体。

（1）名称和分类地位　危害马铃薯的蚜虫主要是桃蚜（*Myzus persicae* Sulzer），分类上属同翅目蚜科。

（2）形态特征　有翅胎生雌蚜和无翅胎生雌蚜为体形细小（长约 2 mm）、柔软、呈椭圆形的小虫子，体色多变，以绿色为多，也有黄绿色或樱红色的。

（3）生活史及生活习性　其生活史属全周期迁移式，即该虫可营孤雌生殖与两性生殖交替的繁殖方式，并具有季节性的寄主转换习性，可在冬寄主与夏寄主上往返迁移危害。但在温室内及温暖的南方地区，该虫终年营孤雌生殖，且无明显的越冬滞育现象，年发生世代多达 30 代以上。杂食性，寄主多，越冬寄主多为蔷薇科木本植物（如桃、李、梅、杏、樱桃等）；夏寄主多为草本植物（除包括豆科、茄科、葫芦科、十字花科等蔬菜外，还包括许多一、二年生草本观赏植物，特别是温室花卉）。

（4）传播途径　人为传播为主，来自疫区的薯块、水果、蔬菜、原木及包装材料和运输工具，均有可能携带此虫。成虫可经风传。

（5）为害症状　马铃薯现蕾期后，蚜虫常聚集嫩叶背面吸取叶片汁液，使叶片变形皱缩，抑制顶芽和分枝生长。当气温 15～25 ℃，相对湿度低于 70％时易引起蚜虫蔓延危害薯类作物。以成若虫群集叶背吸汁危害，还可传播马铃薯、鸢尾、小苍兰、烟草、芝麻等作物的病毒病（可传播植物病毒病多达 100 种以上）。

（6）防治措施　铲除田间、地边杂草，有助于切断蚜虫中间寄主和栖息场所，消灭部分蚜虫。加强田间管理，严防干旱；利用蚜虫天敌食蚜蝇或瓢虫灭蚜；利用蚜虫趋黄色特性，在黄色板上涂机油或农药粘杀蚜虫；利用蚜虫对银灰色有负趋性的特性，挂银灰色或覆盖银灰膜驱蚜。用 10％吡虫啉可湿性粉剂 1 000 倍进行喷施防治，或用 5％抗蚜威可湿性粉剂 1 000～2 000 倍液、或 10％吡虫啉可湿性粉剂 2 000～4 000 倍液等药剂交替喷雾，也可用 20％乐果乳剂 800 倍液或 50％抗蚜威可湿性粉剂 2 000 倍液喷雾，5～7 d 喷一次，连续 3～4 次。

3. 马铃薯甲虫

（1）名称和分类地位　马铃薯甲虫（*Leptinotarsa decemlineata*），属鞘翅目叶甲科，中文别名蔬菜花斑虫，是世界有名的毁灭性检疫害虫。原产在美国，后传入法国、荷兰、瑞士、德国、西班牙、葡萄牙、意大利、东欧、美洲一些国家，是中国外检对象。寄主主要是茄科植物，大部分是茄属，其中栽培的马铃薯是最适寄主，此外还可危害番茄、茄子、辣椒、烟草等。

（2）形态特征

① 成虫。成虫体长 9～12 mm，宽 6～7 mm。短卵圆形，体背显著隆起，红黄色，有光泽。鞘翅色稍淡，每一鞘翅上具黑色纵带 5 条。头下口式，横宽，背方稍隆起，向前胸缩入达眼处。唇基前缘几乎直，与额区有一横沟为界，上面的刻点大而稀。复眼稍呈肾形。触角 11 节，第一节粗而长，第二节很短，第五、六节约等长，第六节显著宽于第五节，末节呈圆锥形。口器咀嚼式。前胸背板隆起，宽为长的 2 倍。基缘呈弧形，前角突出，后角钝，表面布稀疏的小刻点。小盾片光滑。鞘翅卵圆形，隆起，侧方稍呈圆形，端部稍尖，肩部不显著突出。足短，转节呈三角形，股节稍粗而侧扁；胫节向端部放宽，外侧有 1 纵沟，边缘锋利；跗节显 4 节；两爪相互接近，基部无附齿。

② 幼虫。1～2龄幼虫暗褐色，3龄逐渐开始变成鲜黄色、粉红色或橘黄色；头黑色发亮，前胸背板骨片及胸部和腹部的气门片暗褐色或黑色。幼虫背方显著隆起。头为下口式，头盖缝短；额缝由头盖缝发出，开始一段相互平行延伸，然后呈一钝角分开。头的每侧有小眼6个，分成两组，上方4个，下方2个。触角短，3节。上唇、唇基以及额之间由缝分开。头壳上仅着生初生刚毛，刚毛短；每侧顶部着生刚毛5根；额区呈阔三角形，前缘着生刚毛8根，上方着生刚毛2根。唇基横宽，着生刚毛6根，排成一排。上唇横宽，明显窄于唇基，前线略直，中部凹缘狭而深；上唇前缘着生刚毛10根，中区着生刚毛6根和毛孔6个。上颚三角形，有端齿5个，其中上部的一个齿小。1龄幼虫前胸背板骨片全为黑色，随着龄的增加，前胸背板颜色变淡，仅后部仍为黑色。除最末两个体节外，虫体每侧有两行大的暗色骨片，即气门骨片和上侧骨片。腹片上的气门骨片呈瘤状突出，包围气门。中后胸由于缺少气门，气门骨片完整。4龄幼虫的气门骨片和上侧骨片上无明显的长刚毛。体节背方的骨片退化或仅保留短刚毛，每一体节背方约8根刚毛，排成两排。八、九腹节背板各有一块大骨化板，骨化板后缘着生粗刚毛，气门圆形，缺气门片；气门位于前胸后侧及第一至八腹节上。足转节呈三角形，着生3根短刚毛；爪大，骨化强，基部的附齿近矩形。

③ 卵。卵长卵圆形，长1.5～1.8 mm，淡黄色至深枯黄色。

④ 蛹。离蛹，椭圆形，长9～12 mm，宽6～8 mm，橘黄色或淡红色。成长幼虫转入土下化蛹。

（3）生活史　马铃薯甲虫以成虫在寄主作物田越冬，深度6～30 cm，主要分布于11～20 cm土层（91.2%）。在新疆马铃薯甲虫发生区，该虫一年可发生1～3代以2代为主。一般越冬代成虫于5月上中旬出土，随后转移至野生寄主植物取食和危害早播马铃薯，由于越冬成虫越冬入土前进行了交尾，因此，越冬后雌成虫不论是否交尾，取食马铃薯叶片后均可产卵。第一代卵盛期为5月中下旬，第一代幼虫危害盛期出现在5月下旬至6月下旬，第一代蛹盛期出现在6月下旬至7月上旬，第一代成虫发生盛期出现在7月上旬至7月下旬，第一代成虫产卵盛期出现在7月上旬至7月下旬。第二代幼虫发生盛期出现在7月中旬至8月中旬，第二代幼虫化蛹盛期出现在7月下旬至8月上旬，第二代成虫羽化盛期出现在8月上旬至8月中旬，第二代（越冬代）成虫入土休眠盛期出现在8月下旬至9月上旬。该虫世代重叠十分严重，世代发育需要30～50 d。

（4）生活习性　以成虫在土壤内越冬。越冬成虫潜伏的深度为20～60 cm。4～5月，当越冬处土温回升到14～15℃时，成虫出土，在植物上取食、交尾。卵以卵块状产于叶背面，卵粒与叶面多呈垂直状态，每卵块含卵12～80粒。

卵期5～7 d，幼虫期16～34 d，因环境条件而异。幼虫孵化后开始取食。幼虫4龄，15～34 d。4龄幼虫末期停止进食，大量幼虫在被害株附近入土化蛹。幼虫在深5～15 cm的土中化蛹。蛹期10～24 d。在欧洲和美洲，一年可发生1～3代，有时多达4代。

（5）传播途径　人为传播为主，来自疫区的薯块、水果、蔬菜、原木及包装材料和运输工具，均有可能携带此虫。自身扩散传播，通过风、气流和水流等途径传播。越冬成虫出土后，若遇到10 m/s大风，16 d可扩散到100 km以外地区。

（6）为害症状　危害马铃薯及其他茄科作物（茄子和番茄），野生寄主杂草天仙子。

成、幼虫均取食马铃薯叶片或顶尖，通常将叶片取食成缺刻状。危害严重时，茎秆被取食成光秃状。大龄幼虫还可以取食幼嫩的马铃薯薯块。种群一旦失控，成、幼虫为害马铃薯叶片和嫩尖，可在薯块开始生长之前将叶片吃光，尤其是马铃薯始花期至薯块形成期受害，造成绝产。一般可造成马铃薯减产 30％～50％；严重时减产 90％。而且能传播马铃薯其他病害，如褐斑病、环腐病等。

（7）防治措施　加强检疫，严格执行调运检疫程序，加强疫情监测。对疫区调出、调入的农产品尤其是茄科寄主植物，按照调运检疫程序严格把关，防止疫区的马铃薯块茎、活体植株调出。对来自疫区的其他茄科寄主植物及包装材料按规程进行检疫和除害处理，防止马铃薯甲虫的传出和扩散蔓延。严防人为传入，一旦传入要及早铲除。

加强马铃薯甲虫在中国适生地的预测预报工作。准确判断适生地的范围，提早加强防范检测工作，切断害虫的各种传播途径，尤其是要做好高危适生地区的检疫防控工作。

借鉴农业、物理、生物及化学防治等技术，避免化学农药的大量使用，从而可以延缓该虫抗药性的发展。加强该虫的田间抗药性监测，应用各种检测技术准确判断其抗性发展变化，使其对中国农业生产造成的损失降到最低限度。

发生初期喷洒杀虫畏、磷胺、甲萘威等杀虫剂，该虫对杀虫剂容易产生抗性，应注意轮换和交替使用。马铃薯甲虫繁殖能力强，生态可塑性高。针对马铃薯甲虫对有机磷与菊酯类杀虫剂抗药性增强的现状，先后试验了多种类型药剂的防治效果。

与非寄主作物轮作，种植早熟品种，在马铃薯甲虫发生严重区域，实行与非茄科蔬菜、作物轮作倒茬，中断其食物链，达到逐步降低害虫种群数量，控制该虫密度。

生物防治，目前应用较多的是喷洒苏云金杆菌（*B. tenebrionia* 亚种）制剂 600 倍液。

使用较少的氟虫腈类杀虫剂和啶虫脒类杀虫剂防治效果最佳，但为了防止马铃薯甲虫产生抗药性，也应将氟虫腈类杀虫剂、啶虫脒类杀虫剂、有机磷类杀虫剂、吡虫啉类杀虫剂以及其他类型的杀虫剂交替使用。

用真空吸虫器和丙烷火焰器等进行物理与机械防治，丙烷火焰器用来防治苗期越冬代成虫效果可达 80％以上。

秋翻冬灌，破坏马铃薯甲虫的越冬场所，可显著降低成虫越冬虫口基数，防止其扩散蔓延。

利用马铃薯甲虫的假死性和早春成虫出土零星不齐、迁移活动性较弱的特点，从 4 月下旬开始进行人工捕杀越冬成虫和捏杀叶片背面的卵块，降低虫源基数。

在马铃薯甲虫发生严重的区域，早春集中种植有显著诱集作用的茄科寄主植物，形成相对集中的诱集带，便于统防、统治；此外可以适期晚播，适当推迟播期至 5 月上中旬，避开马铃薯甲虫出土危害及产卵高峰期。

4. 马铃薯豆芫菁

（1）名称和分类地位　芫菁有 3 种，即豆白条芫菁、黄黑花芫菁及黄黑花大芫菁，国内广泛分布。主要危害豆类、花生、辣椒，也能危害番茄、马铃薯、茄子、甜菜、蕹菜、苋菜等作物。马铃薯豆芫菁又称马铃薯斑蝥、白条芫菁、层牛牛。豆芫菁是马铃薯生产的主要害虫之一。学名为 *Epicauta gorhami* Marseul，属鞘翅目芫菁科昆虫。还有一种中华豆芫菁（*Epicauta chinensis* Lap），它不仅危害草木樨、苜蓿、柠条、甜菜，而且危害马铃薯，内蒙古乌盟地区马铃薯被害较为严重。从南到北广泛分布于中国很多省份，主要以成虫为害大豆及其他豆科植物的叶片及花瓣，使受害株不能结实。此外尚能危害花生、苜蓿、棉花、马铃薯、甜菜、麻及番茄、苋菜、蕹菜等蔬菜。

（2）形态特征　豆芫菁为完全变态昆虫，生活史需经卵、幼虫、蛹及成虫四个阶段。体长约 14 至 27 mm，体色除头部为红色外其他部分为单纯的黑色，身体部分地方具有灰色短绒毛。成虫主要于夏季出现在中低海拔地区，为植食性昆虫，经常成群出现在茎叶或花上啃食。幼虫一般寄生于蜂巢，或食蝗卵，成虫为害豆科植物及杂草。遇惊吓时常从腿节分泌黄色液体，此液中含有强烈之斑蝥素（cantharidin），能侵蚀皮肤，使之变红，形成水泡，有令人不快之剧臭。具复变态。成虫体长 11～19 mm，头部红色，胸腹和鞘翅均为黑色，头部略呈三角形，触角近基部几节暗红色，基部有 1 对黑色瘤状突起。雌虫触角丝状，雄虫触角第 3～7 节扁而宽。前胸背板中央和每个鞘翅都有 1 条纵行的黄白色纹。前胸两侧、鞘翅的周缘和腹部各节腹面的后缘都生有灰白色毛，产卵于土中，长椭圆形，长 2.5～3 mm，宽 0.9～1.2 mm，初产乳白色，后变黄褐色，卵块排列成菊花状。幼虫共 6 龄，第 1 龄幼虫蛞型，行动活泼，称为三爪蚴，在土中寻食蝗虫卵块或其他虫卵；第 2 龄幼虫步甲型；第 3、4 龄幼虫均为蛴螬型；第 5 龄幼虫为象甲型，系越冬虫态，不食不动，呈休眠状态，通称假蛹；第 6 龄幼虫又呈蛴螬型，最后化蛹。成虫体长 20 mm 左右，黑色，翅上有两条灰白色纵纹。成虫活泼善爬。受惊时迅速散开或坠落地面，人用手捕捉，虫体分泌黄色斑蝥素，可使皮肤红肿疼痒。蛹体长约 16 mm，全体灰黄色，复眼黑色。前胸背板后缘及侧缘各有长刺 9 根，第 1～6 腹节背面左右各有刺毛 6 根，后缘各生刺毛 1 排，第 7～8 腹节的左右各有刺毛 5 根。翅端达腹部第 3 节。

（3）为害症状　以成虫危害马铃薯、豆类等作物。以成虫为害，主要取食叶片和花瓣，将豆叶吃成缺刻，仅剩叶脉，亦取食豆荚成缺刻，影响产量和品质。多于中午频繁成群迁飞活动，啃食茎叶或花，将叶片咬成孔洞或缺刻，只剩网状叶脉，对产量影响很大。8 月份为马铃薯斑蝥严重危害时期。成点、片状发生，一个危害中心内，平均每株有害虫 9 头，最高一株有害虫 27 头。虫害过后，如羊啃状，仅留主茎叶脉，绿色叶片全无。山地、邻近杂草、生长茂盛、早播马铃薯田块危害较重。

（4）生活习性　豆芫菁在东北、华北一年发生一代，在长江流域及长江流域以南各省每年发生 2 代。以第 5 龄幼虫（假蛹）在土中越冬。在一代区的越冬幼虫 6 月中旬化蛹，成虫于 6 月下旬至 8 月中旬出现为害，8 月份为严重为害时期，尤以大豆开花前后最重。2 代区越冬代成虫于 5～6 月发生，集中为害早播大豆，以后转害蔬菜。第一代成虫为害大豆最重，以后数量逐渐减少，并转至蔬菜上为害。成虫白天活动，在豆株叶枝上群集为害，活泼善爬。成虫受惊时迅速散开或坠落地面，且能从腿节末端分泌含有芫菁素的黄色液体，如触及人体皮肤，能引起红肿发泡。成虫产卵于土中约 5 cm 处，每穴 70～150 粒卵。

豆芫菁成虫为植食害虫，但幼虫为肉食性，以蝗卵为食。幼虫孵出后分散觅食，如无蝗虫卵可食，则饥饿而死。一般一个蝗虫卵块可供 1 头幼虫食用。

（5）防治措施

① 越冬防治。根据豆芫菁经幼虫在土中越冬的习性，冬季翻耕土壤，能使越冬的伪

蛹暴露于土表冻死或被天敌吃掉，减少翌年虫源基数。铲除田边杂草，减少害虫潜伏场所。人工捕杀成虫，成虫有群集为害习性，可于清晨用网捕成虫，集中消灭，或人工振落杀灭，或击落于盛水、草木灰的器物内集中消灭，但应注意勿接触皮肤。拒避成虫，在成虫发生始期，人工捕捉到一些成虫后，用铁线穿成几串，挂于田间豆类作物周边，可拒避成虫飞来为害。

② 药剂防治。在成虫发生期选用1.8%阿维菌素乳油4 000倍液、4.5%高效氯氢菊酯乳油2 000倍液、2.5%溴氰菊酯乳油3 000倍液、80%敌敌畏乳油1 000倍液、80%敌敌畏乳油或90%晶体敌百虫1 000倍液喷雾防治，每亩用75 kg药液。用2%杀螟松粉剂、2.5%敌百虫粉，每亩用1.5～2.5 kg喷粉。

5. 马铃薯块茎蛾　马铃薯块茎蛾是世界性重要害虫，也是重要的检疫性害虫之一。广泛分布在温暖、干旱的马铃薯地区。此虫能严重危害田间和仓储的马铃薯。

（1）名称和分类地位　马铃薯块茎蛾又称马铃薯麦蛾、烟潜叶蛾等；属鳞翅目麦蛾科。主要危害茄科植物，其中以马铃薯、烟草、茄子等受害最重，其次为辣椒、番茄。

（2）形态特征　成蛾体长5～6 mm，翅展14～16 mm。雌成虫体长5.0～6.2 mm，雄成虫体长5.0～5.6 mm。灰褐色，稍带银灰光泽。触角丝状。下唇须3节，向上弯曲超过头顶，第一节短小，第二节下方被覆疏松、较宽的鳞片，第三节长度接近第二节，但尖细。前翅狭长，鳞片黄褐色或灰褐色翅尖略向下弯，臀角钝圆，前缘及翅尖色较深，翅中央有4～5个黑褐色斑点。雌虫翅臀区有显著的黑褐色大斑纹，两翅合并时形成一长斑纹。雄虫翅臀区无此黑斑，有4个黑褐色鳞片组成的斑点；后翅前缘基部具有一束长毛，翅缰1根。雌虫翅缰3根。雄虫腹部外表可见8节，第七节前缘两侧背方各生一丛黄白色的长毛，毛从尖端向内弯曲。卵椭圆形，微透明，长约0.5 mm，初产时乳白色，微透明且带白色光泽，孵化前变黑褐色，带紫蓝色光亮。空腹幼虫体乳黄色，为害叶片后呈绿色。末龄幼虫体长11～13 mm，头部棕褐色，每侧各有单眼6个，胸节微红，前胸背板及胸足黑褐色，臀板淡黄。腹足趾钩双序环形，臀足趾钩双序弧形。蛹棕色，长6～7 mm，宽1.2～2.0 mm，臀棘短小而尖，向上弯曲，周围有刚毛8根，生殖孔为一细纵缝，雌虫位于第八腹节，雄虫位于第九腹节。蛹茧灰白色，长约10 mm。

（3）分布区域　原产南美洲亚热带山区、中美和南美的北部山区，后来入侵我国，以云、贵、川、桂等省受害较重，现已扩展到西南、西北、中南、华东，包括四川、贵州、云南、广东、广西、湖北、湖南、江西、河南、陕西、山西、甘肃、安徽、台湾等14个省份。

（4）生活习性　在西南各省年发生6～9代，以幼虫或蛹在枯叶或贮藏的块茎内越冬。田间马铃薯以5月及11月受害较严重，室内贮存块茎在7～9月受害严重。卵期4～20 d；幼虫期7～11 d；蛹期6～20 d。

主要发生在山地和丘陵地区。海拔2 000 m以上仍有发生，随海拔高度降低危害程度相应减轻，沿海地区未发生。危害田间的烟草、马铃薯及茄科植物，也危害仓储的马铃薯。只是有适当食料和温湿条件，冬季仍能正常发育，主要以幼虫在田间残留薯块、残株落叶、挂晒过烟叶的墙壁缝隙及室内贮藏薯块中越冬。1月平均气温高于0 ℃地区，幼虫即能越冬。越冬代成虫于3～4月出现。成虫白天不活动，潜伏于植株叶下、地面或杂草丛内，晚间出来活动，有弱趋光性，雄蛾比雌蛾趋光性强些。成虫飞翔力不强。此代雌蛾如获交配机会，多在田间烟草残株上产卵，如无烟草亦可产在马铃薯块茎芽眼、破皮裂缝及泥土等粗糙不平处。每雌产卵 150～200 粒，多者达 1 000 多粒。

（5）为害症状　在田间为害茎、叶片、嫩尖和叶芽。幼虫潜入叶内，沿叶脉蛀食叶肉，仅留上下表皮，呈半透明状，严重时嫩茎、叶芽也被害枯死，幼苗可全株死亡。田间或贮藏期可钻蛀马铃薯块茎，呈蜂窝状甚至全部蛀空，外表皱缩，并引起腐烂。其田间危害可使产量减产 20%～30%。在马铃薯贮存期危害薯块更为严重，在 4 个月左右的马铃薯贮藏期中为害率可达 100%。

（6）传播途径　远距离传播主要是通过其寄主植物如马铃薯、种烟、种苗及未经烤制的烟叶等的调运，也可随交通工具、包装物、运载工具等传播，成虫可借风力扩散。最嗜寄主为烟草，其次为马铃薯和茄子，也危害番茄、辣椒、曼陀罗、枸杞、龙葵、酸浆、刺蓟、颠茄、洋金花等茄科植物。

（7）防治措施　认真执行检疫制度，不从有虫区调进马铃薯。已发生块茎蛾地区。通过采用适当的农业措施，特别是避免马铃薯和烟草相邻种植，可压低或减免为害。生物防治：利用斯氏线虫防治马铃薯块茎蛾有良好效果，每块茎蛾幼虫上的致病体 120 个以上时，3 d 内可使该幼虫死亡率达 97.8%，从每蛾幼虫产生的有侵染力线虫的幼虫数最高达 1.3 万～1.7 万个。药剂处理种薯，对有虫的种薯，用溴甲烷或二硫化碳熏蒸，也可用 90%晶体敌百虫或 25%喹硫磷乳油 1 000 倍液喷种薯，晾干后再贮存。及时培土，在田间勿让薯块露出表土，以免被成虫产卵。药剂防治，在成虫盛发期可喷洒 10%氯氰菊酯乳油 2 000 倍液或 0.12%天力 1 号可湿性粉剂 1 000～1 500 倍液。

6. 马铃薯茶黄螨

（1）名称和分类地位　茶黄螨［*Polyphago tarsonemus* latus（Banks）］属节肢动物门蛛形纲蜱螨目跗线螨科茶黄螨属的一种昆虫，是危害蔬菜较重的害螨之一，食性极杂，寄主植物广泛，已知寄主达 70 余种。主要危害黄瓜、茄子、辣椒、马铃薯、番茄、瓜类、豆类、芹菜、木耳菜、萝卜等蔬菜。近年来对蔬菜上的危害日趋严重。

（2）为害症状　以成螨和幼螨集中在蔬菜幼嫩部分刺吸为害。受害叶片背面呈灰褐或黄褐色，油渍状，叶片边缘向下卷曲；受害嫩茎、嫩枝变黄褐色，扭曲变形，严重时植株顶部干枯；果实受害果皮变黄褐色。茄子果实受害后，呈开花馒头状。主要在夏秋露地发生。受害叶发黑，叶背呈油浸状。如果发现蔬菜的嫩叶、顶尖最先发生不正常的现象，植株茎秆内无任何褐变，叶部无水渍状或腐烂症状，应进一步诊查是不是发生了茶黄螨危害。

（3）形态特征　茶黄螨是一种蔬菜上常发生的小型虫害，体长仅 0.2 mm，体色不同于一般蜘蛛，没有明显的红色，而是透明色，肉眼难以观察。雌成螨长约 0.21 mm，体躯阔卵形，体分节不明显，淡黄至黄绿色，半透明有光泽；足 4 对；沿背中线有 1 白色条纹，腹部末端平截。雄成螨体长约 0.19 mm，体躯近六角形，淡黄至黄绿色，腹末有锥台形尾吸盘，足较长且粗壮。卵长约 0.1 毫米，椭圆形，灰白色、半透明，卵面有 6 排纵向排列的泡状突起，底面平整光滑。幼螨近椭圆形，躯体分 3 节，足 3 对。若螨半透明，棱形，是一静止阶段，被幼螨表皮所包围。

（4）分布区域　主要分布在北京、江苏、浙江、湖北、四川、贵州、台湾等地。

（5）生长习性 露地年发生 20 代以上，保护地栽培可周年发生，但冬季危害轻，世代重叠。常年保护地 3 月上中旬初见，4～6 月可见危害严重田块。露地 4 月中下旬初见，7～9 月盛发。成螨通常在土缝、冬季蔬菜及杂草根部越冬。

成、幼螨集中在寄主幼芽、嫩叶、花、幼果等幼嫩部位刺吸汁液，尤其是尚未展开的芽、叶和花器。被害叶片增厚僵直、变小或变窄，叶背呈黄褐色、油渍状，叶缘向下卷曲。幼茎变褐，丛生或秃尖。花蕾畸形，果实变褐色、粗糙、无光泽，出现裂果，植株矮缩。由于虫体较小，肉眼常难以发现，且为害症状又和病毒病或生理病害相似，生产上要注意辨别。茶黄螨主要靠爬行、风力、农事操作等传播蔓延。幼螨喜温暖潮湿的环境条件。成螨较活跃，且有雄螨负雌螨向植株上部幼嫩部位转移的习性。卵多产在嫩叶背面、果实凹陷处及嫩芽上，经 2～3 d 孵化，幼、若螨期各 2～3 d。雌螨以两性生殖为主，也可营孤雌生殖。

茶黄螨为喜温性害虫，发生危害最适气候条件为温度 16～27 ℃，相对湿度 45％～90％，长江中下游地区的盛发期为 7～9 月。

（6）防治方法 由于茶黄螨个体小，为害症状与病毒病和生理性病害易混淆，因此发生不正常情况时，应先诊断。病毒病也发生在嫩叶，表现为小叶，叶皱缩；生理性病害也引起落花、落果。但病毒病在干旱条件下发生，除了小叶外，多数病毒病在叶上会表现黄绿相间的斑驳；生理性病害一般与高温干旱有关，如缺素症、日灼。而在高温高湿的季节中就一定要注意茶黄螨。如果植株幼嫩部位发生小叶、僵直、变厚，应怀疑茶黄螨。

农业防治。消灭越冬虫源，铲除田边杂草，清除残株败叶；培育无虫壮苗；熏蒸杀螨每立方米温室大棚用 27 g 溴甲烷或 80％敌敌畏乳剂 3 mL 与木屑拌匀，密封熏杀 16 h 左右可起到很好的杀螨效果；尽量消灭保护地的茶黄螨，清洁田园，以减轻翌年在露地蔬菜上危害；定植前喷药灭螨，另外可选用早熟品种，早种早收，避开害螨发生高峰。

药剂防治。在发生初期选用如下药剂进行喷雾，一般每隔 7～10 d 喷一次，连喷 2～3 次。

喷药重点主要是植株上部嫩叶、嫩茎、花器和嫩果，注意轮换用药。

选用 35％杀螨特乳油 1 000 倍液、5％噻螨酮乳油 2 000 倍液、或 5％氟虫脲乳油 1 000～1 500 倍液、20％双甲脒 1 000～1 500 倍液、0.9％阿维菌素乳油 3 500～4 000 倍液、或速螨酮和哒螨灵喷雾防治。兼防白粉虱可选用 2.5％联苯菊酯乳油喷雾防治。或用 20％三氯杀螨醇、25％喹硫磷乳油、20％哒嗪硫磷乳油各 1 500 倍液、或 5％噻螨酮乳油、50％三环锡可湿性粉剂或 21％增效氰·马乳油、73％的炔螨特乳油 1 000 倍液、25％灭螨猛可湿性粉剂 1 000～1 500 倍液、40％的环丙杀螨醇可湿性粉剂 1 500～2 000 倍液、20％的复方浏阳霉素 1 000 倍液喷雾防治。茶黄螨主要集中于幼嫩叶的背面，叶背着药是关键，喷施杀螨剂时要上喷下翻，注重喷幼嫩部位，翻过喷头向上喷叶背。选用 15％哒螨酮 3 000 倍液或 1.8％阿维菌素乳油 2 000 倍液，连喷 2～3 次。

三、马铃薯病虫害综合防治技术

（一）马铃薯病虫害综合防治技术体系的建立

很多新型高效杀菌剂需要根据其作用方式及特点制定相应的施用技术，从延缓抗药性、扩大杀菌谱、降低用药成本及增效等角度出发，不同的药剂需要制定其交替或混合使用技术，形成用药规程。抗药性及其引起的药效降低和农药残留增加等问题是化学防治中存在的主要问题。相对引起土传和种传黑痣病的立枯丝核菌来说，气传性的晚疫病菌和早疫病菌容易产生抗药性，特别是对苯基酰胺类杀菌剂（甲霜灵、精甲霜灵）、甲氧基丙烯酸酯类杀菌剂（嘧菌酯、吡唑醚菌酯）等作用位点单一的杀菌剂很易产生抗性，药剂叶面重复喷施比沟施或拌种一次性施用更易产生抗药性。河北坝上地区、内蒙古多伦和辽宁建平县等毗邻地区、吉林通化、黑龙江绥化和克山农场晚疫病菌对甲霜灵（或精甲霜灵）普遍产生抗性，导致甲霜灵·锰锌、精甲霜灵·锰锌、噁霜·锰锌田间防效明显下降，施药次数和施药量增加。此外，田间已检测到马铃薯晚疫病菌对嘧菌酯和烯酰吗啉的抗性菌株及马铃薯早疫病菌对异菌脲和嘧菌酯的抗性菌株，并发现烯酰吗啉、双炔酰菌胺、氟吗啉等羧酸酰胺（CAA）类杀菌剂之间以及嘧菌酯、唑胺菌酯、吡唑醚菌酯等甲氧基丙酸酯类杀菌剂之间存在交互抗性关系。美国威斯康星州连续使用嘧菌酯3年即发生马铃薯早疫病菌对嘧菌酯的敏感性明显下降，吡唑醚菌酯、肟菌酯与嘧菌酯之间存在交互抗性关系。重复施用百菌清导致马铃薯早疫病菌对百菌清的敏感性明显下降。如不采取科学的用药措施治理对策，会很快出现马铃薯早疫病菌对异菌脲的抗性及晚疫病菌及早疫病菌对嘧菌酯等甲氧基丙烯酸酯类杀菌剂的生抗性，异菌脲、嘧菌酯及其他甲氧基丙烯酸酯类杀菌剂防效将会下降。

交替施药。采用两种或两种以上的药剂轮换使用，延缓抗药性的发展。轮换使用时组分的选择要符合延缓抗药性的要求。

混合用药。采用两种或两种以上的药剂混合使用，延缓抗药性的发展。混用使用时组分的选择以及配比的选择要符合延缓抗药性的要求。

轮换使用作用机理不同的杀菌剂及采用可兼治晚疫病和早疫病的混合药剂是有效的抗药性治理对策。如58%甲霜·锰锌可湿性粉剂、68%精甲霜灵·锰锌水分散粒剂、64%噁霜·锰锌可湿性粉剂、69%烯酰吗啉·锰锌可湿性粉剂、72%霜脲·锰锌可湿粉、68.75%噁唑菌酮·锰锌水分散粒剂、84%霜脲氰·百菌清可湿性粉剂、18%百菌清·霜脲氰悬浮剂、60%吡唑醚菌酯·代森联水分散粒剂、560 g/L嘧菌酯·百菌清悬浮剂、18.7%吡唑醚菌酯·烯酰吗啉水分散粒剂、52.5%噁唑菌酮·霜脲氰水分散粒剂、325 g/L嘧菌酯·苯醚甲环唑悬浮剂等。

马铃薯病虫害防治要坚持"预防为主，综合防治"的植保方针，结合农业防治、化学防治、生物防治、病虫监测预报和抗病品种选育利用等防治手段。化学防治仍是晚疫病和早疫病的主要防治手段，农药施用严格执行GB 4285和GB/T 8321的规定，对症下药，适期用药，运用适当浓度与药量，合理混配药剂，并确保农药施用的安全间隔期。根据病情选对药剂，根据天气和品种抗病性及时调整施药间隔期。根据杀菌剂作用方式及特点，从延缓抗药性、扩大杀菌谱、降低用药成本及增效等角度出发，制定其交替或混合使用技术，也需要根据天气情况及不同抗病（感病）品种布局等对晚疫病、早疫病发生及首次施药做出预报，以减少施药次数。抓住关键时期、关键环节、关键措施和重点病虫。切断病虫害源头，加强栽培管理，提高植株抗性，科学合理用药，确保防治效果。综防措施包括推广抗病品种；建立无病留种地或挑选无病种薯，消灭初侵染来源；选用脱毒薯、种薯消毒、实施合理的栽培措施（地膜覆盖、配方施肥、高垄种植、轮作倒茬、清除田间病残体）；播种前，药剂浸种杀死种薯内部分病菌，减轻种传或土传病害的危害；生长期及时喷药防治晚疫病、早疫病；加强病情测报，指导药剂防治。随着费乌瑞特、克新、夏波蒂等不抗病品种在北方一季作马铃薯主产区大量种植，加之病原菌抗药性产生、药剂品种多、施用技术精，生产中很难做到合理的品种布局来控制晚疫病的流行，预测预报很难做到及时准确，化学防治技术往往不规范甚至落后，栽培管理措施也不能从根本上控制晚疫病的流行。生产中很难依靠单一防治手段来有效地控制病虫害，需要将不同种类的防治方法有机地组装起来，形成综合防控技术体系。

根据北方一季作区马铃薯病虫害发生特点制定一套综合防控技术体系，包括将马铃薯与玉米、大白菜等非茄科作物轮作 3 年减轻黑痣病危害；采用脱毒薯克服病毒引起的品种退化问题；种薯和（或）土壤消毒控制黑痣病和晚疫病；待马铃薯生长至封垄后，遇到适宜晚疫病发生的天气，喷施保护剂预防晚疫病和早疫病，监测出晚疫病中心病株后即拔除，并交替喷施有治疗效果、且能兼治早疫病的内吸剂及混剂；田间出现马铃薯二十八星瓢虫成虫，在杀菌剂中混入高效氯氰菊酯或高效氯氟氰菊酯防虫；马铃薯成熟前 1～2 周将地上部分割掉并运出田外后收获块茎。

（二）马铃薯病虫害综合防治技术体系的关键技术

1. 检疫，选用抗（耐）病优良品种，品种合理布局 将主栽品种费乌瑞特、克新、夏波蒂等与抗病品种（紫皮薯、大白花、荷兰薯 14）合理混种。

2. 选用无病虫种薯或脱毒种薯，培育无病壮苗，建立无病留种 播种前剔除病薯，把种薯先放在室内堆放 5～6 d，进行晾种，不断剔除烂薯，减少田间环腐病的发生，消灭初侵染来源。

3. 种薯切块消毒处理 可进行整薯播种，切块时，切刀必须进行严格消毒，做到切一块消毒一次。在播前 4～7 d，选择健康的、生理年龄适当的较大种薯切块（30～50 g/块）。每个切块带 1～2 个芽眼。切刀使用 10 min 后或在切到病、烂薯时，用 5％的高锰酸钾溶液或 75％酒精浸泡 1～2 min 或擦洗消毒。切块亦可用 2％盐酸溶液或 40％福尔马林 200 倍液浸泡 5 min，或用 40％福尔马林 200 倍液将种薯浸湿，再用塑料布盖严闷 2 h，也可用 72％的霜脲·锰锌 600 倍液浸种 20 min，晾干播种。种薯消毒后应放在通风阴凉处，晾置 2～3 d。

为防种薯带病和土壤传播病菌，消灭种薯带菌，减少中心病株的出现，推迟晚疫病发生，控制黑痣病，可采用药剂处理种薯，用药液喷施种薯芽块，撒上滑石粉混匀，摊晾，使伤口愈合，勿堆积过厚，以防烂种。具体来说，待种薯切块切口面愈合后，用种薯的 0.1％～0.2％的敌克松加草木灰拌种。芽块亦可分别用 50％多菌灵可湿性粉剂（每 100 kg 种薯用 100 g）、70％甲基硫菌灵可湿性粉剂（每 100 kg 种薯用 100 g）、2.5％咯菌腈悬浮种衣剂（每 100 kg 种薯用 200 mL）、62.5 g/L 咯菌腈·精甲霜悬浮剂（每 100 kg 种薯用 200 mL）、47％福美双·戊菌隆湿拌种剂（26.7～33.3 g/亩）、灭锈胺（种薯重的 0.3％）拌种后播种，或用 50％多菌灵 400 倍液浸渍 30 min，洗净晾干播种。每 100 kg 种薯亦可采用 2.5％咯菌腈悬浮种衣剂＋68％精甲霜灵·锰锌水分散粒剂拌种 200 mL＋120 g，或采用70%甲基硫菌灵可湿性粉剂＋68%精甲霜灵•锰锌水分散粒剂（金雷）拌种100 g＋120 g。种薯也可采用含有多菌灵或甲基硫菌灵（种薯重量的0.3%）＋甲霜灵（种薯重量的0.1%）的滑石粉或石膏粉拌种后播种。

每100 kg种薯芽块以2.5%咯菌腈悬浮种衣剂＋68%精甲霜灵•锰锌水分散粒剂＋72%硫酸链霉素可溶性粉剂200 mL＋12 g＋12 g拌种，或以325 g/L苯醚甲环唑•嘧菌酯悬浮剂＋72%硫酸链霉素可溶性粉剂26.7 mL＋12 g拌种，或以70%甲基硫菌灵可湿性粉剂＋68%精甲霜灵•锰锌水分散粒剂＋72%硫酸链霉素可溶性粉剂100 g＋120 g＋12 g拌种，防治黑痣病、晚疫病和细菌性病害。

播种前还可沟施药剂，即播种前开沟，播下种薯切块，将药液喷施至垄沟土壤上及种薯芽块上，施肥，覆膜，填土压实。可用250 g/L嘧菌酯悬浮剂（53.2 mL/亩）、10%苯醚甲环唑水分散粒剂（100 g/亩）、325 g/L苯醚甲环唑•嘧菌酯悬浮剂（50 g/亩）、20%氟酰胺可湿性粉剂（125 g/亩）或70%甲基硫菌灵可湿性粉剂（60 g/亩），防治黑痣病、晚疫病、干腐病。

种薯芽块以20%氟酰胺可湿性粉剂或20%甲基立枯磷乳油消毒后再种植到经哈茨木霉处理的土壤中，或将氟酰胺或甲基立枯磷与哈茨木霉混合后处理种薯芽块。或将种薯芽块以20%氟酰胺可湿性粉剂或20%甲基立枯灵乳油消毒后再种植到枯草芽孢杆菌（2～4 kg/亩）处理的土壤中，或将氟酰胺或甲基立枯磷与枯草芽孢杆菌混合后处理种薯芽块。

4. 轮作倒茬　将马铃薯与玉米、大白菜、胡萝卜、圆白菜和其他禾本科作物轮作3年以上，降低土壤中的病菌数量。

5. 肥水管理和控制　通过对肥水严格管理和控制，做到水肥一体化，提高植株抗性，促进马铃薯植株健康成长，抑制病虫害的发生。根据马铃薯生理需求科学灌水，合理施肥，补施微肥，增施有机肥，改良土壤，抑制有害病菌在田间活动，减少各类病害发生。选择沙壤土种植，降水量少的干旱地区宜平作，降水量较多或有灌溉条件的地区宜垄作起垄种植。测土平衡施肥，增施P、K肥，增施充分腐熟的有机肥，适量施用化肥。以含N、P、K及多种微量元素的复合肥（60 kg/亩）作为基肥。农家肥结合耕翻整地施用，化肥做种肥，播种时开沟施。花期后遇干旱天气应浇水并追施钾肥，做到配方施肥，增强植株抗病力。适时晚播和浅播，播种季节地温较低或气候干燥时，宜采用地膜覆盖，促进早出苗，缩短幼苗在土壤中的时间，减少黑痣病菌的侵染。10 cm土温达到7～8 ℃时大面积种植为宜。合理密植，亩控制3 500～4 000株。加强中耕除草、高培土、清洁田园等田间管理，降低病虫源数量。遇到雨水较多年份，在花蕾期喷施90 g/L多效唑控制植株地上部生长。

6. 田间病情监测　为了指导药剂防治，以防为主，减少用药和及时用药，根据生长期降水量、空气相对湿度和日平均气温的变化预测晚疫病发生。在每年易发病区，自6月下旬或7月初开始，设立晚疫病发病中心观察圃，并经常检查大田。在当地常年晚疫病发生季节以前，进行详细调查，特别是气候条件有利发病之后，要每天观察，发现中心病株立即拔除，就地深埋，或将病株装入塑料袋内，带出田外深埋，同时进行全田喷药防治（可组织专业防治队伍，进行统防统治）。马铃薯开花封垄后，当连续数日相对湿度高于75%、温度低于20 ℃、日照时数不足4 h时发出防治晚疫病的预报，进行第一次喷药。

黑痣病穴内可撒入生石灰等消毒。田间初现青枯病病株时要及时清除，并用生石灰消毒土穴，以防传染。病毒病初现时要注意做好蚜虫防治，防止病情扩散。

7. 化学防治　在病虫防治关键时期，选用高效对口农药开展化学防治。早疫病、晚疫病可选用百菌清、噁霜灵、甲霜灵·锰锌、霜脲氰·锰锌、代森锰锌等药剂。病毒病防治可选用吡虫啉等药剂加强对传毒媒介昆虫——蚜虫的防治，发病初期可喷施叶面肥＋宁南霉素或病毒A等，抑制病害的发展蔓延，灭鼠选用安全高效灭鼠药剂，如敌鼠钠盐等。对症下药，适期用药，运用适当浓度与药量，合理混配药剂。根据病情选对药剂，根据天气和品种抗病性及时调整施药间隔期。生长期喷药。组织专业防治队伍，进行统防统治，有条件的地方可考虑用无人飞机喷防。

每年6月下旬至7月上旬马铃薯封垄后，遇到有利发病的低温高湿天气，开始喷施80％代森锰锌可湿性粉剂（120 g/亩）、53.8％氢氧化铜干悬浮剂（100 g/亩）、72％霜脲氰·代森锰锌可湿性粉剂（100 g/亩）1～3次，预防晚疫病和早疫病发生，间隔期10～14 d。

出现晚疫病中心病株即拔除，交替喷施250 g/L双炔酰菌胺悬浮剂（40 mL/亩）、68％精甲霜灵·锰锌水分散粒剂（120 g/亩）、687.5 g/L氟吡菌胺·霜霉威悬浮剂（100 mL/亩）、72％霜脲·锰锌可湿性粉剂（100 g/亩）、69％烯酰吗啉·锰锌可湿性粉剂（120 g/亩）或50％烯酰吗啉可湿性粉剂（50 g/亩），控制晚疫病蔓延，兼治早疫病。喷药液量30～45L/亩，间隔期7～10 d，视天气旱情及病情发展，调整施药间隔期和施药次数。如果天气较旱，病情发展慢，可以适当延长施药间隔期。

在马铃薯下部叶片普遍发生早疫病时，可喷施10％苯醚甲环唑水分散粒剂（100 g/亩）或325 g/L嘧菌酯·苯醚甲环唑水分散粒剂（40 g/亩）1～2次。

青枯病发生初期用72％农用链霉素可溶性粉剂4 000倍液、3％中生菌素可湿性粉剂800～1 000倍液、77％氢氧化铜可湿性粉剂400～500倍液灌根，隔10 d灌一次，连续灌2～3次。

薯田发现二十八星瓢虫成虫，用25 g/L高效氯氟氰菊酯水乳剂（20 mL/亩）、或100 g/L高效氯氰菊酯乳油（27 mL/亩）与防治晚疫病的药剂混合喷施2次。发现蓟马，采用15 g/L阿维菌素乳油1 500倍稀释液喷施2次。

当粉虱种群发生初期，虫口密度尚低时，用100 g/L高效氯氰菊酯乳油2 000～4 000倍液、10％吡虫啉可湿性粉剂2 000～4 000倍液喷施。

螨虫。用73％炔螨特乳油2 000～3 000倍液、0.9％阿维菌素乳油4 000～6 000倍液，或施用其他杀螨剂，5～10 d喷药一次，连喷3～5次。喷药重点在植株幼嫩的叶背和茎的顶尖。

8. 物理防治　可应用频振式杀虫灯、黄板、性诱剂等物理、生物防治措施诱杀马铃薯害虫等绿色防控技术，确保生态安全。如利用频振式杀虫灯诱杀小地老虎、金龟子、棉铃虫、斜纹夜蛾等害虫；利用黄板诱杀蚜虫；利用性诱剂诱杀斜纹夜蛾等害虫。

9. 茎叶处理后未成熟收获　生长后期或收获前1～2周割除地上部茎叶，运出田外，或喷施克无踪等灭生性除草剂，杀灭秧苗，运出田外，再采用机械收获可减轻黑痣病、晚疫病。

四、马铃薯草害及防除

（一）中国杂草区系

依李扬汉体系和唐洪元体系，中国杂草可分为：

1. 寒温带主要杂草区系分布 本区为大兴安岭北部山区，海拔 700～1 100 m，年平均温度低于 0 ℃，夏季最长不超过 1 个月，年降水量平均为 360～500 mm，90％以上集中在 7～8 月，有利于作物和杂草的生长。本区的农业仅限于山地基部，农作物有较耐寒的各种麦类、甜菜、马铃薯、甘蓝等，另有少量的玉米、大豆、谷子及瓜类中耐寒品种。有较耐寒的果树，如苹果、草莓、李。主要杂草有鼬瓣花、北山莴苣及叉分蓼、野燕麦、苦荞麦、刺藜等分布。

2. 温带主要杂草区系分布 本区域包括东北松嫩平原以南、松辽平原以北的广阔山地。地形复杂，河川密布，范围广大，地形起伏显著，年平均气温较低，冬季长而夏季短。由于南北相距甚远，水热条件不同，影像杂草组合上的差异。北部亚地带年平均温度 1～2 ℃，年降水量 500～700 mm，以 7～8 月最多。有本地区代表性杂草。东部有大面积的三江平原沼泽地区。主要杂草有卷茎蓼、柳叶刺蓼、藜、野燕麦、狗尾草、问荆、大刺儿菜、眼子菜、稗草等。南部亚地带，气候温暖而雨量充沛，年平均气温 3～6 ℃，年降水量 500～800 mm，以 7～8 月为最多。典型杂草有胜红蓟及圆叶节节菜。

3. 温带（草原）主要杂草区系分布 本区域主要分布在东北松辽平原以及内蒙古高原等地，地形比较平缓，属于半干旱性气候。年降水量由东向西由从 500 mm 左右降至 150 mm，降水主要分布在夏季。年平均温度从 -2.5～10 ℃。由东向西由于气候干燥程度不同，所以杂草及其组合也有差异。农作物有春小麦、马铃薯、燕麦、玉米等。杂草主要有藜、狗尾草、卷茎蓼、野燕麦、问荆、柳叶刺蓼、大刺儿菜、凤眼莲、麓草、稗草、紫背浮萍、扁干麓草等。

4. 暖温带主要杂草区系分布 本区域包括辽东半岛，华北大部分地区，南到秦岭、淮河一线，位于冀北山地与秦岭之间，全区西高东低，分为山地、丘陵和平原。夏季酷热，冬季严寒而晴燥，年平均气温 8～14 ℃，由北向南递增，这种差异使杂草种类和组合向南逐渐复杂。年降水量 500～1 000 mm，由东南向西北递减。夏季雨量极为丰富，约占全年的 2/3，华北大平原则占 3/4。常见杂草有葎草、田旋花、酸模叶蓼、荠菜、萹蓄、小藜、葶苈、播娘蒿、马唐、反枝苋、马齿苋、牛筋草、扁干麓草、稗草、茨藻、野慈姑、水莎草、藜、香附子、狗牙根、看麦娘、牛繁缕、千金子、双穗雀稗、空心莲子草、离子草等分布。其中危害严重的葎草和田旋花属喜凉耐寒杂草。

5. 亚热带杂草区系分布 位于中国东南部，北起秦岭、淮河一线，南到南岭山脉间，西至西藏东南部的横断山脉，包括台湾省北部在内，是世界上独一的分布着亚热带大面积的陆地。为中国主要产粮区，四川、湖南、湖北及长江三角区都在本区域内，杂草约占全国的一半。本区东部杂草种类较多，较高的山地的杂草属寒温性杂草。亚热带区域地形复杂，西部高而东部低，西部包括横断山脉以及云贵高原大部分。海拔 1 000～2 000 m，东部平均温度都在 15 ℃以上，年降水量 800～2 000 mm，东部大于西部，主要集中在夏秋两季。

主要杂草有千金子、马唐、稗草、醴肠、牛筋草、稻稗、扁秆藨草、异型莎草、水莎草、碎米莎草、节节菜、牛繁缕、看麦娘、硬草、棒头草、萹蓄、春蓼、猪殃殃、播娘蒿、离子草、田旋花、刺儿菜、矮慈姑、双穗雀稗、空心莲子草、臭矢菜、粟米草、牛毛草、雀舌草、碎米荠、大雀、丁香蓼、鸭舌草。在中亚热带中，冬季杂草比夏季杂草明显减少。南亚热带还有草龙、白花蛇舌草、竹节菜、两耳草、凹头苋、臂形草、水龙、圆叶节节菜、四叶萍、裸柱菊、芫荽菊、腋花蓼、铺地黍等分布。

6. 热带杂草区系分布　从台湾南部至大陆的南岭以南到西藏的喜马拉雅山南麓，地形复杂多样，出现众多的杂草种类。温度高而雨量大，年平均温度一般在 $20\sim22$ ℃，南部可高达 $25\sim26$ ℃，全年基本无霜，各地年降水量大都超过 1 500 mm，降水集中在 $4\sim10$ 月，干旱季分明。由于环境条件复杂多变，杂草类型有热带类型和亚热带类型。东部地区有偏湿性的类型和西部偏干性的类型。热带主要杂草有脉耳草、龙爪茅、马唐、臭矢菜、香附子、草决明、含羞草、水龙、圆叶节节菜、稗草、四叶萍、日照飘拂草、千金子、尖瓣花、碎米莎草等。亚热带主要杂草有马唐、草龙、白花蛇舌草、胜红蓟、竹节草、两耳草、凹头菜、铺地黍、牛筋草、臂形草、莲子草、稗草、异型莎草、水龙等。

7. 温带（荒漠）杂草区系分布　位于中国西北部，包括新疆、青海、甘肃、宁夏和内蒙古等省份的大部分或部分地区。气候具有明显的强大陆性特点，全区域较干旱或十分干旱，冬夏温差大，年降水量 250 mm 以下，在荒漠中的绿洲有不少被开垦为农田，种植一年一熟的春小麦、燕麦、马铃薯、甜菜等，盛产葡萄、瓜类等特产果品。

主要杂草有野燕麦、卷茎蓼、问荆、狗尾草、藜、柳叶刺蓼等。

8. 青藏高原高寒带主要杂草区系分布　主要杂草有薄蒴明、野燕麦、卷茎蓼、田旋花、藜、野荞麦、大刺儿菜、猪殃殃、苣荬菜、野荠菜、萹蓄、大巢菜、遏蓝菜等分布。

（二）马铃薯常见杂草种类

马铃薯田杂草具有种类多、分布广、危害重等特点。特别是近年来，受全球气候变暖、耕作制度变化等因素影响，不同区域马铃薯田杂草发生种类、分布区域、发生程度和危害情况均发生了重大变化，对农业生产持续稳定发展构成威胁。同一区域马铃薯田，由于土壤墒情、早春降雨以及春秋耕翻地等因素影响，不同年份马铃薯田杂草群落存在差异。同一生态区域不同年份马铃薯田之间，不同农田生态区域坡梁地与下湿滩地杂草群落结构存在差异。马铃薯播种期在各地栽培方式不同，多为春、秋两季种植。由于各地的气候条件复杂多样，造成杂草种类繁多，在生产中表现越来越突出，严重影响了马铃薯的产量和品质。人工除草不仅费工费时，而且效率极低。利用化学除草剂防除杂草，是杂草防除及确保马铃薯产量和品质的重要措施。在北方主要优势杂草有马唐、牛筋草、稗草、狗尾草、千金子、硬草、早熟禾、莎草、藜、小藜、反枝苋、铁苋、野苋菜、荠菜、马齿苋、龙葵、苍耳、苘麻、鸭跖草、马齿苋、蓼、藜（灰菜）、苦荬菜、繁缕、菟丝子、萹蓄、卷茎蓼、苦荞、苣荬菜、草地风、毛菊、野黍、辘牛儿苗、草地风毛菊。由于种植结构单一、作物长期单一使用一种或几种化学除草剂以及耕作制度的改变，同一区域马铃薯田杂草种类发生演变，一些非优势种类上升为优势种类。狗尾草、野黍、藜、苣荬菜、草地凤毛菊等呈重发态势；个别地块牻牛儿苗发生偏重。在云贵高原主要杂草有牛繁缕、看麦娘、腋花蓼、小藜、绵毛酸模叶蓼，弯曲碎米荠、雀舌草、龙葵、鼠曲草。牛繁缕、看麦娘是严重危害的杂草，应重点防治，其次是腋花蓼、小藜、绵毛酸模叶蓼、弯曲碎米荠、雀舌草等。

由于马铃薯田前茬大多种植春小麦、燕麦、胡麻等，一般使用2，4-D、氟乐灵、二甲四氯等除草剂防除阔叶杂草，2，4-D对藜科、蓼科等阔叶杂草有很好的防治效果，但对菊科杂草防效较差，对禾本科杂草基本无效；二甲四氯对藜、香薷、野胡萝卜以及狗尾草（小幼苗）有良好的防除效果；氟乐灵主要可以防除藜、萹蓄、凹头苋、狗尾草等，但对苣荬菜、苍耳、野胡萝卜等无效。由于秋（春）深耕技术以及2，4-D、氟乐灵、二甲四氯的推广使用，马铃薯田恶性杂草野燕麦已经大量减少，而狗尾草、野黍、藜、卷茎蓼、苣荬菜、草地凤毛菊等已上升为优势种。2003年以前，河北省康保县马铃薯田主要杂草有野燕麦、狗尾草、野黍、藜、苦荞、萹蓄、猪毛菜、田旋花、香薷、地肤等。经调查，近几年马铃薯田主要杂草演变为狗尾草、野黍、藜、卷茎蓼、苦荞、萹蓄、苣荬菜、草地凤毛菊等，且已上升为优势种，发生危害呈加重之势。

（三）马铃薯杂草防除措施

采取农业措施及化学防除相结合的综合防治技术，可有效控制马铃薯田草害发生与危害。

1. 农艺措施

（1）合理轮作倒茬　通过轮作降低伴生性杂草的密度，改变田间优势杂草群落，降低田间杂草种群数量。内蒙古高原及河北坝上地区可采取春小麦—马铃薯—玉米、燕麦—马铃薯—豆类、胡麻—马铃薯—小麦等模式进行轮作倒茬。

（2）耕翻　土壤通过多次耕翻后，苣荬菜等多年生杂草被翻埋在地下，使杂草逐渐减少或长势衰退，从而使其生长受到抑制，达到除草目的。内蒙古高原及河北坝上地区深耕25 cm以上，可将大部分一年生草籽翻入深土层，减少其出土发芽概率；施用腐熟的有机肥，防止杂草种子通过肥料带入马铃薯田。

（3）中耕培土　马铃薯生长期间，结合中耕松土、培土、施肥，除草1～2次。这项措施不仅除草，还有深松、贮水保墒等作用。如对露地马铃薯中耕一般在苗高10 cm左右进行第一次，第二次在封垄前完成，能有效地防除小蓟、牛繁缕、稗草、反枝苋等杂草。

（4）人工除草　适于小面积或大草拔除。

（5）物理方法除草　如利用有色地膜如黑色膜、绿色膜等覆盖具有一定的抑草作用。

2. 化学防除　马铃薯田登记生产的除草剂品种有二甲戊乐灵、乙草胺、异丙草胺、精异丙甲草胺、嗪草酮、高效氟吡甲禾灵、扑·乙、甲戊·扑草净、嗪酮·乙草胺、嗪·异丙草、异松·乙草胺、氧氟·异丙草等；农民生产上常用的除草剂种类有乙草胺、甲草胺、异丙草胺、精异丙甲草胺、异丙甲草胺、丁草胺、异丙甲草胺、二甲戊乐灵、氟乐灵、地乐胺、扑草净、精喹禾灵、精吡氟禾草灵、烯禾啶、高效氟吡甲禾灵、噁草酮、乙氧氟草醚、砜嘧磺隆、异噁草酮等；施用480 g/L灭草松可溶性液剂可有效防除藜、香蓠、锦葵、苍耳、苦荞等为优势种的一年生阔叶杂草（对小植株一至二叶期藜防效高，对三叶期后大植株藜防效较差）。480 g/L 灭草松可溶性液剂的使用剂量为 3 000 mL/hm²，施药时期为杂草出齐苗后，采用茎叶喷雾，喷施药液量为 525 kg/hm²。施用 20％砜嘧磺隆可分散油悬浮剂可有效防除马铃薯田以锦葵、凹头苋、狗尾草等为优势种的一年生杂草。20％砜嘧磺隆可分散油悬浮剂的使用剂量为 105 g/hm²，施药时期为马铃薯田杂草二至四叶期，马铃薯株高 5～10 cm，苗后茎叶喷雾。施用 10％精喹禾灵乳油可有效防除马铃薯田以狗尾草、野黍等为优势种的一年生禾本科杂草。10％精喹禾灵乳油的使用剂量为 600 mL/hm²，杂草出齐苗后茎叶喷雾。此外，可选用灭草松、精喹禾灵等混配使用，起到一次施药兼治禾本科及阔叶杂草的目的。

注意事项：应注意除草剂对马铃薯的安全性，根据各地情况，采用适宜的除草剂种类和施药方法，最好先试验后推广应用。切勿喷到邻近水稻、小麦、玉米等禾本科作物上，以免产生药害。选择无风或微风的晴天（气温在 10 ℃以上），在雨后（水浇地在浇灌后）田间湿度高的情况下施药，除草效果最佳；防止除草剂飘移致使下风头阔叶田受害。

茎叶处理一般掌握在马铃薯出苗后株高 5～10 cm、杂草二至四叶期为宜；播后苗前，采用土壤处理除草剂，一般在马铃薯田播种后 1 周进行。

（1）禾本科杂草为主的马铃薯田的土壤处理

① 氟乐灵。为选择性内吸传导型土壤处理剂。播后苗前用药，亩用 48％氟乐灵乳油 100～125 mL，兑水 40～50 kg，均匀喷雾于土表。对一年生禾本科杂草如马唐、牛筋草、狗尾草、旱稗、千金子、早熟禾、硬草等防除效果优异，并对马齿苋、藜、反枝苋、婆婆纳等小粒种子的阔叶杂草也有较好的防效。但应注意：准确掌握用药量，力求喷洒均匀。整地要细，若整地不细，土块中杂草种子接触不到药剂，遇雨土块散开仍能出草。氟乐灵易光解失效，施药后应立即拌土，把药混入土中，一般要求喷药后 8 h 内拌土结束。氟乐灵施入土壤后残效期较长，因此下茬不宜种植高粱、水稻等敏感作物。

② 施田补。为选择性内吸传导型土壤处理剂，播后苗前用药，亩用 33％施田补乳油 150～200 mL，兑水 40～50 kg 均匀喷雾土表，可以有效地防除一年生禾本科杂草及部分阔叶杂草如稗草、马唐、狗尾草、早熟禾、看麦娘、马齿苋、藜、蓼等。使用时要注意：如遇干旱，应混土 3～5 cm，以提高防除效果；避免种子与药剂直接接触；施田补防除禾本科杂草效果比阔叶杂草效果好，因此在阔叶杂草较多的田块，可考虑同其他除草剂混用。

③ 敌草胺。为选择性内吸传导型土壤处理剂，在播后苗前或移栽前及杂草萌发出土前施药，亩用 20％敌草胺乳油 200～300 g，兑水 40～50 kg 均匀喷雾地表。对一年生禾本科杂草如旱稗、马唐、牛筋草、千金子、狗尾草、早熟禾等有较好的防除效果，对马齿苋、藜、繁缕、蓼等阔叶杂草也有一定的效果。使用时注意：敌草胺在土壤湿润条件下，除草效果好，如土壤干旱应先浇灌再施药，以提高防效。敌草胺对已出土的杂草效果差，宜早施药，使用前应清除已出土的杂草。

④ 地乐胺。为选择性芽前土壤处理剂，应在播后苗前或移栽前及杂草出苗前用药，亩用 48％地乐胺乳油 150～200 mL 对水 60 kg 均匀喷雾地表，能有效防除稗草、牛筋草、马唐、狗尾草、苋、藜、马齿苋等一年生禾本科杂草及部分阔叶杂草。

（2）阔叶杂草为主的马铃薯田的土壤处理

嗪草酮。选择性内吸传导型土壤处理剂。播后苗前用药，亩用70％嗪草酮可湿性粉剂25～65 g，兑水40～50 kg均匀喷雾土表，能防除多种阔叶杂草和某些禾本科杂草，如藜、蓼、马齿苋、苦荬菜、繁缕、苍耳、稗草、狗尾草等。使用时应注意施药后遇有较大降雨或大水漫灌时，易产生药害。

（3）禾本科杂草和阔叶杂草混生的马铃薯田的土壤处理

① 嗪酮·乙草胺。施用50％嗪酮·乙草胺乳油200～300 mL/亩，可防除以狗尾草、萹蓄、香薷、藜等为优势种的杂草。

② 丙炔氟草胺。施用50％丙炔氟草胺可湿性粉剂180 g/hm² 可有效防除藜、香薷、凹头苋、狗尾草等为优势种的一年生杂草。

③ 绿麦隆。绿麦隆为选择性内吸传导型土壤处理剂，在播后苗前及杂草芽前或萌芽出土早期用药，亩用25％绿麦隆可湿性粉剂250～300 g，兑水40～50 kg均匀喷雾于土表，能有效地防除看麦娘、繁缕、早熟禾、狗尾草、马唐、稗草、苋、藜、卷耳、婆婆纳等多种禾本科及阔叶杂草，但对猪殃殃、大巢菜、苦荬菜、田旋花效果差。使用时注意：土壤湿润，有利于药效发挥。在土壤中残留时间长，分解慢，后茬不宜种植敏感作物，以免引起药害。绿麦隆水溶性差，使用时应先将可湿性粉剂加少量水搅拌，然后加水进行稀释。

④ 乙氧氟草醚。为选择性触杀型土壤处理兼有苗后茎叶处理作用的除草剂。播后苗前用药。亩用24％乙氧氟草醚乳油40～50 mL，兑水60 kg均匀喷雾土表，可防除稗草、千金子、牛筋草、狗尾草、硬草、看麦娘、棒头草、早熟禾、马齿苋、铁苋菜、苋、藜、婆婆纳、鳢肠、蓼等多种一年生杂草，但对多年生杂草效果差。使用时注意：初次使用时，应根据不同气候带，进行小规模试验，找出适合当地使用的最佳施药方法和最适剂量后，再大面积使用。乙氧氟草醚为触杀型除草剂，喷药要均匀周到，喷药后不要破坏药膜层，施药剂量要准。

⑤ 利谷隆。选择性芽前、芽后除草剂，具有内吸和触杀作用，播后苗前及杂草出土前至三至四叶期用药，亩用50％利谷隆可湿性粉剂100～125 g，兑水40～50 kg均匀喷雾土表，可以防除多种阔叶杂草和禾本科杂草，如狗尾草、牛筋草、马唐、稗草、苋、藜、苍耳、铁苋菜、马齿苋、苘麻、猪殃殃、蓼等。使用时应注意：土壤有机质含量低于1％或高于5％时不宜使用本剂。沙质土壤或雨水多时不宜使用。

（4）播后苗前杂草防治　一般于播种前或播后1～3 d苗前喷施土壤，是封闭性除草剂，持效期8～10周，喷药前地要整平整细，施药后不要翻动土层或尽量少翻动土层；较大的马铃薯苗对封闭性除草剂具有一定的耐药性，可适当加大剂量以保证除草效果，施药时按40 kg/亩水量配成药液均匀喷施土表，不要随意加大用药量，要喷匀。施药后如遇连阴雨天或低温，可能会出现作物叶片褪绿、生长缓慢或皱缩，随着温度升高，会恢复生长。

（5）马铃薯播种前使用封闭性除草剂　移栽时尽量不要翻动土层或尽量少翻动土层，可以防治多种一年生禾本科杂草和阔叶杂草。可于播前5～7 d，施用下列除草剂：48％氟乐灵乳油100～200 mL/亩，48％地乐胺乳油100～200 mL/亩，72％异丙甲草胺乳油150～

200 mL/亩，96％精异丙甲草胺乳油 50～80 mL/亩，兑水 40 kg 均匀喷施。施药后及时混土 2～5 cm，特别是氟乐灵、地乐胺易于挥发，混土不及时会降低药效。可以有效地防除一年生禾本科杂草及部分阔叶杂草如稗草、马唐、狗尾草等。

（6）播种前后出苗前施用的除草剂 33％二甲戊乐灵乳油 150～200 mL/亩；20％敌草胺乳油 150～200 mL/亩；72％异丙甲草胺乳油 100～175 mL/亩；96％精异丙甲草胺乳油 50～65 mL/亩；50％乙草胺乳油 100～150 mL/亩；70％嗪草酮可湿性粉剂 40～60 g/亩；50％氧氟·异丙草（乙氧氟草醚 5％＋异丙草胺 45％）可湿性粉剂 100～150 g/亩；33％二甲戊乐灵乳油 50～75 mL/亩＋50％扑草净可湿性粉剂 50～70 g/亩；20％敌草胺乳油 75～100 mL/亩＋50％扑草净可湿性粉剂 50～70 g/亩；72％异丙甲草胺乳油 50～75 mL/亩＋50％扑草净可湿性粉剂 50～70 g/亩；33％二甲戊乐灵乳油 100～150 mL/亩＋25％噁草酮乳油 75～100 mL/亩；50％乙草胺乳油 75～100 mL/亩＋25％噁草酮乳油 75～100 mL/亩；72％异丙甲草胺乳油 100～150 mL/亩＋25％噁草酮乳油 75～100 mL/亩；96％精异丙甲草胺乳油 40～50 mL/亩＋25％噁草酮乳油 75～100 mL/亩；33％二甲戊乐灵乳油 100～150 mL/亩＋24％乙氧氟草醚乳油 10～20 mL/亩；50％乙草胺乳油 75～100 mL/亩＋24％乙氧氟草醚乳油 10～20 mL/亩；72％异丙甲草胺乳油 100～150 mL/亩＋24％乙氧氟草醚乳油 10～20 mL/亩；96％精异丙甲草胺乳油 40～50 mL/亩＋24％乙氧氟草醚乳油 10～20 mL/亩。兑水 40 kg 均匀喷施，防除一年生禾本科杂草及部分阔叶杂草如稗草、马唐、狗尾草等。对于墒情较差或沙土地，可以用播后芽前施药覆土，避免马铃薯芽与药剂直接接触。

（7）马铃薯播种后出苗前，杂草出土前均匀喷雾地表的除草剂 以 70％嗪草酮可湿性粉剂 30～40 g 与 96％精异丙甲草胺乳油 70～120 mL 或 90％乙草胺乳油 90～140 mL 混用，兑水 45～60 kg 可以防除大多数一年生禾本科杂草和阔叶杂草。也可以每亩用 70％嗪草酮可湿性粉剂 50～70 g＋5％精喹禾灵乳油 60～80 mL，兑水 300 kg 在马铃薯出苗后，杂草三至五叶期茎叶喷雾。微型薯田地要慎重使用。

（8）播后薯苗出土前，灭生性芽前除草剂 90％乙草胺乳油等化除杂草。以禾本科杂草为主的马铃薯田，亩用 10.8％高效氟吡甲禾灵乳油 35～40 mL 或精吡氟禾草灵 70～90 mL 兑水均匀喷雾。在阔叶杂草多的地块亩用苯达松 150～200 g，兑水均匀喷雾。

（9）马铃薯生长期禾本科杂草防治 对于前期未能采取化学除草或化学除草失败的马铃薯田，应在田间杂草基本出苗且杂草处于幼苗期时及时施药防治。防治稗草、狗尾草、野燕麦、马唐、虎尾草、看麦娘、牛筋草等一年生禾本科杂草，应在禾本科杂草三至五叶期，用下列除草剂：10％精喹禾灵乳油 40～50 mL/亩；10.8％高效氟吡甲禾灵乳油 20～30 mL/亩；24％烯草酮乳油 20～30 mL/亩；12.5％烯禾啶机油乳剂 40～50 mL/亩。加水 25～30 kg，配成药液喷洒。在气温较高、雨量较多地区，杂草生长幼嫩，可适当减少用药量；相反，在气候干旱、土壤较干地区，杂草幼苗老化耐药，要适当增加用药量。防治多年生禾本科杂草时，用药量应适当增加。

（10）禾本科杂草为主的马铃薯茎叶杂草除草剂

① 精吡氟禾草灵。为选择性内吸传导型茎叶处理剂，于一年生禾本科杂草二至五叶期使用，亩用 15％精吡氟禾草灵乳油 30～60 mL，兑水 40～50 kg 均匀喷雾杂草茎叶，能

有效防除看麦娘、硬草、千金子、马唐、牛筋草、狗尾草、棒头草等禾本科杂草，同样对阔叶杂草和莎草科杂草无效。

② 高效氟吡甲禾灵。为选择性内吸传导型茎叶处理剂，在生长旺盛期，亩用 10.8％高效氟吡甲禾灵乳油 40～50 mL，兑水 40～60 kg 均匀喷雾杂草茎叶，可有效防除稗草、千金子、马唐、狗尾草、看麦娘、硬草、棒头草、狗牙根等禾本科杂草，但对阔叶杂草和莎草科杂草无效。

③ 烯草酮。为选择性内吸传导型茎叶处理剂，于一年生禾本科杂草二至五叶期，亩用 12％烯草酮乳油 50～60 mL，兑水 40～50 kg 均匀喷雾，能有效防除看麦娘、硬草、千金子、马唐、牛筋草、狗尾草、棒头草等禾本科杂草，但对阔叶杂草无效。

④ 精喹禾灵。为选择性内吸传导型茎叶处理剂，于一年生禾本科杂草二至五叶期使用，亩用 10％精喹禾灵乳油 60～80 mL，兑水 40～50 kg 均匀喷雾杂草茎叶。以多年生禾本科杂草为主的地块，在生长旺盛期，亩用 10％精喹禾灵乳油 15～250 mL，兑水 40～60 kg 均匀喷雾杂草茎叶。能防除稗草、千金子、马唐、狗尾草、牛筋草、看麦娘、硬草、早熟禾、棒头草、狗牙根等。

⑤ 烯禾啶。为选择性内吸传导型茎叶处理除草剂。禾本科杂草二叶至 2 个分蘖期用药，亩用 20％烯禾啶乳油 60～180 mL，兑水 40～50 kg 均匀喷雾杂草茎叶。能有效防除一年生禾本科杂草如旱稗、狗尾草、马唐、牛筋草、看麦娘等，适当提高用量也可防除狗牙根等多年生禾本科杂草。

⑥ 精噁唑禾草灵。为选择性芽后传导型除草剂，防除一年生禾本科杂草如看麦娘、稗草、千金子、狗尾草、牛筋草等，于杂草出苗后二叶期至分蘖期前用药，亩用 6.9％精噁唑禾草灵乳油 30～45 mL，兑水 40～50 kg 均匀喷雾杂草茎叶。防除狗牙根等多年生禾本科杂草可于生长旺盛期用药，亩用 6.9％精噁唑禾草灵乳油 40～100 mL 均匀喷雾杂草茎叶。

（11）马铃薯苗后阔叶杂草防治　每亩用 25％砜嘧磺隆干悬浮剂 5.0～7.5 g 兑水 30～40 kg，在马铃薯苗后，杂草二至四叶期，进行田间茎叶喷雾施药，可有效防除一年生禾本科杂草及阔叶杂草，对马铃薯安全无残留。配药时先将所需用量的砜嘧磺隆配置成母液，加入喷桶中，然后按 0.2％的比例加入中性洗衣粉或洗洁精并补够水量，充分搅拌。

本章参考文献

蔡旭冉，顾正彪，洪雁，等，2012. 盐对马铃薯淀粉及马铃薯淀粉-黄原胶复配体系特性的影响 [J]. 食品科学，33 (9)：1 - 5.

陈庆华，周小刚，郑仕军，等，2011. 几种除草剂防除马铃薯田杂草的效果 [J]. 杂草科学，29 (1)：65 - 67.

程玉臣，张建平，曹丽霞，等，2011. 几种土壤处理除草剂防除马铃薯田间杂草药效试验 [J]. 内蒙古农业科技 (4)：58.

池再香，杜正静，杨再禹，等，2012. 贵州西部马铃薯生育期气候因子变化规律及其影响分析 [J]. 中国农业气象，33 (3)：417 - 423.

丁玉梅，马龙海，周晓罡，等，2013. 干旱胁迫下马铃薯叶片脯氨酸、丙二醛含量变化及耐旱性的相关分析 [J]. 西南农业学报 (1)：106 - 110.

何长征，刘明月，宋勇，等，2005. 马铃薯叶片光合特性研究 [J]. 湖南农业大学学报（自然科学版），31（5）：518 - 520.

黄团，邓宽平，彭慧元，等，2012. 贵州冬闲田马铃薯覆黑膜栽培模式研究 [J]. 农技服务，29（9）：1015 - 1016，1072.

姜籽竹，朱恒光，张倩，等，2015. 低温胁迫下植物光合作用的研究进展. 作物杂志（3）：23 - 28.

焦志丽，李勇，吕典秋，等，2011. 不同程度干旱胁迫对马铃薯幼苗生长和生理特性的影响 [J]. 中国马铃薯（6）：329 - 333.

抗艳红，赵海超，龚学臣，等，2010. 不同生育期干旱胁迫对马铃薯产量及品质的影响 [J]. 安徽农业科学（30）：16820 - 16822.

李彩斌，郭华春，2015. 遮光处理对马铃薯生长的影响 [J]. 西南农业学报，28（5）：1932 - 1935.

李德友，吴石平，何永福，等，2009. 贵州马铃薯害虫种类调查及防治技术 [J]. 贵州农业科学，37（8）：95 - 97.

李建武，王蒂，雷武生，等，2007. 干旱胁迫对马铃薯叶片膜保护酶系统的影响 [J]. 江苏农业科学（7）：100 - 102.

李宗红，2014. 马铃薯晚疫病发病机理及防治措施 [J]. 农业科技与信息（23）：12 - 14.

梁玉蛾，宾光华，黄主龙，等，2015. 冬植马铃薯田杂草种类调查 [J]. 广西植保，28（2）：25 - 26.

梁振娟，马浪浪，陈玉章，等，2015. 马铃薯叶片光合特性研究进展 [J]. 农业科技通讯（3）：41 - 45.

刘琼光，陈洪，罗建军，等，2010. 10 种杀菌剂对马铃薯晚疫病的防治效果与经济效益评价 [J]. 中国蔬菜（20）：62 - 67.

刘顺通，段爱菊，刘长营，等，2008. 马铃薯田地下害虫危害及药剂防治试验 [J]. 安徽农业科学，36（28）：12324 - 12325.

刘志明，2015. 马铃薯细菌性病害的发生与防治 [J]. 农民致富之友（8）：87.

刘钟，薛英利，杨圆满，等，2015. 人工遮阴条件下 3 个马铃薯品种耐阴性研究 [J]. 云南农业大学学报，30（4）：566 - 574.

柳永强，马廷蕊，王方，等，2011. 马铃薯对盐碱土壤的反应和适应性研究 [J]. 土壤通报，42（6）：1388 - 1392.

龙光泉，马登慧，李建华，等，2013. 6 种杀菌剂对马铃薯晚疫病的防治效果 [J]. 植物医生（4）：39 - 42.

陆国军，崔鸿鹄，2012. 北方寒地马铃薯病害及防治 [J]. 养殖技术顾问（3）：251.

马玉芳，郭连云，赵恒和，等，2009. 共和高寒干旱地区马铃薯生产的气象条件分析 [J]. 青海气象（1）：22 - 25.

祁雪，张丽莉，石瑛，等，2014. 盐碱胁迫对马铃薯生理和叶片超微结构的影响 [J]. 作物杂志（4）：125 - 129.

乔建磊，于海业，肖英奎，等，2011. 低钾胁迫下马铃薯植株光合机构响应特性 [J]. 吉林大学学报（工学版），41（2）：569 - 573.

秦爱国，高俊杰，于贤昌，2009. 温度胁迫对马铃薯叶片抗坏血酸代谢系统的影响 [J]. 应用生态学报，20（12）：2964 - 2970.

秦玉芝，陈珏，邢铮，等，2013. 低温逆境对马铃薯叶片光合作用的影响 [J]. 湖南农业大学学报（自然科学版），39（1）：26 - 30.

秦玉芝，邢铮，邹剑锋，等，2014. 持续弱光胁迫对马铃薯苗期生长和光合特性的影响 [J]. 中国农业科学，47（3）：537 - 545.

任彩虹，张丽萍，闫桂琴，等，2007. 高温胁迫对马铃薯幼苗抗氧化酶系统和叶绿素含量的影响 [J]. 科技情报开发与经济，17（14）：181 - 183.

孙晓光，何青云，李长青，等，200. 混合盐胁迫下马铃薯渗透调节物质含量的变化［J］. 中国马铃薯，23（3）：129－132.

孙艳芳，张长仲，2013. 甘肃省金龟甲类地下害虫名录［J］. 草原与草坪，33（4）：12－22.

田伟丽，王亚路，梅旭荣，等，2015. 水分胁迫对设施马铃薯叶片脱落酸和水分利用效率的影响研究［J］. 作物杂志（1）：103－108.

王翠颖，孙思，2015. 7种杀菌剂对马铃薯晚疫病病菌菌丝的抑菌效果测定［J］. 中国园艺文摘（2）：41.

王丽，王文桥，孟润杰，等，2010. 几种新杀菌剂对马铃薯晚疫病的控制作用［J］. 农药，49（4）：300－302，305.

王连喜，金鑫，李剑萍，等，2011. 短期高温胁迫对不同生育期马铃薯光合作用的影响［J］. 安徽农业科学，39（17）：10207－10210，10352.

王婷，海梅荣，罗海琴，等，2010. 水分胁迫对马铃薯光合生理特性和产量的影响［J］. 云南农业大学学报（5）：738－742.

王艳霞，李威，2008. 常见马铃薯病害发生及防治对策［J］. 吉林蔬菜（3）：91.

吴石平，何永福，杨学辉，等，2012. 贵州马铃薯病害调查研究［J］. 农学学报，2（6）：31－34.

辛翠花，蔡禄，肖欢欢，等，2012. 低温胁迫对马铃薯幼苗相关生化指标的影响［J］. 广东农业科学，22（19）：19－21.

许维诚，牛树君，胡冠芳，等，2014. 4种除草剂对马铃薯田间杂草的防效试验［J］. 甘肃农业科技（11）：29－30.

杨超英，王芳，王舰，等，2014. 低温驯化对马铃薯半致死温度的影响［J］. 江苏农业科学，42（4）：80－81，87.

杨金辉，林查，宋勇，2014. 马铃薯抗低温胁迫研究进展［J］. 中国园艺文摘（10）：67－68，188.

杨巨良，2010. 马铃薯虫害及其防治方法［J］. 农业科技与信息（23）：30－31.

杨晓慧，蒋卫杰，魏珉，等，2006. 提高植物抗盐能力的技术措施综述［J］. 中国农学通报，22（1）：88－91.

姚春馨，丁玉梅，周晓罡，等，2013. 水分胁迫下马铃薯抗旱相关表型性状的分析［J］. 西南农业学报（4）：1416－1419.

张华普，张丽荣，郭成瑾，等，2013. 马铃薯地下害虫研究现状［J］. 安徽农业科学，41（2）：595－596，651.

张建朝，费永祥，邢会琴，等，2010. 马铃薯地下害虫的发生规律与防治技术研究［J］. 中国马铃薯，24（1）：28－31.

张建平，程玉臣，巩秀峰，等，2012. 华北一季作区马铃薯病虫害种类、分布与为害［J］. 中国马铃薯，26（1）：30－35.

张景云，白雅梅，于萌，等，2010. 二倍体马铃薯对 $NaHCO_3$ 胁迫的反应［J］. 园艺学报，37（12）：1995－2000.

张景云，缪南生，白雅梅，等，2013. 二倍体马铃薯耐盐材料的离体筛选［J］. 中国农学通报，29（4）：62－75.

张景云，缪南生，白雅梅，等，2014. 盐胁迫下二倍体马铃薯叶绿素含量和抗氧化酶活性的变化［J］. 作物杂志（5）：59－63.

张景云，缪南生，白雅梅，等，2015. NaCl胁迫对二倍体马铃薯叶绿素含量和抗氧化酶活性的影响［J］. 东北农业大学学报，46（1）：6－12.

张俊莲，陈勇胜，武季玲，等，2002. 盐胁迫下马铃薯耐盐相关生理指标变化的研究［J］. 中国马铃薯，16（6）：323－325.

张丽莉，石瑛，祁雪，等，2015. 干旱胁迫对马铃薯叶片超微结构及生理指标的影响［J］. 干旱地区农业研究（3）：76-30.

张瑞玖，尚国斌，蒙美莲，等，2007.NaCl 胁迫对马铃薯抗氧化系统的影响 [J].中国马铃薯，21（1）：11-14.

张颖慧，2014.马铃薯常见虫害及其防治措施 [J].吉林农业（14）：85.

张玉慧，康爱国，赵志英，等，2014.冀西北马铃薯田杂草群落分布及防控对策 [J].杂草科学，32（2）：10-13.

第五章

青藏高原马铃薯栽培

第一节　自然环境概述

一、环境特征

（一）地势地形

青藏高原是中国第一大高原，也是世界平均海拔最高的高原，平均海拔 4 000～5 000 m，有"世界屋脊"和"第三极"之称。中国境内的青藏高原范围涉及 6 个省份、201 个县（市），即西藏自治区（错那、墨脱和察隅等 3 县）和青海省（部分县仅含局部地区），云南省西北部迪庆藏族自治州，四川省西部甘孜和阿坝藏族自治州、木里藏族自治县，甘肃省的甘南藏族自治州、天祝藏族自治县、肃南裕固族自治县、肃北蒙古族自治县、阿克塞哈萨克族自治县以及新疆南缘巴音郭楞蒙古自治州、和田地区、喀什地区以及克孜勒苏柯尔克孜自治州等的部分地区。此外，还包括南亚的不丹、尼泊尔、印度、巴基斯坦和中亚内陆地区的阿富汗、塔吉克斯坦、吉尔吉斯斯坦的一部分或全部。

青藏高原在中国境内部分西起帕米尔高原，东至横断山脉，横跨 31 个经度，东西长约 2 945 km；南自喜马拉雅山脉南麓，北迄昆仑山—祁连山北侧，纵贯约 13 个纬度，南北宽达 1 532 km；范围为北纬 26°00′12″～39°46′50″，东经 73°18′52″～104°46′59″，面积为 $2.6×10^6$ km²，占中国陆地总面积的 26.8%。

青藏高原北有昆仑山和祁连山，西为喀喇昆仑山，东为横断山脉。高原内还有唐古拉山、冈底斯山、念青唐古拉山等。这些山脉海拔大多超过 6 000 m，喜马拉雅山等不少山峰超过 8 000 m。高原内部被山脉分隔成许多盆地、宽谷。湖泊众多，青海湖、纳木湖等都是内陆咸水湖，盛产食盐、硼砂、芒硝等。

青藏高原是亚洲许多大河的发源地，长江、黄河、澜沧江（下游为湄公河）、怒江（下游称萨尔温江）、森格藏布河（又称狮泉河，下游为印度河）、雅鲁藏布江（下游称布拉马普特拉河）以及塔里木河等都发源于青藏高原，水力资源丰富。

例如青海地形复杂，地貌多样。全省平均海拔 3 000 m 以上，最高点昆仑山的布喀达坂峰为 6 860 m，最低点在民和下川口村，海拔为 1 650 m。青南高原超过 4 000 m，面积占全省的一半以上，河湟谷地海拔较低，多在 2 000 m 左右。在总面积中，平地占 30.1%，丘陵占 18.7%，山地占 51.2%，海拔高度在 3 000 m 以下的面积占 26.3%，3 000～5 000 m 的面积占 67%，5 000 m 以上占 5%，水域面积占 1.7%。海拔 5 000 m 以上的山脉和谷地大都终年积雪，广布冰川。山脉之间，镶嵌着高原、盆地和谷地。西部极为高峻，自西向东倾斜降低，东西向和南北向的两组山系构成了青海地貌的骨架。其地形可分为祁连山地、柴达木盆地和青南高原三个自然区域。

（1）青南高原 青南高原是柴达木盆地、青海南山以南的广大地区，面积 35 万 km²，占全省总面积的一半。主要由昆仑山脉及其支脉可可西里山、巴颜喀拉山、阿尼玛卿山等组成，海拔多在 5 000 m 以上，山脉间的高原也多在 4 000 m 以上，是本省最高的地区。常年积雪的山峰很多，冰川广泛分布。高原西部和南部同藏北高原、川西北高原连成一片，高原面积相当完整。这里雨、雪较丰，多湖泊、沼泽，是长江、黄河、澜沧江的发源地。星宿海、约古宗列盆地有大面积沼泽地，扎陵湖、鄂陵湖等大小湖泊星罗棋布，水资源和水生物资源十分丰富。地面海拔高，地势起伏小，坡度平缓，河流切割不显著。高原东北部地势低凹，黄河及其支流切割深，形成许多盆地、谷地和多级阶地，海拔在 2 500～3 000 m，气候温暖，灌溉便利，适宜放牧与农耕。高原东南部由于江河下切，形成高山深谷、山陡岭峻、河道曲折、水流湍急、落差大，具有发展水能的优越条件。

（2）祁连山地 位于本省东北部，北邻河西走廊，南靠柴达木盆地，由一系列北西—南东平行走向的褶皱、断块山脉与谷地组成。东西长达 1 200 km，南北宽 250～400 km，面积 11 万 km²，西端及北缘伸入甘肃境内。一般海拔在 4 000 m 以上，景观垂直分异显著，格状水系发达，5 000 m 以上山峰很多，西面地势高，平行岭谷紧密相间。4 500 m 以上的山峰和山谷常年覆盖着积雪和冰川。从北向南有黑河等 6 个谷地，谷宽 20～30 km。除南部有沙漠、戈壁外，多为 4 200 m 以下的坡地。牧草生长良好，是重要的天然牧场。东段平行岭谷少，山势较低，海拔 4 000 m 左右，仅冷龙岭有冰川分布。谷地海拔 2 500 m 上下，主要有青海湖盆地、共和盆地、西宁盆地和大通河谷地、湟水谷地、黄河谷地。谷地周围的山脉高度多在 4 000 m 左右，除少数山头常年积雪外，大都有牧草生长，是优良的牧场；河谷两岸均有较宽的阶地，气候温暖，土壤肥沃，为本省农垦较早也是主要产粮地区。

（3）柴达木盆地 位于本省西北部，周围有阿尔金山、祁连山、昆仑山环绕，东西长约 850 km，南北宽约 300 多 km，面积 25 万 km²，是中国第三大内陆盆地。盆地海拔 2 600～3 100 m，是青藏高原陷落最深的地区，盆地内戈壁、沙漠分布广泛，系典型的封闭的高原盆地。整个盆地地势平旷，土地辽阔，矿藏资源丰富，有"聚宝盆"之美称。

（二）气候

由于青藏高原海拔高，空气稀薄，大气干洁，因而太阳辐射和日照均比同纬度地区大得多。尽管高原上温度状况的分布也受纬度变动而有南北间的差异，但因海拔高度、下垫面状况等非地带性因素影响，以至于温度不呈纬向带状分布。高原的温度和水分条件具有自西北向东南变化的特征，高原的西北部比较严寒干燥，东南部比较温暖湿润。同样，在自然景色上，表现为西北是高寒半荒漠和荒漠，中部为面积广阔的半干旱高山草原和山地灌丛草原，东南为半湿润的高山草甸和山地针叶林以及湿润的山地常绿阔叶林和热带常绿雨林。青藏高原可划分为 13 个气候类型区：北羌塘高原寒带干旱气候区、东南高原亚寒带湿润气候区、那曲高原亚寒带半湿润气候区、南羌塘高原亚寒带半干旱气候区、祁连山高原亚寒带半干旱气候区、川西高原温带湿润气候区、藏东高原温带半湿润气候区、藏南高原温带半干旱气候区、西宁高原温带半干旱气候区、阿里高原温带干旱气候区、柴达木高原温带极度干旱气候区、藏东南亚热带山地湿润气候区和藏东南热带北缘山地湿润气候区。

（三）土壤

土壤类型主要为高山土壤，其中：

1. 亚高山草甸土 分布范围在青海、西藏 3 700～4 700 m 高度，新疆 2 000～3 000 m 高度的地区。表层有 5～10 cm 厚、富有弹性的草皮层，土体黄棕色，多微酸性反应。亚高山草甸土地区牧草茂盛，是以牧为主、农牧结合利用带。

2. 高山草甸土 分布范围在青海、西藏 4 500～5 200 m 高度的高山地区，新疆较上略低。草皮层厚 5～10 cm，但性质松脆；土体灰暗，结构上常有片状层理；多中性反应。牧草虽低矮，但稠密、耐牧性强，为纯牧利用带。

3. 亚高山草原土 分布范围在青海、西藏 4 200～4 700 m，新疆、甘肃 3 300～4 500 m 的高原。地表有簇状草根层；土体灰棕色，粒状结构，剖面中部有钙积层；微碱性反应。有灌溉处可种植农作物，为农牧结合利用带。

4. 高山草原土 分布范围在青海、西藏 4 400～5 200 m 的高山地区，地表有簇状草根层；土体色浅，粒状结构，钙积层不明显，碱性反应。高山草原土牧草质量数量较差，饮水较缺，但野生动物资源丰富，为纯牧利用带。

（四）植被

1. 北羌塘高原寒带干旱气候区 这一地区无农作物，植被稀疏，贫瘠，仅在该气候区南缘夏季可有少量的放牧。从植被分布可以看出，大约以北纬 34°为界，以南是紫花针茅群系为主的高寒草原区，以北至昆仑山南麓，是硬叶苔草群系为主间有垫状驼绒藜的高寒荒漠草原，西北是由垫状驼绒藜组成的贫瘠高寒荒漠。

2. 东南高原亚寒带湿润气候区 种植农作物难以成熟，故本区以牧业为主，且牧草生长良好。在海拔较低的零星河谷地，可种植少量青稞、小麦、油菜或生长期短的蔬菜。

3. 那曲高原亚寒带半湿润气候区 该区以牧业为主，仅在海拔较低处；有青稞、马铃薯的种植。主要植被类型是由矮蒿草、蓼及柳、杜鹃等组成的高山草甸、亚高山灌丛草甸，河滩低地是以大蒿草为主的沼泽草甸。

4. 南羌塘高原亚寒带半干旱气候区 主要植被类型是紫花针茅组成的高山草原以及少量的硬叶苔草。

5. 祁连山高原亚寒带半干旱气候区 东部比较湿润些，牧草生长良好，发展牧业生产的潜力很大，为青藏高原主要牧业基地之一。在局部河谷低地，海拔在 2 750 m 以下，种植小麦，海拔 3 000 m 的向阳坡可种植青稞和小油菜，但要注意早霜冻、低温的危害。西部地区较为干旱，牧草稀少利用价值不高，只有在较低的阴坡河谷地牧草生长稍好，可放牧。

6. 川西高原温带湿润气候区 农作物以青稞、小麦为主，一年一熟。但在干暖河谷，可种植小麦、玉米等，为两年三熟。本区海拔较高的地方，多冷杉、云杉针叶林，往下则是铁杉、槭、桦等针阔混交林以及落叶阔叶林。

7. 藏东高原温带半湿润气候区　三江（金沙江、澜沧江、怒江）流域长有喜干暖的灌丛、白刺花、毛莲蒿群落。可种植青稞、玉米、冬小麦，以及核桃、梨、石榴等。在雅鲁藏布江、尼羊曲流域，谷地宽阔，森林资源丰富，主要植被为针阔混交林，多高山松、高山栎，山地暗针叶林则以川西云杉、林芝云杉、长苞冷杉、川滇冷杉占优势，高山灌丛草甸多由杜鹃、柳、蒿草、蓼组成的。本区是西藏主要产粮区之一，为一年一熟或两年三熟，种植小麦、青稞、玉米等，冬小麦种植高度可达 3 600 m 左右，青稞种植高度可达4 000 m。在波密、林芝地区，局地小气候比较温暖，冬小麦或冬青稞收获之后，可复种一季小秋作物荞麦。

8. 藏南高原温带半干旱气候区　藏南是西藏高原最重要的农业区，主要作物有小麦、青稞、豌豆、油菜等。这里种植冬小麦能获得高产，亩产可达 500 kg 以上。冬小麦种植高度超过4 000 m，青稞可达 4 750 m。从小麦、青稞的种植高度看，西部干旱地区比东部湿润地区要高。本区主要植被为灌丛草原和高山草原，灌丛以狼牙刺、锦鸡儿为主，广阔的草场多白草、蒿属、紫花针茅、三角草等，可用以发展牧业。

9. 西宁高原温带半干旱气候区　大体以日月山为界，东部河谷低地气候条件较好，可种植小麦及喜温作物，如玉米、高粱、早熟品种的水稻，暖河谷可推广一年两熟，复种油菜、马铃薯，而广大西部地区海拔较高，在较低处是良好的冬春牧场基地，可种植青稞、春小麦、马铃薯、豌豆等，灌溉有明显增产效果。主要植被为山地草原，还有部分山地针叶林（云杉）。

10. 阿里高原温带干旱气候区　为阿里主要产粮区，种植青稞、春小麦、豌豆、早熟油菜，一年一熟。在噶尔、狮泉河谷地，海拔 4 000～4 300 m 可种植青稞、春小麦、豌豆等。主要植被为沙生针茅、驼绒藜组成的山地荒漠草原和荒漠。

11. 柴达木高原温带极度干旱气候区　种植春小麦、豌豆等，为一年一熟。盆地中部有盐湖、流沙、戈壁荒漠，在沙漠边缘的绿洲才有少量青稞、春小麦的种植，西部为荒漠、半荒漠草原，牧草稀疏，产草量低。盆地南缘，春、秋季多大风，流沙淹没农田和草场，给农牧业带来危害。

12. 藏东南亚热带山地湿润气候区　耕地分布在河谷两岸阶地，农作物一年两熟，可种植水稻、玉米、小麦及喜温蔬菜和瓜果如柑橘、甘蔗、香蕉和茶树等。主要植被为亚热带山地常绿阔叶林、针阔叶混交林和山地针叶林。

13. 藏东南热带北缘山地湿润气候区　低处为热带常绿雨林、季雨林，可种植热带水果和经济作物。农作物一年三熟。

二、熟制和种植方式

（一）熟制

1. 不同气候区熟制

（1）北羌塘高原寒带干旱气候区　这一地区无农作物。

（2）东南高原亚寒带湿润气候区　一年一熟。

（3）那曲高原亚寒带半湿润气候区　一年一熟。

（4）南羌塘高原亚寒带半干旱气候区　一年一熟。

（5）祁连山高原亚寒带半干旱气候区　一年一熟。

（6）川西高原温带湿润气候区　农作物以青稞、小麦为主，一年一熟，但在干暖河谷，可种植小麦、玉米等，为两年三熟。

（7）藏东高原温带半湿润气候区　本区是西藏主要产粮区之一，为一年一熟或两年三熟，种植小麦、青稞、玉米等。

（8）藏南高原温带半干旱气候区　藏南是西藏高原最重要的农业区，主要作物有小麦、青稞、豌豆、油菜等。一年一熟。

（9）西宁高原温带半干旱气候区　可种植小麦及喜温作物，玉米、高粱、早熟品种的水稻，一年一熟。暖河谷可推广一年两熟，复种油菜、马铃薯。

（10）阿里高原温带干旱气候区　阿里主要产粮区，种植青稞、春小麦、豌豆、早熟油菜，一年一熟。

（11）柴达木高原温带极度干旱气候区　种植春小麦、豌豆等为一年一熟。

（12）藏东南亚热带山地湿润气候区　耕地分布在河谷两岸阶地，农作物一年两熟，可种植水稻、玉米、小麦及喜温蔬菜和瓜果，如柑橘、甘蔗、香蕉和茶树等。

（13）藏东南热带北缘山地湿润气候区　可种植热带水果和经济作物。农作物一年三熟。

2. 青藏高原马铃薯种植布局　北方一作区包括甘肃、青海和新疆等省份的大部分和全部。西南单双季混作区。包括云南、四川、西藏地区。

以青海省为例了解马铃薯的种植布局。到 2016 年全省马铃薯种植面积达到 143.4 万亩，仅次于小麦、油料，为第三大作物。单产水平呈大幅提高趋势，2011 年平均亩产达到 1 388 kg，全膜双垄栽培亩产达到 2 500 kg，马铃薯单产、总产均实现大幅提高。专用型马铃薯从无到有，种植面积逐年扩大，商品化水平不断提高。建立了一批以乡镇、县整建制推进的高产示范田。重点建设东部农业区浅山马铃薯优势产业区，辐射带动其他地区，做强民和、乐都、互助、湟中、大通、化隆 6 县，做大湟源、循化、平安、同仁、尖扎、乌兰、都兰、德令哈 8 县（市）马铃薯产业。浅山马铃薯种植面积占到浅山总耕地面积的 50% 左右，占到全省马铃薯总面积的 80% 左右。在高位山旱地区（脑山）建立脱毒种薯生产基地 50 万亩，建立商品薯生产基地 70 万亩，其中：在以河湟谷地川水地区为主建立中早熟菜用型商品薯生产基地 15 万亩，在中低位山旱地区（浅山）建立商品薯生产基地 50 万亩，在东部沟岔地区和柴达木地区建立薯条、薯片型马铃薯生产基地 5 万亩。重点推广加工型、高淀粉型、菜用型等优质专用品种，大力推进优质专用品种脱毒化和商品化生产，进行集中连片种植，搞好专收、专储，提高产品质量，扩大外销，提高经济效益；稳定推广下寨 65、青薯 2 号、青薯 9 号、乐薯 1 号、民薯 2 号等当家品种，满足省内市场需求。

发展重点：进一步扩大种薯生产范围和规模，重点推广加工型、高淀粉型、菜用型等优质专用品种，大力推进优质专用品种脱毒化和商品化生产，进行集中连片种植，重点建设东部农业区浅山马铃薯优势产业区，主要布局在民和、乐都、互助、湟中、大通、化隆6县，加快向循化、乌兰、都兰、德令哈等经济总量较小的地区推广种植。

（二）种植方式

以农业生产而论，青藏高原农区农作物种类也较多，粮食作物有玉米、小麦、马铃薯、青稞（稞大麦）等，还有油菜、食用豆类（蚕豆，豌豆等）和其他作物。

种植方式以单作为主，间作、套作兼之。马铃薯的栽培大部分地区为每年春季种植，秋季收获，一年一熟。有早熟品种地膜或者地膜加拱棚冬播种植，早春地膜栽培，一般冬播种植时间为 12 月底至翌年 1 月上旬，早春栽培为 2 月中下旬，春季播种大部分为 4 月中下旬至 5 月上中旬。

主要的栽培模式有沟垄抗旱栽培、大沟垄灌溉或同玉米等作物复合栽培、地膜覆盖或同玉米等作物复合栽培。旱作区种植方式有采用双行靠平种法、小整薯播种法、整薯坑种法、芽栽法、秋季覆膜或早春覆膜法。阴湿冷凉区主要种植方式为双行靠平种垄植法。

第二节　青藏高原马铃薯常规栽培

一、选用品种

（一）对品种的要求

食品加工型品种要求抗病高产、淀粉含量高、还原糖低、薯块整齐；早熟型品种要求早熟、商品薯率高，表皮光滑；淀粉型品种要求淀粉含量高、芽眼浅、薯块大、抗病性强；食用型品种要求食用品种优良、高产、薯块大，其中菜用的淀粉含量低、芽眼浅，外销的品种黄皮黄肉或红皮黄肉、芽眼浅的特点。

对适宜的品种有一般的要求。抗病，即高抗晚疫病，对病毒病具有较强的田间抗性，很少感染环腐病、黑胫病；高产，一般亩产量 1 500 kg 以上或比同类型的当地主栽品种增产 10% 以上；株型直立或半直立，生长势强，薯块整齐，大中薯率 80% 以上，食味优良，耐贮藏性强。

（二）按用途选用品种

1. 高产菜用型　中晚熟，生育期（出苗至成熟）120 d 左右；薯块圆形或椭圆形，规整美观，表皮光滑，芽眼较少、较浅，皮色淡黄或黄色，肉色淡黄或黄色，无或很少空心、黑心薯，畸形薯少；薯块干物质含量 21% 以上，淀粉 15% 以上，粗蛋白质 1.5% 以上，每 100 g 鲜薯维生素 C 15 mg 以上；薯块抗氧化褐变，鲜切后在空气中变色轻而缓慢。

2. 高淀粉型　中晚熟，生育期（出苗至成熟）120 d 左右；薯块圆形或椭圆形，规整美观，表皮光滑，芽眼较少、较浅，皮色淡黄或白色，肉色淡黄或白色，无或很少空心、黑心薯，畸形薯少；薯块干物质含量 24% 以上，淀粉 18% 以上，粗蛋白质 1.5% 左右，每 100 g 鲜薯维生素 C 12 mg 左右。

3. 炸条加工型 熟性中早（生育期 76～85 d）、中熟（生育期 86～95 d）或中晚（生育期 96～120 d）；薯块长椭圆形或长圆形，规整美观，表皮光滑，芽眼较少、较浅，皮色淡黄或白色，肉色白或乳白，无或很少空心、黑心薯，畸形薯少；薯块含干物质 21% 左右，淀粉 15% 左右，粗蛋白质 1.5% 左右，每 100 g 鲜薯维生素 C 12 mg 左右；一般要求薯块还原糖含量 0.4% 以下，并耐低温糖化，而且回暖处理降糖效果显著，回暖后最高不超过 0.4%。

4. 炸片加工型 熟性中早（生育期 76～85 d）、中熟（生育期 86～95 d）或中晚（生育期 96～120 d）；薯块圆形或椭圆形，规整美观，表皮光滑，芽眼较少、较浅，皮色淡黄或白色，肉色白或乳白，无或很少空心、黑心薯，畸形薯少；薯块含干物质 21% 以上，淀粉 15% 左右，粗蛋白质 1.5% 以上，每 100 g 鲜薯维生素 C 12 mg 以上；一般要求薯块还原糖含量 0.25% 以下，并耐低温糖化，而且回暖处理降糖效果显著，回暖后最高不超过 0.4%。

5. 全粉加工型 熟性中早（生育期 76～85 d）、中熟（生育期 86～95 d）或中晚（生育期 96～120 d）；薯块圆形或椭圆形，规整美观，表皮光滑，芽眼较少、较浅，皮色淡黄或白色，肉色淡黄或白色，无或很少空心、黑心薯，畸形薯少；薯块含干物质 24% 以上，淀粉 18% 以上，粗蛋白质 1.5% 以上，每 100 g 鲜薯维生素 C 12 mg 以上；一般要求薯块还原糖含量 0.4% 以下，并耐低温糖化，而且回暖处理降糖效果显著，回暖后最高不超过 0.4%。

6. 早熟菜用型 早熟或中早熟，生育期（出苗至成熟）80 d 以内；薯块圆形或椭圆形，规整美观，表皮光滑，芽眼较少较浅，皮色淡黄、黄或白色，肉色淡黄、黄或白色，无或很少空心、黑心薯，畸形薯少；薯块含干物质 21% 左右，淀粉 15% 左右，粗蛋白质 1.5% 左右，每 100 g 鲜薯维生素 C 15 mg 以上。

（三）按熟制选用品种

一熟制春播条件下，为了充分利用生长季节和光热资源，可重点考虑中晚熟类型的品种。马铃薯栽培在城市、工矿郊区应以早熟、中熟或结薯早而块茎膨大快的中晚熟品种为主，生长期短的高海拔地区以结薯早而块茎膨大快的中晚熟或中熟品种为主，其他地区以中晚熟或晚熟品种为主。

1. 早熟品种 马铃薯早熟品种是指出苗后 60～80 d 可以收获的品种，包括极早熟品种（60 d）、早熟品种（70 d）、中早熟品种（80 d）。这些品种生育期短，植株块茎形成早，膨大速度快，块茎休眠期短，可适当密植，以每公顷 60 000～67 500 株为宜。栽培上要求土壤有中上等肥力，生长期需求肥水充足，不适于旱地栽培，早熟品种一般植株矮小可与其他作物间作、套种用。品种主要有中薯 2 号、中薯 3 号、中薯 4 号、费乌瑞它、东农 303、鲁马铃薯 1 号、超白、泰山 1 号、呼薯 4 号、克新 4 号、克新 9 号、豫马铃薯 2 号（郑薯 6 号）、豫马铃薯 1 号（郑薯 5 号）、早大白等。

2. 中熟品种 马铃薯中熟品种是指出苗后 85～105 d 可以收获的品种。这些品种生长期较少，适宜一季作栽培，部分品种可以用于二季作区早春和冬季栽培，以每公顷 45 000～52 500 株为宜。品种主要有克新 1 号、克新 3 号、新芋 4 号、坝薯 9 号、大西洋、冀张薯 3 号、夏波蒂、大白花、小白花、乐薯 1 号、脱毒 175。

3. 晚熟品种　马铃薯晚熟品种是指出苗后 105 d 以上可以收获的品种。这些品种生长期长，适宜一季作栽培。一般植株高大单株产量较高，以每公顷 45 000 株左右为宜。品种主要有米拉、陇薯 3 号、陇薯 6 号、陇薯 5 号、庄薯 3 号、新大坪、陇薯 7 号、青薯 168、天薯 9 号、青薯 2 号、青薯 3 号、青薯 6 号、青薯 9 号、下寨 65、渭薯 8 号。

（四）按海拔高度选用品种

选用适应高海拔条件的品种。根据青海省种植区划，全省农业主要分为东部农业区、环湖农业区、柴达木绿洲农业区和青南小块农业区。从种植海拔高度和气候特点来看，又划分为川水地、低位山旱地、中位山旱地、高位山旱地、高位水地等 5 种生态类型区。

1. 川水地　由湟水、黄河两个河谷的谷地构成，种植业分布在海拔 1 700～2 500 m，年平均气温在 3.5～8.6 ℃，生长季间≥0 ℃积温 2 434～3 401 ℃，作物适宜生长期为 209 d 以上，年降水量 259.4～539.0 mm，是全省最温暖的地区。以种植早熟、中早熟及加工专用型品种为主，以青薯 2 号、青薯 168、青薯 6 号、脱毒 175 为主栽品种，乐薯 1 号、青薯 5 号、互薯 3 号、大西洋等作为搭配品种。

2. 低位山旱地　由湟水、黄河两岸的丘陵低山组成。海拔高度一般在 2 000～2 600 m，作物生长季 185～220 d，期间≥0 ℃积温 2 150～2 450 ℃，年降雨量 245.1～527.0 mm，是山区旱地农业中积温最高和降水量最少的地区类型。以脱毒 175、青薯 2 号、乐薯 1 号、青薯 6 号为主栽品种，青薯 7 号、青薯 8 号、下寨 65、渭薯 8 号作为搭配品种种植。

3. 中位山旱地　种植业分布在海拔 2 500～2 700 m。年平均气温 3 ℃以上，作物生长季 150～190 d，期间≥0 ℃积温 1 724～2 400 ℃，年降水量 400 mm 以上。光、热、水三要素一般都能满足春小麦、青稞、蚕豆、豌豆、马铃薯、油菜等作物的需求，是全省东部农业区中比较稳产的旱作农业区。以脱毒 175、青薯 168、乐薯 1 号、青薯 2 号为主栽品种，大西洋、夏波蒂、互薯 3 号、高原 4 号为搭配种植。

4. 高位山旱地　种植业分布在海拔 2 700～3 200 m，年平均气温 0～2 ℃以上，作物生长季短，一般 150 d 左右。无绝对无霜期，生长季期间≥0 ℃积温 1 500 ℃左右，年降水量 500 mm 以上。属于冷凉湿润气候，本类型区海拔较高，气候冷湿，适宜于油菜、青稞、马铃薯、燕麦等作物生长，个别地区分布有少量春小麦，但产量和品质相对较差。以青薯 2 号、青薯 168、下寨 65 为主栽品种，青薯 3 号、渭薯 8 号、脱毒 175 搭配种植。

5. 高位水地（柴达木盆地）　分布在柴达木盆地灌区，属于干燥性气候。海拔高度 2 800～2 900 m，降水量少，光辐射强，气温日较差大，有利于干物质积累。宜农地区作物生长季 154 d 以上，年均温 1.1～5.1 ℃，降水量 100 mm 左右，生长季期间≥0 ℃积温 2 162～2 515 ℃，能满足麦类作物、油菜、豆类等作物的生育期要求。马铃薯以青薯 2 号、青薯 168、下寨 65 为主栽品种，脱毒 175、高原 4 号、大西洋搭配种植。

（五）青藏高原马铃薯品种名录

青海省马铃薯育成品种见表 5-1。

表 5-1　青海省马铃薯育成品种

品种名称	选育单位	育成年代
高原 1 号	青海省农林科学院	1968
高原 2 号	青海省农林科学院	1968
高原 3 号	青海省农林科学院	1968
高原 4 号	青海省农林科学院	1968
高原 5 号	青海省农林科学院	1972
高原 6 号	青海省农林科学院	1972
高原 7 号	青海省农林科学院	1972
高原 8 号	青海省农林科学院	1978
青薯 168	青海省农林科学院	1989
青薯 2 号	青海省农林科学院	1999
青薯 3 号	青海省农林科学院	2001
青薯 4 号	青海省农林科学院	2003
青薯 5 号	青海省农林科学院	2005
青薯 6 号	青海省农林科学院	2005
青薯 7 号	青海省农林科学院	2005
青薯 8 号	青海省农林科学院	2005
青薯 9 号	青海省农林科学院	2006
青薯 10	青海省农林科学院	2009
互薯 202	青海省互助土族自治县农业技术推广中心	1994
下寨 65	青海省互助土族自治县农业技术推广中心	1984
乐薯 1 号	青海省乐都县农业技术推广中心	2003
阿尔法	民和县农作物脱毒技术开发中心	2004
渭薯 8 号	青海省互助土族自治县种子站	2001
互薯 3 号	青海省互助土族自治县农业技术推广中心	2005
台湾红皮	青海省种子管理站	2005
夏波蒂	青海省霍普兰德科技有限责任公司	2005
大西洋	青海省农林科学院	2004
南薯 13	青海省海南藏族自治州农林科学研究所	1990

注：由纳添仓等整理，2016。

二、选地整地

(一) 选地

马铃薯适于微酸性、微碱性或中性土壤中生长，在碱性土壤中易生疮痂病，最不适于黏重土壤生长。质地疏松的土壤孔隙率大，能满足生长发育对养分和二氧化碳的需要，满足根在发育中对氧的特殊需要，土壤疏松通透性好，利于防止块茎田间腐烂，增强耐贮性。地势低洼，易积水，易受霜冻，晚疫病、软腐病和茎基腐病重，应选择地势高亢、易排水灌水的地块。选择土层深厚、结构疏松、肥力中上等、秋深翻、有灌排条件、保水保肥良好的轻沙壤土。

合理轮作能经济利用土壤肥力和土地，有效地防治病虫害，特别防治土壤或病残体传播的病虫害。如果连作或隔年种植则病害重、产量低。选择两年轮作无茄科作物的土地，前茬为豆类、小麦、油菜等作物，不应与甜菜、胡萝卜、番茄等作物进行连作。轮作不仅可以调节土壤养分，改善土壤避免单一养分（钾素）的缺乏，而且减少病虫感染危害的机会。马铃薯与茄科作物有共同的病虫害，吸肥的种类也大致相同，最容易传染马铃薯病虫害和造成土壤单一养分缺乏。

适宜与马铃薯轮作的作物有小麦、青稞、燕麦等麦类作物，因其没有与马铃薯互相传播的病害，田间杂草种类亦异，病害轻，利于防除杂草。此外，葱、蒜、芹菜等蔬菜作物亦为较好的轮作作物。轮作年限至少 3 年，最好 5 年。5 年轮作方式为马铃薯—小麦或青稞—蚕豆或豌豆—油菜—小麦或青稞—小麦或青稞—马铃薯，马铃薯—小麦—蚕豆或豌豆或油菜—小麦—小麦—小麦—马铃薯等。3 年轮作方式为马铃薯—小麦—蚕豆或油菜或豌豆—小麦—马铃薯，或马铃薯—小麦—小麦—小麦等。

（二）整地

深耕、整地是调节土壤水、肥、气、热的有效措施，是多结薯、结大薯、提高产量的重要因素。据调查，深耕从 13.3 cm 增加到 20 cm 可增产 14％～48％，若增加到 35.3～50.0 cm 则增产 75％～91％，大薯的比例增加 12％～33％。深耕应与施有机肥结合，通常要求耕地深度 20 cm 以上，才能达到：加厚耕作层，疏松土壤，增大孔隙率，降低容重，提高保水力和渗水性，为根系生长和块茎膨大创造有利条件；促进土壤微生物活动和繁殖，加速有机质分解，增加土壤有效养分；减少或消除土传病、虫、草害；提高土温，利于早出苗、早结薯、增加大薯比例，提高产量。

耕地分春耕和秋耕两种，通常以后者为佳，因播种时间距耕地时间越长，土壤熟化程度越高，更利于接纳雨雪，沉实土壤，故前作收获后应尽快秋耕。秋耕后应立即耙耱，打土保墒，平地可镇压土地保墒。最适宜耕地的土壤湿度一般为土壤持水量的 40％～60％，秋雨过多或地势较低不适秋耕时可进行春耕，干旱严重而有灌溉条件的则浇水后秋耕或春耕，以利保墒。

三、种植方式

（一）单作

单作马铃薯的种植方式有垄作和平作。

以垄作为例。垄作种植，厢体土层深厚，保水能力强，土壤墒较好，以便根系能从土壤中吸收足够的水分和养分，供幼苗正常生长，使之早生快发，苗齐、苗壮，分枝数多。

生育中后期，垄作种植结合中耕高厢培土，清沟排水，既清除了田间杂草，改善了通风透光条件，又可减少病虫危害，还可为植株的健康生长与块茎膨大创造疏松的土壤环境条件，达到控上促下，促进生长中心由茎叶迅速向块茎转移，宜于匍匐茎生长与薯块膨大。因此，高厢垄作种植是马铃薯获得高产、稳产的关键措施之一。垄作有先播种后起垄、先起垄后播种两种方式。在干旱地区先播种后起垄种植方式保持了土壤湿度，有利于马铃薯生长发育，能快速生长；先起垄后播种种植方式破坏了土层水分，散失土壤湿度，不利于马铃薯生长发育，只能在雨水偏早偏多年推广。

（二）间套作

间套作的立体复合种植模式是以较小的投入获取最大限度产出的一种精耕细作、集约经营的耕作技术。间套作种植方式主要是豆类与薯类、马铃薯与玉米、小麦与马铃薯的间套作。

合理的间套作可以提高光、温、水、气等各项因子的利用效率，比单作得到更多的收获量；间作能用于防治水土流失、抑制杂草滋生和病虫害的蔓延，减少农药使用，起到生态防治的作用；间作也能改善土壤肥力，有助于生物多样性和食品安全；间作还能改善作物的品质特性，提高作物产量，对解决当前人口持续增长与耕地不断减少之间的矛盾具有重要的现实意义。

在干旱、半干旱地区进行薯豆间套作可以充分利用光、热、水、土和养分资源，达到提高经济效益和生态效益目的。例如青海省马铃薯间套作蚕豆经济效益比较：间种田较两作物单种田生产成本降低 376.05 和 265.80 元/hm²，总产值增加 947.4 和 2 215.2 元/hm²，两项指标相比，因总产值增加幅度更大，从而使纯收入间种田比薯、豆单种田增加 872.85 和 2 031.0 元/hm²，产投比提高 0.42 和 1.01 个百分点。间种田劳动生产率同样有所提高，比马铃薯单种每工日提高 0.88 元，比蚕豆单种提高 3.14 元。

（三）轮作

天蓝苜蓿对促进马铃薯连作 1、2、4 年土壤厌氧型固氮菌生长效果显著，箭筈豌豆对连作 3、7 年土壤中该菌数量增加有明显促进效果。土壤中氨化作用所产生的氨，通过硝化细菌活动氧化为硝酸，反硝化细菌又是参与硝酸盐还原必不可少的，因此，土壤中硝化、反硝化细菌的存在与活动对土壤肥力以及植物营养有重要作用。连作土壤硝化和反硝化细菌数量在使用不同的豆科牧草进行轮作后均有不同程度的增加。与豆科作物轮作可以在一定程度上解决马铃薯连作障碍；但是，对于土壤改良的效果视连作年限及豆科植物的品种而异。

四、播种

（一）选用脱毒种薯

按照国家标准《马铃薯种薯》GB 18133 选用脱毒种薯。种薯质量对马铃薯产量和质量具有重要影响，播种前的种薯准备能进一步提高种薯质量，适时播种，促进早出苗，保证苗全、苗齐、苗壮。

（二）种薯处理

1. 种薯出窖与挑选　种薯出窖时间应根据播种时间、种薯在窖内保藏情况和种薯处理等综合考虑。种薯在窖内未萌芽、保藏较好时则根据播种时间和种薯处理需要的天数确定。确定催芽，应根据播种时间和品种萌芽速度确定，催芽时间通常2～4周，故需播前3～5周出窖。困种应在播前18～22 d出窖。若窖内种薯过早萌芽、保藏较差，则在不受冻的前提下尽早出窖，散热见光，抑制幼芽徒长，使之绿化、坚实、避免碰伤或折断。出窖后淘汰薯形不规整、龟裂、畸形、芽眼凸出、皮色暗淡、薯皮老化粗糙、病、烂等块茎，出窖时若块茎已萌发，应淘汰幼芽软弱细长或幼芽纤细丛生等不良性状的块茎。

马铃薯在不同生长发育阶段生理状况不一致，对环境条件反应亦异，故不同阶段形成的块茎亦有质的区别，使其子代植株生长相也有丰产型或衰退型之分，产量差异很大。试验表明，幼壮薯做种比未经选择的块茎增产13.49%，可见选择生理年龄适合的块茎做种也是高产栽培的重要环节。依据块茎内部差异在外表形态上的差异，可将块茎分为三种类型：

（1）幼龄薯　在植株上生长时间通常较短，薯块小，薯皮柔嫩光滑，皮色新鲜不易褪色，薯形规整，休眠期长，耐贮藏，幼芽粗壮，种性好，子代植株高大健壮，发育成丰产型，产量较高。

（2）壮龄薯　在植株上生长时间也较短，薯块较大，薯形规整，其他与幼龄薯相似，特别适于用作种薯。试验表明，壮龄薯做种比幼龄薯增10.16%。

（3）老龄薯　在植株上生长时间长，通常在茎叶枯萎时收获，大小不一，小的老龄薯种性更差。薯形多不规整，薯皮粗糙老化，皮色暗淡，芽眼、顶部和脐部由深变浅或凸出，休眠期短，幼芽细弱，生活力低，子代出苗早，生长势弱，叶面积系数较低时就形成块茎，早期产量较高，但最终产量低，不宜做种。

2. 整薯播种或切块播种　单块重25～50 g，每个切块至少要有1～2个芽眼。最好用草木灰拌种。整薯播种可避免病毒病和细菌性病害通过切刀传病，切刀是细菌性病害传病的媒介，环腐病、黑胫病都能传播，一块种薯有病可通过切刀传病几十块感病，造成减产。

种薯需经晒种催芽处理。播前15～20 d种薯置于15～20 ℃的条件下催芽，当种薯大部分芽眼出芽时，剔除病、烂和冻薯，放在阳光下晒种，待芽变紫色时切块播种。春播催大芽比不催芽可增产10%以上，催芽堆放以2～3层为宜，不要太厚，催芽过程中对块茎要经常翻动，使之发芽均匀粗壮。催芽的块茎增产的原因一是幼芽发根快，出苗早而齐，早发棵、早结薯，有利于高产；二是经过长期的贮藏和催芽，患病薯块均可暴露，便于播前淘汰，以免田间发病或缺苗。

整薯播种应选择幼壮薯，大小以50～75 g比较经济实惠，但100～150 g壮龄薯适当稀播更佳。整薯播种比切薯播种的环腐病、黑腔病和某些病毒病害发病率低，出苗率高，苗齐、苗壮，生长势强，耐旱、耐涝、耐霜冻，早期生长发育快，茎叶覆盖地面时间早，对太阳辐射能量的利用率高，并节省切种用工。

切薯播种虽可节约种薯，利于控制单位面积主茎数，出苗快而齐，薯大而齐，成熟早，但易传播环腐病、黑腔病、马铃薯普通花叶病毒等重要病害，耐旱性差、生长势弱、产量低，故整薯播种比切薯好。试验表明，大小相当的条件下整薯播种比切薯播种每平方米主茎数多，可增产 25.19%～67.92%。

切薯播种节约种薯，成本小。原则上切种后尽快播种，以播前 1 d 为佳。切种时淘汰病薯，切刀消毒。切块应多带薯肉，具有 2～4 个芽眼，切忌切成薄片、过小或挖芽眼。最好纵切为两等分，若需再切可切成四等分。试验表明，切块大小相当的条件下，纵切两等分比纵切四等分增产 34.13%。马铃薯环腐病和黑胫病等经切刀传播的病害较重时不得切薯播种。

切块时，要进行切刀消毒。当切到病烂薯时，将病、烂薯剔除，同时将切刀在 5% 的高锰酸钾溶液中浸泡消毒 1～2 min，然后再切其他薯块，以免感染其他薯块，最好采用两把刀交替消毒切种的办法。切刀消毒可以防止切块时病害传播。

种薯药剂拌种。切好的种薯薯块可用甲霜灵·锰锌（切块重量的 0.08%～0.25%）、代森锰锌（0.15%～0.44%）、多菌灵（0.25%～0.75%）、噁霜灵·锰锌（0.08%～0.25%）药品的可湿性粉剂现切现拌种，随即播种，最好当天全部播种完。这对提高晚疫病防效、增加单株块茎数、提高单株生产力和商品率、减少薯块腐烂、增加产量等都有良好的效果，甲霜灵·锰锌和代森锰锌是首选药剂。需要特别提出需要注意的是，生产上要杜绝用三唑酮拌种，否则会造成伤芽绝苗。用适量马铃薯消毒催根剂拌种可提高出苗率，增强抗旱性。

（三）适期播种

块茎产量是马铃薯把光能转变为化学潜能的结果，取决于投射到绿色叶片上的太阳能辐射量，需要尽可能延长生长期。生长期的长短受春、秋季低温的制约，故需适时早播。通常，根据下列四个方面确定适宜播种期。

把块茎形成期安排在平均气温为 23 ℃，每天光照 14 h 以下，降水量适当的季节。

能充分利用对出苗有利的条件，尽量避免不利条件。常年春旱的浅山应抢墒早播，气温低、土壤湿度大的脑山适当晚播，以利发苗。

根据品种、栽培条件和种薯情况确定播种期。种薯未经催芽等处理或发芽期较长的品种，应适当早播，催芽的或发芽期较短的品种，适当晚播。对早熟品种和早季上市的马铃薯应适当早播。水肥条件较高时亦可适当早播，反之宜适当晚播。

根据当地晚霜发生期、气温和土温确定播种期。青海省栽培马铃薯的大部分地区，通常在农历四月初八前后都有晚霜，马铃薯发芽期一般为 30～40 d，故当地通常发生晚霜前约 30 d，气温通过 5 ℃ 即 10 cm 深处土温达 7 ℃ 时播种比较合适。适宜播种期因海拔高度和地势而异，高海拔、易发生霜冻的地区宜迟，反之宜早。

青海马铃薯播种一般川水及浅山地区 4 月中旬至 5 月上旬，脑山地区 4 月下旬至 5 月中旬，一般加盖塑料地膜能提早播种 10 d 左右。

（四）种植密度

1. 种植密度的确定 马铃薯的播种密度应以品种、土壤水肥条件、种植方式和生产目的而定。按照土壤肥力状况、降水条件和品种特性确定种植密度。年降水量 300～350 mm 的地区以 3 000～3 500 株/亩为宜，株距为 35～40 cm；年降水 350～450 cm 的地区以 3 500～4 000 株/亩为宜，株距为 30～35 cm；年降水量 450 mm 以上地区以 4 000～4 500 株/亩为宜，株距为 27～30 cm。肥力较高，墒情好的地块可适当加大种植密度。

2. 用种量和播种面积的计算

（1）依据面积计算处理种薯的数量 处理种薯的数量应根据面积、播种密度、种薯大小、整薯或切薯播种和块茎（切块）大小计算。

其公式为：

种薯数量＝切块或单薯（整薯播种）重量×每亩株数×种植面积（亩）

如种植 3.12 亩，株行距 60 cm×28 cm，每千克种薯拟切 25 个切块，则需处理种薯：

$$1÷25×（667÷0.60÷0.28）×3.12＝495.5（kg）$$

这里的需要量指实际播种的数量，以通过严格挑选的种薯为准。如考虑处理后还需淘汰一部分块茎，则处理的种薯数量应为计算的需种量加上处理后淘汰的块茎数量。

（2）根据种薯数量确定种植面积 根据种薯数量、种薯大小、切块重量、整薯播种或切薯播种和播种密度计算种植面积。

其公式为：

面积（亩）＝株行距×1 kg 的切块数或块茎数（整薯播种）×种薯总重量（kg）÷667

如有新品种种薯 1 250 kg，株行距 60 cm×33 cm，每千克种薯切成 25 个切块，需要面积为：

$$0.60×0.33×25×1250÷667＝9.82（亩）$$

相同数量的种薯整薯播种，株行距 75 cm×33 cm，每千克 12 个块茎，则面积为：

$$0.75×0.33×12×1250÷667＝5.57（亩）$$

上述种薯数量指经过严格挑选后的种薯数量。

（3）依据品种熟性和土壤肥力确定播种密度 早熟品种宜密，中晚熟品种宜稀；肥地宜稀，薄地宜密；旱地宜稀，水地宜密；商品薯宜稀，种薯宜密。高产试验表明，每亩主茎数 16 200～27 650 个范围内块茎产量虽随主茎数增大而增加，但差异不显著。因单位面积产量是主茎个体与群体综合作用的结果。

马铃薯植株内在增产潜力很大，高水肥、田间管理适当，就能充分发挥，单株产量由不足 1 kg 而增大到几十千克。决定马铃薯植株内在增产潜力的主要生物学特点是：马铃薯对环境条件很敏感，产量因土壤、肥料、水分、温度及田间管理等差异很大；种薯处理、播种深度、培土次数和厚度等不同，结薯层次和单株结薯数差异亦大；块茎是茎的变态，无限生长，在整个膨大过程中细胞不断分裂和增大，周皮细胞也相应分裂增大，使块茎无限地膨大；块茎顶端优势强也是增产的重要因素；块茎芽眼多，每一芽眼有 3 个以上的芽，故一穴多株很普遍，能充分发挥种内互助和克服缺苗的不利影响。

由于这些生物学特点及主茎密度因品种、种薯质量、种薯大小、整薯播种、切块芽眼多少而异，致使播种密度在一定范围内对单位面积产量无显著影响。主要根据当地发挥马铃薯植株内在增产潜力的栽培水平确定合理的播种密度。当前栽培水平有高有低，对确定合理播种密度有两种不同的做法：栽培水平较低，限制着植株内在增产潜力的发挥，只有增加播种密度发挥群体生产力来提高产量。虽然适当增施肥料、加强田间管理等可提高产量，但因增加密度促使单株产量降低，栽培粗放，故产量提高很有限；栽培水平高，能充分发挥植株内在增产潜力，重点以高产个体组成群体获得高产，中心内容是利用高产品种的无病种薯保证植株健康苗壮生长，利用高产栽培技术促使个体最大限度地发挥植株内在增产潜大，产量潜力大，产量高。

特定栽培水平的合理密植标志是苗匀、茎粗、薯大、薯产量高。苗匀指田间植株分布均匀，由于株数与结薯数相关性极显著，故植株均匀分布利于块茎膨大。茎粗指植株茎秆粗壮、直立不倒、生长繁茂，输导能力强，营养状况优良，叶面积增大，薯块增大，故茎愈粗产量愈高。单株结薯是单位面积产量的基本构成因素，大薯比例对产量的作用极大，故薯多薯大产量高。

（4）根据当地生产水平、自然条件和种薯质量选择播种密度　生产水平高、生长期长、温度高、降水多、灌溉条件好和种薯质量高，应利用高产个体组成群体、适当减少密度、采用高产栽培技术获得最高产量。生产水平低，生长期短，自然条件差，种薯质量不高，宜用较大的播种密度来获得较高的产量。总之，栽培水平高宜稀，反之宜密。根据经验，整薯播种以每亩约 3 340 穴为宜，行距约 60 cm，株距约 33 厘米；切薯播种约 4 000 穴，行距约 60 cm，株距约 38 cm。栽培水平高可酌情减少 10%，反之可酌情增加 10% 左右，常年干旱的浅山亦应增加。

（5）合理密植　播种密度应既能使植株合理使用阳光和土壤的水分、营养，促进生长苗壮，又不使植株阴郁拥挤、倒伏而降低产量的积累。

（五）播种方式

地膜覆盖栽培、双膜栽培、全膜覆盖双垄栽培、秋季覆膜或早春覆膜等膜下栽培。播种方式为起垄覆膜后垄上点播，干旱、半干旱地区露地种植播种方式为开沟点播或坑种，水地和阴湿山旱地露地种植播种方式为平种起垄或起垄垄上点播。

青海省大部分马铃薯产区在作物生育期间气温高，降水少，蒸发量大，气候干燥，无灌溉条件，都采用平种保持土壤水分。由于马铃薯根系入土能力差，必须秋翻或播前犁地 22 cm 以上，播种时犁地 10～15 cm，切块播种或小薯宜浅，反之宜深，种薯覆土 7～10 cm。栽培密度小，整薯播种或切块大，水肥条件高，采用隔两铧种一铧，即开第一沟播种，开第二沟给第一沟覆土，开第三沟给第二沟覆土，开第四沟播种并给第三沟覆土，然后像开第二、三和四沟那样开第五、六和七沟，分别给第四、五和六沟覆土，以此类推，反复进行。切薯播种或块茎小，水肥条件低，采用隔一铧种一铧，即开第一沟播种。开第二沟给第一沟覆土，开第三沟播种并给第二沟覆土，开第四沟给第三沟覆土，然后开第五沟播种并给第四沟覆土，反复进行，直至将地种完。以新式步犁播种，隔两铧种一铧的行距通常为 60～70 cm，隔一铧种一铧的行距一般为 30～35 cm，株距视播种密度而定，播种密度大株距宜小，反之宜大　播种当天交叉耱地两遍，以利保墒。风大干旱的浅山可采用穴播，即按照预定的株行距人工挖穴播种，种肥同穴，减少土壤水分蒸发。

五、田间管理

（一）科学施肥

施肥技术是合理施肥、提高肥效的重要环节，涉及 N、P、K 等各种养分的搭配比例及用量，对肥料种类的选择，不同肥料的施用时间和方法等。施肥技术得当，能满足马铃薯生长发育期间对各种养分的需要，作物生长茁壮，高产优质。

1. 重施有机基肥

（1）有机肥的肥效特点　施用有机肥最重要的作用就是增加了土壤的有机质。有机质的含量虽然只占耕层土壤总量的百分之几，但它是土壤的核心成分，是土壤肥力的主要物质基础。有机肥对土壤的结构，土壤中的养分、能量、酶、水分、通气性和微生物活性等有十分重要的影响。养分持效期长，有机肥含有植物需要的大量营养成分，对植物的养分供给比较平缓持久，有很长的后效。有机肥还含有多种微量元素。由于有机肥中各种营养元素比较完全，而且这些物质完全是无毒、无害、无污染的自然物质，这就为高产、优质、无污染的绿色食品生产提供了必要条件。有机肥含有多种糖类，施用有机肥可增加土壤中的各种糖类，在有机物的降解下释放出大量能量，为土壤微生物的生长、发育、繁殖活动提供能源。提高土壤酶的活性。畜禽粪便中带有动物消化道分泌的各种活性酶，以及微生物产生的各种酶。施用有机肥可大大提高土壤的酶活性，有利于提高土壤的吸收性能、缓冲性能和抗逆性能。施用有机肥可增加土壤团粒结构，改善土壤的物理、生化特性，提高了土壤保水、保肥和透气性能，为植物生长创造良好的土壤环境。减少污染，有机肥在土壤中分解，转化形成各种腐殖酸物质，能促进植物体内的酶活性，物质的合成、运输和积累。腐殖酸是一种高分子物质，阳离子代换量高，具有很好的络合吸附性能，对重金属离子有很好的络合吸附作用，能有效地减轻重金属离子对作物的毒害，并阻止其进入植株体内，这对生产无污染、安全、卫生的绿色食品十分有利。

（2）有机肥存在的问题　有机肥存在着养分含量低，不易分解，不能及时满足作物高产的要求；传统有机肥的积制和使用也很不方便，人、畜禽粪便及垃圾等有机废物又是一类脏、烂、臭物质，其中含有许多病原微生物，或混入一些毒物、有害重金属等，是重要的污染源等问题。

（3）有机肥的作用　改良土壤，培肥地力。有机肥具有养分全面、肥效稳定、来源广、成本低等特点。有机肥中的主要物质是有机质，施用有机肥增加了土壤中的有机质含量。有机质可以改良土壤的物理、化学和生物特性，熟化土壤，培肥地力。中国农村有句谚语："地靠粪养，苗靠粪长"，在一定程度上反映了施用有机肥对于改良土壤的作用。施用有机肥既增加了许多有机胶体，同时借助微生物的作用把许多有机物也分解转化成有机胶体，就大大增加了土壤的吸附表面，产生较多的胶体物质，使土壤颗粒胶结在一起形成稳定的团粒结构，提高了土壤保水、保肥和透气的性能，以及调节土壤温度的能力。施用有机肥还可使土壤中的微生物大量繁殖，特别是许多有益的微生物，如固氮菌、氨化菌、纤维素分解菌、消化菌等。有机肥中有动物消化道分泌的各种活性酶，以及微生物产生的各种酶，这些物质施到土壤后，可大大提高土壤酶的活性。多施有机肥料，可以提高土壤活性和生物繁殖转化能力，从而提高土壤的吸收性能、缓冲性能和抗逆性能。可见有机肥不仅是农作物重要的营养源，而且是改变土壤理化性状的物质基础。它所含有丰富的有机物质可增加土壤有机质含量，改变土壤的物理性质、化学性质和生物活性，使土壤中水、肥、气、热得以协调，从而提高土壤肥力，更好地满足作物生长的需要。

有机肥可增加作物产量和改善农产品品质。有机肥含有植物所需要的大量营养成分，各种微量元素、糖类和脂肪。施用有机肥除当季有一定的增产作用外，还有明显后效，连续施用其增产效果逐年提高。大量施用有机肥，可以改善农产品的品质。

（4）有机肥料来源和种类

① 堆肥。以各类秸秆、落叶、青草、动植物残体及人、畜粪便为原料，与少量泥土混合堆积而成的一种有机肥料。

② 沤肥。所用原料与堆肥基本相同，只是在淹水条件下进行发酵而成。

③ 厩肥。指猪、牛、马、羊、鸡、鸭等畜禽的粪尿与秸秆垫料堆沤制成的肥料。

④ 沼气肥。在密封的沼气池中，有机物腐解产生沼气后的副产物，包括沼气液和残渣。

⑤ 绿肥。利用栽培或野生的绿色植物体作为肥料。如豆科的绿豆、蚕豆、草木樨、田菁、苜蓿、苕子等。非豆科绿肥有黑麦草、肥田萝卜、小葵子、满江红、水葫芦、水花生等。作物秸秆，农作物秸秆是重要的有机肥之一，作物秸秆含有作物所必需的营养元素，有 N、P、K、Ca、S 等。在适宜条件下通过土壤微生物的作用，这些元素经过矿化再回到土壤中，为作物吸收利用。

⑥ 饼肥。包括菜籽饼、棉籽饼、豆饼、芝麻饼、蓖麻饼、茶籽饼等。

⑦ 泥肥。指未经污染的河泥、塘泥、沟泥、港泥、湖泥等。

⑧ 生物有机肥。随着科学技术的不断发展，通过有益菌群的人工纯培养技术，采用科学的提炼，可以生产出多种多样不同品种的生物有机肥，它能改善土质、减少环境污染、增肥增效等。生物有机肥将是未来农业生产用肥的主要发展趋势。

2. 适期追肥　早春气温低，土壤微生物活动弱，有机肥分解慢，追施速效化肥或早期追施 N 肥，可促进马铃薯早期生长，能利用建成较大的同化面积，提高群体光合生产率，增加产量。据在水地试验，用量相同的追肥比全做基肥增产 12.3%。N 用量相同追肥越早增产效果越大，苗期追肥则增产 17%，现蕾期追肥增产 12.4%，开花期追肥增产 9.4%。

施肥量根据目标产量、土壤肥力、气候条件以及对 N、P、K 的需要量来确定，并因品种熟性、施肥位置和时机、灌溉、前作、降水量和主茎密度等而异。通常可按每生产 1 000 kg 块茎需 N 8.63 kg、P_2O_5 1.91 kg 和 K_2O 14.2 kg 计算。N、P、K 比例 1：（0.3～1.0）：（1.5～1.9），P、K 比例随 N 用量增加而增加。由于青海省大部分马铃薯产区干旱少雨，无灌溉条件，土壤含 K 量高，近十多年来 P 肥用量增大，土壤 P 含量也高，故 N 肥对产量的影响很明显。计算施肥量的方法是先算出目标产量所需 N、P、K 等养分，然后减去土壤所含养分，最后算出肥料用量。其公式如下：

$$需要养分数量 = \frac{每生产 1000\,kg\,所需养分数量 \times 目标产量}{1000}$$

$$计划肥料用量 = \frac{100}{肥料含纯养分百分率 \times 所施肥料利用率} \times (需要养分数量 - 土壤供肥量)$$

不同叶龄追肥对马铃薯的个体生长促进具有明显不同的效应。六叶、七叶期追施适量 N、K 肥料有利于马铃薯高产群体建成。不同叶龄追肥对结薯和薯块生长的促进作用也有显著差别。六至七叶期追肥产量高，大中薯比例大。

马铃薯的高产稳产需要 N、P、K 三要素的合理配合施用，单纯施用其中的某一种或某两种都会造成肥效利用率低而造成浪费。所以测定土壤养分，根据地力确定适宜的肥料种类和施肥量能够提高产量和品质进而提高经济效益。在出苗阶段，平衡施肥与传统栽培方式相比没有明显差别，但生长后期茎秆粗壮、叶片浓绿（叶绿素含量高），为块茎的迅速膨大和有机物质的积累提供了强大的制造源。通过平衡施肥处理的马铃薯产量比传统施肥产量提高 8.65%；而且大薯率达 73.9%，比传统施肥方式提高 14.3 个百分点。平衡施肥提高了有效营养元素的转化效率，提高了肥料的利用率。平衡施肥马铃薯粗蛋白质、淀粉和还原糖含量分别较普通施肥提高了 14.13%、15.78% 和 9.09%。对于可用作炸薯片的原料，还原糖含量仍在允许的范围内。由此表明，平衡施肥对于马铃薯产量和品质及经济效益的提高效果显著。

（二）合理灌溉

充分供应土壤水分是充分发挥植株内在增产潜力的必要条件之一，也是获得高产的先决条件之一。因为每生产 1 kg 块茎需 100～150 kg 水，获得最高产量的土壤水分亏缺在根系范围内不允许达到有效水的 50% 左右，故年度间产量差异的一个主要原因是水分供应的不同。由于青海省大部分地区雨水不足，经常干旱，灌溉特别重要，凡有灌溉条件的均应浇水，满足生长发育对水分的需要，马铃薯才能高产优质。

马铃薯结薯盛期对水分很敏感，需水量最多，耗水量约占植株生育期的一半以上，次为孕蕾到开花期，耗水量约占植株生育期的 1/3。孕蕾至开花期也是迅速形成叶面积的时期，水分和营养不受限制则根、茎、叶生长旺盛，叶面积很快达到最大值，为多结薯、结大薯创造了优良的条件。结薯盛期块茎迅速膨大，水分充分供应才能薯多薯大。因为每形成 1 kg 干物质需消耗 400～600 kg 水，必须以充足的水分来维持较高的叶面积系数，缺水必将严重减产。可见马铃薯高产必须在整个生育期间充分供应水分，因块茎开始形成到成熟，水分充足能使块茎增大，块茎开始形成之前水分充足才能增加单株结薯数。

1. 灌溉时间和次数 马铃薯要获得高产优质必须整个生育期间充分供应水分，但灌溉时间和次数应根据目标产量、降水次数、降水量和土壤持水量确定。通常幼苗期 40 cm 深的耕层内土壤水分在田间最大持水量的 60% 以下，块茎形成期和结薯盛期 60 cm 深的耕层内土壤水分在田间最大持水量的 70% 以下，结薯末期（淀粉积累期）在 55% 以下时必须浇水，土壤有效水消耗 50% 时灌溉效益可能最大。水分过多植株倒伏，病虫严重，块茎易腐烂，亦难高产。

青海省马铃薯灌溉通常有浇冬水、齐苗水、现蕾水和开花水，以后田间植株顶端心叶中午略呈萎蔫状时浇水。试验表明，川水地区浇冬水增产 6.41%，浇冬水和齐苗水增产 17.5%，浇冬水、齐苗水和现蕾水增产 32.69%，浇冬水、齐苗水、现蕾水和开花水时增产 47.82%，开花后田间植株顶端心叶中午略呈萎蔫时浇一次水增产 15.33%。

2. 浇水方法 主要有地表浇水、沟灌和喷灌三种方法。青海省马铃薯多为平种，故齐苗水多为地表浇水，现蕾及其后为沟灌。齐苗水水位不应超过苗高 1/3，培土后浇水垄沟贮水量应低于垄高 4/5。浇齐苗水和现蕾水后土表灰白时应松土培土，改良土壤通透性，提高土温，促进生长。

（三）中耕

马铃薯播种后因温度逐日上升，杂草丛生，幼苗出土后，及时中耕除草一次，使土壤疏松通气，以利于植株迅速生长发育。除草宜早除、浅锄，既要控制杂草与苗争水、争肥，又要防止造成水分蒸发。

中耕培土。现蕾期进行第一次中耕培土，10 d 后进行第二次中耕培土。后期拔大草2次。

（四）防病治虫除草

1. 病毒病

（1）马铃薯普通花叶病毒　马铃薯普通花叶病毒传播最广，通常导致减产 10％～20％，因病毒株系、马铃薯品种和环境条件而异。

① 症状。最常见的病状是叶片产生轻微的叶肉褐绿的斑驳花叶或局部褪绿，平展不变形，叶脉不坏死，尤其植株顶端心叶最明显，基部遮阴叶片呈绿色脉带，病状在 16～22 ℃下比在 22 ℃以上明显，严重程度因病毒株系或马铃薯品种而异。严重程度从外观上无肉眼可见病状（潜伏侵染）到植株矮化、叶片严重皱缩花叶，甚至植株顶端坏死，整株或部分主茎死亡，块茎坏死。若与马铃薯轻花叶病毒或马铃薯重花叶病毒混合侵染，病株皱缩、坏死或叶片皱缩，高原 4 号的叶片有时产生局都坏死。

② 病原。马铃薯普通花叶病毒（PVX）质粒弯曲长秆状，长 515 nm，宽 13 nm，单链 RNA（核糖核酸），致死温度为 68～76 ℃，体外保毒期达几周。该病毒还可侵染烟、番茄等茄科作物及豌豆等豆科植物。

③ 传播途径。病健植株汁液接触或病薯传播，蚜虫不传播；田间自然传播主要是人、衣物、农具和动物皮毛接触传播；根部接触摩擦也能传播，系统性侵染（除侵染点外其他部位也受侵）；嫁接也能传播。若生长前期受侵，病毒传入块茎，成为翌年初侵染源；生长后期侵染，块茎无病或只部分块茎感病。有性种子不能传播。

④ 发病条件。16～20 ℃利于症状表现，28 ℃以上症状减轻或消失。高温，特别是夜间高温和土温高，则加重危害。种薯带病越重，病害也越重。马铃薯品种抗病性差异很大，如高原 8 号和青薯 168 抗病性较强，高原 3 号耐病性强，下寨 65 轻度感病，高原 4 号高度感病。

⑤ 防治方法。选用抗病或轻度感病品种无病种薯；幼壮薯整薯种；加强田间水肥管理。

（2）马铃薯重花叶病毒　马铃薯重花叶病毒又称皱缩花叶、条斑花叶或落叶条斑。分布广，是马铃薯的主要病毒，可导致减产 50％～80％，若与马铃薯普通花叶病毒、马铃薯轻花叶病毒或马铃薯潜隐花叶病毒混合侵染损失更大。

① 症状。叶片产生色泽浓淡不一、形状不同的斑驳、黄化，叶脉黑色坏死，粗缩或皱缩花叶。叶柄或茎产生黑褐色条斑坏死，垂叶坏死。严重时植株死亡。病毒株系、马铃薯品种和环境条件不同产生的症状亦异，从无症状到严重发病，该病毒与马铃薯普通花叶病毒或马铃薯轻花叶病毒混合侵染引起严重皱缩花叶，病株矮小，生长势弱。

② 病原。马铃薯重花叶病毒（PVY）质粒丝状，长 730 nm，宽 11 nm，致死温度为 52～62 ℃，体外保毒期达 48～72 h。此外，还侵染烟、番茄等茄科作物。

③ 传播途径。病健植株汁液接触，病薯、嫁接和带毒桃蚜传播，系统侵染。病害在发生流行中病薯起着重要作用，但自然界主要是带毒无翅桃蚜非持久性传播（蚜虫在病株上取食几秒钟后就能传播）。植株受侵越早块茎受侵的可能性越大，否则块茎不受侵或部分块茎受侵。

④ 发病条件。播入田间的病薯是初侵染源，病薯越多病害越重。传毒蚜虫出现早、虫口密度大，病害严重。气温在 6～30 ℃、相对湿度 40%～80% 时，利于传毒蚜虫生育繁殖，病害重。高温，特别是土壤温度和夜间温度高，发病严重。品种抗病性小，感病品种种植面积越大，发病总重。

⑤ 防治方法。选用抗病品种，如下寨 65、高原 8 号和青薯 168。选用无病种薯或幼壮薯整薯播种。适时早播，苗期和现蕾期挖除病株。喷施杀虫剂防治传毒蚜虫。加强田间水肥管理。选择尽可能远离番茄、烟等茄科作物，以及桃、李等传毒蚜虫越冬寄主和马铃薯生长季节中风多风大的地块，这对留种田尤为重要。

（3）马铃薯卷叶病毒　马铃薯卷叶病毒为重要的马铃薯病毒，普遍发生，可导致减产 50% 以上。

① 症状。初侵染植株顶部幼时直立，变黄，小叶沿中脉向上卷曲，渐渐淡黄色；小叶基部边缘常紫红色，后向中下部叶片扩展。生长后期受侵无症状。病薯播入田间后产生再侵染，出苗后约 1 个月幼苗基部叶片卷曲、僵硬、渐变革质、变脆、边缘坏死；叶背面变紫，随植株生长向上发展，使植株矮化、竖立、黄化、僵硬；上部叶片褪绿、卷曲、变脆，背面紫红色。再侵染的危害比初侵染严重，症状严重程度因病毒株系、马铃薯品种和生长条件而异。症状出现时茎、叶柄韧皮部坏死，切开块茎可见内部维管束网状坏死，在初侵染、再侵染或受侵三年的病株块茎中均可见到，色泽从半透明到深色。病薯萌发纤细幼芽。

② 病原。马铃薯卷叶病毒（PLRV）又称马铃薯韧皮部坏死病毒，质粒等轴对称，直径约 24 nm，致死温度 70～80 ℃。体外保毒期 2 ℃ 下 3～5 d，蚜虫提取液中 12～24 h。

③ 传播途径。汁液不能传播。自然界蚜虫持久性传播（传毒蚜虫在病抹上取食半小时后须再经 1 h 才有传毒能力，此后终身传病），以桃蚜传播效率最高；系统侵染；嫁接也能传播；病薯播入田间生长的病苗为初侵染源。病株受侵越早块茎受侵的可能性就越大，反之则可能部分块茎受侵。

④ 发病条件。播入田间病薯多病害重。传毒蚜虫出现早、虫口密度大病害重。传毒蚜虫在病株上取食时间长传病效率大。25～26 ℃ 传毒蚜虫发育最快，30 ℃ 以上或 6 ℃ 以下、相对湿度 80% 以上或 40% 以下桃蚜数量减少，病害轻。暴雨、大风和炎热对蚜虫活动不利，虫口密度减少病害轻。品种抗病性强则病害轻。

⑤ 防治方法。选用抗病品种，如下寨 65 抗病性强。选用无病种薯。早收留种，幼壮薯整薯播种。尽早挖除病株，喷药防治传病蚜虫。播种前将种薯在 37.5 ℃ 下处理 25 d。选择远离种植桃、李等蚜虫越冬寄主果树及马铃薯生长季节多风、风大的地块，留种田尤应如此。加强田间水肥管理。

（4）马铃薯轻花叶病毒 马铃薯轻花叶病毒普遍发生，重要性仅次于马铃薯重花叶病毒和马铃薯卷叶病毒，可减产 40%。若与马铃薯重花叶病毒混合侵染则减产更重。

① 症状。大部分品种产生轻型花叶，有时很严重。典型症状为脉间花叶，病叶部分叶脉和脉间不规则褪绿或发黄斑驳，与正常绿色部分交错，叶面粗缩，叶缘波纹状，脉间组织凸起使叶面呈皱纹状，株型开散。某些品种症状轻微或无。具有田间抗病性的许多品种受侵后植株顶端坏死，而无斑驳花叶，高温、晴天下症状比阴天、低温下轻，甚至不表现症状。

② 病原。马铃薯轻花叶病毒（PVA）质粒丝状，长 730 nm，宽 11～15 nm，致死温度 44～52 ℃，体外保毒期在 18 ℃下 12～24 h。烟草也可被侵染。

③ 传播途径。蚜虫非持久性传播，田间传播主要是桃蚜；汁液接触和嫁接也能传播；系统性侵染。病株产生无症状的块茎。病薯播入田间长出的病苗是初侵染源。

④ 发病条件。病薯多，病苗多，传毒蚜虫出现早，以及温、湿度利于传病蚜虫生长发育、繁殖和活动，则病害严重。对马铃薯重花叶病毒高度抗病的品种，对马铃薯轻花叶病毒亦高度抗病。

⑤ 防治方法。选用抗病品种，如下寨 65、高原 8 号和青薯 168 等；选用无病种薯；选用幼壮薯整薯播种。适时早播，苗期、现蕾期拔除病株，加强田间水肥管理，早收留种。喷药防治传毒蚜虫。选择多风、风大，远离桃、李等传病蚜虫越冬寄主的地块。

2. 晚疫病

（1）症状 植株被晚疫病侵袭时，首先在叶片的顶端或边缘发生淡褐色的病斑，病斑外围有黄绿色症状，湿度大的早晨和雨天病斑很快扩大，使叶面呈水渍状青枯，并在枯斑外出现白霉，叶背面白霉更清楚。白霉就是分生孢子，孢子囊呈桃形，孢子入土可侵入块茎，块茎发病时表皮变褐色斑点，组织下陷。软腐病未介入前，褐色斑点组织变硬，切开后内部薯肉呈锈褐色。一旦软腐病菌侵入块茎，块茎即腐烂。

（2）传播途径 晚疫病病菌孢子很小，能趁水湿从叶背气孔或块茎表皮皮孔侵入组织，而后发展成病斑。

（3）发病条件 阴雨、晨露使叶片水湿，是病菌孢子入侵的有利条件。病菌发育的适宜温度为 24 ℃，最高温度为 30 ℃，最低温度为 10 ℃。游动孢子生长的最适温度为 12～13 ℃，最高为 25 ℃，最低为 2 ℃。菌丝可在块茎中越冬，为活物寄生，土壤一般不会传病。主要是播种带病的块茎，在条件适宜时首先从带病块茎植株发病，由中心病株再扩大传播。降雨时又把病菌孢子带到块茎上，使块茎感病，或在收获时块茎表皮被擦伤，土壤和茎叶上的病菌孢子趁机侵入块茎。

（4）防治方法 选用抗病品种。种植抗病品种是最好的防病办法。播前严格淘汰病薯。只要种薯不带病，田间就不会首先出现病株。淘汰病薯，第一，在种薯出窖进行催芽前严格剔除；第二，催芽期间，凡不发芽或发芽慢，出现病症的全部剔除；第三，切块播种或整薯播种时严格检查，剔除病薯。化学防治见第三章第二节。

3. 环腐病

（1）症状 病菌主要在植株和块茎的维管束中发展，使组织腐烂。病株一般生长缓慢，开花期前后病症明显，常出现部分枝叶萎蔫，下部叶从叶缘变黄并向内卷曲，枝叶枯死慢，这是与青枯病不同之处。块茎发病是病菌沿维管束通过匍匐茎进入维管束环，严重时薯肉一圈腐烂，呈棕红色，用手指挤压，则薯肉和皮层分离，但芽眼并不首先受害，这也是与青枯病不同之处。

（2）传播途径　种薯带病是主要的病源，尤其是切块播种，病薯可通过切刀把病菌传给健康块茎，而且病菌还可由运输工具如草袋、筐和机具带病菌后传播给健康块茎。但土壤并不传病。

（3）发病条件　环腐病病菌生长最适温度是20～23℃，而田间发病的适宜温度是18～20℃，土壤温度超过31℃，病害受抑制。

（4）防治方法　建立种薯田。利用脱毒苗生产无病种薯和小型种薯。实行整薯播种，不用切块播种。播种前淘汰病薯。出窖、催芽、切块过程中发现病薯及时清除。切块的切刀用酒精或火焰消毒，杜绝种薯带病是最有效的防治方法。选用对环腐病有较好抗性的品种。严禁从病区调种，防止病害扩大蔓延，化学防治见第三章第二节。

4. 黑胫病

（1）症状　带病块茎生长的幼苗和植株比健株矮小，茎秆变硬、节间短，叶片发黄并向上卷曲，不久植株因茎基部腐烂而死亡。受害的病株，因茎的基部变黑腐烂很易拔起。病株从幼苗到成株期陆续发病为其特点。

（2）传播途径　主要通过带病的种薯传病，病菌可由切刀传病，也可从块茎皮孔侵入组织后发病。病株结的块茎，病菌从匍匐茎进入块茎，并首先在脐部组织发生腐烂，而后延伸使整个块茎腐烂。

（3）发病条件　土壤湿度大、温度高时，植株大量发病。在土壤湿度小时，发芽生长的植株不会马上发病，而在土壤湿度大时即出现病症。病菌在15～25℃都能致病，病菌发育的适温为23～27℃。

（4）防治方法　建立无病留种地，生产无病种薯。种薯播种前进行严格检查，并在催芽时淘汰病薯。选排水条件好的土地种植马铃薯，防止土壤积水或湿度大，导致病害发展。

化学防治。用0.05％～0.1％春雷霉素溶液浸种30 min，或用0.2％高锰酸钾溶液浸种20～30 min。而后取出晾干播种。收获、运输、装卸过程中防止薯皮擦伤。贮藏前使块茎表皮干燥，贮藏期注意通风，防止薯块表面出现水湿。

5. 早疫病

（1）症状　主要侵染叶片，茎、叶柄和块茎亦可受侵。最初叶片产生黑褐色小斑点，逐渐扩大成近圆形，与健康组织界限明显，具有黑褐色同心轮纹，病斑愈合后形状不规则，严重时叶片过早干枯，产生黑色绒毛状霉。块茎病斑圆形或不规则，色暗、微陷，边缘清晰。病斑在皮下深约0.5 cm，薯肉褐色、干腐，下面有一层木栓化组织。

（2）病原　马铃薯早疫病真菌菌丝暗褐色，在植物细胞间和细胞内生长。分生孢子棍棒状，纵横隔膜多，长120～130 μm，宽12～20 μm。分生孢子顶端细胞特别细长，黄褐色。分生孢子梗单生或簇生，圆筒形，有1～7个隔膜，长40～90 μm，宽6～8 μm，暗褐色。分生孢子萌发最适温度28～30℃，叶片上存在短时间水膜就能产生许多芽管，侵入气孔或表皮细胞。该菌还能侵染番茄、烟、茄等茄科植物。

（3）传播途径　病菌随病残体在土壤或病薯内越冬。分生孢子存活期长，主要经风雨传播。马铃薯生长期间发生多次再侵染。生长前期老叶发生初侵染，幼叶和偏施N肥不表现症状，次侵染多半发生在植株较老时期，特别是开花之后。成熟块茎较抗病，幼嫩块茎易受侵。

（4）发病条件　干湿交错的时期蔓延最迅速，灌溉的荒漠地发病最重。植株受伤、生长不良等不利条件下发病重。晚熟品种抗病性强。

（5）防治方法　选用抗病品种，如下寨 65、高原 8 号等。提高栽培技术，增施肥料，适时浇水、松土，增强植株抗病性。清除植株残体，深翻土地，与小麦、油菜等非茄科作物倒茬。化学防治见第三章第二节。

6. 干腐病

（1）症状　约贮藏 1 个月后，块茎伤口出现圆形小褐斑、下陷，逐渐扩大加深，薯皮皱缩，有时产生同心轮纹，使病薯空心。病斑上产生白色、黄色、玫瑰色或其他颜色突体。突体是相互紧密交织在一起的菌丝体，产生大量蓝色或红色孢子堆。切开病薯可见浅褐色或暗褐色的腐败薯肉，空腔内生满菌丝体。干燥条件下，病薯呈硬质淀粉团，潮湿条件下发生软腐。播入田间病薯干缩，病斑表面褐色，下面坏死组织具有空腔，对土壤昆虫有吸引力。该病单独发生或与软腐病等混合发生时，使种薯腐烂，造成缺苗或生长势弱。

（2）传播途径　病菌为弱寄生菌，在病组织残体、块茎或土壤中越冬，在田间土壤内可存活数年，主要初侵染源为病薯。病菌污染包装、窖等，经伤口侵入块茎，也经马铃薯晚疫病、疮痂病等病斑侵染，也能从芽眼处侵入。

（3）发病条件　该病在通风不良、潮湿和高温的窖内迅速蔓延，危害严重。块茎机械伤、晚疫病等严重，马铃薯生长后期潮湿，贮藏窖被严重污染时发病亦重。

（4）防治方法　选择地势高燥、排水性好的地块种植。茎叶干枯后收获，在收获、运输和入窖等作业中尽量避免碰伤块茎。块茎充分晾干，严格淘汰病、烂和受机械伤的块茎后入窖贮藏。入窖前 1 个月在窖内火熏，撒干生石灰，或每立方米用 30 g 硫黄熏蒸，或喷福尔马林水溶液（每千克水加 12 g 福尔马林）消毒。贮藏期间通风透光，窖内温度保持在 2～4 ℃。

7. 蚜虫

（1）生活习性和为害症状　在马铃薯生长期蚜虫常群集在嫩叶的背面吸取液汁，造成叶片变形、皱缩，使顶部幼芽和分枝生长受到严重影响。蚜虫能行孤雌生殖，繁殖速度快，从转移到第二寄主马铃薯等植株后，每年可发生 10～20 代。幼嫩的叶片和花蕾都是蚜虫密集为害的部位。而且桃蚜还是传播病毒的主要害虫，对种薯生产常造成威胁。有翅蚜一般在 4～5 月向马铃薯飞迁，温度 25 ℃左右时发育最快，温度高于 30 ℃或低 6 ℃时，蚜虫数量都会减少。桃蚜一般在秋末时，有翅蚜又飞回第一寄主桃树上产卵，并以卵越冬。春季卵孵化后再以有翅蚜飞迁至第二寄主为害。

（2）防治方法　生产种薯采取高海拔冷凉地区作为基地，或风大蚜虫不易降落的地点种植马铃薯，以防蚜虫传毒。或根据有翅蚜飞迁规律，采取种薯早收，躲过蚜虫高峰期，以保种薯质量。化学防治见第三章第二节。

8. 地老虎

（1）生活习性和为害症状　地老虎为夜盗蛾，以幼虫为害作物，又称切根虫。地老虎有许多种，危害马铃薯的主要是小地老虎、黄地老虎和大地老虎。地老虎是杂食性害虫，1～2 龄虫为害幼苗嫩叶，3 龄后转入地下为害根、茎，5～6 龄为害重，可将幼苗茎从地面咬断，造成缺株断垄，影响产量。特别对于用种子繁殖的实生苗威胁最大。地老虎分布很广，各地都有发现，一年可发生数代。小地老虎每头雌蛾可产卵800~1 000粒，黄地老虎可产卵300~400粒。产卵后7~13 d孵化幼虫，幼虫6个龄期共30~40 d。

（2）防治方法　清除田间及地边杂草，使成虫产卵远离本田，减少幼虫危害。用灯光或黑光灯诱杀成虫效果也很好。用毒饵诱杀、药剂防治见第三章第二节。

9. 蛴螬

（1）生活习性和为害症状　蛴螬为金龟子的幼虫，种类较多，各地均有发生。幼虫在地下为害马铃薯的根和块茎，可把马铃薯的根部咬食成乱麻状，把幼嫩块茎吃掉大半，在老块茎上咬食成孔洞，严重时造成田间死苗。金龟子种类不同，虫体也大小不等，但幼虫均为圆筒形，体白，头红褐或黄褐色，尾灰色。虫体常弯曲成马蹄形。成虫产卵土中，每次产卵20~30粒，多的10粒左右，9~30 d孵化成幼虫。幼虫冬季潜入深层土中越冬，在10 cm深的土壤温度5 ℃左右时上升活动，土温在13~18 ℃时为蛴螬活动高峰期。土温高达23 ℃时即向土层深处活动，低于5 ℃时转入土下越冬。金龟子完成一代需要1~2年，幼虫期有的长达400 d。

（2）防治方法　施用农家肥料时要经高温发酵，使肥料充分腐熟，以便杀死幼虫和虫卵。毒土防治使用药剂见第三章第二节。

10. 鼠害　鼢鼠俗称瞎老鼠，除川水地区外普遍发生，特别与林、牧、荒坡较近的地区被害尤为严重。从播种到收获均可危害。取食根、块茎；毁坏幼苗或植株，造成严重减产。青海省主要发生高原鼢鼠等。

（1）形态特征　高原鼢鼠成鼠体长17~25 cm，圆筒形，粗壮肥大，棕黄色，毛端黄色，其余深蓝灰色，像铁锈，幼鼠体毛蓝灰色；头扁而宽，成鼠额上有白色或黄色毛，幼鼠不明显；鼻端钝圆，光滑无毛，粉红色；眼小怕光；耳壳缺如，只具窄耳孔；四肢短而健壮，爪尖锐利，前肢爪最发达，中爪长1.8 cm，犹如镰刀，脚无毛或背面有稀疏白毛，粉红色；尾长4~8 cm，粉红色，生少数白毛。

（2）生活习性　终年地下生活，最喜土壤湿润、疏松、多草的地区，典型穴居动物。雌鼠洞道弯曲，作物成片被害，雄鼠洞道较直，作物成线状或狭长带状被害。为杂食性，喜食马铃薯块茎等。高寒山区3月中上旬土壤解冻，于20 cm深处0 ℃时开始觅食活动，11月土温降至0 ℃时活动较少。其活动高峰一年2次，第一活动高峰期为3月下旬至5月下旬，是作物播种和出苗时期，为害猖獗。第二活动高峰为8~10月。一天内的活动高峰是上午10时前和下午4时到午夜。一年1代，一只雌鼠产仔3~4只，多者9只，少则2只。

（3）防治方法　鼢鼠繁殖聚居的主要场所是农田四周50~100 m的荒山、草坡、沟垫、灌林丛生地、道路、河滩等非耕地，是施药重点地区。害鼠进入田间时更需采取防治措施，以春季活动高峰期为重点，害鼠开始活动而未进入田间为主，其余时间发现害鼠活动亦须立即防治。主要药剂为甘氟和磷化锌，配成毒饵后施用。毒饵最好当天用完，否则必须妥善保存，以防人、畜中毒。磷化锌毒饵配制法：磷化锌0.5 kg，青稞或小麦5 kg，青油0.2 kg，葱末少许，先将青稞或小麦与葱末倒入盆内，再加入青油，边倒边搅拌，拌匀后再倒入磷化锌，边倒边搅拌，使每粒麦粒都均匀粘上一层黑色药剂。甘氟毒饵配制法：甘氟 0.1 kg，青稞或小麦 10 kg，青油 0.1 kg，曲酒 0.1 kg，葱末少许，先将麦粒平放在光滑水泥地面或塑料膜上，然后用少量水将甘氟溶解均匀，洒在麦粒上，边洒边搅拌，拌匀后再加入青油拌匀，最后盖上塑料膜闷 8 h 或一夜，加入曲酒拌匀，置于密闭袋或容器内备用。人工弓箭捕打。

11. 草害

（1）种类　马铃薯田间杂草发生种类有 13 科 15 种，分别为密花香薷（唇形科）、冬葵（锦葵科）、藜（藜科）、野燕麦（禾本科）、问荆（木贼科）、猪殃殃（茜草科）、苦苦菜（菊科）、繁缕（石竹科）、苣荬菜（菊科）、荠菜（十字花科）、泽漆（大戟科）、卷茎蓼（蓼科）、刺儿菜（菊科）、节裂角茴香（罂粟科）、小蓝雪花（蓝雪科），发生危害严重的杂草主要有密花香薷、冬葵、藜、野燕麦、问荆、猪殃殃、苦苦菜、繁缕等，另外前茬为油菜的田块自生油菜发生密度较大。

川水地区主要以猪殃殃、密花香薷、卷茎蓼、大刺儿菜为主，浅山地区主要以密花香薷、苦苦菜、繁缕、问荆为主，脑山地区主要以密花香薷、冬葵、藜、猪殃殃、苦苦菜为主。

（2）杂草防治技术

① 农业防除。在马铃薯田杂草防除上的农业措施主要有：一是前期除草，既疏松土壤，改善土壤理化性状，又可以铲除杂草；二是生长后期田间拔大草，既可以清除田间杂草，又清除了杂草种子，减少下一年的杂草种群基数；三是轮作，合理轮作是马铃薯高产稳产的重要措施，也是控制马铃薯田草害的有效途径，应搞好马铃薯与小麦、油菜、蚕豆、豌豆等作物的换茬轮作。

② 化学除草。马铃薯田间杂草种类多、密度大，人工除草劳动强度大，防除成本高，因此化学防除杂草是保证马铃薯产量和品质的重要措施之一，化学除草技术主要有苗前土壤封闭除草和苗后茎叶处理除草。

a. 苗前土壤封闭除草。可于马铃薯播种前亩用氟乐灵 150 mL 进行土壤处理，可有效防除一年生禾本科杂草及部分阔叶杂草，施药后及时耙地混土，施药 7 d 后进行播种。

b. 苗后茎叶处理除草。对于前期未能防除的杂草，应在田间杂草基本出苗、且杂草处于幼苗期时及时施药防治。药剂可选用 25% 砜嘧磺隆水分散粒剂能有效防除马铃薯田大部分阔叶、莎草及禾本科杂草，对马铃薯安全。

（五）灾害性天气防御

气象灾害种类多、分布广、频率高，尤其是干旱和冰雹灾害更是频繁发生，给当地马铃薯生产造成了严重影响。

1. 干旱　干旱是危害最重、影响最广、发生最频繁的灾害。据气象资料分析，干旱年份发生频率为 81%，北部干旱区的干旱年份发生概率为 64%，中部半干旱区的干旱年份发生概率为 46%～54%，半湿润区干旱年份发生概率为 21%～23%。这说明不同自然类型区干旱发生频率有明显差别，其发生规律、特点与群众所说的"三年两头旱"基本相符。一般春、夏旱较多，秋旱次之。春、夏连旱多于夏秋连旱，春、夏、秋连旱多于四季连旱。干旱对农牧业生产的危害以秋旱最为严重，群众有"春旱不算旱，夏旱常常旱，秋旱连根烂"的说法。秋旱发生后不仅使当年秋作物关键需水时期不能满足需要，而且使夏作物的茬地无水可蓄。加之冬春雨雪稀少，常造成翌年夏田的失种或减产。

2. 冰雹　冰雹是仅次于干旱的主要气象灾害，年年都有发生，冰雹直径一般 5～20 mm，最大 70 mm。冰雹分布特点：南部多、北部少，山区多、丘陵少，迎风坡多、背风坡少。虽然降雹是局限性的，但对农业、水利、生态环境造成毁灭性打击，几年都难以恢复。降雹时间每年出现在 3～10 月，4～8 月为多发时段，而成灾大都在 6～8 月。

人工影响天气作为一项科技含量高、实用性强的新技术，在抗旱、防雹和缓解水资源紧张等方面具有不可替代的作用，是气象工作服务于防灾减灾的重要科技手段之一。研究和示范应用高效节水灌溉技术，改革灌溉方法，变传统大水漫灌为"一过水"灌溉法，积极开展高效节水农业技术的推广，推广应用微灌技术。

六、适期收获

收获是马铃薯生产中最后一道田间作业。适时收获对提高收获质量、减少损失和机械伤、高产优质及贮藏都很重要。

（一）适时收获

马铃薯收获的适宜时间应根据当地自然条件和块茎用途来确定。冬藏的商品块茎应在植株达到生理成熟时收获，植株生理成熟的标志是大部分茎叶干枯，块茎停止膨大而易与植株脱落。在此之前收获时间越早产量越低。因此，如无特殊原因，不应提早收获。对于种薯，为了减少块茎积累病毒，应适当早收。作蔬菜供应的马铃薯可根据市场需要分期收获。为避免秋涝或寒流威胁，可在植株生理成熟前适当早收，而土壤疏松、秋雨少的地方则应适当晚收。

（二）提高收获质量的措施

收获质量受很多方面的影响，必须从各方面着手，对某一环节稍有疏忽，必将大大下降。提高收获质量的主要措施有：

① 坚持适时收获，严防品种混杂。

② 晴天收获，块茎出土后坚持日晒或风干 3 h 以上。

③ 深挖细捡，坚持挖、犁各一遍，做到捡净，块茎少带泥土或植株残体，病、烂薯或破碎薯另放。

④ 翻挖、捡拾、装卸和拉运等作业中避免损伤块茎。

⑤ 收获时或收获后，严防块茎雨淋霉或受冻。

⑥ 收获后在散光、通风处阴凉 2～3 d，食用薯切勿长期日晒。

⑦ 机械收获时，应提前检修收获机具，并准备贮藏和临时堆放块茎的场所及用具。

（三）收获

青海省大部分地区收获马铃薯是铁锹翻挖，只有部分地区进行畜引三角犁犁翻，机械收获的不多。块茎翻出地面后人工捡拾，需翻挖两遍，务必收净。收完第一行后再收第二行，也可待第一行收获几株后另一人接着收第二行，或隔几行收获。

七、贮藏

马铃薯块茎既是贮藏器官，又是繁殖器官。作为贮藏器官，它贮藏着丰富的营养物质，这些营养物质在贮藏过程中，在环境条件综合影响下，会发生一系列的生物化学变化，这些变化直接影响到块茎营养成分的变化以及所带来的对经济利用价值和经济效益的影响；块茎作为繁殖器官繁衍后代，芽条萌发生长，经历着一系列的生长发育过程，以及与生长发育相联系的衰老过程，这一切都会反映到生理过程和组织活性的变化上。用途不同，对贮藏质量要求不同，作为直接食用薯的贮藏，要求贮藏期间营养物质的损耗减少到最低限度，防止有毒物质的产生或增加，避免食味变劣，减少水分的损失，使块茎保持新鲜状态，作为工业加工用的块茎，要尽可能防止或减轻块茎的糖化变甜，特别是还原糖含量要尽量减少，以防薯肉变黑的可能；而作为种用块茎，最主要是保持块茎的健康，生活力强和不失品种优良性状。掌握块茎贮藏期生理变化规律，则是进行科学贮藏管理块茎的理论依据。

（一）马铃薯贮藏的现状

马铃薯块茎从 9 月收获入窖到来年 4 月出窖，贮藏时间长达 6 个月以上。贮藏的好坏直接影响着马铃薯种薯质量和商品薯的商品质量。全省年生产的马铃薯主要靠农民自家土窖贮藏，由于条件限制，农民大部分窖设计不合理，贮藏前不进行窖内清扫、消毒，不注意通风，不轻拿轻放，种薯很易感染真、细菌性病害，造成烂窖，直接影响贮藏质量。据调查，由于贮藏不当，每年造成 20％～25％马铃薯损失，60％以上的马铃薯用于鲜食和饲用，极大部分加工成粉条、淀粉。这种传统的贮藏方式，虽然借助了当地的自然条件，能够以最低的能耗将马铃薯安全贮藏一段时间，满足粗放的生产和消费的基本需要，但贮藏过程环境条件对贮藏效果影响很大，薯块因蒸发、呼吸、发芽及病虫导致的损失较大，种薯的适宜生理年龄、商品薯的优良品质不能得到保证。

（二）马铃薯贮藏的主要方式

马铃薯的贮藏方式主要以全地下式，通常分为井窖、窑窖和棚窖三种。

1. 井窖　通常在地势高燥、地下水位低和土质坚实的地方采用。井口直径 70～80 cm，下部 100～120 cm，深度 2～3 m，在井底横向挖窑洞，大小依贮藏量而定，有些地方是直筒窖，下面不挖窑洞，下部较大，这种窖贮藏量一般不大。

2. 窑窖　通常在土质坚硬的山坡或山岩旁挖成顶为半圆形，长、宽、高依贮藏量而定。一般在外面安道门，气孔在门上方，这种窖贮藏量一般可大可小。

3. 棚窖　在地下挖出长、宽、高不定的坑，上面用木材或楼板盖住，留有窖口和通风孔，有些在上面建房，这种窖的贮藏量较大。

（三）块茎贮藏期的生理阶段

依据块茎在贮藏期间的生理变化特点，可以把整个贮藏期分为三个生理阶段：

1. 生理后熟阶段　收获后的块茎在生理上有一个后熟期，该期块茎的生态特点是表皮尚未充分木栓化，含水量高，表面黏附了泥土，外界温度高，此时块茎呼吸旺盛，放热量多，湿度大，而且不少块茎由于收获和分级等操作而受损的伤口尚未愈合，在适宜的温、湿度下，极易被病菌感染，所以该期块茎呼吸消耗多，重量急剧下降，如果通风不良，造成窖温过高，块茎会大量腐烂或出现黑心现象，但一般经15～30 d的后熟作用后，其表皮充分木栓化，伤口得以愈合，降温、散湿、散热的结果，块茎呼吸渐趋减弱，各项生理生化活性逐渐下降，块茎逐渐转入深休眠状态，所以这一阶段又称休眠预备阶段。

2. 休眠阶段　块茎经过生理后熟阶段之后，表皮得到充分木栓化，伤口得以愈合，加上外界温度降低，块茎表面变干，这时块茎呼吸强度及其他一切生理生化活性下降并渐趋至最低点，这一阶段块茎物质损耗最少。经过一段时间的生理休眠之后，各项生理生化活性渐趋苏醒，活性渐强，呼吸增强，这时的块茎已具备了发芽的可能性，此时如果外界环境适宜，主要是温度适宜，芽可萌发生长，但如果外界环境条件不适于发芽，则仍处于休眠状态，这时的休眠即处于被迫休眠，因此这一阶段完全可以按人为需要来调控休眠期的长短。

3. 萌芽阶段　通过休眠的块茎，在适宜条件下，芽即萌发生长。这是马铃薯发育的持续和生长的开始，块茎各项生理生化活动进入了一个新的活化阶段。

（四）块茎贮藏期的生理生化变化

块茎整个贮藏阶段，许多生理生化过程都循着高活性向低活性、再向更高活性的变化过程，而且整个变化过程不仅与块茎的生长发育相联系，而且与块茎的品质及利用加工相关联。

1. 组织结构的变化　就结构来看，块茎有四种组织，即保护组织、分生组织、贮藏组织和输导组织。

保护组织，在种薯的最外围，由周皮组成，在休眠阶段可看到周皮胞壁不断被木栓质加厚，在见光的条件下，有叶绿素、茄定和糖原生物碱的马铃薯素的合成。

分生组织，分布于芽的生长锥，是最具有生命力，结构变化最大，生化过程最活跃的部位。休眠时，芽生长锥呈扁平状态，顶端分生组织包括原套和原体两部分，共有5层细胞组成，每层有细胞20个左右，由它们产生的几层细胞，就是处在深度休眠的时候仍然继续进行着分裂活动，增加细胞的数目，只是速度很慢。随着休眠过程的逐渐解除，细胞分裂活动随之活跃起来，并相继增大体积。在顶端分生组织细胞分裂的同时，两旁紧靠原体之下的细胞形成边缘分生组织，它的细胞也随之发生分裂、增大，形成叶原基突起。当通过休眠时，生长锥各部分细胞的分裂和增大更快；于是，发生芽的伸长生长和叶原基的增多，生长锥变成半圆球状，最后形成一个明显的幼芽。并且随着贮藏期的延长，萌发芽数增多，在黑暗潮湿条件下，最后最先萌发的芽条伸得很长，基部长出根系，基部侧枝生长成匍匐茎化，顶端膨大形成块茎。芽生长锥进一步分化，经过一个贮藏期，芽生长锥已分化出小花。

2. 伤口的愈合　收获的块茎除了从匍匐茎脱离处有伤口外，还由于收获过程的机械损伤及分级选种等措施，都会造成一定的擦伤和裂口，但伤口并不持续敞开，只要环境条件适宜，伤口就会愈合，从而可以减少水分的蒸发和病菌的入侵。伤口的愈合，反应在周皮的形成上，第一步是伤口表面形成一层木栓质，随后发生木栓形成层，并由它产生几层木栓化的周皮细胞，把伤口愈合填平，这种伤口的愈合，主要受以下因素的影响：

（1）扎伤口的类型　擦伤导致周皮向深里着生。因碰撞破裂的伤口，在伤口边缘下方或在原周皮破坏处的下方发育出不规则的愈伤周皮，而仅被碰伤的组织下面不发育愈伤周皮。

（2）品种　品种不同，愈伤的速度不同。这反应在同一条件下的不同品种的反应，也反应在不同品种对不同条件的反应程度上的差异。

（3）块茎生理状态　种薯年龄愈年幼，愈伤周皮形成速度愈快。随着种薯生理年龄的增长，愈伤速度逐渐减慢，随贮藏期的延长，愈伤木栓层中周皮细胞层数也减少，厚度降低，而且木栓化程度也降低，特别是靠近受伤组织部分，木栓化程度更不完全，经过1年贮藏后，细胞层数从9层降到3层。贮藏温度愈高，这种减退愈显著。

（4）环境条件　愈伤周皮的形成，受环境因素的影响很大，影响最大的是温度。在$2.5 \sim 20 ℃$的范围内，温度愈高，伤口愈合愈快，据研究，在$2.5 ℃$需$8 d$才能形成愈伤木栓组织，在$5 ℃$时需$6 d$，$10 ℃$时需$3 d$，$15 ℃$时只需$2 d$，而在$21 \sim 35 ℃$时，第二天就能形成木栓组织。在$7 ℃$下$7 d$形成周皮组织，$10 ℃$需$4 \sim 6 d$，$15 ℃$需$3 d$，$21 ℃$则第二天就形成周皮细胞。如温度低于$7 ℃$，就不会形成愈伤周皮。湿度过低，伤口表面发干，由此形成的硬壳，会阻止或延迟木栓化作用。但如果湿度过大，近饱和时，又会引起表面细胞激增，而阻碍伤口愈合。一般认为相对湿度$85\% \sim 93\%$为适。

（5）发芽抑制剂　凡能够用来抑制芽生长的各种化学药剂或辐射处理，都会抑制伤口的愈合，因此，萌芽抑制剂应在伤口愈合后方可使用。

（6）氧气不足也会影响木栓化和周皮的形成　据研究，氧为1%时发生微弱的木栓化，随着浓度提高到10%和有时提高到21%，木栓化也逐渐增高，在3%以下不发生周皮形成，但随着氧浓度提高到21%，周皮形成也增加，并发现在$10 ℃$下，氧为21%时，二氧化碳分别为5%、10%及15%，周皮形成都受阻，木栓化则依次减低，所以，应在块茎贮藏之初的$2 \sim 3$周，温度保持在$15 \sim 20 ℃$，相对湿度$85\% \sim 95\%$，适当的通风，增加氧的含量，减少二氧化碳浓度，以促使伤口尽快愈合。

3. 块茎的失水　在贮藏过程中，块茎内的水汽压总是与周围环境的水汽压趋向平衡的运动。块茎内75%以上是水分，一般情况下周围空气经常处于不饱和状态，块茎的平衡水汽压与周围环境的水汽压差，造成了块茎的失水，这似乎是不可避免的自然现象。块茎过度的失水造成块茎的萎蔫，这不仅会降低食用块茎的商品价值，也会降低种用块茎的生活力，降低种用块茎的质量。

块茎的失水主要通过薯皮上的皮孔、薯皮的渗透、伤口和芽。薯皮的皮孔数，对一个品种来说基本是一定的，已死的木栓细胞不能自由无阻地渗透水分，而是慢慢地透过这些细胞到达块茎的表面而蒸发，几乎块茎失水的98%是通过这一途径损失的，仅有2%是以气态通过皮孔直接扩散。刚收获的块茎，特别是未成熟块茎，薯皮薄且尚未充分木栓化，在收获过程损伤的薯皮在未充分愈合等情况下，块茎的失水速率很快。据研究，块茎伤口愈合前的蒸发速率要比愈合后的蒸发速率大数百倍，未成熟块茎的蒸发速率比成熟块茎要高 15～100 倍；萌芽块茎的蒸发速率比未萌芽块茎的蒸发速率高。据测定，薯皮、伤口、芽三者的失水速率比是 1∶300∶100。任何气温和块茎温度的变化，以及湿度的变化，都会影响到块茎与所接触的空气的水汽压的亏缺值的大小，水汽压亏缺值愈大，蒸发速率愈高。刚收获的块茎含水量高，且尚未进入深休眠状态，呼吸强度大，放出的热量和水汽多，块茎表面湿度大，周围气温也高，造成水汽压亏缺大，所以这时块茎水分蒸发速率很快，在通风的情况下，就会迅速的失水。随着贮藏期的延长，块茎周皮充分木栓化，厚度不断增厚，伤口得到愈合，水汽通过块茎表面阻力增大，这时气温也开始下降，并趋向最低点，块茎进入深休眠状态，呼吸强度低，窖门通气口的关闭，导致块茎与周围空气的水汽压亏缺值逐渐减小，块茎蒸发速率逐渐降低。随着气温的逐渐降低，当块茎表面温度下降到露点以下，随着水汽压的降低，多余的水汽就会在块茎表面凝结，这就是群众所说的"出汗"现象。当块茎通过休眠之后，块茎开始萌芽。芽条的伸长，呼吸强度的增强和外界气温的上升，都加速了块茎的失水速率，再一次使块茎迅速失水，甚至会造成块茎的严重萎蔫。因此，使块茎周皮充分木栓化，防止块茎破损，促进伤口尽快愈合，低温、高湿的贮藏条件是减少块茎失水的重要条件，以 3～5 ℃，相对湿度在 80%～93% 为最好。不同品种在同样条件下的失水速率也有差异，主要取决于块茎薯皮的厚度，皮厚的品种一般失水少于皮薄的品种。

4. 贮藏块茎的呼吸 块茎在呼吸过程中吸收氧气，消耗块茎中的糖类，产生二氧化碳和水，并释放出热量。呼吸过程中不仅消耗了营养物质，而且放出的水汽、二氧化碳和热量，影响到块茎贮藏环境的温度、湿度及空气成分的变化，从而影响到贮藏块茎的质量。块茎贮藏期间的呼吸强度，因块茎的生理状况、贮藏环境以及品种本身遗传特性的不同等而有很大变化。

（1）**块茎的生理状态** 刚收获的块茎尚处浅休眠状态，各种生理活性尚处在较高的状态，此时呼吸强度相对较高，随着休眠的逐渐加深，呼吸强度开始逐渐下降，到达深休眠阶段，呼吸降到了最低点。有资料指出，不同品种呼吸最低值不同，正是品种所具特性的表现。随着块茎休眠的觉醒，呼吸强度又开始增高，当芽萌动时的呼吸强度要比未萌动前高 4～5 倍，随着芽条的生长，呼吸进一步加强。收获后的未成熟块茎比成熟块茎的呼吸高，但随后又逐渐与成熟块茎相接近，这可能与未成熟块茎周皮尚未木栓化、通透性好，以及块茎呼吸底物含量高等有关。块茎的机械损伤和病菌的感染都会导致呼吸的迅速加强。

（2）**温度** 影响块茎呼吸最主要的环境因子是温度，据研究，在 8～20 ℃ 的范围内，温度每升高 1 ℃，呼吸增强 1 倍，当贮藏温度在 0～3 ℃ 时的呼吸强度比 4～5 ℃ 的高，甚至比 20 ℃ 时还要高，而以 4～5 ℃ 的贮温下呼吸强度最低，5 ℃ 以上则随温度的升高，呼吸增强，可能是因为 0～3 ℃ 低温糖化，呼吸底物增多的结果。

（3）**空气** 氧是呼吸不可缺少的条件，呼吸过程中氧的不足导致呼吸的降低。根据有关测定，如果块茎呼吸反应在正常温度下进行，周皮的通透性正常，块茎呼吸所需的氧气从细胞间隙周围的大气中供给，就不会发生缺氧，也不会大量积累二氧化碳，10 ℃温度下约含有 2%～3% 二氧化碳和 18%～20% 的氧，但在 10 ℃ 更高的温度下，氧的消耗增加，二氧化碳释放量增加，就会造成氧气不足，二氧化碳过高抑制了呼吸进行而导致窒息，如在 37 ℃ 下数天，就会出现窒息所造成的"黑心"现象。

除以上因子影响块茎呼吸外，某些化学物质和物理因素对呼吸也有抑制或刺激的作用，据报道 1～100 g/m^3 乙烯，0.14～0.45 mL/L 的氢氰酸对呼吸有促进，超过此限度呼吸受抑制，γ 辐射可引起短期显著增强，但随后又降低到对照水平，对块茎挤压、洗、晒等都会使呼吸暂时加强。

（五）块茎的贮藏环境与窖藏管理

1. 通风条件　马铃薯贮藏要求窖内空气循环流动，流速均匀，通风设备是贮藏窖中的基本设备，常设有自然通风和机械通风两种方式。通风可以带走马铃薯表面的热量、水分、二氧化碳和提供氧气，空气流通情况与马铃薯堆高密切相关，堆高可以节约空间，但也积累马铃薯呼吸所释放的热量，阻碍空气流动，在有良好空气流动通道和机械通风设备的窖内，马铃薯堆高可以达到 4 m，但未经包装的马铃薯要低些，无良好空气流动通道和机械通风设备的窖内堆高应在 1 m 左右。

2. 温度条件　温度不仅对马铃薯休眠期长短有一定的影响，而且对芽的生长速度有巨大的影响。贮藏温度越高，通过休眠后的马铃薯发芽越快，芽生长越快。贮藏期间的温度在 4 ℃ 以下时马铃薯通过休眠后芽生长较慢，但容易感染低温真菌病害而导致损失，也因低温下还原糖升高而影响加工品质，种薯和商品薯一般贮藏在 4 ℃ 以下，加工薯在加工前回暖温度在 15～18 ℃，保持 1～2 周。调节和控制温度既要防冻又要防热，刚入窖的马铃薯要通风散热，贮藏一段时间应注意降温，外界气温降至 −5 ℃ 时封闭气孔，保持窖内温度恒定至来年开窖。若随时要进入，应及时闭门或盖窖，以防冷空气侵入而使马铃薯受冻。

3. 湿度条件　马铃薯在贮藏期间应保持表面干燥，但也必须将马铃薯因失水而导致的重量损失降到最低，马铃薯块茎含水量在 80% 左右，通过伤口和芽失去的水分比通过成熟表皮失去的水分多，贮藏窖空气相对湿度保持在 95% 左右，避免薯块或贮藏窖内壁的水分凝结，贮藏期间尽量减少制冷或换气目的的通风时间，控制好窖内温度。

4. 光照　散射光照对于种薯的长期贮藏有帮助，不仅能抑制发芽和芽的生长速度，而且能使种薯产生具有杀菌和抑制病菌入侵的物质如龙葵素等，萌发短壮芽，利于提高产量，因此在种薯贮藏中常需散射光照，特别对小薯和微型薯尤为重要，如灯光设备。食用块茎在直射光、散射光或长期照射的灯光下表皮变绿而降低品质，应尽量避免光照贮藏，因此种薯和商品薯、加工薯应分开贮藏。

5. 化学试剂的应用　在以贮藏为目的马铃薯栽培过程中，一般在收获前 10～20 d 使用化学杀秧剂杀秧，以保证薯皮成熟，利于收获和减少病原菌在薯块的积累。贮藏期间可使用发芽抑制剂如氯苯胺灵（CIPC）、双氧水衍生物（HPP）、青鲜素（MH）等和杀菌剂如涕比灵（TBZ）等被用来控制在贮藏过程中的马铃薯发芽和真菌性病害，四氯硝基苯（TCNB）具有杀菌和抑芽双重功能。

6. 贮藏窖管理　入窖前一定要把窖内清扫干净，并用生石灰或喷施杀菌剂消毒，以防病害传播，贮藏期间应对窖内温、湿度进行调节，通风透气，贮藏一个月左右应及时进行翻窖，清除病、烂薯，以防病害蔓延。

（六）分类贮藏

1. 商品薯贮藏　主要指食用薯贮藏。食用薯要黑暗贮藏，块茎不应受光线照射。否则块茎表皮变绿，龙葵素升高，影响品质。长期受光的块茎绿色部分每 100 g 鲜薯龙葵素含量达 25～28 mg 时，人、畜食后可引起中毒，轻者恶心、呕吐，重者妇女流产，牲畜产生畸形胎，甚至有生命危险。所以食用薯贮藏除控制温、湿度外，应特别注意黑暗贮藏。在 2～4 ℃低温下贮藏，淀粉可转化为糖，食用时甜味增加，不影响食用品质。

2. 种薯贮藏　种薯贮藏温度如不能控制在 2～4 ℃的条件下，常会在贮藏期间发芽。如不及时处理，芽会大量消耗块茎养分，降低种薯质量。万一无法降温则应把种薯转入散射光下贮藏，抑制幼芽伸长。南方种薯多用架藏，主要是在散射光下抑制幼芽生长。贮藏的块茎如果有的幼芽太长无法播种，最多只能把幼芽掰掉一次，而后控制在散射光下，不要继续在黑暗窖内贮存。据试验，种薯去掉一次芽减产 6％，去掉二次减产 7％～17％，去掉三次减产 30％。所以，最好在低温下贮藏，使种薯不过早发芽。

3. 加工薯贮藏　不论淀粉加工、全粉加工或炸片、炸条加工用的马铃薯，都不宜在太低的温度下贮藏。在 4～5 ℃下贮藏固然可以不发芽，但淀粉在低温下容易转化为还原糖，对加工产品不利。尤其是还原糖超过 0.4％的块茎，炸片或炸条都会出现褐色，影响产品质量和销售价格。贮藏时应根据品种的休眠期长短调节贮藏温度。如果在 20 ℃下 32 d 可发芽的品种，贮藏在 10 ℃下 64 d 才发芽，大部分品种基本都是在 10 ℃下可延长发芽期 1 倍的时间。不过加工品种贮藏往往时间更长，为了防止块茎发芽仍需低温贮藏在 4 ℃左右，在加工前 2～3 周把准备加工的块茎放在 15～20 ℃下进行处理，还原糖仍可逆转为淀粉，可减轻对加工品质的影响。

第三节　青藏高原马铃薯特殊栽培

一、覆盖栽培

（一）地膜覆盖栽培

塑料地膜覆盖地面的栽培称为地膜覆盖栽培。它对早季上市，增加城市和工矿区蔬菜品种供应具有重要意义。同时，亦可提高复种经济效益。其主要作用如下：

① 提高土温。地膜覆盖使地表温度提高 0.4～7.3 ℃，地下 10 cm 深处提高 0.9～5.0 ℃，生长前期特别明显，可促进早熟。

② 保墒保肥。地膜覆盖减少土壤水分蒸发，提高土壤含水量。土壤养分挥发和淋溶减少，提高肥力。

③ 抑制草害。地膜栽培地表温度高，可达 45 ℃以上，杂草死亡或受抑制，无需中耕除草。

④ 提高产量。地膜覆盖栽培提高大薯比例，增产 20% 以上，最高达 68%，早期收获的增产作用比较明显。

地膜栽培技术主要有以下五点：

1. 选地 选择土层深厚、没有沙粒或石块很少、土质疏松肥沃、湿度高、地势平坦、不积水的地块，前茬为小麦等麦类作物最好。

2. 整地施肥 施足肥料，全做基肥，结合整地施肥。每亩施肥量一般为尿素 15~20 kg，氮、磷比为 1：(0.2~0.8)，家粪 3~4 t。早期收获上市应适当减少 N 肥，增加磷肥。精耕细作，耙耱平整，打碎土块，捡去石块，后据地膜宽度起垄。垄高约 15 cm，垄顶平整，垄距 15~20 cm。

3. 盖膜和播种 随起垄随盖膜，垄起好后立即盖膜。将膜铺平拉紧，完全贴于地面，然后将两头和两边用土压严压紧。因地膜栽培较露地栽培出苗约早 1 周，故春播时播种时间应适当推迟，避免晚霜危害。早期收获的播种密度为每亩 4 000~4 500 穴，成熟后收获则每亩为 3 000 穴。根据垄的宽度、每垄播种行数和播种密度确定株行距。播种时用打孔机按株行距在膜上打孔，深度 15~20 cm，保证种薯覆土约 10 cm。播种孔应用土盖严盖实，以免地膜被风吹起，对早期收获上市的栽培，宜用老龄薯做种，以利早熟，提高产量。

4. 田间管理 在马铃薯整个生育期间，经常检查和补修地膜破损和裂口，即用较干土壤盖好裂口，防止扩大。灌水量应比露地栽培减少 1/3。

5. 收获 早季上市的马铃薯应根据市场需求确定收获期，确定成熟后收获时间的原则与露地栽培时间相同。

（二）其他覆盖栽培

1. 马铃薯双膜栽培技术 马铃薯双膜栽培技术是地膜和拱棚相结合的一项综合栽培技术。它有效地解决了高原地区早春的冻害问题，促使马铃薯早播、早上市，提高单位面积经济效益，是高原冷凉地区马铃薯早熟、早上市的一项栽培技术。

（1）品种选择 双膜栽培旨在早熟、早上市，增加经济效益，并为下茬复种保证足够的时间，这样必须选择早熟、高产、品质优、抗病和耐贮藏的品种。选用最好的品种是早大白和费乌瑞它。

（2）种薯处理 播前种薯处理是双膜马铃薯高产和提早上市的一项关键技术。通常在马铃薯播前 30~40 d，将种薯放在室温 15~18 ℃的散光下催芽，幼芽可在散光下健壮生长，不会形成又嫩又长的白芽。块茎堆放以 2~3 层为宜，不宜太厚，要经常翻动，使之发芽均匀粗壮，待芽长 0.5~1.0 cm 时切芽播种。

（3）施肥 重施肥、重施基肥，每亩施农家肥 3~4 t，磷酸二铵 30 kg，尿素 10 kg，菜籽饼 50 kg。

（4）适时播种 双膜栽培播种期为 3 月间。

（5）建棚及播种 拱棚跨度为 6.0 m，中柱定在 3.0 m 处，高为 1.6~1.7 m，边柱定在 1.5 m 处，高为 1.4~1.5 m，竹竿间距 1.0 m，铁丝压在立柱上，竹竿固定在铁丝上面，棚膜幅度 8.0 m，拱棚四周棚膜压严、压实。拱棚内地膜种植，膜宽 0.9 m，采取单垄双行种植，垄宽 0.6 m，沟宽 0.3 m，种植 6 垄。

（6）放苗及苗期管理　放苗是地膜栽培马铃薯种植的一项重要环节，尤其是双膜栽培。出苗期要随时检查，及时放苗，以免幼苗接触地膜烧伤。拱棚内温度超过 28 ℃时，白天应及时通风降温，防止高温烧苗。拱棚在外界气温上升后拆除，一般在 5 月中下旬拆棚，其他管理同大田。在初花期喷施膨大素一次。

（7）灌水　在苗期、现蕾期、初花期、盛花期、终花期共灌水 5 次。由于拱棚内温度高、宜干旱，所以在苗期应及时灌水。

（8）病虫害防治　播前用杀虫剂（辛硫磷等）进行土壤处理，生长期防止早疫病。

（9）收获　待植株枯黄时收获上市，收获期一般在 6 月上旬。通过双膜栽培马铃薯，使马铃薯提早上市 1 个月以上，出售价格也增加许多，单位面积经济效益显著，同时又有足够的时间复种，是高原地区马铃薯早熟、早上市的一项栽培措施。

2. 全膜覆盖双垄栽培技术　西北半干旱地区以雨养农业为主，"蓄住天上水、保住地里墒"是旱作农业生产的根本出路。全膜覆盖双垄栽培技术不仅可以蓄水保墒，而且可以在全生育期高效利用自然降水，大幅度提高自然降水的利用率。

（1）地块选择，规格划行　宜选择地势较为平坦、土壤肥沃、土层较厚的梯田、沟坝、缓坡（150 以下）旱地，前茬以豆类、小麦茬口为佳。用木棍或木条制作一个划行器，在田间规格划行。距地边 25 cm 处划出 1 个大垄和 1 个小垄，小垄 50 cm、大垄 70 cm。

（2）合理施肥，起垄覆膜　先在划好的大垄中间开深约 10 cm 的浅沟，将所用化肥按确定的施用量集中施入大垄的垄底，一般每公顷施尿素 450～600 kg、过磷酸钙 600～750 kg、硫酸钾 300 kg。然后用步犁沿划线来回耕翻起垄，用手耙整理形成底宽 70 cm、垄高 15～20 cm 的大垄。并将起大垄时的犁壁落土用手耙刮至小垄间。整理成垄底宽 50 cm、垄高 10～15 cm 的小垄。要求垄沟宽窄均匀，垄脊高低一致。最后用 130～140 cm 的地膜全地面覆盖，两幅膜相接处在小垄中间，用相邻垄沟内的表土压实，每隔 2 m 横压土腰，覆膜 1 周后地膜紧贴垄面，或在降雨后，在垄沟内每隔 50 cm 打孔，使垄沟内的集水能及时渗入土内。为保冬春土墒，起垄覆膜时间可提早，一般在 3 月中旬解冻后进行，也可在上年秋季进行覆膜。但冬季要注意保护好地膜。

（3）土壤处理，防虫除草　地下害虫危害严重的地块。整地起垄时，用毒土后撒施。

（4）种薯选择与处理　选择高产、抗逆性强的品种。将种薯平摊在土质场上，晒种 2～3 d，晒种期间剔除病、烂、伤薯，以减轻田间缺苗，保证全苗，为丰产奠定基础。种薯切块不宜过小，切块重量不低于 30 g，每块带有 2 个以上的芽眼。切块时如发现病薯、烂薯，立即扔掉，并进行切刀消毒，以防切刀传染病菌。一般准备 2 把切刀。消毒可用高锰酸钾溶液、5%来苏水溶液、75%酒精、火烧或沸水消毒，按农户条件选择其中之一。

（5）适时播种，合理密植　一般为 4 月中下旬，用打孔点播器种植，密度根据地域条件进行控制。肥力较高的川台地、梯田地，株距 25～30 cm，保苗 5.25 万～6.00 万株/hm²；肥力较低的旱坡地可适当放宽到 32～37 cm，保苗 4.50 万～5.25 万株/hm²。播种时，先用点播器打开第一个播种孔，将土提出，孔内点籽，覆盖提出原土，以此类推至播完。这样播种，对地膜的破损较少。膜面干净没有浮土，且播种深度一致，出苗整齐均匀，提高工效。

（6）田间管理

① 苗期管理。出苗期间注意观察，如幼苗与播种孔错位，应及时放苗，以防烧苗。播种后遇降雨，会在播种孔上形成板结。应及时将板结破开，以利出苗。出苗后查苗、补苗，拔出病苗。

② 发棵期、花期及结薯期管理。封垄前，根据长势施尿素 150 kg/hm² 或碳酸氢铵 450 kg/hm²。追肥视墒情而定，干旱时少追或不追，墒情好、雨水充足时适量加大。同时根据地下害虫发生情况，结合施肥拌入相应农药防治。现蕾期及时摘除花蕾，节约养分，供块茎膨大。马铃薯对硼、锌微量元素比较敏感，在开花和结薯期，每公顷用 0.1％～0.3％的硼砂或硫酸锌、0.5％的磷酸二氢钾、尿素水溶液进行叶面喷施，一般每隔 7 d 喷一次，共喷 2～3 次，每公顷用溶液 750～1 050 kg。结薯期如气温较高，马铃薯长势较弱，不能封垄时，可在地膜上盖土，降低垄内地温，为块茎膨大创造冷凉的土壤环境，以利块茎膨大。

（7）病虫害防治 马铃薯主要病害为晚疫病，在雨水偏多和植株花期前后发生严重，应及早用 25％的瑞毒霉或甲霜灵 800 倍液喷雾，或用 40％三乙膦酸铝 200 倍液，或用 50％托布津可湿性粉剂 500 倍液，每隔 7 d 喷一次，连喷 2～3 次。主要虫害有蚜虫、蛴螬、浮尘子、大小地老虎、二十八星瓢虫等。蚜虫是传播病毒的主要媒介，要严加防治，发生初期用 2.5％的溴氰菊酯加水 2 500 倍液喷雾或用 40％的氧化乐果 1 000～2 000 倍液防治，效果较好。蛴螬等用 90％的晶体敌百虫 500 g 加水溶解喷于 35 kg 细土上撒于沟内。病毒病发病初期，用 1.5％枯病灵乳油 1 000 倍液，20％盐酸吗啉胍·铜可湿性粉剂 500 倍液防治或用 1.5％植病灵 2 号乳剂 1 000 倍液。

（8）适时收获，清除废膜 适宜收获期按品种的熟性确定，收获后及时整地并清除废地膜。

3. 旱作区马铃薯膜侧沟播栽培技术

（1）选茬整地 选择地势平坦、土层深厚、土壤疏松的旱川地和梯田地，前茬以小麦、豆类、胡麻、玉米等为好。前茬收获后，早耕深耕，纳雨蓄墒，秋末结合浅耕，耙糖收墒整地，达到地平土细、上虚下实，以提高播种质量。

（2）配方施肥 在施肥上必须坚持测土配方施肥和足量、集中深施的原则。一般要求在亩施有机肥 3 000 kg 的基础上，亩施尿素 13～23 kg、P 肥 38～58 kg、硫酸钾 11～17 kg；或亩施尿素 9～17 kg、二铵 10～15 kg、硫酸钾 11～17 kg。具体施肥方法是结合畜力播种把农肥和化肥一起施入空行。

（3）精选良种 品种应选抗旱性强、高产、稳产的优良品种，提倡选用脱毒种薯。播前严格挑选种薯，淘汰病、烂块。尽量精选 100 g 左右的无病小整薯播种，播前 1～2 d 用稀土旱地宝浸种，方法是用 1 袋（100 mL）稀土旱地宝兑水 5 kg，把适量薯块放在溶液中浸泡 20 min 后捞出，摊开晾干后即可播种，一袋药浸种 65～75 kg 薯块。

（4）起垄覆膜 用划行器按行距 60 cm 均匀划行线，然后隔一行起一垄。垄底宽 60 cm、垄高 8 cm、垄面宽 50 cm、膜间距 60 cm。垄面要拍平整细，垄面呈拱圆形。选用幅宽 75 cm、厚 0.008 cm 的地膜，沿垄的中线覆盖地膜，拉展地膜，四周用土压紧，每隔 3 m

左右压一行"土腰带"。覆膜时间以播种前为宜，播种前一边用畜力耕翻起垄，一边人工覆膜，用畜力开沟施肥、播种。

（5）规范种植　播种时间不受土壤墒情限制。一般以 5 月上旬为宜。播种在靠近地膜两侧，一沟 2 行，行距 50 cm，株距 50~60 cm，播深 10~15 cm，亩保苗 2 000~2 500 株。

（6）田间管理

① 播种后遇雨要人工及时浅锄，破除板结，促进出苗。

② 清除杂草。马铃薯苗期要在播种沟内深锄，清除杂草，疏松土壤，减少养分和水分消耗。

③ 及早预防晚疫病。从现蕾期开始，及时防治。

（7）及时收获　当 2/3 的叶片变黄，植株开始枯萎时应及时收获。收获后及时清除旧膜并集中处理，以防污染土壤。

4. 半干旱区秋覆膜马铃薯栽培技术

（1）选地整地　选择地势平坦、土层深厚、肥力中上等的田块，前茬最好是小麦、玉米、豆类等，忌连作。前茬收获后及时灭茬深耕，耙耱平整，做到表土疏松。每亩施农家肥 5 000 kg 左右，磷酸二铵 10 kg，马铃薯专用肥 20 kg，并结合整地全田施入。

（2）秋覆膜　半干旱区降水量少，气候干燥，采用秋天覆膜的办法，可以收集冬天和早春的有效降水，抑蒸保墒效果十分明显。膜面充分集降雨，经垄沟渗入土壤，有效防止了水分蒸发，最大限度地保蓄土壤水分，有效解决了旱地春旱无法下种的问题。一般在秋季的 10~11 月秋雨过后覆膜，首先起 10~15 cm 的垄，垄面略呈拱形，垄面宽 60 cm，两垄间距 40 cm，用宽 80 cm 的普通地膜，覆膜时用铁锹取垄侧的土压实地膜边缘，使地膜与垄面贴紧。在膜面上每隔 5 m 左右用土压一土带，防止冬天大风揭膜。大面积可采用机械覆膜。

（3）品种选择　选择表面光滑、薯形卵圆、芽眼浅、无病菌、无虫卵、优质、早熟的脱毒品种。

（4）播种方法　播前种薯切成 25~35 g 的薯块，每个块带 1~2 个芽，切刀用 75% 的酒精或 0.2% 的高锰酸钾溶液浸泡消毒，最好选用 40 g 的小整薯作为种薯。播种期一般为 4 月中下旬，播种采用破膜播种的方法，在地膜上打孔点种，用垄沟的湿细土覆盖，播深 10 cm，每亩密度 4 000~4 500 株。

（5）田间管理及收获　出苗后立即逐块逐垄检查，发现缺苗立即补种，补种时挑选已发芽的薯块整薯播种。及时拔除垄沟的杂草，定时喷施农药防病虫害。地膜覆盖栽培马铃薯一般不需要追肥，但可以结合喷施农药在现蕾期叶面喷施一定量的磷酸二氢钾进行追肥。到 7 月上旬，植株枯黄达到生理成熟期可及时收获，根据市场行情集中上市。

二、机械化生产

目前多数马铃薯生产仍保持着传统粗放式的落后生产方式，人工点播、人工挖掘等现象普遍存在，劳动强度大、生产效率低，土地产出率也不理想。同时，落后的农业生产方式还造成了资源的严重浪费，使农民遭受损失。现代马铃薯生产技术，改变以人力为主的劳作方式，利用先进的农业机械进行种植、除草、配套深松、深耕和中耕培土、收获、加工等环节作业的生产形式，可以形成产业化发展。

机械化种植技术集开沟、施肥、种植、镇压和覆土等作业于一体，具有保墒、省工、节种、节肥、深浅一致等优点，不仅可提高种植质量，降低劳动强度，而且还为马铃薯中耕、收获等作业实现机械化提供了条件。

近几年来，在农业部门的引导下，农户引进实施了马铃薯农业生产技术，使得马铃薯的产量与质量均有明显提高，对促进农业增产、农民增收具有重要的现实意义。据统计，实施马铃薯机械化生产技术能有效节种 6%～8%，可提高马铃薯产量 9%～12%，可提高生产效率 15 倍，有效促进了马铃薯产业的可持续发展。

本章参考文献

曹莉，秦舒浩，张俊莲，等，2013. 轮作豆科牧草对连作马铃薯田土壤微生物菌群及酶活性的影响 [J]. 草业学报，22 (3)：139-145.

黄冲平，王爱华，胡秉民，2003. 马铃薯生育期和干物质积累的动态模拟研究 [J]. 生物数学学报，18 (3)：314-320.

雷延洪，2009. 青海省高山区马铃薯栽培技术 [J]. 中国种业 (6)：64-65.

李萍，张永成，田丰，2012. 马铃薯蚕豆间套作系统的生理生态研究进展与效益分析 [J]. 安徽农业科学，40 (27)：13313-13314.

石小红，田丰，张永成，等，2009. 不同施肥量和密度对马铃薯叶片叶绿素含量的影响 [J]. 青海大学学报 (自然科学版)，27 (6)：56-60.

田丰，张永成，张凤军，2011. 青海不同生态区马铃薯地膜覆盖栽培技术 [J]. 作物杂志 (3)：109-112.

魏宏，2009. 青藏高原无公害马铃薯高产栽培技术 [J]. 现代农业科技 (15)：88.

易九红，刘爱玉，王云，等，2010. 钾对马铃薯生长发育及产量、品质影响的研究进展 [J]. 作物研究，24 (1)：60-64.

俞凤芳，2010. 平衡施肥对马铃薯产量和品质的影响 [J]. 湖北农业科学，49 (8)：1839-1840.

赵隆顺，2015. 湟中县马铃薯机械化生产技术研究 [J]. 农业科技与装备 (4)：73-74.

朱文江，1962. 马铃薯春化处理在青海高原上的应用 [J]. 中国农业科学 (6)：45-47.

第六章

内蒙古高原马铃薯栽培

第一节　自然环境概述

一、环境特征

（一）地势地形

内蒙古高原是中国第二大高原，面积约 34 万 km²，位于中国北部的阴山山脉之北，大兴安岭以西，北至国界，西至东经 106°附近，介于北纬 40°20′～50°50′，东经 106°～121°40′。行政区包括呼伦贝尔盟西部，锡林郭勒盟大部，乌兰察布盟和巴彦淖尔盟的北部。广义的内蒙古高原还包括阴山以南的鄂尔多斯高原和贺兰山以西的阿拉善高原。

内蒙古高原内一般海拔 1 000～1 200 m，南高北低，北部形成东西向低地，最低海拔降至 600 m 左右，在中蒙边境一带是断续相连的干燥剥蚀残丘，相对高度约 100 m。高原地面坦荡完整，起伏和缓，古剥蚀夷平面显著，风沙广布，古有"瀚海"之称。

河北省西北部坝上高原俗称"坝上"，位于内蒙古高原的最东南端，大兴安岭的南麓，坝上草原是内蒙古高原的重要组成部分。自西向东主要分布在河北省张家口市张北县以东，河北省丰宁县黄旗镇坝梁以北，河北省围场县最北端的机械林场镇坝梁以北，过界河后进入内蒙古界的乌兰布统草原。均属于坝上草原范围。包括张家口坝上的张北、尚义、康保、沽源 4 县，承德坝上的丰宁、围场 2 县，总面积 20 多万 km²，平均海拔高度 1 500～2 100 m。

（二）气候

内蒙古高原属于温带大陆性气候，气候干燥，日照丰富，冬冷夏热，年温差大，夏季风弱，冬季风强，严寒。年均温 3～6 ℃，西高东低，1 月均温−28～−14 ℃，极端最低温可达−50 ℃。7 月均温 16～24 ℃，炎热天气很少出现。年降水量东多西少，介于 150～400 mm，6～8 月雨量占全年的 70%，年际变率大。胡琦（2013）对内蒙古的降水量分布和马铃薯的需水规律进行了研究，研究得出内蒙古马铃薯生育期有效降水量为 25～240 mm，时空分布不均匀，地区间差异大，马铃薯生育期蒸散量为 300～700 mm。因此，内蒙古地区马铃薯灌溉需水量由东到西有逐渐增大趋势，在内蒙古东北部，呼伦贝尔市兴安盟的北部地区有效降水基本能满足马铃薯需求，正常年无需灌溉，适合马铃薯大面积种植；内蒙古西部和北部降水资源不足以支撑马铃薯生产，不适合马铃薯种植。

坝上草原气候类型属于冷温带半干旱大陆性季风型气候，干旱、风大、日照时间长，积温少，冬长夏短、春寒秋凉，无霜期 90～120 d。年平均气温 1～2 ℃，最高气温 32.8 ℃，最低气温−37.4 ℃，≥10 ℃积温 1 531 ℃，年平均降水量 410.7 mm。详细气候信息见表 6-1。

综上看出，内蒙古高原的大部分地区的冷凉气候适合马铃薯的种植，只是在种植过程中需要补充灌溉。

表 6-1 张家口坝上高原基本气候情况

月份	1月	2月	3月	4月	5月	6月
平均温度（℃）	−14.04	−10.7	−2.32	5.43	13.34	16.73
极端最高温度（℃）	−10.2	−6.9	0.1	8.9	15.1	17.5
极端最低温度（℃）	−17.7	−14.2	−4.2	1.7	11.7	16
平均日照时数（h）	209.23	205.43	267.14	252.9	277.18	265.14
极端最高日照时数（h）	235.9	243.0	292.6	298.4	322.9	312.7
极端最低日照时数（h）	160.1	170.9	241.8	208.7	226.2	220.0
平均降水量（mm）	1.12	2.84	4.39	18.23	34.89	70.26
极端最高降水量（mm）	2.9	9.2	12.1	37.0	71.7	126.3
极端最低降水量（mm）	0	0	0	2.9	6.3	36.6
月份	7月	8月	9月	10月	11月	12月
平均温度（℃）	19.38	17.94	12.24	4.71	−7.58	−13.24
极端最高温度（℃）	20.4	18.8	13.2	8.5	−3.4	−11.1
极端最低温度（℃）	18.0	16.8	10.9	3.6	−14.2	−16.3
平均日照时数（h）	259.47	235.39	249.58	229.21	225.89	225.82
极端最高日照时数（h）	361.8	276.8	270.3	261.5	296.1	312.7
极端最低日照时数（h）	194.9	187.4	214.7	198.4	169.1	178.2
平均降水量（mm）	101.53	49.43	37.05	15.38	3.16	1.20
极端最高降水量（mm）	259.5	106.4	75.9	20.7	7.3	3.2
极端最低降水量（mm）	37.5	21.6	5.4	5.4	0.9	0.3

注：由王燕参考张家口坝上各县近 10 年气象资料整理（2016）。

（三）土壤

内蒙古高原地域辽阔，形成土壤的环境条件有很大的差别，形成不同的土壤类型。高原东部边缘属森林草原黑钙土地带，东部广大地区为典型草原栗钙土地带，西部地区为荒漠草原棕钙土地带，最西端已进入荒漠漠钙土地带。黑钙土是温带半干旱半湿润季风气候下，腐殖质化过程和钙积过程形成的具有较深厚腐殖质表层，该层有机质含量较高，达4％～7％，水稳性、微团粒结构性、通气性、透水性、保肥性、耕性均较好，下部有钙积层或石灰反应的地带性土壤。黑钙土自然植被为草甸草原，以针茅、羊草、线叶菊、兔毛蒿、披碱草为代表；黑钙土地带是中国目前最好的牧场，但面积不大，以呼伦贝尔草原最为成片。大部分黑钙土已经开垦，主要种植大豆、高粱、玉米、春小麦、甜菜、向日葵、马铃薯等。栗钙土是温带半干旱气候，草原自然植被下发育而成的土壤，表层为栗色或暗栗色的腐殖质，厚度为 25～45 cm，有机质含量多在 1.5％～4.0％；腐殖质层以下为含有多量灰白色斑状或粉状石灰的钙积层，石灰含量达 10％～30％。自然植被为草甸草原，以针茅为代表。棕钙土的形成是以草原土壤腐殖质积累作用和钙积作用为主，并有荒漠成土过程的一些特点。棕钙土的植被具有草原向荒漠过渡的特征，分为邻近干草原的荒漠草原和向荒漠草原过渡的草原化荒漠两个亚带。在内蒙古的荒漠草原常为小针茅、沙生针茅、伴生冷蒿、狭叶锦鸡儿；草原化荒漠则以超旱生的藏鸡儿、红砂与小针茅、冷蒿等构成的群落。棕钙土地带是中国西北主要的天然牧场，有灌溉条件的可以发展农业。

坝上高原，土壤以栗钙土、草甸土为主，栗钙土平均有机质含量 2.44％，全 N 含量 0.13％；草甸土土壤质地较好，潜在养分高，含有机质 3.15％、全 N 0.21％。适宜马铃薯种植。

（四）植被

内蒙古高原是中国重要的牧场，草原面积约占高原面积的 80％，属欧亚温带草原区的一部分。植物种类以多年旱生中温带草本植物占优势，最主要为丛生禾草，次为根茎禾草，杂类草及旱生小灌木和小半灌木成分。高原上草群的组成、高度、覆盖度、产量和营养成分也呈东西向变化。森林草原带的牧草高大茂密，种类多，草层高度 50～60 cm，覆盖度 65％～80％，以杂类草为主，富含糖类，每公顷产鲜草 3.0～4.5 t，适宜饲养牛和马。典型草原带的牧草高度在 30～40 cm，覆盖度 35％～45％，以禾本科牧草占优势，蛋白质含量显著增高，每公顷产鲜草 1.5～3.0 t，是中国最大的绵羊及山羊放牧区。荒漠草原带的牧草低矮、稀疏，草层高 10～15 cm，覆盖度 15％～25％，种类贫乏，旱生、丛生小禾草和旱生小半灌木起建群作用，但脂肪和蛋白质的含量高，每公顷产鲜草 0.75～1.5 t，适于放羊，且以山羊最多。荒漠带以小半灌木占绝对优势，草层高度 15～50 cm，覆盖度一般 5％～10％，牧草质量差，含灰分高，具有带刺含盐的特点，每公顷产鲜草 0.75 t 以下，是中国骆驼主要产区之一。

内蒙古高原农作物多达 25 类 10 266 个品种，主要有小麦、玉米、水稻、谷子、莜麦、高粱、大豆、马铃薯、甜菜、胡麻、向日葵、蓖麻、蜜瓜、黑白瓜子等许多独具内蒙古特色的品种，其中莜麦、荞麦颇具盛名，还有发展苹果、梨、杏、山楂、海棠、海红果等耐寒耐旱水果的良好条件。

二、种植方式

内蒙古高原属于中国北方一季作区，种植方式以单作为主。郭小军（2011）对内蒙古马铃薯的现状进行了调查，调查数据显示种植面积在 30 万亩以上的地区有乌兰察布市、呼和浩特市、包头市、呼伦贝尔市、兴安盟、鄂尔多斯市，以及坝上高原的张北县、沽源县、康保、围场、兴和、商都等。种植面积在 30 万亩以下的地区有赤峰市、锡林郭勒盟、巴彦淖尔市、通辽市、乌海市、阿拉善、尚义、丰宁等地区。西部旱作区由于水分条件限制，模式以平作种植为主，少部分的马铃薯生产基地和东部马铃薯主产区为垄作种植。马铃薯生产经营目前仍以一家一户种植为主，近几年随着马铃薯的发展和市场的需求，出现了一大批马铃薯种植专业公司和种植专业户，加快了马铃薯机械化的进程。马铃薯种植机械化程度较高的地区有乌兰察布市、武川县、多伦县、正蓝旗、太仆寺旗、张北县、沽源县等地。

第二节　内蒙古高原农区马铃薯栽培

一、选用品种

（一）按熟制选用品种

内蒙古高原是高纬度、高海拔地区，夏季气候凉爽，昼夜温差大，光照充足，生育期短，一年只种一季马铃薯，即春种秋收。为了充分利用生长季节、光热资源和天然降水，要因地制宜地选择耐贮藏的中熟或中晚熟品种；还应适当搭配部分早熟或中早熟品种，以适应早熟上市要求，或供应二季作地区所需种薯的要求。以坝上高原为例，该地区的主栽品种较多，主要有晚熟品种冀张薯 8 号、冀张薯 11、冀张薯 5 号、冀张薯 14、冀张薯 19、坝薯 10 等；中熟品种冀张薯 3 号、冀张薯 12、冀张薯 13、冀张薯 15、冀张薯 16、克新 1 号、夏波蒂、大西洋、中薯 3 号、中薯 5 号等；早熟品种荷 15、早大白等；其中冀张薯 8 号种植面积占总播种面积的 42% 左右，荷 15 占 14% 左右，冀张薯 12 占 13% 左右，夏波蒂占 9% 左右，克新 1 号和冀张薯 5 号各占 4% 左右，冀张薯 14、中暑 5 号各占 3% 左右，其他品种占 8% 左右。

（二）按生产需求选用品种

做淀粉加工原料时应选择高淀粉品种，做炸薯条或薯片原料时应选择薯形整齐、芽眼少而浅、白肉、还原糖含量低的食品加工专用型品种。坝上高原按照生产需求及用途，品种可分为高产鲜食品种冀张薯 8 号、冀张薯 11、冀张薯 5 号、冀张薯 14、冀张薯 3 号、冀张薯 12、冀张薯 13、冀张薯 16、克新 1 号、中薯 3 号、中薯 5 号等；炸片品种大西洋；炸条品种夏波蒂、冀张薯 19 等；高淀粉品种冀张薯 15。早上市品种荷 15、早大白等。

（三）高原农区马铃薯品种名录

内蒙古高原气候特点是春季干旱、风大、气温低，晚霜结束迟，初霜来得早，7～8月降雨集中。该区是中国马铃薯的主要产区，也是中国主要的种薯生产基地。近年来随着马铃薯加工行业的发展，此区也是马铃薯原料和商品薯的生产基地。因此该区应以种植中熟、中晚熟的高产、抗晚疫病、抗病毒、抗旱、耐瘠的鲜食或加工型品种为主，适当搭配早熟和中早熟品种,供应周边市场或二作区的种薯需求。不论做何用途,均应选用优质脱毒种薯。生产实践证明,采用优质脱毒种薯,一般可增产30%,多者可成倍增产。适应高原农区种植的马铃薯品种名录见表6-2。

表6-2 高原农区马铃薯品种目录

品种名称	育种单位	审定时间（年）
克新1号	黑龙江省农科院马铃薯研究所	1984
克新2号	黑龙江省农科院马铃薯研究所	1986
克新3号	黑龙江省农科院马铃薯研究所	1986
克新12	黑龙江省农科院马铃薯研究所	1992
克新13	黑龙江省农科院马铃薯研究所	1999
克新14	黑龙江省农科院马铃薯研究所	2003
克新15	黑龙江省农科院马铃薯研究所	2003
克新16	黑龙江省农科院马铃薯研究所	2005
克新17	黑龙江省农科院马铃薯研究所	2005
克新18	黑龙江省农科院马铃薯研究所	2005
克新19	黑龙江省农科院马铃薯研究所	2006
克新20	黑龙江省农科院马铃薯研究所	2007
克新21	黑龙江省农科院马铃薯研究所	2008
中薯2号	中国农业科学院蔬菜花卉研究所	1990
中薯3号	中国农业科学院蔬菜花卉研究所	2005
中薯9号	中国农业科学院蔬菜花卉研究所	2006
中薯10	中国农业科学院蔬菜花卉研究所	2006
中薯11	中国农业科学院蔬菜花卉研究所	2006
中薯18	中国农业科学院蔬菜花卉研究所	2011
大西洋	美国品种	1987年引入中国
夏波蒂	加拿大品种	1987年引入中国
跃进	河北省张家口地区坝上农业科学研究所	1984
虎头	河北省张家口地区坝上农业科学研究所	1990
坝薯8号	河北省张家口地区坝上农业科学研究所	1978
坝薯9号	河北省张家口地区坝上农业科学研究所	1986
坝薯10	河北省张家口地区坝上农业科学研究所	2004
张薯6号	河北省高寒作物研究所	2003
张薯7号	河北省高寒作物研究所	2004
张围薯9号	河北省高寒作物研究所	2006
冀张薯3号	河北省张家口地区坝上农业科学研究所	1994
冀张薯4号	河北省张家口地区坝上农业科学研究所	1998

（续）

品种名称	育种单位	审定时间（年）
冀张薯 5 号	河北省张家口地区坝上农业科学研究所	1998
冀张薯 7 号	河北省张家口地区坝上农业科学研究所	2004
冀张薯 8 号	河北省高寒作物研究所	2006
冀张薯 10	河北省高寒作物研究所	2008
冀张薯 11	河北省高寒作物研究所	2011
冀张薯 12	河北省高寒作物研究所	2011
冀张薯 13	河北省高寒作物研究所	2013
冀张薯 14	河北省高寒作物研究所	2013
冀张薯 15	河北省高寒作物研究所	2015
冀张薯 16	河北省高寒作物研究所	2015
冀张薯 19	河北省高寒作物研究所	2015
晋薯 2 号	山西省农业科学院高寒区作物研究所	1984
晋薯 5 号	山西省农业科学院高寒区作物研究所	1980
晋薯 7 号	山西省农业科学院高寒区作物研究所	1987
晋薯 13	山西省农业科学院高寒区作物研究所	2004
晋薯 14	山西省农业科学院高寒区作物研究所	2004
晋薯 15	山西省农业科学院高寒区作物研究所	2006
晋薯 16	山西省农业科学院高寒区作物研究所	2007
陇薯 2 号	甘肃省农业科学院粮食作物研究所	1990
陇薯 3 号	甘肃省农业科学院粮食作物研究所	1995
陇薯 6 号	甘肃省农业科学院粮食作物研究所	2005
宁薯 12	宁夏回族自治区固原市农科所	2007
东农 305	东北农业大学	2004
东农 306	东北农业大学	2006
春薯 5 号	吉林省蔬菜花卉研究所	1997
系薯 1 号	山西省农业科学院高寒区作物研究所	1997
同薯 20	山西省农业科学院高寒区作物研究所	2004
庆薯 1 号	甘肃省陇东农学院农学系	2004
新大坪	定西市安定区农业技术推广中心	2005
互薯 3 号	青海省互助土族自治县农业科技推广中心	2005
高原 7 号	青海省农业科学院	1978
青薯 168	青海省农业科学院作物研究所	1989
青薯 4 号	青海省农业科学院作物研究所	2003
青薯 6 号	青海省农业科学院作物研究所	2005

(续)

品种名称	育种单位	审定时间（年）
青薯 8 号	青海省农业科学院作物研究所	2005
紫花白	内蒙古自治区乌兰察布盟农业科学研究所	1992
蒙薯 10	呼伦贝尔盟农业科学研究所	2002
蒙薯 14	呼伦贝尔盟农业科学研究所	2003
内薯 7 号	呼伦贝尔盟农业科学研究所	1994

注：王燕，2016，参考崔杏春（2010）。

二、选地整地

（一）选地和选茬

1. 选地 土壤的质地、理化性质、板结程度等因素都是影响马铃薯产量的重要因素。选地标准有如下 3 点：土壤呈微酸性，pH 在 5.2～6.5，在碱性土壤中，块茎易生疮痂病；疏松肥沃的土壤，因块茎顶土能力较其他块茎、块根类作物弱，且块茎膨大需要疏松肥沃的土壤，所以应选择疏松肥沃的土壤；沙壤土或轻质黏土，土壤黏重最不适宜，如遇多湿情况时，易得晚疫病，而且也增加块茎的湿度，以致皮孔内细胞凸出，成为一个个白色小疹泡，布满块茎表面，易于使病菌乘隙而入，致使块茎腐烂率增高，耐贮性降低。故应选择地势高亢、土壤疏松肥沃、土层深厚、易于排灌的地块，作为栽培马铃薯之用。沙质壤土质地疏松、透气，保肥、排水、保水等性能均好，适于马铃薯的栽培。其次，种植马铃薯的地块要选择 3 年内没有种过马铃薯和其他茄科作物的地块。

2. 选茬 马铃薯前茬以麦类、玉米、蚕豆、大豆和高粱等作物为好，而以胡麻、甜菜、甘薯、油葵等作物为差。宋树慧（2014）研究发现马铃薯产量最高的前茬作物是豌豆，商品薯最多的是麦类。在菜田的栽培方面，最好的前作物是葱、蒜、芹菜、胡萝卜、萝卜等。茄果类的番茄、茄子、辣椒以及白菜、甘蓝等蔬菜，因多与马铃薯有共同的病害，一般不宜与马铃薯相接茬。

（二）整地

1. 整地方式 在内蒙古高原，整地方式有秋整地和春整地两种，以秋整地为好。因内蒙古高原大部分地区没有灌溉条件，秋整地能够加强土壤蓄水保墒能力，同时秋季深翻结合施用有机肥，既有利于增加土壤的蓄水保墒能力，又可及早为春季马铃薯播种后提供养分。在秋季降水或灌水后的土地，选土壤持水量在 40%～60% 时进行耕地，这时土壤的表层不干不湿，土壤容易松散，耕后没有大土块，有利于耙糖平地。秋季把整地工作一次完成，翌年春季只需开沟播种，不必耕地耙平，可减少土壤水分损失，有利于播种后幼芽早发和苗期生长。在水资源贫乏的地区最好是秋整地、秋起垄，起垄的第二年春季开沟播种；也可以秋季耕翻耙细耢平，第二年春季平播后起垄，防止春旱春整地跑墒。如果秋季雨多，或土壤低湿黏重，土壤易耕性差，不宜秋耕时可在第二年早春土壤解冻后进行春耕。在干旱严重地区，为了保墒也可以采取免耕。

2. 整地的作用

① 可以改变土壤的物理状况。经过耕翻的土地，表土层深厚疏松，土壤孔隙率增多而容重降低，增强了土壤的保水力和渗水力，为根系的发展和块茎的膨大创造了良好的条件。

② 能促使土壤微生物的活动和繁殖，加速分解有机质，故能促使土壤中有效养分的增加。

③ 可以减轻甚至消灭借土壤传布的病、虫、杂草的危害。

④ 使土壤疏松、土温提高，给植株创造了良好的生育条件，促进了马铃薯提早出苗、提早结薯，且块茎大、产量高。

3. 整地标准 土地平整，灭茬彻底。如果整地质量差，灭茬不彻底，尤其前茬为玉米、高粱等茬口时，往往有大坷垃形成，合垄时极易造成种薯覆盖不严，导致种薯裸露或覆土过浅，影响出苗。其次需要深耕细耙，耕作深度一般为 35～40 cm，不低于 30 cm，要求整平耙碎达到播种状态。

三、种植方式

(一) 单作

内蒙古高原的马铃薯主要种植方式是单作。主要种植模式是平作和垄作，少量的是沟垄集雨栽培。

1. 平作栽培技术 在张家口、承德的坝上地区和内蒙古乌兰察布盟、锡林郭勒盟等内蒙古高原的广大地区，由于干旱少雨，缺乏灌溉条件，农民和小种植专业户栽培马铃薯时，为避免水分蒸发，多采取平作的栽培模式。播种时先用犁开沟，沟深 10～15 cm，再顺沟播种，株距15～28 cm 或 30～45 cm；然后照种上肥，随即犁出第二沟给第一沟覆土；接着开第三沟播种，然后开第四沟为第三沟覆土，依次类推，这种播种就是通常所谓的隔沟播种。还有一种播种方法为实沟播种，与隔沟播种法主要区别点在于开第一沟播种后，接开第二沟为第一沟覆土，同时也在第二沟中播种，以后以此类推，即每开一沟即要为上一沟覆土，又要作为播种沟，沟距即行距，约 30 cm 左右。播后耱平，防风保墒。注意，如果土壤墒情不好，为保墒起见，犁开沟可改为人工挖穴种植。

2. 垄作栽培技术 王红梅（2012）报道垄作可以提高土温，促使早熟，便于灌溉施肥、中耕培土、减轻风蚀侵害，为块茎膨大创造良好的环境条件。因此，在内蒙古高原的大部分有灌溉条件的地区多采取垄作栽培模式。垄作栽培有高垄双行栽培模式和高垄单行栽培模式两种。

（1）双行高垄栽培 双行为宽窄行，宽行 60 cm、窄行 35 cm，株距 20 cm，垄高一般为 10～15 cm。播种前应浇水造墒；栽植深度根据土壤质地和气候条件决定，干旱地区、沙壤土宜深，湿润地区、黏壤土宜浅。

（2）高垄单行模式 在深翻耙平的地块上，用犁开沟，沟深 10～12 cm，把种薯等距摆在沟内，将粪肥均匀施入沟中并盖在薯块上，待出苗后再培土起垄。

3. 沟垄集雨栽培技术　田间沟垄微型集雨可以使垄上降雨顺垄流入沟中，在沟中种植作物，这样会把两个面上的降雨集中到一个面上，使其入渗的更深，蒸发损失越小。王琦（2005）报道在半干旱地区膜垄种植马铃薯最佳沟垄比为 60 cm：40 cm，当沟垄比为 60 cm：40 cm 时马铃薯产量的期望值可以达到最大，该技术是适合于半干旱地区的能较好提高降水利用率和产量的一种种植方式。内蒙古高原大部分地区处于干旱、半干旱地区。但该技术因地域环境、作物种类不同而不同。因此仍处于试验阶段，没有大面积推广，只有少量科研种植。以农牧交错带半干旱偏旱典型地区武川县为例，胡琦（2008）报道在当地的气象条件和环境条件下，垄面为裸地时，种植马铃薯推荐采用的沟垄宽度比为 1：2.6，垄面覆膜时，推荐沟垄宽度比为 1：0.48。

（二）间套作

在同一块田地把生育季节相近的两种或两种以上的作物成行或成带地相间种植的方式称为间作。把生育季节不同的两种或两种以上的作物，在前作物的生育后期，于其行间或株间播种后作物的种植方式称为套种。内蒙古高原属于一季作区，作物适宜生长时间短，不适宜套种模式。马铃薯的间作种植面积也相对较少，仅存在于农户、小生产者或以实验为目的的实验基地。间作模式有马铃薯—玉米，马铃薯—大豆，马铃薯—蚕豆等在张家口坝上地区呈行状种植，在内蒙古的武川和乌兰察布市多呈带状种植。

（三）轮作

1. 马铃薯轮作方式　在张家口坝上地区轮作模式有 3 年制和 4 年制，周期 3 年制的轮作模式有马铃薯—麦类—豆类，4 年制轮作模式有马铃薯—麦类—玉米—豆类。在大田栽培时，马铃薯适合与禾谷类作物轮作。因禾谷类作物与马铃薯在病害发生方面不一致；田间杂草种类也不尽相同，故把马铃薯的病害压低到最低限度，同时也有利于消灭杂草。

2. 轮作的效益　马铃薯是不耐连作的作物。一块地上连续种植马铃薯，会引起土传病害、虫害加重，像青枯病等病害传播、蛴螬等地下害虫增加。其次引起土壤养分失调，特别是某些微量元素，破坏土壤微生物的自然平衡，使根系分泌的有害物质积累增加，影响马铃薯的产量和品质。但从农业生产的角度来看，要更经济的利用土壤肥力和土地面积，更有效的防治病虫为害，有计划、按比例的发展作物栽培和多种经营，恰当的调配茬口还是很有必要的。尤其是对于那些借助土壤或植株残体传播的病虫害或某些杂草，更应以轮作换茬作为防除的手段。如据报道：连作 8 年的马铃薯，其疮痂病的发病率为 96.0%，接种前茬萝卜再种马铃薯时，则疮痂病的发病率显著降低，只有 28.0%。

四、播种

（一）选用脱毒种薯

良种是高产和稳产的关键。良种首先必须满足高产、稳产的特点。高产需要植株生长健壮，薯块膨大快，养分积累多；稳产要求植株必须具备良好的抗逆特性。马铃薯在种植过程中易感病毒，当条件适合时就会在体内增殖，转运和积累于所结的块茎中，世代传递，病毒危害逐年加重，品质降低，产量下降，下降幅度为 30%～50%。因而良种必须与脱毒技术相结合，只有良种脱毒，良种才能获得高产、稳产性。良种应具备以下几点：必须具有本品种的优良性状；必须是在良种繁殖田中用高度的留种技术繁育出的；没有当地主要的病虫伤害和机械创伤的；没有感染当地主要的病毒病害的；必须具备种薯所要求的大小规格；贮藏良好，没有腐烂和过分萌芽的。

在选用良种基础上，从种薯外表看，要选择薯型规整，具有本品种的典型特征还应看种薯的光泽。光泽好、新鲜、无腐烂，薯块拿在手里柔软，用刀切感觉脆软，从薯块后头0.5 cm 切一刀看无环腐病（黑圈），这就可说是较好的土豆种薯。要严格去除表皮龟裂、畸形尖头、芽眼坏死、生有病斑或脐部黑腐的块茎。

总之，种薯选用应以国家标准《马铃薯种薯》（GB 18133—2012）为依据。

（二）种薯处理

种薯因在冷凉的窖中长期贮存，薯内的生理代谢等活动因受低温抑制而不活跃，仍处于被迫休眠阶段。如出窖即播种，往往出苗缓慢而且参差不齐，故需进行种薯的播前处理，以促进其生理活化，有利于苗齐、苗全和苗壮。

种薯处理方法很多。在此介绍困种和催芽两种方法。困种和催芽通常多连称为困种催芽。其实困种是促使种薯尽快度过休眠期的措施；催芽虽然也可以起到同样的作用，但主要是使幼芽伸长到一定长度，以促进一系列物候期提前的措施。两者的重点不同，故现仍把两者分别叙述，当然在实际应用上，也仍有把两者衔接起来，连续操作，一气呵成。

1. 困种、晒种 通常在窖藏温度较低，种薯始终处于休眠状态时，多采取播前困种措施，种薯从窖中取出并经挑选后，放到仓库、日光温室或房子内，用席帘等物围盛或盛于麻袋、塑料网袋等堆起，温度维持在 10～15 ℃，要求有散射光线。经过 15 d 左右，待芽眼刚刚萌动见到小白芽眼时或幼芽冒锥时，即可切块播种。如果种薯数量有限，而又有地方可放置，可把种薯摊开 2～3 层，摆放在光线充足的房间或日光温室内，保持温度在10～15 ℃，摊晾，并经常翻动，当薯皮发绿，芽眼"睁眼"（萌动）时，便可切芽拌种，这称为晒种，其作用与困种相同。农谚中有所谓"种薯不晒不睁眼"之说，就是指用晒种的方法促使种薯芽眼萌动之意。

2. 催芽 催芽是马铃薯栽培中一个防病丰产的重要措施。播前催芽，因幼芽提前发育，故提早了植株的一系列物候期，从而可提早成熟期半个月左右。同时，凡是环腐病、黑胫病、晚疫病等病害感染轻微的块茎，一般因病菌的刺激萌芽较早，而感病严重的块茎则丧失了发芽力，多数不能萌芽。所以在催芽处理中把个别早期萌芽的种薯及芽上发生黑褐色条斑的种薯以及当催芽结束时一直不发芽的种薯全部淘汰掉，即可在很大程度上减轻田间发病率，可以躲过晚疫病的危害或减轻发病率，可以躲过或减轻某些自然灾害的为害（如旱、涝、霜冻等）。因品种不同幼芽的性状也有所不同，故可利用催芽机会清除混杂品种，以纯化良种。

催芽的方法很多，现将常用的几种方法介绍如下：

（1）均匀见光 种薯在贮藏中即已在窖内萌芽的情况下，当芽伸长到 1 cm 左右时，将种薯取出窖外，平铺于光亮的室内，使之均匀见光，达到白芽变成浓绿色。如幼芽萌发较长，但不超过 10 cm，也可采用此法，不必将芽剥掉。芽经过绿化后，失掉一部分水分变得坚韧牢固，切块、播种时，稍加注意即不致播断。

（2）层积催芽　种薯与湿沙或湿锯末等物互相层积于温床、火炕或木箱中，总厚度约50 cm，保持 10～15 ℃和一定的湿度，促使幼芽萌发，也可以把种薯先行切块，再行层积催芽。当芽长 1～3 cm 并发生根系时取出播种。因芽与根系均柔嫩脆弱易折断，故操作时应小心从事，小面积早熟栽培时可以采用此法。

（3）日光浴芽　将种薯置于明亮室内或室外避风向阳处平铺 2～3 层，并经常翻动，使之均匀见光，幼芽长达 1.0～1.5 cm 时，种薯表面同时也已晒成浓绿色，幼芽浓绿或紫绿，根点突出，即可切块播种，这一方法催芽时间一般为 40～45 d。日本现在采用的所谓"日光浴芽"法，大体上与此措施相似。

（4）变温处理　当块茎的休眠期快结束时，可将它们转移到 18～25 ℃的暗室中，直到发芽为止。当块茎早收或休眠期未过时，将块茎先放在 4 ℃下存放 2～3 周，再放置 18～25 ℃下至完全发芽为止。

（5）赤霉素处理　将新收获的块茎浸泡在浓度为 5～10 mg/L 的赤霉素中 10～20 min，然后风干，再置于 18～25 ℃下发芽。新的、小的块茎可以用高一些的浓度，但千万不要超过 100 mg/L。如果薯块已开始发芽（休眠期已过），千万不要再用。

（6）硫脲处理　将块茎泡在 1% 的硫脲中处理 1 h，如果薯块没有擦伤，可在基部（没有顶芽的那一端）划 1～2 道切口。处理后风干，再置于 18～25 ℃下发芽。

（7）乙烯氯乙酸处理　每千克水加 7 mL 乙烯氯乙酸，将干净、完整（不带伤）、木栓化好的块茎（连包装网袋一起）浸入溶液中，保证所有块茎均浸湿。将浸好的块茎放置在密封室内的架子上（防止薯块接触多余的溶液）2～3 d。风干后，移至 18～25 ℃下发芽。此法对 10 g 以下块茎尤为有效。该化学物质有毒，操作时应戴口罩、手套和穿工作服。

3. 切刀消毒　一些种传病害（如环腐病、黑胫病、病毒病等）通过切刀可把病菌、病毒传到健薯上。为减少切刀传病机会，应严格执行切刀消毒环节。具体做法：每个切芽人员都准备 2 把切芽刀，1 个装消毒液的罐子（罐内装 75% 酒精或 0.5%～1.0% 高锰酸钾溶液或 4% 来苏水或 3% 石炭酸或 5% 福尔马林）。把切刀放在溶液中浸泡，切芽时拿出一把刀，将另一把刀仍浸泡在消毒液中。每切完一个种薯换一次切刀。如果切到病薯，应将病薯扔进专装病薯的袋或筐中，并将用过的刀浸泡在消毒罐中，同时换上泡着的切刀继续切。

4. 种薯切块　把种薯分切为小块播种，可以节约种薯，降低生产成本，很多地方均习惯于采用这种方法。但如采用不当极易造成病害蔓延，缺苗严重，导致减产。故在切块播种时，首先应选用绝对健康无病的种薯；其次是种薯必须有一定的大小，一般说来种薯最低不宜小于 50 g，重 50 g 以下的种薯可整薯播种；最后是栽培地段应保持良好的土壤墒情，并应具备良好的整地质量和播种质量以确保苗齐、苗全、苗壮。

切块过程中，注意切块不宜过小，以免切块中水分、养分不足，影响幼苗发育，而且切块过小不抗旱，易于缺苗。一般切块重量不宜低于 20～25 g，每个切块带有 1～2 个芽眼，便于控制密度，切时应切成立块，多带薯肉；不应切薄片、切小块，或挖芽眼留薯肉；重 51～100 g 的种薯，纵向一切两瓣；重100～150 g 的种薯，采用纵斜切法，把种薯切成 4 瓣；重 150 g 以上的种薯，从尾部根据芽眼多少，依芽眼沿纵斜方向将种薯斜切成立体三角形的若干小块，每个薯块要有 2 个以上健全的芽眼。切块时应充分利用顶端优势，使薯块尽量带顶芽。切块时应在靠近芽眼的地方下刀，以利发根。切块时应注意使伤口尽量小，而不要将种薯切成片状和楔状。切块方法可参见图 6-1。

纵切　　　纵横切　　　斜切

图 6-1　种薯切块法

（程天庆，2013）

　　切块时间以播前 2～3 d 为好，可以根据劳动力和用种量的多少来安排，应以不使切块堆置时间过长而造成腐烂或干缩为原则。切后应尽快播种，以免造成损失。有疑似得病的种薯、经催芽处理后而仍未发芽的种薯、幼芽纤弱的种薯及选种时由于疏忽大意而漏选的老龄薯、畸形薯等，均应挑出不切，勿切后再因病烂而扔掉不用。切块后的 3～5 d，切块保持在 17～8 ℃的温度和 80%～85% 的相对湿度条件下使切口木栓化，避免播后烂块缺苗。

　　5. 药剂拌种（芽块包衣）　种薯切块后播种前应使切口愈合木栓化，伤口愈合所用时间与品种、种薯生理年龄、环境的温度和湿度等因素有关。为了促进伤口愈合，可用草木灰拌切好的种薯。为了防治地下害虫、芽块腐烂、细菌病害及丝核菌溃疡病等，也可以用草木灰加药剂一起拌种。目前在一些地区难以找到草木灰，或者因为种植面积大、草木灰拌种不方便时，也可用其他材料代替草木灰加农药拌种。如草木灰∶甲基硫菌灵∶种薯混合比例为 40 kg∶0.5 kg∶1 000 kg；甲基硫菌灵∶波尔·锰锌∶滑石粉∶种薯混合比例为 2.5 kg∶2.5 kg∶100 kg∶10 000 kg；甲基硫菌灵∶农用链霉素∶滑石粉∶种薯混合比例为 4.0 kg∶1.0 kg∶100 kg∶10 000 kg。将拌好药粉的芽块装袋，垛在保温且通风的地方，最好随切随拌随播种，堆积时间不要太长。如果切好堆放几天再播，易造成芽块垛内发热。使幼芽伤热，伤热的芽块播后有的会烂掉进而影响全苗，导致有的出苗不旺、细弱发黄。此外，因北方气温低，要注意防冻。

　　6. 整薯的利用

　　（1）切块危害　整薯播种可避免通过切刀传播病毒性病害和细菌性病害。通过切刀传播的病毒和类病毒病害有马铃薯 X 病毒、马铃薯 S 病毒和马铃薯纺锤块茎类病毒。通过切刀传播的细菌性病害有青枯病、环腐病和黑胫病。尤其是青枯病和环腐病，一个带病的种薯可通过切刀传播几个切块。加之切块播种本身的缺点如切块不抗旱、易感病腐烂、易缺苗等，不可避免地造成或加重了一些减产因素，而利用整薯做种则可在很大的程度上弥补切块播种的不足。存在以下情况之一时，种薯不宜切块。

　　① 播种地块的土壤太干或太湿、土温太冷或太热时。内蒙古高原各地普遍存在土壤干旱和土温低两种情况，粗放的栽培条件下，整薯播种实有不容忽视的作用。

　　② 种薯生理年龄太老的不宜切块，当种薯发蔫发软、薯皮发皱、发芽长于 2 cm 时，切块易引起腐烂。

　　③ 种薯小于 50 g 的不宜切块。

（2）整薯播种好处　保存了种薯中水分、养分，有利于出苗、齐苗并获得壮苗，同时又可利用顶芽优势，故比切块栽培植株生长旺盛，故增产显著；避免了切刀传病的环节，因而就减轻了一些由块茎或切刀传染的病害的蔓延扩大，降低了发病率；整薯播种比切块抗逆性强，耐干旱，病害少，增产潜力大，有利于高产、稳产；减少切块工序，节省了人力、物力；有利于马铃薯的栽培向机械化的方向发展。

（3）整薯挑选　在种薯的大小方面，有些人以为种薯愈大产量愈高，所以主张用大薯。在一定范围内，种薯愈大产量愈高，但种薯愈大播种量也相应增加，故影响了净产量的提高。加之种薯价格一般高出商品薯甚多。所以用大薯做种，有时并不一定能增加收入，或者增收不多，甚至减少收入。根据许多人的研究和实践经验，一致认为以 50～60 g 重的小整薯做种较为有利，小整薯的生活力强，播后出苗早而整齐，每穴芽数、主茎数及块茎数增多，生长的块茎整齐，商品薯率高。但小整薯一般生长期短，成熟度低，休眠期长，而且后期常有早衰现象。栽培上需要掌握适当的密度，做好催芽处理，增施 K 肥，并配合相应的 N、P 肥，才能发挥小薯做种的生产潜力，可以在生产上应用。由于整薯播种的植株长势旺盛，有迟熟的倾向，故应进行播前催芽处理。

（三）适期播种

1. 播期对马铃薯生长发育和产量的影响　内蒙古高原地区是马铃薯分布的一季作区，属于干旱、半干旱大陆性季风气候，无霜期短，年降水 200～400 mm，且主要集中在 7～8 月。适期播种对马铃薯的生长发育和产量形成有着重要的影响。首先播期对马铃薯的生育期有显著的影响，随着播期推迟，地温和气温升高，马铃薯出苗速率加快，整个生育期缩短，营养生长进程加快，生殖生长期占整个马铃薯生育期的比例增加。其次，马铃薯播期对产量有重要影响。马铃薯产量随播期推迟增加，大薯率随播期推迟降低。马铃薯薯块形成主要依赖于地上部叶片光合同化产物供应状况，地上部叶片的适度规模是产量形成的基础。块茎形成初期所需营养物质主要来源于母薯，但外部环境对其影响也较大。块茎形成中后期，地上部叶片光合同化产物是块茎积累所需营养物质的主要来源，此时雨水亏缺直接影响地下块茎的扩大和充实。块茎膨大期，马铃薯需要凉爽气候，否则地上茎间距伸长，叶片变小，影响对光能的吸收利用，块茎产量降低。因此，根据种薯的情况，选择合适的播种时期，把结薯时期安排在适宜块茎膨大的季节。如果播种过早，马铃薯生长前期气温偏低，苗期水分不足，薯块萌芽不利，地上茎叶生长的关键时期处于干旱少雨的 7 月上中旬，不仅影响茎秆伸长和叶面积扩展，还降低了最大水分利用率。若推迟播期，气温升高，雨水充分，马铃薯出苗速率加快，生育中后期雨水充足，植株长势好，干物质积累快。如播种过晚，马铃薯地上部光合作用积累的同化产物不足以使所有分化形成的薯块发展成大薯，中小薯比例增大，单产增加趋势不明显。

2. 播期确定依据　马铃薯分布地区较广，各地的播种日期各不相同，适时播种是取得高产的重要环节之一。确定适时播种日期应从以下几方面考虑。

（1）地温　地温是直接制约种薯发芽和出苗的因素，一般 10 cm 深度地温应稳定通过 5～7 ℃，以达到 6～7 ℃较为适宜，过低会出现"梦生薯"，倘若覆盖地膜种植马铃薯，可提高地温 3～5 ℃，一般可提早播期 10～15 d。但出苗后要注意防止霜冻。

（2）终霜期时间　终霜期前 20～30 d 是当地适宜的马铃薯播期幅度。

（3）把块茎形成期安排在适于块茎膨大的季节　即平均气温不超过 23 ℃、每天日照时数不超过 14 h，并有适量的雨水。

（4）据品种和种薯情况确定播种日期　晚熟品种比中熟品种早播，早熟品种比中熟品种早播，未催芽马铃薯种薯比催芽种薯早播。

（5）栽培目的　大田生产可稍晚些，而作为早熟蔬菜栽培时，则可稍早些播种。

3. 播期　坝上高原地区播种日期范围一般是 4 月下旬到 5 月中旬。赵沛义（2005）报道，播期影响马铃薯的产量和淀粉含量，如果播期较晚马铃薯块茎含水量增加，储运性降低，且播期不当马铃薯的感病性增加，降低马铃薯的经济效益。沈姣姣（2012）报道，随着播期推迟，马铃薯出苗速率增加，马铃薯生育期缩短，其中营养生长天数减少，生殖生长天数在总生长期中的比例增加；过早播种，气温较低，水分不足，马铃薯地上部生长受阻，地下匍匐茎顶端膨大形成的薯数不多，单产不高；推迟播种，马铃薯地上部积累的光合同化产物可以满足地下块茎生长需求，薯数增加，虽然大薯率有下降趋势，但中小薯产量增加明显，总产量较高。因此，超早播和早播马铃薯地上部干物质积累和马铃薯总产量显著低于其余播期。综上可知播期对马铃薯的生长发育和产量构成有着重要的影响。生产上要因地、因种适期播种，确保高产优质。

（四）种植密度

内蒙古高原各地早熟马铃薯品种适宜播种密度在 3 500～4 500 株/亩，晚熟马铃薯品种适宜播种密度在 3 000～4 000 株/亩。金光辉（2015）报道，种植密度的确定是马铃薯高产栽培的一个重要环节。密度过大，通风透气不良，茎秆细弱，薯块小，单位面积产量低；反之，密度过小，单株产量高，薯块大，但田间不能封垄，浪费土地，群体产量低。为了构建高产群体，充分发挥个体植株的内在增产潜力，确定适宜播种密度时考虑以下几点：

① 品种熟期要适宜。早熟品种植株较矮，生长期短宜密植，晚熟品种植株高大，生长期长，种植密度宜稀。

② 土壤肥力状况。肥沃土地养分供应力强，植株高大，叶面积相对较大，种植密度宜稀，瘠薄的土地营养不足，植株瘦小，叶面积较小，种植密度宜大。

③ 根据灌溉条件。具有灌溉条件地宜稀，旱地宜密。

④ 根据用途决定密度。商品薯栽培时易稀，种薯生产易密。薯条加工用途易稀，淀粉加工用途易密。

依叶面积指数决定密度。马铃薯合理的叶面积指数是 3.5～4.0。

（五）播种方式

1. 人工播种　在内蒙古高原地区，虽然每户农民马铃薯种植面积较大，但由于春季播种时土壤墒情不好，为保墒一般不用畜力开沟播种，而普遍采用人工挖穴种植，随种随埋，一块地种完后，统一耙平保墒。

2. 畜力播种　当马铃薯播种面积较大，又缺乏播种机械时，利用畜力开沟种植马铃薯是一种较好的选择。如果安排适当,一天可以播种 5～10 亩,但播种需要多人密切配合。播种时可开沟将肥料与种薯分开,然后再用犁起垄。

3. 机械播种　随着马铃薯生产的规模化、集约化经营,利用机械播种是马铃薯种植的一种必然趋势。根据播种机械的不同,每天播种面积不同,小型播种机械每天可播种 20～30 亩,中型机械每天可播种 50～80 亩,大型机械每天可播种 100～200 亩。

采用机械播种可以将开沟、下种、施肥、施防治地下害虫的农药、覆土、起垄一次完成。但一定要调整好播种机行走一定要直,否则在以后的中耕、打药、收获作业过程中容易伤苗、伤薯。

五、田间管理

(一) 按生育时期进行管理

马铃薯生长发育时期的划分标准不统一。蒋先明(1984)将马铃薯的生长发育过程分为五期,即发芽期、幼苗期、发棵期、结薯期和休眠期。门福义等(1980)将马铃薯生长分为芽条生长期、幼苗期、块茎形成期、块茎增长期、淀粉积累期和成熟收获期。本文按照门福义等划分的 6 个时期对各时期的管理进行论述。

1. 芽条生长期　从种薯解除休眠,芽眼处开始萌芽、抽生芽条,直至幼苗出土为芽条生长期。该时期器官建成的中心是根系的形成和芽条的生长,同时伴随着叶、侧枝和花原基等的分化。所以,该时期是马铃薯发苗、扎根、结薯和壮株的基础,也是产量形成的基础,其生长的快慢与好坏,关系到马铃薯的保苗、稳产、高产与优质。

在芽条生长期,凭种薯自身的含水量就足够该期需用,但当土壤极端干燥时,种薯虽能萌发,幼芽和幼根却不能伸长,也不易顶土出苗。所以播种时要求土壤应保持适量的水分和具备良好的通气状态,以利芽条生长和根系发育。

马铃薯芽条生长期,以早出苗、出壮苗和多发根为主攻目标。管理要点以中耕、除草等措施提高地温、保墒,促进马铃薯根系纵深发展,增强根系对水肥的吸收能力。同时,及时查苗、补苗,确保苗齐、苗全,为丰产丰收打好基础。

2. 幼苗期　从出苗到现蕾。幼苗期一般经历 15～25 d。幼苗期是以茎叶生长和根系发育为中心的时期,同时伴随着匍匐茎的形成伸长,以及花芽和部分茎叶的分化。该时期是承上启下的时期,一生的同化系统和产品器官都在此期分化建立,是进一步繁殖生长、促进产量形成的基础。因此,对水分十分敏感,要求有充足的 N 肥,适当的土壤湿度和良好的通气状况。该时期以促根、壮苗为主,保证根系、叶片和块茎的协调分化与生长。因此,该时期应早浇苗水和追肥,并加强中耕除草,以提温保墒,改善土壤通透状况,从而促使幼苗迅速生长。

3. 块茎形成期　现蕾至开花,进入块茎形成期。该期的生长特点是:由地上部茎叶生长为中心转向地上部茎叶生长和块茎形成同时进行阶段。该时期一般经历 20～30 d,是决定单株结薯多少的关键时期。随着块茎的形成和茎叶的生长,对水肥的需要量不断增加,并要求土壤经常保持疏松通气良好状态。因此,该期要多次中耕除草,及时追肥灌水,以满足植株迅速生长对水、肥、气、热的需要,为高产打下良好的基础。

4. 块茎增长期 盛花至茎叶衰老，从马铃薯茎叶和块茎干重平衡期到茎叶和块茎鲜重平衡期止，为块茎增长期。该期是以块茎体积和重量增长为中心的时期，是决定块茎大小的关键时期。马铃薯在块茎增长期，植株和块茎都迅速增长，形成大量干物质。该期是马铃薯一生中需肥需水最多的时期，达到一生中吸收肥、水的高峰。因此，充分满足该期对肥水的需要，是获得块茎高产的重要保证。该期的关键农艺措施在于尽力保持根、茎、叶不衰，有强盛的同化力，以及加速同化产物向块茎运转和积累。有浇水条件的地方，应在开花期进行浇水，7～10 d 浇一次，促进块根迅速膨大，不能浇的太晚，以免造成徒长，遇涝或降雨过多，应排水。无灌水条件的地方，应抓住降水时机，追施开花肥，开花肥以N 肥为主。

5. 淀粉积累期 终花期至茎叶枯萎，植株基部的叶片开始衰老变黄，茎叶与块茎的鲜重达到平衡，即标志着进入淀粉积累期。该期的生育特点是以淀粉运转积累为中心，块茎内淀粉含量迅速增加，淀粉积累速度达到一生中最高值。该期的主要任务是防止早衰，尽量延长茎叶绿色体的寿命，增加光合作用时间和强度，使块茎积累更多的有机物质。此外，在北方一作区，还要做好预防早霜的工作。

6. 成熟收获期 在生产实践中，马铃薯没有绝对的成熟期，常根据栽培马铃薯的目的和生产安排的需要，只要达到商品成熟期之后，随时可以收获。北方一作区，在植株绝大部分或全部枯死，块茎周皮木栓化程度较高，并开始进入休眠状态，这时即达到生理成熟期。收获时要选择晴天进行，以防晚疫病病菌等病害侵染块茎。留种田在收获前可提前杀秧，并提早收获，以减少病毒侵染块茎的机会。收获后在田间晾晒 3～5 d，剔除泥土、绿薯、霉烂薯，挑选无破损、无病害的健薯入窖。

（二）科学施肥

1. 重施有机基肥 有机肥是完全肥，含有马铃薯生长所需的大量元素、微量元素和有益微生物。有机肥可以调节土壤肥分，同时还可以进行腐殖化作用，产生腐殖质，使土壤质地疏松肥沃，利于透气排水，改善土壤水、肥、气、热条件，利于块茎膨大，促使块茎形状规整、个大、表皮光滑。因此，要重施有机肥。有机肥来源广泛，种类繁多，有人粪尿、畜粪尿、秸秆堆肥、草木灰、各种饼肥以及各种农家杂肥均属于有机肥。

因为有机肥大多是迟效性肥料，必须经过腐熟才能为作物所吸收利用，故有机肥多用作基肥。

2. 适期追肥 马铃薯为喜肥高产作物，对肥料反应敏感，适时适量追施肥料是重要的增产措施。追肥应根据马铃薯需肥规律和苗情进行，宜早不宜晚，宁少勿多。杨胜先（2015）报告硼肥决定了马铃薯的单株产量和商品薯率，钾肥决定了单株结薯数。贾景丽（2009）、赵永秀（2010）分别报道了硼、镁元素在马铃薯生长发育过程中起着重要的作用。因此，要做到适时、适量、适肥追施。

追肥方法可沟施、穴施或叶面喷施。土壤追肥应结合中耕灌溉进行。一般在第二次中耕后，灌第一水之前进行第一次追肥。早熟品种在苗高 10 cm 时开始追肥，中晚熟品种现蕾开花期要重施肥，开花后原则上不应追施 N 肥。生长后期若植株早衰可以喷施 0.2% 浓度的磷酸二氢钾溶液。干旱严重时应减少化肥用量，以免烧根或损失肥效。追肥量因土壤肥力、种植密度、品种类型等差异很大，要依具体情况而定。

（三）合理灌溉

1. 高原马铃薯需水规律　马铃薯是需水较多的作物，但不同阶段需水量不一样。田英（2011）报道马铃薯不同阶段的需水量不同，呈现前期耗水强度小、中期逐渐变大、后期又减小的近似抛物线的趋势。幼苗期苗小，气温低，需水较少，占全生育期总需水量的10%左右，在40 cm土层内保持田间最大持水量的65%左右为宜，一般不需灌水，但是如果播种后土壤过于干旱缺水，迟迟不能出土，则须及时灌水。块茎形成期是地上部旺盛生长阶段，气温也逐渐升高，需水量加大，这一阶段耗水量占全生育期的25%以上，是决定块茎数目多少的关键时期。该时期以60 cm土层内保持田间最大持水量的75%～80%为宜。该期严重缺水的标志是花蕾早期脱落、植株生长缓慢、叶色浓绿、叶片变厚等。块茎增长期，植株地上部和地下部生长发育均加快，对水分的需要增加，该期耗水量占全生育期的50%以上，是一生中需水量最多的时期，是决定块茎体积和重量的关键时期，对土壤缺水最敏感，应注意水分的及时供应。该时期以60 cm土层内保持田间最大持水量的75%～80%为宜，如早熟品种在初花、盛花及终花阶段，晚熟品种在盛花、终花及花后1周内，应根据降雨情况来决定灌溉措施。勿灌水过多，以免引起茎叶徒长。淀粉积累期需水量占10%左右，以60 cm土层内保持田间最大持水量的60%左右。成熟收获期不灌水。收获前15 d停止灌溉，以确保收获的块茎周皮充分老化，可以提高品质，增强耐贮性。

2. 灌溉时期和方式　马铃薯不能缺水，特别是在块茎形成和块茎增长阶段，要连续保持土壤湿润状态，一旦缺水易造成块茎畸形、品质降低，甚至严重减产，而马铃薯生育后期又不耐涝，雨涝或湿度过大会使薯块表面皮孔张开，使块茎不耐贮、易染病腐烂，丰产不丰收。

马铃薯应根据土壤田间持水量决定灌溉。土壤持水量低于各时期适宜最大持水量5%时，就应立即进行灌水。

灌溉量（t/亩）＝容重×灌溉深度×土地面积（亩）×（要求土壤含水量－测得土壤含水量）

每次灌水量达到适宜持水量指标或地表干土层湿透与下部湿土层相接即可。

当无测水条件时，可根据植株的生育表现决策。当中午叶片开始表现萎蔫症状时进行灌水。也可用简易测定法决策，在干墒、灰墒、黄墒时灌水，在褐墒、黑墒时不灌水（手握土干燥、无凉意则是干墒，手握土稍感凉意则是灰墒，手握土明显感到湿润则是黄墒，手握土成团、手有湿痕则是褐墒，手握土可挤出水痕则是黑墒）。

在灌水时，除根据需水规律和生育特点外，对土壤类型、降水量和雨量分配时期等应进行综合考虑，正确确定灌水期和灌水量。

灌水要匀、用水要省、进度要快。秦军红（2013）、黄飞（2015）报道灌水方法以喷灌、膜下滴灌、垄上滴灌和垄间沟灌等为主。喷灌灌水均匀，少占耕地，节省人力，但受风影响大，设备投资高。滴灌节水效果最好，主要使根系层湿润，可减少马铃薯冠层的湿度，降低马铃薯晚疫病发生的机会，与喷灌相比节省开支。垄间灌水时注意不要使水超过

1/2垄面，以免土壤板结。如果垄条过长，可分段灌，既能防止垄沟冲刷，又使灌水均匀。大水漫灌浪费水又淹苗烂薯，坚决杜绝。浇水时间以早晚温度低时为好，同时也要注意防止田间积水。

（四）中耕

中耕培土是马铃薯田间管理的一项重要措施。播种后根据田间墒情、杂草情况、芽条生长情况及时中耕。坝上高原地区一般进行2～3次中耕，第一次中耕在5月底至6月初，此期地下匍匐茎尚未形成，可合理深锄。现蕾初期进行第二遍中耕培土，此期地下匍匐茎已形成，而且匍匐茎顶端开始膨大，形成块茎，因此要合理浅耕，以免伤匍匐茎。在植株封垄前进行第三次中耕兼高培土，以利增加结薯层次，多结薯、结大薯，防止块茎暴露地面晒绿，降低食用品质。

中耕除草的好处很多，适时中耕除草可以防止"草荒"，减少土壤中水分、养分的消耗，促进薯苗生长。中耕可以疏松土壤，增强透气性，有利于根系的生长和土壤微生物的活动，促进土壤有机物分解，增加有效养分。在干旱情况下，浅中耕可以切断毛细管，减少水分蒸发，起到防旱保墒作用，土壤水分过多时，深中耕还可起到松土晾墒的作用，在块茎形成膨大期，深中耕高培土，不但有利于块茎的形成膨大，而且还可以增加结薯层次，避免块茎暴露地面见光变质。总之，通过合理中耕，可以有效地改变马铃薯生长发育所必需的土、肥、水、气等条件，从而为高产打下良好的基础。"锄头上有水也有火""山药挖破蛋，一亩产一万"都充分说明了中耕培土的重要性。

（五）防病治虫除草

1. 常见病害及防治措施　马铃薯生长期间主要病虫害是马铃薯早疫病、晚疫病、环腐病、黑胫病、青枯病等。

（1）马铃薯早疫病和晚疫病　马铃薯早疫病和晚疫病是马铃薯生长期主要病害，尤其是高温阴雨后极易暴发，雨后需及时喷防。可采用72%的霜脲氰可湿性粉剂600～800倍液、25%的瑞毒霉可湿性粉剂500倍液、58%瑞毒霉·锰锌500～600倍液、40%的乙膦铝300倍液或其他工业化生产的铜制剂，间隔7～10 d喷药一次，共喷2～3次，减缓抗药性的产生，应注意轮换用药。

（2）马铃薯黑胫病　马铃薯黑胫病是苗期多发病害，发病率一般为2%～5%，严重的可达40%～50%。在田间造成缺苗断垄及块茎腐烂，主要表现为植株矮小，叶色褪绿，茎基部以上部位组织发黑腐烂，早期病株很快萎蔫枯死，不能结薯，易从土中拔出。病害发生程度与温、湿度有密切关系。气温较高时发病重，黏重而排水不良的土壤对发病有利。播种前，种薯切块堆放在一起，不利于切面伤口迅速形成木栓层，使发病率增高。田间出现少量中心病株时，应及时拔出并带出田间销毁。全田及时喷洒72%农用硫酸链霉素1 000～1 200倍液和77%氢氧化铜可湿性粉刷500倍液防治。中心病株周围进行药液灌根消毒杀菌。

（3）马铃薯环腐病　环腐病是种薯认证中要求最为严格的一个指标，一旦发现，即被拒绝。环腐病在整个生长季中都可以进行传播，造成巨大的经济损失。症状一般会在马铃薯生长的中后期才会发现,通常只是一个植株上的某些茎枯萎,底部的叶片变得松弛,主脉之间出现淡黄色,可能出现叶缘向上卷曲,并随即死亡。茎和块茎横切面出现棕色维管束,一旦挤压,可能会有细菌性脓液渗出。块茎维管束大部分腐烂并变成红色、黄色、黑色或红棕色。块茎感染有时可能会与青枯病混淆,但在芽眼周围不出现脓状渗出物。防治措施有使用无病种薯;在播种干净的薯块之前,要消除田间前茬留下的薯块,然后是严格的无菌操作,并将箱子、筐子、设备、工具消毒;使用新的包装袋;最好能用整薯播种,防止切刀传播此病害。

(4)马铃薯青枯病 青枯病有时也称为褐腐病,是马铃薯最严重的细菌性病害,对产量影响较大,且能引起较大的贮藏损失。初期表现是植株的一部分萎蔫,首先影响叶片的一边或一个分枝,轻微的变黄,伴随着萎蔫。晚期的症状是严重的枯萎、变褐和叶片干枯,然后是枯死。对典型的感病植株,如果做一个横切面,可以看见维管束变黑,有灰白色的黏液渗出,而症状轻微的植株不会出现这种情况。这一点还可以通过以下方法来证实:将茎横切面放入静止的、装有清亮水的玻璃杯中,有乳白色液体出现。当土壤黏性大时,灰白色的细菌黏液可以渗透至芽眼或者块茎顶端部末端。如果将发黑的茎或块茎切开,会有灰白色液体分泌出来。地上部或者块茎症状可能会单独出现,但后者通常紧接着前者。将感染的种薯在冷凉地区种植或薯块在生长后期遭到感染,会发生潜在性块茎感染。在高温时,枯萎症状发展迅速。轮作是最有效的防治方法,目前没有发现能有效防治青枯病的药剂。

2. 常见虫害及防治措施 常见的虫害有地下害虫地老虎、蛴螬、金针虫等,地上害虫有二十八星瓢虫、螨虫、蚜虫、粉虱类等害虫。一旦发现病虫害要及时选用有效农药进行防治,防治方法详见第三章第二节。

(1)地老虎 为数种夜蛾的幼虫。能将幼小植株的茎咬断,靠近地表的块茎偶尔也会被侵害。健壮的灰色幼虫可长达 5 cm,白天潜伏在植株的基部。同一科(地老虎)的某些种类偏好以叶片为食。这些幼虫的后背有明显的斑点和线条状。点状或田间局部感染很典型时,可以集中施用杀虫剂。

(2)金针虫 温带地区常见的害虫。胸部长有小足、细小、有光泽的幼虫生长在地下,可长达 25 mm。幼虫使块茎表面产生不规则的浅坑,但它们不生长在块茎内部。金针虫以不同作物的根系为食,特别是牧草植物。因此,在牧草区种植马铃薯以前,土壤中的金针虫种群必须通过适当的翻耕和与其他需要经常耕作的作物轮作而减少。

(3)蛴螬 也称白色蛴螬,是一些甲虫的幼虫,可长达 5 cm。它们有健壮而卷曲的身体,且有胸部小足。带来的经济损失是使地下茎形成较深的空洞。当将马铃薯种植于以前为牧场或放牧地时,将会发生严重的危害。防治措施有深耕、日晒和霜冻,以及捕食它们的鸟类。

3. 常见杂草及防治措施 杂草与马铃薯争水、争肥、争阳光、争空间,对产量影响很大。而且杂草还是很多害虫的寄主,向马铃薯传播病虫害。马铃薯田杂草有 40 种,隶属 26 科。主要危害杂草有苦荞麦、西伯利亚藜、刺藜、藜、猪毛菜、反枝苋、田旋花、大刺儿菜、驴耳风毛菊、苣荬菜、狗尾草等。除草要坚持除早、除小、除净的原则。合理轮作倒茬,采取春小麦—马铃薯—玉米、燕麦—马铃薯—豆类、胡麻—马铃薯—小麦等模式进行轮作倒茬，深耕 25 cm 以上，可将大部分一年生草籽翻入深土层，减少其出土发芽概率。施用腐熟的有机肥，防止杂草种子通过肥料带入马铃薯田。可以人工除草也可以使用除草剂，防治方法详见第三章第二节。

人工除草的优点在于既除草又松土，对提高地温、保墒有利；缺点是费工、费时。人工除草分为苗前铲地、苗后铲地。苗前铲地对早春性杂草和宿根性杂草的铲除效果好，还有利于提高地温促进出苗。苗后铲地一般待马铃薯出全苗后除草松土，提高地温，促进根系发育，以达到根深叶茂。视田间草情，于发棵期铲二遍，促进植株长成丰产株型。一般铲完地后，结合中耕培土，对杀灭杂草、促植株健壮有利。

（六）灾害性天气防御

坝上地处内陆高原，气候寒冷干燥，降水量少而变率大。干旱、霜冻、大风、风沙、白毛风、冰雹以及危害畜牧的黑灾、白灾、冷雨等每年都不同程度的给坝上农业、牧业、林业和人民生活造成损失，应引起充分注意。

1. 干旱　干旱是坝上的气候特征之一，而在春季更为干旱也是坝上的气候规律之一。针对坝上干旱气候，马铃薯在栽培过程中采取以下措施：

（1）播前整地最好采用秋整地　保持土壤墒情，播种时使用少量水保证出苗率，播种方式采用平作穴播。

（2）栽培模式采取地膜覆盖栽培　马铃薯地膜覆盖栽培是 20 世纪 90 年代推广的新技术，一般可增产 20%～50%，大中薯率提高 10%～20%。并可提早上市，调节蔬菜淡季，提高经济效益。地膜覆盖增产的原因，主要是提高了土壤温度，减少了土壤水分蒸发，提高了土壤速效养分含量，改善了土壤理化性状，保证了马铃薯苗全、苗壮、苗早，促进了植株生育，提早形成健壮的同化器官，为块茎膨大生长打下良好基础。

（3）合理使用保水剂　保水剂是一种吸水能力特别强的高分子材料。目前国内外的保水剂共分为两大类，一类是丙烯酰胺-丙烯酸盐共聚交联物（聚丙烯酰胺、聚丙烯酸钠、聚丙烯酸钾、聚丙烯酸铵等）；另一类是淀粉接枝丙烯酸盐共聚交联物（淀粉接枝丙烯酸盐）。有保水、保肥、保温和改善土壤结构等功能。近年来在抗旱节水增产技术上受到重视。马宗仁在（2013）报道旱地马铃薯上施用保水剂具有一定的保水蓄水、增产作用，可有效提高 20～60 cm 土壤含水量，对 40～60 cm 土壤含水量的影响更加显著。保水剂施用要与地膜覆盖相结合。有助于进一步发挥保水剂蓄水增产、提高水分利用效率的作用。李倩（2013）报道使用抗旱保水剂能够提高马铃薯旱地的出苗率，促进马铃薯的生长发育，提高旱地马铃薯产量。刘殿红（2008）研究发现保水剂不同的使用方式和使用量对马铃薯的产量和水分利用率影响存在差别。总之，由于使用技术不完善，作用机制研究的不深入，使保水剂在农业生产中推广缓慢。

2. 霜冻　霜冻是指在植物生长期内，当温度下降到某一界限时，使植物受到冻害的现象。出现霜冻时不一定有霜。在坝上因地处高寒，秋季遇有冷空气入侵则气温急骤下降，最早于 8 月中旬至 9 月上旬即见霜，沽源 8 月 25 日（1961 年），张北 8 月 31 日（1972 年）都出现过重霜冻。康保 8 月 14 日（1962 年）出现轻霜冻，对农作物与牧草均产生影响。在马铃薯栽培中，品种熟性和播种日期选择，避开霜冻的危害。

3. 冰雹 冰雹是坝上主要危害性天气之一。每年都有不同程度的危害，严重的冰雹不仅损坏庄稼，还常砸伤人、畜，破坏力很大。坝上冰雹自5～9月都能出现，以6～7月最多，占全年的60%，每年平均有6～8次，最多可达12～15次。冰雹有一定的路途和生成冰雹的区域，在坝上的御道口—新拨、沽源—鱼儿山、尚义—张北即为所说的"雹窝"。降雹的时间多在午后，夜间很少，西坝多在12～16时，东坝多为14～18时。一般降雹不超过5 min，最长可达20 min以上。

马铃薯遇到冰雹等极端天气后，应采取如下措施：

① 雹灾过后，地面板结，应及时进行划锄、松土，以利于疏松土壤，促叶早发，增强植株恢复。

② 雹灾后不要人为对植株绑扶，让植株自行恢复，人为绑扶易造成更大伤害，可以及时剪去枯叶和受损严重烂叶，以促进新叶生长。

③ 灾后及时追肥（亩追尿素7～10 kg），对于叶片受损较轻的或者新叶片出现后要及时叶面喷施磷酸二氢钾，对植株恢复生长具有明显的促进作用和提高抗病虫害能力。

④ 对雹灾过后出现缺苗断垄的地块，可选择健壮大苗带土移栽，移栽后及时浇水和叶面喷施磷酸二氢钾，以促进缓苗。

六、适期收获

1. 收获时期的确定 一般在马铃薯生理成熟时收获。马铃薯生理成熟的标志是大部分茎叶由绿逐渐变黄转枯，块茎尾部与连着的匍匐茎容易脱落，不需用力拉即与连着的匍匐茎分开；块茎表皮韧性较大、皮层较厚、色泽正常。在收获时要选择晴天，避免在阴雨天收获，收获前1周要停止浇水，以减少含水量，促进薯皮老化，以利于马铃薯及早进入休眠，要避免拖泥带水，否则既不便收获、运输，又容易因薯皮擦伤导致病菌侵入发生腐烂而影响贮藏效果。

2. 收获日期范围 以张家口坝上地区为例，早熟品种在8月下旬收获，中熟品种9月上旬，晚熟品种9月中旬收获。

3. 收获方法 马铃薯的收获质量直接关系到安全贮藏及收益，在收获过程的安排和收获后的处理中，每个环节都应做好。

（1）收获前 收获前的准备如下：

① 收获机械检修和物资准备。在收获前20 d把所有的收获机械检修完毕达到作业状态。苫布、筐篓的等其他收获工具，要根据需要准备充足。

② 杀秧。收获前5～7 d杀秧，促进周皮老化，减少蹭皮、裂口、碰撞伤。

（2）收获过程 收获方式可用机械获收，也可用木犁翻、人力挖掘等。但不论用什么方式收获，要注意：不能因为使用工具不当大量损伤块茎；收获要彻底，不要把块茎大量遗漏在土中。收获时要注意晴天抢收，不要让薯块在烈日下暴晒，以免使马铃薯发青，影响品质。收获种薯时应保持纯度，忌混杂。

（3）收后预贮 收获的块茎要及时运回，不能放在露地，更不宜用发病的薯秧遮盖，要防止雨淋和日光暴晒，以免堆积内发热腐烂和外部薯皮变绿。轻装轻卸，不要使薯皮大量擦伤和碰伤。入窖前做好预贮措施，很好地给予通风晾干条件、促进后熟、加快木栓层的形成。严格选薯，去净泥土等。预贮场所应宽敞，预贮可以就地层堆，然后覆土，覆土厚度不少于 10 cm。也可在室内盖毡预贮，以便于装袋运输或入窖。刚收获的块茎湿度大，堆高不宜超过 1 m，而且食用的块茎尽量放在暗处，通风要好。预贮时一定不要让薯块被晒和被淋。入窖时应要尽量做到按品种和用途分别贮藏，以防混杂，并经过挑选去除病、烂、虫咬和损伤的块茎。预贮时间 15～20 d，使块茎表面水分蒸发，然后入窖。

4. 收获后田地管理 收获后，要进行深耕细耙，然后以来年种植作物需要和地势高低、土壤含水量做畦。

七、贮藏

（一）贮藏窖类型

坝上高原地区马铃薯贮藏以农户贮藏为主，窖型多样，从设施简陋、无通风、贮藏量小、损耗大的简易农户窖到企业的大型现代化贮藏库均有。马铃薯贮藏窖类型主要有井筒窖、半地下式贮藏窖、自然通风贮藏库以及具有进口控温控湿设备的全裸露或半裸露的现代化大型恒温库等。

1. 井筒窖贮藏 在地势较高处垂直挖下 2.5～3.0 m 深，口径 75～80 cm，达到深度后左右开旁窖。这种贮藏方式的优点是能够保温，不受冻害侵袭，且相对湿度能达到 60%～70%。其缺点是贮藏期间不易通风散热，丰年易造成窖贮量超过窖容量，窖内温度升高，块茎休眠期早期通过，发芽、表皮萎缩，湿腐、干腐混合感染，出现霉变腐烂。井筒窖贮出的马铃薯块茎表皮色泽不鲜活，发暗褐色，在市场上的竞争力不强。

2. 半地下窖贮藏 这种贮藏方式是向底下 45°陡坡下挖 3～4 m，然后砖砌成窑洞式的贮窖。这种贮藏方式优于井筒窖的贮藏。优点是便于通风散热，窖内较干燥，贮藏块茎新鲜，一般损失率在 8%～13%。但这种贮窖的造价较高，无一定经济基础的农户难以建成。

3. 自然通风贮藏库 主要选择在地势平坦、交通方便的地方建库。库的类型视当地气候和立地条件而定，一般有地上式、半地下式和地下式三种。采用砖混结构，窖顶形状分为拱形顶和平顶两种，出入口通道可采用台阶和坡道；窖门为保温门，宽×长为（0.8～1.0）m×（1.8～2.0）m，中间为至少 60 mm 厚的保温板，隔热、防潮防锈、坚固；窖内地面不宜用水泥处理，可用 3∶7 灰土夯实，或用素土夯实；通风系统主要采用自然通风，外接通风口（窗）设计要考虑避光，防止雨水、鼠害进入和具有关闭功能，窖外排风管道离窖顶地面的高度为 1.5～2.0 m。这种贮藏库利用自然风压差和空气温差对贮藏设施内部进行通风的方式，受贮藏设施外部气象条件影响较大，虽然节能但是通风效果差、难以人为控制。尤其在坝上严冬季节，如果管理不到位，马铃薯容易发生冻害。

4. 大型恒温库贮藏 大型恒温库贮藏是一种现代化的贮藏设施，这种贮藏库利用风机和通风管道向贮藏设施内部送风或向外排风，强迫贮藏设施内外空气流通的通风方式，受贮藏设施外部气象条件影响较小，需要消耗一定能量，但是通风效果好、易于人为控制，真正摆脱利用自然冷源贮藏马铃薯造成的季节性和地区性的限制，达到贮藏温度、湿度等指标的精确控制，提升马铃薯贮藏保鲜质量，延长贮运期限，有利于大规模商业流通，延长加工时间。这种恒温库虽然容量大，保存方便，质量好，多以种薯贮藏为主，但建造成本高，贮藏费用高，建造、设计复杂，管理技术要求高，适于有经济实力、资源充足的单位使用。而坝上高原地区许多恒温库修建的用途是短期贮藏蔬菜，临时打冷，暂时缓冲保鲜，一般制冷加热设备不全，库体全部裸露地表建成，这些恒温库贮藏马铃薯易受冻伤，虽然冻伤不严重，但在较长的低温条件下贮藏时间过长容易出现还原糖回暖升高，影响加工品质的色泽变化。另外在低温长时间贮藏的种薯翌年出苗后表现幼苗纤细不壮，产量偏低。

（二）贮藏方式和方法

坝上高原地区马铃薯贮藏方式主要有散装、袋装和箱藏三种方式。散堆其贮藏量相对较大，易于贮藏期间进行抑芽防腐处理，而且贮藏成本最低，但是搬运不便；袋装其贮藏量相对少，搬运方便，但是成本较高，贮藏期间挑拣对马铃薯造成的损伤多；硬纸箱主要用于精品马铃薯的包装，管理搬运方便，但是贮藏量少，成本最高。普通农户贮藏窖容积较小，一般采用散堆和袋装贮藏为主。

1. 散堆　农户贮藏窖中马铃薯堆放的高度不宜超过贮藏窖高度的三分之二，并且堆放高度控制在 1.5 m 以内为宜。干燥而健康的马铃薯贮藏在通风条件较好的窖内，其堆放高度可达 2 m 以上。但是堆放过高，下层薯块所承受的压力大，导致下层薯块被压伤，上层薯块也会因为薯堆呼吸热而发生严重的"出汗"现象，从而导致块茎大量发芽和腐烂，上层也可能由于距离窖顶过近而易受冻。侧边用板条、秸秆等透气物隔挡以增加贮藏容量，通常以通气、不漏薯为宜。堆放时要求轻装轻放，以防摔伤，由里向外，依次堆放。

2. 袋装　目前大中型马铃薯贮藏库常用包装，包装袋有网袋、编织袋、麻袋等。将经过预处理的马铃薯装入孔小于 10 mm 的编织网袋，35～40 kg/袋，采用袋装垛藏，最高层数为 8 层/垛，宽是"双 2～4"码或者"双 3～7"码并垛。垛码过厚会导致垛内通风不良，薯块热量散失困难，易造成薯块发芽或腐烂。马铃薯入窖时应注意出窖最晚的马铃薯放在最里面，以此类推。

3. 薯堆高度　马铃薯散堆是一种节约空间、降低成本的贮藏方式。窖内薯块堆放的高度，因品种、贮藏方式和贮藏条件不同而异，自然通风库贮藏马铃薯薯不能超过窖内高度二分之一，薯堆高度一般不超过 1.5 m 左右，否则会造成空气流通不畅、温度过高、氧气供应不足，薯堆内块茎易发生腐烂或黑心现象。强制通风库内薯堆高度不能超过窖内高度三分之二，薯堆高度一般不超过 2 m。袋装马铃薯适宜的码放层数一般为 6～8 层。

4. 适宜贮藏量的计算　马铃薯的贮藏量不得超过窖容量的 65%。贮藏量过多过厚，会造成贮藏初期不易散热，中期上层块茎距离窖顶、窖门过近容易受冻，后期底部块茎容易发芽，同时也会造成堆温和窖温不一致，难于调节窖温。据试验，每立方米的块茎重量一般为 650～750 kg，只要测出窖的容积，就可算出贮藏量，计算方法：

适宜的贮藏量（kg）＝窖容积（m³）×700（kg/m³）×0.65

（三）贮藏损失及原因

1. 贮藏损失　马铃薯属于块茎活鲜产品，要求有适宜的贮藏条件才能安全越冬，在贮藏期间还要尽量减少腐烂、不发芽、不失水、不缩皮、不冻伤、不使淀粉因发芽而损失。由于中国的贮藏设备较世界先进水平比相对滞后，在马铃薯丰收年鲜薯销售困难，造成压价收购、压窖（库）贮藏，腐烂、损失严重，而坝上高原地区马铃薯的保鲜贮藏仍以农户分散窖贮（井筒窖）为主，农户贮藏量大约占总产量的80%，每年因贮藏不当或窖小贮量大一般要损失20%以上，最多年份损失50%以上，造成增产不增收。而半地下窖、自然通风贮藏库及大型恒温库的贮藏损失率均在15%以下。

2. 贮藏损失原因 马铃薯块茎在贮藏期间的损失是不可避免的，马铃薯在贮藏期间块茎重量的自然损耗不大，引起损失的原因一般有蒸发、呼吸、发芽、被真细菌侵染和虫害等，伤热、受冻、腐烂所造成的损失是最主要的。马铃薯贮藏过程中农户的井筒窖（地窖）损失率达18%～20%，有的甚至达到40%以上，恒温库贮藏损失率一般为7%～8%。而造成农户贮藏损失严重的原因主要有以下几方面：

（1）入窖的马铃薯质量不能保证 由于农民的种薯基本是自己留种或互相调种，种薯已严重退化，因此产出的商品薯本身就携带了许多病害，如果贮藏条件及管理不当，很容易造成烂窖。

（2）机械损伤及病虫 秋收入窖时，农户图省事，不愿多投入，加之时间紧迫、劳力不足等原因，不经晾晒、挑选，泥土与块茎混合，潮湿淋雨，冻病、伤烂薯在内一起入窖，或从窖口向窖内倾倒，把薯摔伤，人在薯堆上乱踏而踩伤等，严重影响了入窖质量。泥土多造成温度高、通气不畅、带入各种病菌病；烂块茎直接把大量病菌接种在薯堆内，成为窖内发病的菌源，伤薯的伤口易于真菌和细菌侵入，为病害的扩大蔓延创造了方便条件；湿度大不仅能满足病菌繁殖传染的条件，促进腐烂菌和真菌病害的发生，同时也易造成块茎早期发芽。

（3）贮藏期间的管理不当 许多农户秋季马铃薯入窖后到天冷时封住窖口，贮藏期间不检查，不调整温、湿度，不通风换气，到了春季开窖时才发现产生了冻害、烂窖、伤热、"出汗"、发芽、黑心等情况，造成重大经济损失。

（四）贮藏损失类型

马铃薯贮藏损失类型主要有变青、发芽、冷害、热伤、"出汗"、机械损伤及病虫害等。

1. 变青 变青是马铃薯贮藏期间存在的严重问题，不仅因为其对市场品质的不利影响，马铃薯变青往往伴随着糖苷生物碱的生成。当糖苷生物碱浓度达到正常马铃薯的5～10倍，即每100 g含量为15～20 g时，在烹调时会产生异味。在零售时，受光照，马铃薯也可能变青。马铃薯变青受品种、成熟度、温度和光照的影响，这些因素共同对马铃薯的变青产生影响。

2. 发芽 马铃薯贮藏在较高的温度下会发芽，导致明显的损失。发芽的马铃薯不适用加工和家庭消费。贮藏中马铃薯发芽的温度是10～20℃，低于5℃发芽很慢。在5～20℃随着温度的升高发芽速度加快，20℃后发芽速度反而降低。马铃薯在10℃以下贮藏将导致糖含量的增加，会使加工产品的颜色加深。

3. 冷害 为了延长贮藏时间，马铃薯常置于低温（0～1.1℃）下贮藏，在此温度下大多数马铃薯都易遭受冷害。块茎中微红或者大斑点是冷害的主要症状。根据马铃薯总固形物含量的不同，冰点的变化在$-2.1\sim0.6\ ℃$。遭受冷害的块茎在解冻时迅速崩溃，变得柔软和水化。

4. 热伤（烫伤）　　热伤是由于马铃薯在贮运期间或在包装时经受高温造成的，它与阳光直射是相联系的，但是任何能使表面组织升高到$48.9\ ℃$或更高温度的因素都能产生热伤。

5. "出汗"　　贮藏中的马铃薯常会"出汗"（或称结露），即块茎外表面出现微小的水滴，这种现象的发生主要是由于块茎与贮藏环境温差造成的。如果块茎表面温度降低到露点温度以下发生结露现象就说明贮藏措施不当，应及时处理，否则，块茎可能发芽、染病甚至腐烂。防止"出汗"的办法就是保持贮藏温度稳定，避免贮藏温度忽高忽低，在马铃薯堆上覆盖草帘、麻袋等吸湿性材料并定期检查更换。

6. 机械伤和病虫害　　马铃薯在收获和运输期间，由于擦伤、切伤、跌落、刺破和敲打都易造成机械伤。机械伤会加速马铃薯失水，当薯皮的表面擦伤后，会有较多的气态物质通过伤口，而表皮上机械伤造成的切口破坏了表面的保护层，使皮下组织暴露在空气中，因而更容易失水。虽然马铃薯块茎在适宜条件下可快速完成愈伤，但伤口还是会成为病原物侵染马铃薯的通道，使块茎腐烂率增高，成为贮藏期间的安全隐患。马铃薯由于本身携带病菌，在适宜条件下，病菌迅速蔓延导致薯块严重腐烂，而且薯皮表面由虫害和病害造成的伤口，也会增加块茎的水分损失。

（五）贮藏期间的保质措施

1. 适时收获，提前杀秧　　马铃薯在生理成熟期收获产量最高。生理成熟的标志是：一是叶色由绿逐渐变黄转枯，这时茎叶中养分基本停止向块茎输送；二是块茎脐部与着生的匍匐茎容易脱离，无需用力拉即与匍匐茎分开；三是块茎表皮韧性较大、皮层较厚、色泽正常。收获时应根据马铃薯本身的成熟特性，兼顾市场规律，在马铃薯产量达到最高或已到达生产目的时，选择适宜的收获时间。在收获前$7\sim10\ d$，可以采取机械或化学方法对植株进行杀秧。杀秧在一定程度上可阻止晚疫病菌和已感染的病毒传到块茎，促使马铃薯块茎表面木栓化和块茎老化，增加韧性和弹性，最大限度减少收获、运输和贮藏中的机械损伤及薯块的感病率。

2. 对贮藏窖进行清扫、消毒　　在马铃薯贮藏前1个月要将库（窖）内杂物、垃圾清理干净，彻底清扫库（窖）。在马铃薯贮前2周左右，将窖内清扫干净，进行消毒处理。消毒的药剂和方法较多，如可以用硫黄粉、甲醛、百菌清烟剂或二氧化氯进行熏蒸，也可以用瑞毒霉、多菌灵、百菌清、噁霜灵、甲霜灵·锰锌或甲醛喷洒窖壁四周，并用石灰水地面，但是需注意，消毒液喷洒要均匀彻底，不留死角，消毒或熏蒸后密封$2\ d$，然后将贮藏窖的门、窗、通风孔全部打开，充分通风换气，确保消毒药剂彻底散尽，将贮藏窖温度调至适宜贮藏的温度后再贮藏薯块。

3. 入库前马铃薯预处理　　准备入库的马铃薯，要从田间管理抓起，实行"双精选"制度。一是田间纯度精选。具体做法是在出苗期、现蕾期和开花期进行，通过田间去杂去劣，将病株、杂株的薯块及茎蔓挖除并销毁。二是收获后净度精选。具体做法是：通过马铃薯入库前的挑选工作，彻底将病、烂、畸形薯及损伤薯淘汰，减少库存期传染性病害的传播。

刚收获的马铃薯要选择晴好天气在田间晾晒 3～5 d，然后进行预贮。预贮的方法是将挑拣合格的马铃薯置于开阔、阴凉、通风的场地堆放贮藏，薯堆不宜太厚，一般在 0.5 m 左右，宽不超过 2 m，上面应用苇席或草帘遮光。预贮的适宜温度为 10～18 ℃，空气相对湿度为 80%～90%，一般经 8～10 d 的预贮即可达到马铃薯贮藏的安全水分。预贮的作用主要是加速马铃薯生理后熟过程的完成，促进薯块伤口的愈合，加速其木栓层的形成，减少杂菌感染，抑制烂薯的发生，提高薯块的耐贮性和抗病菌能力；另一方面的作用是有利于马铃薯散发热量、水分、二氧化碳，防止马铃薯入库后表面结露现象的发生。但预贮过程中一定严防雨淋、冻害的发生。

4. 入库后的管理　马铃薯贮藏管理工作的要点主要做到"三个及时"。即及时调节和控制库内温度、湿度和通风。根据坝上高原地区的特点，马铃薯入库后大致可分三阶段进行管理。即马铃薯入库后至 11 月末为第一阶段（贮藏初期）；12 月初至翌年 2 月为第二阶段（贮藏中期）；3 月初至 4 月为第三阶段（贮藏末期）。

（1）*贮藏初期*　入库至 11 月。马铃薯入窖初期，正处在预备休眠状态，呼吸作用旺盛，呼出的二氧化碳、水气及释放热量多，容易造成窖内高温高湿，有利于病菌活动，块茎容易腐烂或薯心发黑。此阶段的管理以降温除湿为主，窖口和通气孔要经常打开，尽量通风散热，防止窖温过高。有条件的地方应安装强制通风设备，进行强制通风，每天要进行强制通风半小时以上。特别是马铃薯入窖后 20～30 d，特别要注意降温除湿，避免马铃薯表面湿润，感染病菌。如果此时窖内温度高达 10 ℃以上，并有烂薯现象，还应立即进行倒堆，以降低薯堆温度，同时剔除烂薯。

（2）*贮藏中期*　12 月至翌年 2 月。北方马铃薯贮藏处于休眠阶段，呼吸较低，外界正是严寒冬季，窖外温度很低，块茎已进入深休眠状态，呼吸微弱，散热量很少，易受冻害。此阶段的管理主要是防寒保温，要关闭窖门和通气孔，如果看到薯堆上层块茎很湿，附着一些小水珠，群众称为"出汗"，容易导致烂薯或提早发芽。为了防止"出汗"，可在薯堆上盖草帘吸湿，同时可以起到保温、防冻的作用。定期入窖观察窖内的温度，保证窖内温度不低于 1 ℃，严防冻害发生。

（3）*贮藏末期*　3～4 月。窖外温度逐渐升高，块茎已度过休眠期，开始萌发。此阶段重点是保持窖内低温，最大限度减少窖外温度对窖内温度的影响，避免薯块快速发芽。白天避免开窖，若窖温过高时即可在夜间打开窖门和通风口进行通风降温。

八、特殊栽培

内蒙古高原常用的高产栽培技术有旱地地膜覆盖栽培技术、膜下滴灌栽培技术和大型机械化喷灌栽培技术。

（一）旱地地膜覆盖栽培技术

1. 选地和整地　选择地势平坦、土层深厚、土质疏松、土壤肥力较高、排水良好的地块种植。不能重茬，不宜与茄科作物与块根作物轮作。最好实行 3 年轮作。在施足有机肥基础上进行秋深耕 20～35 cm，并耙糖后平整土地，早春顶凌耙糖保墒，糖碎坷垃，做到地平土碎，为覆膜作业创造良好条件。

2. 施足基肥　地膜覆盖后生育期间不宜追肥，故应在整地时把有机肥和化肥一次性施入土中。每公顷施入 30～45 t 充分腐熟的有机肥和 300 kg 磷酸二铵。

3. 选用脱毒种薯　带病种薯在覆膜栽培条件下，极易造成种薯腐烂，影响出苗。故要选用优良脱毒种薯，选用良种是获得高产高效的基础。

4. 晒种催芽、种薯切块　种薯在播前 20 d 左右出窖，放在室内严格挑选，除去烂薯，淘汰尖头、裂薯、畸形薯及表面粗糙老化、芽眼突出的不合格薯块。将选好的种薯堆放在温度保持在 13～15 ℃的室内进行催芽晒种，每隔 2～3 d 翻动一次，当催出 0.3～0.4 cm 的短壮芽时即可进行切种。切种时每人要准备 2 把切刀，一把放在高锰酸钾溶液浸泡消毒，当遇到病薯时换刀再切，每个薯块切成 50 g 左右，每块带有 2～3 个芽眼。切好的薯块要用药剂拌种，使切口尽快愈合，防止病菌感染。

5. 覆膜方法　播前 10 d 左右，在整地作业完成后应立即盖膜，防止水分蒸发。覆膜方式有平作覆膜和垄作覆膜。平作覆膜多采用宽窄行种植，宽行距 65～70 cm，窄行距 30～35 cm，地膜覆在两个窄行上。垄作覆膜须先起好垄，垄高 10～15 cm，垄底宽 50～75 cm，垄背呈龟背状，垄上种两行，一膜盖双行。无论采取哪种覆盖方式，都应将膜拉紧铺平铺展紧贴地面，膜边入土 10 cm 左右，用土压实。膜上每隔 1.5～2.0 m 压一条土带，防止大风吹起地膜。覆膜 7～10 d，待地温升高后，便可播种。由于覆膜膜下土温增高，地下害虫会聚集膜下为害种薯，应结合耕翻使用杀虫药剂进行土壤处理。

6. 播种　播期以出苗时不受霜冻为宜。一般比当地露地栽培提前 10 d 左右。在每条膜上播两行。交错打孔点籽，孔深 10～12 cm，然后回填湿土，并将膜裂口用土封严。如果土壤墒情不足，播种时应在播种孔内浇水 0.5 kg 左右。

7. 田间管理　播后要经常到田间检查，发现地膜破损要立即用土压严，防止大风揭膜。出苗前后检查出苗情况，若因幼苗弯曲生长而顶到地膜上，应及时放苗，以免烧苗。生育中期要及时破膜，在宽行间中耕、除草、培土，有灌水条件的可在宽行间开沟灌水。现蕾到开花期，大约在 7 月中旬，正值马铃薯膨大期，应揭膜培土，为薯块膨大创造良好的条件。结合揭膜培土，清除废膜，消除污染。

8. 适时收获　当大部分茎叶由绿变黄，即可选择晴天进行收获。收获时轻拿轻放，尽量减少机械损伤。

（二）膜下滴灌栽培技术

1. 选地、耕翻整地　选择土质疏松、平坦、通透性好的轻质壤土或沙壤土，土壤 pH5.6～7.8。不宜与茄科或块根作物轮作。深耕要在前作收获后及早进行，深耕土壤 35～40 cm，耕翻时亩施优质农家肥 1 500～2 000 kg，拌入 3%辛硫磷和 3%毒死蜱各 0.5 kg，耕后用旋耕机整地、耙糖、精细整地，达到地平土碎，以利保墒。

2. 选用良种　选用适宜当地种植且质量好的高产、抗旱、脱毒马铃薯种薯，每亩 3 500～3 800 株，亩用种量 140～150 kg。

3. 种薯处理 晒种催芽、切种、拌种。

4. 播种

（1）种植方式

① 一带双行。采用一带两行、膜下铺设滴灌带的栽培方式种植。密植品种的行距配置，按大小行种植，膜内两行的行距（地膜内、滴灌带两侧）为 40 cm，相邻两膜之间的行距为 70 cm，株距视不同熟期品种自行调节。

② 一带单行。采用一带单行、膜下铺设滴灌带的栽培方式种植。行距为 90 cm，株距视不同熟期品种自行调节。

（2）播种方法 采用机械播种，铺膜、铺滴灌带、播种一次性作业。要求地膜、滴灌带不破损。

（3）种肥 每亩施马铃薯复合肥 120 kg，磷酸二铵 20 kg。

（4）适时播种 10 cm 地温稳定在 5 ℃ 以上进行播种。河北省北部在 4 月底到 5 月初。

（5）播种深度 播种深度为 10～15 cm。

5. 田间管理

（1）苗前管理 播后经常检查，防止牲畜践踏，大风破膜、揭膜，发现地膜破裂要及时用湿土封压严实，滴灌带如有破损及时修补。出苗前 10 d 左右要用中耕机及时进行覆土，以防烧苗；出苗期要观察放苗。

（2）滴灌浇水追肥 根据降雨情况，在幼苗期、现蕾期、盛花期、膨大期滴灌 3～4 次，第一次浇透水需 4～5 h，以后控制在 3 h 左右。

现蕾期结合灌溉每公顷追施硫酸钾 150 kg、尿素 150 kg。根据块茎膨大期长势，每公顷可追施尿素 75 kg，现蕾期和开花初期喷施多元微肥每公顷 3 kg，开花盛期喷施浓度为 0.3% 的磷酸二氢钾溶液。追肥要先浇 2 h 清水，待土壤湿润后开始追肥，不超过 2 h，施肥结束后再浇 1.5～2 h 清水，可将管道内的有化肥的溶液带入土壤，使施入肥料输送到根系的发达部位，提高化肥的利用率。

（3）中耕除草 结合松土进行中耕锄草，拔除感病植株。

（4）病害防治 主要预防早疫病和晚疫病。现蕾期开始持续到收获前期，在植株封垄之前 1 周左右或初花期喷第一次药。原则上间隔时间 7～10 d，发现晚疫病中心病株，气温低于 25 ℃、相对湿度高于 90%，应及时缩短间隔至 3～4 d，防治保护性药剂有代森锰锌、丙森锌、百菌清、腈嘧菌酯等，内吸性药剂有精甲霜·锰锌、霜脲氰、霜脲锰锌、噁酮·霜脲氰、氟吡菌胺·霜霉威等。几种药剂轮换使用，防止产生抗药性。

6. 设施回收 收获前 10 d，把管道等设施拆卸、放水并妥善保存、处理。

7. 杀秧、收获 当大田 70% 的植株茎叶枯黄后，选择晴天及时收获。收获前 10 d 左右，提前用药剂或机械杀秧。收获时轻拿轻放，尽量减少破皮、受伤，保证薯块外观光滑，提高商品性。收获后薯块在黑暗下贮藏以免变绿，影响食用和商品性。收获结束后及时耙除地膜，减少土地污染。

（三）大型机械化喷灌栽培技术

1. 选地和旋耕整地 土地最好为前一年的夏翻休闲地，其次为秋翻地，最次为春翻地。马铃薯的大部分根系分布在30 cm的土层中，因此冬前应深耕30～35 cm，冬耕晒垡，疏松土壤。但生产中多以播种前20 d用圆盘耙进行耙耱整地或用旋耕机等机具，浅耕耙耱，深度一般为10～15 cm为宜，使肥料和土壤更好的混合。耕透、耙细、整平，整地后土垡最大直径≤50 mm，清除杂草、石块，达到土层虚实并存、地平土细的状态，确保播种质量。为确保出苗整齐，必须有足够的墒情，墒情不好必须先造墒后播种。

2. 施肥 根据马铃薯的施肥规律，按每产1 t马铃薯需纯N 5 kg、纯P 2 kg、纯K 10 kg进行配方施肥，一般要求亩施农家肥3～4 t或腐熟鸡粪2～3 t，每亩施用高钾高磷复合肥100 kg或三元复合肥100 kg加25 kg硫酸钾。

3. 正确选用品种 选用良种是获得高产高效的基础。选用适宜当地种植且质量好的高产、抗旱、脱毒马铃薯种薯。

4. 播种 微型薯亩株数一般为4 500～5 000株，原种为3 500～4 000株。播种深度掌握在8～10 cm，深浅浮动2～3 cm。随播种机亩施入种肥45～50 kg（注意N - P - K比例），通常每亩沟施腈嘧菌酯40 mL（防止丝核菌溃疡病流行），每亩沟施毒死蜱100～120 mL（防止地下害虫伤害薯块）。

5. 除草剂的使用 中耕前浇一遍水，中耕后马上喷450 g/L二甲戊灵微囊悬浮剂，亩施190 mL，但要特别注意喷后3 d内不要有大雨。

6. 中耕培土 喷灌圈马铃薯全生育期进行两次或一次中耕均可。第一次中耕一般掌握在全田出苗20%～40%时进行，覆土厚度2～4 cm。结合第一次中耕培土每亩追施尿素5～8 kg。第二次中耕在马铃薯植株高度达到15～20 cm时进行。此时中耕要除掉大部分杂草，覆土到马铃薯茎基部，切勿埋苗。中耕培土要做到均匀一致，如有边角地未培上土的需人工完成。

7. 防治病虫害

（1）**防虫** 苗齐后6月初一般会出现第一个有翅蚜虫迁飞高峰期，这时就要开始定期喷药防治蚜虫，每隔7～10 d喷洒一次，每次以不同种类的农药交替喷洒最好。目前用啶虫脒、吡虫啉等效果较好。

（2）**防病** 生长后期注意预防晚疫病。晚疫病防治要以预防为主，做到及时防治和多次防治。最好在当地晚疫病监测预警系统指导下，及时有效地防治。一般来说，如果7月中下旬出现连续阴雨，就要用代森锰锌等保护剂预防，一旦田间出现晚疫病斑或中心病株时，立即用甲霜灵·锰锌、烯酰吗啉、甲霜·锰锌、氟吡菌胺·霜霉威等交替喷雾防治，每7～10 d喷一次，连喷3～4次。

8. 水肥管理 苗期植株较小，应根据土壤墒情适时浇水，保持土壤田间最大持水量的50%～70%，出苗率达到20%～40%和苗高15～20 cm时结合追肥进行中耕；块茎形成至块茎增长期应保持田间最大持水量的75%～85%；马铃薯生育后期，需水量逐渐减少，到收获前15 d左右停止浇水。

9. 去杂 在盛花期对马铃薯田块进行去杂处理，剔除杂株，含病毒、病害的单株，要把植株、母薯、新生薯全部拿掉；遇有土传病害（枯萎病、环腐病等）的植株时有条件的情况下还应采取一些就地消毒的措施，比如穴施些生石灰。

10. 机械化剎秧 马铃薯成熟后，在收获前15 d进行杀秧，将茎叶打碎还田，让薯皮足够栓化，避免后期蚜虫传播病毒到薯块上的可能性，同时便于机械收获，避免过多的机械伤出现和减少库损。

11. 收获 收获前用喷灌机按 80％的速度浇水一遍，使土壤水量达到 50％左右。

12. 收获后晾晒 收获后块茎要进行晾晒、"发汗"，严格剔除病烂薯和伤薯。

九、机械化生产

中国是世界上马铃薯种植面积最大的国家，年平均种植面积 8 500 万亩。中国是马铃薯生产大国却不是强国，单产水平世界排名 95 位，国际竞争力差。生产机械化水平低是制约中国马铃薯产业发展的一个重要因素。在农村劳动力结构发生转变以及劳动力成本日益增加的背景下，提高马铃薯机种和机收的水平对于马铃薯生产发展具有重大意义。国外马铃薯种植从播种到收获实行了全程机械化操作模式。中国马铃薯种植以小农户经营为主，栽培模式多、杂；地块小、不规则、耕地分散；坡度大，农机作业转弯、转移等耗工多，机械基本无法作业。同时，国内机具型式上小型的多、大中型少；低端产品多，高新技术产品少，生产马铃薯机械的专业企业数量更少。"十二五"期间，中国马铃薯机械取得了长足的发展，播种、中耕、植保、收获等作业中，大中型机具的使用率正在逐年提高。内蒙古高原地势相对比较平坦，地块面积也较大，适合大型机械化播种。该地区的马铃薯种植从播种、施肥、铺膜、田间管理、收获等整个过程全部实现了机械化生产和收获。马铃薯播种机具从大、中型自动化到小型半自动化，基本上覆盖了内蒙古高原的北方一季作区的 80％以上。从发展趋势上看，北方一季作区大型、智能化、高速化播种机的使用量将会逐年上升，传统的纯机械结构的播种机在中小规模种植户当中仍将有一定的市场。马铃薯收获机具种类多样，有进口的大型联合收获机和国内自主研发的中小型挖掘机、少量的大型挖掘机以及自动化程度不高、机型不大的联合收获机等。目前，内蒙古高原的北方一季作区的机械化收获率已达 60％以上，但大型联合作业机具较少，仅有个别资金雄厚的大规模马铃薯种植户使用。随着马铃薯种植规模的发展，预计在"十三五"期间，大型联合收获机的用户会逐步增加；同时，性价比合适的国产大型联合收获机也将会出现在该作业区域。从今后的发展来看，马铃薯机械用户与马铃薯机械生产、研发单位，应该本着"各自调整，相辅相成，融为一体，共同为农业生产的综合效益服务"的原则，一方面积极整合不同地区的不同栽培模式，大力推广高产、优质、高效的适合机械化作业的栽培模式，促进机械化发展；另一方面，以产、学、研、技术联合为主体，致力于自动控制技术、智能农业技术及物联网技术在农业机械上的应用研究，为大型联合马铃薯机械装备的研制打下坚实的基础。

本章参考文献

程天庆，2013. 马铃薯栽培技术 [M]. 北京：金盾出版社.

崔杏春，2010. 马铃薯良种繁育与高效栽培技术 [M]. 北京：化学工业出版社.

邓春凌，2010. 商品马铃薯的贮藏技术 [J]. 中国马铃薯，24 (2)：86 - 87.

郭小军，王晓燕，白光哲，等，2011. 内蒙古地区马铃薯种植业发展现状及前景 [J]. 中国马铃薯，23

（2）：122-125.

郝智勇，2014. 马铃薯贮藏的影响因素及方法 [J]. 黑龙江农业科学（10）：112-114.

胡琦，潘学标，杨宁，2008. 北方农牧交错带马铃薯沟垄集雨技术适宜性研究 [J]. 干旱区地理，38（3）：585-591.

胡琦，潘学标，邵长秀，等，2013. 内蒙古降水量分布及其对马铃薯灌溉需水量的影响 [J]. 中国农业气象，34（4）：419-424.

黄飞，2015. 喷灌马铃薯高产栽培技术 [J]. 现代农业（2）：46-47.

贾景丽，周芳，赵娜，等，2009. 硼对马铃薯生长发育及产量品质的影响 [J]. 湖北农业科学，48（5）：1081-1083.

蒋先明，1984. 马铃薯改良的科学基础 [M]. 北京：农业出版社.

金光辉，高幼华，刘喜才，等，2015. 种植密度对马铃薯农艺性状及产量的影响 [J]. 东北农业大学学报，46（7）：16-21.

李倩，刘景辉，张磊，等，2013. 适当保水剂施用和覆盖促进旱作马铃薯生长发育和产量提高 [J]. 农业工程学报，29（7）：83-90.

刘殿红，黄占斌，蔡连捷，等，2008. 保水剂用法和用量对马铃薯产量和效益的影响 [J]. 西北农业学报，17（1）：266-270.

马宗仁，杨铁丁，马宁，2013. ZB强力土壤保水剂在马铃薯上的施用效应研究 [J]. 宁夏农林科技，54（11）：21-24.

秦军红，陈有军，周长艳，等，2013. 膜下滴灌灌溉频率对马铃薯生长、产量及水分利用率的影响 [J]. 中国生态农业学报，21（7）：824-830.

沈姣姣，王靖，潘学标，等，2012. 播期对农牧交错带马铃薯生长发育和产量形成及水分利用效率的影响 [J]. 干旱地区农业研究，30（2）：137-144.

宋树慧，何梦麟，任少勇，等，2014. 不同前茬对马铃薯产量、品质和病害发生的影响 [J]. 作物杂志（2）：123-126.

田英，黄志刚，于秀芹，2011. 马铃薯需水规律试验研究 [J]. 现代农业科技（8）：91-92.

王红梅，刘世明，2012. 马铃薯双垄全膜覆盖沟播技术及密度试验 [J]. 内蒙古农业科技（3）：34-35.

王琦，张恩和，李凤民，等，2005. 半干旱地区沟垄微型集雨种植马铃薯最优沟垄比的确定 [J]. 农业工程学报，25（1）：38-41.

杨胜先，张绍荣，龙国，2015. 施肥水平和栽培密度对马铃薯主要农艺性状的影响 [J]. 黑龙江农业科学（7）：43-47.

赵沛义，妥德宝，段玉，等，2005. 内蒙古后山旱农区马铃薯适宜播种密度和播期研究 [J]. 华北农学报，20：10-14.

赵永秀，蒙美莲，郝文胜，等，2010. 马铃薯镁吸收规律的初步研究 [J]. 华北农学报，25（1）：190-193.

第七章

黄土高原马铃薯栽培

第一节　自然环境概述

黄土高原是世界上最大的黄土型高原，是中国第三大高原，也是中国马铃薯的主要产区之一。位于中国中部偏北，北纬 $34°\sim41°$，东经 $100°\sim114°$，海拔 $800\sim3\,000$ m。东西千余千米，南北 750 km。包括太行山以西，青海省日月山以东，秦岭以北，长城以南广大地区，跨山西省、陕西省北部、甘肃省（除陇南市、平凉市大部分地区，庆阳市的宁县和正宁县）、青海省、宁夏回族自治区及河南省等，面积约 62 万 km^2。

一、环境特征

（一）地势地形及分布

1. 地势地形　黄土高原东临华北平原，北接内蒙古高原，西与青藏高原相毗邻，处于中国第二级地形阶梯上。地势西北高，东南低，自西北向东南呈波状降低。地貌类型齐全，自南向北依次为：秦岭山地及其北麓洪积冲积扇群、渭河平原、黄土塬（含残塬）、石质中山低山、黄土梁峁丘陵沟壑、沙漠和沙漠化土地。以六盘山和吕梁山为界，黄土高原可分为东、中、西三部分。六盘山以西的黄土高原西部称为陇西高原，海拔 $2\,000\sim3\,000$ m，是黄土高原地势最高的地区，呈波状起伏的山岭和谷地地形；六盘山与吕梁山之间的黄土高原中部称陕甘高原，海拔 $1\,000\sim2\,000$ m，黄土分布连续，厚度大，地层完整，地貌多样，是黄土高原主体；吕梁山以东的黄土高原东部称为山西高原，地势 $500\sim1\,000$ m，有众多断块山地和断陷盆地构成。黄土高原分布着山地、丘陵、盆地、河谷平原等复杂多样的地貌类型。按地貌形态不同，可分为黄土沟间地、黄土沟谷地和黄土微地貌。

（1）黄土沟间地　黄土沟间地又称黄土谷间地，包括黄土塬、梁、峁、坪地等。黄土塬、梁、峁是黄土地貌的主要类型，它们是当地群众对桌状黄土高地、梁状和圆丘状黄土丘陵的俗称。

（2）黄土沟谷地　黄土沟谷地有细沟、浅沟、切沟、悬沟、冲沟、坳沟（干沟）和河沟等 7 类。

（3）黄土微地貌　包括黄土潜蚀地貌和黄土重力地貌。

2. 农田分布　黄土高原农田广泛分布于山地、丘陵、盆地、河谷平原、塬区和台区等之间。平耕地（坡度在 3°以下的的耕地，包括川地、台地、梯田等）一般不到 1/10，绝大部分耕地分布在 10°～35°的坡耕地（坡度在 3°以上的耕地）上。蔡艳蓉等（2015）报道，黄土高原地区耕地面积 14.58 万 km²，园地面积 1.22 万 km²，林地面积 16.67 万 km²，牧草地面积 16.50 万 km²。5°以上的陡坡耕地达 68.8%以上，中低产田面积占 87.5%；人均耕地面积已由新中国成立初期的 0.457 km² 下降到 2008 年的 0.135 km²，低于世界发达国家水平。又据中国科学院地理科学与资源研究所 1990 年的耕地坡度分级数据，黄土高原耕地面积为 12.95 万 km²，其中坡耕地（>3°）为 6.18 万 km²，占耕地总面积的 47.7%。在坡耕地中，>7°的为 5.02 万 km²，占坡耕地总面积的 81.2%；>15°的为 2.79 万 km²，占 44.8%；>25°的为 0.74 万 km²，占 11.9%。在黄土高原主体部分陕、晋、甘地区坡耕地中，>7°的占 80.7%；>15°的占 45.9%；>25°占 12.6%。杨勤科等（1992 年）对黄土高原地区土地资源类型、特征及利用做了详细说明（表 7-1）。

表 7-1　黄土高原地区土地资源类型及其特征

（杨勤科等，1992）

土地资源类型	分布地区	年降水量（mm）	≥10℃（℃）	地　貌	土壤与侵蚀状况	土地利用状况
台塬类型区	北山以南，渭河三级阶地以上	>600	3 500～4 500	黄土覆盖的阶地	娄土、黄绵土，以沟蚀为主<200 t/(km²·年)	以旱耕地为主，有较多的果园
黄土塬类型	陇东、陕北、晋西	500～600	2 600～4 000	塬及其周边丘陵、沟谷	黑垆土，以沟蚀为主有面蚀>5 000 t/(km²·年)	塬地旱作，川道部分水浇地，较多果园
梁状丘陵类型区	陇东、宁南、陕北西部和晋西北	450～550	≥3 000	黄土梁、沟谷	黄绵土，沟蚀、面蚀有 15 000 t/(km²·年)	旱耕为主，有一定面积草地
梁峁丘陵类型区	无定河流域，三川河流域	400～500	300～3 500	以峁为主切割破碎	黄绵土，面蚀、沟蚀皆有 1 500～20 000 t/(km²·年)	旱耕地为主
宽谷长梁丘陵类型区	陇中、宁南河源区	300～500	2 000～3 000	缓而长的梁和宽浅河沟谷	黄绵土、黑垆土，以沟蚀为主>10 000 t/(km²·年)	坡上旱耕地为主，沟道常有水浇地
片沙丘陵类型区	神、府、横、榆毛乌素沙地边缘	270～450	220～3 400	盖沙黄土丘陵、片沙、窄而深的沟	黄绵土、轻黑垆土，水蚀与风蚀共有 10 000 t/(km²·年)	坡地旱耕地、草地、沙地造林、沟道多水浇地

（续）

土地资源类型	分布地区	年降水量（mm）	≥10 ℃（℃）	地 貌	土壤与侵蚀状况	土地利用状况
风蚀沙化丘陵类型区	毛乌素沙地、宁中南土石波状丘陵	250~400	2 500~3 000	沙丘、波状土石风蚀沙化丘陵	风蚀沙土、灰钙土；水蚀较弱＜500 t/（km²·年），风蚀强烈	草农兼营，农地水旱皆有，沙漠中以水浇地为主
土石丘陵山地类型区	子午岭、六盘山、吕梁山	＞500	＜2 000	低山、丘陵	黄土或残积物，侵蚀轻但在坡耕地则极强	以林草为主，林缘林间有黄土耕地

（二）气候

1. 总体气候变化 黄土高原地区位于中国北部，欧亚大陆南部，地理上为过渡性地区。兼具中温带和暖温带气候特征，由北向南逐渐过渡，大部地区处于干旱、半干旱区。黄土高原气候的形成既有经、纬度作用，又受地形干预，为典型大陆季风气候。春季多风沙，夏季高温炎热，秋季多暴雨，冬季寒冷干燥、降水稀少。黄土高原年平均温度为 3.6~14.3 ℃，1 月最低气温为 -36~12 ℃，7 月最高温度可达 28~36 ℃，气温年较差一般在 28 ℃左右，且温度分布空间差异较大，东部地区平均气温高于西部地区，但总体仍为冬季严寒、夏季暖热。

黄土高原年降水量为 150~750 mm，降水量最大的地区为黄土高原东北部的山西南部地区以及河南北部的黄土丘陵区，年降水达 600~750 mm；而西部的青海境内和西北部内蒙古黄河沿岸地带、鄂尔多斯高原西部库布齐沙漠和毛乌素沙漠的年降水量仅为 150~250 mm。黄土高原被沿榆林至固原北部一带的降水 400 mm 等直线划分为降水差异较大的两部分，降水量自西北向东南逐渐增加。黄土高原降水峰值出现在夏秋季（7~9 月），此时的降水量占全年总降水量的 60%~80%，春、秋降水量次之，冬季降水量稀少，一般只占到全年总量的 5% 左右。从整体来评估黄土高原的地表蒸散量是高于实际降水量的，年总蒸发量在 1 400~2 000 mm，蒸发量和降水量一样存在明显的空间差异，西北部地区高于东南部地区。

黄土高原地区降水稀少，蒸散量大，且受季风影响大部分地区冬春季大风肆掠，强劲的风力使沙性土壤发生明显的吹蚀。除此之外，日益剧烈的人类活动使得本就残破的植被覆盖状况和自然景观遭到更严重的破坏。植被破坏、水土流失、土壤盐碱化、城市热岛效应等间接影响气候的变化，使得黄土高原成为中国乃至世界生态环境极为脆弱的地区之一。

2. 温度特征 黄土高原地区年均温在秦岭以北的地区中，以东南部分最高，在 15 ℃上下，向西由于高度增加而下降，如关中同一纬度的天水谷地（海拔 1 170 m）为 1.6 ℃，岷县附近（海拔 2 246 m）为 7.8 ℃；向北由于纬度和高度的同时增加，因而年均温急剧下降，如榆林（海拔 1 120 m）为 9.3 ℃，和本地区边缘相邻的大同市（海拔 1 048.8 m）则为 7.2 ℃，西北边沿由于海拔较低，年均温度比高原的中部为高，如庆阳、平凉、固原等处都在 10 ℃以下，而靖远、中卫、吴忠等处反而在 10 ℃以上。秦岭以南山地的年均温一般也常在 15 ℃左右。

就本地区现有的观测数据分析，年均温以关中安远镇（海拔 365 m）最高，为 16 ℃，华家岭（海拔 2 407.4 m）最低，为 4.3 ℃。均温的高低，不但在很大程度上显示着植物生长季节的长短，也影响了作物的分布，同时也和本区内土壤黏化过程的强弱有着密切的联系，它对土壤分布规律来说，将和降水因素一样同样起着强有力的制约作用。

全区气温日较差一般比较显著，但南部较小，其年平均值为 10～12 ℃，和黄淮平原相似，西北部则可达 16 ℃，较相同纬度的华北平原高。在一年内，春末日较差最大，如延安在 1951 年 5 月间有一天竟达 29.4 ℃。显著日较差，有利于岩石的物理风化，尤其在山区，裸露基岩比较松脆易碎，黄土地区土壤质地均匀，含黏粒较少，面粉沙粒极多等，可能与此有一定联系。

在全球变暖的背景下，黄土高原气候发生了很大的变化。主要体现为气温上升，降水量减少，气候向暖干方向发展。黄土高原的气候既受经、纬度的影响，又受地形的制约，冬季寒冷干燥，夏季炎热湿润，雨热同期。1982—2006 年黄土高原年气候变暖趋势明显，年均温由 8.5 ℃上升至 9.9 ℃，升温明显，平均增温速度较小的地区为黄土高原西北部边缘的青海境内和甘肃西南部等地区；年均增温速度最快的是黄土高原中部陕、甘、宁、晋接壤地区等。气候的暖干化致使地区旱情加重，加剧了黄土高原土壤干层的进一步发展，对黄土高原植树造林产生了较大影响。

目前黄土高原气候环境，对全球气候变化响应的敏感区主要集中在高原中部附近，水热组合变化导致明显的暖干化趋势，秋季暖干旱化趋势突出，等雨量带总体南移，干旱趋于加重；夏季高原西部湿润化、东部干旱化。区域性暴雨事件趋于减少，过程雨量加大，高原中部暴雨非线性机制复杂于周边；土壤水分生长期波动式下降，蓄水期土壤水分波动式上升，总体以下降为主。气候生产力呈递减趋势，变化幅度南部明显大于北部；粮食产量对气候变暖响应不显著，植被生长季延长和生长加速。

在全球气候变暖的大环境下，黄土高原气候暖干化趋势明显，气候暖干化导致一系列环境演变，蒸发加大，湖泊萎缩，河流量减少，内陆河退化，荒漠化加剧，风沙加大，水土流失加剧，水质恶化，生物多样性受损，山坡灾害范围扩大、发生频繁，生态功能降低，虽然个别地区降水量有增加的趋势，但增加量微不足道，不能改变半干旱、干旱区的生态环境面貌。黄河断流其根本原因固然是人为净耗地表水造成的，但断流规律与黄土高原降水量减少和气温增高变化基本吻合，说明气候暖干化使黄河中上游地表径流量明显减少，加剧了黄河断流。

气候暖干化趋势是中国北方及黄土高原沙漠化面积不断增大的一个背景因素。已有的研究表明，黄土高原地区暖干化、土壤干旱加重、气候生产力下降，气候转湿的迹象也不太明显。在西北气候研究中对黄土高原地区未引起足够重视，对黄土高原研究气候要素也比较单一。

3. 光照特征　太阳辐射是地球上一切生物的能量源泉。黄土高原太阳辐射强，空气干燥，云量稀少，日照时间长。光能资源丰富，光合生产潜力大，能提供较多的太阳辐射能源，是中国辐射能源丰富的地区之一。全年日照时数为 2 200～3 200 h，北部在 2 800 h

以上，较同纬度的华北地区多200~300 h。陕北黄土高原日照充足，是中国日照时数较多的地区之一，光能资源丰富，年日照时数在2 300~3 000 h，几乎是陕南大巴山区日照时数的2倍，如延安市年日照时数2 574 h。年总辐射量由东南部的5 000 MJ/m² 到西北部的6 300 MJ/m²，光合有效辐射为2 250~2 750 MJ/m²；陕北年总辐射和各月总辐射都是全省最多的地方，夏半年（4~9月）各月总辐射都在4.5×10⁸ J/m² 以上，为太阳能利用和植物生长提供了充足的能源。如延安市年总辐射4 892.4 MJ/m²。日照百分率由50%增加到70%。以绥德为例，为2 620 h，较上海约多500 h，较广州约多600 h。年日照时数的分布，具有南少北多、西少东多的特点。南部一般在2 500 h以下，如黄龙仅2 393 h；北部在2 500~2 800 h，如绥德为2 620 h。西部子午岭一带因受云量较多的影响，日照时数偏少，如志丹与延川两地纬度位置相近，但前者比后者的日照时数少242 h。

一年中，春夏两季各月的日照时数明显较多，特别是4~8月各月一般都在200 h以上，北部各县6月可达280 h以上。春夏两季的日照时间长，有利于长日照作物生长和发育。

日照时数只是反映当地日照时间绝对值的多少，并不说明因当地天气原因而减少日照的程度。日照时数除了受云、雨、沙尘等天气条件影响而外，还受到天文条件影响。一地冬夏白昼时间长短有异，不同地点纬度位置不同白昼长短也不同。因此，只有实际日照时数与天文日照时数之比的日照百分率指标，才能清楚反映天气条件对日照时数的影响。如榆林的年平均日照百分率为66%，即意味着天气条件使其减少了34%的日照时间。

陕西黄土高原的平均年日照百分率在50%~66%，延安市在51%~64%。其分布，一般表现出南低北高的特点，但子午岭一带因受地势较高影响，云量多，使日照百分率偏低。黄龙、宜君、志丹、吴起、安塞等地，日照百分率<55%；宜川、洛川、富县、甘泉、延安、延长、延川、子长、绥德等地均在55%~60%，子洲、吴堡、米脂、佳县及其以北均在60%~66%。一年中以冬季各月日照百分率最高，通常达60%~70%；而夏季各月日照百分率最低，通常为50%~65%。如榆林、延安、洛川三地，1月分别为71%、65%、67%；7月分别为63%、61%、56%。高蓓等（2012）对陕西日照时数的研究指出，近50年来，陕西黄土高原年日照时数的变化主要呈减少趋势，减少区域主要位于长城沿线风沙区、丘陵沟壑区的中部、高原残塬区的大部和渭北旱塬区的大部；增加区域主要位于丘陵残塬区的西部与东北部、高原残塬区西南部和渭北旱塬区局部。从四季变化趋势来看，除春季日照时数呈增加趋势外，其他季节均呈现出不同程度的减少趋势。其中，以夏季减幅最显著，平均每10年减少24.34 h。陕西黄土高原年、季日照时数气候趋势系数呈上升趋势的区域，主要分布在米脂、子洲、绥德、延安、延长和安塞，其余区域为下降趋势。近50年来，陕西黄土高原年日照时数在1972年和2003年发生突变，并存在5~7年的振荡周期。近年来，大气污染严重，浑浊程度加大，从而增强了大气对太阳光的反射及吸收作用，使太阳辐射减小，由此造成年日照时数减少。

4. 降水特征 全年总雨量少，年降水量200~750 mm，多年平均降水量为466 mm，且年际、年内、地域分布不均。

黄土高原地区降水年际变化大，年降水总量，南北相差约在500 mm以上，且绝大部分以降雨的形式下降，降雪较少，且比较集中而多暴雨，因而水土流失都为暴雨所引起，雪融水的侵蚀作用仅在东南近山两侧地带出现。南部降水较多，在 500～700 mm，年雨线长做东西走向，北部和西部降水较少，常在 350 mm 以下，西北滨河一带不足 200 mm，年雨线长做东北—西南走向。区内降水量的变化，除局部地区和山地外，常和气温的分布相一致，这样就缓冲了降水不同的差异，且降水季节一般都在夏季，丰水年的降水量为枯水年的 3～4 倍；黄土高原降水的季节性十分明显，汛期（6～9 月）降水量占年降水量的 70% 左右，且以暴雨形式为主。每年夏秋季节易发生大面积暴雨，24 h 暴雨笼罩面积可达 5 万～7 万 km²，河口镇至龙门、泾洛渭汾河、伊洛沁河为三大暴雨中心。形成的暴雨有两大类：一类是西风带内，受局部地形条件的影响，形成强对流而导致的暴雨，范围小、历时短、强度大，如 1981 年 6 月 20 日陕西省渭南地区的暴雨强度达每小时 267 mm。另一类是受太平洋副高压的扰动而形成的暴雨，面积大、历时较长、强度更大。如 1977 年 7～8 月，晋、陕、蒙接壤地区出现了历史罕见的大暴雨，笼罩面积达 2.5 万 km²。日降雨量大的如安塞（7 月 5 日，225 mm）、子洲（7 月 27 日，210 mm）、平遥（8 月 5 日，365 mm），内蒙古乌审旗暴雨中心（8 月 1 日）10 h 雨量高达 1 400 mm。

5. 黄土高原气候分区　黄土高原地区属（暖）温带（大陆性）季风气候，冬春季受极地干冷气团影响，寒冷、干燥、多风沙；夏秋季受西太平洋副热带高压和印度洋低压影响，炎热、多暴雨。多年平均降水量为 466 mm，总的趋势是从东南向西北递减，东南部 600～700 mm，中部 300～400 mm，西北部 100～200 mm。以 200 mm 和 400 mm 等年降水量线为界，西北部为干旱区，中部为半干旱区，东南部为半湿润区。

（1）中部半干旱区　包括黄土高原大部分地区，主要位于晋中、陕北、陇东和陇西南部等地区。年均温 4～12 ℃，年降水量 400～600 mm，干燥指数 1.5～2.0，夏季风渐弱，蒸发量远大于降水量。该区的范围与草原带大体一致。

（2）东南部半湿润区　主要位于河南西部、陕西省关中、甘肃省东南部、山西省南部。年均气温 8～14 ℃，年降水量 600～800 mm，干燥指数 1.0～1.5，夏季温暖，盛行东南风，雨热同季。该区的范围与落叶阔叶林带大体一致。

（3）西北部干旱区　主要位于长城沿线以北，陕西省定边至宁夏同心、海原以西。年均温 2～8 ℃，年降水量 100～300 mm，干燥指数 2.0～6.0。气温年较差、月较差、日较差均增大，大陆性气候特征显著。风沙活动频繁，风蚀沙化作用剧烈。该区的范围与荒漠草原带大体一致。

（三）土壤

土壤是在多种成土因素，如地形、气候、植被、母质和人类活动等共同作用下形成的。中国典型黄土高原系指黄河中游厚层黄土连续覆盖地面的地区，面积约 28 万 km²。黄土高原地处中国第二级地形阶梯上，是中国四大高原之一，也是世界上黄土沉积最厚、集中分布面积最大和黄土地貌最为典型的独特地理单元。地域辽阔，自然条件复杂，气候多异，植被类型复杂，土壤母质多变，加上农耕历史悠久，形成了丰富的土壤资源。该地区黄土平均厚度 50～100 m，洛川塬超过 150 m，董志塬最大厚度超过 250 m。黄土高原地区的黄土主要为风成黄土，粉粒占黄土总重量的 50%，结构疏松、富含碳酸盐、孔隙度大、透水性强、遇水易崩解、抗冲抗蚀性弱。主要土壤类型有褐土、黑垆土、栗钙土、棕钙土、灰钙土、灰漠土、黄绵土、风沙土等。

1. 黄土高原土壤类型及结构　黄土高原气候、植被等因素的分带性，决定了土壤的分布和性质。森林地带主要土壤为褐土，包括山地褐土、山地棕壤。南部平原在多年耕作影响下形成了特殊的塿土，土壤有机质含量高，水肥条件好，生产力较高，土壤一般呈现褐色，中下部出现明显的黏化层。山地有粗骨土及少量淋溶褐土分布，森林草原地带主要为黑垆土带，如黑垆土、暗黑垆土及在黄土母质上发育的黄土类土壤，如黄绵土、黄善土、白善土等。典型的黑垆土（如林草黑垆土）腐殖质层厚，有机质含量在 $1\%\sim3\%$，颜色暗棕褐，呈碱性反应，黄土类土壤属侵蚀土类，质地为壤土，肥力低，有机质含量多在 $0.6\%\sim0.8\%$，耕性好，经改良生产潜力大。

草原地带发育了灰钙土，其北部边缘有栗钙土、棕钙土，质地由壤土向轻壤土过渡，腐殖质含量较高，碱性反应强烈，有钙积层，有利于牧草生长。

青藏高原的东北西宁周围及山地主要分布栗钙土、浅栗钙土和高山草甸土，腐殖质层厚、含量高，为 $4\%\sim6\%$，质地为轻壤土到壤土，有明显的钙积层，适宜牧草生长。

（1）陕西省延安市、榆林市主要土壤类型　根据 1979—1988 年土壤普查资料及《延安土壤》《陕西省志·黄土高原志》记载，分布在陕北地区（延安、榆林）的土壤类型，有黄绵土、黑垆土、栗钙土、灰钙土、褐土、紫色土、红土、风沙土、新积土、水稻土、潮土、沼泽土、盐土、石质土等，共 14 个土类，33 个亚类，75 个土属。其中榆林市有 12 个土类，23 个亚类，38 个土属，115 个土种。风沙土分布面积最大，占土壤总面积的 2/3 以上，黄绵土次之，其他 10 个土类分布面积均小，宜农土壤主要为水稻土、泥炭土、草甸土、黑垆土和部分潮土、风沙土、黄绵土等；延安市有 11 个土类，25 个亚类，46 个土属，204 个土种，主要有黄绵土（78.7%）、褐土（11.1%）、红土（5.7%）、黑垆土（2.5%）、新积土（1.3%）、紫色土（0.36%）、风沙土（0.07%）、水稻土（0.07%）、潮土、沼泽土等。

（2）山西省主要土壤类型　山西处中国大陆东部中纬度地区，南北狭长，气候类型属温带大陆性季风气候。因偏居内陆，气候大陆性强（大陆度在 60% 以上）。山西境内地形复杂，地貌多样，山脉起伏，高低悬殊，水平气候与垂直气候交织在一起，各地气候差异甚大，地势高、气温低、气候干燥寒冷。土壤是在气候、植被、地貌、成土母质、时间因素、人为活动等诸多因子共同作用下形成的。由于本省纬度、海陆位置和成土环境条件，使得本省气候错综复杂，植被变异和更替明显，因而导致了土壤类型的多样化和复杂化。其中土壤主要有棕壤、棕壤性土、淋溶褐土、褐土、石灰性褐土、潮褐土、褐土性土、栗钙土、草甸栗钙土、栗褐土、淡栗褐土、潮栗褐土、初育土、亚高山草甸土、山地草甸土、山地草原草甸土、潮土、脱潮土、湿潮土、盐化潮土、碱化潮土、沼泽土、盐土和水稻土 25 种。

2. 黄土高原土壤肥力　黄土高原地区大部分为黄土覆盖，黄土连续覆盖面积约 28 万 km^2，是世界上黄土分布最集中、覆盖厚度最大和黄土地貌最为典型的区域。黄土高原黄土颗粒细，土质松软，孔隙度大，透水性强，含有丰富的各种矿物质养分，利于耕作。因此，从物理和化学性质来说，黄土是性能优良的土壤，但是易遭冲刷，抗蚀、抗旱能力均较低，土壤肥力不高，制约了农业生产。黄土是经过风吹移而堆积的，颗粒多集中在不粗不细的粉沙粒，含量超过 60%，沙粒和黏粒的含量都很少，同时，土壤经过长期耕垦和流失，有机质含量低，土壤中颗粒的胶结，主要是靠碳酸钙，有机质和黏粒的胶结作用很小，碳酸钙是慢慢可被溶解的，同时水又容易渗进碳酸钙和土粒的接触界面，所以，土壤很易在水中碎裂和崩解，导致严重冲刷。根据黄土高原地区有关土壤有机质、全 N 和有效 P 含量分级组合研究成果表明，极低养分地区面积占 21.1%，低养分地区面积占 19.4%，中等养分地区面积占 26.7%。

3. 黄土高原土地资源特征

（1）丘陵、山地面积大，平地面积小　黄土高原地区 2008 年耕地面积为 14.58 万 km²，占土地总面积的 22.48%，且耕地质量较差，零碎地多，成片地少；坡耕地多，平地少，旱地中超过 25°陡坡地达 60% 以上；沟壑密度大，地面破碎，丘陵区破裂度达 50%，土层厚度小于 30 cm 的达 38%；瘦瘠地多，肥沃地少。山区面积占总面积的 60%，高塬沟壑区占总面积的 30.8%，黄土丘陵区占总面积的 21.6%，土石山区占总面积的 16.5%，沙地和沙漠区占总面积的 12.2%，河谷平原面积占总面积的 9.8%，农灌区仅占总面积的 9.1%。

（2）土地结构复杂，垂直差异明显　黄土高原地区总的地势是西北高、东南低。六盘山以西地区海拔 2 000～3 000 m；六盘山以东、吕梁山以西的陇东、陕北、晋西地区海拔 1 000～2 000 m；吕梁山以东的晋中地区海拔 500～1 000 m，由一系列的山岭和盆地构成。黄土堆积最厚、分布连片，海拔 1 000～2 000 m，黄土塬、梁、峁、沟壑发育典型；地处黄河中游，是黄河流域水土流失最为严重的地区，其中严重水土流失的面积占 80% 左右，侵蚀模数高达 2.0 万～2.6 万 t/km²。水土流失使良田受破坏，宜农耕作层被冲走，使绝大部分耕地变成了"跑水"、"跑肥"的低产田，严重影响农业生产的发展。黄土高原地区自然地理条件复杂、空间组合变化明显，水土流失地区差异显著，不同区域农业与农村经济发展的差异性大。

（3）土壤肥力降低，产量低而不稳　严重的生态退化造成土壤肥力下降，耕地面积减少、人地矛盾突出，干旱、洪涝等灾害频繁发生，粮食产量低而不稳，农业生产和农村经济发展受到制约，群众生活贫困。黄土高原地区水土流失严重，人口增长对土地的压力增加，使各系统的养分循环长期处于入不敷出的状态。多年来农业生产上不去，粮食产量低而不稳，土壤肥力低下是一个重要原因。由于长期采用广种薄收、粗放经营的制度，土地投入不足，特别是有机质投入很少，大部分耕地依靠自然肥力，产量低下。宁南黄土丘陵区坡地平均每年要侵蚀表土 0.5～1.0 cm 厚，若表层熟土以 20 cm 厚计，则 20～40 年就可全部蚀完。同时土壤侵蚀也带走了大量的有机质及养分，大约 1 hm² 要损失有机质 750 kg，全 N 54 kg，全 P 60 kg。故作物产量长期徘徊在 750 kg/hm² 左右。1994 年全国的玉米平均单产 4 695 kg/hm²，山东为 5 716 kg/hm²，河北为 5 310 kg/hm²，而黄土高原地区条件相对优越的渭北台塬东部和西部仅为 4 240 kg/hm²，榆林市粮食单产可达 11 700 kg/hm²，而固原市原州区仅有 450 kg/hm²。土壤肥力大幅下降，各种侵蚀沟不断蚕食和分割土地，加剧了人地矛盾。当地群众为了生存，不得不大量开垦坡地，广种薄收，形成了"越穷越垦、越垦越穷"的恶性循环。

4. 黄土高原土地生产潜力及改良途径　土地生产潜力又称农业土地生产潜力，是指在现有耕作技术水平及与之相适应的各项措施下土地的最大生产能力，包括理论潜力和现实潜力。土地生产潜力研究与土地、粮食、人口和发展相关联，是当代农业发展战略和资源承载力研究的一个重要课题。土地生产力是个变量，它随着各个时期生产条件的改善也在不断变化。土地生产力在社会发展过程中存在较大差异，纵向角度来说总是在不断提高，按每公顷土地植物干物质重年产量计算，采集时代仅为 $6 \sim 30 \ kg/hm^2$，传统农业的农田为 $750 \sim 3\ 000 \ kg/hm^2$，而现代集约化经营的农田可达 $19\ 890 \ kg/hm^2$，分析黄土高原地区土地利用情况得出，各个发展时代的土地生产潜力大体上相差 100 倍。当前，黄土高原地区正处在改造传统农业时代，其大体上处在现代农业的初级阶段，在现代科学技术的支撑推动下，其土地潜力十分巨大。土地生产力的高低直接受当地的自然环境条件、社会经济条件及经营管理水平的制约。分析土地潜力，对于认识黄土高原地区土地资源，采用科学的方法，合理开发土地资源，提高土地利用率有重大意义。根据对黄土高原地区灌溉条件下粮食生产潜力测算，黄土高原地区土地资源潜力仍有很大的开发空间，平原地区农地现实生产力只是低潜力的 49%，只是川坝地区低潜力的 43%。通过增加投资，完善农田生态系统，推广先进的农业生产技术，黄土高原地区可以大幅度提高土地生产力。

良好的土壤结构可以提高土壤入渗能力，增强土壤抗侵蚀性，降低水土流失量。改良土壤结构、提高土壤抗侵蚀能力，成为黄土高原农业和生态环境领域研究的一个重要方面。生物碳可对土壤理化性质产生影响，其中包括对土壤的结构和水分状况产生影响。结合黄土高原地区的气候、水分特点，生物碳的应用对土壤水分状况的改善有潜在应用价值，而其对土壤结构的改善则有可能提高土壤的抗蚀性，减少当地的水土流失。

（四）植被

1. 黄土高原植被类型　黄土高原的植被与气候区域变化相适应。本区农业生产历史悠久，广大的黄土塬和黄土丘陵皆已开垦，天然植被保存较少，仅于谷坡和梁顶部有少量的次生植被。由于黄土地貌沟壑纵横，不同的地形部位往往出现不同的植物群落，所以在一个小范围内，植被往往以各种群落组合的形式出现。在水平地带上，自东南而西北出现下列的植被组合：侧柏疏林、榆树疏林与旱生灌丛的结合；以酸枣、荆条、狼牙刺为主的旱生灌丛与白羊草草原的结合；白羊草草原与菱蒿和铁秆蒿草原的结合；以赖草、早熟禾、鹅冠草为主的草原；长芒草草原与菱蒿和铁秆蒿草原的结合；以长芒草为主的草原；以短花针茅为主的荒漠草原；以红砂、珍珠为主的草原化荒漠等类型。此外，在黄土高原的东北部地区，还分布着克氏针茅和大针茅草原。

黄土高原地区的山地上保存着较完好的天然植被，而且具有明显的垂直分布。若以坐落在本区东南部的某些山地为例，自下而上分布着侧柏疏林与旱生灌丛，以虎榛子、绣线菊、沙棘为主的灌丛，以山杨、白桦、辽东栎为主的落叶阔叶林与灌丛的结合，以云杉为主的亚高山针叶林，以杂类草为主的亚高山草甸以及以蒿草为优势的高山芜原等。

2. 气候变化和生产活动对黄土高原植被的影响　植被作为重要的陆地生态因子，既是气候变化的承受者，同时又对气候变化有着积极的反馈作用，植被覆盖的高低在一定程度上指示着生态系统结构和功能的好坏。影响植被覆盖的因素复杂多样，其中气候变化和人类活动是最为主要的因素。这就使植被与气候相互作用的研究成为生态研究的核心内容之一。

（1）气候变化对植被的影响　气候与植被一直处于一种动态平衡中，一旦气候（植被）发生变化，植被（气候）必然会随之发生响应。植被覆盖变化主要通过改变地气间的能量、水分和动量交换来影响气候变化的。植被相对于裸土有较低的反照率，其差异可达0.15以上，从而使植被吸收的太阳辐射比裸土多得多；同时，植被覆盖区域和裸土区域与大气的感热、潜热交换也有很大差异。植被可以滞留和截留$10\% \sim 40\%$的降水并再次蒸发，减少了到达地面的降水，增加了向大气的水汽输送，加快了水分循环，而且，植被还具有较大的粗糙度、高度，能够对低层大气运动产生较大阻力；同时，较高的粗糙度会增加湍流通量，有助于向大气的能量和水汽输送。另一方面，植被覆盖的变化又要受到辐射、温度和降水等气候因子的影响。在热带湿润地区，其温度和降水条件一般都适宜于植被生长，但由于地面较强的加热使得对流云增多，达到地面的太阳辐射差异较大，因此到达地面辐射是影响植被生长的最主要的因子。在干旱、半干旱地区，由于其水分比较缺乏，降水则变为最主要的影响因子。在高纬度地区，由于温度常年较低，因此温度是高纬度地区影响植被生长的最主要因子。

植被是连接土壤、大气和水分的自然"纽带"，在全球气候变化中起到指示器的作用。同时，植被覆盖变化是生态环境变化的直接结果，它很大程度上代表了生态环境总体状况。植被和气候的关系一直是国内外全球变化研究的重要内容，植被生长和温度、降水等气候条件密切相关。信忠保（2007）研究认为，温度对植被覆盖的影响主要表现在对植被生长年内韵律的控制和对春、秋季节植被生长期的增长，同时，通过加快蒸发加剧了土壤干旱化。从年际变化看，植被覆盖变化和降水变化具有很好的一致性，生长期的植被对降水具有很好的响应，并存在1个月的滞后现象。

（2）人类活动对植被的影响　植被覆盖变化是气候因素和人类活动共同作用的结果，人类活动已成为植被覆盖变化不可忽视的重要驱动因子。农业生产、生态建设等人类活动是影响植被覆盖变化的重要因素。黄土高原生态环境脆弱，气候暖干趋势日趋严重，使得植被的生长环境更加恶劣，人类正面积极驱动对于恢复改善植被覆盖必不可少。

据西北农林科技大学研究人员的最新成果显示，自1999年开始实施的大规模植被建设促进了黄土高原的植被恢复。该区植被覆盖总体状况明显好转，呈现出明显的区域性增加趋势，其中以丘陵沟壑区植被恢复态势最为明显，黄土高原易发生土壤侵蚀的坡地植被覆盖状况明显改善，对控制水土流失可产生积极影响。

3. 植被的动态变化对黄土高原气候的影响　黄土高原是世界上水土流失最严重的地区之一。由于其特殊的自然环境状况和人类长期的不合理开发利用，导致原本脆弱的生态环境日趋恶化，土地质量严重退化。而植被覆盖度能够反映黄土高原地区生态环境的整体状况，因此，及时、准确地评价黄土高原地区植被覆盖动态变化及其气候变化和人类活动的响应，对评估区域生态环境，促进区域环境、经济、社会的可持续发展以及理解气候变化与陆地生态系统的相互关系都有着重要的意义。

地表植被变化与气候的密切关系表现在两个方面：一方面，气候变化影响着植被的生长和分布；另一方面，地表植被变化通过影响该地区的反射率、下垫面粗糙度、土壤湿度、叶面积指数等发生变化，在各种时间尺度上，通过生物物理反馈过程和地球生物化学反馈过程与大气进行广泛复杂的动量、热量、水汽及物质的交换，使得该地区水分循环和热量循环发生改变，最终导致区域气候的变化。

黄土高原地区植被覆盖度总体呈现由西北向东南逐渐增加的趋势，这与黄土高原地区的水热条件分布基本一致。近22年来黄土高原大部分地区植被活动在增强的同时，局部地区出现了植被退化或者恶化的现象。其中植被覆盖显著增加的区域主要分布在黄土高原地区的北部，即鄂尔多斯高原、山西省北部、河套平原等地区，同时，在兰州的北部、渭河的支流葫芦河流域的中东部、泾河的中下游和北洛河的下游以及清水河谷地等区域也存在不同程度的植被覆盖增加趋势；植被覆盖下降的区域主要分布在从西峰、延安向东到离石、临汾以至太原以西呈条带状分布的黄土高原中部地区，六盘山山区以及秦岭北坡，同时，在包头—呼和浩特一带、银川南部青龙峡附近呈斑块状分布。这种负变化主要与局部地区气候恶化有关，也和人为活动有关，植被退化和恶化也会反作用于气候系统，使局地气候条件劣变，从而使黄土高原地区局部生态环境变得更加脆弱。

黄土高原地区植被覆盖变化的驱动因素主要是气候因素和人为因素。气候驱动因素中主要的是降水因子和温度因子。人为驱动因素主要包括农业活动、土地利用方式和人类生态工程建设。气候因素和人为因素共同作用形成了黄土高原地区植被覆盖变化的时空演化格局，构建了交互作用驱动机制，并指出了人为因素特别是人类重大生态工程的作用。在区域尺度上，植被恢复的气候效应表现为大风日数减少，大气能见度好转，局部水土流失得到控制，在一定范围内遏制了土地沙漠化的扩展，促进了高寒草甸产草量提高。

二、熟制和种植方式

（一）熟制

黄土高原农作区域以一熟制为主，也有二熟制地区。刘玉兰等（2009）以热量（≥0 ℃积温）、水分（降水量、干燥度）、地貌等作为分区指标，以县（区）为基本单元，采用地理位置-地貌-水旱作-熟制的命名方法，将黄土高原地区共划分为 10 个不同的耕作区：汾渭平原半湿润一熟二熟区、晋西陕北黄土丘陵旱作一熟区、晋东山地半湿润一熟区、晋北高原山地旱作一熟区、西丘陵半湿润一熟二熟区、渭北陇东高原旱作一熟区、黄土高原西南部丘陵旱作一熟区、河套平原灌溉一年一熟区、银川平原灌溉一年二熟区和鄂尔多斯高原半干旱一年一熟区。

（二）种植方式

黄土高原向来以种植业（特别是种粮）为主，林、牧、副、渔业很落后。而黄土高原大部分地方是山地丘陵，林牧业发展条件较好。过去将山丘的森林草地破坏开垦为农田，是违背自然规律的愚昧举措，不是扬长避短，而是举短弃长，其结果必然是水土流失日益加重，生产走入困境。黄土高原农业结构原以种植业占压倒优势（80％左右），10 年来由于加强了多种经营而有所改善。总的趋势是林牧业的比重上升，种植业的比重下降。以山西省为例，1978 年全省农业总产值为 74.05 亿元（按 1990 年不变价格计算，下同），其中农业（种植业）占 78.4％，牧业占 14.6％。到 1995 年，农业总产值增至 149.0 亿元，而种植农业比重降为 65.0%，林业为 6.2%，牧业比重升为 28.0%。陕西省情况也相类似，如陕北（包括延安和榆林地区）1995 年农业总产值构成是，农业（种植）占 64.9%，牧业占 29.8%，果林业占 5.3%。山西和陕北的农业结构状况在黄土高原上具有代表性。

1. 黄土高原农作物生产布局　黄土高原以种植小麦、玉米、马铃薯、谷糜、荞麦、裸燕麦等粮食作物为主，经济作物有油料、棉花、甜菜、烟草等。小麦分布很普遍，恒山—管涔山—紫金山—白于山—六盘山一线以南为冬小麦区，可以复播，以北为春小麦区，为一年一作区。玉米为高产作物，很受群众欢迎，其种植面积越来越广，无论单产、总产都已居粮食作物首位。玉米的分布受水热条件影响较大，主要分布在比较温暖（≥10 ℃积温在 2 800 ℃以上）的河谷平川和水分条件好的山区（如太行山区）。马铃薯耐干旱、耐瘠薄、抗灾能力强，为稳产、高产作物，黄土高原是中国马铃薯的主要产区之一，分布范围广，在各个区域均有种植。谷子、糜子都是耐旱、耐瘠作物，很适合黄土高原的环境，分布较广，以山区旱坡地和北部半干旱地区种植较多。荞麦分为北方春荞麦区和夏荞麦区，春荞麦区包括内蒙古乌兰察布盟、包头、大青山，河北省承德、张家口，山西省西北，陕西省榆林、延安，宁夏回族自治区固原、宁南，甘肃省定西、武威地区和青海省东部地区。为中国甜荞主要产区，甜荞种植面积占全国面积的 80%～90%。一年一熟，春播（5 月下旬至 6 月上旬），多平作窄行条播。夏荞麦区以黄河流域为中心，位于中国中部北起燕山沿长城一线与春麦区相接，南以秦岭、淮河为界，西至黄土高原西侧，东濒黄海，其范围北部与北方冬小麦区吻合，是中国冬小麦的主要产区，甜荞是小麦后茬，一般 6～7 月播种，多为窄行条播或撒播。此外，黄土高原大量生产薯类，中南部暖温带地区以生产甘薯为主，北部中温带地区以生产马铃薯为主。

黄土高原的经济作物以油料和棉花为主。油料分布普遍，中南部温暖地区的油料作物主要是油菜和棉花籽，还有花生和蓖麻等。北部中温带和高寒区主要种胡麻、向日葵和油用亚麻。被誉为"胡麻之乡"的晋西北神池县，油料种植面积达 25 万亩，年产油料近 3 000 万 kg，人均达 300 kg，为山西省油料生产第一县，在黄土高原也是首屈一指的。黄土高原的棉花生产集中在南部，以关中平原和运城、临汾盆地为主产区，豫西和甘肃省天水也种植较多。

2. 黄土高原马铃薯主要种植方式

（1）甘肃省马铃薯主要种植方式　甘肃省是全国马铃薯生产大省，马铃薯产业已发展成为全省农业产业化最具优势特色的产业之一，被确定为甘肃省的战略主导产业。根据甘肃省自然资源优势、气候土壤生态条件、农业生产水平和耕作栽培制度，以及国内外市场对马铃薯及其加工产品的不同需求，在甘肃省马铃薯生产已形成以中部干旱区、高寒阴湿区为中心，连接陇南温润山区、陇东塬区、河西灌区的中部高淀粉型菜用型马铃薯生产基地、河西加工专用型马铃薯生产基地、陇南早熟菜用型马铃薯生产基地三大优势区域。

① 中部高淀粉型菜用型马铃薯生产基地。该区域包括定西、兰州、临夏、白银、平凉 5 市（州）的安定、渭源、陇西、临洮、通渭、岷县、漳县、榆中、皋兰、东乡、永靖、会宁、静宁、庄浪等 14 个县（区）。该区大多地处黄土高原及其边缘过渡地带，土层深厚，土质疏松，富含 K 素；海拔高度在 1 600～2 600 m，气候冷凉，年均温在 5～9 ℃，

昼夜温差大；年降水量 240~650 mm，但降雨主要集中在 7~9 月，与马铃薯生长周期的需水高峰相一致，这种独特的自然条件，最适宜于发展马铃薯生产。耕作制度为一年一熟，马铃薯主要为连作和套作种植方式。如：刘星（2015）等介绍，马铃薯种植主要呈现"规模化、机械化和集约化"的特点，经营销售模式通常以订单农业为主，种植结构相对单一；李建军等（2011）介绍了双垄全膜马铃薯套种豌豆对马铃薯生育期有所提前，对晚疫病的发生有很好的抑制作用。

② 河西加工专用型马铃薯生产基地。该区域包括武威市、张掖市和金昌市的凉州、古浪、天祝、民乐、山丹、永昌等县（区），是甘肃省新发展的马铃薯优质高产区域。该区灌溉栽培马铃薯的海拔在 1 000~1 600 m，旱作栽培的海拔在 2 200 m 左右，年均温在 6~8 ℃，气候冷凉，降雨稀少，年降水量 250 mm 以下，但灌溉条件好，施肥水平高，农业生产基础条件好。马铃薯主要种植为马铃薯—玉米轮作或与豆科作物套种方式。如：范宏伟（2015）等研究，集成配套出了适宜甘肃省河西走廊区域特点的马铃薯套种豌豆高效栽培技术，利用垄沟内空地套种豌豆，变一年一收为一年两收，节水保墒，提高了光、热、水、肥和土地资源的利用率和经济效益。

③ 陇南早熟菜用型马铃薯生产基地。该区域包括天水市、陇南市的秦州、秦安、武山、甘谷、武都、宕昌、西和、礼县等县（区）。该区气候温润，年平均气温 7~15 ℃，年降水量 450~950 mm，大于 10 ℃的活动积温 2 200~4 750 ℃，生长期 130~246 d，是全省发展早熟马铃薯最具优势的区域。马铃薯主要是早熟马铃薯复种大白菜、西瓜＋马铃薯＋大白菜等种植模式。

（2）山西省马铃薯主要种植方式　山西省地处黄土高原东部，纬度偏北，海拔较高，地形复杂，气候多样，中南部温暖湿润，中北部干燥冷凉，地带性气候特征明显，有利于马铃薯的多季作生产。且山西省光照充足，有利于马铃薯的干物质积累。同时土壤疏松、富含 K 元素，海拔高，空气干燥，晚疫病发生频率低，有利于马铃薯块茎形成、膨大和淀粉积累。

① 山西北部的一季薯作区。大同、朔州、忻州及吕梁的马铃薯生产主产县平鲁、临县、左云、右玉、五寨、浑源、天镇等县的马铃薯主产区的平均海拔大都在 1 200 m 以上，年平均温度 6 ℃，无霜期 100 d 以上，气候冷凉，昼夜温差大，所产马铃薯具有块大、整齐、表皮光洁、淀粉含量高、商品性好的特点。经国家马铃薯专家认定，是中国马铃薯最适宜区之一。马铃薯主要采用与糜、谷、玉米和草田轮作种植方式。

② 晋中、晋东南地区一二季薯混作区。主要分布在晋中和晋东南平川地区。这一产区气候比较温暖，年平均温度 10 ℃左右，无霜期 140~160 d，种植马铃薯一年一作有余、两作不足。且该区雨量较高，年平均降水量 500~600 mm，生产上主要采用马铃薯与玉米、蔬菜等作物间作套种方式，以增加单位面积产量。

③ 晋南地区双季薯作区。主要分布在运城、临汾市的平川区。该区年平均温度 13 ℃，无霜期 180~220 d，是山西的棉麦主产区，一年可以生产两茬，春播一茬，秋播一茬。本区年平均降水量 500~550 mm，且灌溉条件好，可以充分利用春、秋两季的凉爽气候和昼夜温差大的特点，生产反季节马铃薯，填补马铃薯淡季市场。

（3）陕西省马铃薯主要种植方式　陕西省是全国马铃薯主产区之一，具有发展马铃薯的优越自然条件和技术支撑优势。陕西省马铃薯主要分布在陕南和陕北。陕北地处黄土高原毛乌素沙地，气候冷凉，光照充足，适宜马铃薯生长。主要种植方式为马铃薯与玉米、谷子等禾谷类作物进行轮作倒茬栽培，也有早熟地膜马铃薯与玉米、大豆等作物进行间作套种栽培。如：延安市子长县千亩地膜马铃薯套种玉米模式，亩产马铃薯 2 621 kg，亩产大豆 192 kg，效益非常可观。陕南地处秦巴山区，气候凉爽，海拔较高，亦较适宜马铃薯生长。关中地区马铃薯种植面积较少。主要种植方式为马铃薯与玉米、高粱、蔬菜等作物进行套种栽培。也有早熟地膜马铃薯与水稻、油菜进行轮作倒茬栽培。

（4）宁夏回族自治区马铃薯主要种植方式　马铃薯是宁夏回族自治区的四大作物之一，在解决人民温饱和抗灾救灾中发挥着不可低估的作用。近年来，随着商品农业发展和马铃薯淀粉加工业的兴起，马铃薯已由粮食作物向经济作物转变，由自给性生产向商品生产转变，成为当地发展经济，实现农民脱贫致富的重要支柱产业。初步形成了以黄灌区、中部干旱带扬黄灌区和南部山区河谷川道区为主的优质早熟商品薯生产基地，以南部山区半干旱、半阴湿为主的淀粉加工薯生产基地，以南部山区阴湿区为主的晚熟优质菜用薯生产基地和以六盘山山麓海拔 1 900～2 200 m 冷凉区为主的马铃薯脱毒种薯生产基地。马铃薯在旱作农业区种植方式主要是马铃薯与麦类等禾谷类作物轮作，如宁南地区实行冬小麦—冬小麦—马铃薯（豆类）轮作制度；在半干旱区、水浇地和阴湿区主要推行马铃薯与豌豆、小麦套种，与玉米、蚕豆间作栽培。

第二节　黄土高原马铃薯常规栽培

一、选用品种

优良品种是马铃薯获得高产和高经济效益的关键。选用品种应考虑以下内容：

① 应考虑生育期。马铃薯种植区无霜期长短不一，要根据无霜期选择相应生育期品种。

② 根据海拔选用适宜的品种。海拔高度影响活动积温，进而影响马铃薯生育期，对马铃薯的生产有很大的影响。

③ 根据用途选用不同的品种。

④ 在品种选用上还应考虑当地的生产水平、栽培方式、自然灾害的特点等因素。

（一）按熟制选用品种

黄土高原范围内，根据自然条件和马铃薯品种特性，可分一季作地区、二季作地区和一二季混作区，种植马铃薯首先需要考虑品种的熟期类型。

马铃薯主产区基本都在一季作区，包括山西省北部、陕西省北部、宁夏回族自治区、甘肃省、青海省东部等地。这一地区纬度高，气候冷凉，无霜期短，为半干旱地带，雨量少，蒸发大，昼夜温差大。种植马铃薯一年一熟，应以中晚熟品种为主。如克新 1 号、晋薯 16、冀张薯 8 号、青薯 9 号、陇薯 3 号、陇薯 6 号等。山西省大同、吕梁、忻州、朔州等地，年降水量 350～580 mm，马铃薯主要种植于丘陵山地，目前生产上主要应用克新 1

号（紫花白）、冀张薯8号、晋薯16、同薯23、青薯9号、晋薯7号、静石2号等中晚熟品种，搭配少量的早熟品种。张建成等（2014）认为：榆林无霜期较短，光热条件只能满足农作物一年一熟，应选择生育期较长的中晚熟品种。

晋中和晋东南的平川地区，气候比较温暖，无霜期140～160 d，降水量相对较多，种植马铃薯一年一作有余、两作不足。马铃薯种植多采用与玉米、蔬菜等作物间作、套种方式，主要作为蔬菜来发展。晋南光热资源丰富，无霜期180～220 d，马铃薯分春、秋两季栽培。适宜选用早熟、中早熟品种。如费乌瑞它、早大白、中薯3号等。

（二）按海拔选用品种

黄土高原马铃薯田具有明显的海拔差异。从东到西，海拔每升高100 m，气温要降低0.5～0.6 ℃，活动积温要减少150～200 ℃，生育期要减少3～6 d。低海拔地区可以年种两季，海拔1 200 m以上的地区，只能年种一季（滕宗璠等，1989）。一般情况下高海拔农田宜选用中晚熟类型品种；低海拔农田宜选用早熟类型品种。

杨富位等（2011）引种试验表明，在静宁县，海拔1 860 m适合种植晚熟品种庄薯3号、陇薯9号、陇薯8号，川水区及低海拔温暖区早播适合种植定薯1号、定薯2号。雒红霞（2016）认为：在天水、渭河流域川塬水地区，应以早熟菜用薯、食品加工薯克新2号、郑薯6号、大西洋、夏波蒂、费乌瑞它等为主；海拔1 400～1 800 m，一般干旱山区和二阴山区，以中晚熟鲜食、高淀粉的陇薯7号、陇薯3号等为主；海拔1 800 m以上二阴地区和高寒阴湿山区，以晚熟品种庄薯3号、陇薯6号、天薯9号等为主。在青海省互助土族自治县，海拔2 500 m左右的地区适宜种植的马铃薯早熟品种是费乌瑞它、LC-98、大西洋；晚熟品种是青薯2号、陇薯5号、下寨65。在海拔2 700 m左右的地区适宜种植的马铃薯早熟品种是LC-98、夏波蒂、费乌瑞它；晚熟品种是青薯2号、下寨65、陇薯5号（张生梅，2008）。

不同的纬度海拔对马铃薯的产量和品质具有显著影响（阮俊，2009）。紫色马铃薯宜在较高的海拔地区种植，在海拔1 800～2 500 m范围内种植紫色马铃薯，产量高、品质好，花青素含量也较高（郑顺林，2013）。

（三）按生产需求选用品种

根据鲜食、淀粉加工、油炸加工等生产需求的不同，选择适宜的优良品种种植。粮菜兼用时，选择淀粉含量较高、适口性好、无异味的品种，如晋薯16、冀张薯8号等。淀粉加工用，要选择高淀粉品种，如晋薯2号、陇薯8号、大同里外黄等。油炸加工应选用薯形圆或长圆、白皮白肉、芽眼浅、薯皮光滑、干物质含量高、还原糖低的品种如夏波蒂、大西洋等。城郊早收复种时应选早大白、费乌瑞它等早熟品种。

侯飞娜等（2015）对22个品种马铃薯全粉蛋白的营养品质进行了评价，发现夏波蒂和大西洋的营养价值较高，是适宜的全粉加工品种。樊世勇（2015）认为，陇薯5号、青薯168是优良的菜用马铃薯品种，陇薯8号干物质含量达到31.59%，淀粉含量24.89%，是淀粉加工的优质原料，陇薯7号干物质含量25.2%，还原糖含量0.18%，耐贮藏，适合菜用和全粉加工，庄薯3号、天薯10也是鲜食和淀粉加工的优质原料。大西洋、夏波蒂、中薯16、陇薯6号等适宜加工薯片（张小燕等，2013）。马敏（2014）认为，在陕北，鲜薯食用品种应选择紫花白和冀张薯8号，淀粉加工品种选用陇薯3号，炸薯条选用夏波蒂，夏马铃薯种植时选择费乌瑞它和早大白等早熟品种。陇薯9号、青薯10作为高产、优质、高淀粉品种适宜在张掖市种植。

（四）黄土高原马铃薯品种名录

以山西、宁夏和甘肃为主，列出黄土高原1998年以来审定的马铃薯品种（部分引自《中国马铃薯产业10年回顾》中国农业科学技术出版社）（表7-2）。

表7-2 黄土高原马铃薯品种名录

品种名称	育成时间	审定级别	育成单位	品种来源	特性与用途
LK99	2008	甘肃省审	甘肃省农业科学院马铃薯研究所	Kennebec	早熟，炸片和全粉加工兼菜用
定薯1号	2009	甘肃省审	定西市旱作农业科研推广中心、甘肃农业大学	（T710×甘农薯1号）×NW168	中熟，鲜食
定薯2号	2009	甘肃省审	定西市旱作农业科研推广中心、甘肃农业大学	甘3Y4×Ranger	中熟，鲜食
定薯4号	2016	甘肃省审	定西市农业科学研究院	定薯1号×陇薯5号	中晚熟，鲜食
富薯1号	2007	甘肃省审	甘肃富农高科技种业有限公司	以色列品种筛选	早熟、鲜食、炸片
甘农薯2号	1999	甘肃省审	甘肃农业大学	2n花粉受精产生的四倍体种	晚熟，鲜食
甘农薯4号	2009	甘肃省审	甘肃省作物遗传改良与种质创新重点实验室、甘肃农业大学农学院	布尔斑克×唐168	中晚熟，鲜食
临薯16	2008	甘肃省审	临夏回族自治州农业科学院	临薯3号×玛古拉	中晚熟，鲜食
临薯17	2009	甘肃省审	临夏回族自治州农业科学院	抗疫白×NW174-2	晚熟，鲜食
陇薯4号	1999	甘肃省审	甘肃省农业科学院	62-47×119-11	中晚熟，鲜食
陇薯5号	2005	甘肃省审	甘肃省农业科学院粮食作物研究所	小白花×119-8	晚熟，高淀粉
陇薯6号	2005	国审	甘肃省农业科学院粮食作物研究所	武薯85-6-14×陇薯4号	晚熟，鲜食

（续）

品种名称	育成时间	审定级别	育成单位	品种来源	特性与用途
陇薯 7 号	2008 2009	甘肃省审 国审	甘肃省农业科学院马铃薯研究所	庄薯 3 号×菲多利	中晚熟，鲜食
陇薯 8 号	2010	甘肃省审	甘肃省农业科学院马铃薯研究所	大西洋×L9705 - 9	中晚熟，高淀粉
陇薯 9 号	2010	甘肃省审	甘肃省农业科学院马铃薯研究所	93 - 10 - 237×大同 G - 13 - 1	中晚熟，高淀粉，鲜食
陇薯 10	2012	甘肃省审	甘肃省农业科学院马铃薯研究所	83 - 33 - 1×119 - 8	晚熟，菜用
陇薯 11	2012	甘肃省审	甘肃省农业科学院马铃薯研究所	L9712 - 2×远杂 22	晚熟，鲜食，高淀粉
陇薯 12	2014	甘肃省审	甘肃省农业科学院马铃薯研究所	L9712 - 2×L0202 - 2	晚熟，高淀粉
陇薯 13	2014	甘肃省审	甘肃省农业科学院马铃薯研究所	K299 - 4×L0202 - 2	晚熟，鲜食
陇薯 14	2016	甘肃省审	甘肃省农业科学院马铃薯研究所	L9712 - 2×L0202 - 2	晚熟，鲜食，淀粉，全粉
新大坪	2005	甘肃省审	甘肃省定西安定农技中心	不祥	中熟，鲜食
庄薯 3 号	2005	甘肃省审	甘肃省庄浪县农技中心	87 - 46 - 1×青 85 - 5 - 1	晚熟，鲜食
庄薯 4 号	2016	甘肃省审	甘肃省庄浪县农技中心	庄 99 - 2 - 1×小白花	中晚熟，淀粉加工
天薯 8 号	2001	甘肃省审	甘肃省天水市农业科学研究所	62 - 118×DTO - 33	晚熟，高淀粉
天薯 9 号	2005	甘肃省审	甘肃省天水市农业科学研究所	91 - 26 - 116×85 - 6 - 14	晚熟，鲜食菜用
天薯 10	2010	甘肃省审	甘肃省天水市农业科学研究所	庄薯 3 号×郑薯 1 号	晚熟，淀粉加工
天薯 11	2012 2014	甘肃省审 国审	甘肃省天水市农业科学研究所	天薯 7 号×庄薯 3 号	中晚熟，鲜食
天薯 12	2014	甘肃省审	甘肃省天水市农业科学研究所	97 - 8 - 98×90 - 10 - 58 - 1	晚熟，鲜食
天薯 13	2016	甘肃省审	甘肃省天水市农业科学研究所	99 - 5 - 4×95 - 7 - 5	晚熟，高淀粉

（续）

品种名称	育成时间	审定级别	育成单位	品种来源	特性与用途
农天 1 号	2012	甘肃省审	甘肃省农业大学、甘肃省天水农业科学研究所	99－5－4×庄薯 3 号	晚熟，鲜食
农天 2 号	2014	甘肃省审	甘肃省农业大学、甘肃省天水农业科学研究所	99－5－4×天薯 7 号	晚熟，鲜食
陇彩 1 号	2014	甘肃省审	甘肃省农科院生物技术研究所	加拿大引进资源筛选	中早熟，鲜食
爱兰 1 号	2013	甘肃省审	甘肃爱兰马铃薯种业有限责任公司	费乌瑞它脱毒变异	早熟，鲜食
甘农薯 5 号	2010	甘肃省审	甘肃省农业大学农学院	台湾红皮×杂 5 单选-10	中晚熟，炸片、鲜食
洛马铃薯 8 号	2009	河南省审	洛阳市农业科学研究院	中薯 3 号×秦芋 30	早熟，鲜食
宁薯 7 号	1998	宁夏区审	固原市农业科学研究所	宁薯 1 号×（阿普它×71－18－2）	晚熟，鲜食
宁薯 8 号	1998	宁夏区审	固原市农业科学研究所	深眼窝株选	中晚熟，鲜食
宁薯 9 号	2001	宁夏区审	固原市农业科学研究所	阿尔法系选	中早熟，鲜食
宁薯 10	2003	宁夏区审	固原市农业科学研究所	东农 303 自交果	早熟，鲜食
宁薯 11	2003	宁夏区审	固原市农业科学研究所	陇薯 3 号自交	中晚熟，鲜食
宁薯 12	2007	宁夏区审	固原市农业科学研究所	中心 22×宁 88－8－306	中熟，鲜食
宁薯 13	2008	宁夏区审	西吉县马铃薯产业服务中心	高原 7 号×宁薯 8 号	中熟，鲜食
宁薯 14	2012	宁夏区审	固原市农业科学研究所	青薯 168×宁薯 8 号	晚熟，鲜食
宁薯 15	2014	宁夏区审	固原市农业科学研究所	宁薯 8 号×云南 6 号	中熟，高淀粉
晋薯 11	2001	山西省审	山西省农业科院高寒区作物研究所	H319－1×NT/TBULK	中晚熟，鲜食
晋薯 12	2003	山西省审	山西省农业科学院五寨试验站	75－30－7×燕子	中晚熟，鲜食
晋薯 13	2004	山西省审	山西省农业科学院高寒区作物研究所	K299×晋薯 7 号	中晚熟，鲜食
晋薯 14	2004	山西省审	山西省农业科学院高寒区作物研究所	9201－59×晋薯 7 号	中晚熟，鲜食
同薯 23	2004	国审	山西省农业科学院高寒区作物研究所	【8029－［S2－26－13－(3)］×NS78－4】×荷兰 7 号	中晚熟，鲜食

（续）

品种名称	育成时间	审定级别	育成单位	品种来源	特性与用途
同薯20	2005	国审	山西省农业科学院高寒区作物研究所	II-14×NS78-7	中晚熟，鲜食、淀粉加工
晋薯15	2006	山西省审	山西省农业科学院高寒区作物研究所	晋薯11号×9424-2	中晚熟，鲜食
晋薯16	2007	山西省审	山西省农业科学院高寒区作物研究所	NL94014×9333-1	中晚熟，鲜食
晋薯17	2007	山西省审	山西省农业科学院高寒区作物研究所	晋薯7号×（7xy.1×R22-3-13）	中晚熟，鲜食
晋薯18	2008	山西省审	山西省农业科学院高寒区作物研究所	9704-32×9333-10	中熟，鲜食、加工
同薯22	2009	国审	山西省农业科学院高寒区作物研究所	晋薯11×晋薯7号	中晚熟，鲜食
晋薯19	2010	山西省审	山西省农业科学院高寒区作物研究所	9665-7×晋薯7号	中晚熟，鲜食
晋薯20	2010	山西省审	山西省农业科学院高寒区作物研究所	晋薯11×晋薯7号	中晚熟，鲜食
晋薯21	2010	山西省审	山西省农业科学院高寒区作物研究所	K299×NSO	中晚熟，鲜食
晋早1号	2011	山西省审	山西省农业科学院高寒区作物研究所	75-6-6×9333-10	中早熟，鲜食
	2011	山西省审	乐陵希森马铃薯产业集团有限公司		早熟，鲜食
希森4号 晋薯22	2012	山西省审	山西省农业科学院五寨试验站	Favorita×K9304混8 五寨1号×底西芮	中晚熟，鲜食
同薯28	2012	山西省审	山西省农业科学院高寒区作物研究所	大西洋×8777	中晚熟，鲜食
	2012	山西省审	乐陵希森马铃薯产业集团有限公司		早熟，鲜食
希森3号 大同里外黄	2013	山西省审	山西省农业科学院高寒区作物研究所	Favorita×K9304 9908-5×9333-10	中晚熟，鲜食
晋薯23	2014	山西省审	山西省农业科院高寒区作物研究所	03-26-5×04-1-20	中晚熟，鲜食
晋薯24	2014	山西省审	山西省农业科学院高寒区作物所	004-5×G13	晚熟，鲜食

（续）

品种名称	育成时间	审定级别	育成单位	品种来源	特性与用途
晋薯25	2015	山西省审	山西省农业科学院五寨试验站	晋薯11×冀张薯8号	中晚熟，高淀粉
晋薯26	2015	山西省审	山西省农业科学院高寒区作物研究所	晋早1号×晋薯7号	中熟，鲜食
晋薯27	2015	山西省审	山西省农业科学院高寒区作物研究所	03-11-38×03-12-7	中晚熟，鲜食
晋薯28	2015	山西省审	山西省农业科学院高寒区作物研究所	0209-6×004-4	中晚熟，鲜食

注：此表数据由白小东等整理（2016）。

二、整地

1. 冬前整地或秋整地

（1）**选择地块**　轻质壤土或者沙壤土最适合马铃薯生长，因为轻壤土比较肥沃，又不黏重，透气性良好，对根系和块茎生长有利，而且对淀粉积累具有良好的作用。马铃薯喜酸不耐碱，土壤 pH 在 4.8～7.0 范围内，生长都比较正常，pH 在 7.0 以上时绝大部分品种减产（杜珍、孙振，1996）。种植马铃薯的地块要保证涝能排水、旱能灌溉。马铃薯在开花期是需水最多的时期，如果在这个时期缺水，不仅会造成减产，而且正在膨大的块茎也会停止生长。如果在马铃薯生育期旱涝交替出现，会造成马铃薯块茎的二次生长，降低商品性。马铃薯是茄科作物，最好避免同其他茄科作物连种或共同种植，如番茄、茄子、辣椒等。

（2）**深耕深松**　秋整地的过程主要是深耕细耙。在前茬作物收获后，应及时灭茬深耕。深耕为马铃薯的根系生长提供了足够的空间，有利于加强土壤的疏松和透气效果，消灭杂草，强化土壤的蓄水能力、抗旱能力以及保肥能力，促进微生物活动，冻死害虫等，有效的为马铃薯的根系生长以及薯块膨大创造出理想的生存环境。据调查，深耕 30～33 cm 比 13 cm 左右的可增产 20％以上；深耕 27 cm、充分细耙比耕深 13 cm、细耙的增产 15％左右（《马铃薯大全》，1992），耕深在一定范围内越深越好，具有显著的增产效益。当耕深超出一定范围时，可能会使土壤下层的生土翻耕起来，反而不利于农作物的生长。黄土高原各地区，比如晋北地区、陕西省榆林、甘肃省定西、宁夏回族自治区南部地区在大田农事操作中，一般深耕 25 cm 左右为最佳，同时保证土地的平整性和细碎性。此外，耕翻深度也因土质和耕翻时间不同而异，一般沙壤土地或沙盖壤土地宜深耕；而黏土地或壤盖沙地不宜深耕，否则会造成土壤黏重及漏水漏肥。深耕后，水地应浇水踏实，旱地要随耕随耙糖。深耕时基肥随即施入，基肥常用农家肥或农家肥混合化肥。

深松是随少耕、免耕而发展起来代替传统耕作，适用于旱地农业的保护性耕作法。它是利用深松铲来疏松土壤，加深耕层而不翻转土壤，改善耕层土壤的结构，从而减轻土壤侵蚀，提高土壤的蓄水保墒能力，有利于作物的生长和产量的提高。在土层薄或盐碱地，深松有以下特点：可以防止未熟化土壤、含盐分高的土壤被翻到表层，影响马铃薯出苗生长；不打乱土层，既能使土层上部保持一定的坚实度，减少多次耕翻对团粒结构的破坏，又可打破铧式犁形成的平板犁底层；用超深松犁，深松深度可达 40 cm 以上，改良土壤效果优于深翻，深松可增加土壤透水速度和透水量，减轻土壤水分径流并可接纳大量降水，增加底墒，克服干旱。因此，在旱地保护性耕作体系中，深松愈来愈受到广泛重视。

2. 春整地 黄土高原多数地区春耕深度较秋耕稍浅些，避免秋季深耕翻入土的杂草种子和虫卵又翻上来，以减轻杂草和虫害危害。春耕在播种前 10～15 d 进行，施用农家肥后旋耕一次，土壤墒情不足时开沟浇水，接墒后播种。

三、播季和播期

（一）播种季节

黄土高原属温带大陆性气候，无霜期 90～130 d，昼夜温差大，降水量 250～380 mm，干旱、霜冻发生概率大，影响范围广，危害程度较重。在本区范围内，一季作区可实行春播，也可以夏播。一般 4 月底至 5 月中旬播种，9 月中旬至 10 月中下旬收获；二季作区，春马铃薯 2 月中下旬到 3 月中上旬播种，秋马铃薯 8 月中下旬播种。

一季作区一般在土壤表层 10 cm 土温达到 7～8 ℃时即可播种，为了避免夏季高温对块茎形成膨大的不利影响，播种期应适当推迟，一般以 5 月上中旬播种为宜，高寒山区以 4 月中下旬播种为宜。二季作区春马铃薯的播种宜早不宜晚，山西省中、南部等二季作区，如运城临汾一些地区，一般在 3 月中下旬即可播种，夏季高温来临前收获，以便躲过高温的不利影响；但二季秋播，特别是利用刚收获不久的春薯做种时（隔季留种可适时早播），一定要适当晚播。这是因为秋马铃薯播种过早，容易受高温多湿不利条件的影响而造成烂种；如果播种过晚，因生长期不足，产量会受到影响，一般在 8 月中下旬播种为宜。

（二）播季和播期对马铃薯产量的影响

1. 播季和播期对马铃薯生长发育的影响 播期对马铃薯生长发育有着明显的调节作用，播期每向后推迟 15 d，全生育期平均缩短 12 d。不同播期，各生育阶段持续天数相差最大的是播种期到出苗期和开花期到可收期，而其他生育阶段持续天数相差不大。这主要是前期温度相对较低，播种早的马铃薯发芽慢，生长速度放缓，成熟期较长。随着播种期的推迟，温度逐渐升高，马铃薯出苗速率加快，整个生育期缩短，营养生长进程加快，生殖生长期占整个生育期的比例增加，马铃薯全生育期缩短，株高出现明显变化，单株干物质最大积累速率提前。从不同播期来看，黄土高原 5 月中旬播种的植株高度、叶面积指数、单株干物质积累量和最大积累速率均最大。

播期不同也会影响马铃薯植株形态发育，由于播种和出苗迟早不同，马铃薯植株的生长势也存在着较大差异，主要表现在株高上。播期太早或太晚，都对植株生长不利。特别是晚播，虽然后期降水较多，株高日增长量大，但是生育天数太短，限制了植株的生长。只有播期适宜，植株才能正常生长，为分枝数和叶片数的增加提供良好的空间支持，有利于光合源的扩大和光合有效面积的增大，叶面积指数越大，利用光能越充分，光合产物就高。从不同播期来看，在各生育期，5月中旬播种处理的叶面积指数最大，这也为产量的增加打下了坚实的基础。

2. 播季和播期对马铃薯产量的影响 马铃薯的产量，不仅受到品种本身影响，还受到栽培技术和环境条件的影响，播期是影响产量的重要因素。通过对各播期产量进行比较，播种过早，气温较低，水分不足，马铃薯地上部生长受阻，地下匍匐茎顶端膨大形成的薯数不多，单产不高；推迟播种加快了马铃薯块茎鲜重的积累进度，马铃薯地上部积累的光合同化产物可以满足地下块茎生长需求，薯数增加，虽然大薯率有下降趋势，但中、小薯产量增加明显，总产量较高。研究表明本地区5月中旬播种的块茎鲜重积累量最多，产量较高。5月中旬是黄土高原半干旱区马铃薯的适宜播种时间，这个时期播种的丰产性最好。

四、种植方式

黄土高原地区马铃薯种植方式以单作为主，一般有平作和垄作，有些地区也存在间、套、轮作种植方式（详见第二章）。

马铃薯平作就是传统常规的平地耕作播种方式。马铃薯垄作栽培技术是以深松、起垄、深施肥和合理密植等技术组装集成的马铃薯综合栽培措施，比常规栽培增产15％以上，商品薯率提高20％以上。垄作的垄由高凸的垄台和低凹的垄沟组成，不易板结，有利于作物根系生长，垄作地表面积比平地增加20％～30％，使土壤受光面积增大，吸热、散热快；昼间土温可比平地增高2～3℃，夜间散热快，土温低于平地。由于昼夜温差大，有利于光合产物的积累。垄台与垄沟的位差大，大雨后有利排水防涝，干旱时可顺沟灌溉以免受旱。因垄作的土壤含水量少于平作，有利薯块膨大。垄作还因地面呈波状起伏，垄台能阻风和降低风速；被风吹起的土粒落入邻近垄沟，可减少风蚀。植株基部培土较高，能促进根系生长，提高抗倒伏能力。有利集中施肥，可节约肥。

（一）平作

干旱冷凉地区一般采取平作方式，出苗后经多次培土起垄到垄高15 cm以上。按行距大小分为等行距、宽垄密植、宽窄行距栽培。等行距种植行距为50 cm，株距33 cm；宽垄密植的行距为60～70 cm，株距为25～33 cm。宽垄密植是比较经济有效的栽培方式，便于进行培土等田间管理操作作业，增加了田间通风透光性，较好地处理了植物个体与群体的关系，从而达到植株协调生长发育，还减少了田间操作传播病毒的机会，避免了因积水而引起的烂薯、绿薯现象，改善了马铃薯的商品性；肥力高的地块采用宽窄行种植，大行距60～70 cm，机械化耕作可增加到90 cm，小行距30 cm左右。

平作播种方式有：

1. 开沟点种法 在已春耕耙耱平整好的地上，先用犁开沟，沟深10～15 cm。随后按株距要求将备好的种薯点入沟中，种薯上面再施种肥，然后再开犁覆土。种完一行后，空一犁再点种，即所谓"隔犁播种"，行距50 cm左右，依次类推，最后再耙耱覆盖。或按行距要求用犁开沟点种均可。这种方法的好处是省工省时，简便易行，速度快，质量好。播种深度一致，适于大面积推广应用。

2. 挖窝点种法 在已耕翻平好的地上，按株行距要求先划行或打线，然后用铁锹按播种深度进行挖窝点种，再施种肥、覆土。这种播种方法的优点是行株距规格整齐，质量较好。不会倒乱上下土层，在墒情不足的情况下，采用挖窝点种有利于保墒出全苗，但用人工作业比较费工费力，只适于小面积采用。

3. 机器播种法 播种前先按要求调节好株行距，再用拖拉机作为牵引动力播种。机播的好处是速度快，株行距规格一致，播种深度均匀，出苗整齐，开沟、点种、覆土一次作业即可完成，省工省力，抗旱保墒。

（二）垄作

垄的高低、垄距、垄向因土质、气候条件和地势等而异。垄距过大，不能合理密植；垄过小则不耐干旱、涝害，而且易被冲刷。垄向应考虑光照、耕作方便和有利排水、灌溉等要求，一般取南北向，垄向多与风向垂直，以减少风害。高坡地垄向与斜坡垂直和沿等高线做垄，可防止水土流失。垄的横断面近似等腰梯形，有大垄、小垄之别，大垄一般垄台高 30～36 cm，垄距 80～100 cm，应用较普遍；小垄一般垄台高 18～24 cm，垄距 66～85 cm，适合于地势高、水肥条件差的地区。垄作又分单垄单行和单垄双行种植。单垄双行每垄播种两行，两行之间薯块呈三角形插空播种（即 V 形播种），株距为 25～30 cm。其他技术环节、管理办法与单垄单行栽培基本相同。

作垄的方式有：

① 整地后起垄。优点是土壤松碎，播种或栽种方便。

② 不整地直接起垄。优点是垄土内粗外细，孔隙多，熟土在内、生土在外，有利于风化；

③ 山坡地等高作垄。优点是能增加土层深度，增强旱薄地蓄水保肥能力。

垄作要选择适宜的品种；选择土壤肥沃、土层深厚、结构疏松、排灌条件良好和保水保肥能力强的沙壤土或潮沙泥田种植为宜，翻耕后，及时平整土地，做到土绵、地平、墒足；适时播种，黄土高原一般 5 月上中旬播种为益；掌握适当的播种方法和密度，一般种植密度为 60 000 株/hm² 左右；施足基肥，一般每亩施用有机厩肥 1 500～3 000 kg，复合肥 50 kg，做基肥施入垄面两行种薯间；适时追肥，在做好中耕除草、温度管理和水分管理的同时，还要在马铃薯块茎膨大初期进行追肥，亩追施尿素 15 kg；注意病虫害防治；适时收获。

（三）种植方式对马铃薯生长和产量的影响

1. 对土壤养分及理化性质的影响

（1）马铃薯各种植方式对土壤电导率的影响 垄播种植土壤电导率先降低后基本保持不变，其他种植方式土壤电导率随马铃薯生长均呈下降趋势。在马铃薯生长初期，垄播土壤电导率最高，马铃薯生长中期，各种植方式土壤电导率间基本无差异，而马铃薯生长后期，垄播土壤电导率最高；在马铃薯第二年连作种植全生育期中，土壤电导率则呈下降趋势。

（2）马铃薯各种植方式对土壤 pH 的影响 通常前期各种植方式的土壤 pH 随马铃薯生长均先升高后降低，中期土壤 pH 均变化不大；后期平作不起垄播种土壤 pH 高于其他种植方式；如果马铃薯连作种植，全生育期中土壤 pH 总体呈升高趋势。

（3）马铃薯各种植方式对地温的影响 由于垄作地表面积比平作增加，使土壤受光面积增大，吸热、散热快；日间土温可比平地增高 2～3 ℃，夜间散热快，土温低于平作土壤温度。垄播对连作马铃薯地温有显著影响，平作不起垄播种地温略低，而垄播地温升高，增幅为 2%～6%。

2. 对马铃薯生育期的影响 马铃薯分别与高粱、玉米、谷子等作物间作后较马铃薯连作全生育期均有所延长。间作玉米后马铃薯全生育期延长较长，其次为间作谷子和高粱。而这种推迟主要表现在 7 月下旬以后，主要是由于种植模式的变化对环境、光合以及土壤水肥条件的变化所引起。间作条件下马铃薯株高均有不同程度的增加，而这种现象在马铃薯间作玉米后表现最为突出，高粱间作马铃薯表现次之，谷子间作马铃薯最小。

3. 对马铃薯光合特性的影响 马铃薯为间、套作组合中的优势作物，优势极显著，形成间、套作优势的机理是：间、套群体的密度比净种略密，增加了 LAI（叶面积指数），延长了光合期，提高了光合生产率；马铃薯经济系数高，提高了复合群体的经济系数；由于马铃薯与其他作物的株型结构与生育特性的差异，在时间和空间上两者的需光特性是互补的，种间关系是协作的。

4. 对马铃薯产量和品质的影响 不同种植方式对马铃薯的产量影响较大，与马铃薯连作种植相比，不同间、套作模式下马铃薯产量和商品薯变化很大。试验表明，第一年单种马铃薯产量高于马铃薯间、套作玉米、高粱、谷子，但是第二年马铃薯连作种植与马铃薯间、套作种植模式（间、套作玉米、谷子、高粱）相比，马铃薯产量开始明显下降。马铃薯商品薯率的变化基本与马铃薯产量一致。

与平作不起垄播种相比，垄播能提高马铃薯薯块产量，增产幅度为 2%～30%；起垄地膜覆盖种植具有较明显的增产作用，较露地平种垄作产量增产 5%～10%。

种植密度对马铃薯产量也具有一定的影响，一般趋势是密度越大产量越高，种植密度为 7.5 万株/hm^2 的产量最高，在露地平种垄作情况下，随着密度的加大，产量也相应提高；在起垄地膜覆盖种植情况下，一般趋势也是密度越大产量越高，但不如在露地平种垄作条件下增产幅度大。

另外，起垄地膜覆盖种植比露地平种垄作种植的马铃薯出苗率高，主茎数多，单株块茎数也多，露地平种垄作种植比起垄地膜覆盖种植单薯重、商品薯率高。随着密度的增加，出苗率降低，主茎数和单株块茎数也相应减少，株高变化不大，说明种植密度过小或过大均不利于单薯重量的增加和商品薯率的提高。

五、播种

（一）选用脱毒种薯

应选择具有本品种特征特性，外表光滑，色泽鲜艳，薯块均匀，无病、无伤、无畸形、无皱缩的脱毒种薯。合格的脱毒种薯包括原原种（G1）、原种（G2）、大田用种

（G3）三级。种植者一定要按用途选择种薯级别，种薯要用正规的种薯生产企业的产品，质量应达到《马铃薯脱毒种薯生产技术规程》（GB/T29378—2012）的要求。

（二）种薯处理

因地域条件差异，可整薯播种或切块播种。

1. 种薯催芽　播前 20 d 出窖，放置于 15 ℃ 左右环境中，平摊开，适当遮阴，散射光下催芽，种薯不宜太厚，2～3 层即可，1 周后，每 2～3 d 翻动一次，培养绿（紫）色短壮芽。催芽期间，不断淘汰病、烂薯和畸形种薯，并注意观察天气变化，防止种薯冻伤。

2. 小整薯播种　小整薯一般都是幼龄薯和壮龄薯，生命力旺盛，抗逆性强，耐旱抗湿，病害少，长势好。整薯播种能避免因切刀交叉感染而发生病害，充分发挥顶芽优势，单株（穴）主茎数多，结薯数多，出苗整齐，苗全、苗壮，增产潜力大。采用整薯播种首先要去除病薯、劣薯、表皮粗糙的老龄薯和畸形薯。由于小整薯成熟度不一，休眠期不同，播前要做好催芽工作。

3. 切块及拌种　播前 1～2 d 切种，切块大小 30～50 g，每个切块带 1～2 个芽眼。在切种前和切种时切出病薯均要用 75％ 的酒精或 0.5％ 的高锰酸钾水进行切刀消毒；随切随用药剂拌种，根据所防病虫害选择拌种药剂，一般情况下，采用甲基硫菌灵＋农用链霉素＋霜脲氰＋滑石粉＝1 kg＋50 g＋200 g＋20 kg 拌 1 t 马铃薯，可以防治马铃薯真菌和细菌性病害，拌种所用药剂与滑石粉一定要搅拌均匀，防止局部种薯发生药害。切好的种块放在阴凉通风处，防止暴晒。

通过催芽拌种，能缩短出苗时间，减少播种后幼芽感染病源菌的机会，保证苗全、苗齐、苗壮。

（三）适期播种

适期播种是马铃薯获得高产的重要因素之一。由于各地气候有一定差异，农时季节不一样，土地状况也不尽相同，因此，马铃薯播种期不能强求一致，应根据具体情况确定。马铃薯播种过早或过迟都对生长不利，只有在适宜的播期播种，才有利于提高马铃薯的产量及经济效益。确定播期要考虑以下几方面：

（1）气温　北方一作区马铃薯春播出苗时要避免霜冻，因此当地晚霜结束前 25～30 d 才能播种。

（2）地温　一般 10 cm 地温稳定达到 6～7 ℃ 即可播种。种薯经过催芽处理，幼芽已经萌动伸长，如果地温低于薯块温度，就会抑制幼芽继续生长，形成"梦生薯"，造成缺苗断垄。

（3）降水　要使薯块形成期尽量避开高温干旱期，薯块膨大期与雨季吻合。晋西北地区马铃薯要适当晚播。

（4）品种、用途　早熟品种，可以覆膜早播；晚熟品种或生产种薯，就要适当晚播。

山西省一季作区马铃薯播种日期一般在 4 月中下旬到 5 月上中旬，覆膜播种可以提前到 4 月上旬。李琪等（2011）研究认为，在宁夏，适当推迟播期有利于缩短马铃薯的生育期，不同播期与叶面积指数、单株（茎）叶面积、叶片总面积之间关系密切。选择适宜的播期有利于提高叶面积指数，获得品质更优的粉用马铃薯品种。刘学翠（2013）试验表明，播期对马铃薯产量、单株生产力、商品率及产值的影响明显。在会宁干旱地区，秋覆黑全膜马铃薯 5 月 9～14 日为最适宜播期。张凯等（2012）发现，随着播期的推迟，马铃薯全生育期缩短，株高出现明显变化，单株干物质最大积累速率提前；5 月 27 日播种的植株高度、叶面积指数、单株干物质积累量和最大积累速率均最大，马铃薯块茎鲜重的增长过程呈"慢—快—慢" S 形曲线；块茎鲜重最大积累速率出现的时间随播期的推迟而提前，5 月 27 日播期的丰产性最好；5 月底或 6 月初是陇中黄土高原半干旱区马铃薯的适宜播种时间。柳进钱（2014）试验结果表明，在庄浪县，旱地梯田全膜双垄侧播条件下马铃薯适宜播期为 4 月 10 日。罗爱华等（2011）研究发现，4 月中下旬至 5 月下旬为高寒阴湿区中早熟马铃薯 LK99 原种的适宜播种期，适度晚播（5 月上中旬）有利于提高中早熟马铃薯 LK99 原种的大中薯率以及产量，4 月中下旬播种更利于 LK99 贮藏过程中维持相对较高的鲜薯重，并能有效降低发芽率和烂薯率。

（四）种植密度

马铃薯播种密度取决于品种、用途、播种方式、肥力水平等因素。早熟品种植株矮小、分枝少，播种密度大于晚熟品种；种薯生产为了提高种薯利用率，薯块要求较小，播种密度大于商品薯生产；炸条原料薯要求薯块大而整齐，播种密度要小于炸片和淀粉加工原料薯；单垄双行种植叶片分布比较合理，通风透光效果好，可以比单垄单行密度大一些，土壤肥力水平较高的地块可以适当增加密度。一般情况下，种薯生产的播种密度在 5 000 株/亩以上，早熟品种播种密度 4 000～5 000 株/亩，晚熟品种播种密度 3 000～3 500 株/亩，炸片原料播种密度 4 000～4 500 株/亩，炸条原料播种密度 3 000～3 500 株/亩，淀粉加工原料薯播种密度 3 500～4 000 株/亩。

金光辉等（2015）发现，马铃薯主茎数、结薯数、小薯率和产量随种植密度减小呈递减趋势，大中薯率呈递增趋势。余帮强（2012）试验表明，种植密度对马铃薯产量具有一定的影响，密度越大产量越高。但密度过高会降低单薯重，导致商品薯率下降，影响经济效益，所以适宜的密度为 6.0 万株/hm²。梁锦绣（2015）认为，适宜的马铃薯密度可提高马铃薯产量和水分利用效率，在宁南旱地马铃薯覆膜栽培条件下密度为 6.0 万株/hm² 时，能有效减少土壤水分消耗，实现马铃薯高产。

（五）播种方式

马铃薯播种方式有垄作和平作。垄作多以畜力、拖拉机起垄。

畜力起垄。先开沟播种，后覆土起垄，采用宽窄行种植，小行距 30 cm，大行距 60～70 cm，株距按需要确定。

拖拉机起垄。大型播种机行距 90 cm，株距 15～20 cm，主要用于大型喷灌圈种植，播种、施肥、起垄一次完成。小型播种机大多是单垄双行种植，大行距 80～90 cm，小行距 40～30 cm，主要用于滴灌种植，播种、施肥、起垄、铺滴灌带、覆膜一次完成。余帮强（2012）试验表明，不同种植方式对马铃薯的产量影响较大。在宁夏固原地区，起垄地膜覆盖种植具有较明显的增产作用，较露地平种垄作增产 5.96%。

马铃薯播种深度与出苗直接相关。播种深度根据土壤、种薯情况做相应调整。正常播种深度一般 8～12 cm。微型薯由于薯块较小，芽势较弱，播种适当浅一些；如果土壤湿度过大，地温较低或土壤质地过于黏重，播种也要相应浅一些。浅播有利于出苗，但不利于多结薯、结大薯，因此出苗后要增加培土次数，以满足结薯要求。

牟丽明（2014）发现，在黄土高原半干旱区，可以采用垄上覆膜沟内草膜双覆盖摆种、垄上覆膜沟内覆草浅播摆种和垄上覆膜沟内覆草摆种三种保护性耕作技术种植马铃薯，产量和水分利用效率较传统耕种分别提高 30.0%、22.0%、17.2% 和 44.2%、27.4%、22.1%，且不降低马铃薯商品品质。

六、田间管理

（一）科学施肥

"有收无收在于水，收多收少在于肥"，肥料是作物的粮食。马铃薯正常的生产发育需要十余种营养元素，除 C、H、O 是通过叶子的光合作用从大气和水中得来的之外，其他营养元素，N、P、K、S、Ca、Mg、Fe、Cu、Mn、B、Zn、Mo、Cl 等，都是通过根系从土壤中吸收来的，它们对于植物的生命活动都是不可缺少的，也不能互相代替，缺乏任何一种都会使生长失调，导致减产、品质下降。N、P、K 是需要量最大，也是土壤最容易缺乏的矿物质营养元素，必须以施肥方式经常加以补充。一般亩产 2 000 kg 产量需要：N 素 10 kg，P 素 4 kg，K 素 23 kg，Ca 素 6 kg，Mg 素 2 kg。

马铃薯施肥，一般以"有机肥为主，化肥为辅，重施基肥，早施追肥"为原则。

1. 重施有机基肥，减少土壤碳排放 有机肥是指含有有机物质，既能提供农作物多种无机养分和有机养分，又能培肥改良土壤的一类肥料。其特点有：原料来源广，数量大；养分全，含量低；肥效迟而长，须经微生物分解转化后才能为植物所吸收；改土培肥效果好。

有机肥中的主要物质是有机质，施用有机肥增加了土壤中的有机质含量。有机质可以改良土壤物理、化学和生物特性，熟化土壤，培肥地力。中国农村的"地靠粪养、苗靠粪长"的谚语，在一定程度上反映了施用有机肥对于改良土壤的作用。施用有机肥既增加了许多有机胶体，同时借助微生物的作用把许多有机物也分解转化成有机胶体，这就大大增加了土壤吸附表面，并且产生许多胶黏物质，使土壤颗粒胶结起来变成稳定的团粒结构，提高了土壤保水、保肥和透气的性能，以及调节土壤温度的能力。

有机肥料的原料来源很多，具体可以分为以下 5 类：农业废弃物，如秸秆、豆粕、棉粕等；畜禽粪便，如鸡粪、牛羊马粪、兔粪；工业废弃物，如酒糟、醋糟、木薯渣、糖渣、糠醛渣等；生活垃圾，如餐厨垃圾等；城市污泥，如河道淤泥、下水道淤泥等。

常用的自然肥料品种有绿肥、人粪尿、厩肥、堆肥、沤肥、沼气肥和废弃物肥料等。

马铃薯生产中常见的有机肥包括农家肥、商品有机肥、腐殖酸类肥料。农家肥，将人、畜粪便以及其他原料堆制而成，常见的有厩肥、堆肥、沼气肥、熏土和草木灰等。商品有机肥一般是生产厂家经过生物处理过的有机肥，其病虫害及杂草种子等经过了高温处理基本死亡，有机质含量高。腐殖酸类肥料是利用泥炭、褐煤、分化煤等原料加工而成。

这类肥料一般含有机质和腐殖酸，N 的含量相对比 P、K 要高，能够改良土壤，培肥地力，增强作物抗旱能力以及刺激作物生长发育。

有机肥、P 肥全部做基肥；N 肥总量的 60％～70％做基肥，30％～40％做追肥；K 肥总量的 70％～80％做基肥，20％～30％做追肥。P 肥最好和有机肥混合沤制后施用。基肥用量一般占总施肥量的 2/3 以上，一般为每公顷 22.5～45.0 t。施用方法依有机肥的用量及质量而定，一般采取撒匀翻入，深耕整地时随即耕翻入土。P、K 化肥在播种时种薯间施入，或种薯行间空犁沟施入。

在农业方面，提高化肥利用率。在保证作物产量的前提下，实现减少化肥消耗量，对于减少化肥生成过程中的 CO_2 排放和保护环境都具有重要的作用。

过量使用化肥导致大量生物质能源浪费，进而削弱了农业生态系统固碳能力。中国科学院植物研究所蒋高明研究员团队在中国东部温带农村设计了一个生态农场，他们将玉米秸秆粉碎后饲养肉牛，然后将牛粪腐熟后施入到冬小麦—夏玉米轮作农田中。设计了 4 种不同的有机肥和无机肥配施比例：100％有机肥、100％化肥、75％有机肥＋25％化肥以及 50％有机肥＋50％化肥。根据政府间气候变化专门委员会（IPCC）2006 年的方法，计算了温室气体排放量。结果表明，用有机肥替代化肥可显著减少温带农田温室气体排放量，与此同时，施用有机肥还增加了土壤肥力，进而提高了小麦和玉米产量。有机肥全部替代化肥后，农田变为典型的碳库，而全部施用化肥农田则为典型碳源，以秸秆循环利用和有机肥替代化肥为主要特征的有机耕作模式可将农田碳排放逆转为碳吸收。该研究可为提高农业生态系统应对气候变化提供科学依据。

2. 适期追肥　马铃薯为喜肥高产作物，对肥料反应敏感，适时适量追施肥料是重要的增产措施。马铃薯一生对养分的吸收大致可分为三个时期：

① 苗期。由于块茎含有丰富的营养物质，所以此时吸收的养分较少，大约相当于全生育期的 1/4。

② 块茎形成至块茎增长的时期。此期地上部分茎叶的生长和块茎的膨大同时进行，马铃薯全生育期的干物质积累也在这个时期。所以，这个时期是马铃薯需肥最多的时期，是吸肥的高峰期。此时吸收的养分相当于全生育期吸收总量的 50％以上。

③ 淀粉积累期。此时吸收的养分较少，吸收量和苗期差不多，约相当于全生育期的 1/4。

马铃薯是喜肥的高产作物，要高产当然少不了 N、P、K 营养。N 素的作用是促进茎叶生长，延长叶片衰老，加快块茎淀粉积累。P 素能加强叶片光合作用，增强物质运转和代谢功能，尤其在苗期和块茎形成期更显重要，此时供给必需的 P 素营养，对提高马铃薯的产量有明显效果。K 素的功能不仅能提高马铃薯叶片的光合效率，而且能促进有机物的合成和运转，增强抗逆性，改善产品质量。总之，三要素养分在马铃薯一生中是非常重要的和不可缺少的。根据试验分析结果，每生产 1 000 kg 块茎，需要吸收 N 素 5.5 kg、P 素 2.2 kg、K 素 10.2 kg。可见马铃薯对三要素养分的需要量是非常高的，以 K 元素为主，N 素其次，P 素较少。追肥应根据马铃薯需肥规律和苗情进行，宜早不宜晚，宁少毋多。

追肥要结合马铃薯生长时期进行合理施用。一般在开花期之前施用，早熟品种最好在苗期施用，中晚熟品种在现蕾期施用较好。主要追施 N 肥及 K 肥，补充 P 肥及微量元素肥料，开花后原则上不应追施 N 肥，否则施肥不当造成茎叶徒长，阻碍块茎形成、延迟发育，易产生小薯和畸形薯，干物质含量降低。追肥方法可沟施、穴施或叶面喷施，土壤追肥应结合中耕灌溉进行。如在山西省北部，中等肥力地块每亩需要农家肥 2 500 kg，磷酸二铵 30 kg，硫酸钾 10 kg。追肥视苗情宜早不宜晚，一般在现蕾期进行。控制 N 肥，追肥数量是施肥总量的 30％N 肥和 50％的 K 肥，并适量补充 Mg、Zn 等微量元素。壮苗酌情少施，弱苗酌情多施，偏旺苗可不施。追肥应根据气候、地力，结合下雨或灌溉追肥，提高肥料利用率。

追肥量因土壤肥力、种植密度、品种类型等差异很大，要依具体情况而定。一般在第二次中耕后，灌第一水之前进行第一次追肥，每亩用尿素 10～15 kg 兑水浇施。早熟品种在苗高 10 cm、中晚熟品种苗高 20 cm 时开始追肥。生长后期若植株早衰可以喷施0.3％～0.5％的磷酸二氢钾溶液 50 kg，每 10～15 d 喷一次，连喷 2～3 次。干旱严重时应减少化肥用量，以免烧根或损失肥效。

适当根外追肥。马铃薯对 Ca、Mg、S 等中微量元素要求较大，为了提高品质，可结合病虫害防治进行根外追肥，亩用高乐叶面肥 200 g400 倍液喷施，前期用高 N 型，以增加叶绿素含量，提高光合作用效率，后期距收获期 40 d，采用高 K 型，每 7～10 d 喷一次，以防早衰，加速淀粉的累积。

马铃薯对 B、Zn 比较敏感，如果土壤缺 B 或缺 Zn，可以用 0.1％～0.3％的硼砂或硫酸锌根外喷施，一般每隔 7 d 喷一次，连喷 2 次，每亩用溶液 50～70 kg 即可。通过根外追肥可明显提高块茎产量，增进块茎的品质和耐贮性。

马铃薯的高产稳产需要 N、P、K 三要素的合理配合施用，单纯施用其中的某一种或某两种都会造成肥效利用率低而造成浪费。所以测定土壤养分，根据地力确定适宜的肥料种类和施肥量能够提高产量和品质进而提高经济效益。马铃薯平衡施肥量确定，根据马铃薯全生育期所需要的养分量、土壤养分供应量及肥料利用率即可直接计算出马铃薯的施肥量，再把纯养分量转换成肥料的实物量，即可用于指导施肥。

平衡施肥对马铃薯产量和品质有影响。俞凤芳（2010）为了解平衡施肥对马铃薯的效果，就马铃薯产量和品质性状方面进行了平衡施肥和传统施肥的比较。结果表明，平衡施肥较传统施肥大薯率高，达 73.9％，产量高达 31 011.15 kg/hm^2；平衡施肥较传统施肥马铃薯粗蛋白质和淀粉含量提高 14.13％和 15.78％；且平衡施肥经济效益好。罗元堂（2013）在重庆市彭水县进行了马铃薯平衡施肥试验。结果初步表明，最佳施肥（N 300 kg/hm^2，P$_2$O$_5$ 120 kg/hm^2，K$_2$O 240 kg/hm^2）条件下，马铃薯单产为 28 766.7 kg/hm^2，达到当地的高产水平，每千克养分生产马铃薯 18.4 kg；在此基础上，继续增加 N 肥或 P 肥或 K 肥的用量，其产量都没有继续增加。足量的 P 肥和 K 肥对于提高马铃薯的商品性具有重要作用。在供试土壤条件下，要获得马铃薯高产必须施用足够的肥料。

N 使茎叶生长繁茂，叶色浓绿，光合作用旺盛，增加有机物质积累，蛋白质含量提高。若 N 肥过多，特别是在生长后期过多，促进植株徒长，组织柔嫩，推迟块茎成熟，产量降低。P 促进植株生育健壮，提高块茎品质和耐贮性，增加淀粉含量和产量。若 P 不足则植株和叶片矮小，光合作用减弱，产量降低，薯块易发生空心、锈斑、硬化、不易煮烂，影响食用品质。K 能增进植株抗病和耐寒能力，加速养分转运，使块茎中淀粉和维生素含量增多。K 若不足则生长受抑制，地上部分矮化，节间变短，株丛密集，叶小呈暗绿色渐转变为古铜色，叶缘变褐枯死，薯块多呈长形或纺锤形，食用部分呈灰黑色。

马铃薯在整个生育期间，不同的生育阶段需要的养分种类和数量都不同。幼苗期吸肥很少，发棵期陡然上升，到结薯初期达到吸肥量顶峰，然后又急剧下降。按 N、P、K 三要素占总吸肥量的百分比计算，从发芽期到出苗 N、P、K 分别占 6%、8%、9%；发棵期分别为 33%、34%、36%；结薯期分别为 56%、58%、55%。

根据马铃薯需肥特点，农户可根据土地状况，包括土壤肥力、投入肥料的资金能力、灌溉条件，来确定使用肥料的种类、施入数量、施肥时间和施肥方法。本着经济有效、促早熟高产的目的，应确定以农家肥、基肥为主，化肥、追肥为辅的原则。化肥使用须 N、P、K 配合。前期追肥一般不宜单追尿素，特别是结薯之后不应盲目追 N，易造成浪费和相反效果。增施 P 肥促早熟、高产，缺 K 地区施 K 肥增产相当明显。

施 K 和补水对旱作马铃薯光合特性及产量有影响。陈光荣等（2009）采用裂区试验设计，以施 K 水平为主处理，补水时期为副处理，研究了补充供水和 K 素处理对马铃薯光合特性及产量的影响。结果表明，施 K 能明显增加马铃薯叶片气孔导度、蒸腾速率及光合速率（$P<0.05$），但施 K 提高叶片气孔导度、蒸腾速率、光合速率的程度还依赖于马铃薯受到土壤水分胁迫的程度。在施 K 量 150 kg/hm^2、苗期补水的条件下，产量达到 36 324.97 kg/hm^2，比不施 K、不补水处理产量提高了 32.24%。

K 是作物生长必需元素，在维持细胞内物质正常代谢、酶活性增加，促进光合作用及其产物的运输和蛋白质合成等生理生化功能方面发挥着重要作用。易九红等（2010）综述了 K 对马铃薯生长发育进程及产量、品质形成的影响，总结了不同 K 源对马铃薯的影响，并进行了展望。

硝基复合肥是近年来中国迅速发展的一种环保性新型肥料，是一种既含硝态 N 又含铵态 N 的"双氮"肥料。代明等（2009）通过大田试验，研究了不同硝基肥品种对马铃薯生长发育、产量及品质的影响。结果表明，在 N、P、K 等量的条件下，施用硝硫基复合肥和硝氯基复合肥较氯基复合肥、硫基复合肥能明显地促进马铃薯生长发育，增加单薯重、单株重以及肥料利用率。与硝氯基复合肥、硫基复合肥和氯基复合肥处理相比，施用硝硫基复合肥处理的马铃薯增产率分别为 2.96%～3.06%、5.19%～5.51% 和 10.05%～10.37%；同时能够改善马铃薯的果实品质，增加果实的淀粉、可溶性糖和维生素 C 含量，是较为理想的复合肥。

随着马铃薯经济化与主粮化的发展，种植面积逐年增大，同时追求高产伴随肥料的过量施用，造成肥料和能源的浪费，而且给环境带来危害。控释肥是一种根据作物不同生长阶段对营养需求情况而释放养分的新型肥料，能够控制（减缓）养分释放，减少对环境的污染，而且具有养分释放与作物吸收同步的特点。魏玉琴等（2015）通过包膜控释尿素对马铃薯生育期株高、主茎数、茎粗、叶面积指数、叶绿素含量、单株结薯数、单株产量、商品薯率和产量的影响研究。结果表明，与施用普通尿素相比，包膜控释尿素施用量为普通尿素的 80% 时，在所有调查指标方面均表现最好，且商品薯率达到 87.3%，折合产量为 2 646 kg/亩，较不施 N 肥增产 33.4%。

3. 高产田的施肥模式　例如，2008 年陕西省农业厅在榆林市靖边县东坑镇伊当湾等 18 个行政村建 2 000 hm² 夏马铃薯高产创建示范区。采用的施肥模式为：播前深翻土地，深度达 20～30 cm，随即耙耱，保持土壤表面疏松、上下细碎一致。结合深耕每亩施优质农家肥 4 000～5 000 kg，碳酸氢铵 50 kg，磷酸二铵 40 kg，作为基肥一次性施入。追肥：现蕾期和开花期进行 2 次追肥，采用打孔追肥的方式，第一次每亩追施碳酸氢铵 25 kg，第二次每亩追肥尿素 20 kg、硫酸钾 10 kg。7 月 23 日，经专家组现场测产，平均每亩产量 3 810 kg，其中商品薯平均每亩产量 3 646 kg。

（二）合理灌溉

马铃薯是需水量大而容易高产的作物。虽然较其他作物抗旱，但是对水分最为敏感，在整个生育期内需要大量水分。水分是马铃薯生长和产量形成的必要条件，土壤水分状况直接影响马铃薯地上部分的生长进而影响产量。马铃薯生长过程中要供给充足水分才能获高产。马铃薯植株每制造 1 kg 干物质约消耗 708 kg 水。在壤土上种植马铃薯，生产 1 kg 干物质最低需水 666 kg，最高 1 068 kg。沙质土壤种马铃薯的需水量为 1 046～1 228 kg。一般亩产 2 000 kg 块茎，每亩需水量为 280 t 左右，相当于生长期间 419 mm 的降水量。

马铃薯不同生育阶段需水要求不同，灌溉标准通常为发芽期田间持水量 60%～65%，幼苗期田间持水量 65%～70%，块茎形成期田间持水量 75%～80%，块茎膨大期田间持水量 75%～80%，淀粉积累期田间持水量的 60%～70%。现蕾—开花需水量达最高峰。浇水最好沟灌或小水勤浇，俗话说"水少是命，水多是病"，因此，灌水要匀，用水要省，进度要快。有条件喷灌时，效果更好。本期一季区这时正是 6 月下旬至 7 月上旬，常干旱缺雨，这时浇水可增产 30%～40%，淀粉含量增加 1.6%，肥料利用率提高 11% 以上。

在山西省马铃薯产区，通常根据墒情确定干旱程度和进行灌溉。如有灌水条件时在干墒、灰墒、黄墒时灌水，在褐墒、黑墒时不灌水（手握土干燥无凉意为干墒，手握土稍感凉意为灰墒，手握土明显感到湿润为黄墒，手握土成团，手有湿痕为褐墒，手握土可挤出水痕为黑墒）。

1. 灌溉水源　灌溉水源指可用于灌溉的地表水、地下水和经过处理并达到利用标准的污水的总称。天然水资源中可用于灌溉的水体，有地表水、地下水两种。地表水包括河川径流、湖泊和汇流过程中拦蓄的地表径流，地下水有浅层地下水和深层地下水，城市污水和灌溉回归水用于灌溉，是水资源的重复利用。马铃薯的灌溉水源主要包括天然降水、地表水和径流、地下水。

降水是地表水源的主要补给来源，中国大部分地区降水的季节分配不均匀。长江以南地区多雨季节为 3～6 月或 4～7 月。雨季降水量占全年降水量的 60%～70%。华北和东北地区，多雨季节为 6～9 月，雨季降水量占全年降水量的 70%～80%。因此，地表径流量主要随降雨的季节而变化，在时间上分配极不均衡，而作物在生长期内的需水是逐日变化且相对均匀的，这使径流的时间分配与灌溉的需求不尽适应。此外，灌溉水源的年际变化也很大，南方河流丰枯年份水量比值在 3 倍以上，北方河流丰枯年份水量比值可达 10～20 倍。干旱年份，特别是连续干旱年份，水量不足对农业生产的影响极大，以至造成绝收。

地下水接受降雨入渗、河道渗漏、灌溉渗漏、山前侧渗等补给，形成存在于地壳表层含水层中的地下水。在多年丰枯水文周期内的开采、补给交替作用下，可得到恢复和更新的多年平均水量为地下水资源量。其中浅层地下水是另一重要的灌溉水源。它与降水和地表水有着密切的联系，补给条件好，容易更新，地下水位埋藏深度相对较浅，是中国华北和东北平原地区发展灌溉的重要水源。深层地下水补给距离长，不易更新，一般不宜作为灌溉常备水源。

山西省属于温带大陆性季风气候，农业生产对降水的依赖性很大，基本处于"雨养农业"状态。年降水量400～650 mm，集中在夏季，占全年降水量的60%以上，且降水受地形影响很大，山区较多，盆地较少，北部偏少、南部偏多。降雨的年际及年内分配极不均匀，且与农作物生长需水极不协调。全境有大小河流1 000多条，主要有汾河、海河两大水系和流经山西与河南两省的沁河水系。全省水资源总量为91.55亿 m³，地表水资源量为52.84亿 m³，地下水资源量为77.44亿 m³，人均水资源量254.8 m³，仅相当于全国平均水平的12%，属于严重缺水地区。水资源的不足与农作物需要水源的灌溉形成了矛盾，也导致山西省农业的总体发展水平受到了较大的影响。

陕西省属于温带大陆性季风气候，地域南北跨度大，以秦岭、北山为界，北部为陕北黄土高原，省内黄河流域主要河流有窟野河、无定河、延河、渭河、泾河、洛河、伊洛河等；长江流域主要河流有汉江、丹江和嘉陵江等。陕西省水资源总量445.0亿 m³，人均1 280 m³，仅是全国和世界平均水平的56%和14%。水资源区域分布总趋势是从南到北逐步递减。陕南水资源相对丰富，关中和陕北的水资源贫乏，南北相差悬殊。陕西省多年平均降水总量1 390.7亿 m³，折合年平均降水量676.4 mm。其中：陕南降水总量647.05亿 m³，关中地区为371.58亿 m³，陕北地区为372.06亿 m³。总的变化规律是由南向北递减，且陕西省年内降水量不均，50%以上的降水集中在夏季7～9月，春、秋两季降水相对也少，冬季仅2%～3%。由于降雨季节变化大，时空分布不均，导致水旱灾害频繁发生。并且陕西省农业用水量大，约占总用水量的70%，全省3/4以上的农产品由灌溉地生产，农业季节性干旱突出。

2. 节水补充灌溉

（1）节水补充灌溉时期 在马铃薯的不同生育时期，对水分要求不同。

① 出苗期。靠种薯内的水分可以正常生长。如果土壤过于干旱或覆土不良，使种薯内水分散失，甚至种薯完全干缩，就会影响出苗。因此，需土壤有足够的底墒，播种后得保持种薯下面土壤湿润，上面土壤干爽，是保证适时出苗的技术要点。

② 幼苗期。需水分不多，这时叶面积小，蒸腾水分少，如果水分过多，对根系的向下伸展反而不利。据试验前半期使土壤保持适度干旱，后半期保持湿润的比一直湿润的提高净光合生产率11%～16%，比长期干旱提高净光合生产率达46%～50%。

③ 块茎形成期。最需水的关键期之一，北方旱作区这时正是6月下旬至7月上旬，大多数年份雨季姗姗来迟，经常出现干旱缺雨，因此本期的水分具有临界水的作用。据研究，干旱年份浇水可增产30%～40%，淀粉含量提高1.6%，光合势提高20%，光合生产率提高3%，对养分利用率N肥提高11.5%，P肥提高9%～11%。同时促进了养分吸收与运转。

④ 块茎增长期。地上部处于盛花期，这时茎叶生长量达到最高峰，薯块增长量最大，对水分要求达到最高峰。水分不足，影响块茎形成膨大，已形成的块茎表皮薄壁细胞木栓化，薯皮老化。当再遇水分充足，块茎恢复生长，形成次生或顶端抽枝等畸形薯。只有供给充足的水，才能使光合作用旺盛进行，利于养分吸收、转移，从而获得高产。只有供给充足的水分，才能使光合作用旺盛进行，利于养分吸收、转移，从而获得高产。

⑤ 淀粉积累期。本期需水量不大，土壤水分过多或积水超过 24 h，块茎面腐烂，超过 30 h 块茎大量腐烂，42 h 后几乎全部烂掉。因此，低洼地种植应注意本期的排水和实行高垄栽培。

（2）节水补充灌溉类型　随着科技的快速发展，在农田水利中推广节水灌溉技术，改变传统的灌溉方式，对于节约灌溉用水，提高经济效益均有重要的意义。

节水灌溉技术是比传统的灌溉技术明显节约用水和高效用水的灌水方法、措施和制度等的总称。是否节约灌溉用水，用水是否高效是以单位作物产量总耗水量（从水源算起直到田间）多少来衡量，或者以单位耗水量所取得的产值多少来衡量。现在中国采用过的和正在研究或推广使用的节水灌溉技术有数十种之多，各种技术都各有利弊，各有不同的适用条件。按灌溉水是通过何种途径进入根系活动层，灌水方法可分为地面灌溉、喷灌、微灌和地下灌溉。

地面灌溉。水是从地表面进入田间并借重力和毛细管作用浸润土壤，所以称为重力灌水法。地面灌溉是古老的传统的灌水方法，一般说来它是作为比较是否节水的基点。

喷灌。利用专门设备将有压水送到灌溉地段，并喷射到空中散成细小的水滴，像天然降雨一样灌溉。突出的优点是对地形的适应力强，机械化程度高，灌水均匀，灌溉水利用系数高，尤其适合于透水性强的土壤，并可调节空气湿度和温度。但基建投资高，而且受风的影响大。

微灌。利用微灌设备组成微灌系统，将有压力的水输送到田间，通过灌水器以微小的流量湿润作物根部附近土壤的一种灌水技术。主要特点是灌溉时只浸润作物周围的土壤，远离作物根部的行间或棵间的土壤保持干燥，一般灌溉流量都比全面灌溉小得多，因此又称为微量灌溉，简称微灌，其中包括渗灌、滴灌、微喷灌、涌灌和膜上灌等。主要优点是：灌水均匀，节约能量，灌水流量小，对土壤和地形的适应力强，能提高作物的产量，增加耐盐能力；便于主动控制，明显节约劳力。比较适合于灌溉宽行作物、果树、葡萄、瓜果等。

地下灌溉。用节制地下水位的方法进行灌溉。在要灌溉时把地下水位抬高到水能够进入根系活动层的高度，地面仍维持单调，所以十分省水，不灌溉时把地下水位降下去。这种方法的局限性很大，只有在根系活动层下以有不透水层时才行。

目前在中国马铃薯生产中应用的节水灌溉技术主要包括低压管灌、大型喷灌、移动式喷灌、卷盘式喷灌、软管微喷、滴灌、膜下滴灌、便携式滴灌、太阳能滴灌，这些灌溉方式都比传统的漫灌方式节水明显。

① 黄土高原旱作区马铃薯叶片和土壤水势对垄沟微集雨的响应特征。杨泽粟等（2014）于 2011 年在黄土高原半干旱地区以平地不覆膜为对照，研究了不同沟垄和覆膜方式对马铃薯叶片和土壤水势水势的影响。结果表明：不同沟垄和覆膜方式在不同土层和不

同生育期对土壤和叶片水势的影响差异显著。

土壤水势日变化趋势。0~20 cm 土层，土垄处理在开花期为先下降后上升型，土垄和覆膜垄处理在块茎膨大期为先下降后上升型，覆膜垄和全膜双垄沟播处理在成熟期为先下降后上升型，其余为逐渐下降型；20~40 cm 土层，各处理土壤水势呈逐渐下降趋势。

叶片水势日变化趋势。开花期和块茎膨大期表现为双低谷型，双低谷分别在 13 时和 17 时，成熟期为"V"型，即单低谷型，低谷出现在 17 时。各处理变化趋势相同，但水势存在差异。土垄处理在水分关键期（开花期和块茎膨大期）叶片水势显著高于其他处理，而全膜双垄沟播处理在成熟期最高。

生育期土壤水势和叶片水势均表现为先减小后增大的趋势。20~40 cm 土层对叶片水势影响较大，土垄处理在该土层具有较好的水分状态，蒸腾作用较强加速了水分运移速率，是导致覆膜垄和全膜双垄沟播处理水势低于土垄的主要原因。在前期降雨较少的年份，由于较小的蒸腾作用，土垄处理可以保证马铃薯承受较小的水分胁迫；在前期降水量较多的年份，覆膜垄和全膜双垄沟播处理则可以凭借其较大的蒸腾作用发挥较大的增产效果。

② 不同灌溉方式对榆林沙区马铃薯生长和产量的影响。王雯等（2015）开展膜下滴灌（MG）、露地滴灌（DG）、交替隔沟灌（JG）、沟灌（GA）和漫灌（CK）5 种灌溉方式对马铃薯生长和产量影响的研究，旨在筛选出适合榆林沙区的最有效的节水灌溉方式。结果表明：

MG 处理的马铃薯植株生长发育状况优于其他灌溉方式。整个生育期，MG 处理的株高、茎粗以及叶片 *SPAD* 值均高于其他处理，且显著高于 CK（$P<0.05$）。除苗期外，不同处理的株高、茎粗及 *SPAD* 值均表现为 MG>DG>JG>GA>CK。

在整个生育期，MG 处理的马铃薯叶片净光合速率、气孔导度和水分利用效率均高于其他处理，且显著高于 CK（$P<0.05$）。

MG 处理的马铃薯增产增收效果显著。不同处理马铃薯的商品薯率和小区产量均表现为 MG>DG>JG>GA>CK，MG 处理分别较 DG、JG、GA 和 CK 增产 6.2%、18.3%、29.7% 和 43.1%，分别较 DG、JG、GA 和 CK 增收 7.3%、22.5%、41.1% 和 65.6%，并且分别比 JG、GA 和 CK 节水 21.4%、30.2% 和 54.2%，节水效果明显。总体来看，同其他 4 种灌溉方式相比，膜下滴灌是榆林沙区马铃薯生产中最有效的一种节水灌溉方式。

（3）滴灌　滴灌是当今世界上最先进的节水灌溉技术之一。它是利用滴灌系统设备，按照作物需水要求，通过低压管道系统与安装在末级管道上的滴头，将作物生长所需的水分和养分以较小的流量均匀、准确地直接输送到作物根部附近的土壤表面或土层中，使作物根部的土壤经常保持在最佳水、肥、气状态的灌水方法。

滴灌还可以通过自动化的方式进行管理，滴灌比喷灌更加具有节水、增产的效果，并且还能够将肥效提升 1 倍以上。是目前干旱缺水地区最有效的一种节水灌溉方式，水的利用率可达 95%。滴灌较喷灌具有更高的节水、增产效果，同时可以结合施肥，提高肥效 1 倍以上。

根据不同的作物和种植类型，滴灌系统可分为：

固定式地面滴灌。一般是将毛管和滴头都固定地布置在地面（干、支管一般埋在地下），整个灌水季节都不移动，毛管用量大，造价与固定式喷灌相近，其优点是节省劳力，由于布置在地面，施工简单而且便于发现问题（如滴头堵塞、管道破裂、接头漏水等），但是毛管直接受太阳暴晒，老化快，而且对其他农业操作有影响，还容易受到人为的破坏。

半固定式地面滴灌。为降低亩投资只将干管和支管固定埋在田间，而毛管及滴头都是可以根据轮灌需要移动。投资仅为固定式的 50%～70%。这样就增加了移动毛管的劳力，而且易于损坏。

膜下灌。在地膜栽培作物的田块，将滴灌毛管布置在地膜下面，这样可充分发挥滴灌的优点，不仅克服了铺盖地膜后灌水的困难，而且还大大减少地面无效蒸发。

近年来马铃薯滴灌技术在中国大面积推广应用，以内蒙古发展较为迅速，2013 年，内蒙古马铃薯滴灌种植面积达到 9.3 万 hm^2，其中膜下滴灌 4.8 万 hm^2，仅乌兰察布市滴灌面积就达到 5.3 万 hm^2，平均亩产量 1 700 kg。

康跃虎等（2004）对滴灌马铃薯 6 个灌水频率的试验研究表明，在总灌溉量相同的条件下，灌水周期在 1～6 d 范围内，马铃薯产量、商品薯产量及水分利用效率均随着灌水频率的增加而增加。江俊燕等（2008）对沙土条件下露地滴灌马铃薯 3 个灌水频率的研究表明，在总灌溉量相同时，灌水周期在 3～7 d 范围内，马铃薯品种夏波蒂的淀粉含量随着灌溉频率的增大而增大。康玉林等（1997）对沙土和黏土两种条件下不同马铃薯品种的漫灌试验研究结果表明，沙地马铃薯的淀粉含量等于或高于黏土，最多可高出 2%；坝 318 马铃薯的淀粉含量在常干旱条件下高于常湿润条件下，而晋薯 2 号则相反。

① 滴灌条件下马铃薯耗水规律及需水量。王凤新等（2005）通过田间试验，用水量平衡法和蒸渗仪实测了不同滴灌灌水控制方式下的马铃薯耗水量。结果发现，在滴灌条件下，马铃薯水分腾发量（ET）受土壤基质势下限的影响要比灌水频率大。在土壤基质势高于 -25 kPa 时，ET 主要受气象因素的影响；土壤基质势降低时，会导致马铃薯腾发量的下降；当土壤基质势低于 -45 kPa 时，马铃薯就会受到明显的水分胁迫，引起腾发量大幅度下降。大于或等于 1 次/4 d 滴灌灌水频率对马铃薯的腾发量影响不明显；但当滴灌灌水频率为 1 次/6 d 或 1 次/8 d 时，由蒸渗仪测得的马铃薯腾发量明显低于更高频率处理。可以用 -25 kPa 水势处理下的腾发量作为滴灌马铃薯的参照腾发量。研究表明，20 cm 蒸发皿的蒸发量与马铃薯腾发量之间有非常好的相关性，用 20 cm 蒸发皿的蒸发量作为灌溉计划的参考量是可行的。

② 干旱区马铃薯田间滴灌限额灌溉技术。王乐等（2013）针对宁夏中部干旱区水资源短缺状况和马铃薯需水规律，在充分利用自然降水的基础上，采用限额灌溉技术开展马铃薯田间滴灌试验研究，通过 2 因素（灌溉次数、灌溉定额）3 水平正交试验设计，在宁夏干旱区开展田间试验工作，看出在马铃薯关键生育期，试验灌水量与马铃薯产量关系显著，且灌水次数与产量呈正相关，灌水次数越多，产量越高；灌水量越大，总水分生产率越高，但灌溉水生产率反而降低。推荐在宁夏干旱区大田种植马铃薯滴灌灌溉方式下的限额灌溉制度：关键生育期灌水 4 次，灌水时间分别为 6 月中旬、7 月上旬、7 月下旬、8 月上旬，每次灌水 131.25 m^3/hm^2，灌溉定额 525 m^3/hm^2。

③ 膜下滴灌技术。马铃薯膜下滴灌技术是针对中国干旱地区缺水少雨，集约化程度低的生产实际，在推广马铃薯地膜覆盖栽培技术和马铃薯喷灌技术的基础上，在马铃薯种植上提出并推广应用的又一新技术。该技术通过可控管道系统供水，将加压的水经过过滤设施滤"清"后，和水溶性肥料充分融合，形成肥水溶液，进入输水干管—支管—毛管，再由毛管上的滴水器均匀、定时、定量浸润作物根系发育区，供根系吸收。实践证明，膜下滴灌可以减少土壤水分蒸发，提高肥料利用率，降低田间马铃薯冠层空气湿度，降低晚疫病发生危害，提高水分利用率，比一般栽培增产154.9%～185.9%。

（三）中耕

中耕除草的好处很多，适时中耕除草可以防止"草荒"，减少土壤中水分、养分的消耗，促进薯苗生长；中耕可以疏松土壤，增强透气性，有利于根系的生长和土壤微生物的活动，促进土壤有机物分解，增加有效养分。在干旱情况下，浅中耕可以切断毛细管，减少水分蒸发，起到防旱保墒作用，土壤水分过多时，深中耕还可起到松土晾墒的作用，在块茎形成膨大期，深中耕、高培土不但有利于块茎的形成、膨大，而且还可以增加结薯层次，避免块茎暴露地面见光变质。总之，通过合理中耕，可以有效地改变马铃薯生长发育所必需的土、肥、水、气等条件，从而为高产打下良好的基础。"锄头上有水，锄头上有火""山药挖破蛋，一亩起一万"，充分说明中耕培土的重要作用。

马铃薯具有苗期短、生长发育快的特点。培育壮苗的管理特点是疏松土壤，提高地温，消灭杂草，防旱保墒，促进根系发育，增加结薯层次。所以，中耕培土是马铃薯田间管理的一项重要措施。结薯层主要分布在10～15 cm深的土层里，疏松的土层有利于根系的生长发育和块茎的形成膨大。

中耕培土的时间、次数和方法，要根据各地的栽培制度、气候和土壤条件决定。黄土高原地区马铃薯一般中耕培土2～3次。春播马铃薯播种后生长时间长，容易形成地面板结和杂草丛生，所以出齐苗后就应及时进行第一次中耕除草，这时幼苗矮小，浅锄既可以松土灭草，又不至于压苗伤根。在春季干旱多风的黄土高原地区，土壤水分蒸发快，浅锄可以起到防旱保墒作用。现蕾期进行第二次中耕浅培土，以利匍匐茎的生长和形成。在植株封垄前进行第三次中耕兼高培土，以利增加结薯层次，多结薯、结大薯，防止块茎暴露地面晒绿，降低食用品质。最终使垄的高度达到15～20 cm，培成宽而高的大垄。对于马铃薯一季作区的干旱地，在刚进入雨季就开始培土；地膜覆盖马铃薯，出苗后要及时破膜放苗，并用土将破膜处封严，当苗高10 cm左右时将膜揭掉，进行中耕培土。

（四）防病治虫除草

1. 病害防治 黄土高原危害马铃薯的主要病害有病毒病、晚疫病、早疫病、干腐病、黑痣病、环腐病、黑胫病、疮痂病等（防治方法详见第三章第二节）。

2. 马铃薯虫害 黄土高原影响马铃薯生产的主要害虫有蚜虫、二十八星瓢虫、芫菁（斑蝥）、地老虎、金针虫、蛴螬、蝼蛄等（防治方法详见第三章第二节）。

3. 杂草防除 马铃薯田间杂草与作物争水、争肥、争阳光，导致马铃薯减产。黄土高原马铃薯田常见杂草种类主要有反枝苋、灰藜、田旋花、野黍子、野燕麦、早熟禾、刺菜、稗草、莎草、马唐、牛筋草、莎草、繁缕、看麦娘、狗尾草、芦苇草、马齿苋、苣荬菜等。

马铃薯田间杂草主要防治措施如下：

（1）农业防治　3～5 年轮作，可降低寄生、伴生性杂草的密度，改变田间优势杂草群落，降低田间杂草数量。深翻 30 cm 以上可以将杂草种子和多年生杂草深埋地下，抑制杂草种子发芽，使部分多年生杂草减少或长势衰退，达到除草的目的。

（2）机械除草　机械除草主要利用翻、耙、耢等方式，消灭耕层杂草。

（3）人工除草　面积较小的地块可以进行人工除草。人工除草结合松土和培土进行。苗出齐后，及时锄草，能提高地温，促进根系发育。发棵期植株已定型，为促使植株形成粗壮叶茂的丰产型株型，应锄第二遍，清除田间杂草，并进行高培土。

（4）物理防治　铺设有色（黑色、绿色等）地膜，能够抑制杂草生长。

（5）化学防治　化学防除杂草主要在播后苗前进行，安全有效。苗后除草剂作为一种补救措施，施药适时，效果也很好。一般在 7 叶前、植株 10 cm 以下喷施，杂草越小效果越好。除草剂有乙草胺、氟乐灵、二甲戊灵、精喹禾灵、嗪草酮、砜嘧磺隆等。

氟乐灵乳油 100～150 g/亩兑水 50 kg 播前土壤处理，防除禾本科杂草。马铃薯播后苗前地表喷施除草剂，防除马铃薯田间杂草安全效果又好。张福远（2013）用 45% 二甲戊灵乳油药后 45 d 的除草效果仍在 90% 以上，在高剂量时可抑制龙葵、苘麻、铁苋菜的生长，对马齿苋、繁缕特效。二甲戊灵不易淋溶，施药后降雨、灌溉对土表药土层影响不大，不易光解、不易挥发，药效持久，持效期长达 45～60 d，药效稳定，正常情况下，一次施药可控制整个生长季节杂草。苏少泉（2009）砜嘧磺隆＋嗪草酮（35 g/hm² ＋280 g/hm²）＋甲酯化植物油是最佳配方，此方不仅可以扩大杀草谱，而且还有延缓杂草抗药性的产生，对马铃薯田的一年生禾本科和阔叶杂草有较好的防治效果。

（五）环境胁迫及其应对

中国是受气候变化影响最为严重的国家之一，尤其是西北部黄土高原。近百年来黄土高原平均气温在逐渐上升，年降水量和植物生长季降水量均呈递减的趋势。黄土高原的气候既受经度、纬度的影响，又受地形的制约，气温年较差、日较差大，降水稀少，冬季寒冷干燥，夏季炎热湿润，雨热同期。

1. 温度胁迫　温度对马铃薯各个器官的生长发育和产量形成有很大的作用，它关系到安排播种期、决定种植密度和安排田间管理措施等。

马铃薯原产于南美高山地带，喜温凉气候，不耐高温，全生育期 150～160 d，需≥5 ℃积温 2 000～3 000 ℃。据研究，马铃薯结薯期的降水量、淀粉积累期的平均最高温度、发芽期的平均温度和结薯期的平均温度均与马铃薯产量密切相关。薯块在土温为 4～5 ℃时可以发根，5～7 ℃时开始发芽，但生长非常缓慢，10 ℃以上时幼芽生长迅速而健壮，但以 18 ℃生长最好。马铃薯开花最适温度为 15～17 ℃，低于 5 ℃或高于 38 ℃不开花。花在 -0.5 ℃时受冻害，在 -1 ℃时致死。夜温在 16 ℃以上开花良好，12 ℃以下形成花芽但不开花。16～18 h 的长日照和高湿度有利于花芽分化，促进开花和结实。马铃薯茎叶生长对气温要求也较高，以 20 ℃左右最为适宜。气温达到 30 ℃时，茎叶变细，叶面积缩小，不利于块茎积累养分。气温在 7 ℃时茎叶停止生长，受冻后开始枯萎。

块茎膨大要求较低温度，最适土温为 16～18 ℃。而当土温为 20 ℃时，马铃薯块茎生长缓慢，25 ℃时块茎几乎停止生长膨大。昼夜温差与块茎生长也有密切的关系，温差越大，对块茎生长越有利，较低的夜温有利于同化产物向块茎运输。应注意块茎的二次生长，即在块茎膨大期间，遇长时间高温而停止生长，浇水或降雨后土温下降块茎又开始生长，形成畸形薯，影响商品性。品种的耐高温能力强弱不同，应根据栽培目的选择优良品种，薯块膨大期间注意适时浇水，调节土温，满足薯块生长要求。

黄土高原是中国马铃薯主产区之一，该区域属雨养农业区，作物对气候变化的响应既敏感又脆弱，马铃薯生长发育对气象条件的依赖性极强，气象条件对其生长发育影响大。

（1）气候变化对黄土高原马铃薯生产的影响　宋玉芝等（2009）通过分析马铃薯生长发育所需的气象条件以及黄土高原气候变化的趋势，预测了黄土高原未来的气候状况可能对马铃薯生产产生的影响，并提出了马铃薯高产优质的措施。

（2）西北温凉半湿润区气候变化对马铃薯生长发育的影响　姚玉璧等（2010）利用西北温凉半湿润区马铃薯生长发育定位观测资料、加密观测和对应平行气象观测资料，分析气候变化对马铃薯生长发育的影响，以及马铃薯块茎生长与气象条件的关系。结果表明，研究区域降水量年际变化呈下降趋势，降水量变化曲线线性拟合倾向率为每 10 年 －8.329 mm。降水量存在 3 年的年际周期变化。气温年际变化呈上升趋势，气温变化曲线线性拟合倾向率为每 10 年 0.144 ℃。作物生长季干燥指数呈显著上升趋势，干燥指数变化曲线线性拟合倾向率为每 10 年 0.042，20 世纪 90 年代初至 2007 年明显趋于干旱化。马铃薯播种到采收需 150～168 d，需≥0 ℃积温 2 000～2 300 ℃，降水量 400～500 mm，日照时数 900～1 100 h。马铃薯在播种后 105 d 开始，块茎由缓慢生长转为迅速生长阶段；在播种后 127 d，块茎生长速度最大；播种后 149 d 开始，块茎生长从迅速生长又转为缓慢生长。对马铃薯生长发育全生育期而言，受气候变暖的影响，马铃薯花序形成期每 10 年提前 8～9 d，开花期每 10 年提前 4～5 d。气温对马铃薯产量形成除采收期外，其余为负效应，块茎膨大期对气温变化十分敏感；而降水量的影响函数同热量的影响函数呈反相位分布，除出苗期和采收期降水量为负效应外，其余时段降水量对马铃薯产量形成均为正效应，马铃薯分枝期到开花期对降水量变化十分敏感。

（3）黄土高原半干旱区气候变化及其对马铃薯生长发育的影响　姚玉璧等（2010）基于黄土高原半干旱区 1988—2008 年马铃薯生长发育定位观测资料、2007—2008 年加密观测和 1957—2008 年地面气象观测资料，研究了气候变化对马铃薯生长发育的影响。结果表明，1957—2008 年研究区年降水量呈下降趋势，降水量变化曲线线性拟合倾向率为每 10 年 －13.359 mm；年均气温呈上升趋势，年均气温变化曲线线性拟合倾向率为每 10 年 0.239 ℃；作物生长季干燥指数呈显著上升趋势，干燥指数变化曲线线性拟合倾向率为每 10 年 0.102。从播种后 96 d 开始，马铃薯块茎由缓慢生长转为迅速生长，在播种后 110 d，马铃薯块茎的生长速度达最大；从播种后 124 d 开始，马铃薯块茎从迅速生长又转为缓慢生长。从播种至出苗期的间隔日数为每 10 年缩短 1～2 d，花序形成至采收期和全生育期的间隔日数均为每 10 年延长 9～10 d。气候变暖导致马铃薯生育前期的营养生长阶段缩短以及生殖生长阶段和全生育期延长。

　　（4）甘肃黄土高原不同海拔气候变化对马铃薯生育脆弱性的影响　姚玉璧等（2013）利用黄土高原不同海拔高度马铃薯生长发育定位观测资料和对应平行气象观测资料，分析气候变化对马铃薯生长发育敏感性的影响，以及马铃薯生育脆弱性变化特征。结果表明，研究区域降水量年际变化呈下降趋势，降水量变化曲线线性拟合倾向率在马铃薯生长季5～10月绝对值最大，表现为高海拔区大于低海拔区的特征。气温年际变化呈上升趋势，气温变化曲线线性拟合倾向率表现为高海拔区小于低海拔区的特征。作物生长季干燥指数呈显著上升趋势，干燥指数变化曲线线性拟合倾向率也表现为高海拔区小于低海拔区的特征，20世纪90年代后干燥指数明显上升，气候趋于暖干化。影响马铃薯生长发育的主导气象因子是气温，气候变暖，气温增高，导致马铃薯生育前期的营养生长阶段缩短，而生殖生长阶段延长，全生育期延长。块茎膨大期气温增高导致马铃薯生育脆弱性增加，马铃薯对气温变化的敏感性和气温增高导致马铃薯生育脆弱性均随海拔增高而降低。开花期降水减少导致马铃薯生长发育及产量形成的脆弱性增加，此时段以干旱为主的气象灾害频率的增加使马铃薯生育脆弱性增加，马铃薯对降水量变化的敏感性和降水量减少导致马铃薯生育脆弱性却随海拔增高而降低。

　　（5）增温对西北半干旱区马铃薯产量和品质的影响　增温对西北半干旱区马铃薯产量和品质有影响。过去50年，西北半干旱区干旱化趋势明显加强，对作物生产产生了明显影响。未来50年全球气候继续变暖，直接影响农业生产，必将对粮食安全提出新的挑战。肖国举等（2015）采用红外线辐射器田间增温模拟实验研究表明，随着温度升高马铃薯播种—出苗—现蕾—开花—成熟各生长阶段天数都发生变化。增温0.5～2.5℃，马铃薯播种—出苗、出苗—现蕾阶段分别缩短1～4 d、1～2 d，现蕾—开花、开花—成熟阶段分别延长1～2 d、1～10 d，马铃薯播种—成熟全生育期延长1～5 d。伴随温度升高，马铃薯全生长期有所延长，特别是盛花期至茎叶枯萎阶段延长明显，这将有利于防止茎叶早衰和淀粉的积累。增温显著减少了每株薯块量、提高了每块薯重，马铃薯产量总体呈现递增趋势，但差异不显著。增温1.5～2.5℃，马铃薯增产1.0%～3.5%。增温0.5～2.0℃，马铃薯干物质含量从22.4%增加到24.5%，淀粉含量从72.1%增加到74.4%，粗蛋白含量从1.82%减少到1.52%，还原糖含量从0.24%减少到0.22%，表明增温有利于马铃薯干物质和淀粉的积累，不利于粗蛋白和还原糖的形成。

　　2. 水分胁迫　相对于禾谷类作物，马铃薯对水分的要求并不严格，降水量300～500 mm且均匀分布即可满足马铃薯生长的需要。但马铃薯也是一种需水量较大的作物，在马铃薯生长过程中必须供给足够的水分才能获得高产。

　　马铃薯抗旱能力较强，尤其在芽条生长期，由于块茎中含有充足的水分，只要切块稍大些（小整薯更好），不从外界吸收水分即可萌发良好。幼苗期由于叶面积小，加上气温不高，蒸腾量也不大，耗水量少，只占全生育期需水总量的10%。但由于根系发育不完全，必须使土壤保持一定的含水量，土壤湿度以田间最大持水量的60%以上为宜。现蕾开花阶段需水量激增，要求土壤水分为田间持水量的80%，盛花期后，结薯层内保持田间持水量的60%～65%即可。结薯中后期和淀粉积累初期是马铃薯的水分敏感期，若遇干旱可造成严重减产。块茎成熟时要避免水分过多，降水过多不但不会促进产量增加，而且常造成薯块腐烂，加重病害的发生，从而造成减产。

（1）发生时期 马铃薯生长过程中的需水敏感期是现蕾期也即薯块形成期。需水量最多的时期是孕蕾至花期，如这一时期缺水，会影响植株的生长发育，引起主茎和叶面积生长的严重下降。从开花到茎叶停止生长这一时期内块茎膨大最快，对水分需要量也很大，如果水分不足，植株的光合作用能力减弱，就会妨碍养分向块茎中输送。就黄土高原而言，马铃薯水分胁迫多发生在春季和夏季，前者影响出苗，后者影响块茎膨大。

（2）对马铃薯产量的影响 经常保持土壤有足够的水分是马铃薯高产的重要条件。因此，通常土壤水分保持在60%～80%比较合适。

块茎形成期是最需水的关键期之一，北方旱作区这时正是6月下旬至7月上旬，大多数年份雨季姗姗来迟，经常出现干旱缺雨，因此本期的水分具有临界水的作用。据研究，干旱年浇水可增产30%～40%，淀粉含量提高1.6%，光合势提高20%，光合生产率提高3%，对养分利用率N肥提高11.5%，P肥提高9%～11%，同时促进了养分吸收与运转。

块茎增长期的地上部处于盛花期，这时茎叶生长量达到最高峰，薯块增长量最大，对水分要求达到最高峰。水分不足，影响块茎形成膨大，已形成的块茎表皮薄壁细胞木栓化，薯皮老化。当再遇水分充足，块茎恢复生长，形成次子生或顶端抽枝等畸形薯。只有供给充足的水分，才能使光合作用旺盛进行，利于养分吸收、转移，从而获得高产。

对马铃薯品质的影响。康玉林等（1997）试验在1992年同时安排在河北省坝上、山西省大同和内蒙古呼伦贝尔盟进行。每个地区选用3个品种（系）种植在当地典型沙土和黏土上，并施以"常干旱"和"常湿润"两个处理以观察土壤质地和水分含量对马铃薯淀粉含量的影响。试验结果表明，"常湿润"处理的马铃薯的产量显著高于"常干旱"的处理，而两者的淀粉含量没有明显差别。综合分析，沙土地的产量在"常干旱"情况下低于黏土地的产量，而在"常湿润"条件下则高于黏土地的产量。块茎的淀粉含量总的来分析，沙土地的要等于和高于黏土地，最多可高出2%以上。马铃薯品种不同，其淀粉含量多寡对土壤沙黏的水分含量的要求也不相同。品系坝318淀粉含量在"常干旱"处理条件下常高于"常湿润"处理，而晋薯2号则正相反。

3. 应对措施 在黄土高原半干旱地区，旱作农业占有重要地位。旱地农业产量的不稳定性是该地区农业生产的重要特点，而导致农业产量不稳定的主要原因是该地区降雨稀少，且年际及年内分配不均匀。在半干旱雨养农业区，作物生长只能依赖降雨，提高降雨利用效率是保证该地区农业稳产高产的中心环节。

（1）选用适宜品种 根据当地自然条件及市场需要选择优质、专用、耐旱性较强的马铃薯品种。一般情况下应播种较抗旱的中晚熟或晚熟品种，在早春时能慢慢正常生长，而雨季与植株生长高峰期和结薯、薯块膨大期一致，可获丰产。另外，雨季到来后易发生晚疫病，因此还应选用抗晚疫病的品种。

（2）种薯处理催壮芽 选择级别一致的优质种薯，播前20 d出窖后认真分选，平铺置于18～20℃暖室暗光催芽10 d左右，待幼芽至0.5～0.7 cm时，在12℃左右散射光下处理1周，均匀感光并淘汰病、烂、杂薯，避免伤、掉芽。50 g左右小薯整薯播种，50 g以上切块。

（3）根据当地的气候资源调整播期 为充分利用气候资源，各地应根据当地的气候条件，优化和调整马铃薯生产基地的区域规划，选择与当地气候条件适应的品种，采取调整播期、改变栽培方式等措施，保障马铃薯的生产安全。例如宁夏地区 7 月上中旬为马铃薯发棵期，各气象因子对马铃薯生产的影响增加，7 月上旬的平均气温与产量呈负相关，而该期间马铃薯的主茎开始急剧拔高，主茎叶全部生成，分枝叶扩展，进入孕蕾时期，在该时期若温度过高，将对花蕾的形成产生不利影响，从而影响马铃薯的产量。因此，可以采取适当的措施，如提前或推后播种期，避开高温，以减少气候变化对马铃薯生产的影响。海拔较高的寒冷山区可采取地膜覆盖的方法增加热量，扩大马铃薯种植面积。作物品种也将由单一的早、中熟品种增加为早、中、晚熟品种。

山西省十年九春旱，干旱丘陵山区平播应是最佳的播种方式。起垄播种跑墒快，不利于出苗，因此只适用于湿度充足、肥力基础好的地块。地膜覆盖时一般采用起垄覆盖法。宽窄行种植适用于高水肥地块。

（4）其他措施　合理耕作（选择土层深厚、保水力适中的沙壤土与轻壤土）、以土蓄水（前作收获后及时深耕，蓄足底墒）、科学施肥（深施基肥）和以肥调水（增施有机肥）、适期播种、合理密植、加强田间管理和及时收获、安全贮藏等综合栽培技术。

七、适期收获

（一）收获时期的确定

1. 充分成熟后收获　马铃薯在生理成熟期收获产量最高，这时期是收获的最佳时间。植株达到生理成熟时，茎叶中养分基本停止向块茎输送，叶色由绿逐渐变黄转枯萎；块茎脐部与着生的匍匐茎容易脱离，不需用力拉即与匍匐茎分开；块茎表皮韧性较大、皮层较厚、色泽正常。出现以上情况时，即可收获。不同的马铃薯有不同的生育期，也就有不同的成熟期，与马铃薯品种的特性有关。例如早熟品种到收获的时间为 50～70 d，中早熟品种为 70～90 d，中晚熟品种为 90～120 d，晚熟品种为 120 d 以上。

2. 根据市场价格收获　根据市场价格情况，有时可以提前收获。一般商品薯在成熟期收获产量最高，但生产上很多品种根据市场的需求会适当提前收获。例如在某些地方，在蔬菜紧张季节，特别是大批马铃薯尚未上市之前，新鲜马铃薯价格非常高，此时虽然马铃薯块茎产量尚未达到最高，但每千克的价格可能比大批量马铃薯上市时的价格高出很多，每亩的产值要远远高于马铃薯充分成熟时的产值，此时就是马铃薯最佳的收获时期。如生育期为 80 d 的早熟品种，在 60 d 内块茎已达到市场要求，即可根据市场需要进行早收，以提高经济效益。

3. 根据天气情况收获　主要是考虑水分问题和霜冻问题。在经常出现秋涝的地方，应提早在秋雨出现前收获，不一定要等到茎叶枯黄时再收获，可以确保产品的质量和数量。在秋季经常出现寒流或秋霜来得较早的地方，适当早收可以预防霜冻。另外，秋末早霜后未达生理成熟期的晚熟品种，因霜后叶枯茎干，应该及时收获；还有地势较洼，雨季来临时为了避免涝灾，必须提前早收；因轮作安排下茬作物插秧或播种，也需早收等。遇到这些情况，都应灵活掌握收获期。收获期应根据实际需要而定，但在收获时要选择晴天，避免在雨天收获，以免拖泥带水，既不便收获、运输，又容易因薯皮擦伤而导致病菌入侵，发生腐烂或影响。

（二）春播和夏播马铃薯的收获日期范围

黄土高原地区，一季作春播马铃薯区（4月中下旬至5月初播种），如山西省北部地区、吕梁地区、晋东南地区，陕西省榆林市、延安市，甘肃省，宁夏回族自治区大部分市（县）。品种以中晚熟为主，全生育期保证有100～120 d，可在秋季9月中下旬到10月底收获。

二季作区，在大棚里铺膜播种马铃薯（2月中下旬至3月初播种）如山西省运城市、临汾市，甘肃省定西市临洮县等市（县）。品种以早熟为主，全生育期保证有60～80 d，可在6月中下旬到7月初收获，收获后还可种植一茬蔬菜。

夏播主要是用于繁育种薯，选择在高山区，使块茎生长处于冷凉季节，减少蚜虫传播病毒的机会，以提高种薯质量。随着脱毒技术日益成熟，脱毒种薯的大量应用，夏播现在已经很少应用。

（三）收获方法

马铃薯的收获质量直接关系到产量和安全。收获前的准备，收获过程的安排和收获后的处理，每个环节都应做好，以免因收获不当受到损失。

收获方式可分为人工收获、畜力收获、机械收获等。

1. 人工收获　人工收获时多使用铁锹或锄头之类的简单工具，适合于种植面积较小的农户。一些城市的近郊，每户农民仅种植数亩马铃薯，可以用这种方法收获。由于是逐步上市，每天能出售多少就挖多少，人工收获也很方便。收获时，要特别小心，防止铁锹和锄头等工具将块茎切伤。

2. 畜力收获　当一个农户种植10～100亩马铃薯时，如果没有合适的收获机械，使用畜力进行收获就很有必要。但畜力收获时需要多人配合。利用畜力每天可以收获数亩至近10亩的马铃薯。收获时需要利用特殊的犁铧，使马铃薯能全部被翻出来，便于收捡。为了保证收获干净，收获时每隔一行翻起一行，等收捡完毕后，再从头翻起留下的一行。

畜力收获的质量与使用的犁铧形状、翻挖的深度及是否能准确按行翻挖有关。如果使用的犁铧不合适，可能将块茎挖伤较多，或者不能全部将块茎翻挖出来。如果翻挖深度不合适也会将块茎挖伤较多或者将块茎遗漏。如果不能准确按行翻挖，也会将部分块茎遗漏。

3. 机械收获　当马铃薯种植面积在数百亩或上千亩时，机械收获就非常必要。另外在种植面积较大的地区，即使每个农户的种植面积只有数十亩时，也可以通过农机服务的方式利用机械进行收获。根据机械的不同，收获面积每天数十亩或上百亩。在大的马铃薯种植农场，如果利用马铃薯联合收获机和利用散装运输机械，每天可以收获数百亩。

根据机械的大小、来源（进口的或国产的），马铃薯收获机械的价格变化很大。小型的、国产的，数千元或几万元就可能购置一套，而大型的、进口的，则需要数十万元才能购买一套。因此选购收获机械时，应根据自己的种植面积、经济条件，选择适当的机械。

由于机械收获的速度很快，在收获季节如果晚上可能出现霜冻，则应控制每天翻挖的数量，保证翻挖出来的块茎能全部收捡、装袋完毕。由于机械的类型不一样，种植马铃薯的土壤条件不一样，因此收获时一定要将设备调整到合适的状态，以保证收获质量。

八、贮藏

马铃薯贮藏的目的主要是保证食用、加工和种用的品质。马铃薯贮藏的一般要求是：食用商品薯的贮藏，应尽量减少水分损失和营养物质的消耗，避免见光使薯皮变绿，食味变劣，使块茎始终保持新鲜状态；加工用薯的贮藏，应防止淀粉糖化。种用马铃薯可见散射光，但不能见直射光，保持良好的出芽繁殖能力是的主要目标。采用科学的方法进行管理，才能避免块茎腐烂、发芽和病害蔓延，保持其商品、加工和种用品质，降低期间的自然损耗。

黄土高原地区，各地常用贮藏的方式主要有常温贮藏、机械冷藏、气调贮藏、化学方法贮藏。

（一）常温贮藏

常温贮藏是指在构造相对简单的贮藏场所，利用环境条件中的温度随季节和昼夜不同时间变化的特点，通过人为措施使贮藏场所的贮藏条件达到接近产品要求的方式。常温贮藏可分为窖藏、堆藏、沟藏、通风库贮藏。

1. 窖藏

（1）贮藏窖的类型及结构　按照规模及贮藏量的大小，贮藏窖可以分为小型贮藏窖、中型贮藏窖和大型贮藏窖。小型贮藏窖的容积小，贮藏量一般为 1～10 t，在普通农户家里使用最广泛。中型贮藏窖贮藏量为 30～100 t，种植大户使用较多，一般用作马铃薯周转库。大型贮藏窖的贮藏量比较大，可以达到 1 000 t 左右，用于大规模的马铃薯贮藏。

按照结构的不同，贮藏窖可以分为井窖、窑窖和棚窖三种形式。

① 井窖。井窖一般在地势高、气候干燥、排水良好、管理方便的地方挖窖。窖体深入地下，目的是借助地下土层维持较稳定的温度，适宜在地下水位低，土质坚实的地方采用。一般窑洞顶部呈半圆形，窑筒越深，温度越稳定，窖温受气温变化的影响愈小，温、湿度越容易控制。井窖堆放厚度宜薄不宜厚，最厚不能超过窖容量的一半。另外，在井口周围要培土加盖，四周挖排水沟防止积水。

井窖贮藏是广大农村普遍推行的一种方法，它具有造价低、用料少、冬暖夏凉的特点。

② 窑窖。窑窖是山区贮藏马铃薯普遍采用的形式。它是以深厚的黄土层挖掘成的贮藏场所，利用土层中稳定温度和外界自然冷源的相互作用降低窖内的温度，创造适宜的贮藏条件。在黄土高原一些地区采用的山体马铃薯贮藏窖就是一种窑窖贮藏方法。山体马铃薯贮藏窖要建造在地势高、土质（黏性土壤）较好的地方，为了利用窖外冷空气降温，一般选择偏北的阴坡。窑窖经常打成母子窑。母子窑是在母窖侧向部位掏挖多个间距相等的平行子窑。母子窑有梳子形和"非"字形两种结构。

贮藏窖的特点是周围有深厚的土层包被，形成与外界环境隔离的隔热层，又是自然冷源的载体，土层温度一旦下降，上升则很缓慢，在冬季蓄存的冷空气，可以周年用于调节窖温。

③ 棚窖。棚窖在山西、陕西、甘肃、宁夏一些地区应用比较广泛，是一种临时性或半永久性的贮藏设施，有地上式、半地下式或全地下式三种。

地下式棚窖在冬季寒冷的地区使用较多，在地面挖一长方形的窖体，用木料或工字铁架在地面上构成窖顶，上面铺稻草或秸秆作为隔热保温防雨材料，最上层涂抹泥土保护，以免隔热材料散落。在窖顶开设若干个天窗便于通风，天窗的大小和数量无严格规定，大体上要根据当地气候条件和贮藏量估计通气面积的多少。除天窗之外，还需开设适当大小的窖门，既起到通风换气的作用，又可以便于产品和操作人员出入。

在冬季气候不过分寒冷的地区，可采用半地下式或地上式棚窖，窖身一般或部分深入地下，窖的四周用土筑墙，或用砖砌墙，在墙的基部每隔 2～3 m 留通风口，窖顶留适当数量的天窗。一般在农村使用的简易棚窖高度在 2 m 左右。

(2) 窖藏的技术要点

① 贮藏窖处理。在马铃薯生产区，群众修建的贮藏窖一般要使用多年。在新薯贮藏前要将窖内杂物清扫干净，并在贮藏前几天用点燃的硫黄粉熏蒸，或用高锰酸钾和甲醛熏蒸，或用百菌清喷雾等方法进行消毒处理，也可在夏季适当注入雨水渗窖，以降低贮藏窖的温度，可有效延长马铃薯贮藏时间。

② 严格选薯。入窖时严格剔除病、伤和虫咬的块茎，防止入窖后发病，并在阴凉通风的地方预储堆放 3 d 以上，使块茎表面水分充分蒸发，使一部分伤口愈合，形成木栓层，防止病菌的侵入。

③ 控制储量。窖内堆放薯块的高度，因品种和窖的条件而不同。地下或半地下窖堆放时，不耐藏的、易发芽的品种堆高为 0.5～1.0 m；耐贮藏、休眠期中等的品种培高 1.5～2.0 m；耐贮藏、休眠期长的品种堆高 2.0～3.0 m，但最高不宜超过 3.0 m。沟藏时薯堆高度以 1.0 m 左右为宜。窖藏块茎占贮藏容量 60％ 左右最为适宜，以便管理。下窖量过多堆过高时，贮藏初期不易散热，贮藏中期上层块茎距窖顶过近，贮藏的块茎容易遭受冻害，贮藏后期下部块茎因温度相对较高容易发芽，易造成堆温和窖温不一致，难于调节窖温。但贮藏量也不能过少，量太少不易保温。

④ 控制窖温。窖温过低会造成块茎受冻；窖温过高会使薯堆伤热，导致烂薯。一般情况下，当窖温 −3～−1 ℃ 时，9 h 块茎就冻硬；当窖温 −5 ℃ 时，2 h 块茎受冻。长期在 0 ℃ 左右环境中贮藏块茎，芽的生长和萌发受到抑制，生命力减弱。高温下贮藏，块茎打破休眠的时间较短，容易引起烂薯。最适宜的贮藏温度是商品薯 4～5 ℃，种薯 1～3 ℃，加工用的薯块 7～8 ℃ 为宜。根据贮藏期间生理变化和气候变化，应两头防热中间防寒，控制窖藏温度。

⑤ 控制窖湿。窖内过于干燥容易导致薯块失水皱缩，降低块茎的商品性和种用性；窖内过于潮湿，块茎上容易凝结水滴，形成"出汗"，导致烂薯。窖内湿度一般维持在 85％～90％ 为宜，可使块茎不致抽缩，保持新鲜状态。

⑥ 通风换气。窖内必须有流通的新鲜空气，及时排出 CO_2，以保持块茎的正常生理活动。通风换气能防止块茎黑心，还可降低窖温。

⑦ 入窖方法。轻装轻放，不要摔伤，由里向外依次堆放。

（3）贮藏期的管理　根据马铃薯在贮藏期间的生理变化和安全贮藏条件，马铃薯入窖后可分三个时期进行管理。

① 贮藏前期管理。从入窖至 11 月末，马铃薯正处在预备休眠状态，呼吸旺盛，放热多，窖温高，湿度大。在这一阶段的管理应以降温排湿为主，加大夜间通风量。盖窖门要留气眼，尽量通风散热。以后随着气温的降低，窖口和通风孔应改为白天开夜间闭或小开，窖内温度保持 1～3 ℃或相应的标准温度。

② 贮藏中期管理。12 月至第二年 2 月，此期正值寒冬季节，马铃薯从呼吸旺盛转为休眠期，散热量减少。这个时期主要以保温增湿为主，防止薯块受冻。要密封窖口和通气孔，贮藏马铃薯的上部至窖盖要保持 100 cm 的距离，以免受冻；窖内温度下降至 1 ℃时覆盖保湿物，如盖稻草或草苫。如果仍然不能保住窖温，稻草上面再盖塑料布，塑料布上再盖稻草，但塑料布不能直接盖在马铃薯上，以免使马铃薯不透气；窖盖上最好压土保温，春季除去积土。

③ 贮藏末期管理。3～4 月，气温升高，这时马铃薯易受热，造成萌芽、腐烂，要及时撤出窖内覆盖物。这一阶段的管理，主要以降温保湿为主，防止薯块提前发芽和失水，贮藏期间要定期进行检查，清除病、烂薯。白天气温升到 2～3 ℃，打开窖门通风，防止受陈，窖温过高时，可在夜间开窖降温，也可倒堆散热。

2. 堆藏　堆藏就是直接将薯块堆放在室内或其他地面上，适于在气候比较寒冷的地区短期和秋马铃薯贮藏。对多雨季节收获的马铃薯较为理想。

如果进行大规模贮藏，需选择通风良好、场地干燥的仓库，先用甲醛和高锰酸钾混合熏蒸消毒之后，将马铃薯入仓，一般每堆 750 kg/m²，高 1.5 m，周围用板条箱等围好，中间放若干竹制通气筒。

堆藏法的特点是利用地面相对稳定的地温，加上覆盖材料，白天防止辐射升温，夜间可防冻。前期气温高时，夜间可揭开覆盖层。通气性良好，但失水快。这种方法简单易行，但难以控制发芽，如配合药物处理或辐射处理可提高效果。另外，利用覆盖遮光的办法也可抑制发芽。

3. 沟藏　选择干燥、土质黏重、排水良好、地下水位低的地势，根据贮藏量的多少挖地沟。地沟一般东西走向，深 1 m 左右，上口宽 1 m，底部稍窄，横断面呈倒梯形，长度可视储量而定。地沟两侧各挖一排水沟，然后让其充分干燥，再放入马铃薯薯块。下层薯块堆码厚度在 40 cm 左右，中间填 1.5～20 cm 厚的干沙土，上层薯块厚约 30 cm，用细沙土稍加覆盖。在距地面约 20 cm 处立测温筒，插入一支温度表。当气温下降到 0 ℃以下时，分次加厚覆盖土成屋脊形，以不被冻透为度，保持沟温在 4 ℃左右。春季气温上升时，可用秸秆等不易传热的材料覆盖地面以防埋藏沟内温度急剧上升。

用沟藏法贮藏马铃薯可利用土层变温小的特点，起到冬暖夏凉的作用。此法优于堆藏，储量大，效果较好。在贮藏前期，沟内温度仍较高，应注意通风散热。

4. 通风库贮藏　通风库贮藏是利用自然界低温，借助于库内外空气交换达到库体迅速降温，并保持库内比较稳定和适宜的贮藏温度的一种方法。它具有较为完善的隔热建筑和较灵敏的通风设备。建筑比较简单，操作方便，贮藏量比较大。但通风贮藏库仍然是依靠自然温度调节库内温度，因此在气温过高或过低的地区和季节，如果不加其他辅助设施，仍然难以维持理想的温度，而且湿度不易控制。

通风贮藏库按照建造形式，可分成地上、地下和半地下三种类型。

地上式在地下水位和大气温度较高地采用，全部库身建筑地面之上，墙壁、库顶、门窗等完全依靠良好的绝缘建筑材料进行隔热，以保持库内的适宜温度；半地下式在地势高、气候干燥、地下水位较低的地方采用，是黄土高原地区普遍采用的类型。库身一半或一半以上建筑在地下，利用土壤为隔热材料，可节省部分建筑费用。在大气温度−20 ℃条件下，库温仍不低于1 ℃。地下式是在严寒地区为防止过低温度对库温的影响，在地下水位较低的地方采用的一种类型。全部库身建筑于地面以下，既利于保温，又节省建筑材料。

（二）机械冷藏

机械冷藏是指在有良好隔热性能的库房中，借助机械冷凝系统的作用，将库内的热传递到库外，使库内的温度降低并保持在有利于马铃薯长期贮藏范围内的一种贮藏方式。

机械冷藏的优点是不受外界环境条件的影响，可以迅速而均匀地降低库温，库内的温度、湿度和通风都可以根据贮藏对象的要求而调节控制。但是冷库是一种永久性的建筑，贮藏库和制冷机械设备需要较多的资金投入，运行成本较高，且贮藏库房运行要求有良好的管理技术。在某些情况下，需要长期储存，对质量有特殊要求和经济价值较高的情况下可以用制冷来贮藏马铃薯。

制冷系统是机械冷库的核心，是指由制冷剂和制冷机械组成的一个密闭循环制冷系统。制冷剂是在制冷系统中不断循环并通过其本身的状态变化以实现制冷的工作物质。

（三）气调贮藏

气调贮藏即调节气体成分贮藏，是当今最先进的果蔬保鲜贮藏方法之一。它指的是改变果蔬贮藏环境中的气体成分（通常是增加 CO_2 浓度和降低 O_2 浓度，以及根据需求调节其他气体成分浓度）来贮藏产品的一种方法。

1. 气调贮藏的原理　气调贮藏能在适宜低温条件下，通过改变贮藏环境气体成分、相对湿度，最大限度地创造果蔬贮藏最佳环境。

正常空气中 O_2 和 CO_2 的浓度分别为 20.9％和 0.03％，气调贮藏降低了贮藏环境中的 O_2 含量（一般 O_2 含量为 1％～5％）、而适当增加了 CO_2 含量，这样能有效地抑制呼吸作用，减少马铃薯中营养物质的损耗，从而有利于马铃薯新鲜质量的保持，延长其贮藏寿命。同时，调节后的贮藏环境能抑制病原菌的滋生繁殖，控制某些生理病害的发生，减少产品贮藏过程中的腐烂损失。除此之外，增加环境气体中的相对湿度，可以降低马铃薯的蒸腾作用，从而达到长期贮藏保鲜的目的。

2. 气调贮藏的特点　与常温贮藏及冷藏相比，马铃薯气调贮藏有以下特点：保鲜效果好，贮藏时间延长，减少了贮藏损失，延长货架期，适于长途运输和外销，减少污染。

虽然气调贮藏具有以上诸多优点，但是其需要专门的贮藏设施，投入大，而马铃薯是一种附加值相对较低的农产品，因此在应用时需结合其经济效益综合考虑。

3. 气调贮藏的设施 气调贮藏是在气调库中完成的。长期使用的气调库，一般应建在马铃薯的主产区，同时还应有较强的技术力量、便利的交通和可靠的水电供排能力，库址必须远离污染源，以避免环境对贮藏的负效应。

气调库一般由气调库库体、气调系统、制冷系统、加湿系统、压力平衡系统构成。

（四）化学（抑芽剂的利用）方法贮藏

马铃薯时间较长，度过休眠期后很容易出芽，出现腐烂现象，大大降低加工价值。为了减少块茎在贮藏期间腐烂和萌芽，可用通过化学试剂来抑制出芽，可以节约成本，减少损失。

一般常用于处理马铃薯的植物生长调节剂有以下几种：

1. 青鲜素（MH） MH 有抑制块茎萌芽生长的作用，又称"抑芽素"。在马铃薯收获前 2～3 周，用浓度 0.3％～0.5％的药液喷洒植株，对防止块茎在贮藏期萌芽和延长贮藏期有良好的效果。

2. 萘乙酸甲酯（MENA） MENA 的作用与 MH 相同，一般采用 3％的浓度，在收获前 2 周喷洒植株，或在贮藏时用萘乙酸甲酯 150 g，混拌细土 10～15 kg 制成药土，再与 5 000 kg 块茎混拌，也有良好的抑芽作用。施药时间大约在休眠的中期，过晚则会降低药效。

3. 苯诺米乐（benonly）**和噻苯咪唑**（TBZ） 可采用 0.05％的浓度的苯诺米乐和噻苯咪唑浸泡刚收获的块茎，有消毒防腐的作用。

4. 氨基丁烷（2 - AB） 在贮藏中采用 2 - AB 熏蒸块茎，可起到灭菌和减少腐烂的作用。

5. 氯苯胺灵（CIPC） 在贮藏中期用 CIPC 粉剂进行处理，1 000 kg 薯堆上使用剂量为 1.4～2.8 kg，上面扣上塑料薄膜，1～2 d 打开。该药物处理后的马铃薯在常温下贮藏也不会发芽。马铃薯抑芽剂 CIPC 具有非常好的抑芽效果，但出于对环境和健康因素的考虑，CIPC 在一些国家已经被禁用。

此外，其他植物生长调节剂有马来酰肼、壬醇、四氯硝基苯等。

应用植物生长调节剂应注意以下几点：要掌握好药液的配制浓度，若使用浓度太低，则效果不显著，浓度过高，往往会造成药害；要掌握好喷药时间和方法。

另外，辐射处理也有明显抑芽效果，用 2.06～3.87 C/kg 的 γ 射线照射马铃薯，是目前马铃薯抑芽效果较高的一种技术。试验表明，在剂量相同的情况下，剂量率越高，效果越明显。通常，照射量在 12.9C/kg 下细胞仍具有生命力，照射量在 25.8C/kg 以下能阻止生长点细胞 DNA 的合成，并使蛋白质胶体发生改变、细胞液由酸性向碱性转化、对线粒体中酶的活性有明显的抑制作用、芽眼的呼吸强度明显下降。

马铃薯因环腐病和晚疫病造成腐烂，较高剂量的 γ 射线照射能抑制这些病原菌的生长繁殖，但也会使薯块受到损伤，使其抗性下降。在这样的薯块上接种该病原菌后，病菌繁殖迅速。但这种不利的影响可以通过提高温度来消除，因为在升高温度的情况下，细胞木质化及周皮组织形成加快，从而可以减少病原菌侵染的机会。

马铃薯的贮藏方法有很多，究竟采用哪种贮藏方法为好，应根据贮藏量、贮藏时间、贮藏季节以及当地气候条件和用途而定。在贮藏前必须周密考虑具体情况，因地制宜地选适宜的贮藏方法。

九、马铃薯机械化生产

（一）应用现状

马铃薯机械化栽培技术是一项集开沟、施肥、播种、覆土等作业于一体的综合机械化种植方式，具有抗旱抢墒、节省劳力、节肥、高效率、低成本等优点。近年来，中国马铃薯生产机械化水平显著提高，使得马铃薯生产逐步向规模化、标准化方向迈进。国产中小型马铃薯机具市场占有率逐年增加，成为主流。农业部的数据显示，目前，中国马铃薯综合机械化水平已超过20％，马铃薯生产机耕水平36.7％，机播、机收水平10％，主要生产环节仍然以人工为主。2011年全国马铃薯耕整地、播种和收获的机械化水平分别只有48％、19.6％和17.7％。近年来本地区的马铃薯机械化生产取得了长足的发展，尤以黑龙江、新疆和内蒙古等地发展较快，个别地区、企业的马铃薯机械化综合作业率已达到80％以上。

按照马铃薯生产的农艺过程，本地区马铃薯机械可分为播种机械、中耕机械、收获机械三大类。其中，播种机械、收获机械在马铃薯机械化生产过程中所占比例最大，也是马铃薯生产机械化的关键机具。采用的技术工艺一般为流程：机械深松（翻耕或旋耕）整地、施肥—机械开沟、起垄、播种—机械培土—机械中耕除草—机械植保—机械杀秧—机械收获。据山西试验测定，与传统人、畜力作业相比，在马铃薯机械化种植环节，可实现节本增效综合经济效益30～150元/亩；机械收获马铃薯环节节本增效71～76元/亩；马铃薯机械化种植、机械化收获两个作业环节可为马铃薯种植户节本增效106～226元/亩。同时，购机农户通过两个作业环节的作业可获取利润33～39元/亩。

然而，本地区的马铃薯机械化仍面临诸多考验。整体而言，本地区机械化程度比较滞后，由于黄土高原的山地较多，各种地貌之间的差异性较大，而且马铃薯的种植区域也多为山地，地形坡度较大、道路崎岖不平，整体的生产种植规模不大，不利于机械化生产，机械化程度很低，作业方式落后，生产效率低。如2014年，甘肃省马铃薯耕种收综合机械化水平仅为31.2％，较小麦低46个百分点，较玉米低11个百分点。

机播、机收仍然是制约马铃薯全程机械化生产的薄弱环节；地区间机械化水平参差不齐，发展很不平衡。山西、陕西部分平坦产区，播种、中耕、植保、收获等作业中，中大型机具的使用率正在逐年提高，而大部分地区，仍以小农户分散经营为主，栽培模式多、杂；地块小、不规则；耕地分散、坡度大；农机作业转弯、转移等耗工多，机械基本无法作业。同时，国内机具型式上小型的多、大中型少；低端产品多，高新技术产品少，生产马铃薯机械的专业企业数量更少。不同区域、不同类型马铃薯机械化程度差异较大。陕西省除陕北现代农业园区马铃薯生产全程机械化水平达90％以上，陕北其他普通大田平均水平不足30％；陕南除耕整地基本为机械化外，其他生产环节主要靠人力和畜力作业。

存在问题：

① 机具生产供给能力不足。马铃薯生产机械研发水平低，生产批量小，机械系列化

程度低，配套性差，低端产品多，高新技术产品少。

② 农民购买能力低。产区多为边远贫穷地区，农民收入水平低，购买能力弱。尽管政府部门将购机补贴比例提高至 50%，对农民仍然是杯水车薪。部分地区马铃薯生产机械未能列入政府规划，投入不足。

③ 马铃薯生产机具利用率低。农机化作业服务市场还处在初级阶段，马铃薯种植户以自己作业为主，没有形成较强的农机社会化服务市场。

④ 马铃薯种植标准化程度低。不同地区马铃薯生产条件、种植方式不同，马铃薯规模种植、规范化生产水平较低，农机与农艺配套难，机具作业难度大。

（二）发展前景

农机与农艺的结合是发展本地区现代马铃薯产业的必然要求，马铃薯"艺机一体化"将在更高的技术层次和更宽的生产领域发挥其独特的作用。未来的马铃薯产业集约化水平将更加突出，现代农业机械装备必将推动农艺技术的不断创新和进步。从发展趋势看，马铃薯分段收获机具在一定时期内仍然是主要收获方式，马铃薯联合收获技术及配套机具的推广应用是马铃薯生产实现机械化、规模化，降低损耗和提高效益的必然要求。在生产模式上向联合作业方向发展，实现多功能作业，以降低作业成本和设备投入费用，增加马铃薯的生产效益。

在农机具升级方面，新机具的研究应用将更加注重产品质量，提高可靠性，提高不同品牌和型号产品的互换性，同时向自走方向发展，装有分级装置，以降低劳动强度，将极大地促进马铃薯机械化生产技术水平的提高。

今后，随着劳动力成本的逐年上升，适应丘陵山区的中小型机械机具将会逐步增加，应用面积进一步扩大。从发展趋势上看，一季作区采用机电、液压、气动等一体化技术以及大型、智能化、高速化机械的使用量将会逐年上升，作业的自动化程度和生产率将进一步提高，而传统的纯机械结构的播种、收获机械在中小规模种植户当中仍将有相当大的市场。

未来，马铃薯机械化生产将向智能化和精准化方向发展。自动控制技术、智能农业技术及物联网技术在农业机械上的应用将成为现实，即生产过程在信息化技术、3S 等遥感技术及系统的支撑下，按照智能化处方图确定的方案，按单元小区差异性，利用微机完成相关的监控、控制和调度等操作，实施精细投入和管理（包括无人驾驶耕整地、小型飞机喷药以及变量施肥、播种、灌溉、喷药等作业），从而获得最佳的农产品产量和品质。本地区的马铃薯产业也将因此受益，实现新的发展。

第三节 黄土高原马铃薯特殊栽培

黄土高原地区是中国马铃薯主产区之一，发展马铃薯产业具有得天独厚的优势自然条件。但黄土高原地区生态非常脆弱，水资源缺乏，水土流失严重，土壤肥力低下等都制约着该区域马铃薯产业的发展。黄土高原传统的马铃薯平作栽培技术，水肥利用率较低，产量潜力挖掘困难。在马铃薯种植中采用地膜覆盖、秸秆覆盖、垄沟栽培、膜下滴灌等特殊栽培方式，能不同程度地防止土壤肥力流失，提高马铃薯的水分利用率。

黄土高原地区应用、发展此类马铃薯特殊栽培技术对农业增产、农民增收、马铃薯产业增效与生态环境保护意义重大。

一、地膜覆盖栽培

地膜覆盖栽培具有保温、保水、保肥、改善土壤理化性质，提高土壤肥力，抑制杂草生长，减轻病害等作用。黄土高原区域内马铃薯地膜覆盖栽培广泛应用，且增产增效明显。经过演变发展出了许多效果更好的马铃薯地膜覆盖栽培技术，其中推广应用较广的技术有全膜覆盖双垄沟播栽培技术、膜侧沟播栽培技术、膜下滴灌栽培技术等。

(一) 全膜覆盖双垄沟播栽培技术

全膜覆盖双垄沟播栽培技术是黄土高原地区旱作农业的一项突破性创新成果新技术。杨祁峰（2007）、贺峰（2008）、王成刚等（2008）均研究表明该技术集覆盖抑蒸、膜面集雨、垄沟种植技术为一体，最大限度地保蓄自然降水，使地面蒸发降低至最低，特别是10 mm 以下的降雨集中渗于作物根部，被作物有效利用，实现集雨、保墒、增产。全膜覆盖双垄沟播栽培技术就是在田间起大小双垄后，用地膜全覆盖，在垄内播种作物的种植技术。全膜覆盖双垄沟播技术使自然降水得到了更大限度地利用，解决了自然降水被大量蒸发，降水保蓄率以及利用率不高的问题，大幅度提高了降水利用率，有效提高了作物产量。该项技术可使农田降水利用率达到 70％以上，全膜覆盖后，土壤温度高，水分含量稳定，为土壤微生物生存创造了条件，促进了微生物的活动和繁殖，从而加快了土壤养分转化，加速了有机质分解，土壤供肥能力得到提高。从根本上解决了旱地土壤水分蒸发的问题，满足了早春干旱条件下作物出苗和前期生长对水分的需求。

1. 全膜覆盖双垄沟播栽培技术优点 主要表现在以下方面：

① 双垄全地面覆盖地膜充分接纳马铃薯生长期间的全部降雨，特别是春季 5 mm 左右的微量降雨，通过膜面汇集到垄沟内，有效解决旱作区因春旱严重影响播种的问题，保证马铃薯正常出苗。

② 全膜覆盖能最大限度地保蓄马铃薯生长期间的全部降雨，减少土壤水分的无效蒸发，保证马铃薯生育期内的水分供应。

③ 全膜覆盖能够提高地温，使有效积温增加，延长马铃薯生育期，有利中晚熟品种发挥生产潜力，具有明显增产效果。

④ 技术操作简单，不需要大型农机具，农民易接受，便于大面积推广。

2. 全膜覆盖双垄栽培技术与常规地膜栽培技术的区别 主要区别如下：

① 常规技术覆盖地膜是在播种时，而全膜覆盖双垄栽培技术将覆膜的时间提前到头一年的秋季雨季结束之后盖膜，或者早春盖膜，从而很大程度减少了土壤水分的蒸发，保墒增墒效果明显。

② 常规技术只是覆盖农田的一部分，而该技术对农田进行了全覆盖，没有土壤裸露在外，从而使土壤水分的蒸发降到了最低，保墒效果相对更好。

③ 常规技术是将地膜平铺穴播，而全膜覆盖双垄栽培技术是起大小相间双垄后，用地膜全地面覆盖，并且在大垄两侧播种，目的是将降雨集聚在沟中，再通过沟中渗水孔渗入土壤，把无效降雨变为有效降雨得以利用。

3. 适宜区域 黄土高原地区梯田、涧地、坝地等旱平地，地块宜选择地势较为平坦、土壤肥沃、土层较厚、土质疏松、保水保肥能力强、坡度在15°以下的土地，前茬以豆类、小麦茬口为佳。

4. 全膜覆盖双垄沟播栽培马铃薯技术要点

（1）整地施肥 在秋季前茬作物收获后及时深耕灭茬，耕深达到25～30 cm，耕后及时耙糖；秋季整地质量好的地块，春季尽量不耕翻，可以直接起垄覆膜，秋季整地质量差的地块，浅耕后覆膜，平整地表，做到无根茬、无坷垃、地面平整。一般亩施农家肥1 500～2 000 kg、尿素20～30 kg、过磷酸钙30～40 kg、硫酸钾30 kg，也可直接使用马铃薯专用肥（12-19-16）60 kg。秋季整地时一次性深施肥，也可在春季深翻起垄时撒施。地下害虫危害严重的地块，整地起垄时每亩用2 kg辛硫磷颗粒剂撒施。

（2）起垄 距地边25 cm处先划出第一个大垄和一个小垄，小垄40 cm，大垄70 cm，大小垄总宽110 cm。平地开沟起垄需要按作物种植走向，缓坡地开沟起垄需要沿等高线，马铃薯大垄宽70 cm、高15～20 cm，小垄宽50 cm、高10～15 cm。覆膜用120 cm的地膜全地面覆盖，两幅膜相接处在小垄中间，用相邻的垄沟内的表土压实，每隔2 m横压土腰，覆膜后1周左右，地膜紧贴垄面或在降雨后，在垄沟内每隔50 cm打孔，使垄沟内的集水能及时渗入土内。为保冬春的墒，起垄覆膜时间可提早，一般在3月下旬解冻后就可进行，也可在上年秋季进行秋覆膜，但冬季要注意保护好地膜。

（3）选用优质高产、抗旱性好、抗病性强的品种 如中熟品种克新1号和中薯18，晚熟品种冀张薯8号、青薯9号、庄薯3号、陇薯7号等。种薯级别为脱毒原种或一级种，亩用种量120 kg，质量应符合GB 18133要求。播种前去除病、烂、伤薯，选好后，将马铃薯种薯在平坦的土质场上摊开，晒种2～3 d，忌在水泥地上晒种。种薯切块不宜过小，切块重量不低于30 g，每块带有2个以上的芽眼。切块时如发现病薯、烂薯，立即扔掉，并用75%酒精或高锰酸钾溶液进行切刀消毒，以防切刀传染病菌。

（4）播种 当气温稳定超过10 ℃时为适宜播期，各地可结合当地气候特点确定播种时间，一般在4月中下旬。马铃薯按确定的株距在70 cm的大垄两侧用自制马铃薯点播器破膜点播，播种深度18～20 cm，点播后及时封口。按照土壤肥力状况、降雨条件和品种特性确定种植密度。年降水量300～350 mm的地区以3 000～3 500株为宜，株距为35～40 cm，年降水量350～450 mm的地区以3 500～4 000株为宜，株距为30～35 cm，年降水量450 mm以上地区以4 000～4 500株为宜，株距为27～30 cm。肥力较高，墒情好的地块可适当加大种植密度。

（5）苗期管理 苗期管理的重点是在保证全苗的基础上，促进根系发育、培育壮苗，达到苗早、苗足、苗齐、苗壮的"四苗"要求。发现缺苗断垄要及时移栽，在缺苗处补苗后，浇少量水，然后用细湿土封住孔眼。幼苗达到4～5片叶时，即可定苗，每穴留苗1株，除去病、弱、杂苗，保留生长整齐一致的壮苗。注意防治马铃薯蚜虫。

（6）中期管理 中期管理的重点是促进叶面积增大，注意防治马铃薯晚疫病、早疫病、青枯病、环腐病、黑胫病等。虫害有蚜虫等。

（7）后期管理　后期管理的重点是防早衰、防病虫。要保护叶片，提高光合强度，延长光合时间，马铃薯对硼、锌微量元素比较敏感，在开花和结薯期亩用 $0.1\%\sim0.3\%$ 的硼砂和硫酸锌、0.5% 的磷酸二氢钾、尿素的水溶液进行叶面喷施，一般每隔 7 d 喷一次，共喷 $2\sim3$ 次，亩用溶液 $50\sim70$ kg 即可。

（二）膜侧沟播栽培技术

马铃薯膜侧沟播栽培技术是一项集增温保墒、集雨增墒、膜侧种植技术于一体的抗旱增产技术。据安磊（2008）、赵谦（2009）的研究，马铃薯膜侧沟播栽培技术利用膜面对降水进行集聚，将有限的降水集蓄于播种沟内，有利于马铃薯出苗和生长，增产增效显著。

1. 适宜区域　黄土高原地区梯田、涧地、坝地等旱平地，地形平坦（$<15°$）、土层深厚、土壤疏松、通透性好的轻质壤土或沙壤土，土壤 pH$\leqslant$8.5，适宜采用此项技术。忌连作，前茬作物以禾本科、豆科为宜。

2. 马铃薯膜侧沟播栽培技术要点

（1）种薯选择　选用优质高产、抗旱性好、抗病性强的品种，如中熟品种克新 1 号和中薯 18，晚熟品种冀张薯 8 号、青薯 9 号、庄薯 3 号、陇薯 7 号等。种薯级别为脱毒原种或一级种，用量 120 kg/亩，质量应符合 GB 18133 要求。

（2）种薯处理　种薯出窖后，剔除病、虫、烂薯，选好的种薯平铺 10 cm 一层，置于 $18\sim20$ ℃暖室催芽暗光处理 12 d，待芽基催至 $0.5\sim0.7$ cm 时，转到室外背风向阳处，晒种炼芽。小于 50 g 小薯稍削顶端，小整薯直播；大于 50 g 以上块茎切种，刀具酒精消毒，单块重 $35\sim45$ g，带 $1\sim2$ 个芽。切块后的种薯，按 1∶1∶25∶2 500 的比例，将波尔·锰锌、甲基硫菌灵、滑石粉和种薯进行混合拌种。

（3）选地施肥　深翻整地前每亩施农家肥 $1500\sim2\,000$ kg，尿素 20 kg，磷酸二铵 25 kg，硫酸钾 10 kg，作为基肥一次性施入。加混 3% 辛硫磷颗粒剂 1 kg 防治地下害虫，与肥料搅拌均匀撒入地中，耕翻深度 30 cm 左右。可以根据地力情况调整施肥量。

（4）覆膜播种　利用机械起垄覆膜，选用幅宽 $1.1\sim1.2$ m、厚度 0.01 mm 的地膜，垄面宽 $0.8\sim1.0$ m 为宜，垄距 1.5 m 左右。覆膜后随即按 2 m 间距压一土带，防止大风揭膜。中熟品种 5 月中下旬播种，晚熟品种 5 月上旬播种，在地膜两侧打孔播种。中熟品种株距 32 cm 左右，密度 $2\,700\sim2\,800$ 株/亩；晚熟品种株距 44.5 cm，密度 2 000 株/亩左右。

（5）苗期管理　播种后遇雨，在播种孔上易形成板结，应及时破除板结，以利出苗；出苗时若幼苗与播种孔错位，应及时放苗；出苗不齐的应及时补种。苗期要在播种沟内深锄，疏松土壤，减少养分和水分消耗。

（6）养分管理　地膜覆盖种植的马铃薯生长期间无需追肥，根据苗情如确需要追肥，可进行叶面喷施速效性肥料，如可用 0.5% 的尿素溶液或 0.3% 的磷酸二氢钾叶面追肥。

（7）病虫害防治　马铃薯二十八星瓢虫、蚜虫等虫害可选用 2.5% 溴氰菊酯乳油、4.5% 的高效氯氰菊酯乳油、50% 抗蚜威可湿性粉剂、10% 吡虫啉可湿性粉剂进行喷雾防治；马铃薯早疫病、马铃薯晚疫病、马铃薯黑胫病等病害可选用70％丙森辛可湿性粉剂、80％代森锰锌可湿性粉剂、50％烯酰吗啉可湿性粉剂、25％嘧菌酯悬浮剂、70％甲基硫菌灵可湿性粉剂等交替使用防治。

（8）及时收获　茎叶变杏黄色，表明秧蔓进入木质化阶段，块茎停止膨大，即可收获。收获选择晴天收获，剔除病、杂、烂薯，注意通风贮藏。

（三）膜下滴灌栽培技术

覆膜可以保温、保水、保肥，改善土壤理化性质，提高土壤肥力，抑制杂草生长，减轻病害等作用。滴灌可以节水、节肥，提高土地利用率，实现水肥一体化，减轻疫病发生。周之珉等（2011年）、修淑英等（2016）分别介绍了马铃薯膜下滴灌栽培技术，表明马铃薯膜下滴灌是地膜覆盖栽培技术和滴灌技术的有机结合，同时具有地膜覆盖和滴灌的优点，具有增温保墒、促进微生物活动和养分分解、改善土壤物理性状、促进作物生长发育、防除杂草、减少虫害等作用。

1. 适宜区域　黄土高原区有一定的灌溉条件，地形平坦（＜15°）、土层深厚、土壤疏松、通透性好的轻质壤土或沙壤土，土壤pH≤8.5，适宜此项技术。忌连作，前茬作物以禾本科、豆科为宜。

2. 马铃薯膜下滴灌栽培技术要点

（1）耕翻整地　深耕土壤35～40 cm，耕翻时亩施优质农家肥1 500～2 000 kg，亩施马铃薯培肥（12-19-16）60 kg，每亩撒施辛硫磷颗粒剂2 kg，耕后用旋耕机整地，达到地平土碎、无墒沟。

（2）选用良种　选用高产、高抗、脱毒种薯，每亩3 300～4 500株，亩用种量140～180 kg。

（3）种薯处理　播种前10～15 d，放在18～20 ℃的室内，3～5 d翻动一次，10 d左右长出1 cm左右粗壮紫色芽后即可切块播种。切块大小为35～40 g，并要保证有1～2个以上健全的芽眼；切块时要用0.5％的高锰酸钾水溶液或75％的酒精进行切刀消毒，两把刀交替使用，及时淘汰病、烂薯。51～100 g种薯，纵向一切两瓣；100～150 g种薯，纵斜切法一切三开；150 g以上的种薯，从尾部依芽眼螺旋排列纵斜向顶斜切成立体三角形的若干小块。24 kg 70％甲基硫菌灵＋1 kg 72％的农用链霉素均匀拌入100 kg滑石粉成为粉剂，拌10 000 kg薯块；拌种后及时播种。

（4）播种　应用机械播种可实现铺滴灌带、覆膜、起垄一次成型。地膜宽1.1 m，机械覆膜点播，覆膜后起垄占地0.7 m宽，播种深度一般沙壤土为20 cm，黏土为15 cm。每亩3 500～3 800株，即大行距130 cm，小行距30 cm，株距22～24 cm。一般在4月下旬至5月上旬播种。

（5）田间管理　播后要防止牲畜践踏，大风破膜、揭膜，出苗前10 d左右要用中耕机及时进行覆土，以防烧苗；出苗期要观察放苗。

① 第一次滴灌。播后根据土壤墒情，须滴灌补水，土壤湿润深度应控制在15 cm以内，避免浇水过多而降低地温影响出苗，造成种薯腐烂。第一次滴灌时，须严查各滴灌带连接是否可靠。

② 第二次滴灌。出苗前，及时滴灌出苗水，使土壤湿润，土壤相对湿度保持在60%～65%。

③ 第三次滴灌。出苗后15～20 d，植株需水量开始增大，应进行第三次滴灌，使土壤相对湿度保持在65%～75%，结合浇水进行追肥每亩追施尿素3 kg。每次施肥时，先浇1～2 h清水，然后开通施肥灌进行追肥，施完肥后再浇1～2 h清水。

④ 中期滴灌。在现蕾期、盛花期，根据土壤墒情进行滴灌2～3次，结合浇水进行追肥，每次每亩追施尿素3 kg，硝酸钾3～5 kg。保持土壤湿润深度40～50 cm，每次施肥时，先浇1～2 h清水，然后开通施肥灌进行追肥，施完肥后再浇1～2 h清水。

⑤ 中后期滴灌。在块茎形成期至淀粉积累期，应根据土壤墒情和天气情况及时进行灌溉。始终保持土壤湿润深度40～50 cm，土壤水分状况为田间最大持水量的75%～80%。可采用短时且频繁的灌溉。

⑥ 后期滴灌。终花期后，滴灌间隔的时间拉长，保持土壤湿润深度达30 cm，土壤相对湿度保持在65%～70%。黏重的土壤收获前10～15 d停水。沙性土收获前1周停水。以确保土壤松软，便于收获。

⑦ 叶面施肥。在块茎膨大期、淀粉积累期用磷酸二氢钾动力各喷打一次，用量100 g/亩；在现蕾期、开花期、末花期各喷施多元微肥一次，每次用量200 g/亩。

（6）病害防治　早晚疫病防治从现蕾期开始持续到收获前期，在植株封垄之前1周左右或初花期喷第一次药。原则上间隔时间7～10 d，发现晚疫病中心病株，气温低于25 ℃、相对湿度高于90%，应及时缩短间隔至3～4 d，防治保护性药剂有代森锰锌、丙森锌、百菌清、腈嘧菌酯等，内吸性药剂有精甲霜·锰锌、霜脲氰、霜脲锰锌、噁酮·霜脲氰、氟吡菌胺·霜霉威等。几种药剂轮换使用，防止产生抗药性。保护性杀菌剂丙森锌100 g/亩，预防和治疗性杀菌剂氟吡菌胺·霜霉威100 mL/亩，以及戊唑醇40 mL/亩，代森锰锌120 g/亩。

（7）杀秧、收获　杀秧前要及时拆除田间滴灌管和横向滴灌支管。可用杀秧机机械杀秧。机械杀秧或植株完全枯死1周后，选择晴天进行收获。尽量减少破皮、受伤，保证薯块外观光滑，提高商品性。收获后薯块在黑暗下贮藏以免变绿，影响食用和商品性。

（8）注意事项　确保全苗、壮苗。播种后要防止牲畜践踏，大风破膜、揭膜，出苗期要观察放苗，出苗孔用土压好膜，防止窜风。播种后如土壤异常干旱，须及时滴灌补水，土壤湿润深度应控制在15 cm以内，避免浇水过多而降低地温影响出苗，造成种薯腐烂。第一次滴灌时，须严查各滴灌带连接是否可靠，如有漏水部位须及时处理。出苗后20～25 d，块茎开始形成，应使土壤相对湿度保持在65%～75%。块茎形成期至淀粉积累期应根据土壤墒情和天气情况及时进行灌溉。始终保持土壤湿润深度40～50 cm，土壤水分状况为田间最大持水量的75%～80%。可采用短时且频繁的灌溉。终花期后，滴灌间隔的时间拉长，保持土壤湿润深度达30 cm。土壤相对湿度保持在65%～70%。较为黏重的土壤收获前10～15 d停水，沙性土收获前1周停水，以确保土壤松软，便于收获。

3. 增产增效情况　据榆林市农业科学研究院试验示范，表明马铃薯膜下滴灌增产幅度65.4%～104.8%，亩增产330～620 kg，亩增加经济效益300～580元。

二、秸秆覆盖栽培

秸秆覆盖是秸秆还田的一种方法，在马铃薯田中将秸秆直接覆盖地上，形成秸秆保护层，能减少水分蒸发，具有保墒的作用。同时，秸秆腐烂分解后能为马铃薯生产提供养分从而改善土壤结构和肥力，实现资源永续利用，促进马铃薯高产，改善马铃薯品质，提高马铃薯种植效益，是一项提质增效的适用技术。黄土高原马铃薯秸秆覆盖栽培多采用玉米秸秆、小麦秸秆、谷物秸秆等。在黄土高原区域内研究应用的除普通平整覆盖秸秆外，还有柴守玺等（2014）研究的旱地秸秆带状覆盖作物种植技术和李志明、迟永伟等（2010）研究的地膜马铃薯垄沟秸秆覆盖保墒栽培技术。

（一）旱地秸秆带状覆盖作物种植技术

1. 适宜区域　适宜年降水 250～550 mm 的一年一熟雨养农业区采用。要求土层深厚、土壤疏松、通透性好的轻质壤土或沙壤土，土壤 pH≤8.5，忌连作，前茬作物以禾本科、豆科为宜。

2. 旱地秸秆带状覆盖作物种植技术要点　秸秆覆盖带与马铃薯种植带各约 60 cm。种植带播种 2 行马铃薯，密度 3 000～4 000 株/亩，株距根据密度确定。播种时播种带与覆盖带的两个边行各留 5～8 cm 间距，以防止影响出苗。播种前准备工作为：秋末深耕整地，结合耕作施足基肥，生育期不追肥。耕作施肥后耱平土壤，覆盖玉米整秆。以全地面覆盖严秸秆为度，秸秆用量 4 000～4 500 株/亩，具体用量依据当地秸秆长度和粗度确定。播种前 7～10 d 拨开 60 cm 种植带，以提高地温，同时将播种带秸秆叠加于原覆盖带上。

3. 增产增效情况　旱地秸秆带状覆盖种植马铃薯产量较黑色地膜覆盖增产 9.3%～16.9%，亩增产鲜薯 196.4～313.5 kg，大中薯重率（商品薯率）增产 14.7%～18.5%。

（二）马铃薯垄沟秸秆覆盖保墒栽培技术

1. 适宜区域　该技术由宁夏回族自治区永县农业技术推广中心研究提出，适宜于同类生态环境，即年降水 250～550 mm 的一年一熟雨养农业区采用。要求土层深厚、土壤疏松、通透性好的轻质壤土或沙壤土，土壤 pH≤8.5，忌连作，前茬作物以禾本科、豆科为宜。

2. 马铃薯垄沟秸秆覆盖保墒栽培技术要点

（1）种薯选择　选用优质高产、抗旱性好、抗病性强、品种好、块茎大而整齐、结薯集中的中早熟品种为宜。如中熟品种克新 1 号和中薯 18，早熟品种费乌瑞它、早大白、中薯 3 号等。种薯级别脱毒原种或一级种，用量 120 kg/亩，质量应符合 GB 18133 要求。

（2）种薯处理　种薯出窖后，剔除病、虫、烂薯，选好的种薯平铺 10 cm 一层，置于 18～20 ℃暖室催芽暗光处理 12 d，待芽基催至 0.5～0.7 cm 时，转到室外背风向阳处，晒种炼芽。单块重 35～45 g，带 1～2 个正常芽眼。切块后的种薯，按 1∶1∶25∶2 500 的比例，将波尔·锰锌、甲基硫菌灵、滑石粉和种薯进行混合拌种。

（3）选地施肥　深翻整地前每亩施农家肥 1 500～2 000 kg，尿素 20 kg，磷酸二铵 25 kg，硫酸钾 10 kg，作为基肥一次性施入，加混 3％辛硫磷颗粒剂 1 kg 防治地下害虫，与肥料搅拌均匀撒入地中，耕翻深度 30 cm 左右。可以根据地力情况调整施肥量。

（4）覆膜播种　采用起垄双行种植，垄面宽 60 cm、垄沟宽 50 cm、垄高 15～20 cm，每垄播种 2 行，行距 35 cm，株距 25～30 cm，播种深度 6～8 cm。起垄播种后，用草帘或玉米、小麦、荞麦、稻谷等秸秆覆盖垄沟，标准为不露出地为宜，每隔 3～5 cm 用土压秸秆，防止秸秆被风刮走，有灌溉条件的覆好后及时灌溉。

（5）苗期管理　根据苗情如确需要追肥，可进行叶面喷施速效性肥料，如可用 0.5％的尿素溶液或 0.3％的磷酸二氢钾叶面追肥。

（6）病虫害防治　主要病害有早、晚疫病，主要虫害为蚜虫、二十八星瓢虫等。病害用保护性杀菌剂丙森锌 100 g/亩、预防和治疗性杀菌剂氟吡菌胺·霜霉威 100 mL/亩、戊唑醇 40 mL/亩、代森锰锌 120 g/亩，防治 3～6 次。虫害用 20％氰戊菊酯乳油 2 000 倍液喷雾防治。

（7）及时采收　可根据市场行情陆续采收上市。

三、垄沟栽培

垄沟栽培能有效提高马铃薯集雨效应。贾有余等（2013）研究表明，与平作相比，垄沟栽培马铃薯出苗快、出苗率高，配合覆膜后集雨、增产效果更加明显。孔德霞、张文贞等（2010）研究了马铃薯双垄沟集雨增墒栽培效果表明，该技术能充分集雨水，又能减少土壤水分的蒸发，从而增加马铃薯根部土壤水分的含量，提高了马铃薯对土壤水分的利用率，进而使马铃薯生长表现出植株健壮，产量比较大幅度提高。垄沟栽培在黄土高原区马铃薯栽培中研究应用广泛。

以下介绍马铃薯旱作双垄沟栽培技术、马铃薯沟垄蓄水抗旱栽培技术与马铃薯全程机械化大垄栽培技术。

（一）马铃薯旱作双垄沟栽培技术

1. 适宜区域　基本可以覆盖黄土高原马铃薯种植区。选择土层深厚、土壤疏松、通透性好的轻质壤土或沙壤土，土壤 pH≤8.5。忌连作，前茬作物以禾本科、豆科为宜。

2. 栽培技术要点　亩施农家肥 4 000 kg，抗旱配方复合肥 80 kg，深翻整平后起垄。垄面宽 55 cm，垄高 10～12 cm，垄面要光、细、直，成拱形，然后垄面上开两条相距 35 cm、深 5 cm、宽 8 cm～10 cm 的小沟渠，覆膜效果更佳。抢墒播种，播种深度为 15 cm 左右。管理分 3 次追施尿素 15 kg/亩。

3. 增产情况　据孔德霞等（2010）在甘肃研究表明，该技术较普通垄沟种植增产14％以上。

（二）马铃薯沟垄蓄水抗旱栽培技术

1. 适宜区域　该技术规程由榆林市农业科学研究院马铃薯研究所提出，适宜在陕北及同类生态区域种植。选择坡度 15°以下土壤肥沃、疏松，土质为沙壤土和黄绵土的旱坡地,不得连作,也不得与烤烟、番茄等茄科作物和块根类作物轮作,以豆类、禾谷类作物茬口为宜。

2. 栽培技术要点

(1)深翻土地,增施基肥　深耕土地,深度20 cm左右,随即耙耱收墒。每亩施有机肥2 000 kg,尿素25 kg,过磷酸钙25 kg,随耕翻一次性施入(化肥作为种肥施入效果更佳)。

(2)精选种薯,认真切块　播前15～20 d,选择高级别脱毒种薯,置于15～20 ℃散射光下催芽晒种,并每隔7～8 d轻翻动一次,以保证出芽的均匀性;等大部分薯芽萌动后切块,充分利用顶芽优势,以每千克种薯切40～50块为宜,切种时切刀用酒精或高锰酸钾消毒,切好的薯块用甲基硫菌灵和滑石粉拌种,以减少病菌传染,促进伤口愈合,保持种薯水分。提倡用25～50 g小薯播种,利于增强抗旱、抗逆性。

(3)规格播种　在坡地上沿等高线开沟,沟距85 cm,沟深15～20 cm,株距33 cm,亩留苗2 300～2 400株。肥料若当种肥施入,应与种子隔开10 cm左右。覆土10～12 cm,播种完毕后留8～10 cm小沟,利于蓄水保墒。

(4)加强田间管理　现蕾开花期进行2次中耕除草,结合降雨追尿素15 kg/亩、硫酸钾10 kg/亩,并进行培土,将沟填平起低垄,增加结薯层。同时,可以预防后期阴雨过多,引起积水而造成减产或块茎腐烂。

(5)病虫害防治

① 防治地下害虫。播种时每亩撒施5%辛硫磷颗粒3 kg,防治蝼蛄、蛴螬和地老虎等地下害虫。

② 防治地上害虫。用吡虫啉防治蚜虫,高效氯氰菊酯防治二十八星瓢虫。

③ 防治晚疫病。进入8月,每隔7～10 d防治一次,共防治3～5次,用药为丙森锌、嘧菌酯＋噁酮·锰锌、丙森·缬霉威等,喷雾时加磷酸二氢钾进行叶面追肥。

(6)收获及后续管理

① 收获。当田间大部分植株茎叶变黄枯萎,块茎停止膨大时即可收获。收获时应尽量避免太阳光照射,并按市场需求标准分级(或不分级)整理包装。

② 贮藏。若入窖贮藏,则入窖前将薯块在10～15 ℃温度下堆放10～15 d进行预贮,并严格剔除各类烂、病薯;薯窖要打扫干净,并用化学药剂消毒;薯堆不要过高,易发芽且不耐贮品种以0.5～1.0 m为宜,而耐贮藏且休眠期长的品种以2～3 m为宜;窖温一般控制在2～4 ℃,并适当通风、换气。

(三)马铃薯全程机械化大垄栽培技术

马铃薯全程机械化大垄栽培技术,单垄单行种植,垄距90 cm,提高垄沟土壤通透性,增加了结薯层。在陕西省北部、宁夏回族自治区、甘肃省中部与东北部大面积推广应用,增产增效明显。特别是陕西省北部更是创造出突破亩产5 000 kg的高产典型。该技术在马铃薯生产中实现了全程机械化、标准化,成为黄土高原地区发展现代农业的"排头兵"。

1. 适宜区域　选择区域内地下水位较高,土地开阔,适宜规模化、机械化种植的土地,土层深厚、土壤疏松、通透性好的轻质壤土或沙壤土,土壤pH≤8.5。忌连作,前茬作物以禾本科、豆科为宜，3 年内未种植马铃薯和其他茄科作物的田块。

2. 机械条件　基础耕作机械：大马力拖拉机（不低于 120 马力①为宜）、液压翻转深翻犁、旋耕机、多功能驱动耙、撒肥机等。马铃薯种植专用机械：切种机、播种机、中耕起垄机、打药机、杀秧机、收获机等。正常运转情况下一整套机械可满足 3 000 亩马铃薯种植需求。灌溉设备：按照地块规划设计安排电动圆形喷灌机，单台喷灌控制面积不宜超过 500 亩，边角地配以滴灌系统灌溉。

3. 品种选择　选择高级别脱毒种薯。品种为布尔班克、夏波蒂、费乌瑞它、冀张薯 8 号、冀张薯 12 等品质优良、加工属性好的加工专用品种为宜。

4. 肥料选择　通过测土选择相应配方的马铃薯专用基肥与追肥。一般基肥为 N -P_2O_5 - K_2O（12 - 19 - 16），每亩用量 80～100 kg，追肥为 N - P_2O_5 - K_2O（20 - 0 - 24），每亩用量 30～40 kg，配施微量元素肥料。滴灌系统追肥采用易溶于水的肥料或采用液体配方肥，防止肥料堵塞滤网、滴口。

5. 栽培技术要点

（1）整地　翻地作业深度 30 cm，整个地块一致，墒沟少；深翻前测土，每亩施用配方底肥 60～70 kg；平整土地使用驱动耙、旋耕机使土层松软、平整，肥料与土壤混合均匀。新地需成夹角深翻不低于 2 次，以实现黏土与沙土的充分均匀混合。

（2）切种　人工切种时切刀用 75％酒精消毒，每人 2 把刀，种块大小为 35～40 g/块，且均匀一致，去除病、烂薯；可选用甲基硫菌灵、波尔·锰锌、农用链霉素等药剂配以滑石粉包衣拌种，使用木锨拌种，拌种在种薯库进行，注意劳动保护，避免中毒；机械切种时种薯选择不宜过大，以减少种薯浪费。

（3）播种　4 月底至 5 月初地温适宜即可播种，播种深度为种块距地面 10～12 cm，密度为商品薯 3 000～3 300 株/亩，微型薯 5 000～6 000 株/亩，其他繁种 4 000～5 000 株/亩。应用 GPS 导航播种，可有效提高效率节约用地。

（4）起垄　起垄时具备 85％种块发芽，每亩用配方底肥 30～40 kg，土壤有足够墒情的条件。每隔 4 垄操作一次，每垄三边周长 105～110 cm，种块上表面深度 17～19 cm，垄上土壤紧实。

（5）灌溉　前期灌溉（播种至开始结薯）保持土壤相对含水量 60％～70％，灌溉均匀一致；中期灌溉（开始结薯至落花）田间土壤相对含水量不低于 60％，总体保持在 65％左右；后期灌溉，灌溉量控制在 10 mm 以下，提高灌溉频率，每次灌溉后不引起薯块表皮生出白点。

（6）追肥　叶面追肥结合灌溉施肥，喷灌机以 100％速度喷水行走，肥料充分溶解通过喷灌与滴灌均匀施入，根据长势多次施入，实现水肥一体化，每亩追施专用肥 40 kg，其他肥料 20 kg。生长前期氮肥为主促苗，后期钾肥为主结薯。

（7）防病　土传病害采用甲基硫菌灵拌种、沟施嘧菌酯与噻虫嗪；地下害虫喷施甲基异硫磷、撒施辛硫磷颗粒；蚜虫等虫害防治应用高效氯氟氰菊酯、氯虫·噻虫嗪等杀虫剂；疫病防治采用杀菌剂与治疗剂综合施用，封行后每周喷施 1 次，收获前 2 周停施，遇

---

①　马力为非许用计量单位，1 米制马力＝735.499 W，1 英制马力＝745.700 W，1 电工马力＝746 W。——编者注

雨水冲刷后及时补施。

(8) 杀秧 植株枯萎变黄达到收获要求,在收获前1周进行机械杀秧,标准为留残茬5~8 cm。产量与市场情况好需要提前收获的,可配合采用药剂杀秧与机械杀秧。

(9) 收获 产量形成后进行田间测产,弄清楚大小分布,质量分布以指导收获与销售。收获前10 d必须停水,确保收获时薯皮老化,收获时田间持水量50%~65%。马铃薯商品薯收获分选标准一般为单薯大于125 g,无病害、虫害、变绿、机械伤、严重畸形的马铃薯,种薯只去除病薯、烂薯、杂薯即可。收获期间应杜绝薯块在田间过夜,防止冻伤。

(10) 贮藏 入库贮藏的马铃薯采用网袋、麻袋等透气性较好的包装,马铃薯入库前需对薯库进行熏蒸消毒,薯库温度控制在3~5 ℃,相对湿度为80%~90%,薯库内存储量不超过容量的2/3,需经常检查注意通风控温。

本章参考文献

安磊,2008. 马铃薯膜侧沟播栽培技术 [J]. 中国马铃薯,22 (5):245-245.

蔡煌,1996. 防治马铃薯黑痣病 [J]. 中国植保导刊,1 (1):45.

曹广才,王崇义,卢庆善,等,1996. 北方旱地主要粮食作物栽培 [M]. 北京:气象出版社.

曹莉,秦舒浩,等,2013. 轮作豆科牧草对连作马铃薯田土壤微生物菌群及酶活性的影响 [J]. 草业学报,6:141-142.

曹莉,秦舒浩,等,2014. 轮作豆科植物对马铃薯连作田土壤速效养分及理化性质的影响 [J]. 作物学报 (8):1452-1458.

柴守玺,2014. 一种旱作秸秆带状覆盖作物种植新技术 [J]. 甘肃农业大学学报 (05):42.

常来,王文桥,朱杰华,2010. 北方一季作区马铃薯黑痣病的发生及防控策略 [J]. 安徽农学通报,16 (7):116-117;216.

车文利,庞国新,阚玉文,等,2014. 春播马铃薯与夏播青贮玉米两种两收高产栽培技术 [J]. 现代农业科技 (22):12-13.

陈爱英,2015. 山西省高寒区马铃薯优质高产技术 [J]. 中国农业信息 (10):98-99,104.

陈功楷,权伟,朱建军,2013. 不同钾肥量与密度对马铃薯产量及商品率的影响 [J]. 中国农学通报,29 (6):166-169.

陈光荣,高世铭,张晓艳,2009. 施钾和补水对旱作马铃薯光合特性及产量的影响 [J]. 甘肃农业大学学报,44 (1):74-78.

陈海柏,2009. 马铃薯土窑贮藏技术 [J]. 现代农业科技 (17):118.

陈能柱,2016. 几种药剂浸种对马铃薯环腐病的防效 [J]. 植物保护 (11):96,98.

陈庆华,周小刚,郑仕军,等,2011. 几种除草剂防除马铃薯田杂草的效果 [J]. 杂草科学,29 (1):65-67.

陈万利,2012. 马铃薯黑痣病的研究进展 [J]. 中国马铃薯,26 (1):49-51.

陈彦云,2007. 宁夏西吉县马铃薯贮藏期病害调查及药剂防治研究 [J]. 耕作与栽培 (3):15-16.

程葱茶,刘永福,未慧倩,等,1988. 吕梁山区马铃薯瓢虫 (鞘翅目:瓢虫科) 的寄生蜂瓢虫双脊姬小蜂 (膜翅目:姬小蜂科) 记述 [J]. 山西大学学报 (3):100-104.

代明,侯文通,陈日远,等,2014. 硝基复合肥对马铃薯生长发育、产量及品质的影响 [J]. 中国土壤与肥料 (3):84-87,97.

樊世勇,2015. 甘肃不同品种马铃薯营养成分分析与评价 [J]. 甘肃科技,31 (10):27-28.

范宏伟，曾永武，李宏，2015. 马铃薯垄作覆膜套种豌豆高效栽培技术 [J]. 现代农业科技 (13)：105.

高蓓，范建忠，李化龙，等，2012. 陕西黄土高原近 50 年日照时数的变化 [J]. 安徽农业科学 (4)：2246 - 2250.

郭艳琼，李友莲，2005. 绿僵菌防治马铃薯瓢虫的研究 [J]. 山西农业大学学报，25 (4)：342 - 344.

何进勤，冯付军，吴晓彦，等，2015. 间套作模式对宁南山区马铃薯农艺性状的影响 [J]. 宁夏农林科技 (3)：1 - 3.

何三信，2008. 甘肃省马铃薯生产优势区域开发刍议 [J]. 中国农业资源与区划 (3)：66 - 68.

何迎春，高必达，2000. 立枯丝核菌的生物防治 [J]. 中国生物防治，16 (1)：31 - 34.

贺峰，2008. 在甘肃推广玉米全膜双垄沟播栽培技术的必要性分析 [J]. 粮经栽培 (12)：12 - 13.

侯飞娜，木泰华，孙红男，等，2015. 不同品种马铃薯全粉蛋白质营养品质评价 [J]. 食品科技，40 (3)：49 - 56.

侯慧芝，王娟，张绪成，等，2015. 半干旱区全膜覆盖垄上微沟种植对土壤水热及马铃薯产量的影响 [J]. 作物学报，41 (10)：1582 - 1590.

侯贤清，李荣，2015. 免耕覆盖对宁南山区土壤物理性状及马铃薯产量的影响 [J]. 农业工程学报，31 (19)：112 - 119.

华军，张文斌，韩顺斌，等，2016. 张掖市高淀粉马铃薯新品种比较 [J]. 中国马铃薯，30 (2)：70 - 74.

黄承建，赵思毅，王季春，等，2012. 马铃薯/玉米不同行数比套作对马铃薯光合特性和产量的影响 [J]. 中国生态农业学报，20 (11)：1443 - 1450.

黄承建，赵思毅，王龙昌，等，2013. 马铃薯/玉米套作对马铃薯品种光合特性及产量的影响 [J]. 作物学报，39 (2)：330 - 342.

黄承建，赵思毅，2013. 马铃薯/玉米套作对马铃薯品种光合特性及产量的影响 [J]. 作物学报 (2)：330 - 342.

黄劲松，广辉，2006. 土豆冷库设计及注意事项 [J]. 冷藏技术，12 (4)：10 - 13.

黄先样，伊秀锋，曾世华，等，2007. 马铃薯贮藏窖的建设及窖藏技术 [J]. 中国马铃薯，21 (5)：306.

贾辉，吕和平，沈慧敏，等，2007. 不同杀菌剂对立枯丝核菌的室内毒力测定 [J]. 甘肃农业大学学报 (6)：99 - 101.

贾秀荣，2013. 马铃薯常见地下害虫的发生及防 [J]. 现代农业 (10)：17.

贾有余，任永峰，李彬，等，2013. 马铃薯垄沟集雨栽培技术研究 [J]. 安徽农业科学 (3)：991 - 992，1011.

江俊燕，汪有科，2008. 不同灌水量和灌水周期对滴灌马铃薯生长及产量的影响 [J]. 干旱地区农业研究，26 (2)：121 - 125.

姜昆，2007. 马铃薯黑胫病的发病原因及综合防治 [J]. 蔬菜 (10)：24.

蒋继志，吴素玉，赵丽坤，2005. 非生物因子诱导马铃薯块茎对立枯丝核菌的抗性 [J]. 河北大学学报（自然科学版），25 (2)：167 - 171.

金光辉，高幼华，刘喜才，等，2015. 种植密度对马铃薯农艺性状及产量的影响 [J]. 东北农业大学学报，46 (7)：16 - 21.

康玉林，刘淑华，李久昌，等，1997. 马铃薯块茎产量淀粉与土壤质地含水量的关系 [J]. 马铃薯杂志，1 (4)：201 - 204.

康跃虎，王凤新，刘士平，等，2004. 滴灌调控土壤水分对马铃薯生长的影响 [J]. 农业工程学报，20 (2)：66 - 72.

孔德霞，张文贞，2010. 马铃薯双垄沟集雨增墒栽培效果试验结果简报 [J]. 甘肃农业 (10) 88 - 88.

李建军，刘世海，惠娜娜，等，2011. 双垄全膜马铃薯套种豌豆对马铃薯生育期及病害的影响 [J]. 植物保护，37 (2)：133 - 135.

李建军，刘世海，惠娜娜，2010. 马铃薯黑胫病田间防治药剂筛选 [J]. 植物保护，36（4）：181-183.

李利平，2015. 马铃薯安全贮藏技术 [J]. 甘肃农业（1）：33.

李萍，张永成，等，2012. 马铃薯蚕豆间套作系统的生理生态研究进展与效益评价 [J]. 安徽农业科学（27）：13313-13314.

李琪，谢萍，李剑萍，等，2011. 不同播期对宁夏粉用马铃薯生长和品质的影响 [J]. 中国农学通报，27（12）：220-226.

李雪光，田洪刚，2013. 不同播期对马铃薯性状及产量的影响 [J]. 农技服务（6）：568.

李艳，余显荣，吴伯生，等，2012. 马铃薯不同种植方式对产量性状的影响 [J]. 中国马铃薯，26（6）：341-343.

李志明，迟永伟，2010. 地膜马铃薯沟垄秸秆覆盖保墒栽培技术 [J]. 中国农技推广（8）：22，28.

梁锦秀，郭鑫年，张国辉，等，2015. 覆膜和密度对宁南旱地马铃薯产量及水分利用效率的影响 [J]. 水土保持研究，22（5）：266-270.

刘星，邱慧珍，王蒂，等，2015. 甘肃省中部沿黄灌区轮作和连作马铃薯根际土壤真菌群落的结构性差异评估 [J]. 生态学报，35（12）：3938-3948.

刘学翠. 2013. 不同播期对秋覆黑全膜马铃薯产量的影响 [J]. 现代农业科技（19）：85-86.

刘宗立，应芳卿，2006. 中原二季作区马铃薯秋植栽培技术 [J]. 安徽农学通报，12（7）：93，156.

柳进钱，2014. 庄浪县旱地梯田马铃薯全膜双垄侧播播期试验初报 [J]. 甘肃农业科技（1）：29-30.

娄树宝，2010. 马铃薯晚疫病抗药性研究现状 [J]. 黑龙江农业科学（7）：165-168.

罗爱花，陆立银，王一航，等，2011. 播期对中早熟马铃薯 LK99 原种产量效益及贮藏性能的影响 [J]. 作物杂志，27（4）：102-103.

罗有中，王永伟，2008. 定西市马铃薯窑藏管理技术 [J]. 中国蔬菜（2）：48-49.

雒红霞，2016. 天水市 2016 年玉米马铃薯品种布局意见 [J]. 中国种业（6）：27-28.

马敏，2014. 陕北马铃薯水地高产栽培技术 [J]. 农民致福之友（20）：169.

蒙忠升，2014. 马铃薯不同种植方式比较试验 [J]. 现代农业科技（21）：68-69.

牟丽明，谢军红，杨习清，2014. 黄土高原半干旱区马铃薯保护性耕作技术的筛选 [J]. 中国马铃薯，28（6）：335-339.

牛建中，弓玉红，2012. 早熟马铃薯两季栽培技术研究及推广 [J]. 现代农业科技（10）：8-9.

秦舒浩，曹莉，张俊莲，等，2014. 轮作豆科植物对马铃薯连作田土壤速效养分及理化性质的影响 [J]. 作物学报，40（8）：1452-1458.

秦永林，井涛，康文钦，等，2013. 阴山北麓马铃薯在不同灌溉模式下的水肥效率 [J]. 中国生态农业学报，21（4）：426-431.

任稳江，任亮，刘学彬，2014. 马铃薯旱地垄上微沟种植密度试验 [J]. 甘肃农业科技（6）：43-44.

阮俊，彭国照，罗清，等，2009. 不同海拔和播期对川西南马铃薯品质的影响 [J]. 安徽农业科学，37（5）：1950-1951，1953.

沈姣姣，王靖，2012. 播种期对农牧交错带马铃薯生长发育和产量形成及水分利用效率的影响 [J]. 干旱地区农业研究（3）：138-139.

史秀华，杨彩凤，2012. 地膜马铃薯—玉米—大豆轮套作技术 [J]. 现代农业科技（8）：83，88.

宋玉芝，王连喜，李剑萍，2009. 气候变化对黄土高原马铃薯生产的影响 [J]. 安徽农业科学，37（3）：1018-1019.

苏少泉，2009. 中国马铃薯生产与除草剂使用 [J]. 世界农药，31（1）：4-6.

孙业民，张俊莲，李真，等，2014. 氯化钾对干旱胁迫下马铃薯幼苗抗旱性的影响及其机制研究 [J]. 干旱地区农业研究，32（3）：29-34.

谭庆艳，于诗蒜，夏令奇，2011. 浅析马铃薯的贮藏技术与方法 [J]. 吉林农业 (7)：127.

谭宗九，郝淑芝，2007. 马铃薯丝核菌溃疡病及其防治 [J]. 中国马铃薯，21 (2)：108 - 109.

汤祐德，刘耀宗，1992. 马铃薯大全 [M]. 北京：海洋出版社.

滕宗璠，张畅，王永智，1989. 我国马铃薯适宜种植地区的分析 [J]. 中国农业科学，22 (2)：35 - 44.

田丰，张永成，张凤军，等，2009. 不同品种马铃薯叶片游离脯氨酸含量、水势与抗旱性的研究 [J]. 作物杂志 (2)：73 - 76.

田丰，张永成，张凤军，等，2010. 不同肥料和密度对马铃薯光合特性和产量的影响 [J]. 西北农业学报，19 (6)：95 - 98.

王成刚，2008. 玉米全膜双垄沟播栽培技术 [J]. 甘肃农业科技 (4)：40 - 41.

王东，李健，秦舒浩，等，2015. 沟垄覆膜连作种植对马铃薯产量及土壤理化性质的影响 [J]. 西北农业学报，24 (6)：62 - 66.

王乐，张红玲，2013. 干旱区马铃薯田间滴灌限额灌溉技术研究 [J]. 节水灌溉 (8)：10 - 12.

王雯，张雄，2015. 不同灌溉方式对榆林沙区马铃薯生长和产量的影响 [J]. 干旱地区农业研究，33 (4)：153 - 159.

王凤新，康跃虎，刘士平，2005. 滴灌条件下马铃薯耗水规律及需水量的研究 [J]. 干旱地区农业研究，23 (1)：9 - 15.

王国兴，徐福来，王渭玲，等，2013. 氮磷钾及有机肥对马铃薯生长发育和干物质积累的影响 [J]. 干旱地区农业研究，31 (3)：106 - 111.

王红丽，马一凡，侯慧芝，等，2015. 西北半干旱区玉米马铃薯轮作一膜两年用栽培技术 [J]. 甘肃农业科技 (2)：86 - 88.

王金凤，刘雪娇，冯宇亮，2015. 北方马铃薯常见病害及综合防治措施 [J]. 现代农业科技 (21)：152，155.

王丽，王文桥，孟润杰，等，2010. 几种新型杀菌剂对马铃薯晚疫病的控制作用 [J]. 农药，49 (4)：300 - 302.

王倩，徐进，杨志辉，2014. 马铃薯品种对早疫病的离体叶片抗性鉴定 [J]. 湖北农业科学，53 (19)：4601 - 4603.

王摇蒂，张俊莲，2015. 甘肃省中部沿黄灌区轮作和连作马铃薯根际土壤真菌群落的结构性差异评估 [J]. 生态学报 (6)：3943 - 3944.

魏玉琴，姜振宏，陈富，等，2014. 包膜控释尿素对马铃薯生长发育及产量的影响 [J]. 中国马铃薯，28 (4)：219 - 221.

肖国举，仇正跻，张峰举，等，2015. 增温对西北半干旱区马铃薯产量和品质的影响 [J]. 生态学报，35 (3)：830 - 836.

修淑英，丁强，闫桂平，2016. 包头市达茂旗马铃薯膜下滴灌栽培技术 [J]. 现代农业科技 (2)：127.

徐新明，冯建华，2004. 马铃薯冷藏技术 [J]. 农业知识 (5)：30.

许维诚，牛树君，胡冠芳，等，2014. 4 种除草剂对马铃薯田间杂草防效试验 [J]. 甘肃农业科技 (11)：29 - 30.

薛俊武，任稳江，严昌荣，2014. 覆膜和垄作对黄土高原马铃薯产量及水分利用效率的影响 [J]. 中国农业气象，35 (1)：74 - 79.

杨春，2014. 马铃薯黑痣病防控研究 [J]. 现代农业科技 (13)：119 - 121.

杨富位，王守明，吴思荣，等，2012. 静宁县高海拔山旱地马铃薯引种试验初报 [J]. 甘肃农业科技 (5)：15 - 17

杨骥，周艳丽，范有君，2003. "高巧" 拌种法防治马铃薯蚜虫试验研究 [J]. 中国马铃薯，17 (1)：10 - 12.

杨建勋，张恒瑜，蔺永平，等，2007. 土壤温度波动与马铃薯块茎发育的关系探讨 [J]. 陕西农业科学 (6)：131-133.

杨巨良，2010. 马铃薯虫害及其防治方法 [J]. 农业科技与信息（23）：30-31.

杨祁峰，孙多鑫，熊春蓉，等，2007. 玉米全膜双垄沟播栽培技术 [J]. 中国农技推广（8）：20-21.

杨泽粟，张强，赵鸿，2014. 黄土高原旱作区马铃薯叶片和土壤水势对垄沟微集雨的响应特征 [J]. 中国沙漠，34（4）：1055-1063.

姚玉璧，王润元，邓振镛，等，2010. 黄土高原半干旱区气候变化及其对马铃薯生长发育的影响 [J]. 应用生态学报，21（2）：379-385.

姚玉璧，王润元，赵鸿，等，2013. 甘肃黄土高原不同海拔气候变化对马铃薯生育脆弱性的影响 [J]. 干旱地区农业研究，31（2）：52-58.

姚玉璧，张秀云，王润元，等，2010. 西北温凉半湿润区气候变化对马铃薯生长发育的影响：以甘肃岷县为例 [J]. 生态学报，30（1）：100-108.

姚震，黄立君，2012. 宁夏银北地区菜用马铃薯套（复）种栽培技术 [J]. 宁夏农林科技，53（12）：23-24.

余帮强，张国辉，王收良，等，2012. 不同种植方式与密度对马铃薯产量及品质的影响 [J]. 现代农业科技（3）：169，172.

张爱芝，王书治，2007. 马铃薯收获与贮藏技术 [J]. 农业技术与装备（7）：48-49.

张福远，2013. 农田高效除草剂：田普 [J]. 科技致富向导（11）：31.

张贵森，刘慧芹，李彦蓉，2014. 晋中、大同两地马铃薯瓢虫成虫抗药性监测 [J]. 山西农业科学，42（10）：1114-1116.

张建成，闫海燕，刘慧，等，2014. 榆林风沙滩区秋马铃薯高产栽培技术 [J]. 南方农业（21）：19-20.

张建平，程玉臣，哈斯，等，2011. 不同杀菌剂对马铃薯早疫病的田间防效试验 [J]. 中国马铃薯，25（6）：369-370.

张凯，王润元，李巧珍，等，2012. 播期对陇中黄土高原半干旱区马铃薯生长发育及产量的影响 [J]. 生态学杂志，31（9）：2261-2268.

张武，杨谋，柳永强，等，2014. 陇东旱塬区麦后抢墒夏播马铃薯栽培模式研究 [J]. 灌溉排水学报，33（1）：87-89.

张平良，郭天文，吕军峰，等，2013. 秸秆覆盖对全膜双垄沟留膜复种马铃薯产量 [J]. 水分利用效率及氮肥效应的影响. 西北农业学报，22（3）：93-97.

张庆霞，宋乃平，王磊，等，2010. 马铃薯连作栽培的土壤水分效应研究 [J]. 中国生态农业学报，18（8）：1212-1217.

张生梅，2008. 马铃薯的贮藏 [J]. 现代农业科技（14）：101.

张小燕，赵凤敏，兴丽，等，2013. 不同马铃薯品种用于加工油炸薯片的适宜性 [J]. 农业工程学报，29（08）：276-283.

张新霞，1997. 通风贮藏库的建筑及管理要点 [J]. 农村实用工程技术（1）：27.

张有林，2008. 马铃薯的储前处理及几种贮藏方法 [J]. 农产品加工（6）：17-19.

赵谦，2009. 甘肃中部旱作区马铃薯膜侧沟播栽培技术 [J]. 中国农技推广，25（5）：17-18.

赵生山，牛乐华，2008. 山体窖贮藏马铃薯保鲜技术 [J]. 农业科技与信息（10）：46-47.

郑慧慧，王泰云，赵娟，等，2013. 马铃薯早疫病研究进展及其综合防治 [J]. 中国植保导刊，33（1）：18-21，22.

郑顺林，张仪，李世林，等，2013. 不同海拔高度对紫色马铃薯产量、品质及花青素含量的影响 [J]. 西南农业学报，26（4）：1420-1423.

周朝发，2007. 马铃薯采收与贮藏技术 [J]. 农民文摘（10）：34-35.

周之珉，范中喜，石滨，2011. 马铃薯膜下滴灌技术［J］. 农民致富之友（3）：11-11.

Liu Haitao，Li Jing，Li Xiao，et al，2015. Mitigating greenhouse gas emissions through replacement of chemical fertilizer with organic manure in a temperate farmland，60（6）：598-606

Homma，1992. 日本土传病害防治现状及有关问题［J］. 国外农学植物保护，6（5）：20-24.

Lootsma M，Scholte K，1997. 土壤消毒与收获方式对翌年马铃薯 *Rhizoctonia solani* 病害发生的影响［J］. 杂粮作物（2）：44-46.

第八章

云贵高原马铃薯栽培

第一节　自然环境概述

一、环境特征

（一）地势地形

云贵高原是中国第四大高原。位于中国西南部，西起横断山脉，北邻四川盆地，东到湖南省雪峰山。包括云南省东部，贵州全省，广西壮族自治区西北部和四川、湖北、湖南等省边境，是中国南北走向和东北—西南走向两组山脉的交汇处。地势西北高，东南低，海拔 1 000～2 000 m。起伏的山岭间，有许多湖盆和坝子。云南省有 1 200 多个坝子，占全省耕地 1/3，低陷的成为盆地，有的积水成湖。

云贵高原是长江、西江和元江三大水系的分水岭，其支流金沙江、赤水河、乌江、沅江、柳江、南盘江和北盘江等切割地面，形成深切峡谷，地形较破碎。石灰岩地形广泛分布，有岩洞、石林等。北盘江打帮河上游的黄果树大瀑布，是中国最大的瀑布，同时也是世界第二大瀑布。

云贵高原的岩溶地貌面积之广、类型之多，为世界之最。在连绵起伏的山岭之间，分布着许多小盆地。盆地内土层深厚而肥沃，地面比较平坦，是农业比较发达、人口比较集中的地方，高原上的村镇大都集中在这些区域。

以贵州省为例，贵州省位于中国西南地区的东南部，东连湖南省、西接云南省、北邻四川省，南与广西壮族自治区为界，地处东经 103°36′～109°39′，北纬 24°37′～29°13′之间，东西长约 571 km，南北宽 510 km，面积约 174 370 km²。本省在地理位置上具有纬度低、南面临海较近的特点。

贵州省在地貌上处于中国西部云贵高原向东部低山丘陵过渡的高原斜坡地带，也是突起于四川盆地和广西丘陵盆地之间的一个强烈岩溶化山原，地势由西分别向北、东、南三面倾斜，境内地势平均海拔在 1 000～1 200 m，但境内山峦起伏，垂直差异相当显著。黔西和黔西北较高，是海拔 1 500～2 200 m 的高原地貌，局部地区可达 2 400 m 以上，黔东一带为 700～1 000 m 的低山丘陵，局部河谷坝子海拔在 500 m 以下，广大的中部地区则是高度变化在 1 000~1 400 m 的山原。由于严重的侵蚀切割，地表相当破碎，各地貌类型如残留高山、中山、低山丘陵、山间盆地、深谷各处皆见。根据第二次土地调查，贵州省现有耕地 456.25 万 hm²，园地 15.78 万 hm²，林地 900.86 万 hm²，草地 163.13 万 hm²。

（二）气候

云贵高原属亚热带湿润区，为亚热带季风气候（西双版纳地区为热带季风气候），且随海拔的差异，表现垂直地带性变化。

一年中干湿两季分明。由于海拔高度、大气环流条件不同，气候差别显著。例如，云南省昆明海拔约 1 900 m，但其纬度较低（北纬 25°），冬季一般不受寒潮影响（地势较高，来自北方的寒流无法进入），而且经常在西南暖流控制下，多晴天，冬春相当干燥而温暖。夏半年主要受西南季风影响，降水丰富，雨日多，加以海拔高，所以夏季温度偏低，在纬度、海拔高度和大气环流三者综合影响下，气温季节变化较小，高原上四季如春。

热量垂直分布差异明显。从河谷至山顶分别出现热带、亚热带、温带、寒带的热量条件。热量资源的地区分布南多北少，≥10 ℃的积温，元江、河口地区在 8 000 ℃以上，滇西北、滇东北的高海拔地区在 1 400 ℃以下，金沙江干热河谷出现南亚热带的"飞地"，为 7 000~8 000 ℃。热量资源年内各月分配相对均匀，冬季温暖，夏无酷暑。

太阳辐射年总量经向分布差异大，西部大于东部，东部为 3 400~3 800 MJ/m²，西部为 5 000~6 000 MJ/m²。由于地处云贵高原，海拔高，热量差异大，紫外线强烈，给农作物的生长带来了得天独厚的自然条件。

以贵州省为例，贵州省的气候属于中亚热带东部湿润季风气候。由于所处纬度较低，海拔较高，地表崎岖，北面的冷空气和南来的暖气团经常交汇于此，形成静止锋，故有夏凉冬暖、雨量充沛、少日照、气候差异大的特点。全省大部分地区平均气温在 11~19 ℃。由于地形、地貌等条件的差异，各地的温度分布极不均匀，全省有 3 个高温区和 1 个低温区。高温区分别是南部的南、北盘江—红水河谷至都柳江河谷一带，北部的赤水河谷、东北部的乌江河谷。由于南、北盘江—红水河谷由于接近北回归线、纬度较低，所以温度最高，年均温在 19 ℃以上，≥10 ℃的活动积温可达 6 500~7 000 ℃。低温区是黔西北的威宁、大方一带，年均温在 10.5~11.9 ℃，≥10 ℃的活动积温在 2 500~3 500 ℃。其余地区，年均温多为 14~15 ℃，≥10 ℃的活动积温在 4 000~5 000 ℃。贵州省年降水量为 1 181.1 mm，年平均日照时数为 1 042.2 h。逐月降水量、逐月日照时数、逐月平均气温见表 8-1。

表 8-1　贵州省基本气候特点

月份	降水量（mm）	日照时数（h）	平均气温（℃）
1	26.9	45.9	5.1
2	32.2	74.2	7.2
3	39.5	80.9	11.0
4	85.8	100.5	16.1
5	164.7	120.9	19.9

（续）

月份	降水量（mm）	日照时数（h）	平均气温（℃）
6	218.5	107.4	22.4
7	195.2	156.8	24.3
8	145.1	170.2	24.0
9	96.0	127.8	21.0
10	86.3	79.4	16.3
11	48.0	82.7	11.9
12	22.7	66.9	7.1

注：由张万萍整理，2016。

（三）土壤

由于东面和西南受海洋性季风的影响较大，气候比较湿润，云贵高原的中心具有比较干热的高原型亚热带气候特点。因此，云贵高原的土壤水平分布有别于其他地区，在黔中高原（贵阳）一带分布黄壤，而滇中高原（昆明）一带则为红壤，往西至下关逐渐过渡至褐红壤，继续往西南，在芒市则分布砖红壤性红壤。以贵州省为例，由于地质、地形和气候条件的复杂性，贵州土壤类型极为复杂。高原主体为黄壤地带，主要土类有砖红壤性红壤、红黄壤、黄壤、山地黄棕壤、山地草甸土等，此外，尚有多种岩性土：黑色石灰土、紫色土、红褐色土等。

贵州是一个典型的山区农业省份，属于喀斯特高度发育的地区，除都柳江、清水江、红水河、盘江、赤水河等流域集中分布有非喀斯特地貌外，全省大部分区域都属于喀斯特地貌类型区，喀斯特山地面积占全省国土总面积的70%以上。全省耕地按区域划分，主要分布在贵州高原区、川鄂湘黔浅山区，面积分别为279.05万hm²（4 186万亩）、142.18万hm²（2 133万亩），分别占61%、31%。另外，滇黔高原山地区也有少量分布，面积为35.03万hm²（525万亩），占8%。总体呈现出坡耕地多、坝区耕地少、中低产耕地多、优质耕地少这样一个"两多两少"的特点。

通过贵州省耕地地力评价指标体系，利用累加模型计算贵州耕地地力综合指数，依据《全国耕地类型区、耕地地力等级划分标准》（NY/T 309—1996）将贵州耕地地力划分为8个等级，最高为三等，最低为十等。三级地面积为170 426.71 hm²，占贵州耕地总面积的3.74%，其中旱地72 395.72 hm²，水田98 031 hm²，三级地土层深厚，地势平坦，水田和旱地面积约各占一半；四级地面积为466 797.56 hm²，占贵州耕地总面积的10.24%，其中旱地255 899.29 hm²，水田210 898.28 hm²，四级地土层较深厚，土壤较肥沃，水田和旱地面积比例差距不大；五级地908 714.64 hm²，占贵州耕地总面积的19.93%，其中旱地606 008.62 hm²，水田302 706.02 hm²，旱地面积比例约是水田面积比例的2倍；六级地面积为1 195 427.37 hm²，占贵州耕地总面积的26.22%，其中旱地874 682.44 hm²，水田320 744.94 hm²，在六级地中，旱地占73.17%，水田占26.83%。

七级地面积为 1 022 693.21 hm²，占贵州耕地总面积的 22.43%，其中旱地 787 127.94 hm²，水田 235 565.27 hm²，在七级地中，旱地占 76.97%，水田占 23.03%；八级地 539 193.35 hm²，占贵州耕地总面积的 11.83%，其中旱地 452 474.24 hm²，水田 86 719.11 hm²，在八级地中，旱地占 83.92%，水田占 16.08%；九级地面积为 195 203.70 hm²，占贵州耕地总面积的 4.28%，其中旱地 180 018.07 hm²，水田 15 185.63 hm²，九级地较为贫瘠，基本为旱地利用类型，水田面积很少；十级地面积为 60 995.57 hm²，占贵州耕地总面积的 1.34%，其中旱地 58 493.16 hm²，水田 2 502.41 hm²，十级地耕作水平低下，土地最为贫瘠，利用类型以旱地为主，水田所占比例很小。

各个市、州耕地地力等级见表 8-2。在同一地区内，三级地至七级地以上面积之和占本地区耕地面积比例较大的，说明该地区耕地地力较好，反之则较差。从三级地占本地区耕地面积比例来看，贵阳市最高，比例为 9.84%。安顺市、黔东南州、黔南州这三个地区差别不大，分别为 5.51%、5.41%、5.14%。六盘水市和毕节市较低，分别为 1.17% 和 1.93%。从前五级地占本地区面积比例来看，黔东南州最高，达到 52.49%，其次是贵阳市为 49.40%，说明这两个地区的耕地地力相对较好。六盘水市最低为 14.93%，耕地地力相对较差。其余各市、州面积比例差距不大。

表 8-2　贵州耕地地力评价结果分布情况表

	等级	三级地	四级地	五级地	六级地	七级地	八级地	九级地	十级地	合计
安顺市	面积（hm²）	16 283.92	42 849.43	56 201.62	72 457.70	61 291.08	30 397.06	13 090.89	2 884.93	295 456.65
	占本地区（%）	5.51	14.50	19.02	24.52	20.74	10.29	4.43	0.98	100.00
毕节市	面积（hm²）	19 236.14	61 997.46	138 181.97	232 788.66	263 536.76	172 501.01	76 361.08	33 890.98	998 494.07
	占本地区（%）	1.93	6.21	13.84	23.31	26.39	17.28	7.65	3.39	100.00
贵阳市	面积（hm²）	26 542.86	44 921.77	61 718.56	61 669.73	43 548.10	24 020.61	5 943.13	1 248.23	269 613.00
	占本地区（%）	9.84	16.66	22.89	22.87	16.15	8.91	2.20	0.46	100.00
六盘水市	面积（hm²）	3 627.84	10 111.74	32 681.78	81 751.19	89 774.35	66 039.92	21 753.40	5 139.02	310 879.24
	占本地区（%）	1.17	3.25	10.51	26.30	28.88	21.24	7.00	1.65	100.00
黔东南州	面积（hm²）	23 015.99	70 310.28	130 140.44	125 403.71	60 985.72	13 273.60	2 149.28	433.99	425 713.01
	占本地区（%）	5.41	16.52	30.57	29.46	14.33	3.12	0.50	0.10	100.00
黔南州	面积（hm²）	24 728.33	61 891.46	103 744.00	112 298.01	89 545.93	50 581.00	27 430.16	10 747.14	480 966.04
	占本地区（%）	5.14	12.87	21.57	23.35	18.62	10.52	5.70	2.23	100.00
黔西南州	面积（hm²）	12 041.22	37 359.06	100 910.95	135 310.21	105 735.97	44 953.08	9 810.88	1 293.87	447 415.24
	占本地区（%）	2.69	8.35	22.55	30.24	23.63	10.05	2.19	0.29	100.00
铜仁市	面积（hm²）	22 307.36	55 463.73	97 564.27	135 946.95	114 720.99	49 532.28	9 329.70	684.69	485 549.96
	占本地区（%）	4.59	11.42	20.09	28.00	23.63	10.20	1.92	0.14	100.00
遵义市	面积（hm²）	22 643.05	81 892.63	187 571.04	237 801.22	193 554.32	87 894.78	29 335.16	4 672.72	845 364.92
	占本地区（%）	2.68	9.69	22.19	28.13	22.90	10.40	3.47	0.55	100.00

注：引自贵州省土壤肥料工作总站《贵州耕地质量分析及利用策略问题研究》，2015。

（四）植被

以贵州省为例，介绍与气候特征相适应的植被类型。贵州温暖的气候和良好的热量条件，使本省发育了良好的亚热带植物区系成分和植被类型，在南部低纬河谷高温区，还渗入热带成分和近热带的植被类型——季雨林。由于省内大部分地区常年受东南太平洋季风的影响，所以降水比较充沛，多数地区年降水量 1 200～1 300 mm，仅西面局部地区由于受西南暖流的影响，年降水量在 1 000 mm 以下，且分布不匀，冬半年降水仅占全年降水的 15% 左右，表现出干湿季节明显的西部亚热带气候特征。植被相应地表现出大部分地区发育的是东部湿润性常绿阔叶林，仅西部地区发育了半湿润的常绿阔叶林。事实上，贵州植被在本地自然地理环境的影响下，中部、北部大部分地区表现为中亚热带常绿阔叶林的特性，西南部低纬河谷地区则具有南亚热带性质，而在广大的中亚热带常绿阔叶林带又具有从东部湿润性常绿林向西部半湿润常绿林过渡的特性。将地形地貌、热量、水分、土壤、植被类型、区系特点、植被与当地生态环境的关系、与全国植被区划的吻合衔接等因素综合考虑，对贵州省植被进行系统划分如下（引自《贵州植被区划》）：

基本是亚热带常绿阔叶林带特征。

Ⅰ. 中亚热带常绿阔叶林亚带

ⅠA. 贵州高原湿润性常绿阔叶林地带

ⅠA（1）黔东低山丘陵常绿樟栲林、松杉林及油桐、油茶林地区

  ⅠA（1）a. 松桃、铜仁丘陵低山樟栲林、马尾松林、油桐、油茶林小区

  ⅠA（1）b. 锦屏、黎平低山丘陵樟栲林、杉木林、毛竹、油茶林小区

  ⅠA（1）c. 梵净山地常绿栲林、马尾松林、常绿落叶混交林小区

  ⅠA（1）d. 雷公山地常绿栲林、杉木林、常绿落叶混交林小区

ⅠA（2）黔东南中山峡谷具南亚热带成分常绿栎林、松杉林地区

  ⅠA（2）a. 榕江、从江常绿樟栲林、杉木林、马尾松林小区

  ⅠA（2）b. 荔波、麻尾灰岩低山丘陵常绿樟栲林及石灰岩植被小区

ⅠA（3）黔北山原山地常绿栎林、马尾松林、柏木林地区

  ⅠA（3）a. 沿河、务川中山峡谷常绿栎林、乌桕林及石灰岩植被小区

  ⅠA（3）b. 思南、凤冈丘陵山地常绿栎林、柏木林及石灰岩植被小区

  ⅠA（3）c. 大娄山北部山地峡谷常绿栎林、常绿落叶混交林及柏木林小区

  ⅠA（3）d. 大娄山南部丘陵山地常绿栎林、柏木林及茶丛小区

  ⅠA（3）e. 赤水河上游中山峡谷常绿栎林、河谷季雨林及柏木林小区

ⅠA（4）黔中灰岩山原常绿栎林、常绿落叶混交林与马尾松林地区

  ⅠA（4）a. 余庆、凯里灰岩丘陵山地常绿栎林、马尾松林及石灰岩植被小区

  ⅠA（4）b. 贵阳、安顺灰岩山原常绿栎林、常绿落叶混交林及石灰岩植被小区

ⅠA（5）黔南中山盆谷常绿栎林、马尾松林、柏木林地区

  ⅠA（5）a. 独山、平塘灰岩峰丛山地常绿栎林、柏木林及石灰岩植被小区

  ⅠA（5）b. 惠水、紫云灰岩中山常绿栎林、马尾松林及石灰岩植被小区

ⅠA（6）黔西北高原山地常绿栎林、云南松林、漆树及核桃林地区

ⅠA（6）a. 毕节、大方山原山地常绿栎林、常绿落叶混交林、漆树林小区

ⅠA（6）b. 赫章、水城高原山地常绿栎林、云南松林、核桃林小区

ⅠA（6）c. 六枝、兴仁高原中山常绿栎林、云南松林及石灰岩植被小区

ⅠA（7）川黔边缘常绿樟楠林、松杉林及毛竹林地区

ⅠA（7）a. 赤水河谷中山樟楠林、松杉林及毛竹林小区

ⅠB. 云贵高原半湿润常绿阔叶林地带

ⅠB（1）滇黔边缘高原山地常绿栎林、云南松林地区

ⅠB（1）a. 威宁盘县高原山地常绿栎林、常绿落叶混交林、云南松林小区

ⅠB（1）b. 兴义燕塘高原中山常绿栎林、松栎混交林、云南松林小区

Ⅱ. 南亚热带具热带成分的常绿阔叶林亚带

ⅡA. 滇桂黔边缘半湿润具热带成分的常绿阔叶林地带

ⅡA（1）南北盘江、红水河河谷山地季雨林、常绿栎林地区

ⅡA（1）a. 南北盘江、红水河河谷中山季雨林、常绿阔叶林及稀树灌丛草地小区

二、熟制和种植方式

云贵高原纬度低、海拔高，气候复杂。因此这里是马铃薯一二季作和冬作混作区。

以贵州省为例，杨昌达（2008）针对马铃薯全生育期对最适宜生态气候环境条件的要求，以 7 月平均温 21 ℃为标准，划分 4 个区域，即＞15 ℃、＜21 ℃的春播一熟区，＞21 ℃的春、秋播两熟区，＞26 ℃的冬播区和＜15 ℃的不适宜区。

（一）春播一熟区

气候凉爽，昼夜温差大，有利于马铃薯块根充实膨大，病虫害较轻，是马铃薯生产的最适宜区。本区包含 2 个子区：

1. 黔西北高原高中山区 主要指黔西北威宁、赫章等县及条件相似的乡镇，此区标准为海拔高（1 600～2 200 m），年均温低（8～12 ℃），7 月平均温低（16～20 ℃），≥10 ℃活动积温为 2 000～3 000 ℃，霜期长（120 d 以上），年日照时数多（≥1 200 h）。马铃薯栽培制度为一年一熟，采用品种是晚熟、淀粉、加工型品种（或粮食型）。一般3～4 月播种，8～10 月收获，产量较高，单产量可达 2 500 kg/亩左右，是种薯、加工型专用薯的主要生产基地。

2. 黔西、黔中高原中山丘陵区 主要包括黔西北盘县、纳雍、七星关、大方等县区。该区标准是年均温低（12～14 ℃），7 月平均温低（20～21 ℃），≥10 ℃活动积温为 3 000～4 000 ℃，霜期长（110 d 左右），年日照时数较多（≥1 000 h）。栽培制度一年一熟或一年两熟，主要是马铃薯或马铃薯套作玉米间黄豆二熟。采用品种是中晚熟、晚熟，粮、饲型或淀粉加工型品种。一般 3 月前后播种，7～8 月收获，单产可达 2 000 kg/亩以上。

（二）春、秋播两熟区

生态类型复杂，气候变化大，病虫害重。春薯常遭遇初春旱、春雨，需注意抗旱

防渍。

本区包含 3 个子区。

1. 黔西南高原中山丘陵区　主要包括黔西、兴义、兴仁、安龙、镇宁、长顺、紫云等县（市）。此区标准为海拔较高（800~1 200 m），年均温较高（13~15 ℃），7 月平均温较高（22~23 ℃），≥10 ℃活动积温为 4 000~5 000 ℃，霜期较长（80 d 左右），年日照时数较少（<1 000 h）。栽培制度为一年两熟，水田为薯—稻，旱地为春薯—秋薯。采用的马铃薯品种是早、中熟鲜食、菜用型品种，旱地春薯可搭配中晚熟品种。一般春薯 2 月播种，5 月前后收获。秋薯 8 月中下旬播种，11 月收获。单产可达 1 500~2 000 kg/亩，是早、中熟品种适宜区。

2. 黔北、黔东北中山峡谷区　主要包括黔北、黔东北的道真、务川、正安、遵义、湄潭、德江、印江、铜仁、石阡等县（市）。此区标准为海拔较高（1 000~1 500 m），年均温较高（14~16 ℃），7 月平均温较高（22~24 ℃），冬季温度低（3~5 ℃），≥10 ℃活动积温为 3 000~4 000 ℃，霜期较长（70 d 左右），年日照时数较少（<1 000 h）。栽培制度为一年两熟，水田为薯—稻，旱地为春薯—秋薯。采用的马铃薯品种以早、中熟鲜食、菜用型品种为主，春薯 2 月前后播种，5 月收获。秋薯 8 月下旬播种，11 月收获，单产可达 1 500 kg/亩左右，是早、中熟品种适宜区。

3. 黔中、黔东南高原丘陵区　主要包括黔中、黔东南的贵阳、惠水、福泉、剑河、台江、雷山、凯里、天柱等县（市）。此区标准为海拔较高（800~1 200 m），年均温较高（16~18 ℃），7 月平均温较高（24~26 ℃），≥10 ℃活动积温为 5 000~6 000 ℃，霜期较短（60 d 左右），年日照时数少（<1 000 h）。栽培制度为一年两熟，水田为薯—稻，旱地为春薯—秋薯。采用品种主要有早中熟搭配中晚熟鲜食、菜用或兼用型品种，春薯 2 月播种，5 月前后收获，秋薯 8 月中旬播种，11 月前后收获。平均单产在 1 500 kg/亩以上。

（三）冬播区

地域分散，气候、生态条件、马铃薯生产特性、发展方向大同小异，主要为冬季鲜食、菜用型商品薯的适宜区。

本区包含 3 个子区。

1. 黔南、黔西南低山丘陵区　主要包括兴义市的洛万、沧江、巴结、则戎、桔山及马岭等乡镇；安龙县的德沃乡与坡脚乡以南；关岭县的城关、断桥、板贵；镇宁县的沙子、打帮、六马、良田、简嘎等乡镇；紫云县的火花、达帮；贞丰县的城关、沘澜、白层、连环、鲁贡、沙坪；册亨县除威旁乡外的其他乡镇；望谟县除打易、郊纳、乐旺、麻山外的其他乡镇；平塘县的克度、塘边、西凉、摆茹、甘寨、城关、苗二河、卡蒲、者密、四寨；荔波县除播尧、甲良、方村外的其他乡镇。此区地貌以低山为主，平均海拔为 400~800 m，河谷地带海拔 300~400 m，年均气温>18 ℃，7 月均温 26~28 ℃，1 月均温 8~10 ℃，年极低气温均值>5 ℃，<10 ℃活动积温在 6 000 ℃以上，无早、晚霜，年日照时数为 1 000 h 左右，年降水量约为 1 200 mm。本区由于地处低纬度和低海拔地区，热量条件丰富，12 月至翌年 1 月平均气温 10 ℃左右，能满足马铃薯播期要求；3~4 月平均气温 20 ℃左右，有利于马铃薯块茎形成膨大，且全年无霜冻危害，是贵州省发展冬作

马铃薯的最适宜区。

2. 黔东南低山丘陵区　包括三都县的塘州、廷牌、恒丰等乡镇；榕江县除栽麻外的其他乡镇；从江县除往硐乡外的其他乡镇；黎平县的肇兴、龙额、地坪、水口、雷洞、顺化、洪州、中槽、德顺、高屯、口江；锦屏县除平秋、彦洞、河口、固本、启蒙、隆里、平略、偶里外的其他乡镇；天柱县的竹林、地湖、远口、白市、江东、渡马、翁洞、蓝田、注溪；镇远县的清溪；岑巩县的羊坪、城关、思阳；玉屏县除朱家场外的其他乡镇；铜仁市除川硐、滑石、桐木坪、鱼塘、大屏、茶店外的其他乡镇。本区位于贵州高原向湘西丘陵过渡的斜坡地带，地势以低山丘陵为主，由西向东逐渐降低，海拔由 800～1 200 m 降低到 400～500 m，年均气温较高（≥17 ℃），7 月均温 27～29 ℃，1 月均温 6～8 ℃，年极低气温均值＞2 ℃，＜10 ℃活动积温在 5 000 ℃左右，早霜发生时间在 12 月上中旬，晚霜在 2 月上中旬结束，年日照时数为 1 000 h 左右，年降水量为 1 200 mm 以上。本区由于地势较为平缓，水热条件优越，稻田面积大（约占耕地 2/3），具有发展冬作马铃薯的资源条件，是贵州省冬作马铃薯的适宜区。

3. 黔北低热河谷区　包括仁怀市的沙滩、合马、二合、茅台；赤水市的赤水、宝源、大同、复兴、丙安、天台、白云、长沙、长期、官渡、旺隆、葫市等低热河谷地区。本区位于贵州高原向四川盆地过渡的斜坡地带的低热河谷地区，地势由南向北逐渐降低，地貌以低山丘陵为主，海拔多为 400～500 m，年均气温较高（≥18 ℃），7 月均温 27～28 ℃，1 月均温 7～9 ℃，年极低气温均值＞5 ℃，＜10 ℃活动积温在 5 000～6 000 ℃，无霜期或霜期较短，年日照时数＜1 000 h，年均降水量＞1 200 mm。由于气候条件与黔南、黔西南低山丘陵区相似，也是贵州省冬播马铃薯的适宜区。冬播区栽培制度均为一年两熟到三熟，水田为冬薯—稻—秋菜，旱地为冬薯—春菜—甘薯。采用马铃薯品种主要是早熟鲜食、菜用、休闲食品型品种，通常在 11～12 月播种，翌年 3～5 月收获上市，单产可达 1 500 kg/亩以上。

（四）不适宜区

主要包括威宁海拉镇、双龙乡与哈喇河乡交界、秀水乡、雪山镇、双营、羊街、板底乡；赫章朱市乡、兴发乡及临近的盘县四格乡、营盘乡与坪地乡交界的局部地区；雷山县方祥乡的雷公山附近和江口县德旺、太平，印江县永义及新业四乡交界的凤凰山与梵净山的局部海拔较高的地区。该区标准为海拔高度在 2 200 m 以上的山区，因温度过低，年均温＜8 ℃，7 月均温＜15 ℃，有霜期在 130 d 以上，此区不宜种植马铃薯。

马铃薯既是粮食、蔬菜、食品原料，又是饲料和工业原料，尤其是作为休闲食品广受青睐，具有广阔的市场和发展前景。从上述马铃薯熟制分区可以看出，多熟制中马铃薯的生产优势集中表现在种植季节的多季节性（春、秋、冬薯），品种的多样性（早、中、晚熟），上市的均衡性（一熟春薯 8～10 月，两熟秋薯 11～12 月，冬薯 3～4 月，两熟春薯 5～6 月上市）等方面。以冬作马铃薯为例，冬薯上市正值全国马铃薯供应淡季，此时南方诸省份（广东、广西、福建等）马铃薯售罄，北方产区（山东等）仅有少量设施栽培马铃薯出产，市场竞争小、售价高、效益好，经济收入远超小麦、油菜等秋冬大田作物。且冬作马铃薯一般在水稻收获后播种，插秧前收获，并不影响水稻生育期，这样既保证了主粮生产，又增加了额外的经济收入。多熟制中马铃薯能够调剂粮食丰缺，生产作用突出；地位日益重要，是确保粮食安全的有效措施之一。从整体上讲，贵州得天独厚的综合自然资源条件，可以周年生产马铃薯，确保鲜薯周年供应，减少运输成本，减少仓储和资金占用，对发展马铃薯产业十分有利。

第二节　云贵高原马铃薯常规栽培

云贵高原地区山地、丘陵面积大，旱地、坡地多，冬季暖和，夏季凉爽。在低山平坝和峡谷地带，无霜期很长，可以进行马铃薯二季栽培。半高山地区无霜期较长，可与玉米套作。高山区无霜期较短，马铃薯以一年一熟为主。由于该区气候温和凉爽，雨量充沛，土壤多呈酸性，适于马铃薯生长发育，所以马铃薯面积大、产量高、品质好，是当地群众的主要粮食和蔬菜作物，在生产上占据很重要的地位。

一、选用品种

（一）按区划选用品种

在云贵高原范围内，云南省、贵州省都有关于马铃薯种植区划的研究。品种是实施各项栽培技术的先决条件。按区划种植，选用品种是关键。

贵州春播一熟区中，黔西北高原高中山区，多选择晚熟、淀粉、加工型或粮食型品种如青薯9号、黔芋1号、黔芋3号、克新11等；黔西、黔中高原中山丘陵区多选择中晚熟、晚熟，粮、饲型或淀粉加工型品种如黔芋5号、冀张薯8号、米拉、坝薯10等。春、秋播两熟区中的黔西南高原中山丘陵区和黔北、黔东北中山峡谷区，多选择中、早熟鲜食、菜用型品种如宣薯2号、克新1号、克新4号等，旱地春薯可搭配中晚熟品种如米拉等；黔中、黔东南高原丘陵区采用品种主要是早、中熟搭配中晚熟鲜食、菜用、兼用型品种，如费乌瑞它、中薯2号、中薯3号、郑薯4号、新芋4号、大西洋等。冬播区主要以鲜食菜用型中早熟品种为主，如费乌瑞它、中薯2号、中薯3号、中薯5号、黑美人、红宝石等。

滇北马铃薯大春一季作种植区，多选择中晚熟鲜食品种如会-2、中甸红、合作88、会顺23、丽薯1号、会152、威芋3号等。滇中马铃薯多季作种植区中大春作多选择中晚熟品种如米拉、会-2、合作88、中甸红、中心24等，小春作选用生育期较短的品种如榆薯CA、宣薯2号等。滇南马铃薯冬播一季作种植区，多选择中、早熟品种如米拉、会-2、中甸红、费乌瑞它、中心24、合作88等。

（二）按海拔选用品种

云贵高原多为山地和高原，区域广阔、地势复杂，海拔高度变化很大，形成了气候的垂直分布，影响到农业生产也有相应变化，故有立体农业之称。马铃薯在本区有一季作和二季作两种栽作类型。在高寒山区，气温低，无霜期短，四季分明，夏季凉爽，云雾较多，雨量充沛，多为春种秋收，属一年一作。在低山河谷，气温高，无霜期长，春早、夏长、冬暖，雨量多、湿度大，适合二季栽培。

本区地域辽阔，是中国马铃薯的主产区之一。根据海拔高度，对品种的要求大致可分为3类：

1. 高寒山区　要求中晚熟、生产潜力大、休眠期长、耐贮藏的品种如丽薯1号、合作88等。

2. 中海拔地区　要求休眠期短或易于打破休眠、早熟或早中熟、块茎膨大快、抗霜冻的品种，如中薯5号、克新4号等。

3. 低海拔地区　要求早熟或早中熟的品种如费乌瑞它、中薯3号、黑美人、红宝石等。

（三）按抗逆性选用品种

本区地形复杂，自然条件各异，栽培管理水平各地不一，病虫害也时有发生。需根据当地实际情况选用抗逆性强的品种。在干旱缺水地区，宜选用适应性较广、耐旱、耐瘠薄的品种如中薯2号等，在雨多、雾重、湿度大的地区，宜选用抗晚疫病的品种如中薯5号、米拉、克新10等，在癌肿病高发的川滇接壤处，宜选用抗癌肿病的品种如费乌瑞它、合作88等。

（四）按生产需求选用品种

在马铃薯主产区，应选用经过多年区域试验和生产试验，表现高产优质、适应性强、经过审定的品种。如贵州省的毕节市，马铃薯种植面积和产量分别占全省的40％和50％，毕节市威宁县更被誉为中国南方马铃薯之乡。自20世纪80年代以来，毕节市先后育出毕薯1号、威芋1号、威芋3号等品种，其中毕薯1号是间套栽培的理想品种，威芋1、3号适宜于单作地区种植。

（五）云贵高原马铃薯品种名录

云南和贵州近年审定的部分马铃薯品种见表8-3。

表8-3　云贵高原选育马铃薯品种名录

品种名称	选育单位	审定时间
威芋1号	贵州省威宁县农业科学研究所	1993
威芋3号	贵州省威宁县农业科学研究所	2002
合作88	云南师大薯类作物研究所，会泽县农业技术推广中心	2004
白花大西洋	贵州省农业科学院生物技术研究所	2004
会-2	会泽县农业技术推广中心	2004
毕引1号	贵州省毕节市农业科学研究所	2004
毕引2号	贵州省毕节市农业科学研究所	2004
黔芋1号	贵州省生物技术研究所	2006
威芋4号	贵州省威宁县农业科学研究所	2006

品种名称	选育单位	审定时间
合作 003	会泽县农业技术推广中心	2006
五选 2 号	南华县农业局	2006
靖薯 1 号	曲靖市农技推广中心、马龙县农技推广中心	2006
云薯 102	云南省农业科学院经济作物研究所	2007
云薯 301	云南省农业科学院经济作物研究所	2007
抗青 9-1	贵州省马铃薯研究所	2008
黔芋 2 号	贵州省马铃薯研究所、云南省农业科学院经济作物研究所、贵州省威宁县农业科学研究所	2008
黔芋 3 号	贵州省马铃薯研究所、云南省农业科学院经济作物研究所、贵州省威宁县农业科学研究所	2008
黔芋 5 号	贵州省马铃薯研究所、云南省农业科学院经济作物研究所、贵州省威宁县农业科学研究所	2008
毕薯 2 号	贵州省毕节市农业科学研究所	2008
威芋 5 号	威宁县农业科学研究所	2008
皮利卡	云南农业科学院生物技术与种质资源研究所	2008
丽薯 6 号	丽江市农业科学研究所	2008
丽薯 7 号	丽江市农业科学研究所	2008
云薯 503	云南省农业科学院经济作物所、文山壮族苗族自治州农业科学研究所	2008
云薯 504	云南省农业科学院经济作物所、文山壮族苗族自治州农业科学研究所	2008
毕薯 3 号	毕节市农业科学研究所	2009
云薯 601	云南省农业科学院经济作物研究所	2009
昆薯 4 号	昆明市农业科学研究院	2009
宣薯 4 号	宣威市农业技术推广中心	2009
靖薯 2 号	曲靖市农业技术推广中心	2009
靖薯 3 号	曲靖市农业技术推广中心	2009
毕薯 4 号	毕节市农业科学研究所	2010
毕威薯 1 号	毕节市农业科学研究所	2010
黔芋 6 号	贵州省马铃薯研究所、云南省农业科学院经济作物研究所、贵州省威宁县农业科学研究所	2010
黔芋 7 号	贵州省马铃薯研究所、云南省农业科学院经济作物研究所、贵州省威宁县农业科学研究所	2010
宣薯 2 号	宣威市农业技术推广中心	2011
云薯 502	云南省农业科学院经济作物研究所、普洱市农业科学研究所	2011
德薯 2 号	德宏州农业科学研究所、云南省农业科学院经济作物研究所	2011
云薯 505	云南省农业科学院经济作物研究所、德宏州农业科学研究所	2011

（续）

品种名称	选育单位	审定时间
宣薯 5 号	宣威市农业技术推广中心、云南省农业科学院经济作物研究所	2012
会薯 9 号	会泽县农业技术推广中心、会泽县优质农产品开发有限责任公司	2012
昆薯 5 号	昆明市农业科学研究院	2012
云薯 303	云南省农业科学院经济作物研究所	2012
云薯 701	云南省农业科学院经济作物研究所	2012
镇薯 1 号	镇雄县农业技术推广中心、云南省农业科学院经济作物研究所	2012
云薯 506	云南省农业科学院经济作物研究所	2012
德薯 3 号	德宏州农业科学研究所、云南省农业科学院经济作物研究所	2012
云薯 202	云南省农业科学院经济作物研究所	2013
靖薯 4 号	曲靖市农业科学院	2013
靖薯 5 号	曲靖市农业科学院	2013
云薯 401	云南省农业科学院经济作物研究所、昭通市农业科学技术推广研究所、会泽县农业技术推广中心	2014
云薯 603	云南省农业科学院经济作物研究所	2014
昆薯 2 号	昆明市农业科学研究院、云南师范大学薯类作物研究所、寻甸县农业局农业技术推广工作站、大理白族自治州农业科学研究院	2014
会薯 10	会泽县农业技术推广中心	2014
会薯 11	会泽县农业技术推广中心	2014
丽薯 10	丽江市农业科学研究所、云南省农业科学院经济作物研究所	2014
丽薯 11	丽江市农业科学研究所、云南省农业科学院经济作物研究所	2014
丽薯 12	丽江市农业科学研究所、云南省农业科学院经济作物研究所	2014
云薯 801	云南省农业科学院经济作物研究所、宣威市农业技术推广中心	2014
毕薯 6 号	毕节市农业科学研究所	2014
恒薯 1 号	贵州恒丰科技开发有限公司	2014
冀张薯 8 号	贵州省马铃薯研究所	2014
威芋 6 号	威宁县农业科学研究所	2014
宣薯 7 号	宣威市农业技术推广中心、云南省农业科学院经济作物研究所	2015
宣薯 6 号	宣威市农业技术推广中心、云南省农业科学院经济作物研究所	2015

注：由张万萍整理，2016。

二、整地

（一）精细整地

土地是马铃薯生长的基础，也是丰产的前提。种植马铃薯的地块，以土壤疏松肥沃、土层深厚，涝能排水、旱能灌溉，土壤沙质、中性或微酸性的平地与缓坡地块最为适宜，这样的地块土壤质地疏松，保水保肥、通气排水性能好，土壤本身能提供较多营养元素，另外春季地温上升快，秋季保温好，不仅利于马铃薯发芽和出苗，也利于地上部和地下部的生长。

马铃薯不能连作，也不能在茄果类（番茄、茄子、辣椒等）作物为前茬的地块上种植，以防共患病害的发生。马铃薯生产也不宜在低洼地、涝湿地和黏重土壤上进行。这样的地块，在多雨和潮湿的环境下晚疫病危害严重，同时土壤透气性不好，水分过多，不仅影响块茎生长，还常造成块茎皮孔外翻，起白泡，使病菌易于侵染而造成块茎腐烂，且不耐贮藏。

深耕可疏松土壤，改善透气性，并可提高土壤的蓄水、保肥和抗旱能力，协调土壤的水分、养分、空气和温度等，为马铃薯根系发达和植株健壮生长，多结薯、结大薯创造良好的条件。马铃薯的须根穿透力差，在出苗前根系的发育越好，幼苗出土后生长势越强，产量越高，因此深耕是保证高产的基础。深耕最好在秋季进行，因为地耕得越早越利于土壤熟化，可接纳冬春雨雪，利于保墒和冻死害虫。深耕深度要达到20～25 cm，应做到地平、土细，以起到保墒的作用。在春雨多、土壤湿度大的地方，除深翻和耙压外，还要起垄，以便散墒和提高地温。山坡地则应采用等高线栽植，以防土壤冲刷流失。丘陵旱地排水良好的可采用平畦栽培，有利于保水。对排水不良或黏质的土壤，则宜推广高畦栽培。

1. 垄作 垄作栽培的播种技术各有特点，大致分为3种类型：

（1）垄上播种 播前起垄或利用前茬原垄，垄上开沟播种，称为垄上播。特点是垄体高，种薯在上，覆土薄，土温高，能促早出苗、苗齐、苗壮。但因覆土薄，垄体大，不抗旱，如春旱严重易缺苗断垄，另外不易施入基肥，应多施化肥做种肥。由于覆土浅，不易加厚培土，易形成绿薯，解决培土问题，可加大垄距，以65～70 cm垄距为宜。在涝害出现频率高的地区，因垄上播种的薯位高，可防止结薯期因涝灾而烂薯的问题。此外，高山寒冷地区，此法利于保墒、提温，利于出苗。垄上播应秋整地、秋施基肥、秋起垄，为第二年春播创造良好播种条件。

（2）垄下播种 利用原垄，在垄沟播种、施肥，然后用犁破原垄合成新垄。此法的优点是保墒好，利于幼苗发育，土层深厚利于结薯，易于施入基肥。缺点是覆土易过厚，土温较低，影响出苗速度。播后应镇压，出苗前耢一遍，耢去一部分覆土，利于提高地温、防止憋苗，并可除草。有条件的地区，播前先深松垄沟，为种薯创造疏松的生长环境。

（3）平播后起垄 在上年秋翻秋耙平整的地块上，一般可采用平播后起垄的播种方法。有随播随起垄和出苗起垄两种方式。随播随起垄的播种沟可浅些，起垄覆土不要厚。出苗后起垄的，播种沟一般深10～15 cm，出苗后结合第一次中耕起垄。

2. 平作 在气温较高，降水量较少而蒸发量较大，气候干燥又缺乏灌溉条件的地区，栽培马铃薯时为降低蒸发量、尽可能保持土壤水分，可采取平作的形式。在前作物收获后，即对土地进行多次耕翻并施入肥料，在播前再翻一次使土地平整。播种方式有隔沟播种和逐沟播种两种。播种时用犁开沟，沟深10～15 cm，株距15～45 cm，然后照种上肥，随即犁出第二沟给第一沟覆土，再开第三沟播种，接开第四沟为第三沟覆土，再开第五沟播种。此种方式称为隔沟播种，一般行距范围为45～60 cm。逐沟播种与隔沟播种的区别主要在于开第一沟播种后，接开第二沟为第一沟覆土，同时在第二沟中播种，又开第三沟为第二沟覆土并在第三沟中播种，以此类推。因此这种播种方式沟距即行距，一般在 30 cm 左右。如果土壤墒情不好，通常不用犁开沟而改为人工挖穴栽植。播种后用耱顺行耱一次，再横向耱一次，使地表润、平、细，上虚下实，防风保墒。随着植株生长发育而进行的田间管理如中耕除草等，在植株的根部虽然有些隆起，但田间基本仍保持平整。以上的栽培方式称为平作。

（二）免耕直播

马铃薯在黑暗条件下，只要温度、水分、矿质元素等外界条件能满足其生长发育的要求，块茎就可以萌发出苗，植株和匍匐茎也能正常生长并膨大长出新的块茎。利用稻草覆盖种植马铃薯就是基于这项原理而发展起来的一种技术。

水稻收获后会留下大量稻草，这些稻草若直接还田，在水田氧气缺乏的条件下不易腐烂，并且恶化土壤生化条件，妨碍水稻生长并增加了甲烷的排放量。如果就地烧掉稻草，会造成烟雾弥漫，严重污染大气环境，影响航空与地面交通。稻草的处理与利用是长期未能妥善解决的生产难题，特别是推广新株型的超级稻后稻草数量倍增，稻草处理与利用问题将更加突出。稻、薯水旱轮作，减少了土壤的还原性，有利于土壤改良，由于稻草覆盖地面，在好气条件下形成了微生物大量繁殖的小环境，经过一个生长季的日晒雨淋，大部分稻草已经不同程度的腐烂，为马铃薯的生长提供了养分，减少了中耕追肥的环节。而尚未完全腐烂的部分稻草也较易翻压入土或堆肥还田。这样可以养地肥田，减少化肥用量，保护农业生态环境，有利于农业持续发展。

水、旱轮作也可以减轻稻、薯两种作物的病虫害。稻草全程覆盖在一定程度上抑制了杂草的生长，从整地到收获一般无需喷施除草剂或进行人工除草。同时稻草层有调节土表温度的作用，早春和晚秋可以保温防冻。在秋季播种时，虽然气温偏高，但稻草可以隔热，使晴天时土温比露地时低 2～3 ℃，因此不但可以适当提前下种，还不易发病。可见利用稻草覆盖种植马铃薯能显著减少农业化学物的用量，是一项生产安全食品的实用技术。

稻田免耕稻草全程覆盖马铃薯栽培技术彻底改变了马铃薯的传统栽培方法，变种薯为摆薯，变挖薯为捡薯，省去了费工费力的翻耕整地、挖穴下种、中耕除草、挖薯等诸多工序，而采用此种方式栽植的马铃薯薯块整齐，薯形圆整，表面光滑，色泽鲜艳，破损率低，商品性好，产量也能与常规栽培方法相比，因此深受农民欢迎。云贵高原由于区域广阔，地形复杂，气候垂直分布明显，马铃薯存在种植品种和栽培制度多样化的现象。对贵州稻田免耕栽培马铃薯进行的研究表明，稻田免耕栽培马铃薯全株干物质积累过程为 S 形曲线，且免耕栽培植株的干物质积累量、干物质最大积累速率、后期块茎干物质占全株比重等指标均高于常规翻耕植株。可见在云贵高原低山河谷一带推广稻草覆盖种植马铃薯已具备了理论基础。

以春播和秋播马铃薯为例，进行稻草覆盖栽培技术，简要介绍如下：

春播马铃薯进行选地整畦，需选择耕层深厚、土壤肥沃疏松、排灌良好、富含有机质的中性或微酸性稻田进行种植。水稻收割时稻桩不宜过高或过低，以留桩 15～20 cm 为好。播种前稻田先划畦开沟，挖出来的泥土均匀抛在畦中间，畦面整成弓背型，以利于排水。畦间大草人为踩倒，不施用除草剂。将催芽后的种薯直接摆放在畦面上，稍微用力一压，使芽眼与土壤充分接触。也可在种薯上洒上一些细土，以促进其发根出苗。播种完毕后在行间施用复合肥。就地取材，用稻草均匀覆盖在畦面上，厚度一般为8～10 cm，可适当加厚至15 cm。并将沟中起出的泥土均匀压在稻草上，避免被风刮走。稻草覆盖后一般不需要再盖地膜，以防畦内过分干燥影响出苗。播种过早的马铃薯覆盖稻草后，若需要加盖地膜防寒，在寒潮过后也要立即将地膜揭去。利用稻草覆盖种植马铃薯，在全生育期间都必须保有足够的水分，特别在现蕾以后，地上部蒸腾旺盛，地下茎生长也极迅速。此时需水量大，土壤应经常保持湿润状态，较低的土温也有利于块茎膨大，同时也利于稻草腐烂。干旱时应采取小水顺畦沟灌，使水分慢慢渗入畦内。不可使用大水漫灌，以免造成畦面土壤板结，妨碍根系生长，并易受晚疫病危害。在多雨季节和低洼地区，应注意防涝，要及时清理排水沟，做好排渍工作。马铃薯成熟后及时收获，种用薯适当提前收取，食用薯稍微推迟。应选择晴好天气的早、晚时段收取，使薯块清洁、耐贮藏。捡取薯块后随即收集运送到阴暗通风场所，摊薄晾干。在装运过程中尽量减少损伤，保持薯皮完整。覆盖在畦上的稻草，经过一个生长季的日晒雨淋已大部分腐烂，可直接翻入田内做肥料。对少数未腐烂的稻草，将其收集并堆放在田头制作堆肥，供下季作物使用。

秋马铃薯由于播种期正遇高温多雨季节，栽培技术与春马铃薯有所不同。需选用薯块膨大快速、结薯早、耐高温干旱的品种进行整薯催芽播种，通过控制细菌性病害减少烂薯死苗。同时严格控制播种期，一般在8月底至9月初播种。将薯块摆放在田内畦上，稍压实并在种薯上撒一层细土促进早发根出苗。不能施用未腐熟的有机肥做基肥，因高温下不腐熟的有机肥易发酵发热而造成烧苗缺苗。将腐熟的栏肥和复合肥施用于行间，再盖上8～10 cm的新鲜干稻草。这样可以挡雨遮阴、减少土壤水分蒸发、降低地表温度、减少出苗天数并提高出苗率。因秋马铃薯生育期较短、单株结薯数较少，栽种秋马铃薯时需适当密植，一次性施足基肥。在出苗后需及时做好抗旱保苗工作，遇到严重干旱时必须浇水，遇暴雨需及时清沟排水，以防渍害。秋马铃薯因生长期间温度较高，容易发生蚜虫和病毒病危害，需勤检查、细防治。秋马铃薯应在初霜来临前收获，若收获过早，块茎尚未充分膨大，将会严重影响产量。但种用薯需适时早收获，若过迟易受冻，失去种用价值。

三、播季和播期

（一）播种季节

在云贵高原，马铃薯可以春播、夏播、秋播和冬播。从种植时间上看，有2～3月播种的春种，8～9月播种的秋种，还有11～12月和翌年1月播种的冬种。近年来，贵州省黔西北高海拔区域、云南省红河哈尼族彝族自治州及文山壮族苗族自治州等地在6～7月也有马铃薯夏繁。贵州省各播种季节的适宜地区详见本章第一节中"熟制和种植方式"部分，云南省滇东北、滇西北高海拔生态区域为春作区，滇中的中海拔生态多样化区域为春、秋播二季作区，滇南、滇东南、滇西南低海拔河谷生态区，为冬作区。春播3月播种，7～10月收获；秋播7月下旬至8月上旬播种，11～12月收获；冬播包括小春作和冬作马铃薯，11月至翌年1月播种，2～5月收获。

马铃薯多熟制搭配的栽培技术有三类：一为粮、粮型搭配栽培技术，包含马铃薯—稻—稻、马铃薯—稻—再生稻、马铃薯—稻—秋大豆、马铃薯—糯高粱—再生高粱等模式；二为粮经搭配型栽培技术，包含马铃薯—早中稻—大蒜、马铃薯—西瓜—稻、春马铃薯—西瓜—秋马铃薯、马铃薯/西瓜＋春玉米—稻、马铃薯—黄瓜—晚稻、马铃薯—生姜—冬菜、马铃薯/春玉米/辣椒、马铃薯/鲜食玉米＋花生—豇豆—萝卜等模式；三为粮饲型搭配栽培技术，如马铃薯/春玉米/甘薯、马铃薯—甘薯—萝卜等模式。

（二）播季和播期对马铃薯产量的影响

马铃薯不同播种期试验结果表明，播种期与马铃薯产量有着密切的关系。在贵州黔南长顺县进行的试验表明，不同播种时间对马铃薯产量构成因素的基本苗、每窝薯块个数、单个薯块重影响较大，最终导致了产量差异；在荔波县的研究也表明，不同播期处理下马铃薯的产量差异较大，最适播期产量高于最低产量 14.7％。在黔西北织金县进行的研究结果显示，不同播期的马铃薯产量差异显著，商品率也差异明显。研究结果还表明，为了提高马铃薯的产量，需在适宜播期内尽量早播，争取早苗。如果播种过早，地温偏低，发芽缓慢，易被病菌侵入，烂种、烂芽，不利全苗；播种过迟，虽然温度高，出苗快，但缩短了马铃薯的营养生长期，且苗嫩脚高，进而导致产量降低。

四、种植方式

（一）单作

1. 应用地区和条件　云贵高原的高寒山区多为一年一熟的单作制。马铃薯忌连作，因此应与茄科以外作物轮作，水田栽培可用水旱轮作。实践表明，在本区 15 cm 深的地温为 7～8 ℃时，为马铃薯播种适期的指标。高海拔山区应在 2 月下旬至 3 月上旬播种，中海拔山区应在 3 月中下旬播种，低海拔山区一般在 4 月播种。该地区冬春雨雪多，气温低，湿度大，土壤含水量大而蒸发量小，田间易积水，种薯易窒息、腐败而缺苗。因此在播种前应先挖好山沟排水，并用深沟窄垄、垄上开穴浅播的方法，使种薯处于比垄底高的位置，以利于排水、透气、提高地温。施肥时以基肥为主，第一次追肥应追芽肥或苗肥，视长势情况在显蕾期进行二次追肥。

在西南地区的中、低海拔山区地带，由于气温高、无霜期长，均可一年种两季。该地区多为春、秋二季连续栽培，既可进行商品薯生产，又可进行种薯繁育。用作种薯生产，春作为秋作提供种薯，秋作又为下年春作提供种薯。春作选用的品种应具有早熟、休眠短、易催芽、结薯早、快等特性，以便利于秋作。秋作马铃薯为西南山区主要的晚秋作物，一般与小麦、油菜等连作，播种期根据当地早霜来临期上溯品种的生育期来决定。

2. 规格和模式　云贵高原高寒山区马铃薯多为大春一季种植。马铃薯高垄双行栽培是指实行宽窄行种植，把宽行的土培到窄行上，使窄行形成垄，且垄高25 cm以上的种植方式。试验证实，垄畦栽培的马铃薯具有出苗早、大中薯比例高、产量高等优点，垄畦栽培比平畦栽培增产19.1％。

高垄双行栽培为宽窄行种植，宽行 80 cm，窄行 40 cm。精细整地平整后，按 40 cm

行距开沟，沟深 10～15 cm，种 2 行空 1 行，随后按株距 28～33 cm 将准备好的种薯点入沟中。种薯上面再施种肥，然后再破土盖种，破土时 2 行马铃薯中间的梁不破，只破 2 行马铃薯两侧的梁。播种深度应根据墒情来定，一般来说，在土壤质地疏松和干旱条件下可播种深些，深度以 12～15 cm 为宜。播种过浅，容易受高温和干旱的影响，不利于植株的生长和块茎的形成膨大，影响产量和品质。在土壤质地黏重和涝洼的条件下，可以适当浅播，深度为 8～10 cm 为宜。播种过深，容易造成烂种或延长出苗，影响全苗和壮苗。此外，在干旱情况下，播种时种薯芽眼向上能提早出苗。

云贵高原低山丘陵区适宜发展马铃薯冬作，主推的稻草免耕覆盖栽培技术有诸多优点，但稻草需求量大，在一定程度上阻碍该技术的进一步发展。因此，探索不用或少用稻草、可对稻田实现深耕深松并能提高产量的马铃薯种植新技术，能促进云贵高原冬闲田马铃薯的生产，具有重要的现实意义。稻田粉垄冬种马铃薯模式即是由此发展而来。所谓"粉垄"是"粉垄栽培技术"的简称，指应用立式粉垄深耕深松机（简称粉垄机），将土壤垂直旋磨粉碎并自然悬浮成垄，在垄面种植马铃薯的配套栽培技术。于晚稻收割后进行马铃薯粉垄栽培，在稻田上利用粉垄机双行粉垄整地并开行，然后直接播种种薯，粉垄规格为双行垄宽 1.4 m，稻田粉垄深度 20 cm，旋磨松土从犁底层算起，剖面高为 28～30 cm。在垄与垄间形成凹型松紧结合状态，以利于保水保肥。

（二）多熟间套作

1. 应用地区和条件　马铃薯与其他作物实行间套栽培是一种高效生产模式，据统计，西南高原地区，马铃薯间套作面积占栽培总面积的 70% 以上。因为这种栽培制度能更好地利用土地、气候和人力资源，大幅度提高单位面积产量，获得较好的生态、经济、社会效益。全年无霜期在 5 个月以上的地区，都可发展马铃薯间套栽培制度。

马铃薯不可与茄科作物轮作，防止互相传染病害，最好与禾谷类、豆科、十字花科等作物轮作。马铃薯植株矮小，较耐阴，是适宜间套复种的作物。以马铃薯套种玉米为例，在马铃薯茎叶、块茎快速生长时，玉米植株尚小，此时马铃薯可充分利用光能和地力形成产品器官；到玉米拔节时，马铃薯块茎膨大渐趋于成熟。此时高大的玉米植株对马铃薯还有遮光降温作用，有利于地下块茎的发育。马铃薯收获时将其茎叶割断堆在玉米根部，等同为玉米追肥 1 次；收获后田间通风透光性好，边际效应大，利于玉米生长。在套种玉米时要适当放宽行距，马铃薯需选用生长期短、植株稍矮、直立、分枝少、匍匐茎短、结薯集中的品种。

马铃薯还可以与甘薯间作。这两种作物虽然块茎和块根都生长在土中，但基本不存在互相遮阴的问题。甘薯前期根系发育和植株生长缓慢，马铃薯可利用这一段时间充分生长。待甘薯分枝增多、茎蔓大量生长时，马铃薯已可收获。云贵高原地区常采用 1 行甘薯、2 行马铃薯的方法进行间作。马铃薯前期培土成垄，甘薯在垄间平地栽植；待马铃薯收获时把垄变为平地，将甘薯的平栽变为垄栽。

2. 规格和模式　马铃薯多熟制搭配栽培有很多模式，如春马铃薯—黄瓜—秋马铃薯—冬菜四熟栽培，春马铃薯于 12 月下旬播种，采用宽行窄株密植，株行距 20 cm× 50 cm。日本小黄瓜采用肥床育苗，于 4 月上旬播种瓜苗，每 10 cm×10 cm 播 1 粒种子。

3月底收获春马铃薯，日本小黄瓜的收获标准为长度16～20 cm，直径3 cm。8月中旬播种秋马铃薯，密度为7 500～8 000株/亩。11中旬秋马铃薯收获后立即整地播种小白菜，密度为13 000～15 000株/亩。此种栽培模式两季马铃薯上市均值市场淡季，销路旺、售价高；再加上小黄瓜和冬菜，每亩的收入可超万元，经济效益非常显著。

中稻—秋马铃薯模式中，水稻为一季中早熟中稻，实行人工栽插或抛秧栽培，在8月下旬适当早收；秋马铃薯进行免耕栽培。稻薯连作能充分利用秋冬季时段的温光资源，提高土地利用率。此时生产的马铃薯正好在元旦至春节期间上市，弥补了市场鲜薯的空缺；且由于是免耕栽培，薯块外形美观，营养价值高，有很好的商品性和经济效益。此模式每亩的收入可超5 000元，若霜冻迟来或遇暖冬，马铃薯产量还可以进一步提高。

马铃薯—有机稻—叶菜低碳高效栽培技术是一种将马铃薯、水稻、叶菜三类作物周年轮作的新型种植模式。2月进行马铃薯播种，稻田畦宽90 cm，每畦种2行。在畦上开2道沟，沟深4～5 cm，沟间距30 cm；将种薯摆在沟内，种薯距离20～30 cm，畦面两侧各留30 cm，覆盖稻草。5月收获马铃薯。随即种植早中稻，10～11月收获，保留稻草用于翌年春马铃薯种植。水稻收获后在田内种植菠菜、芫荽、茼蒿等叶菜类蔬菜，并在春节前后采收完毕。该方法有机结合了水旱轮作，既利于稻草还田，增加土壤有机质，改善土壤生态环境；又利于提高土地利用率，增加了土地产出，为农业增效和农民增收提供了一条有效途径。

（三）种植方式对马铃薯生长和产量的影响

云贵高原立体的气候条件为马铃薯提供了得天独厚的生长环境，马铃薯已成为本区的优势、特色作物。以云南省为例，从低海拔热量较好的河谷地区到高海拔冷凉山区均有马铃薯的种植，形成了种植面积广、种植模式多样、经济效益好、生产潜力大的特点。高海拔地区进行种薯生产，在获得较好收益的同时保证了低海拔地区马铃薯产量。较之高海拔地区，中海拔和低海拔地区表现为效益较好、种植模式多样化的特点。马铃薯与其他作物的间套作既可充分利用地理条件、提高光能利用率，又有利于病虫害的防治。马铃薯/蔬菜、玉米/秋马铃薯模式中单位面积马铃薯的效益均高于中海拔地区的净作效益。而低海拔地区的水稻—冬马铃薯的水旱轮作模式，有效利用了冬闲田，也增加了生产收益。

五、播种

（一）选用脱毒种薯

马铃薯在栽培过程中极易受病毒侵染，由于病毒侵入破坏了马铃薯植株正常的生长功能，导致病株生长势衰弱，各器官表现异常如卷叶、花叶、叶皱缩黄化、丛生、紫顶、根系不发达、匍匐茎缩短、薯皮裂口、薯块变小等，最终造成大幅度减产，这种现象被称为马铃薯病毒性退化。现已知侵染马铃薯的病毒和类病毒20多种。这些病毒和类病毒，有的是一种病毒单独侵染马铃薯，有的是两种或更多种病毒复合侵染。病株所结的薯块一般都带有潜伏状态的病毒，若再使用此类薯块播种，将使病毒一代代相传，逐年加重而导致种性退化，在不良的环境条件下退化速度还会加快，种植时间越长，病毒危害越重，减产幅度越大。

病毒在马铃薯植株组织中分布不均匀，越靠近新生组织部位病毒越少。植株茎尖顶端生长点正常细胞生长速度，远远快于生长点下方带有病毒的组织生长速度。在特定的环境和设备条件下，切取很小的无病毒马铃薯茎尖，经过组织培养，可以育成无毒的健壮苗，继而生产无病毒种薯，解决马铃薯退化问题。

脱毒苗是各级种薯生产的基础，它的生产包含以下几个步骤。

① 选择具有品种典型特征的并经检测确定带毒最少的若干个健壮植株，取其若干薯块。

② 将薯块进行催芽，经严格消毒后进行茎尖组织剥离，放入培养基中进行组织培养。成活并切段培养成苗后进行病毒鉴定，筛选出几种病毒带毒率均为零者的脱毒苗。

③ 将脱毒苗进行切段扩繁。

在脱毒种薯继代扩繁过程中需采取各种方法防止病毒的再侵染。其中主要的措施是与毒源隔离，不让传毒媒介与它接触。毒源有未脱毒的马铃薯和其他茄科植物，传毒媒介有蚜虫（特别是桃蚜）、跳甲和粉虱等。脱毒种薯的生产包含以下几个步骤。

首先是脱毒原原种生产。在气温相对较低的地方建造温室或防虫棚，用脱毒苗和微型种薯作为繁殖材料，进行脱毒原原种生产。生产过程中严格去杂、去劣、去病株。这样生产出的块茎为脱毒原原种，按代数算为 0 代（或称当代）。

然后进行脱毒原种生产。在高海拔、高纬度、低温和风速大的地方建立隔离区。隔离区需离毒源一定距离，使传毒媒介相对较少。由于风速大，传毒媒介降落地面概率也相对较少，同时定期在隔离区喷洒杀虫药剂。在隔离区内使用原原种作为繁殖材料，并严格去杂、去劣、去病株。这样生产出的块茎为脱毒原种，按代数算为一代。

以上原原种和原种被称为基础种薯。

之后进行脱毒种薯生产。参照原种生产标准建立隔离区，使用原种为繁殖材料进行种薯生产，这样生产出来的块茎称为脱毒一级种薯，按代数算为二代。在隔离区使用脱毒一级种薯为繁殖材料，生产出的块茎称为脱毒二级种薯（三代），若使用二级种薯作为繁殖材料，生产出的块茎为三级种薯（四代）。二、三、四代种薯被称为合格种薯，可直接用于大田商品薯生产。

值得一提的是云贵高原所独有的三季串换轮作的留种方式。因本区山多路险，交通运输不便，远途调种成本过高，所以提倡就地留种，自行生产优质种薯。所谓三季串换轮作，即用当年小春马铃薯所产块茎作同年秋马铃薯的种薯；秋马铃薯所产块茎作下年大春马铃薯的种薯；大春马铃薯所产块茎作为下年小春马铃薯的种薯。如此循环往复、三季串换轮作，达到了就地留种的目的；也扩大了马铃薯种植面积，提高了种薯质量，增加了产量，促进了马铃薯的生产。

一般来说，早代脱毒种薯要比晚代脱毒种薯的种性更好。在脱毒种薯定级标准上，早代比晚代严格得多（表8-4）。但不同品种的抗病力不同。因此选用马铃薯脱毒种薯时，首先根据种植目的来确定级别，如只是以生产商品薯、加工薯为目的，就可以选用三代或四代脱毒种薯，只种1次，收获后全部出售或加工，不再留种薯，避免因病毒发病率增加而减产。其次就要根据品种的抗病性来选用种薯，如费乌瑞它等抗病性差、退化较快的品种，就需采用二代或三代种薯进行种植较为适宜。

表8-4　各级别种薯带薯病植株的允许率

种薯级别	第一次检验 病害及混杂株（%）					第二次检验 病害及混杂株（%）					第三次检验 病害及混杂株（%）				
	类病毒植株	环腐病植株	病毒病植株	黑胫病和青枯病植株	混杂植株	类病毒植株	环腐病植株	病毒病植株	黑胫病和青枯病植株	混杂植株	类病毒植株	环腐病植株	病毒病植株	黑胫病和青枯病植株	混杂植株
原原种	0	0	0	0	0	0	0	0	0	0	0	0	0	0	0
一级原种	0	0	≤0.25	≤0.5	≤0.25	0	0	≤0.1	≤0.25	0	0	0	≤0.1	≤0.25	0
二级原种	0	0	≤0.25	≤0.5	≤0.25	0	0	≤0.1	≤0.25	0	0	0	≤0.1	≤0.25	0
一级种薯	0	0	≤0.5	≤1.0	≤0.5	0	0	≤0.25	≤0.5	≤0.1					
二级种薯	0	0	≤2.0	≤3.0	≤1.0	0	0	≤1.0	≤2.0	≤0.1					

注：摘自国家标准《马铃薯脱毒种薯》（GB 18133—2000）。

脱毒种薯的生产有特殊要求，尤其是基础种薯，一般地区无法进行生产。且脱毒种薯的真假无法用肉眼判断，因此购买种薯必须找正规种子经营单位或研究部门，同时还需问清所购买的种薯产于哪个种薯生产基地，是否具有种子合格证、种子检疫证等。

（二）种薯处理

云贵高原因马铃薯栽培制度不同，选用的品种也有差异。在海拔较高的一季作高寒山区，中晚熟、休眠期长、耐贮藏的品种较为适用；在海拔低的低山平坝和峡谷地二季作区，早中熟、休眠期短、块茎膨大快、抗霜冻的品种较为适用；在中海拔的半高山地区，用于和玉米套作的马铃薯要求早熟品种。无论是哪类品种，都应具有高产、食用品质好、商品率高、耐贮性强、高抗晚疫病及青枯病等病害及抗耐主要病毒等特性。

优良品种的优质种薯是增产的重要保证。春季在确保不受冻的情况下，种薯应尽早出窖见散射光，以抑制萌芽徒长，并使白嫩的幼芽绿化及稍蔫软坚韧，以减轻碰伤或折断情况。种薯出窖后应根据块茎内部质的差异及外部形态的表现进行挑选，一般块茎分为3种类型。

① 幼龄、少龄薯。此类薯块在植株上的生育时间较短，薯块较小，表皮柔嫩光滑，皮色艳丽不易褪色。薯形规整，休眠期长，较耐贮藏，幼芽粗壮。这类块茎具有健壮的种性，可长出苗壮丰产型的植株。

② 壮龄薯。此类薯块在植株上的生育期较短，但薯块较幼龄薯块大，薯形整齐，其他特点与幼龄薯相同，特别适合作种薯。

③ 老龄薯。此类薯块在植株上的生育时间最长，通常是随着茎叶枯黄而收获，薯块大小均有，小型的老龄薯质量更差。薯形多变，表皮粗糙老化，皮色暗淡。表皮有色的品种，皮色变淡，尤其以顶部褪色为甚。休眠期变短，幼芽较细弱。这类块茎的生活力多具有衰退的趋势，如用作种薯则形成衰退型植株，及茎秆纤细柔弱、早衰、低产，所以老龄薯不适于作为种薯。

根据上述块茎的分类和特征，确定待应用的品种后，还要进行优质种薯的挑选。要除去冻、烂、病、伤、萎蔫块茎，并将已长出纤细、丛生幼芽的种薯也予以剔除，选取薯块整齐、符合本品种性状、薯皮光滑细腻柔嫩、皮色新鲜的幼龄薯或壮龄薯。如块茎已萌芽，则应选择芽粗壮者。同时还需剔除畸形、尖头、裂口、薯皮粗糙老化、皮色暗淡、芽眼突出的老龄薯。种薯大小以 50～160 g 为宜。种薯过大，虽可获高产，但用种量增大，成本增加；种薯过小，植株长势弱，生长量小，将会降低产量。

生产中应视种薯大小和播种方式决定是否切块。一般种薯较大的需要进行切块处理，50 g 以下小整薯无需切块，可经整薯消毒后直接播种。机械化栽培也宜使用小整薯进行播种。种薯切块时间一般在催芽或播种前 1～2 d 进行，常用切块方法是顶芽平分法，切块应切成立块，多带薯肉，大小以 30 g 左右为宜，且每个切块至少带有 1～2 个芽眼，芽长均匀，切口距芽眼 1 cm 以上。一般 50 g 左右小薯纵切一刀，一分为二；100 g 左右中薯纵切两刀，分成 3～4 块；125 g 以上大薯，先从脐部顺着芽眼切下 2～3 块，然后顶端部分纵切为 2～4 块，使顶部芽眼均匀地分布在切块上。切块时随时剔除有病薯块。切块所用刀具需用医用酒精浸泡或擦洗消毒。切后的种薯亦要及时做好防腐烂处理，每亩可用

70%甲基硫菌灵2 kg加72%的农用链霉素1 kg与石膏粉50 kg混拌均匀或用干燥草木灰消毒，边切边蘸涂切口。最后将薯块置于阴凉通风处摊开，使切口充分愈合形成新的木栓层后再行催芽或播种。切块前要先晒种2~3 d。整薯消毒一般可用0.3%~0.5%的福尔马林溶液浸泡20~30 min，取出后用塑料袋或密闭容器密封6 h左右，或用0.5%硫酸铜溶液浸泡2 h进行消毒，也可以用50%多菌灵500倍液浸种15~20 min进行种薯消毒处理。

种薯如果不经过处理，出窖后马上切芽、播种，不仅出苗时间较长，还会出现出苗不全不齐、不健壮的现象。其原因是窖温较低，种薯温度保持在4 ℃左右，虽已贮藏几个月，度过了休眠期，但仍处于被迫休眠之中。春季播种后，由于地温上升较慢，且各芽块所处温度环境又不一致，因而造成发芽慢、出苗慢，出苗先后差别大，甚至有些芽块还会烂掉造成缺苗。为避免这些问题的出现，需要对种薯进行催芽处理。马铃薯的催芽方法很多，有晒种催芽法、室内催芽法、赤霉素催芽法、温室大棚催芽法和黑暗催芽法等。一般经过5~7 d，待芽长0.5~1.0 cm时，将催好芽的种薯摊放在阴凉处，见散射光炼芽1~3 d，使幼芽变绿后即可播种。以下对几种催芽方法做简单介绍。

1. 晒种催芽法　播前15~20 d，将种薯置于15~20 ℃的环境中催芽，当种薯大部分芽眼出芽时，剔除病、烂、冻薯，放在阳光下晒种，待芽变紫色时切块播种。催芽堆放以2~3层为宜，不要太厚，催芽期间要经常翻动块茎，使其发芽粗壮均匀。

2. 室内催芽法　选择通风凉爽、温度较低的环境，将种薯放在室内用湿润沙土分层盖种催芽，堆积3~4层，上面盖稻草保持水分，温度保持在20 ℃左右。

3. 赤霉素催芽法　用5~8 mg/kg的赤霉素浸泡种薯或薯块0.5~1 h，捞出后随即埋入湿沙床中催芽。沙床应设在阴凉通风处，先铺沙10 cm，再一层种薯一层沙，共铺3~4层，最上层用湿沙封平后覆盖一层湿稻草降温保湿，直至种薯发芽。

4. 温室大棚催芽法　在塑料大棚内远离棚门一端，地面先铺一层种薯或薯块，再铺一层细沙，再铺一层种薯，一直可连铺3~5层薯块，最后在上面盖草帘或麻袋保湿，但不能盖塑料薄膜。如果地面过干，铺种薯前先喷洒少量水使之略潮湿后再铺种薯。

5. 黑暗催芽法　根据品种和播种期，在播前15~20 d，将种薯放于黑暗处，保持温度15~20 ℃，相对湿度75%~80%进行催芽。

（三）适季适期播种

播期对马铃薯植株生长发育和产量形成有重要影响，是促进早熟的关键。云贵高原各地播期详见本章第二节"播季和播期"部分。

（四）种植密度

1. 密度对马铃薯产量的影响　合理密植是马铃薯高产的中心环节。合理密植意即正确处理个体和群体的关系，在考虑到单位面积土地上有足够的株数，能充分利用光能、地力等环境因素的同时，又能使单株生长发育良好。云贵山区结薯盛期是低海拔山区在5~6月，中海拔山区在6月至7月上旬；高山区在7月中下旬。这段时期气温较高，一定程度上影响了块茎的形成膨大。如果适当密植，能提前封行，使绿色体覆盖地面，以减少土壤水分蒸发，降低地表温度，有利于马铃薯的生长发育和块茎的膨大。但密度过大，茎叶严重荫闭，则会影响田间通风透光条件，导致脚叶黄化，叶片徒长倒伏，病虫害加重，块茎商品率明显降低。

要做到合理密植，需综合考虑品种、地区、播种季节、施肥水平等几个因素。如果用机器播种和收获，还需根据播种机、中耕机和收获的作业宽度来考虑栽培株行距。根据南方马铃薯研究中心的试验结果，植株比较高大繁茂的品种米拉春作时，密度小于 3 500 株/亩时，随着密度的增加，产量显著增加；当密度增大至 3 500～5 000 株/亩范围时，虽有相应增产效果，但增产不显著。又如在贵州低热河谷地区冬作种植费乌瑞它，在科学管理的前提下，选择 4 500 株/亩的栽培密度，能获得 2 000 kg/亩以上的高产，经济效益也高于同期 3 000 株/亩、4 000 株/亩、5 000 株/亩、6 000 株/亩的处理。同时应遵循栽培水平高宜稀，栽培水平低宜密的原则，即在当地农业生产水平高、环境条件好的情况下，可适当加大单株植株的生活领域，减少密度，精耕细作，促使植株苗壮生长以获得最高的产量；但在农业生产条件较差的地区，增大密度、利用低产的个体群来获得增产的方式则较为有利。

2. 云贵高原各地适宜种植密度　马铃薯的种植密度与产量密切相关，当植株在最大营养生长期的群体结构达到 90% 以上的覆盖面时，才能有最大的光合面积，积累最多的光合产物。但种植密度受品种特性、播种季节、环境条件等因素的综合影响。例如贵州春播一熟区，由于生育期长，大多选用中晚熟的品种，净作密度多为 4 000～5 000 株/亩。低山丘陵冬播区，由于马铃薯生育期短，净作密度常要达到 5 000 株/亩左右才能保证高产。套种可以根据净作的密度，按比例计算种植密度。以上为商品薯生产时的常用密度。在进行种薯生产时，春、秋播两熟区原原种的播种量为 8 000 株/亩时有最高产量，一至三代种薯的播种密度也均高于商品薯的密度。

（五）播种方式

马铃薯的播种栽植方式有 3 种，即垄作、畦作和平作。

1. 垄作　适用于马铃薯生育期间雨量较多的地方。垄作可以提高地温，在一些高寒山区，早春垄作播种有利于防寒提温，促进早熟，且便于培土和集中施肥，有利于土壤空气交换，减轻风蚀虫害，为块茎的形成和膨大创造了条件。在地势低洼、土壤黏重的阴湿地块，也多使用垄作栽培。但垄作的缺点是不抗旱。垄作的方法是开沟种植，后培土成垄，盖土厚度 10 cm 左右。有些地区是将薯块播在土壤表面，上面覆土成垄，由于覆土较薄，土温较高，栽好后出苗较早，且苗齐、苗壮，但也不抗旱。此种方式适于雨水较多、墒情较足的地区采用。有的地区是先起垄，在垄上开沟摆播，播后覆土增压保墒，种薯处于地面以上，这种方法在多雨易涝地区常用，遇涝可排水，浇水不漫灌。

2. 畦作　主要在华南和西南地区采用，且多是高畦，畦高 20～30 cm，畦宽 85～200 cm。85 cm 宽的高畦，一畦栽 2 行，株距 25 cm 左右。畦的高低和宽度均依地势和土壤松黏度决定。因前茬多是水稻，要便于排水。栽植时在畦上开 10 cm 深的播种沟。施种肥后播种，覆土于畦面。

3. 平作　多在气温较高，但降雨又少，干旱而又缺乏灌溉的地区。播种时先用犁开沟，施肥后将种薯摆在沟内，然后将沟盖平。也可以用锄开穴，穴深 8～10 cm，施肥摆块，每穴 1～2 块，开一穴再开一穴，依序进行，有利保墒。施肥后应将肥料和土混合掺匀，再摆种，干旱地区注意镇压。

马铃薯播种深度受土壤质地、温度、养分状况、种薯大小、生理年龄等因素的影响。大量研究表明，随着播种深度的增加，马铃薯出苗期逐渐推迟，生育期逐渐缩短，成熟时期趋于一致。当土壤温度低、土壤含水量较高时应适当浅播；如果土壤温度较高、含水量较低时，应适当深播。一般情况下种植深度为 25 cm，小于 25 cm 则过浅，容易受到干旱的影响，结薯后块茎外露，暴露在光照下，表皮变绿、品质降低；超过 25 cm 则过深，马铃薯出苗慢，向下生长的根系不在耕作层，影响对养分的吸收。在特殊情况下，如前茬为水稻，则需要起高垄，垄上浅播，以免烂种；又如冬作早熟马铃薯，当播种深度为 10～15 cm 时有最高产量。

播种时所用农机具详见本节"马铃薯机械化生产"部分。

六、田间管理

(一) 科学施肥

1. 重施有机基肥 马铃薯是高产作物，对肥料需求量较高，特别是脱毒种薯生长势旺，吸收力强，增产潜力大，所以肥料的供应必须得到保证。马铃薯施肥的原则，从肥料种类讲，以农家肥（有机肥）为主，以化学肥料为辅；从施肥时期讲，以基肥为主，以追肥为辅。

马铃薯种植的主体是广大农户。农家肥在广大农村肥源很广，数量很大，成本极低。农家肥不仅含有马铃薯生长必需的 N、P、K 和各种微量元素，还含有一些具有刺激性的有益微生物，有利于肥料的分解和马铃薯的生长。同时，农家肥中含有大量的有机质，在微生物作用下，进行腐殖化、矿物化，并释放出大量 CO_2，既能供给马铃薯吸收，又能使土壤疏松肥沃，使土壤团粒增多，增加透气性和保水能力，利于块茎膨大，使块茎整齐、表皮光滑。有机肥能减少养分固定，提高养分有效性。因其中含有许多有机酸、腐殖酸、羟基等物质，都具有很强的螯合能力，能与许多金属元素，如铝等形成螯合物，可减少金属离子对作物的危害。又可防止铝与 P 结合成很难被作物吸收的闭蓄态磷而无效化，大大提高土壤有效态 P 的有效性。另外，农家肥无污染、无残留，是生产无公害食品、绿色食品、有机食品的最佳肥料。目前最新的研究表明（Haitao Liu et al，2015），用有机肥替代化肥可显著减少温带农田温室气体排放量，同时施用有机肥还增加了土壤肥力，进而提高了作物产量。有机肥全部替代化肥后，农田变为典型的碳库；而全部施用化肥，农田则为典型碳源。可见有机肥对减少土壤碳排放具有积极作用，也为农业生态系统应对气候变暖提供了科学依据。鉴于如上优点，在马铃薯生产中应积极提倡使用农家肥。

马铃薯施用农家肥的种类，以腐熟捣细的厩肥（牲畜圈粪）、绿肥（堆肥）、沼气肥、草木灰等最好，禁止使用人粪尿和带有玻璃碴、玻璃纤维、铁渣子等杂物的垃圾肥。施足农家肥后，再根据情况施用适当数量的化肥。

根据马铃薯对营养物质的需求（每生产 1 000 kg 块茎，需吸收纯 N 5 kg、纯 P 2 kg、纯 K 11 kg）及品种、土地肥力来综合考虑施肥数量。生产上一般每亩施用农家肥 2 500～3 000 kg，较肥沃的土地每亩补施纯 N 8～9 kg，纯 P 7～8 kg，纯 K 14～15 kg；中等肥力以下的土壤或沙土地，每亩补施纯 N 11 kg 左右，纯 P 10 kg 左右，纯 K 18 kg 左右。在不施用农家肥的土地中，每亩施用纯 N 15 kg 左右，纯 P 13 kg 左右，纯 K 20 kg 左右；在沙壤或沙土地块施肥量还要加大，每亩施用纯 N 17～19 kg，纯 P 14～16 kg，纯 K 22～26 kg。

根据马铃薯生长规律，生长前期，即幼苗期到发棵期，主要是根、茎、叶的建造，匍匐茎和块茎的形成，此时茎叶生长量占总生长量的 75%～80%，营养吸收占总吸收量的46%，正是促进营养生长、茎叶健壮、早成薯多坐薯的时候。中期，即块茎膨大期，此时营养吸收占总吸收量的 41%，地上部分生长基本稳定，是催动地下块茎迅速膨大的时期。后期，即干物质积累期，此时营养吸收占总吸收量的 13%，应保护叶片，保持叶面的光合效率，保证淀粉等干物质足够的积累，收获高质量的薯块。从上述情况看，马铃薯的生长前期和中期是吸收营养的关键时期，而且提供的营养成分必须提前到位才能确保生长时的需要，不能等到营养出现"透支"，植株有缺肥表现时再补肥。因此，对施肥有"前重后轻"和"以基肥为主，以追肥为辅"的说法。

基肥重施的方法如下：将所有农家肥均做基肥施用，在播种前整地时，将其均匀撒于地表，用圆盘耙或微耕机充分与土壤混合，或在播种时集中进行沟施。若施用化肥，需将化肥施用总量的 65% 用作基肥，仍是在播种前将其撒在地表上，用耙或机械混合土肥，留待播种；也可以在播种时沟施，但必须注意化肥和芽块不能直接接触，必须隔开 2～3 cm，以防化肥烧坏芽块而造成缺苗。若播种地块为肥料易流失的沙型土壤，可将基肥分为 2 次施入，化肥总量的 45% 在播种前洒在地表混合土肥，接着播种，另 20% 在没出苗前的中耕前撒于地面，中耕时培入垄中。同时根据马铃薯对 N、P、K 的需求比例，在基肥中应施入 N 素总量的 70% 左右，P 素总量的 90% 以上，K 素总量的 60% 左右，以保证马铃薯的正常生长。

2. 适期追肥 马铃薯各个生长阶段都很短暂，特别是幼苗期和发棵期。为获得高产，追肥需要及时进行。一般出苗后 20～25 d，现蕾前，匍匐茎顶端开始膨大，要进行第一次追肥，可以把化肥总量的 25% 左右撒于地表，然后结合浇水，使肥料融化渗入土中；也可以顺垄条施，但不要靠植株太近，相距 5 cm 左右，结合第二次中耕培入垄中。此次追肥应施入 N 素总量的 20%、P 素总量 10%、K 素总量的 30%。

根据田间苗色在出苗后 40 d 左右时，把施肥总量的 10% 分为 4～5 次，每隔 7～10 d，用打药机或喷雾器，结合打农药进行叶面喷施。中后期马铃薯植株相对较高，施肥量也较小，采用叶面喷施节省化肥、经济高效，且吸收迅速，避免了碱性土壤对肥料的颉颃作用，提高了肥料的利用率，可以快速缓解脱肥现象，且与病虫害的防治同时进行，既省工又省时。叶面追肥以 N、K 为主，比例各占总量的 10% 左右，一为保持叶片的健壮和活性，二可加大干物质形成和积累速率。

微量元素在马铃薯全生育期被吸收的量虽然很小，但作用却极大，若有缺乏将会使植株呈现不同病态。所以必须提前施用微量元素，不能等出现缺素症状时再补充。特别是在易缺 Zn、Mn、B 等的地块应及早施用。施用微肥须用叶面喷施，时期应在出苗 20～25 d

开始，分 2～3 次喷完；也可结合农药用喷雾器喷施，效果较好。

3. 高产田的施肥模式 在农业投入力度大的地方，若土壤肥力差，可选用施肥量上限；在马铃薯作为辅助填闲作物的区域，可采用施肥量下限。若在马铃薯主产区，因其生产位置重要，应尽量采用施肥量上限，以便达到高产高效的栽培目的。现以贵州省 2 000 kg/亩的费乌瑞它高产田为例，进行施肥模式的简单介绍。选择土质疏松、肥沃、通透性好、排水方便的微酸性沙壤土，精细整地，开沟条播，沟深 10 cm。每亩施硫酸钾复混（合）肥料（N∶P∶K＝15∶15∶15）60～80 kg、农家肥 1 000～1 500 kg 作为基肥，农家肥施在薯块上，化肥施在薯块间。出苗前 7 d 左右，每亩用除草剂（精异丙甲草胺、乙草胺等）100 mL 兑水 50 kg 全田均匀喷雾，防止杂草消耗养料。苗齐后，每亩施 8～10 kg 尿素作为追肥。

（二）合理灌溉

1. 马铃薯的水分代谢 马铃薯是需水较多的作物，但不同生育期需水量明显不同。发芽期，幼芽仅凭块茎内的水分就能正常生长，待幼芽发生根系从土壤吸收水分后才能正常出苗；苗期，耗水量占全生育期的 10%～15%；块茎形成期，耗水量占全生育期的 23%～28% 或更多；块茎增长期，耗水量占全生育期的 45%～50% 或更多，是需水量最多的时期；淀粉积累期则不需要过多的水分，该时期耗水量约占全生育期的 10%。研究表明，早熟马铃薯品种费乌瑞它在薯块形成期耗水强度最高，此为生长发育过程中的水分临界期；膨大期耗水量最大，占全生育期的 30% 以上，是产量形成的水分最大效益期。当土壤含水量为田间最大持水量的 50%～60% 时，费乌瑞它的产量最高。由此可见马铃薯全生育期的需水规律总体上表现为前期耗水强度小、中期变大、后期又减小的近似抛物线的变化趋势。马铃薯对土壤水分的需求规律与需水量规律基本相同，块茎形成至块茎膨大期是需水高峰和关键期。

不同气候条件、不同品种马铃薯生育期间的耗水量存在较大差异。马铃薯的耗水量与当地降水量、蒸发量密切相关。其中降水量是关键，在生产上应根据具体的品种需水特性和种植期间气候条件尤其是降雨状况做好补水或排水工作，为马铃薯生长提供适宜的土壤水分环境。

2. 节水灌溉 根据马铃薯耗水规律和长期生产实践证实，在每亩产块茎 1 000 kg 的水平下，每亩有 200～300 t 水即足够使用。如果各个生育阶段的土壤水分不能达标，应及时灌水补足。长期以来，马铃薯生产主要采用沟灌方式，但生育期浇水次数过多，不仅浪费水资源，还造成了土壤的板结和养分大量流失。

节水灌溉是以最低限度的用水量获得最大的产量或收益的灌溉措施，主要涉及渠道防渗、低压管灌、喷灌、微灌、膜下滴灌和灌溉管理制度等方面。分析不同灌溉方式对马铃薯光合特性的影响发现，膜下滴灌处理植株的叶片净光合速率、蒸腾速率、气孔导度和胞间 CO_2 浓度均高于传统的漫灌和沟灌植株。对马铃薯节水灌溉模式进行研究，结果表明中水量和高水量喷灌的产量和商品率最高，滴灌节水效果最好，隔行膜下沟灌、交替隔行沟灌虽与常规沟灌相比有一定节水效果，但马铃薯商品性和产量明显下降；总的来说喷灌在保证马铃薯高产、高商品率的情况下，还能达到明显的节水效果，是较理想的高效灌溉模式。

西南山区多雨，排水不畅的地块因积水过多，块茎被泡烂，商品薯率降低，还可能引发晚疫病危害，极大降低马铃薯的产量和经济效益。因此，整个生育期间土壤含水量以保持在 60%～80%为宜，雨季要特别注意清沟排水、防渍防涝。

（三）中耕

马铃薯是中耕作物，结薯层主要分布在 10～15 cm 的土层中，故需要一个疏松的土壤环境。西南山区多雨，杂草丛生，土壤易于板结，勤中耕非常重要。中耕不仅可以铲除杂草，减少水、养分的消耗，减轻病虫危害，还能改善田间通气透光性，改良土壤的水、肥、气、热条件，为植株的健康生长与块茎的膨大创造良好的环境条件。

中耕除草应掌握"头遍深、二遍浅、三遍薅草刮刮脸"的原则，即第一次中耕时要深锄（20 cm 左右），创造疏松的土壤环境，以利于匍匐茎的伸长和块茎的形成，锄后捡净杂草，做到土松草净。第一次中耕在齐苗后进行，一般不必培土，只需不使根系外露即可。因此时培土会降低土温，不利快发，同时也会造成以后几次中耕无土可培的困难。当第二、第三次中耕时，因匍匐枝已伸长，如深锄易碰伤，故不宜锄太深，但应结合进行培土，即可增厚结薯土层以利块茎膨大，又可避免块茎裸露地表晒绿而降低品质。

（四）防病治虫除草

1. 病虫害防治　云贵高原由于地形复杂、气候悬殊，造成耕作制度与马铃薯栽培类型多种多样。高寒山区以一年一熟的一季作为主，平坝二季作较多，中低山区以套种为主。一季作区多雨，晚疫病、青枯病、粉痂病、早疫病、病毒病为本区主要病害，块茎蛾为主要虫害。二季作区值秋薯块茎形成及膨大期时，西南山区往往阴雨连绵，导致大多数年份秋薯受晚疫病的危害更甚于春薯，低海拔地区还应特别注意二十八星瓢虫的危害。以下就这几种病虫害进行具体介绍。

（1）晚疫病

① 症状。主要侵害叶、茎和块茎。

a. 叶片染病。先在叶尖或叶缘产生水渍状褐色斑点，病斑周围具浅绿色晕圈，湿度大时病斑迅速扩大，呈褐色，并产生一圈白霜，即孢子囊梗和孢子囊，干燥时病斑干枯，不见白霜。

b. 茎或叶柄染病。出现褐色条斑，重者叶片萎垂、卷缩，致全株黑腐，全田一片焦枯。

c. 茎块染病。出生褐色或紫褐色大块病斑，稍凹陷，病部皮下薯肉呈褐色，并向四周扩大或烂掉。

② 病原。鞭毛菌亚门真菌，致疫病霉菌。

③ 传播途径。以分生孢子或菌丝在病残体或带病薯块中越冬，播种带菌薯块，导致不发芽或发芽后出土即死亡，有的出土后成为发病中心，病部产生孢子囊借气流传播，进行再侵染，迅速蔓延。病叶上的孢子囊随雨水或灌溉水浸入土中，侵染薯块，成为来年主要侵染源。

④ 发病条件。病菌适宜日暖夜凉高温条件，相对湿度 95％以上，气温 18～22 ℃有利于发病。因此多雨年份，空气潮湿或温暖多雾发病重，其次是品种。

⑤ 防治方法。

a. 农业防治。选用抗病品种，选用无病种薯，减少初侵染源。

b. 药剂防治。详见第四章第二节。

（2）青枯病

① 症状。青枯病是一种维管束病害，幼苗和成株期都能发病，绿色枝叶或植株急性萎蔫，开始早晚恢复，持续 4～5 d 全株萎蔫枯死，但仍保持青绿色，横剖维管束变褐，切开薯块，维管束圈变褐，挤压时溢出白色黏液，重者外皮龟裂，髓部溃烂如泥，别于枯萎病。

② 病原。青枯假单胞菌或茄假单胞菌，细菌。

③ 传播途径。病菌随病残组织在土壤中越冬，侵入薯块的病菌在窖中越冬，无寄主可在土壤中腐生存活 6 年，通过灌溉水、雨水传播，从茎部或根部伤口侵入。

④ 发病条件。该菌在 10～40 ℃均可发育，适温 30～37 ℃，适宜 pH 6.0～8.0，最适 6.6，酸性土发病重，土壤含水量高，连续阴雨或大雨后转晴，往往急剧发生。

⑤ 防治方法。

a. 农业防治。种植无病种薯；挖除病株，病穴灌药杀菌。

b. 药剂防治。详见第四章第二节。

（3）粉痂病

① 症状。主要为害块茎及根部，有时茎也可染病。块茎染病，初在表皮上现针头大的褐色小斑，外围有半透明的晕环，后小斑逐渐隆起、膨大，成为直径 3～5 mm 不等的"疱斑"，其表皮尚未破裂，为粉痂的"封闭疱"阶段。后随病情的发展，"疱斑"表皮破裂、反卷，皮下组织现橘红色，散出大量深褐色粉状物（孢子囊球），"疱斑"下陷呈火山口状，外围有木栓质晕环，为粉痂的"开放疱"阶段。根部染病，于根的一侧长出豆粒大小单生或聚生的瘤状物。

② 病原。马铃薯粉痂菌，属鞭毛菌亚门真菌。

③ 传播途径。病菌以休眠孢子囊球随种薯或病残体越冬。病薯和土中病残体为病害的初侵染源，远距离传播主要依靠种薯，田间传播主要通过浇水、病土、病肥等。休眠孢子囊在土中可活 4～5 年，条件适宜时萌发产生游动孢子，游动孢子静止后成为变形体，由根毛、皮孔或伤口侵入，寄主生长后期在病组织内形成海绵状孢子囊球，病组织溃解，休眠孢子囊球又落入土中越冬或越夏。

④ 发病条件。土温 18～20 ℃，土壤相对湿度 90％左右，pH 4.7～5.4 适宜病菌生长发育，田间发病较重。马铃薯生长期降雨多、夏季凉爽利于发病。病害轻重主要取决于初侵染数量和程度。

⑤ 防治方法。

a. 农业防治。严格执行检疫制度，对病区种薯严加封锁，禁止外调。病区实行 5 年以上轮作。增施基肥或 P、K 肥，多施石灰或草木灰，改变土壤 pH。加强田间管理，提倡采用高畦栽培，避免大水浸灌，防止病菌传播蔓延。

b. 药剂防治。选留无病种薯，把好收获、贮藏、播种关，汰除病薯，必要时可用 2％盐酸溶液或 40％福尔马林 200 倍液浸种 5 min，或用 40％福尔马林 200 倍液将种薯浸湿，再用塑料布盖严闷 2 h，晾干播种。

（4）早疫病

① 症状。主要为害叶片，也可侵染块茎。

a. 叶片染病。在叶面发生褐色或黑色、圆形或近圆形、具有同心轮纹的病斑，湿度大病斑生出黑色霉层，即病原菌的分生孢子梗及分生孢子。

b. 块茎染病。产生暗褐色、稍凹陷、圆形或近圆形斑，皮下呈浅褐色干腐。

② 菌源。茄链格孢菌，半知菌亚门真菌。

③ 传播途径。以分生孢子或菌丝在病残体或带病薯块上越冬，来年种薯发芽病菌即可开始侵染，病苗出土后，其上产生分生孢子借风雨传播，并进行多次侵染。

④ 发病条件。遇到小到中雨或连续阴雨天，相对湿度高于 70％，温度 26～28 ℃，该病易发生流行。

⑤ 防治方法。

a. 农业防治。选用抗病品种，选用无病种薯，减少初侵染源。

b. 药剂防治。详见第四章第二节。

（5）病毒病

① 症状。该病有 3 种类型。

a. 花叶型。叶面叶绿素分布不均，呈黄绿相间斑驳花叶，重时叶片皱缩，全株矮化，有时伴有叶脉透明。

b. 坏死型。叶、叶脉、叶柄及枝条、茎出现褐色坏死斑，重时全叶枯死或萎蔫脱落。

c. 卷叶型。叶片沿主脉或自边缘向内翻转，变硬、革质化，重时每片小叶呈筒状。

② 病原。马铃薯 X、S、A、Y 病毒。

③ 传播途径。除 Y 病毒外，都可通过蚜虫及汁液传播。

④ 发病条件。管理差、蚜虫发生量大、25 ℃以上高温、干旱等有利于病毒病发生。

⑤ 防治方法。

a. 农业防治。种植脱毒种薯，及时治蚜防病，加强田间管理，提高植株抗逆能力。

b. 药剂防治。详见第四章第二节。

（6）块茎蛾

① 症状。主要危害茄科植物，其中以马铃薯、烟草、茄子等受害最重。幼虫潜叶蛀食叶肉，严重时嫩茎和叶芽常被害枯死，幼株甚至死亡。在田间和贮藏期间幼虫蛀食马铃薯块茎，蛀成弯曲的隧道，严重时吃空整个薯块，外表皱缩并引起腐烂。

② 形态识别。成虫为小型蛾子，体长 5～6 mm，翅展 14～16 mm，灰褐色，稍带银灰光泽。卵椭圆形，微透明，长约 0.5 mm，初产时乳白色，孵化前变黑褐色。空腹幼虫乳黄色，为害叶片后呈绿色。末龄幼虫体长 11～13 mm，头部棕褐色，每侧各有单眼 6个，胸节微红，前胸背板及胸足黑褐色，臀板淡黄。蛹棕色，长 6～7 mm，宽 1.2～2.0 mm。蛹茧灰白色，长约 10 mm。

③ 生活史及习性。在西南各省年发生 6～9 代，只要有适当食料和温湿条件，冬季仍

能正常发育，主要以幼虫在田间残留薯块、残株落叶、挂晒过烟叶的墙壁缝隙及室内贮藏薯块中越冬。成虫白天潜伏于植株叶下、地面或杂草丛内，晚间出来活动，有弱趋光性，雄蛾比雌蛾趋光性强些。卵产于叶脉处和茎基部，薯块上卵多产在芽眼、破皮、裂缝等处。幼虫孵化后四处爬散，吐丝下垂，随风飘落在邻近植株叶片上潜入叶内为害，在块茎上则从芽眼蛀入。田间马铃薯以 5 月及 11 月受害较严重，室内贮存块茎在 7～9 月受害严重。远距离传播主要是通过其寄主植物的调运，也可随交通工具、包装物、运载工具等传播。成虫可借风力扩散。

④ 防治方法。

a. 农业防治。认真执行检疫制度，不从有虫区、已发生块茎蛾地区调进马铃薯。通过采用适当的农业措施，特别是避免马铃薯和烟草相邻种植，可减轻或减免危害。及时培土，在田间勿让薯块露出表土，以免被成虫产卵。

b. 药剂防治。详见第四章第二节。

（7）二十八星瓢虫

① 症状。二十八星瓢虫典型特点是背上有 28 个黑点（黑斑），在昆虫学分类上属于鞘翅目瓢虫科。成虫、幼虫在叶背剥食叶肉，仅留表皮，形成许多不规则半透明的细凹纹，状如箩底。也能将叶吃成孔状，甚至仅存叶脉。严重时受害叶片干枯、变褐，全株死亡。果实被啃食处常常破裂、组织变僵；粗糙、有苦味，不能食用。

② 形态识别。成虫体略大，呈半球形，红褐色，全体密生黄褐色细毛，每一鞘翅上有 14 个黑斑。前胸背板中央有 1 个大的黑色剑状斑纹，两鞘翅合缝处有 1～2 对黑斑相连，鞘翅基部第二列的 4 个黑斑不在一条线上，幼虫体节枝刺均为黑色。卵呈炮弹形，初产淡黄色，后变黄褐色。幼虫呈淡黄色，纺锤形，背面隆起，体背各节生有整齐的枝刺，前胸及腹部 8～9 节各有枝刺 4 根，其余各节为 6 根。蛹呈淡黄色，椭圆形，尾端包着末龄幼虫的蜕皮，背面有淡黑色斑纹。

③ 生活史及习性。成虫具假死性，有一定趋光性，但畏强光。卵多产在叶背，常20～30 粒直立成块，也有少量产在茎、嫩梢上。幼虫的扩散能力较弱，同一卵块孵出的幼虫，一般在本株及周围相连的植株上为害。幼虫比成虫更畏强光，成、幼虫均有自相残杀及取食卵的习性，幼虫共 4 龄，多数老熟幼虫在植株中、下部及叶背上化蛹。该虫第二、三、四代为主害代，此期正值 6～8 月马铃薯的生长盛期，危害严重。8 月底至 9 月初，作物陆续收获、翻耕、幼虫和蛹死亡率较高，幼、成虫向野生寄主及豆类、秋黄瓜上转移，10 月上中旬开始，成虫又飞向越冬场所，群集在背风向阳的山洞、石缝、树洞、树皮缝、墙缝及篱笆下、土穴等缝隙中和山坡、丘陵坡地土内越冬。

④ 防治方法。

a. 农业防治。及时清洗田园处理残株，降低越冬虫源基数。田园附近不可堆放未消毒的杂草酸浆及茄科作物。在产卵盛期，摘除叶背卵块；利用成虫的假死性，拍打植株，将振落的成虫集中加以杀灭。

b. 药剂防治。详见第四章第二节。

2. 草害防治　马铃薯因种植制度不同，播种期不一致，田间杂草发生规律也不同。以冬作为例，地膜马铃薯 12 月中旬播种，播后 10 d 左右开始出草，翌年 1 月上旬（播后

20 d 左右）形成出草高峰，出草量占总杂草量的 40％左右，1 月中下旬又有部分杂草出土。春作马铃薯 3 月上旬播种，只要田间墒情好，播后 5 d 杂草开始出土，出草高峰一般在 3 月中下旬，出草量占杂草总量的 60％左右，这批杂草与马铃薯竞争激烈，是形成草害的主体。马铃薯田主要优势杂草有马唐、牛筋草、稗草、狗尾草、藜、小藜、反枝苋、铁苋菜、马齿苋、龙葵、苍耳、苘麻、鸭跖草等。应针对不同的发生状况，采取相应的防除技术。

（1）化学除草技术　化学除草剂的性能和用法详见第四章第二节。

① 禾本科杂草为主的马铃薯田的土壤处理，可使用氟乐灵、敌草胺、施田补、地乐胺等土壤处理剂。

② 阔叶草为主的马铃薯田的土壤处理，可使用嗪草酮。

③ 禾本科杂草和阔叶杂草混生马铃薯田的土壤处理。可使用绿麦隆、乙氧氟草醚、利谷隆等。

④ 禾本科杂草为主的马铃薯田的茎叶处理。可使用精吡氟禾草灵、高效氟吡甲禾灵、精喹禾灵等。

（2）农业防除措施

① 轮作。通过轮作降低伴生性杂草的密度，改变田间优势杂草群落，降低田间杂草种群数量。

② 耕翻。土壤通过多次耕翻后，苦荬菜等多年生杂草被翻埋在地下，使杂草逐渐减少或长势衰退，从而使其生长受到抑制，达到除草目的。

③ 中耕培土。这项措施不仅除草，还有松土、贮水保墒等作用。如对露地马铃薯中耕一般在苗高 10 cm 左右进行第一次，第二次在封垄前完成，能有效防除小蓟、牛繁缕、稗草、反枝苋等杂草。

④ 人工除草。适于小面积或大草拔除。

⑤ 物理方法除草。如利用有色地膜如黑色膜、绿色膜等覆盖，具有一定的抑草作用。

目前世界上已知的危害马铃薯的病虫害有 300 多种，一般因此减产 10％～30％，严重的减产 70％以上。本节仅就云贵高原发生最普遍、危害最重的几种病虫草害进行了介绍，其余防治方法详见第四章。

（五）灾害性天气防御

云贵高原因复杂地形地貌，各地气候多样性明显。虽常年雨量充沛，但时空分布不均。从降水的季节分布看，一年中的大多数雨量集中在夏秋季。此时正值马铃薯块茎形成及膨大期，阴雨连绵对其生长极为不利。需加强田间清理，及时排涝、清沟沥水，清除沟渠内淤泥、杂草，确保马铃薯田块不淹或过水后及时排除，提高田块的抗涝防涝能力，降低田间湿度和涝渍危害。进行中耕培土除草，改善土壤结构，提高根系活力。还需加强晚疫病防控，使用治疗性药剂进行防治，每隔 7～10 d 喷一次，连喷 2～3 次。

冬作马铃薯易遭晚霜危害，因此要及时做好防冻工作。积极与气象部门合作，掌握当年霜期情况，在霜冻来临前，做好防霜准备，多备谷壳、松枝、锯末、红磷等，接到霜冻预报后，观测气温近 0 ℃时，及时点火熏烟防霜，减少霜冻对马铃薯幼苗的影响。对已遭受霜冻严重的地块，要及时清除已被全部冻死的地上植株，剪除受冻枯死的茎叶部分，并喷洒 70％的甲基硫菌灵 800～1 000 倍液或百菌清 600～800 倍液，防止发病感染，促进地上枝叶重新生长。

七、适期收获

马铃薯在生理成熟期收获产量最高。生理成熟的标志是：叶色由绿逐渐变黄转枯，此时茎叶中的养分基本停止向块茎输送。块茎脐部与着生的匍匐茎容易脱离，不需用力拉即能与匍匐茎分开。块茎表皮韧性较大、皮层较厚、色泽正常。一般商品薯收获时应考虑以上情况，尽量争取最高产量。但实际上有时并不一定在生理成熟期收获。如结薯早的品种，其生理成熟期需 80 d（出苗后），但在 60 d 时块茎已达到市场要求，此时可根据市场需求进行早收，这是因品种而异的早收。另外，秋末早霜后，虽未达生理成熟期，但因霜后叶枯茎干，不得不收。有些地块因地势低洼，雨季来临时为避免涝灾，也需提前早收。还有因轮作安排下茬作物播种，也需早收等。遇到这些情况，都应灵活决定收获期。

还有一种特殊情况，当使用春薯做种薯时，必须在有翅蚜虫大量飞迁前收获，或及时把薯秧割掉，防止蚜虫大量传播病毒，才能保证种薯质量。这和商品薯提前收获有原则上的区别，因商品薯为了增收而强调产量，而种薯则要求无毒无病高质量，只要求繁殖系数高，不要求高产大块。这是春薯作为种薯生产中的关键环节。

另外，生产中为了把大块的马铃薯提早上市，常先把植株上的大块茎摘取，而后加肥、培土、浇水。只要不损伤植株根系，马铃薯仍可正常生长，剩下的小块茎仍有较高的产量。总之应根据实际情况决定收获期。在收获时应选择晴天，避免在雨天进行收获，以免拖泥带水，既不便摘取、运输，又容易因薯皮擦伤而导致病菌侵染，块茎腐烂或影响贮藏。不同播季的收获日期详见本章第二节"播季和播期"。

马铃薯的收获质量直接关系到保产和安全贮藏。收获前的准备，收获过程的安排和之后的处理，每个环节都应安排好，才能取得最大的经济效益。在收获前应检修收获农具，机械和木犁都应修好备用。准备足够数量的筐篓，可用塑料筐或条筐装运，尽量少用麻袋或草袋，以免新收的块茎表皮被擦伤。还要准备好入窖前的临时贮藏场所等。

收获方式可采用机械收获或使用木犁翻、人工挖掘等。但不论采用何种方式，都须注意不能大量损伤块茎，如发现损伤过多应及时调整采收工具。并且收获需彻底进行，尽量不要将块茎遗留在地中。用机械收获或畜力犁收后应再复查或耙地捡净。收获的顺序是先收种薯后收商品薯，如果品种不同应分开收获，特别是种薯，应绝对保持纯度。

收获后的块茎要及时装筐运回，不能放在露地，更不能用发病的薯秧遮盖，要防止雨淋和阳光暴晒，以免堆内发热腐烂和外部薯皮变绿。轻装轻卸，避免薯皮大量碰伤或擦伤，同时要注意先装运种薯后装运商品薯，并将其存放的地方进行区别，以免混杂。预贮场所应为宽敞、通风条件好的暗处，刚收获的块茎湿度大，堆高不宜超过 1 m。在温度为15～20 ℃，相对湿度 85％～90％的条件下，马铃薯的机械伤口会在 1 周左右形成致密的木栓保护层，可阻止 O_2 进入块茎内，也可控制水分的散失及各种微生物的侵入，有利于贮藏。因此，将预贮环境条件控制在以上范围内贮存 15～20 d，可使块茎表面水分蒸发，擦伤表皮愈合；此时将病、烂、虫咬和损伤的块茎全部挑出后，即可入窖贮藏。

八、贮藏

（一）马铃薯贮藏期间的生理变化

马铃薯收获后仍然是一个活动的有机体，在贮藏、运输、销售过程中，仍进行着新陈代谢，这是影响马铃薯种薯贮藏和新鲜度的主要因素。马铃薯的块茎收获后，休眠与萌发过程分为 3 个阶级。

1. 薯块成熟期　薯块成熟期即贮藏早期。表现为薯块表皮尚未完全木栓化，薯块内的水分迅速向外蒸发，由于呼吸作用旺盛和水分蒸发显著增多，使薯块重量显著减少，由于温度较高，容易积聚水汽而引起薯块腐烂。经 20～35 d 的后熟作用后，表皮充分木栓化，随着蒸发强度和呼吸强度的逐渐减弱，而转入休眠状态。

2. 薯块静止期　薯块静止期也称深休眠期，即贮藏中期。在这一时期，薯块呼吸作用减慢，养分消耗减低到最低程度。如果在适宜的低温条件下，可使薯块的休眠期保持较长的时间，一般可达 2 个月左右，最长可达 4 个多月。如控制好温度，可以按需要促进其迅速通过休眠期，也可延长休眠期，进行被迫休眠。

3. 休眠后期　休眠后期也称萌芽期，即晚期。此时马铃薯的休眠终止，呼吸作用又转旺盛；同时由于呼吸产生热量的积聚而使贮藏温度升高，促使薯块迅速发芽。此时，薯块重量减轻程度与萌芽程度成正比。期间如能保持一定的低温条件，并加强贮藏所通风，使包装内的 O_2 和 CO_2 浓度保持在一定范围，可使块茎处于被迫休眠状态而延迟萌芽，这对增加马铃薯的保鲜贮藏期十分重要。因为发芽会使马铃薯组织中所含的大量淀粉转化并造成外观萎蔫，同时马铃薯发芽部位会产生有毒物质，造成销售、加工损失，甚至完全失去食用价值。

贮藏期间，马铃薯所含淀粉与还原性糖能相互转化。这些转化受温度制约。在低温时，块茎中的还原性糖逐渐增加。这是因为呼吸作用转慢，还原性糖作为基质在呼吸时的氧化比组织内淀粉水解的速度慢得多，所以形成的还原性糖未被消耗而积累在组织中。相反，在高温下还原性糖又合成为淀粉，呼吸所消耗的还原性糖也相对增加，因此还原性糖含量不断减少。

（二）马铃薯贮藏的基本条件

1. 适宜贮藏温度　种薯贮藏温度应控制在 2～4 ℃；鲜食薯贮藏温度应控制在 3～5 ℃；加工薯贮藏温度一般应控制在 6～10 ℃，也可根据品种本身耐低温、抗褐变等特性确定适宜温度。在适宜贮藏温度范围内，薯块呼吸微弱，皮孔关闭，各种菌类不易发展，块茎不发芽，重量损失最小；高于适宜温度，薯块呼吸强烈，菌类迅速繁衍，薯块易发生腐烂；温度在 0～1 ℃时，薯块中的淀粉开始转化为还原性糖，食味变甜，种薯品质变劣；低于 -1 ℃时薯块受冻，其后大量腐烂。

2. 适宜贮藏湿度　贮藏相对湿度应控制在 85%～95%。如果高于此湿度，薯块容易腐烂并提早发芽；湿度太低，薯块易失水失重并变软皱缩，失去食用和种用价值。

3. 光照 鲜食和加工薯应避光贮藏，照明作业时应使用低功率电灯。因光照能使薯块变绿，并形成对人、畜有害的龙葵素，所以薯窖必须保持黑暗无光。但光照对种薯无影响，种薯贮藏后期可利用散射光照射，散射光强度最小为 75 lx。

4. CO_2 浓度 种薯贮藏库（窖）内 CO_2 浓度不高于 0.2%；鲜食薯和加工薯贮藏库（窖）内 CO_2 浓度应不高于 0.5%。马铃薯在窖藏期间不断进行呼吸，持续放出 CO_2、热量和水分。如果不通风换气，温、湿度持续增高，CO_2 浓度大于临界值后，薯块的生理活动会受到妨碍，同时易引起病菌萌发侵染，导致薯块发病腐烂。

整个贮藏期间，应最大限度地将温度、湿度、光照、CO_2 浓度控制在适宜范围，及时检查去除烂、病薯，尽量控制病害发生，抑制薯块过早发芽。

（三）不同贮藏阶段管理

1. 贮藏初期 即贮藏开始的第一个月，主要加强通风，及时除湿、散热和降温，防止库（窖）和薯堆内部温、湿度过高。对于自然通风库（窖），应利用夜间低温，通过打开通气孔、库（窖）门进行自然通风。对于强制通风库（窖），应利用夜间低温，通过机械通风设备和通风系统进行强制通风换气，温、湿度控制通过内部和外界空气互换或内部空气循环流动来实现。对于恒温库，应逐步降温至适宜的温、湿度范围，同时每天进行适当通风。每天降温 0.5~1 ℃，通风量为每吨薯块 0.01~0.04 m^3/s。

2. 贮藏中期 对于自然通风库（窖）和强制通风库（窖），应尽量控制库（窖）内温、湿度处于适宜范围。当外界温度较低时，应关闭库（窖）门和通气孔，必要时加挂保温门帘，或在薯堆上加盖草帘吸湿、保温，或使用加热设备，确保马铃薯贮藏温度不低于 1 ℃，以防冻害、冷害发生。在温度适宜天气，适量通风。对于恒温库，控温控湿的同时应适当通风。

3. 贮藏末期 对于自然通风库（窖）和强制通风库（窖），出库（窖）前 1 个月，应最大限度减少外界温度升高对库（窖）内温度的影响。自然通风库（窖）应利用夜间低温，通过通气孔、库（窖）门进行自然通风；强制通风库（窖）应利用夜间低温，通过机械通风设备和通风系统进行强制通风换气。出库（窖）前，应缓慢升温使不同用途的马铃薯回温至适宜的出库温度。对于恒温库，出库前，应利用控温系统使不同用途马铃薯的薯温逐步升高到适宜出库温度，每天升高温度 0.5~1.0 ℃。

（四）贮藏方法

由于各地温度、湿度、地下水位等条件不同，马铃薯的贮藏方法也多种多样。主要包含室外窖藏、室内堆藏、库藏、化学贮藏等几类。

1. 窖藏 可分为地上窖和地下窖两种。地上窖是选择地势高燥的屋角或大树荫下，外用木板或土砖围住，底部垫 15 cm 以上厚细沙土，然后放入块茎，堆满后，上部盖细土 20 cm 左右，并拍紧实。这种方式适于地下水位较高的地区采用。地下窖是选择地势高燥、排水良好的树荫下，视薯量掘窖，在窖的四周掘排水沟，避免雨水浸入窖内。块茎贮放好后盖上一层沙土，厚为 50~70 cm，使之呈屋脊形，稍加压实，再盖干稻草或麦秆，以防日晒雨淋。

2. 室内堆藏　一般是在阴凉通风的房屋内，靠北面原有墙壁，用土砖砌成长方形窖，块茎放入后，上盖一层 10 cm 左右厚度的湿润沙土。也可在室内选阴凉通风处，用竹片分层搭架，层高 50 cm 左右，分层贮放马铃薯。根据块茎数量适当调整贮藏架大小和架子彼此间的距离。

3. 库藏法　将马铃薯装筐堆码于库内，每筐约 25 kg，垛高以 5～6 筐为宜。此外还可散堆在库内，堆高 1.3～1.7 m，薯堆与库顶之间至少要留 60～80 cm 的空间。薯堆中每隔 2～3 m 放一个通气筒，还可在薯堆底部设通风道与通气筒连接，并用鼓风机吹入冷风。秋季和初冬，夜间打开通风系统，让冷空气进入，白天则关闭，阻止热空气进入；冬季注意保温，必要时还要加温；春季气温回升后，则采用夜间短时间放风、白天关闭的方法以缓和库温的上升。需按薯块大小分开贮藏。薯块大小不同，薯块间隙不同，通气性不同，而且休眠期也不尽相同。故也应分开堆放，装大薯的筐堆放得高一些，装小薯的筐适当低一些。

4. 化学贮藏　在贮藏过程中采用青鲜素或萘乙酸甲酯等药剂处理块茎，利于抑制或减少发芽，还能防腐并抑制病原微生物的繁殖。方法是：98％的萘乙酸、丙酮（酒精）、细泥土、马铃薯比为 1∶2∶100∶3 300。以 500 kg 薯块为例，需用 98％的萘乙酸甲酯 1.5 g，溶解在 30 g 丙酮或酒精中，将其拌入 1～1.25 kg 干细泥土，快速充分混匀后，均匀地撒在薯块上。药物要现配现用。在贮藏时，四周可遮盖 1～2 层细板纸，使药物在相对密闭的环境中挥发。药物处理的时间以收获后 2 个月左右比较适宜（即仍处于休眠期）。否则经过休眠期开始萌芽的马铃薯，即使用药物处理，仍不能抑制发芽。

云贵高原马铃薯的贮藏方式以室内堆积贮藏为主。因缺乏管理，部分农户直接将薯块堆放在家中地面或楼上留作下季用种，导致马铃薯在贮藏期间发芽、黑心、热伤、腐烂等现象较为严重。应加强科技推广力度，改善贮藏条件，实现保产增收。

第三节　云贵高原马铃薯特殊栽培

一、地膜覆盖栽培

（一）地膜类型

自 20 世纪 70 年代开始引进地膜覆盖栽培技术后，由于其显著的增产作用在不同的作物上得到了大面积的推广，尤其在早春低温、有效积温少或高寒的干旱半干旱地区，地膜覆盖栽培技术已经成为增加产量和经济效益的最主要措施，受到了大力的支持和推广应用，发挥出了显著的社会效益、经济效益和生态效益。由于地膜覆盖具有增温保墒、抗旱保苗、改善土壤生态环境、活化土壤养分、提高养分有效性和利用效率等显著特点，有利于马铃薯的生长发育，可增产提质，促进早熟，因此在马铃薯种植技术中引入合理的地膜栽培方式是非常有必要的。云贵高原马铃薯栽培方式多样，由于高寒山区无霜期短、冬季低温干旱，因此冬作马铃薯主推地膜覆盖栽培，以促进萌发、加快根系和薯块生长发育，达到增产提质的目的。

地膜种类很多，随着塑料工业科技发展，应用于农业生产的地膜种类不断更新和扩大。根据塑料薄膜的制造方法不同，分为压延薄膜、吹塑薄膜；根据塑料薄膜所具有的某些特殊性能，有育秧薄膜、无滴薄膜、有色薄膜、超薄覆盖薄膜、宽幅薄膜等。根据塑料薄膜的不同厚度和宽度，又有各种不同规格。目前生产中常用的塑料地膜主要是无色透明地膜、有色地膜和特种地膜等。

马铃薯生产中使用最多的是黑色膜。黑膜是在聚乙烯树脂中加入 2‰～3‰ 的炭黑，经挤出吹塑加工而成，地膜厚度 0.01～0.03 mm。黑膜透光率只有 1%～3%，热辐射为 30%～40%。因其几乎不透光，阳光大部分被膜吸收，膜下杂草不能发芽并进行光合作用、最终缺光黄化而死，覆盖后灭草率几达 100%，除草、保湿、护根效果稳定可靠。黑膜在阳光照射下，本身增温快、湿度高，但传给土壤的热量较少，一般使土温升高 1～3 ℃，故增温作用不如透明膜，防止土壤水分蒸发的性能比无色透明膜强。

（二）栽培模式

地膜覆盖栽培马铃薯一般采用平垄，覆膜方法简单易行，按 60 cm 膜面，40 cm 膜间距划好行，再施入肥料，浅翻（锄）与土壤充分混匀，然后覆膜。等播期到了再破膜播种。马铃薯种块较大，破膜播种不大方便，生产上常采用播后覆膜，出苗后放苗的做法，但这不利于春季保墒，也不利于等雨抢墒覆膜，除非降雨正合播期。因此在旱作农区应在早春覆膜（底墒较好）或等雨趁墒覆膜，再等到播期破膜下种。

马铃薯覆膜垄作栽培有两种方式，一是将膜覆在垄上，在垄上播种，这一类符合高寒阴湿区春季土壤低温高湿的情况。另一种是膜覆于垄上，沟中种植，有利于干旱地区集水抗旱。还有一种是不起垄，平覆地膜，播种穴做成"鸡蛋"状，以利于膜上雨水集中，形成一个微型雨面，浇灌薯苗。这种方式既有集雨抗旱功能，又不降低地膜保温保墒效果。

马铃薯覆膜穴栽，其方法是前一年秋整地时，在地膜行内挖好直径和深度均为 35 cm 左右的穴坑，每穴播 3～4 株，穴距 40 cm 左右。将有机肥及 P 肥一并施入穴内，再填回土壤。因土壤被挖松，又施入了肥料，回填后余土高出地面，待来年马铃薯播种时，使穴位略低于地面 4～5 cm，施入 N 素化肥，再播下种薯 4～5 块，注意化肥和种薯不能接触，然后覆膜，待出苗时放苗。也可在早春将穴整好，施入肥料，覆好膜，待播期适合时再破膜播种。破膜播种后，一定要用土封好播种孔，以防大风撕裂地膜。

（三）地膜覆盖的作用

马铃薯地膜覆盖种植技术与传统栽培技术相比，具有节约用工、减轻劳动强度、提高单产、提早成熟、提高商品价值、提高地力、抑制杂草、充分利用自然资源、提高土地资源利用率和种植业经济效益、增加农民经济收入等优越性。下面简单介绍马铃薯使用地膜覆盖栽培后的效果。

1. 提高土温　地膜覆盖在冬春季节有提高地温和保墒的作用。地膜覆盖的土壤耕作层的温度一般比露地提高土温 2～3 ℃，可促进马铃薯早出苗、早发育，可提前播种或提前定植 10～20 d。应注意的是，不同颜色的地膜增温效果不同，以无色膜增温效果最好，而银灰色膜基本不增温。

通过田间试验对双垄全膜覆盖沟灌、条膜平铺覆盖和露地栽培马铃薯的土壤温度变化的研究结果表明，双垄全膜覆盖沟灌模式较条膜平铺覆盖栽培增产 38.66%，较露地栽培增产 99.02%；水分利用效率较两者提高了 45.91% 和 124.48%；马铃薯苗期 0~20 cm 土层地温垄上部位较地膜平铺增加 0.25~0.7 ℃，较露地栽培增加 5.4~8.3 ℃；沟内地温较露地栽培增加 3.0~5.9 ℃。另有人对不同种植模式对耕层土壤温度和马铃薯产量的影响进行了研究，结果表明，高垄覆盖地膜的增温效果最明显，全天平均土温较传统耕作提高了 3 ℃左右。

2. 减少水分蒸发，有明显保水作用　地膜覆盖可以提高耕层土壤含水量，为播种创造了较好的墒情。覆膜后地膜与地表之间形成了 2~5 mm 厚的狭小空间，切断了土壤水分与近地层空气中水分的交换通道，从土壤表面蒸发出的水汽被封闭在有限的小空间中，增加了膜下相对湿度，从而构成了从膜下到地表之间的水分内循环，改变了无地膜覆盖时土壤水分开放式的运动方式，有效地抑制了水分蒸发损失，保证耕层土壤有较高的含水量。

不同栽培方式对马铃薯田间土壤湿度及产量的影响研究表明，地膜覆盖且施绿肥栽培方式、施绿肥栽培方式和地膜覆盖栽培方式的田间土壤（0~20 cm）平均含水率较之露地栽培分别提高了 12.93%、6.3% 和 10.88%。研究者对马铃薯不同地膜覆盖技术抗旱增产效果进行了试验，研究采用黑色地膜全膜覆盖、白色地膜全膜覆盖、膜上覆土和膜侧沟播以及露地模式，测定结果表明，黑色地膜全膜覆盖、白色地膜全膜覆盖的土壤含水量较露地对照高 4.60%~8.00%，膜上覆土和膜侧沟播较露地对照高 2.40%~6.20%。

3. 改善土壤的物理性状　防止土壤盐渍化，抑制杂草生长，减轻病虫危害。

地膜覆盖的土壤容重比不覆盖的小，降雨使土壤中氧含量比露地的高，从而有利于马铃薯根系的生长。同时由于水土流失少，可防止土壤板结，改善土壤理化性状。地膜覆盖后，由于土壤水分的运动是由下往上移动，表土的水分含量高，相对降低了土壤盐分含量，从而起到了抑盐的作用。由于地膜有反光的特性，也具有了驱避蚜虫和减轻病毒病的作用。

4. 促进早熟、高产　由于地膜覆盖对植株地下部分及地上部分的调节作用和对生长的促进作用，使得地膜栽培的马铃薯与露地栽培相比，一般能提早 10~15 d 成熟，增加单产 15%~30%，产值增加 1 倍以上。

对垄上覆膜、垄上未覆膜、露地宽窄行 3 种马铃薯栽培方式进行研究表明，起垄覆膜比露地宽窄行种植生育期提前，显著提高了单株薯块重，产量增加 43.67%。对 5 个马铃薯品种采用地膜覆盖和露地两种栽培措施进行试验，结果表明，地膜覆盖与露地栽培产量差异达极显著水平，地膜覆盖比露地增产 11%~51%。研究者对马铃薯克新 1 号原种采用地膜覆盖和露地两种栽培措施，研究其出苗时间、根系土壤水分含量变化规律及栽培措施对生物产量、单产和商品薯率的影响，结果表明，地膜覆盖与露地栽培相比，马铃薯生长期缩短 15 d，植株干物质含量明显增加，马铃薯块茎产量每亩较露地增产 605.8 kg，商品薯率提高 19.2%，具有明显的增产增收优势。

二、秸秆覆盖栽培

马铃薯是云贵高原具有自然资源优势的作物。马铃薯免耕覆盖种植技术，是针对马铃薯传统栽培方法操作繁杂、费工费力问题，根据马铃薯是由地下块茎膨大形成的生长发育规律，在温、湿度合适条件下，只要将植株基部遮光就可以结薯的原理，研究改进而成的一种省工节本、增产增收的轻型栽培技术，改翻耕栽培为免耕栽培，改种薯为摆薯，改挖薯为捡薯，人们形象地把这种生产过程总结为："摆一摆、盖一盖、捡一捡"。

贵州适宜推广马铃薯免耕覆盖栽培技术的地区，其海拔范围在 1 500 m 以下，其中800 m 以下的低海拔区，以稻田种植为主；800～1 200 m 为中海拔区，稻田种植与旱地种植兼有，仍以稻田为主；1 200～1 500 m 为高海拔区，以旱地种植为主，也有少量稻田种植成功，但风险较大。目前进行稻田马铃薯免耕栽培试验成功的最高海拔为 1 580 m（纳雍县）。云南省昆明、玉溪、普洱、红河等地也均在推广秸秆覆盖马铃薯的栽培制度。旱地马铃薯免耕覆盖栽培因覆盖物的限制而面积较小，但有进一步发展的空间。覆盖物除以稻草为主外，还有玉米秆、山草、松毛草、麦秆、竹叶等多种材料，其中玉米秸秆要剪断为 1 m 左右再进行覆盖。

马铃薯稻草覆盖免耕栽培制度因接茬合理、秸秆取材方便、节省了工序和成本，同时又避免了焚烧稻草而污染环境，从 21 世纪初试验示范以来，推广应用速度十分迅速。以下对这种栽培制度的具体实施方法进行介绍。

（一）选地整地

马铃薯稻草覆盖免耕栽培宜选择耕层深厚、土壤肥沃疏松、排灌良好、富含有机质的中性或微酸沙壤性稻田，冷烂田、地下水位高、排不干水的稻田不适合种植马铃薯。水稻收割时稻桩不宜过低或过高，以留桩 5 cm 左右为宜。播种前先挖好中沟和四周排水沟，画线开厢，厢宽 1.4～1.6 m，沟宽 20～30 cm，沟深 15～20 cm。开沟时挖起来的泥土要均匀地抛在厢面上，厢面要整成弓背形。田间大草可人为踩倒，不可施除草剂。

（二）良种选择

采用免耕栽培，马铃薯生育期比常规栽培明显缩短，因此宜选用产量高、抗逆性强的早中熟优良品种。

（三）种薯处理

种薯质量应符合行业标准。以费乌瑞它为例，此品种退化快，宜选用一二级种薯。播种前先催芽，将种薯摊晾于具有散射光的凉棚或室内地面，厚度以 2～3 层为宜。每隔3～5 d 对种薯进行翻堆、挑选，除去混杂薯、缺陷薯及病烂薯，保留纯净、无病、健壮种薯，直至催出 1 cm 左右长的壮芽即可播种。以 20～30 g 的小整薯播种为佳，大种薯应进行切块，并注意消毒。每块至少有 1 个健壮的萌芽，切口距芽 1 cm 以上，并避免切块呈薄片状。切块可用 50％多菌灵 250～500 倍液浸种 3 min，捞出后摊开将表面水分晾干，用草木灰拌种，以防切口感染腐烂。

（四）适时播种

根据当地气候、所选品种特点及商品薯市场价格确定最佳播期，在适宜种植期内尽量早播。冬种以出苗后不遇晚霜为标准确定播期。秋种则以在早霜降临前能收获为标准确定播期。春种马铃薯应在当地气温基本稳定达到 10 ℃、土壤 10 cm 处地温为 7 ℃时播种。据多年试验，在以生产菜用商品薯为主的低海拔地区，稻田冬种马铃薯以 12 月上中旬播种为宜，可以争取在 3～4 月上市，获得较高的经济收入。秋种马铃薯以 8 月中下旬为好，过早则温度高，易烂种，难全苗且幼苗生长不良；过迟，生育后期遇到早霜，影响产量。旱地马铃薯春种以 2 月中下旬播种为宜，太早容易受晚霜危害，太晚会受高温高湿天气的影响。播种时根据各地适宜密度在厢面上摆放种薯，芽眼向上、切口向下，适当压实以利生根出苗，厢边各留 20 cm 不播种。

（五）合理密植

根据土壤肥力、品种、产量指标等具体情况确定种植密度。贵州省黔东南的试验结果表明，栽培目标不同，适宜的密度不同，在净作条件下，商品薯以 5 000～6 000 株/亩为宜；高产种植密度应为 6 000～6 500 株/亩；种薯扩繁可达 7 000 株/亩以上。毕节市、铜仁市、遵义市和黔西南的研究证明，各地因生态条件有差异，应该采用不同的种植密度，高海拔区的适宜密度为 5 000～5 500 株/亩；中海拔区的适宜密度为 6 000～6 500 株/亩；低海拔区的适宜密度为 5 000～6 000 株/亩。多年研究也表明，密度也因播种时间的不同有一定的差异，冬种马铃薯以 5 000～5 500 株/亩为宜；春种马铃薯以 6 000～6 500 株/亩为宜；秋种马铃薯以 7 000～7 500 株/亩为宜。

（六）覆盖

在播种施肥后及时用事先准备好的稻草，按稻草与厢面垂直、草尖对草尖的方法均匀覆盖整个厢面，轻轻压实或压上少量细土，盖草须均匀无漏光、不露土，避免"卡苗"和绿薯现象发生。盖草厚度 8～10 cm。在稻草资源丰富的地方，覆盖 10 cm 的效果更佳。如果稻草较少的话，可以先用少量的细土覆盖种薯和肥料，再覆盖稻草。出苗后应进行田间检查，薄的地方要补铺一些稻草，防止覆草过薄而漏光，形成绿薯，降低品质。倪玉琼等（2007）使用稻草、玉米秆＋稻草、山地杂草、玉米秆＋山地杂草 4 种覆盖物进行马铃薯免耕栽培对比，试验的结果表明，玉米秆与稻草混用覆盖效果最好，马铃薯产量最高。因此在覆盖物的选择上可以选用玉米秆与稻草混用，弥补稻草资源不足的劣势。

（七）科学施肥

马铃薯是喜钾忌氯作物，钾肥以硫酸钾为宜。免耕马铃薯应一次性施足基肥，不追肥。基肥每亩可用腐熟农家肥 1 000～2 000 kg，用硫酸钾复合肥 30～50 kg。施用时，将肥料颗粒放在种薯的中间，也可放在种薯旁边，但要保持 3 cm 以上的距离，防止烂种。

（八）田间管理

1. 引苗定苗 覆盖稻草时，摆放整齐的容易出苗；若稻草摆放杂乱，交错缠绕，有时会出现卡苗现象，需要人工引苗。当薯苗出土后 13 cm 高时（因需穿过 8～10 cm 稻草层），开始间苗，商品薯生产可每穴只留一棵主苗，保证有效养分集中在主苗上，提高产量及单薯重量。

2. 水分管理　新覆盖稻草吸收水分较少，容易干燥，如遇干旱气候，可适当浇水，以利出苗。稻草一经腐烂，其保水性增强，遇阴雨天气应及时排水。

3. 防治病虫害　免耕马铃薯采用稻草全程覆盖栽培，地表小气候得到较大的改善，能保墒，抑制杂草生长，一般不用除草。但要做好晚疫病、青枯病、地老虎等病虫害防治工作。具体防治方法详见本书第四章。

4. 喷施多效唑　在花蕾期可喷施15％多效唑可湿性粉剂800～1 000倍液，以控苗徒长，集中养分供给薯块，增加产量。

（九）及时收获

在马铃薯地上的茎叶大部分枯黄，薯块发硬，连接块茎的匍匐茎干枯易脱落时收获，产量最高。采收需在晴天进行。稻草覆盖的马铃薯70％以上的薯块生长在土面上，拔开稻草即可捡收。少数生长在裂缝或孔隙中的薯块入土也很浅，很容易采挖。还可分期采收，即将稻草轻轻拨开采收长大的薯块，再将稻草盖好让小薯继续生长。这种采收方法既能选择最佳薯形及时上市，又能获得高产丰收，提升经济效益。

稻草覆盖马铃薯增产的主要原因是未破坏土壤表层结构，减少了土壤水分蒸发，改善了马铃薯块茎所处的环境条件。研究表明稻草覆盖免耕栽培的马铃薯，商品率高、卖价高，较之露地种植每亩增产10％～30％，增收200元以上。同时由于稻草覆盖对杂草有一定的抑制作用，病虫害相对也较轻，可减少施药次数，从而降低了农药残留；稻草不必再被焚烧，减少了空气污染，可谓是环境友好型的栽培技术。

三、马铃薯机械化生产

（一）应用现状

云贵高原多丘陵山地，种植农户分散且规模较小，不利的种植条件和种植习惯，制约了机械化程度发展和作业实施。目前，国内对马铃薯机械化小型作业机具的研制和供应还存在一定的空白，云贵高原马铃薯机械化技术与应用尚处于起步阶段。

长久以来，在本区推广机械化生产均存在如下问题：

① 气候多样、地形复杂，对机械化生产技术及机具要求高。

② 马铃薯种植分布广，耕地、农艺复杂多样，生产机具难以适从。

③ 基础设施落后，农民文化素质低，机械运用没有保障。

④ 经济技术落后，在投入使用上受到制约。

⑤ 政策扶持力度不够、措施不当。

据统计，云南马铃薯机播和机收率不足1％，而贵州除耕地整地有一定的机械化作业外（约占马铃薯总种植面积的9％），播种、中耕、收获等主要生产环节的机械化生产只做了一些试验、示范，实际生产还停留在原始的人、畜力作业上，极大落后于全国平均水平。2015年初，农业部提出马铃薯主粮化战略，从此马铃薯成为继小麦、水稻、玉米之后的第四大主粮。云贵高原是中国重要马铃薯产地，针对本区马铃薯生产机械化水平较低的现状，如何选育适合机械化操作的良种，配套机型小巧化、作业灵活化的机械，制定符合本地机械化作业的种植模式和技术要点，提升马铃薯全程机械化水平，已成为马铃薯主粮化急需解决的问题之一。

（二）发展前景

马铃薯是块茎类作物，马铃薯的机械化生产技术有别于玉米、小麦等其他作物，其种植方式有切块播种和整薯直播两种，机械化播种作业要集开沟、施肥、镇压与覆土等环节于一体，这种作业方式有很多优点，但在技术上也存在一定难度。收获机械则在作业过程中所受阻力较大，对垄高、土质及收获时间的适应性差，使用寿命短。且多数机器不具备二次土薯分离装置，马铃薯后输送效果也欠佳，导致已经挖出的马铃薯被土壤二次掩埋以及壅土现象的出现，明薯率相对较低。研究者认为应以马铃薯机械化播种和收获薄弱环节为突破口，加强国外先进技术装备的引进、消化、再创新，研发制造机艺协调化、功能集成化、全程规范化、作业高效化的马铃薯机械化技术装备。现将目前生产中较为适宜西南地区马铃薯机械化生产的农机具列表以供参考（表8-5）。

表8-5　西南马铃薯全程机械化作业机具配置参考表

类　　别	机具名称	型　　号	备　　注
耕作机械	拖拉机	北野404	宁波产（40马力）
	拖拉机	北野504	宁波产（50马力）
	四铧犁	1L-420	山东德州
	驱动耙	ILYQ	山东禹城
播种机械	马铃薯播种机	2CM-1/2型	配套动力30～60马力
	马铃薯播种机	TD-404HS	配套动力35马力
	起垄施肥一体机	RFGQN-120	山东潍坊
田间管理机械	移动式喷灌机	JP75-300	江苏徐州（肥药水兼用）
	动力喷雾机	担架式RS-25D	台州荣盛
收获机械	采前杀秧机	TX-SYJ	配套动力10～15马力
	采前杀秧机	1JH-100型	配套动力20～35马力
	马铃薯收获机	亚泰4U-1300型	山东青岛，配套动力50马力
	马铃薯收获机	中机美诺1520型	山东禹城，配套动力50～80马力

注：引自《马铃薯高效栽培与加工技术》，2015。

本章参考文献

冯胜高，2015. 早熟马铃薯两季栽培技术［J］. 吉林农业（14）：51.

黄团，段宽平，彭慧元，等，2012. 贵州冬闲田马铃薯覆黑膜栽培模式研究［J］. 农技服务，29（9）：1015-1016，1072.

江志伟，柳春美，林敏莉，等，2006. "春马铃薯—黄瓜—秋马铃薯—冬菜"四熟高产高效栽培技术［J］. 内蒙古农业科技（7）：121-122.

孔祥荣，王荣芳，赵庆洪，等，2015. 马铃薯与玉米不同套作模式种植效果研究［J］. 现代农业科技
（9）：78.

李保伦，2010. 播期对马铃薯产量的影响研究［J］. 中国园艺文摘（6）：41.

李惠贤，刘永贤，农梦玲，等，2010. 不同种植方式对冬种免耕马铃薯生长性状与产量的影响［J］. 中
国马铃薯，24（6）：334－337.

李婉琳，周俊，郭华春，等，2014. 云南省马铃薯不同种植模式的产量及效益分析［J］. 中国马铃薯，28
（2）：78－82.

李雪光，田洪刚，2013. 不同播期对马铃薯性状及产量的影响［J］. 农技服务，30（6）：568.

刘德林，2014. 浅谈马铃薯冬季丰产栽培技术［J］. 四川农业科技（2）：23.

裴旭，2010. 早秋马铃薯高产栽培经验［J］. 农村实用技术（8）：52－53.

平秀敏，朱润云，2015. 云南省马铃薯不同种植模式的产量及效益分析［J］. 生物技术世界（6）：46－47.

宋碧，张军，李斌，2009. 稻田免耕栽培马铃薯干物质积累与分配规律研究［J］. 江苏农业科学（1）：86－88.

孙川川，郑元红，郭国雄，等，2013. 不同播期对留茬膜侧马铃薯产量的影响［J］. 上海蔬菜（2）：48－49.

谭乾开，黎华寿，林洁，等，2012. 不同施肥配方对冬种马铃薯农艺性状和产量质量的影响研究［J］.
中国农学通报，28（33）：166－171.

唐虹，范金华，牛力立，等，2015. 黔中干旱缺水山区马铃薯新品种筛选［J］. 中国园艺文摘（9）：9－11.

唐虹，范金华，谭体琼，等，2015. 黔中地区秋季脱毒马铃薯高产栽培技术［J］. 中国园艺文摘（2）：
164－166.

唐维民，覃金鼓，蒙懿，等，2014. 覆盖方式对早熟马铃薯"滇黔芋23号"产量与性状影响［J］. 中国
农学通报，30（12）：249－252.

王雯，张雄，2015. 不同灌溉方式对马铃薯光合特性的影响［J］. 安康学院学报，27（4）：1－6.

王怀勇，覃金鼓，2009. 不同播期及稻草覆盖厚度对马铃薯免耕栽培产量影响［J］. 耕作与栽培（5）：
50－51.

王开昌，陈新举，李全敏，等，2011. 不同播期、海拔和种薯处理对秋播马铃薯产量的影响［J］. 现代
农业科技（2）：130－131.

王良军，姜兰，陈烨，等，2014. 中稻—秋马铃薯模式效益与关键技术［J］. 安徽农业科学，42（24）：
8127－8128，8151.

王永平，解振强，罗先进，2013. 丘陵地区马铃薯—有机稻—叶菜低碳高效栽培技术［J］. 中国马铃薯，
27（1）：27－30.

王志信，2013. 早熟马铃薯栽培技术［J］. 农技服务（4）：325.

韦本辉，甘秀芹，陈耀福，等，2011. 稻田粉垄冬种马铃薯试验［J］. 中国马铃薯，25（6）：342－344.

韦冬萍，韦剑锋，吴炫柯，等，2012. 马铃薯水分需求特性研究进展［J］. 贵州农业科学，40（4）：66－70.

魏亮，李飞，徐建飞，等，2012. 马铃薯抗寒性研究进展［J］. 贵州农业科学，40（2）：44－47.

吴巧玉，夏锦慧，李其义，等，2015. 氮磷钾及密度对贵州中部马铃薯产量及淀粉含量的影响［J］. 贵
州农业科学，43（2）：43－46.

肖厚军，孙锐锋，苟久兰，等，2011. 贵州不同海拔地区马铃薯施用氮磷钾肥的效应［J］. 贵州农业科
学，39（9）：58－60.

杨朝亮，杨晓利，2015. 大理市马铃薯、玉米、大荚豌豆间套作旱作组合模式栽培技术［J］. 种子科技
（2）：43－44.

谢伟松，2014. 马铃薯播前良种选择及种薯准备［J］. 农业开发与装备（5）：115.

杨昌达，陈德寿，杨力，等，2008. 关于贵州马铃薯种植区划和品种布局的几个问题［J］. 耕作与栽培
（3）：48－50.

杨胜先，龙国，张绍荣，等，2015. 喀斯特冷凉山区不同种植密度及氮、磷、钾配施对马铃薯产量的影响 [J]. 江苏农业科学，43（7）：85－88.

杨英武，腾安旺，2015. 不同播种季节对马铃薯产质量的影响 [J]. 现代农业科技（8）：87.

张海，2015. 不同施肥处理对马铃薯性状及产量的影响 [J]. 现代农业科技（14）：63.

张时军，王世敏，胡明成，2014. 云南省昭通市烤烟后期套作秋马铃薯播期研究 [J]. 安徽农业科学，42（35）：12437－12439.

张西露，汤小明，刘明月，等，2010. NPK 对马铃薯生长发育、产量和品质的影响及营养动态 [J]. 安徽农业科学，38（18）：9466－9469.

张圆，熊先勤，陈超，等，2014. 芜菁甘蓝—马铃薯间作体系土壤水分动态变化 [J]. 贵州农业科学，42（11）：87－91.

赵碧芬，2013. 不同播期对秋马铃薯产量及经济性状的影响 [J]. 农技服务，30（7）：686－687.

郑元红，潘国元，刘文贤，等，2007. 玉米—马铃薯间套作不同分带平衡丰产技术研究 [J]. 中国马铃薯，21（6）：346－348.

钟素泰，2007. 大春马铃薯高垄双行栽培技术 [J]. 云南农业（1）：20.

周从福，段德芳，胡玉霞，等，2013. 贵州低海拔地区早熟马铃薯丰产栽培技术 [J]. 农技服务，30（6）：570－577.

周训谦，肖洁，张佩，等，2015. 贵州马铃薯机械化生产技术选择 [J]. 贵州农业科学，43（3）：67－70.

邹华芬，金辉，陈晨，等，2014. 不同钾肥水平对马铃薯原种繁育的影响 [J]. 现代农业科技（15）：83－84.

倪玉琼，张品辉，闵谦萍，2007. 马铃薯免耕栽培覆盖物的研究 [J]. 农技服务，24（7）：18－19.

A Radouani，Lauer F I，2015. Effect of NPK Media Concentrations on In Vitro Potato Tuberization of Cultivars Nicola and Russet Burbank [J]. American Journal of Potato Research（92）：294－297.

Camargo D C，Montoya F，Córcoles J I，et al，2015. Modeling the impacts of irrigation treatments on potato growth and development [J]. Agricultural Water Management，150：119－128.

Catchpole G S，Beckmann M，Enot D P，et al，2005. Hierarchical metabolomics demonstrates substantial compositional similarity between genetically modified and conventional potato crops [J]. Proc Natl Acad Sci U S A，102（40）：14458－14462.

Emma Pilling，Alison M Smith，2003. Growth Ring Formation in the Starch Granules of Potato Tubers [J]. PLANT PHYSIOLOGY，132（1）：365－371.

Friedman M，Mcdonald G M，Filadelfi-Keszi M，1997. Potato Glycoalkaloids：Chemistry，Analysis，Safety，and Plant Physiology [J]. Critical Reviews in Plant Sciences，16（1）：55－132.

Haas B J，Kamoun S，Zody M C，et al，2009. Genome sequence and analysis of the Irish potato famine pathogen Phytophthorainfestans [J]. Nature，461（7262）：393－398.

Hancock R D，Morris W L，Ducreux L J M，et al，2014. Physiological，biochemical and molecular responses of the potato [J]. Plant，Cell & Environment，37（2）：439－450.

Kolomiets M V，Hannapel D J，Chen H，et al，2001. Lipoxygenase is involved in the control of potato tuber development [J]. Plant Cell. 13（3）：613－626.

L Dimenstein，N Lisker，N Kedar，et al，1997. Changes in the content of steroidal glycoalkaloids in potato tubers grown in the field and in the greenhouse under different conditions of light，temperature and daylength [J]. Physiological and Molecular Plant Pathology（50）：391－402.

Liu B，Zhang N，Wen Y，et al，2015. Transcriptomic changes during tuber dormancy release process revealed by RNA sequencing in potato [J]. Journal of Biotechnology，198：17－30.

Muller-Rober B，Sonnewald U，Willmitzer L，1992. Inhibition of the ADP-glucose pyrophosphorylase in transgenic potatoes leads to sugar-storing tubers and influences tuber formation and expression of tuber storage protein genes [J]. EMBO J, 11 (4): 1229 - 1238.

Nathalie Nicot, Jean-Francxois Hausman, Hoffmann L, et al, 2005. Housekeeping gene selection for real-time RT-PCR normalization in potato during biotic and abiotic stress [J]. Journal of Experimental Botany, 56 (421): 2907 - 2914.

Vasquez-Robinet C, Mane S P, Ulanov A V, et al. 2008. Physiological and molecular adaptations to drought in Andean potato genotypes [J]. Journal of Experimental Botany, 59 (8): 2109 - 2123.

Wan P, Lü D, Guo W, et al, 2014. Molecular cloning and characterization of a putative proline dehydrogenase gene in the Colorado potato beetle [J]. Insect Science, 21 (2): 147 - 158.

Warren K Coleman, 2000. Physiological ageing of potato tubers: A Review [J]. Annals of Applied Biology (137): 189 - 199.

Liu H, Li J, Li X, et al, 2015. Mitigating greenhouse gas emissions through replacement of chemical fertilizer with organic manure in a temperate farmland [J]. Science Bulletin, 60: 598 - 606.

第九章

马铃薯综合利用和深加工

第一节　马铃薯综合利用

一、马铃薯块茎营养品质

（一）块茎营养成分

马铃薯块茎鲜重的 24% 左右是干物质，以淀粉为主，另外，还包括蛋白质糖类物质、脂肪、维生素类及 K、Ca、Na、Fe、Mn、Cu、Zn、Se、Mg 等矿质元素。

1. 淀粉　淀粉是人类膳食中主要的糖类物质，根据最新营养学分类，将淀粉分为快速消化淀粉、缓慢消化淀粉和抗性淀粉。快速消化淀粉能迅速在小肠中消化吸收，缓慢消化淀粉则在小肠中缓慢消化，而抗性淀粉不能被小肠中的淀粉酶水解。马铃薯块茎鲜重的 18% 左右是淀粉，是食用马铃薯的主要能量来源，淀粉中支链淀粉含量高达 80%，直链淀粉约占 20%。马铃薯淀粉在糊化之前属于抗性淀粉，几乎不能被消化吸收，糊化之后很容易被消化吸收。马铃薯淀粉结构松散、结合力弱，含有天然磷酸基团，这些特点使其具有糊化温度低、糊浆透明度高、黏性强的优点，因此，能够降低糖尿病患者餐后的血糖值，有效控制糖尿病；可增加粪便体积，对于便秘等疾病有良好预防作用；还可将肠道中有毒物质稀释从而预防癌症的发生等，在众多领域得到广泛应用。

2. 蛋白质与氨基酸　马铃薯块茎中，蛋白质含量占其鲜重的 2%～3%，其蛋白质可消化成分高，能很好地被人体所吸收利用。马铃薯中组成蛋白质的氨基酸有丙氨酸、精氨酸、天冬氨酸、缬氨酸、甘氨酸、谷氨酸、亮氨酸、赖氨酸、组氨酸、蛋氨酸、脯氨酸、丝氨酸、络氨酸、苏氨酸、色氨酸和苯丙氨酸等种类，而且含有全部人体必需氨基酸。据研究报道，马铃薯的蛋白质营养价值高，其品质相当于鸡蛋的蛋白质，容易消化、吸收，优于其他作物的蛋白质。马铃薯蛋白可分为 Patatin 蛋白、蛋白酶抑制剂和其他蛋白（高分子量蛋白）三大类。蛋白酶抑制剂的含量占马铃薯蛋白含量的 40%～50%，其淀粉加工分离汁水中回收马铃薯活性蛋白可能成为将来药用蛋白酶抑制剂的重要来源。目前关于 Patatin 蛋白和蛋白酶抑制剂的研究报道较多，而有关高分子质量蛋白的研究报道较少。

（1）Patatin 蛋白　Patatin 蛋白是特异性存在于马铃薯块茎中的一组糖蛋白，其分子质量在 40～45 ku，自然状态下常以二聚体形式存在。马铃薯的不同品种及品种内都存在着 Patatin 的异形体，但蛋白异形体之间的结构特性和热构象稳定性没有明显差异，且由于基因家族和免疫的高度同源性，Patatin 常被作为一类蛋白。Patatin 蛋白具有较好的凝胶性。相比于其他蛋白如 β 乳球蛋白、卵清蛋白和大豆蛋白，Patatin 蛋白形成凝胶时所需离子强度较低，且 Patatin 蛋白所形成的凝胶在外力作用时形变较小，因此可作为一种易于形成凝胶的蛋白应用于食品中。Patatin 蛋白的酯酰基水解活性也使其在工业生产中的应用受到广泛重视，如将 Patatin 蛋白应用于从乳脂中生产短链脂肪酸，并以此提高奶酪成熟过程中风味物质的含量。Patatin 蛋白对于单酰基甘油的特异性特别适用于从甘油和脂肪酸的有机溶剂中生产高纯度的单酰基甘油（纯度＞95％），而单酰基甘油是最重要的乳化剂之一。

（2）蛋白酶抑制剂　马铃薯蛋白酶抑制剂种类繁多，到目前为止，编码马铃薯蛋白酶抑制剂的核苷酸抑制已经公布了 100 多种，根据组成蛋白的不同，可分为羧肽制剂、丝氨酸蛋白酶抑制剂、半胱氨酸蛋白酶抑制剂与天冬氨酸蛋白酶抑制剂等。过去长期把蛋白酶抑制剂当作抗营养因子进行研究，近年来发现其具有抗癌和调节饮食的作用，在食品和制药工业中具有广阔的应用前景。生吃马铃薯或生饮马铃薯汁会影响人体对蛋白应用的吸收，但对于减肥和消化道杀菌消炎等有特殊功效。

3. 维生素类物质　马铃薯是所有粮食作物中维生素含量最全面的，包括胡萝卜素、硫胺（维生素 B_1）、核黄素（维生素 B_2）、泛酸（维生素 B_5）、烟酸（维生素 PP）、吡哆醇（维生素 B_6）、抗坏血酸（维生素 C）、生物素（维生素 H）、凝血素（维生素 K）及叶酸（维生素 M）等，其含量相当胡萝卜的 2 倍、大白菜的 3 倍、番茄的 4 倍，B 族维生素更是苹果的 4 倍。特别是马铃薯中含有禾谷类粮食所没有的胡萝卜素和维生素 C，其所含的维生素 C 是苹果的 10 倍，且耐加热。

（1）维生素 C　对众多的酶而言是一种辅助因子，用作电子提供体，在植物的活性氧解毒中起到重要作用。维生素 C 缺乏最典型的疾病是坏血病，在严重的情况下还会出现牙齿脱落、肝斑、出血等特征。马铃薯含有丰富的维生素 C，而且热量高。生活在现代社会的上班族，最容易受到抑郁、焦躁、灰心丧气、不安等负面情绪的困扰，而食物可以影响人的情绪，因为食物中含有的矿物质和营养元素能作用于人体，从而改善精神状态。做事虎头蛇尾的人，大多就是由于体内缺乏维生素 A 和维生素 C 或摄取酸性食物过多，而马铃薯可有效补充维生素 A 和维生素 C，也可在提供营养的前提下，代替由于过多食用肉类而引起的食物酸碱度失衡。因此，多吃马铃薯可以使人宽心释怀，保持好心情，马铃薯被称为吃出好心情的"宽心金蛋"。但是，维生素 C 在超过 70 ℃以上温度时就开始受到破坏，在烹调加工马铃薯时不宜长时间高温加工处理。

（2）维生素 B_6　维生素 B_6 可参与到更多的机体功能中去，也是许多酶的辅助因子，特别是在蛋白质代谢中发挥重要作用，也是叶酸代谢的辅助因子。维生素 B_6 具有抗癌活性，也是很强的抗氧化剂，并在免疫系统和神经系统中参与血红蛋白的合成，以及脂质和糖代谢。维生素 B_6 缺乏可能导致的后果包括贫血、免疫功能受损、抑郁、精神错乱和皮炎等。马铃薯是膳食维生素 B_6 的重要来源。提起抗衰老的食物，人们很容易会想到人参、燕窝、蜂王浆等高档珍贵食品，而很少想到像马铃薯这样的"大众货"，其实马铃薯是非常好的抗衰老食品。马铃薯中含有丰富的维生素 B_6 和大量的优质纤维素，而这些成分在人体的抗老防病过程中有着重要的作用。

（3）叶酸　叶酸也称为维生素 B_9，是一种水溶性的维生素。叶酸缺乏与神经管缺陷（如脊柱裂、无脑畸形）、心脑血管疾病、巨幼细胞贫血和一些癌症的风险增加息息相关。不幸的是，叶酸摄入量在全世界大多数人口中仍然不足，甚至是在发达国家也一样。因此，迫切需要在主食中增加叶酸的含量并提高生物利用度。众所周知，马铃薯在饮食中是一个很重要的叶酸来源。在芬兰，马铃薯是饮食中叶酸的最佳来源，提供总叶酸摄入量高于 10%。Hatzis 等在希腊人口中检测血清中的叶酸状况与食品消费之间的关联研究表明，增加马铃薯的消费量与降低血清叶酸风险相关。

4. 矿物质　水果和蔬菜中广泛存在着矿物质元素，这是主要的饮食来源。维持人类身体健康的最佳矿物质元素摄取的重要性已被广泛认可。马铃薯是不同膳食矿物质的重要来源，已被证实提供钾的 RDA 的 18%，铁、磷、镁的 6%，钙和锌的 2%。马铃薯带皮煮熟后，其大多数的矿物质含量依旧很高，这些矿物质都是人体所必需的，而且在贮藏期间变动不大。富钾是马铃薯的重要特征之一，钾元素对人体具有重要作用，适量的钾元素能维持体液平衡，钾元素对维持心脏、肾、神经、肌肉和消化系统的功能也具有重要作用，经常食用马铃薯对低钾血症、高血压、中风、肾结石、哮喘等疾病具有良好的预防和治疗效果。

5. 植物营养素　除了含有维生素和矿物质外，马铃薯块茎中还含有一些小分子复合物，其中很多为植物营养素。这些植物营养素包括多芬、黄酮、花青素、酚酸、类胡萝卜素、聚胺、生物碱、生育酚和倍半萜烯。

（1）酚类物质　酚类物质在饮食中是最丰富的抗氧化剂。植物酚类物质可能含有潜在的促进健康的化合物。例如，许多知名媒体报道有关绿茶、咖啡和酒对健康的积极作用是由于其中含有酚类物质，而酚类物质对健康的作用也一直是医学研究中的一个热门领域，酚类物质被消耗后通过消化道和肝中的酶代谢，但其范围较广的生物利用度尚未被详细说明。马铃薯中酚类物质含量丰富，其大部分酚类物质为绿原酸与咖啡酸。美国科学家在对饮食的 34 种水果和蔬菜对酚类摄入量研究结果表明，马铃薯是继苹果和橘子之后的第三个酚类物质的重要来源。

（2）类胡萝卜素　类胡萝卜素具有多种促进健康的特性，包括具有维生素 A 的活性，并可降低多种疾病的发生。马铃薯的类胡萝卜素含量最丰富的是叶黄素和玉米黄质。对眼部的健康特别重要，还可降低与年龄相关的黄斑变性风险。

（3）花青素　彩色马铃薯还含有花青素，能够增强血管壁的弹性，改善循环系统功能，增强皮肤光滑度，抑制炎症和过敏反应，且对人体肿瘤细胞具有明显的抑制作用，还具有抗氧化性。

6. 糖　马铃薯块茎糖分主要以还原糖（葡萄糖、果糖和麦芽糖）和蔗糖为主，其含量在低温贮藏期间会增加。马铃薯食品加工业对油炸薯条（片）加工原料的还原糖（葡萄糖、果糖和麦芽糖）含量要求不高于鲜重的 0.4%。在马铃薯加工过程中，块茎中的还原糖会与含氮化合物的 α-氨基酸之间发生非酶促褐变的美拉德反应，致使薯条（片）表面颜色加深为不受消费者欢迎的棕褐色。因此，还原糖含量的高低成为影响炸条（片）颜色最重要的因素，也是衡量马铃薯能否作为加工原料最为严格的指标。

7. 脂肪　在马铃薯的块茎中，大约含有 0.2%的脂肪，主要分布在周皮中，维管束内很少，髓部的薄壁组织中就更少了。

另外，紫色马铃薯是马铃薯的一个变种，营养成分基本同普通马铃薯，只是有色素。

（二）马铃薯淀粉的特性

1. 淀粉种类　马铃薯中直链淀粉、支链淀粉的含量根据不同来源的淀粉而不同，通常直链淀粉的含量占总淀粉的 15%～25%。这两种多糖是同源葡聚糖，只是支链淀粉有两种链衔接方式——主链上的 α-（1→4）和支链上的 α-（1→6）。马铃薯淀粉的直链淀粉含量低，支链淀粉含量较高。马铃薯淀粉与其他淀粉在物理化学性能及应用上都存在较大的差异，马铃薯淀粉颗粒大，直链淀粉聚合度大，含有天然磷酸基团，具有糊化温度较低、糊黏度高、弹性好、蛋白质含量低、无刺激、口味温和、颜色较白、不易凝胶和不易退化等特性，在一些行业中具有其他淀粉不可替代的作用。因此，马铃薯淀粉、改性淀粉以其独特的价值成分和优越性在众多领域得到广泛的应用。

2. 马铃薯淀粉的基本特性

（1）淀粉粒大小和形状　马铃薯淀粉其平均粒径比其他淀粉大，在 30～40 μm，粒径大小范围比其他淀粉广，为 2～100 μm 的范围，大部分粒径在 20～70 μm，粒径分布近乎正态分布。其他淀粉的粒径大小范围玉米为 2～30 μm，甘薯为 2～35 μm，小麦为 2～40 μm。不同原料加工的淀粉其淀粉粒大小有差别，如红丸品种平均粒径为 36.5 μm，男爵品种平均粒径为 26.9 μm；同一原料品种在生理上随生理发育、块茎增大，淀粉粒径增大。在加工上，对其加工的淀粉进行大小粒分级，不同粒径的淀粉磷含量不同，大粒部分的淀粉磷含量低，小粒部分的淀粉磷含量高。

（2）糊化特性　马铃薯淀粉具有糊化温度低、膨胀容易，吸水、保水力大，糊浆黏度、透明度高等特点。

① 糊化温度低、膨胀容易。马铃薯淀粉的微结晶结构具有弱的均一的结合力，给予 50～62 ℃的温度，淀粉粒一起吸水膨胀，糊浆产生黏性，实现糊化。

② 糊化时吸水、保水力大。马铃薯淀粉糊化时，水分充分保存，能吸收比自身的重量多 400～600 倍的水分，比玉米淀粉吸水量多 25 倍。

③ 糊浆黏度高。在所有植物淀粉中，马铃薯淀粉的糊浆黏度峰值是最高的，平均达 3 000 Bu，不同原料加工的马铃薯淀粉之间糊浆黏度也有差异，大小范围为 1 000～5 000 Bu，一般淀粉的磷含量高，糊浆黏度大。

④ 糊浆透明度高。马铃薯淀粉颗粒大，结构松散，在热水中能完全膨胀、糊化，糊浆中几乎不存在能引起光线折射的未膨胀、糊化的颗粒状淀粉，并且磷酸基的存在能阻止淀粉分子间和分子内部通过氢键的缔合作用，减弱了光线的反射强度，所以马铃薯淀粉糊化的糊浆有很好的透明度。

3. 马铃薯淀粉糊化及凝胶特性　淀粉糊化后形成具有一定弹性和强度的半透明凝胶，凝胶的黏弹性、强度等特性对凝胶体的加工、成型性能以及淀粉质食品的口感、速食性能等都有较大影响。淀粉的糊化性质对淀粉的应用非常重要，同一淀粉在不同条件下的黏度性质也有差别。许多食品成分对原淀粉的性能有影响，从而影响原淀粉在食品中的应用。

4. 马铃薯改性淀粉的理化性质及结构

（1）改性淀粉 改性淀粉的品种、规格达2 000多种，淀粉的分类一般是根据处理方式来进行。经加工后的淀粉虽选用了天然原料，但经人为加工，也就不可能算是天然的了。食用类的专用改性淀粉是不会对身体有副作用的。

（2）淀粉改性的方法 主要有物理改性、化学改性、生物改性、复合改性等。

（3）马铃薯改性淀粉的理化性质及结构

① 淀粉糊的理化性质。主要包括附着力、运动黏度和流动性、透明度、稳定性、初黏力、遮盖力和贮存期等理化性质。

② 改性淀粉的结构。通过红外光谱（FT-IR）对淀粉结构进行分析发现原淀粉在酯化改性过程中引入了醋酸酯基团。电子扫描显微镜（SEM）分析结果说明对于低取代度的氧化醋酸酯淀粉，酯化过程仅发生在淀粉表面。

5. 紫马铃薯淀粉 紫马铃薯除了含有有多种微量元素、淀粉、蛋白质和有机酸外，还含有一种具有抗癌、防止高血压等保健作用的抗氧化剂，即花青素。将紫马铃薯加工成全粉，既可延长其贮藏时间、解决季节的限制，还可保留其大部分营养价值，且能为食品加工业提供天然紫色，紫马铃薯全粉中最主要的成分为淀粉，其理化性质直接影响全粉的品质。

（三）马铃薯蛋白质的特性

马铃薯蛋白是纯净的蛋白浓缩物，具有多种均衡的氨基酸组分，有极高的营养价值。马铃薯蛋白粉采用的原料是薯类加工厂排放的淀粉废液，将淀粉废水中的蛋白成分进行高度浓缩，并滤除蛋白废水中的农药、重金属及糖苷生物碱等有害成分，使蛋白成分达到食用等级，高度浓缩的蛋白经喷雾干燥设备，喷成蛋白粉进而包装成品。故原材料取材方便，成本低廉。并解决了马铃薯加工厂淀粉废液直接排放的污染问题，保护水资源环境，同时又回收了保健蛋白，促进企业的经济效益，是一种极具潜力的保健食品。

马铃薯贮藏蛋白包括球蛋白和糖蛋白。作为马铃薯主要贮藏蛋白之一的马铃薯球蛋白，主要分布在马铃薯块茎中，其含量占整个马铃薯贮藏蛋白的25％左右。Thomas通过Osborne法进行优化提取工艺后制备得到的马铃薯球蛋白存在3个等电点分别为5.83、6.0和6.7。马铃薯球蛋白易溶于盐，亮氨酸、赖氨酸和缬氨酸等氨基酸含量较高，其必需氨基酸含量明显高于FAO/WHO的必需氨基酸含量推荐值。因此，马铃薯球蛋白作为一种优质的蛋白质原料来源，在食品加工业中具有很好的应用前景。马铃薯糖蛋白存在于马铃薯块茎中，具有相同的免疫特性，其含量占马铃薯块茎贮藏蛋白含量的40％左右，与一般的贮藏蛋白不同，马铃薯糖蛋白还具有酶活性。

（四）影响马铃薯块茎营养品质的因素

1. 品种的遗传特性 不同品种的马铃薯块茎中各成分的含量存在不同程度的差异。李超、郭华春（2013）对中国16省份的30个主栽品种干物质、淀粉、还原糖、粗蛋白、维生素C、K、Mg、Fe、Zn和Ca等块茎营养品质进行了分析。结果表明，马铃薯块茎营养品质受品种和环境的双重影响。30 个主栽品种淀粉平均含量为 17.28%，大于 18% 的品种有 9 个，高淀粉品种比例为 30.0%；还原糖平均含量为 0.18%，26 个品种的还原糖含量小于 0.3%，占供试品种的 86.67%；高淀粉和低还原糖品种所占比例较高，而蛋白质、维生素 C 等含量普遍偏低；樊世勇（2015）报道，对甘肃省种植的 15 个主栽品种营养成分进行分析，结果表明，其中干物质含量在 30% 以上的品种只有陇薯 8 号，25% 以上的品种为陇薯 5 号、庄薯 3 号、天薯 10 号、陇薯 7 号，介于 20%～25% 的为农天 1 号、陇薯 6 号、天薯 9 号、费乌瑞它、青薯 168、夏波蒂，20% 以下的品种有定薯 1 号、定薯 2 号、克新 1 号。早熟型的马铃薯，比如费乌瑞它、定薯 1 号、克新 1 号等其淀粉含量都较低，而晚熟型品种如陇薯 8 号、临薯 15、庄薯 3 号、天薯 10 等淀粉含量普遍较高，因此，可以看出较长的生长期有助于淀粉的积累。

2. 种植地域差异　李超、郭华春等（2013）对多点种植的费乌瑞它、克新 1 号的块茎营养品质分析，不同地区种植的费乌瑞它干物质含量在 14.06%～19.80%；淀粉含量在 11.22%～16.47%；还原糖含量在 0.048%～0.54%；粗蛋白含量在 1.47%～2.44%；每 100 g 鲜薯维生素 C 含量在 4.26～13.60 mg，每 100 g 鲜薯 K 含量在 288.6～362.7 mg，每 100 g 鲜薯 Mg 含量在 18.5～30.1 mg；此外，含量甚微的 Fe、Zn、Ca 等也有地域间差异。不同地点种植的费乌瑞它的淀粉、还原糖、粗蛋白、维生素 C、K、Mg、Fe、Zn 含量均存在显著差异，只有 Ca 钙含量差异不显著。说明种植地环境对马铃薯营养品质有显著影响。不同地区种植的克新 1 号其淀粉、还原糖、粗蛋白、维生素 C 含量均存在显著差异；而 K、Mg、Fe、Zn、Ca 含量差异不显著。说明同一品种在不同地方种植其块茎营养品质也有显著差异。

3. 播期的影响　马铃薯的块茎品质会受到品种、栽培技术和环境因子等条件的影响外，播期不同对马铃薯的干物质、蛋白质、淀粉、还原糖、总糖、维生素 C 等产生一定影响。阮俊、彭国照等（2009）在川西南地区进行马铃薯地理分期播种试验，研究马铃薯干物质、蛋白质、淀粉、还原糖、维生素 C 含量随海拔、播期的变化特征，结果发现，在优质高产的栽培措施中，选择最佳播期对马铃薯优质高产至关重要。在最佳播期内播种，其干物质、蛋白质和淀粉含量高于非最佳播期的，还原糖、维生素 C 含量则低于非最佳播期的。

4. 施肥的影响　据我国有关资料统计分析，粮食作物单产的提高 50% 归功于合理施肥，39% 归功于品种改良，20% 归功于其他耕作方法的改良。有关马铃薯养分吸收规律及施肥对养分吸收、产量和品质影响的研究历来受到国内外的普遍关注。高炳德（2007）针对氮、磷、钾肥对马铃薯块茎产量的作用进行了系统的研究，随施氮量的增加可显著增加中薯和大薯的产量；磷肥的增加导致小薯和中薯产量增加，大薯产量减少；钾可增加中薯和大薯块茎数从而使块茎总产量增加。王季春表明，施肥能增加经济产量，尤其是高 N 处理结合农家肥；淀粉产量随块茎产量的增加而增加，高 N 处理和有农家肥时其淀粉产量高于低 N 处理；N 肥及农家肥施用能增加 N、P、K 的吸收和转运，特别是 P、K 的转运率和吸收率，因此，生产上必须强调农家肥的施用，满足块茎生长发育对营养的需求，夺取高产优质。

5. 热处理的影响　马铃薯食性甘平，为补气健脾养生佳品，日常食之可补气健脾、强壮身体，并可防止坏血病。马铃薯既可煎、炒、烹、炸，又可烧、煮、炖、扒，烹调出几十种美味菜肴，还可作为食品的强化剂和膨化剂。20 世纪 50 年代以来，马铃薯快餐食品风靡全球，美味可口的薯片、薯条受到世人的追捧。目前，已有不少国家把马铃薯列为主食，还用它来制作点心等小食品。陈蔚辉、苏雪炫（2013）采用蒸、炒、炸 3 种烹调方法对马铃薯进行热处理，研究处理后马铃薯所含维生素 C、蛋白质、可溶性固形物、胡萝卜素、淀粉等营养成分的变化，结果表明，油炒后马铃薯比较柔软，颜色变黄，有光泽；蒸后马铃薯色泽减少，变得松软粉嫩；炸处理后马铃薯外酥里嫩。从烹饪效果看，炒、炸的马铃薯，色泽较蒸更好，诱人，口感香，更容易引起人们的食欲。从营养角度分析，不同热处理对马铃薯营养成分的影响不尽相同，蒸、炒、炸均使马铃薯可溶性固形物含量增加，而其他营养成分下降；炒对保留马铃薯维生素 C 的效果最好；炸薯条能保留较多的蛋白质，但易产生杂环胺类及丙烯酰胺类物质（潜在的致癌物），且高热量易导致肥胖症；蒸较均衡地保存马铃薯的营养成分，且热量低，易消化，还可预防癌症、中风等心血管疾病。综合认为，蒸法是马铃薯最好的烹调方法。

二、马铃薯加工品质

（一）不同生态条件对马铃薯加工品质影响

随着国内马铃薯加工业的发展，加工企业对马铃薯原料薯的需求从单纯地追求高淀粉转变为开始关注淀粉的品质特性。淀粉含量、淀粉产量和淀粉糊化特性受环境影响很大。土壤肥力各要素与淀粉含量及品质性状的相关性分析表明，有机质和速效 K 与淀粉含量呈显著正相关，速效 N 肥与产量呈显著正相关，pH 与淀粉黏度呈显著负相关，其他几项相关均不显著。地理纬度（北纬 40°06′～48°04′）与淀粉含量、淀粉黏度呈极显著正相关。

（二）马铃薯块茎干物质、还原糖含量与炸片颜色

仝帅等（2008）以选育马铃薯加工型品种的高世代无性系 95 份为供试材料，进行干物质、还原糖含量和炸片质量的评价试验。结果表明还原糖含量越低，炸片颜色越浅，炸片品种的育种目标要求品种的还原糖含量上限不超过 0.4%。

三、马铃薯综合利用

（一）块茎的综合利用

1. 马铃薯做粮用　马铃薯是一种营养价值很高的食物，它所含的营养素，有蛋白质、脂肪、醋类和维生素等。干制的马铃薯，其脂肪含量超过大米、面粉和荞面等；蛋白质高达 7.25%（大米 6.7%），其含量与小麦、荞麦和燕麦甚至猪肉中的蛋白质含量相同。马铃薯的蛋白质中还含有多种氨基酸，其中含人体不可缺少的赖氨酸（若缺少赖氨酸则会出现营养性贫血）含量最多达 9.6%，大大超过大米、小麦、大豆、花生米等蛋白质的赖氨酸组成。做粮用主要通过蒸、煮、烧、烤、烙、摊、和等方式做成马铃薯困困、马铃薯饺子、地锅锅、马铃薯油合、马铃薯饼饼、和面和酸饭等。

2. 马铃薯做菜用　马铃薯中含有大量的糖类，其中淀粉就占 80%～85%；并含有多种维生素，如维生素 A、维生素 B₁、维生素 B₂、维生素 C、维生素 PP 等。100 g 新鲜马铃薯中维生素 C 含量为 20～40 mg，其含量之多是许多蔬菜、水果中罕见的，可与番茄、柑橘相媲美，所以，马铃薯在欧美、亚洲人的食品中占有重要地位，几乎在每餐中是不可缺少的食品。做菜用主要通过炒、炸、炖、踏等方式做成炒马铃薯丝、炒马铃薯片、炒马铃薯丁、薯条、马铃薯搅团、马铃薯糍粑、凉粉和粉条等。

3. 马铃薯做主食　主食是居民膳食中最主要的食物，是满足人体基本能量和营养物质的主要载体，也是确保国民身体健康的最基本食物来源，在膳食构成和营养改善中占有重要的战略地位。中国传统主食有面制主食和米制主食两大体系，但两者的营养结构比较相近，不利于居民通过主食间的结构调整改善膳食营养结构不合理、营养不均衡等诸多问题。马铃薯营养全面，因此马铃薯主食化是新时期改善居民膳食营养，挖掘粮食增产潜力，促进农业可持续发展的重大战略决策。有关马铃薯主食化方面的研究方面层出不穷，有研究报道用马铃薯全粉部分替代面粉来制作面包，所制面包不但营养价值有所增加，而且保持水分的时间明显延长。马铃薯主食有多种形式，传统的家庭厨房加工以整薯蒸、煮、烤以及以块、丁、条、片等形式与其他主食获独自蒸、煮、烤、烧、炖等加工后作为主食消费的方式喜闻乐见。但是，按照贮藏期、货架期、商品性、战略性等主粮化主食产品来考虑马铃薯的主食化策略，马铃薯的半成品、原料粮等是马铃薯主粮化不可或缺的加工形式。

（1）全粉类马铃薯加工产品　马铃薯全粉在快餐店制作薯泥、食品企业加工再生薯片、膨化薯片和食品添加填充料等；作为主食将马铃薯全粉添加在小麦粉中制作面包、馒头、面条、蛋糕和饼干等主食产品。

（2）鲜薯类马铃薯加工产品　鲜薯经清洗、去皮、挑选、切片、漂洗、预煮、冷却、捣泥等工艺流程，然后直接与小麦面粉按比例混合直接加工制作馒头、面条，饼干、曲奇饼和饺子等产品。或者是将鲜薯泥与面粉混合物再干燥脱水后加工配方面粉等半成品原料。鲜薯泥加工主食产品，减少了马铃薯脱水过程，缩减了加工能耗和加工成本，是一项非常有潜力的马铃薯主食加工技术。

（二）其他部位的利用

1. 马铃薯渣的综合利用

（1）马铃薯渣的成分　马铃薯渣含有大量的淀粉、纤维素、果胶及少量蛋白质等可利用成分，具有很高的开发利用价值。其中淀粉占干基含量的 37%，纤维素、半纤维素占干基总量的 31%，果胶占干基含量的 17%，而蛋白质、氨基酸仅占干基含量的 4%，由于马铃薯渣中含有较高质量分数的果胶，同时马铃薯渣量大，是一种很好的果胶来源。另外，其还含有大量的纤维素和半纤维素，可用来提取膳食纤维，国内也将其直接作为饲料，但由于其粗纤维含量高、蛋白质含量低、质量差，动物不易消化吸收。因此，对于薯渣的利用国内外学者主要集中在提取果胶、膳食纤维等有效成分以及制备单细胞蛋白饲料。

（2）马铃薯渣中蛋白提取　马铃薯渣是马铃薯淀粉生产中产生的副产物，马铃薯淀粉生产企业每年都要排放大量的废渣废液，如何有效利用马铃薯淀粉加工副产物已成为制约马铃薯淀粉工业发展的瓶颈问题。国内外研究表明，马铃薯蛋白是一种全价蛋白，氨基酸组成均衡，必需氨基酸含量较高，适合研究开发马铃薯蛋白产品。但国内的淀粉生产厂家直接排放废水，不仅造成资源浪费，还污染环境，因此，淀粉废水中马铃薯蛋白的回收及开发利用研究对于增加产品附加值，提高环保性能，发展可循环经济具有十分重要的作用。酸热处理回收细胞液中马铃薯蛋白的技术是目前欧洲和中国大中型淀粉加工厂普遍采用的工艺，优化提取工艺，提高马铃薯蛋白质的提取率，减少水耗和废水排放，从使回收蛋白的技术得到应用。

（3）马铃薯渣中膳食纤维的利用　膳食纤维（DF）是食物中不被人类胃肠道消化酶所消化的植物性成分的总称，它包括纤维素、半纤维素、木质素、甲壳素、果胶、海藻多糖等，主要存在于植物性食物中。马铃薯渣中不仅含有丰富的膳食纤维（约占干基重的50%），而且还有淀粉、多糖类及少量蛋白质，因此制取较高纯度的马铃薯膳食纤维，需降解淀粉蛋白质等物质。目前，制取马铃薯膳食纤维的方法主要有酸碱法和酶法，用来去除马铃薯渣中的淀粉、多糖类及蛋白质物质，用马铃薯渣制成的膳食纤维产品外观白色、持水力、膨胀力高，有良好的生理活性。

（4）提取果胶　果胶属于多糖类物质，是植物细胞壁的主要成分之一，尽管可以从植物中大量获得，但是商品果胶的来源仍十分有限。中国每年果胶需求量在 1 500 t 以上，且 80% 依靠进口，据有关专家预计，果胶的需求量在很长时间内仍以每年 15% 的速度增长。果胶的主要生产国是丹麦、英国、法国、以色列、美国等，亚洲国家产量极少。因此大力开发中国果胶资源，生产优质果胶，显得尤为重要。马铃薯渣是生产马铃薯淀粉后产生的废渣，利用程度低且极易造成环境污染，它含有丰富的果胶，是一种良好的果胶提取原料。将马铃薯渣作为生产果胶的原料，不仅增加马铃薯加工的附加值，也丰富了果胶生产的原料来源。目前果胶的提取方法主要有沸水抽提法、酸法和酸法＋微波提取等。果胶提取过程是水不溶性果胶转变成水溶性果胶和水溶性果胶向液相中转移的过程。工艺条件不同，果胶的得率及性质均有差异。

（5）生产马铃薯渣高蛋白饲料　马铃薯鲜渣或干渣均可直接作为饲料，但是蛋白质含量低，粗纤维含量高，适口性差，饲料的品质低。研究表明，通过微生物发酵处理可大幅度提高薯渣的蛋白含量，从发酵前干重的 4.62%，增加到 57.49%；另外，微生物发酵可以改善粗纤维的结构，增加适口性，有研究先用中温 Q 淀粉酶和 Nutrase 中性蛋白酶将马铃薯渣中的纤维素和蛋白质分解，再接种产生单细胞蛋白的菌株——产朊假丝酵母和热带假丝酵母，可将单细胞蛋白中的蛋白质含量增至 12.27%。

2. 马铃薯秧藤的饲用转化及综合利用　马铃薯秧藤是马铃薯植株的地上部分，是收获块茎后剩余的副产品。在传统的马铃薯种植业中，秧藤一般作为废弃物被处理。而在现代化的马铃薯种植业中，为了促进地下马铃薯块茎的成熟老化、便于机械收获马铃薯作业以及预防各类病原体的传播，一般在马铃薯收获前几天至十几天，采用化学杀秧、机械打秧等方式，将秧藤打碎还田或清除出田地。张雄杰等（2015）对秧藤青贮和提取物研究表明，采用"青贮饲料＋混合粗提取物"的综合利用技术对秧藤进行青贮和提取物回收可实现一体化机械化作业，且生产效率高；所产青贮饲料产品质量良好、成本低廉。回收的粗提取物含有糖苷生物碱、茄尼醇、挥发油等 70 多种生物活性物质，这些物质都是医药、化工原料，具有良好的开发前景。该种秧藤处理技术，是近年来普遍采用的新型技术，特别是在现代化程度较高的种植地区及种薯种植地区，该技术的应用为马铃薯秧藤新资源的开发利用提供了丰富的技术基础，可以作为还田绿肥和青贮饲料等应用于农牧业生产进行大量推广。

3. 膳食纤维的利用　膳食纤维通常是指由可食性植物细胞壁残余物及与之相缔合的物质构成的在人体的小肠中难以消化吸收的化合物，其主要包括植物性木质素、纤维素、半纤维素、果胶及动物性壳质、胶原等。继蛋白质、糖、脂肪、矿物质、水和维生素之后被列为人体必需的"第七营养素"。研究表明膳食纤维可以降低冠心病的发病率、降低血清胆固醇水平。膳食纤维包括不溶性膳食纤维和可溶性膳食纤维两大类，其中可溶性膳食纤维具有较强的生理功能，而大多数天然膳食纤维其可溶性膳食纤维所占比例较小。但也有报道称在对有害物质的清除能力和调节肠道功能方面，不溶性膳食纤维的作用优于可溶性膳食纤维。目前膳食纤维的分析方法包括酶—质量法、酶—化学法、红外光谱技术、尺寸排阻液相色谱法和高效阴离子交换色谱法等，其中红外光谱技术具有方便、快捷、准确、高效、不破坏样品、节约能源、无污染、低成本等优点，在国内外已得到广泛应用。

（1）马铃薯膳食纤维的基础成分　马铃薯膳食纤维中含有多种成分，其中每 100 g 总膳食纤维含量在 80 g 以上，可溶性膳食纤维含量为 4.98 g。有研究报导木瓜渣的基本成分中每 100 g 总膳食纤维的含量为 69.58 g，可溶性膳食纤维含量 6.97 g；甘薯渣每 100 g 中总膳食纤维为 27.40 g，可溶性膳食纤维含量为 2.66 g；大豆皮每 100 g 总膳食纤维含量为 73.31 g；玉米皮每 100 g 总膳食纤维含量为 60.00 g 左右，玉米皮每 100 g 可溶性膳食纤维含量为 3.97 g，大豆皮每 100 g 可溶性膳食纤维的含量为 0.79 g。由此可以看出马铃薯膳食纤维中总膳食纤维和可溶性膳食纤维的含量均较高，是一种较好的膳食纤维资源。

（2）马铃薯膳食纤维的组分　马铃薯膳食纤维中纤维素（每 100 g 为 33.07 g）和半纤维素（每 100 g 为 38.79 g）的含量均较高。半纤维素及果胶质（每 100 g 为 17.95 g）含量均高于文献报道的甘薯膳食纤维及大豆皮膳食纤维，而木质素（每 100 g 为 1.97 g）含量低于甘薯及大豆膳食纤维。因此马铃薯膳食纤维具有更好的柔性及较低的相对分子质量，是生产高品质膳食纤维的良好原料。纤维素及半纤维素具有预防便秘、调节血糖、降低胆固醇的作用；果胶质可赋予被加工物料良好的胶凝和乳化稳定性能，还具有抗菌、消肿、解毒、降血脂、抗辐射等作用。因而马铃薯膳食纤维更多的调节人体异常代谢功能还需进一步研究。

（3）马铃薯膳食纤维的物性　魏春光（2013）研究了马铃薯膳食纤维和马铃薯高品质膳食纤维的物性。结果表明，马铃薯膳食纤维的持水力为 7.00 g/g，持油力为 1.90 g/g，膨胀力为 7.37 mL/g；马铃薯高品质膳食纤维的持水力为 8.34 g/g，持油力为 5.17 g/g，膨胀力为 9.91 mL/g。马铃薯膳食纤维具有较好的持水力和膨胀力，均高于玉米皮纤维、大豆皮纤维及脱脂米糠。膨胀力高于甘薯膳食纤维，但持水力及持油力略低于甘薯膳食纤维。马铃薯膳食纤维较好的持水力和膨胀力有利于其在抗便秘、改善肠道环境及预防肥胖等方面发挥作用。

（4）马铃薯膳食纤维的聚合度和平均相对分子质量　马铃薯膳食纤维聚合度和平均相

对分子质量较小，与其具有较高含量的可溶性膳食纤维及较强的吸水膨胀能力相符。有研究表明，豆渣水溶性膳食纤维的相对分子质量高达 546 673，一般情况下，相对分子质量越小，分子聚合度越低，物质的溶解性越好，越容易功能化处理，因此马铃薯膳食纤维的功能化处理难度将低于玉米皮纤维及大豆皮纤维，其在高纤维食品生产中的应用前景也更加广阔。

（5）马铃薯膳食纤维的结构特性　魏春光（2013）对马铃薯膳食纤维和马铃薯高品质膳食纤维进行了超微结构观察分析。结果表明，马铃薯膳食纤维的结构较紧密、呈片状，颗粒表面较平整、光滑；而马铃薯高品质膳食纤维结构疏松、有褶皱，更利于水分渗入，提高其束缚水的能力。所以马铃薯高品质膳食纤维的持水力、膨胀力和持油力都有了较显著的提高。对马铃薯膳食纤维与马铃薯高品质膳食纤维的表征进行了研究。结果表明，马铃薯膳食纤维与马铃薯高品质膳食纤维均具有 C═O 键、C—H 键、COOR 和游离的 O—H 等糖类的特征吸收峰，单糖中有吡喃环结构，可溶性膳食纤维中具有糖醛酸和羧酸二聚体。分别对马铃薯膳食纤维和马铃薯高品质膳食纤维中可溶性与不溶性膳食纤维中单糖组成进行了研究。研究发现马铃薯膳食纤维和马铃薯高品质膳食纤维中均有阿拉伯糖、木糖和葡萄糖，马铃薯膳食纤维和马铃薯高品质膳食纤维的不溶性膳食纤维中都有半乳糖的存在。此外，马铃薯高品质膳食纤维的可溶性膳食纤维中还含有鼠李糖和半乳糖。

（6）马铃薯膳食纤维的应用　以高筋面粉的添加量为基准，将马铃薯高品质膳食纤维作为辅料添加到面包中，考察其添加量对面包品质的影响。通过响应面设计确定马铃薯高品质膳食纤维面包的最佳配方为：马铃薯高品质膳食纤维添加量为 4.3%，水分添加量为 55%，奶油添加量为 6.15%，绵白糖添加量为 12%，酵母添加量为 2%，鸡蛋添加量为 6%，面包改良剂添加量为 1.97%，食盐添加量为 1%，此时，面包的比容为 6.01 mL/g，硬度为 1 785.238，弹性为 0.897，回复性为 0.281，咀嚼度为 1 149.660，具有较好的弹性和回复性，面包的口感良好，带有焙烤食品特有的香味。

第二节　马铃薯深加工

一、食品加工

选择品种为大西洋、青薯 168（红）等。

（一）油炸薯片

薯片食品因采用原料和加工工艺不同，又可分为油炸薯片和复合（膨化）薯片。油炸薯片以鲜薯为原料。生产过程对生产设备、技术控制、贮藏运输、原料品质等的要求与冷冻薯条基本相同。中国目前已有 40 余条油炸薯片生产线，总生产能力近 10 万 t。其生产工艺流程为：

原料→清洗→去皮→修整→切片→漂洗→漂烫→脱水→油炸→沥油→冷却→调味→计量包装→成品入（冷）库

油炸马铃薯片（简称薯片）营养丰富、味美适口、卫生方便，在国外已有 40～50 年的生产历史，成为欧美人餐桌上不可缺的日常食品及休闲食品。下面介绍的生产方法适用于乡镇企业、中小型食品厂、郊区农场、大宾馆、饭店等加工油炸薯片。其特点是设备投资少，操作简单，生产过程安全可靠，产品质量稳定，经济效益明显。

1. 主要生产设备　清洗去皮切片机、离心脱水机、控温电炸锅、调味机、真空充气包装机等。

2. 原料辅料　马铃薯、植物油、精食盐、粉末味素、胡椒粉等。

3. 工艺流程　工艺流程如下：

马铃薯→清洗、去皮、切片→漂洗→脱水→油炸→控油→调味→称量包装

4. 原料准备　所用马铃薯要求淀粉含量高，还原糖含量少，块茎大小均匀、形状规则、芽眼浅、无霉变、腐烂、发黑、发芽。并去除马铃薯表面黏附的泥沙等杂质。

5. 清洗、去皮、切片　这三道工序同时在一个去皮切片机中进行。该机利用砂轮磨盘高速转动带动马铃薯翻滚转动，通过马铃薯与砂轮间摩擦以及马铃薯之间相互磨擦去皮，然后利用侧壁的切刀及离心力切片。切片厚度可调。要求厚度为 1～2 mm。

6. 漂洗　切片后的马铃薯片立即浸入水中漂洗，以免氧化变成褐色，同时去掉薯片表面的游离淀粉，减少油炸时的吸油量以及淀粉等对油的污染，防止薯片粘连，改善产品色泽与结构。

7. 脱水　漂洗完毕，将薯片送入甩干机，除去薯片表面水分。

8. 油炸　脱水后的薯片依次批量及时入电炸锅油炸。炸片用油为饱和度较高的精炼植物油或加氢植物油，如棕榈油、菜籽油等。根据薯片厚度、水分、油温、批量等因素控制炸制时间，油温以 160～180 ℃为宜。

9. 调味　将炸好的薯片控油后加入粉末调料或液体调料调味。

10. 称量包装　待薯片温度冷却到室温以下时，称量包装。以塑料复合膜或铝箔膜袋充氮包装，可延长商品货架期，防止产品运输、销售过程中挤压、破碎。质量要求：薯片外观呈卷曲状，具有油炸食品的自然浅黄色泽，口感酥脆，有马铃薯特有的清香风味。理化指标：水分≤1.7％，酸价≤1.4 mg KOH/g，过氧化值≤0.04，不允许有杂质。

（二）马铃薯全粉虾片加工

虾片又称玉片，是一种以淀粉为主要原料的油炸膨化食品。由于其酥脆可口、味道鲜美、价格便宜，很受消费者喜爱，尤其是彩色虾片更受青睐。

目前市面上的虾片大多是以木薯淀粉为主要原料，配以其他辅料制而成，马铃薯全粉代替部分淀粉加工虾片未见报道。油炸马铃薯片和薯条加工中，因马铃薯大小不均匀、形状不规则，切片、切条时产生边角余料，通常这些边角余料被废弃导致环境污染，同时降低原料的利用率。用这些边角余料加工成全粉，或提取马铃薯淀粉后加工虾片，不仅可解决环保问题，提高马铃薯原料综合利用率，而且丰富虾片品种。另外，马铃薯全粉加工过程中基本保持马铃薯植物细胞的完整，马铃薯的风味物质和营养成分损失少。因此，马铃薯全粉加工虾片，产品具有马铃薯的特殊风味，并且营养价值高。

马铃薯全粉虾片加工工艺流程如下：

配料→煮糊→混合搅拌→成型→蒸煮→老化→切片→干燥→包装→半成品→油炸→

成品

操作要点：

1. 配料　虾片基本配方为马铃薯淀粉与马铃薯全粉质量之和为 100 g，虾仁 15 g，味精 2 g，蔗糖粉 4 g，食盐 2 g，加水按一定比例混合。

2. 煮糊　将总水量 3/4 倒入锅中煮沸，同时加入味精、蔗糖粉、食盐等基本调味料，另取 20％左右的淀粉与剩余 1/4 的水调和成粉浆，缓缓倒入不断搅拌着的料水中（温度 ＞70 ℃），煮至糊呈透明状。

3. 混合搅拌　将剩余淀粉、马铃薯全粉、虾仁倒入搅拌机内，同时倒入刚刚糊化好的热淀粉浆，先慢速搅拌，接着快速搅拌，不断搅拌到使其成为均匀的粉团，需 8～10 min。

4. 成型　将粉团取出，根据实际要求制成相应规格的虾条。

5. 蒸煮　用高压锅（压力为 1.2 MPa）蒸煮，一般需要 1～1.5 h，使虾条没有白点，呈半透明状，条身软而富有弹性，取出自然冷却。

6. 老化　将冷却的虾条放入温度为 2～4 ℃的冰箱中老化，使条身硬而有弹性。

7. 切片　用切片机将虾条切成厚度约 1.5 mm 的薄片，厚度要均匀。

8. 干燥　将切好的薄片放入温度为 50 ℃的电热鼓风干燥箱中干燥。

9. 油炸　用棕榈油炸。

（三）马铃薯脯

1. 原料选择　选择块茎大、皮薄、还原糖含量低、蛋白质和纤维素少的品种。

2. 清洗　将原料马铃薯表皮上的泥沙、尘土用清水洗净。

3. 去皮　有人工去皮及碱液去皮两种方法：人工去皮可用小刀将马铃薯的外皮削去，并将表面修整光洁、规则；碱液去皮则可将马铃薯块茎放入 100 ℃、20％浓度的 NaOH 溶液中浸泡到表皮一碰即脱时，立即取出用水冲洗。

4. 切片　用刀或切片机将马铃薯切成厚 1.0～1.5 mm、长 4 cm、宽 2 cm 的薄片，剔除形状不规则和有杂色的薯片。

5. 护色和硬化　切片后，立即将薯片投入含 1.0％维生素 C、1.5％柠檬酸及 0.1％ $CaCl_2$ 的混合溶液中浸泡 20 min，再用 2％的石灰水溶液浸泡 2.5～3.0 h。

6. 清洗　用清水将硬化后的薯片漂洗 0.5～1.0 h，换水 3～5 次，洗去薯片表面的淀粉及残余的护色硬化液。

7. 糖渍　将处理好的薯片放入网袋中，在夹层锅内配制 30％的糖液，并用柠檬酸将 pH 调至 4.0～4.3；将糖液在锅中煮沸 1～2 min 后，投入薯片并煮制 4～8 min 捞出，然后将其倒入 30％的冷糖液中浸渍 12 h。初步糖渍的薯片再分别放入 40％、50％、60％、65％的糖液中进行糖煮、糖渍，每次处理所用时间、方法都与 30％的糖液相同。待薯片煮至半透明状、含糖量达到 60％以上时取出，沥去残余糖液。

8. 烘烤　将薯片摊在烤盘上，在远红外箱中以 55～60 ℃的温度烘烤 10～14 h，烘至薯片为乳白色至淡黄色，含水量 16％～18％时取出。

9. 上糖粉　在制品的表面撒上薯片重量 10％的糖粉（先将砂糖用粉碎机粉碎，过

100 目筛而成），撒匀后筛去多余的糖粉即得成品。

（四）马铃薯饴糖

将六棱大麦在清水中浸泡 1～2 h（水温保持 20～25 ℃），当含水量达 45％时，将水倒除。将膨胀的大麦置于 25 ℃室内让其发芽，并用喷壶给大麦洒水，每天 2 次，4 d 后，当麦芽长到 2 cm 以上时备用。同时，制备马铃薯渣料。马铃薯渣研细过滤后，加入 25％谷壳，然后把 80％的清水洒在配好的原料上拌匀，放置 1 h，分 3 次上料。第一次上料 40％，等上汽后，第二次上料 30％，再上汽时，第三次上料 30％。待蒸汽上汽后，计时 2 h，把料蒸透，然后糖化。将蒸好的料放入木桶，加入适量浸泡过麦芽的水，搅匀。当温度降到 60 ℃时，加入制好的麦芽（占 10％），搅匀，倒入少许麦芽水。待温度下降到 54 ℃时，保温 4 h。温度下降时，再加入 65 ℃的温水 100 kg，继续保温。经过充分糖化后，把糖液滤出，置于锅内加温，再经过熬制，浓度达到 40 波美度时，即得马铃薯饴糖。

（五）风味马铃薯食品加工

1. 马铃薯条　以干燥马铃薯粉如马铃薯颗粒粉、马铃薯泥片粉碎品和干燥脱水马铃薯粉为主要原料，添加面筋粉、大豆蛋白粉、干燥蛋清粉、多糖类及淀粉等原料中的一种或几种，并添加调味料，加水制成面团。经成型、油炸而制成的马铃薯粉快餐食品。它避免了用纯马铃薯粉制作炸马铃薯而存在的问题，如：粉末食感过重；口感不酥脆；成型及油炸时易碎；调制面团时吸水固化快，面团形成不均匀等缺点。这种食品口感与用新鲜马铃薯炸制的马铃薯片无差异，但增加了蛋白质等营养成分，避免了新鲜马铃薯不易贮存、保鲜等缺点。

各种成分在马铃薯粉中较为适宜的添加量为：面筋 0.5％～20.0％（占全部原料重量的百分比），大豆蛋白粉 0.2％～10.0％，干燥蛋清粉 0.2％～10.0％，多糖类 0.05％～5.00％，淀粉 0.5％～20.0％。如果比例低于上述添加量的下限，则基本没有效果；如果比例高于上述添加量的上限，这种油炸马铃薯口感会变黏，而且油炸马铃薯表面会形成坚硬的膜。

2. 橘香马铃薯条

（1）原料配方　马铃薯 100 kg，面粉 11 kg，白砂糖 5 kg，柑橘皮 4 kg，奶粉 1～2 kg，发酵粉 0.4～0.5 kg，植物油适量。

（2）制薯泥　选无芽、无霉烂、无病虫害的新鲜马铃薯，浸泡 1 h 后，洗净其表面泥沙等杂质，然后置蒸锅蒸熟，去皮，粉碎成泥状。

（3）制柑橘皮粉　将柑桔皮洗净，放清水中煮沸 5 min，然后倒入石灰水中浸泡 2～3 h，再用清水反复冲洗干净，切成小粒，放入 5％～10％盐水中浸泡 1～3 h 后，用清水漂去盐分，晾干并碾成粉状。

（4）拌粉　按配方将各种原料放入和面机中，充分搅拌后，静置 8 min。

（5）定形、炸制　将植物油加热至 150 ℃左右时，将拌匀的土豆混合料通过压条机压入油中，炸至泡沫消失、马铃薯条呈金黄色时即可捞出。

（6）风干、包装　将捞出的马铃薯条放在网筛上，置干燥通风处冷却至室温。经密封包装即为成品。

3. 马铃薯冷冻薯条 冷冻薯条又称法式薯条，是西式快餐的主要品种之一，在欧美国家非常流行。近年来，西式快餐在中国大中城市及沿海地区日趋风行，薯条的需求量也与日俱增。

速冻薯条生产有严格的质量标准。生产过程中除加少量护色剂之外，不添加任何其他物质；生产过程连续化和操作控制自动化程度很高；必须建立贮运冷链；而且对加工用薯有特定要求，一般对原料薯的控制指标包括：还原糖含量低于 0.25%，耐低温贮藏，比重介于 1.085～1.100，浅芽眼，长椭圆形或长圆形。国内薯条加工专用薯产量不足，制约了薯条生产的发展。

速冻薯条的生产工艺流程如下：

原料→清洗→去皮→修整→切条→分级→漂烫→脱水→油炸→沥油→预冷→速冻→计量包装→成品入（冷）库

4. 马铃薯膨化食品 马铃薯膨化食品与复合薯片类似，属于薯粉调配成型加工产品，是目前国内市场休闲食品中的大宗产品。由于膨化食品一般采用多种原料复配（除马铃薯全粉外，还可使用玉米及其他谷物淀粉），因此生产比较灵活，品种、花色较多，生产线规模差异较大。

5. 蒸煮烘焙类马铃薯主食产品的加工保鲜工艺技术

（1）工艺流程

马铃薯→清洗杀菌→选形（可为整薯或去皮切分形状）→漂洗→蒸煮、烘焙（微波或开水加热）→冷却→真空包装→贮藏

（2）工艺要点

① 选料。选择整齐，大小均匀，表皮光滑，无病变、未发芽、未变绿、未失水的新鲜马铃薯块茎。

② 清洗杀菌。将挑选好的马铃薯块茎先用自来水清洗，再用 ClO_2 溶液（有效成分12%）180 mg/L 浸泡 15 min 左右进行杀菌消毒，同时保持马铃薯良好的外观色泽。

③ 选形。将清洗杀菌后的马铃薯块茎捞出沥水，然后进行蒸煮选形，整薯质量为260～300 g，块状质量为 130～150 g。

④ 漂洗。将清洗、杀菌、选形后的马铃薯用次氯酸钠溶液 0.15 mL/L 漂洗，以除去马铃薯块茎表面残留的 ClO_2 溶液和更好地保持块茎色泽。

⑤ 蒸煮、烘焙。将杀菌、漂洗好的马铃薯块茎置于蒸煮设备进行蒸煮，蒸煮温度控制在 105～108 ℃，蒸煮时间整薯为 15～18 min，其余形状为 10～12 min，以马铃薯熟透无硬块为标准。采用烘焙方式时，为防止马铃薯表皮变褐，先用食品级锡箔纸包裹马铃薯，烘焙温度为 220～230 ℃，烘焙时间为 40～45 min。

⑥ 冷却。将熟化的马铃薯自然冷却或借助风机冷风进行冷却，以防微生物繁殖。

⑦ 真空包装。将加工好的马铃薯用食品专用保鲜袋进行真空包装。真空度应根据不同包装袋、包装量进行确定，真空度为 0.03～0.05MPa。

⑧ 贮藏。将加工好的马铃薯置于常温或 4 ℃ 条件下贮藏即可。贮藏过程中，尽可能减少环境温度的波动，保持温度均匀。

6. 马铃薯香脆片

（1）原料处理　选大小均匀、无病虫害的薯块，用清水洗净。沥干去皮，切成1～2 mm厚的薄片，投入清水中浸泡。洗去薯片表面的淀粉，以免发霉。

（2）水烫　在沸水中将薯片烫至半透明状、熟而不软时捞出，放入凉水中冷却，沥干表面水分，备用。

（3）腌制　将八角、花椒、桂皮、小茴香等调料放入布包中水煮30～40 min，置凉后加适量的食糖、食盐，把薯片投入其中浸泡2 h，捞出，晒干。

（4）油炸　将食用植物油入锅煮沸，放入干薯片，边炸边翻动。当炸至薯片膨胀、色呈微黄时出锅，冷却后包装。

7. 马铃薯香辣片

（1）备料　马铃薯粉72％（过60目筛后，入锅炒至有香味时出锅备用），辣椒粉12％（过60目筛后备用），芝麻粉10％和胡椒粉2％（入锅炒出香味后备用），食盐3％，食糖1％。

（2）拌料　将以上各料加适量优质酱油调成香辣湿料，置于成型模中按需求压成各种形状的湿片坯，晾干表面水分。

（3）油炸　将香辣片坯入沸油锅炸制，待表面微黄时出锅，冷却后包装。

8. 马铃薯菠萝豆

（1）备料　马铃薯淀粉25 kg，精面粉12.5 kg，低筋面粉2 kg，粉状葡萄糖1.25 kg，脱脂奶粉0.5 kg，鸡蛋4 kg，蜂蜜1 kg，碳酸氢钠（小苏打）25 g，水0.5 kg。

（2）制作工艺　将上述原料搅匀，压成菠萝豆状，烘烤即成。该产品入口即化。

9. 马铃薯酱　将马铃薯洗净，除去腐烂、出芽部分，削皮，蒸熟，出笼摊晾，擦筛成均匀的马铃薯泥备用。将白砂糖、水与酸水（即醋坊的酸水用少量稀米饭拌和麸皮放在缸中，倒缸1周，每天1次，滤下的酸水作为醋引）放入锅内熬至110 ℃时，将马铃薯泥倒入锅内，用铁铲不断翻动。直至马铃薯泥全部压散。要防止煳锅底。继续加热至115 ℃，将柠檬酸、色素加入，并控制其pH为3.0～3.2。由于温度过高，需勤翻勤搅，防止结焦。用小火降温，当锅内物料温度降至90 ℃时，将水果食用香精和营养添加剂加入锅内，用铁铲搅匀后，即得马铃薯酱成品。

马铃薯酱配方：马铃薯泥50 kg，白砂糖40 kg，水17 kg，酸水0.2 kg，粉末状柠檬酸0.16 kg，食品色素、食用香精、营养剂适量。

（六）马铃薯淀粉衍生物加工

1. 马铃薯粉条

（1）工艺流程

选料提粉→配料打芡→加矾和面→沸水漏条→冷浴晾条→打捆包装

（2）制作要点

① 选料提粉。选择淀粉含量高、收获后30 d以内的马铃薯作为原料，剔除冻烂、腐个体和杂质，用水反复冲洗干净，粉碎、打浆、过滤、沉淀、提取淀粉。

② 配料打芡。按含水量35％以下的马铃薯淀粉100 kg，加水50 kg配料。取5 kg淀

粉放入盆内，加入其重 70％的温水调成稀浆。用开水从中间猛倒入盆内，迅速用木棒或打芡机按顺时针方向搅动，直到搅成有很大黏性的团状物即成芡。

③ 加矾和面。按 100 kg 淀粉、0.2 kg 明矾的比例，将明矾研成面放入和面盆中，把打好的芡倒入，搅匀，使和好的面含水量为 48％～50％，面温保持 40 ℃。

④ 沸水漏条。在锅内加水至九成满，煮沸，把和好的面装入孔径 10 mm 的粉条机上试漏，当漏出的粉条直径达 0.6～0.8 mm 时，为定距高度。然后往沸水锅里漏，边漏边往外捞，锅内水量始终保持在头次出条时的水位，锅水控制在微沸程度。

⑤ 冷浴晾条。将漏入沸水锅里的粉条，轻轻捞出放入冷水槽内，搭在棍上，放入 15 ℃水中 5～10 min，取出后架在 3～10 ℃房内阴晾 1～2 h，以增强其韧性。然后晾晒至含水量 20％时，去掉条棍，使其干燥。

⑥ 打捆包装。含水量降至 16％时，打捆包装，即可销售。

2. 马铃薯粉丝

(1) 原料选择　挑选无虫害、无霉烂的马铃薯，洗去表皮的泥沙和污物。

(2) 淀粉加工　将洗净的马铃薯粉碎过滤，加入适量酸浆水（前期制作淀粉时第一次沉淀产生的浮水发酵而成）并搅拌、沉淀。酸浆水用量视气温而定，气温若在 10 ℃左右 pH 应调到 5.6～6.0；气温若在 20 ℃以上，pH 应调到 6.0～6.5 沉淀后，迅速撇除浮水及上层黑粉。然后加入清水再次搅匀沉淀、去除浮水，把最终产的淀粉装入布包吊挂，最好抖动几次，尽量多除掉些水分，经 24 h 左右，即可得到较合适的淀粉坨。

(3) 打芡和面　将淀粉坨自然风干后，称少量放入夹层锅内，加少许温水调成淀粉乳，再加入稍多沸水使淀粉升温、糊化，糊化后，将其搅匀，形成无结块半透明的糊状体即为粉芡。将剩余风干淀粉坨分次加入粉芡中和匀，中途可加入少许白矾粉末，使和好的面团柔软、不黏手。

(4) 漏粉成型　将和好的面团分次装入漏粉瓢内，经机械拍打，淀粉面团就从瓢孔连续成线状流出，进入直火加热沸水的糊化锅中，经短时间，粉丝上浮成型。

(5) 冷却与晾晒　将成型的粉丝捞出经冷水漂洗、冷却，冷却水要勤换。冷却后，将粉丝捞出放在竹竿上晾干即成。

二、其他加工

(一) 提取和制备

1. 马铃薯深加工系列产品生产现状

(1) 国内外马铃薯加工业概况　马铃薯加工产品主要为四大类：马铃薯食品（马铃薯片、条、泥、丁、膨化食品）、马铃薯粉条、粉丝和马铃薯淀粉（包括变性淀粉和马铃薯全粉）。中国马铃薯加工业总体水平比较落后，在马铃薯生产总量中约有 50％用作鲜食、饲用和留种，而加工淀粉、粉丝粉条、全粉、薯条、薯片等约占总产量的 14％，出口约占 5％，还有 30％鲜薯有待利用。

对马铃薯产品的品质要求根据其不同的需求而异。主要包括对薯块大小、外观缺陷、颜色（包括薯皮和薯肉）、质地、耗油量、烹调温度等的要求。

① 外部质量。为了尽量减少去皮、修整损失和获得优质的成品，加工所用马铃薯必须有良好的外部质量。即所用块茎以长椭圆形为好，且必须大小均等；中等大小的块茎淀粉含量较多，大块茎和小块茎一般淀粉含量较少。加工薯片所用马铃薯大小为 40～60 mm，炸薯条用的要大于 50 mm，加工小粒和小片用的要大于 40 mm，且形状规则整齐一致，内部和外部的缺陷、病害和损伤要尽可能少。

② 干物质含量。马铃薯块茎的干物质含量高低直接关系到加工制品的质量、产量和经济效益。干物质含量高，其油炸食品含油量就较低，因此油炸食品加工厂愿意购买干物质含量高的原料薯。但干物质含量过高的马铃薯加工出来的食品口感稍差而不受消费者欢迎。干制品则需要干物质较高的原料薯，但干物质太高后制成的干制品吸水能力低，影响后续产品质量。所以马铃薯油炸品和干制品的干物质含量以 22％～25％ 为宜，煎炸食品以 20％～24％ 为宜。

③ 含糖量。含糖量的高低直接影响产品质量。马铃薯制品加工厂要求含糖量尽量低，一般不超过 0.4％，干制品可略高一些。油炸薯片将含糖量列为主要检测指标之一。

（2）发达国家马铃薯加工业的特征

① 产业化特征。大部分国家普遍实行了马铃薯加工产业化，在产业链条上实行产、加、销一体化；在做法上实行资金、技术、人才等要素的集约经营，形成生产专业化、产品商品化、服务社会化的经营格局。一个高质量、经济效益好的马铃薯加工企业与其产业化经营有着极其密切的关系。因而产业化成为发达国家马铃薯加工企业的有效模式和成功经验。

② 技术创新特征。发达国家马铃薯加工业的高速发展，主要是技术创新在其发展中起了关键作用。美国马铃薯加工业的发展过程是以自身的研究开发为基础，通过科学创新技术，然后运用到生产，被称为是一种"科学—技术—生产"的自主创新模式；而日本更注重购买和引进别国技术，然后再针对生产过程进行改进、消化吸收和不断创新，是一种典型的"生产—技术—科学"的模仿创新模式。此外，一些马铃薯加工企业因自身的技术创新能力薄弱，需要企业与科研机构、高等院校等联合开展技术创新活动，这种做法被称作"产—学—研"的合作创新模式。

③ 国际化特征。大多数发达国家不再局限于在本国发展马铃薯加工业，而是把发展种薯、技术装备、加工制品以及管理经验等作为重要的出口物资，形成综合优势多元化、合作领域全球化的发展格局，跨国界发展趋势日益明显。近年来，跨国马铃薯加工企业集团迅速崛起，在国际舞台上扮演着导向性和垄断性的角色。

（3）国外马铃薯加工业的发展趋势

① 品种专用化。为适应市场发展需要，世界各国重点把选育不同加工需要的品种确定为优先发展目标，将马铃薯品种分为食品专用型、淀粉专用型、油炸专用型、全粉专用型等。如在荷兰，列入马铃薯专用品种名录上的种类有 200 余种。美国的大西洋、考外特、斯诺顿和加拿大的夏波蒂等品种，均为世界著名的油炸型马铃薯专用品种。

② 生产规模化。为提高市场竞争力，发达国家均建立了规模化的大型企业，以获得规模效益。如荷兰的 20 多家马铃薯加工企业中，5 家大型企业的生产能力就占了全国加工总量的 50％ 以上。荷兰的马铃薯淀粉生产企业尽管只有几个，其产量却占据了全球马

铃薯淀粉市场的主要份额。

③ 技术高新化。当今，国外马铃薯加工业飞速发展的主要原因是高新技术在关键问题与关键环节上发挥了重要的作用。高新技术的广泛采用，使马铃薯加工业向节水、节能、高效率、高质量、高利用率、高提取率等方面发展。

④ 质量控制全程化。在发达国家，马铃薯食品加工业大都采用了全程质量控制体系，以确保产品质量和食物安全。当前普遍采用的是 GMP（良好的操作规范）、HAC-CP（危害分析及关键控制点）和 SSOP（卫生标准操作程序）等。

（4）中国马铃薯系列产品加工现状　中国的马铃薯加工是从淀粉开始起步的，精淀粉加工一直是国内马铃薯深加工中的主要加工类型。国内马铃薯淀粉具有一定规模的企业约有 50 余家，小企业千余家，总体生产能力 60 多万 t。国内原有变性淀粉生产企业一般采用玉米淀粉，马铃薯淀粉主要用于特殊品种产品生产。近年来国内新建马铃薯变性淀粉生产线以预糊化淀粉为多，但总能力十分有限。变性淀粉的应用需求与经济技术发展水平密切相关，美国、欧共体、日本的变性淀粉生产与耗用量居世界前列。随着中国经济建设高速发展，马铃薯变性淀粉在国内具有很大市场潜力。马铃薯全粉产品主要有雪花粉和颗粒粉以及介于两者之间的雪花颗粒粉。据统计，截止到 2008 年年底，中国马铃薯全粉加工行业共有 21 家企业，有马铃薯全粉生产线 26 条左右，其中进口生产线 11 条，国产生产线 15 条。全粉加工生产能力约每年 10 万 t。其中主要品种为雪花粉。2009 年马铃薯全粉产能达到 17 万 t，2010 年及以后将达到 20 余万 t。

据中国食品工业协会不完全统计，中国冷冻薯条生产量近年来逐年递增，2007—2009 年从年增长 1 万 t 跨上了年增长 2 万 t 的新台阶，达到年产 9.8 万 t，同比增长 25.6%，表现出高速增长的可喜态势。国内已建成的规模化薯条加工能力大约 10 万 t 以上。据估算，全世界冷冻马铃薯条的总产量约为 800 万 t。国内消费市场中约有 20 万 t 马铃薯薯条为进口商品。

马铃薯薯片分为切片型薯片和复合薯片。2009 年，切片型薯片生产企业有百事、上好佳、云南子弟、四洲等 10 余家企业，加工能力约 13.95 万 t。复合薯片国内主要生产企业有百事、旺旺、达利、盼盼、荣豪等，总生产能力约 15.276 万 t。目前全国马铃薯薯片生产能力接近 32 万 t。

青海省地处青藏高原东部，气候冷凉，昼夜温差大，降雨适中，自然隔离条件好，病虫害少，其独特的地理位置和冷凉的气候条件，为发展优质马铃薯提供了得天独厚的条件，是天然的优质脱毒种薯繁育基地、中国马铃薯主产区之一。马铃薯以高产、高淀粉、优质、病虫害少、耐贮存而闻名全国。青海省已有一批以青海威斯顿马铃薯精淀粉厂为主的加工企业，主要产品为精淀粉、全粉、变性淀粉和粉丝。产品已在国内外马铃薯淀粉市场占有一定份额，已经成为青海省重要的地方特色产业，在西北地区马铃薯加工行业也已占有一定地位。

近年来，随着国家农业的发展和农业产业政策的调整，马铃薯已经作为西部各级政府调整农业产业结构，增加贫困山区农民收入的主要作物之一。马铃薯产业的发展其经济效益和社会效益非常显著。但是目前中国马铃薯加工业发展水平与世界先进水平相比还有一定距离。国内大多数马铃薯加工企业虽然引进了国外比较先进的淀粉加工技术和设备，但普遍存在环保设施不完善的问题，尤其对薯渣、蛋白废水的开发利用不足，影响了资源的充分利用，影响了完全清洁化生产目标的实现。

马铃薯种薯生产是产业发展的基础，加工专用薯国外已有较为成熟的品种，如大西洋、夏波蒂等。青海省虽然拥有一批优良的马铃薯高淀粉品种，但是目前还缺乏适应当地生产条件的薯条、薯片、全粉等加工型品种，应用于生产加工型薯类品种的开发与种植相对滞后。虽然近年来加强了加工型马铃薯的育种工作，并已取得了一些成果，但大面积推广种植规模小，尚需加大品种研发力度，面向国内外市场，发挥地区资源和技术优势，为马铃薯产业发展提供科技支撑。目前全省马铃薯鲜薯加工能力为 50 万～60 万 t/年，全省年加工量尚不足年总产量的 30%，且加工产品品种单一，马铃薯变性淀粉等精深加工产品缺乏，产品附加值较低，主产品与下游产业联系不紧密，缺乏高附加值、符合主体市场需求又可替代进口的中、高端产品，还需要扩大加工规模，提高深加工能力。

青海省三江集团有限责任公司，是青海省国家级农牧业产业化重点龙头企业，承担过国家马铃薯脱毒项目和多项科研推广项目，在马铃薯加工方面已与荷兰豪威公司、北京瑞思康、郑州精华淀粉公司等多家加工机械研制单位保持紧密的合作关系，公司现有国内一流水平的工业发酵中试车间，农业部批复的国家薯类研究分中心以及变性淀粉配方研究实验室，由青海省发展改革委员会批复的马铃薯加工省级工程实验室等技术研发中试基地。已开展了马铃薯淀粉精深加工工艺研发，开展并完成了马铃薯加工清洁化生产技术中马铃薯工艺废蛋白水综合利用中试工作。公司下属控股子公司中现经营马铃薯产业的公司有青海威思顿粉业公司、民和威思顿分公司、湟中威思顿分公司、互助威思顿分公司、青海三江薯业公司、都兰威思顿分公司。近年来，集团公司大力发展马铃薯产业，截至目前，已累计投入资金 2.54 亿元，在西宁市建成了威思顿粉业公司 5 000 t 变性淀粉生产线和 1 800 t 粉丝粉皮生产线、三江薯业 5 000 t 马铃薯全粉加工生产线和 1.8 万 t 马铃薯恒温贮藏库 1 座，在互助土族自治县建成互助威思顿公司 3 万 t 精淀粉生产线、在民和县建成民和威思顿公司 2 万 t 精淀粉生产线，在湟中县建成湟中威思顿公司 1 万 t 精淀粉生产线，年收购加工马铃薯的能力达到 40 万 t 以上。马铃薯精淀粉年产量达 6 万 t。主要产品包括马铃薯精淀粉、变性淀粉、马铃薯全粉、水晶粉丝粉皮等系列产品，已成为西北地区规模最大的马铃薯加工企业集团。注册的"威思顿"商标，2007 年获得青海省政府信誉提名奖、马铃薯淀粉及其制品 QS 生产许可证、ISO9001：2000 质量管理体系和 HACCP 食品安全管理体系的认证。在集团公司龙头企业的带动下，青海省马铃薯种植面积由 2006 年的 90 万亩增加到现在的 130 万亩，带动了地区种植结构的调整。

（5）马铃薯加工利用的宏观效益　中国马铃薯资源丰富，加工历史悠久，但发展缓慢，深加工产品较少。在马铃薯的生产中存在规模小、技术落后、产量低、经济效益不高的问题。从马铃薯的加工量来看，在发达国家的马铃薯产地，未用于加工的马铃薯仅占马铃薯总产量的 40% 左右，而中国马铃薯则有高达 90% 未进行加工。从马铃薯制品的种类上来看，发达国家的马铃薯加工产品种类多达上千种，淀粉深加工产品有 2 000 多种。在工业生产中，采用发酵技术对马铃薯进行处理后，其广泛应用于医药、纺织、化工等领域。马铃薯全粉、薯泥、薯条、脆片等产品生产工艺先进、加工技术机械化程度高。加工程度越高，加工工艺越优化，加工机械化程度越高，马铃薯的经济效益越高。加工产品的产值比直接利用鲜薯提高数倍甚至数十倍，如马铃薯加工成粉面，比直接出售增值30％，加工成粉条可增值80％；马铃薯加工成乳酸，原料和乳酸的比例为10∶1，产值为1∶3。马铃薯加工成柠檬酸，原料与柠檬酸的比例为6∶1，产值为5∶1；马铃薯加工成精淀粉，原料与环糊精的比例为12∶1，产值为1∶21。1 000 t马铃薯经过深加工，可生产味精28 t、柠檬酸110 t、乳酸140 t，再加上葡萄糖、山梨醇与B族维生素等产品，其产值比直接出售原料增加13倍。再如1 t马铃薯可提取干淀粉140 kg，或糊精100 kg，或40°酒精95 L，或合成橡胶15～17 kg，其深加工后产品价值比鲜薯要高20倍以上。在食品加工方面，马铃薯加工链亦具有很大增值潜力，新鲜马铃薯加工成麦当劳的薯条，升值50倍；加工成肯德基的薯泥，升值40倍；加工成油炸薯片，升值25倍；加工成薯类膨化食品，升值30倍。由此可见，马铃薯的加工利用是延伸马铃薯产业链条、创造高附加值产品、获得良好经济效益的极其重要和必需的手段。

2. 主要加工产品

（1）马铃薯精淀粉　马铃薯淀粉具有其他各类淀粉不可替代的特性，与其他淀粉相比，马铃薯淀粉具有最大的颗粒、较长的分子结构、较高的支链含量（80）和最大的膨化系数，同玉米、小麦淀粉相比，可节省2/3的用量。广泛用于食品、造纸、纺织、医药、漂染、铸造、建筑、油田钻井和纸品黏合等行业。同时，又是制造味精、柠檬酸、酶制剂、淀粉糖等一系列深加工产品的原料，在发酵工业领域也有十分广泛的应用。与玉米淀粉相比，马铃薯淀粉存在着成本和售价高、生产中水解产物收率较低的实际问题，因此不可能无限替代玉米或其他淀粉。

马铃薯精淀粉生产工艺为：

马铃薯→清洗→锉磨→汁水分离→筛洗→除砂过滤→旋流分离→脱水→干燥→计量包装→成品

（2）马铃薯变性淀粉　马铃薯淀粉再加工的产品种类很多，主要有变性淀粉。按照国家有关淀粉分类标准的概念，变性淀粉是指原淀粉经加工处理，使淀粉分子异构，改变其原有的化学、物理特性的淀粉。再细分又包括酸处理淀粉、焙烘糊精、氧化淀粉、淀粉酯、淀粉醚、交联淀粉、接枝共聚淀粉、物理变性淀粉等门类。由于变性淀粉品种众多，具有比原淀粉更好的特性，所以用途也更加广泛，在食品、饲料、医药、造纸、纺织、化工、冶金、建筑、三废治理以及农林业等各领域均有应用。

（3）马铃薯全粉　马铃薯全粉生产过程中注意保持薯块植物细胞的完整，最大限度保留了马铃薯所含的全部营养成分，复水后可重新获得鲜薯的营养和品味。马铃薯全粉是加工各类马铃薯复合加工制品的基础原料，除可直接调制土豆泥外，主要用于加工复合薯片、复合薯条、薯泥、薯饼、膨化食品等，在方便、休闲食品生产中具有不可替代的重要地位。马铃薯全粉可作为复合薯片等的主要原料，以及作为婴儿食品、复合冲凋饮品、饼干、面包、香肠、方便面等多种食品的添加料。

① 马铃薯雪花粉。在雪花粉生产过程中，蒸煮、破碎工序仍可能引起一定数量的细胞破裂，造成少量水溶性成分的流失，最终产品还含有7％左右的游离淀粉，所以在后续加工中表现出黏度较大的特性，同时，采用滚筒干燥工艺，成品粒度较大，容重较小，储

运费用较高。但工艺流程短、能耗较低的技术特征，使雪花粉赢得了广大市场，并呈现持续发展的态势。

雪花粉生产采用滚筒烘干工艺。其生产工艺流程如下：

原料→清洗→蒸汽去皮→切片→蒸煮→破碎→滚筒干燥→破碎→计量→包装→成品入库

② 马铃薯颗粒粉。马铃薯颗粒粉生产特别强调保持薯体细胞完整，工艺中采用了气流＋流化床干燥和大量回填的路线，使薯块在干燥过程中自然破裂为粉状。因此马铃薯颗粒粉粒度较细，容重较高，储运中稳定性优于雪花粉。其固有缺陷是生产流程长、能耗较高，设备投资偏大，生产成本亦略高于雪花粉。但由于细胞破裂少，颗粒粉黏度较低，下游产品生产中可加入一些成本较低的预糊化淀粉调节黏度，实际成本反而低于直接使用雪花粉，因而也颇受厂家欢迎。

颗粒粉生产采用的是气流干燥＋流化床干燥和回填工艺。其生产工艺流程为：

原料→清洗→蒸汽去皮→切片→漂烫→蒸煮→混合→气流干燥→冷却→混合→气流干燥→混合→气流干燥→冷却→流化床干燥→筛分→计量→包装→成品入库

3. 马铃薯氧化淀粉制备及其在食品中的应用

（1）马铃薯氧化淀粉的制备　氧化淀粉的成浆流动性好、黏度低、浸透性强，不易凝冻，是棉纱和黏胶纤维的良好原料，在造纸工业用于高浓度刮刀涂布，食品工业的增稠剂和糖果成型剂。马铃薯淀粉加工为氧化淀粉，其经济效益可以大幅度提高。

氧化淀粉是原淀粉（马铃薯淀粉）在一定条件下（温度、时间、pH、建粉品种、次氯酸盐浓度以及添加速度），淀粉分子被氧化剂氧化，使原淀粉的性质发生一系列的变化。氧化剂主要渗透到淀粉颗粒的非晶区，使淀粉分子发生局部氧化，淀粉分子上的羟基被氧化成羧基和羰基，同时，一些糖苷键发生断裂，使分子质量减小，在分离水洗时部分淀粉溶解并流失。

工艺流程如下：

淀粉→35％淀粉乳→pH 调整→氧化反应（连续搅拌、控制反应温度，调整 pH）→中止反应→调整 pH 6→洗涤、脱水多次→烘干→成品

将马铃薯淀粉加水调制成 35％的淀粉乳，并用 3％ NaOH 或 2 g/L HCl 调节 pH 至反应要求 pH，搅拌淀粉乳，使其始终处于悬浮状态，有利于氧化反应的进行。在规定的时间添加含有效氯为 10％的次氯酸钠溶液，注意添加量与添加速度。反应过程中注意 pH 的变化，随时调整。因氧化反应是放热反应，在反应开始时，若温度较低，需要保温，以达到反应所要求的温度，反应过程中，由于产生大量的热，使其温度升高，此时应注意适当采取降温措施。当反应达到要求时，将 pH 调节至 6，加入亚硫酸钠溶液，中止反应，除去余氯。所得的淀粉乳经过滤、洗涤，将氧化淀粉从反应混合物中分离出来，并且水洗脱去可溶性副产物盐等，再经烘干，即得氧化淀粉。

（2）在食品中的应用

① 马铃薯淀粉烘焙点心。传统的饼干等烘焙点心的主要原料均使用小麦粉。马铃薯淀粉经处理能够具备小麦粉的特征，可代替小麦粉制作烘焙点心的主料。

工艺流程：

马铃薯淀粉→混合→搅拌捏合→压延→成型→烘焙→冷却→成品

取马铃薯淀粉 100 kg，加水 40 kg。煮 5 min 使之沸腾，成为透明糊状。加白砂糖 15 kg，油脂 10 kg，食用盐 1.5 kg，碳酸铵 3 kg，白芝麻 5 kg，搅拌均匀。将混合料放入搅拌机中充分混合，静置 20 min。然后用炸片机炸成约 2 mm 厚，直接移到帆布传送带上。在输送过程中成型。然后装入烤盘，用烤炉在 120~150 ℃ 温度下烘焙 5 min，冷却后即为成品。

马铃薯淀粉烘焙点心的特点：以马铃薯淀粉为原料，不需其他任何复杂的加工工艺和机械设备，基本上沿袭了传统饼干的制作工艺；在调制面团时，添加小粒状固体物（芝麻）以防止制品出现空洞，这与传统工艺成型时预先按适当间隔扎上针眼以防空洞的方法不同。

② 膨化土豆酥的加工。原料配比土豆干片 10 kg，玉米粉 10 kg，调料若干。

加工流程：

a. 切片粉碎。将选好的无伤、无病变、成熟度在 90% 以上的土豆清洗干净，用切片机切成薄片，用烘干机烘干，取烘干后的土豆片用粉碎机粉碎。

b. 过筛混料。取上述粉好的土豆粉，过筛以弃去少量粗糙的土豆干片后，再取质量等同的玉米粉混合均匀再加 3%~5% 的洁净水润湿。

c. 膨化成型。将混合料置于成型膨化机中膨化，以形成条形、方形、卷状、饼状、球状等各种初成品。

d. 调味涂衣。膨化后，应及时加调料调成甜味、咸味、鲜味多种风味，并进行烘烤，即成膨化土豆酥。膨化后的新产品可涂上一定量融化的白砂糖，滚粘一些芝麻，则成为芝麻土豆酥。涂上一定量的可可粉、可可脂、白砂糖的混合融化物，则可得到巧克力土豆酥。

e. 成品包装。将调味涂衣后的新产品置于食品塑料袋中，密封后即为成品，可上市。

（3）土豆发糕的加工

① 原料配比。土豆干粉 20 kg，面粉 3 kg，苏打 0.75 kg，白砂糖 3 kg，红糖 1 kg，花生米 2 kg，芝麻 1 kg。

② 工艺流程。

原料→混合发酵→蒸料→涂衣→成品包装

③ 加工要点。

a. 混料发酵。将土豆干粉、面粉、苏打、白砂糖加水混合均匀，然后将油炸后的花生米混匀其中。在 30~40 ℃ 下对混合料进行发酵。

b. 蒸料涂衣。将发酵好的面团揉制均匀，置于铺有白纱布笼屉上铺平，用旺火蒸熟。等蒸熟后（一般要在 30 min 以上），取出趁热切成各式各样的形状，并在其一面上涂上一定量融化的红糖，滚粘上一些芝麻，冷却即成土豆发糕。

c. 成品包装。将新产品置于透明的食品塑料盒中或塑料袋中，密封后上市。

（4）仿菠萝豆的加工

① 原料配比。土豆淀粉 25 kg，精面粉 12.5 kg，低筋面粉 2 kg，葡萄糖粉 1.25 kg，脱脂粉 0.5 kg，鸡蛋 4 kg，蜂蜜 1 kg，碳酸氢钠适量。

② 工艺流程。

配料→制作成型→烘烤包装

③ 加工要点。

a. 制作成型。将上述原料充分混合均匀，加适量清水搅拌成面，然后做成菠萝豆形状。

b. 烧烤包装。将上述做好的成型菠萝豆置于烤箱烤熟，取出冷却，然后装入食品塑料袋中，密封后上市。

（5）橘香土豆条

① 原料配方。土豆 100 kg，面粉 11 kg，白砂糖 5 kg，柑橘皮 4 kg，奶粉 1～2 kg，发酵粉 0.4～0.5 kg，植物油适量。

② 工艺流程。

选料→土豆制泥→橘皮制粉→拌料炸制→风干→包装

③ 加工要点。

a. 制土豆泥。选无芽、无霉烂、无病虫害的新鲜土豆，浸泡 1 h 左右，用清水洗净表面，然后置蒸锅内蒸熟，取出去皮，粉碎成泥状。

b. 橘皮制粉。洗净柑橘皮，用清水煮沸 5 min，倒入石灰水浸泡 2～3 h，再用清水反复冲洗干净，切成小粒，放入 5%～10% 的盐水中浸泡 1～3 h，并用清水漂去盐分，晾干，碾成粉状。

c. 拌料炸制。按配方将各种原料放入和面机中，充分搅拌均匀，静置 5～8 min。将适量植物油放入油锅中加热，待油温升至 150 ℃ 左右时，将拌匀的土豆泥混合料通过压条机压入油中。当泡沫消失、土豆条呈金黄色即可捞出。

d. 风干包装。将捞出的土豆条放在网筛上，置干燥通风处自然冷却至室温，用食品塑料袋密封包装即为成品可上市。

4. 马铃薯淀粉制备磷酸寡糖　磷酸寡糖具有对人体健康有益的特殊生理功能，它在弱碱性条件下能与钙离子结合成可溶性复合物，抑制不溶性钙盐的形成，从而提高小肠中有效钙离子的浓度，促进人体对钙质的吸收，且不被口腔微生物发酵利用。它还有加强牙齿釉质再化的作用，达到防止齿质损害的效果，同时还具有抗淀粉老化的功效。

（1）工艺流程

马铃薯淀粉→调浆→配料→调节 pH→加液化酶→低压蒸汽喷射液化→一次板框压滤→液化保温→快速冷却→加真菌酶糖化→二次板框压滤→活性炭脱色→检测

（2）具体操作步骤　向配料罐里注入水，而后不断搅拌，再徐徐投入 1 t 原料淀粉，用玻美计进行在线检测，直到浆料浓度为 10 波美度，然后加入 0.6～0.7 kg $CaCl_2$ 作为酶活促进剂，用 HCl 和 Na_2CO_3 将浆料调至 pH 5.4，加入 100 mL 新型耐高温 α 淀粉酶。料液搅拌均匀后，用泵将物料泵入喷射液化器，在喷射器中，粉浆和蒸汽直接充分相遇，喷射温度 110 ℃，并维持 4～8 min，控制出料温度为 95～97 ℃。喷射液化后的料液进入层流罐，在 95 ℃ 条件下保温 30 min，碘试反应显碘本色时，通蒸汽灭酶。同时经过一次板框压滤，开始压力应不低于 0.6MPa，待滤饼形成阻力增大时再增加压力，但以不超过 2.0 MPa 为宜，料液应保持一定的温度，以增加其流动性，但不应高于 100 ℃。将料液冷却至 60 ℃，向糖化罐中加入 100 mL 真菌淀粉酶和 50 mL 普鲁兰酶，调节 pH 为 5.2，反应 2～4 h，然后通入高压蒸汽 100 ℃ 条件下灭酶 2～3 h。糖化后糖液随着管道进入脱色罐，罐中含有活性炭，保持罐温为 80 ℃左右，糖液通入后，在不断搅拌的情况下，活性炭吸附糖液所含的色素以及部分无机盐，随后活性炭随同糖液一并进入板框压滤机，经过压滤除去活性炭。

（二）酿造

1. 马铃薯生料酿醋中醋酸发酵的影响因素

（1）谷糠与麸皮的比例对醋酸发酵的影响　酿醋时需提供大量的辅助原料，以满足微生物活动所需要的营养物质以及生长繁殖条件。谷糠与麸皮不仅可以起到疏松醋醅、寄存菌体的作用，还可以为醋酸菌的好氧发酵提供大量的氧气，并且可以提高食醋质量，增加风味物质。

（2）酒度对醋酸发酵的影响　醋酸发酵时，酒精是为醋酸菌的生长、繁殖提供营养的主要物质。当酒度升高时，醋酸发酵过程中产酸量也会提高，但是当酒度过高时，反而会抑制醋酸菌的繁殖代谢，使产酸量下降，并且使发酵周期延长，所以，醋酸发酵的酒度不能超过一定的范围。

（3）接种量对醋酸发酵的影响　醋酸发酵的周期直接受接种量大小的影响，接入大量的培养成熟的醋酸菌不仅可以缩短发酵周期，而且可以减少杂菌污染的机会。当接种量过大时，醋醅中的营养物质大部分用于醋酸菌菌体细胞的增殖，且会生成大量的代谢物，将导致菌体细胞过早发生老化、自溶等现象。

（4）温度对醋酸发酵的影响　根据醋酸菌的生命活动规律，除了需要足够的营养外，还需要有适宜的温度。在一定的温度范围内，醋酸菌的生长、繁殖随温度的升高而增加。但当温度升高到一定程度时，醋酸菌的生命活动开始受阻，醋酸产量也会随之下降。

2. 大米、马铃薯混酿小曲白酒
马铃薯用途多，产业链条长，是农业生产中加工产品最丰富的原料作物之一。研究适宜的酿造工艺，采用大米、马铃薯混酿小曲白酒，不仅能够丰富小曲白酒的品种，还能拓展马铃薯资源的利用和深加工，创造良好的经济效益和社会效益。

（1）工艺流程

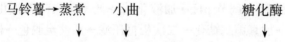

　　　　　　马铃薯→蒸煮　　小曲　　　　　　糖化酶
　　　　　　　　　　　↓　　　　↓　　　　　　　　↓
大米→浸泡→蒸饭→摊晾→拌曲落埕→培菌糖化→投水发酵→蒸馏→陈酿→勾兑→小曲白酒

（2）具体操作步骤

① 马铃薯、大米蒸煮。马铃薯洗净后通过蒸汽加热蒸煮至完全软化透心。大米经浸泡、沥干，置于蒸饭机、接入蒸汽蒸煮至均匀熟透的米饭。

② 拌曲、糖化发酵与蒸酒。将大米饭与蒸熟的马铃薯按比例用捣饭机捣烂成混匀的饭薯料，注意分散饭薯料不结块儿。当饭薯料摊晾至 28～30 ℃时撒入酒饼粉拌匀、装入酒埕，当装料至埕高 4/5 时于料中央挖一空洞，以利于足够的空气进入醅料进行培菌糖化。当糖化至酒埕中下部出现 3～5 cm 酒醅时即示糖化过程基本结束。之后投水、添加糖化酶进行液态发酵。当酒醪发酵至闻之有扑鼻的酒芳香、尝之甘苦不甜且微带酸味时，表明发酵基本结

束。发酵毕采用蒸馏瓶接入蒸汽蒸馏取酒。蒸酒期间控制流酒温度38～40 ℃，出酒时掐去酒头约5％，当流酒的酒精度降至30％（体积分数）以下时，即截去酒尾。

3. 以马铃薯为辅料的黄酒发酵　黄酒在中国有着悠久的历史，是中国的民族特产，也是世界最古老的饮料酒之一。传统生产黄酒所用原料以糯米为主，添加的辅料也是粮谷类原料。目前突破了黄酒酿造原料均为粮谷类原料的传统，以新鲜马铃薯为辅料酿造黄酒，为黄酒酿造开辟了一条新的途径，同时也为马铃薯的深加工提供了一个新的方向。

中国马铃薯的栽种面积和产量均居世界第一位，具有马铃薯深加工的原料优势。马铃薯含有高质量的蛋白质和高含量的游离氨基酸，利用马铃薯为辅料酿造黄酒可以提高黄酒中氨基酸的含量并增加黄酒的营养价值。此外，马铃薯与黄酒酿造主要原料糯米相比，其价格低廉、产量高，而且采用新鲜马铃薯为辅料，省去了浸米环节，可节约大量生产用水和时间，而且马铃薯蒸煮时间较短，可节约能源消耗，可以降低黄酒生产成本。

以马铃薯为辅料的黄酒的最佳发酵条件为：酵母添加量0.114％（原料量的0.114％）、主发酵温度28 ℃、麦曲添加量14.0％（原料量的14.0％）、料水比1∶0.7、每100 g原料添加425 mL糖化酶、发酵初始pH 4.0。

以马铃薯为辅料的成品黄酒呈橙黄色，清亮透明、无沉淀，有典型的黄酒风格，口味醇和，酒体协调，风味柔和，鲜味突出，游离氨基酸含量为7 063.4 mg/L，具有较高营养价值。

4. 酿造马铃薯鲜醋

（1）工艺流程

酵母菌培养液　　　　醋种
　　　　　　　　↓　　　　　　↓
马铃薯→预处理→浸渍→蒸煮→糖化→冷却→酒精发酵→醋酸发酵→成熟→
沉淀→压榨、过滤→成品
↓
60 ℃，加热30 min

（2）具体操作步骤　将马铃薯切成细丝，加水浸渍2 h，捞起沥水后放入蒸笼蒸煮。如用干马铃薯丝，则切成米粒大小，浸渍处理与鲜丝相同。蒸熟后拌入少量的炒麦粉。取鲜马铃薯50 kg，加水45 kg（或干马铃薯50 kg，加水200 kg），在55 ℃下糖化，冷却至30 ℃时，加入酵母菌培养液20 kg，发酵4～5 d。若没有酵母液，可用酒酿代替，加入醋种20 kg。2～3周后即成熟，取出澄清的醋液。将醋粕压榨，如混浊，过滤，即得马铃薯鲜醋。

本章参考文献

曹艳萍，杨秀利，薛成虎，等，2010. 马铃薯蛋白质酶解制备多肽工艺优化 [J]. 食品科学，31（20）：246 - 250.

常坤朋，高丹丹，张嘉瑞，等，2015. 马铃薯蛋白抗氧化肽的研究 [J]. 农产品加工（7）：1 - 4.

陈鹰，乐俊明，丁映，2009. 贵州马铃薯主要品系营养成分测定 [J]. 种子（1）：75 - 76.

陈蔚辉，苏雪炫，2013. 不同热处理对马铃薯营养品质的影响 [J]. 食品科技（8）：200 - 202.

迟燕平，姜媛媛，王景会，等，2013. 马铃薯渣中蛋白质提取工艺优化研究 [J]. 食品工业（1）：41 - 43.

崔璐璐，林长彬，徐怀德，等，2014. 紫马铃薯全粉加工技术研究 [J]. 食品工业科技 (5)：221-224.

丁丽萍，2003. 马铃薯加工饴糖 [J]. 农业科技与信息 (8)：41.

樊世勇，2015. 甘肃不同品种马铃薯营养成分分析 [J]. 甘肃科技 (10)：27-28.

方国珊，谭属琼，陈厚荣，等，2013.3 种马铃薯改性淀粉的理化性质及结构分析 [J]. 食品科学，34 (1)：109-113.

高炳德，1984. 马铃薯营养特性的研究 [J]. 马铃薯 (4)：3-13.

郭俊杰，康海岐，吴洪斌，等，2014. 马铃薯淀粉的分离、特性及回生研究进展 [J]. 粮食加工，39 (6)：45-47.

郝琴，王金刚，2011. 马铃薯深加工系列产品生产工艺综述 [J]. 粮食与食品工业 (5)：12-14.

贺萍，张喻，2015. 马铃薯全粉蛋糕制作工艺的优化 [J]. 湖南农业科学 (7)：60-62.

洪雁，顾正彪，顾娟，2008. 蜡质马铃薯淀粉性质的研究 [J]. 中国粮油学报，23 (6)：112-115.

侯飞娜，木泰华，孙红男，等，2015. 不同品种马铃薯全粉蛋白质营养品质评价 [J]. 食品科技 (3)：49-56.

黄洪媛，王金华，石庆楠，等，2010. 马铃薯的品质分析及利用评价 [J]. 贵州农业科学，38 (11)：24-28.

焦峰，彭东君，翟瑞常，2013. 不同氮肥水平对马铃薯蛋白质和淀粉合成的影响 [J]. 吉林农业科学，38 (4)：38-41.

孔令郁，彭启双，熊艳，等，2004. 平衡施肥对马铃薯产量及品质的影响 [J]. 土壤肥料 (3)：17-19.

蓝福生，1998. 农业新技术在植物营养与施肥研究中的应用 [J]. 广西植物，18 (3)：285-290.

李琪，谢萍，2011. 不同播期对宁夏粉用马铃薯生长和品质的影响 [J]. 中国农学通报，27 (12)：220-226.

李昌文，刘延奇，赵光远，等，2007. 超高压对马铃薯淀粉糊化作用的研究 [J]. 粮食与饲料工业 (1)：17-18.

李芳蓉，韩黎明，王英，等，2015. 马铃薯渣综合利用研究现状及发展趋势 [J]. 中国马铃薯，29 (3)：175-181.

刘喜平，陈彦云，任晓月，等，2011. 不同生态条件下不同品种马铃薯还原糖、蛋白质、干物质含量研究 [J]. 河南农业科学，40 (11)：100-103.

卢戟，卢坚，王蓓，等，2014. 马铃薯可溶性蛋白质分析 [J]. 食品与发酵科技，50 (3)：82-85.

吕振磊，李国强，陈海华，2010. 马铃薯淀粉糊化及凝胶特性研究 [J]. 食品与机械，26 (3)：22-27.

梅新，陈学玲，关健，等，2014. 马铃薯渣膳食纤维物化特性的研究 [J]. 湖北农业科学，53 (19)：4666-4669，4674.

潘明，2001. 马铃薯淀粉和玉米淀粉的特性及其应用比较 [J]. 中国马铃薯 (4)：222-226.

潘牧，陈超，雷尊国，等，2012. 马铃薯蛋白质酶解前后抗氧化性的研究 [J]. 食品工业 (10)：102-104.

秦芳，2003. 钾肥在马铃薯上的肥效试验研究 [J]. 中国马铃薯，17 (3)：171-173.

任琼琼，张宇昊，2011. 马铃薯渣的综合利用研究 [J]. 食品与发酵科技，47 (4)：10-12，15.

任琼琼，陈丽清，韩佳冬，等，2012. 马铃薯淀粉废水中蛋白质的提取研究 [J]. 食品工业科技，33 (14)：284-287.

阮俊，彭国照，2009. 不同海拔和播期对川西南马铃薯品质的影响 [J]. 安徽农业科学，37 (3)：1950-1951，1953.

石林霞，吴茂江，2013. 风味马铃薯食品加工技术 [J]. 现代农业 (8)：14-15.

史静，陈本建，2013. 马铃薯渣的综合利用与研究进展 [J]. 青海草业，22 (1)：42-45，50.

孙成斌，2000. 直链淀粉与支链淀粉的差异 [J]. 黔南民族师范学院学报 (2)：36-38.

汪明振，罗发兴，黄强，等，2008. 蜡质马铃薯淀粉的颗粒结构与性质研究 [J]. 食品工业 (1)：13-15.

王静，吴建宏，2008. 马铃薯块茎品质及其影响因素 [J]. 现代农业科技 (16)：97-98.

王祥珍，2003. 钾肥和专用肥对马铃薯产量及品质的影响 [J]. 杂粮作物，23 (6)：359-361.

王雪娇，赵丽芹，陈育红，等，2012. 马铃薯生料酿醋中醋酸发酵的影响因素研究 [J]. 内蒙古农业科技 (2)：54-56.

吴娜，刘凌，周明，等，2015. 膜技术回收马铃薯蛋白的基本性能 [J]. 食品与发酵工业，41 (8)：101-104.

吴巨智，染和，姜建初，2009. 马铃薯的营养成分及保健价值 [J]. 中国食物与营养 (3)：51-52.

吴美红，郑建仙，2009. 分析碳酸钠对玉米淀粉和马铃薯淀粉糊化性质的影响 [J]. 食品工业科技 (10)：161-163.

伍芳华，伍国明，2013. 大米马铃薯混酿小曲白酒研究 [J]. 中国酿造，32 (10)：85-88.

阳淑，郝艳玲，牟婷婷，2015. 紫色马铃薯营养成分分析与质量评价 [J]. 河南农业大学学报，49 (3)：311-315.

杨文军，刘霞，杨丽，等，2010. 马铃薯淀粉制备磷酸寡糖的研究 [J]. 中国粮油学报，25 (11)：52-56.

姚立华，何国庆，陈启和，2006. 以马铃薯为辅料的黄酒发酵条件优化 [J]. 农业工程学报，22 (12)：228-233.

姚一萍，2002. 马铃薯氮磷钾肥肥效及对产量和品质的影响 [J]. 华北农学报 (17)：25-28，33.

尤燕莉，孙震，薛丽萍，等，2013. 紫马铃薯淀粉的理化性质研究 [J]. 食品工业科技，34 (9)：123-127.

游新勇，2012. 马铃薯全粉面包的加工工艺研究 [J]. 广东农业科学 (7)：116-119.

于天峰，夏平，2005. 马铃薯淀粉特性及其利用研究 [J]. 中国农学通报 (1)：55-58.

曾凡逵，许丹，刘刚，2015. 马铃薯营养综述 [J]. 中国马铃薯，29 (4)：233-243.

张喻，熊兴耀，谭兴和，等，2006. 马铃薯全粉虾片加工技术的研究 [J]. 农业工程学报，22 (8)：267-269.

张凤军，张永成，田丰，2008. 马铃薯蛋白质含量的地域性差异分析 [J]. 西北农业学报，17 (1)：263-265.

张高鹏，吴立根，屈凌波，等，2015. 马铃薯氧化淀粉制备及在食品中的应用进展 [J]. 粮食与油脂，28 (8)：8-11.

张根生，孙静，岳晓霞，等，2010. 马铃薯淀粉的物化性质研究 [J]. 食品与机械，25 (5)：22-25.

张立宏，冯丽平，史春辉，等，2015. 酵母发酵马铃薯淀粉废弃物产单细胞蛋白的能力强化 [J]. 东北农业大学学报，46 (7)：9-15.

张小燕，赵凤敏，兴丽，等，2013. 不同马铃薯品种用于加工油炸薯片的适宜性 [J]. 农业工程学报，29 (8)：276-283.

张雄杰，卢鹏飞，盛晋华，等，2015. 马铃薯秧藤的饲用转化及综合利用研究进展 [J]. 畜牧与饲料科学，36 (5)：50-54.

张艳荣，魏春光，崔海月，等，2013. 马铃薯膳食纤维的表征及物性分析 [J]. 食品科学，34 (11)：19-23.

张泽生，刘素稳，郭宝芹，等，2007. 马铃薯蛋白质的营养评价 [J]. 食品科技 (11)：219-221.

赵春波，宋述尧，2011. 不同品种马铃薯品质分析与评价 [J]. 吉林农业科学，36 (4)：58-60.

郑若良，2004. 氮钾肥比例对马铃薯生长发育、产量及品质的影响 [J]. 江西农业学报，16 (4)：39-42.

仲义，梁煊赫，高华援，等，2009. 马铃薯主要农艺性状与单株产量的遗传相关及通径系数分析 [J]. 吉林农业科学，34 (2)：17-19.

周颖，刘春芬，安莹，等，2009. 低糖马铃薯果脯的加工工艺研究 [J]. 科技创新导报 (23)：101-102.

图书在版编目（CIP）数据

中国高原地区马铃薯栽培 / 邢宝龙等主编 . —北京：
中国农业出版社，2017.5
ISBN 978-7-109-22685-2

Ⅰ.①中… Ⅱ.①邢… Ⅲ.①马铃薯-栽培技术
Ⅳ.①S532

中国版本图书馆 CIP 数据核字（2017）第 040971 号

中国农业出版社出版
（北京市朝阳区麦子店街 18 号楼）
（邮政编码 100125）
策划编辑　石飞华
文字编辑　浮双双

中国农业出版社印刷厂印刷　　新华书店北京发行所发行
2017 年 5 月第 1 版　　2017 年 5 月北京第 1 次印刷

开本：787mm×1092mm 1/16　　印张：23.75
字数：560 千字
定价：80.00 元
（凡本版图书出现印刷、装订错误，请向出版社发行部调换）